中国海洋大学教材建设基金资助

21 世纪英汉双语化学系列教材

CONCISE INORGANIC CHEMISTRY

无机化学简明教程

（第二版）

张前前　编

中国海洋大学出版社

·青岛·

内容提要

本书涵盖无机化学经典的基础内容，包括中、英文两个部分。中文部分以宏观和微观两条线讲授无机化学原理，宏观指反应（第1～7章）：化学热力学（反应热和反应方向）、化学平衡、四大离子平衡和化学反应速度，微观指结构（第8～10章）：原子结构、分子结构和配合物结构，这两条线在第10章第3节会合；在此基础上分区介绍元素化学（第11～15章），以同族元素原子的价电子构型为基础，依次介绍元素单质和重要化合物的组成、结构、性质、制备、应用以及锂离子电池材料、石墨烯等研究热点。英文部分为无机化学原理（第1～10章），与中文内容大体相当，但并非一一对应。

本书可作为高等学校化学、近化学专业的无机化学教材，尤其适合短学时的教学和双语教学。

图书在版编目(CIP)数据

无机化学简明教程 / 张前前编. —2版. —青岛：中国海洋大学出版社，2018.8 (2020.9重印)

ISBN 978-7-5670-1933-1

Ⅰ. ①无… Ⅱ. ①张… Ⅲ. ①无机化学—高等学校—教材 Ⅳ. ①O61

中国版本图书馆CIP数据核字(2018)第185816号

出版发行 中国海洋大学出版社

社　　址 青岛市香港东路23号　　**邮政编码** 266071

网　　址 http://pub.ouc.edu.cn

电子信箱 1079285664@qq.com

订购电话 0532—82032573（传真）

责任编辑 孟显丽　　**电　　话** 0532—85901092

印　　制 日照报业印刷有限公司

版　　次 2019年7月第2版

印　　次 2020年9月第2次印刷

成品尺寸 170 mm×230 mm

印　　张 32

字　　数 592千

印　　数 501～1500

定　　价 56.00元

第二版前言

本书于2006年12月首次出版，内容包括无机化学原理等10章的中、英文两个部分。现在的第二版，在保留原书结构的基础上，中文部分补充了元素化学的内容，包括第11章p区元素、第12章s区元素、第13章ds区元素、第14章d区元素、第15章f区元素。限于篇幅，未增补这5章的英文部分。此外，补充了第10章配位化合物的有关内容，修正了一些不准确的表述，并且以CRC手册和兰氏化学手册为依据，统一更新了数据（详见附录3～5）。

本书力求体现简明、现代、双语的特色，纸质教材内容精练，数字平台内容作为补充，体现新形态教材的优势。在结构、内容和形式上具体表现为：

1. 无机化学原理部分（第1～10章）用中、英文分别编写，其中，英文部分以中文部分为蓝本，但二者不完全对应；以宏观（第1～7章）和微观（第8～10章）两条线分别讲解化学热力学、化学平衡、四大离子平衡和化学反应速度以及原子结构、分子结构和配合物结构，这两条线在第10章第3节会合。

2. 元素化学部分（第11～15章）用中文编写，依据元素周期表的5个区，分为5章。以同族元素原子的价电子构型为基础，依次介绍元素单质和重要化合物的组成、结构、性质、制备及应用；同时，将锂离子电池材料、石墨烯等研究热点融于相关章节。

3. 全书的习题解答及中、英文课件等相关内容以电子版形式置于中国海洋大学出版社网站（网址：http://pub.ouc.edu.cn/2019/0729/c15638a254307/page.htm），可通过扫描本书封底的二维码获得，供读者学习参考。

在二十多年的无机化学教学中，编者参考了国内外多部无机化学经典教材（见参考文献）。在此，向各位同行前辈，尤其是北京大学傅鹰先生、南京大学甘兰若先生、南开大学申泮文先生、吉林大学宋天佑教授、中国科技大学张祖德教授以及北京师范大学等三校无机化学教研室和大连理工大学无机化学教研室的同仁们表示衷心感谢！在本书的修改过程中，编者得到了多方帮助。感谢武汉大学程功臻教授的指导，承蒙他对编者提出的细小问题给予了引经据典的耐心回复。感谢山东省教育科学研究所原所长刘宗寅先生的指正，使得本书在内容表达上与国家教学指导委员会的规定一致，更好地与中学化学教材内容衔接。感谢中国海洋大学陈国博老师对全书的中文表述以及反应的化学方程式做了仔细校对和修改。感谢历届学生的支持：中国海洋大学化学系1999级学生刘海胜，毕业后一直从事锂离子电池的研究开发，本书增补的锂离子电池部分源自他提供的资料；2003级学生杨化锋，博士毕业于曼彻斯特大学石墨烯研究中心，本书的石墨烯部分选自她的学位论文；我的研究生侯谦奋、李颖慧、许振男校对了部分章节；学生任雯复核了全书例题及习题的计算结果。此外，学校及学院领导对本书的修订再版给予了大力支持。中国海洋大学出版社编辑孟显丽、高振英和陈龙在修订过程中给予了耐心配合，不厌其烦地校对、排版。在此一并表示感谢！

自不惑之年出版这本无机化学中英文教材，十二年转瞬而逝，虽经编者倾力潜心编撰，但学识有限，第二版中仍难免疏漏之处，恳请各位读者、同行专家指正！

张前前

2018年7月19日于海大浮山校区

第一版前言

无机化学作为化学、药学等专业的第一门专业基础课，国内外教材版本众多，之所以班门弄斧再出一书，完全是出于教学的需要。近年来我们在讲授无机化学课时，已全面采用多媒体教学，特别是随着双语乃至全英文教学的实施，过去一直沿用的中文统编教材就显得不适用。国外英文原版教材图文并茂，既介绍了化学发展的渊源，又密切结合了现实的生产、生活并关注学科的发展，但这些装帧精美的"大部头"教材对于大多数大一学生来说，还是难以"消化和吸收"的。因此，本教程定位为无机化学的中英文简易读本。与国内现有教材相比，本教程力求体现简明、现代、双语的特点，即凝练基础知识，将新成果、新发现补充、融合到基本内容中，具体体现在以下几方面：

1. 教程在内容上包括无机化学基本原理，以宏观和微观两条线，分别讲解化学热力学、化学平衡、四大离子平衡，以及原子结构、分子结构和配合物结构。

2. 本书采用中英文双语编写，英文部分以中文部分为蓝本，但二者不完全对应，其中概念、定律、原理采用参考资料的英文原文。

编者 1983 年在武汉大学就读时，使用的是武汉大学、吉林大学主编的《无机化学》第一版，在高校教学这些年来用的是其第三版，因此，对前辈老师张婉慧（武汉大学）、邵学俊（武汉大学）、曹锡章（吉林大学）、王杏乔（吉林大学）、宋天佑（吉林大学）等深表敬意！编写这本 40 万字的中英文双语教程，是本人十几年教学经验的一次总结，实属一次大胆的尝试，非常感谢中国海洋大学出版社的鼓励和支持！美国伊利诺伊大学(University of Illinois at Cham-paign and Urbana) Paul Kelter 教授审阅了部分英文稿，邵学俊教授、何凤娇教授审阅了书稿；范玉华教授提供了部分习题，陆金仁老师负责绘制全书图表，2004 级研究生张芳校对了全部中文书稿，1998 级学生彭华彧打印了部分中文稿，2002 级学生许博超打印了部分习题，2005 级研究生刘娜打印了附录，在此一并表示感谢。

如果本书能够满足当前我校化学等专业无机化学教学的需要，如果在层次清晰的基础上又能重点突出的话，如果能让读者认识到古老的无机化学仍然生机勃勃，如果在传授知识的同时又能使读者领悟分析问题的方法和思想，那么，我们编写这本中英文对照的《无机化学简明教程》的目的就达到了。

编者才疏学浅，错误和不当之处，敬请专家同行、各位读者指正！

张前前

2006年12月14日

目　录

中文部分目录

英文部分目录

第 1 章　物质的状态

物质在常温、常压下具有三种可能的存在状态：气态、液态或固态；在放电、辐射等特殊条件下，还有等离子态。能量改变时，物质的存在状态就可能发生改变。化学变化中常伴随物质状态的改变。因此，在对化学反应原理进行系统、深入的讨论之前，我们首先需要了解物质气、液、固三态的基本知识。

1.1　气体

1.1.1　理想气体状态方程

理想气体是人为的气体模型，即将气体分子看作具有质量而无体积的几何点，分子间无相互作用力，发生碰撞时没有动能损失。在高温、低压（$T>273$ K，$p\rightarrow 0$或仅为数个帕）的条件下，气体分子间的距离很大，分子自身体积与气体体积相比可忽略不计，分子间作用力微不足道，此时的气体可以被看作理想气体。对于一定量（n）的理想气体，其温度（T，热力学温度＝摄氏温度＋273，单位：开尔文，符号：K）、体积（V）和压强（p）符合理想气体状态方程式：

$$pV=nRT \tag{1.1}$$

式中：R 称为气体常数。

当气体处于**标准状态**（指 273.15 K 和$1.013\ 25\times10^5$ Pa）时，气体的摩尔体积 $V_m=22.414\times10^{-3}\ m^3\cdot mol^{-1}$，即：

$$R=\frac{pV}{nT}=\frac{1.013\ 25\times10^5\,Pa\times22.414\times10^{-3}\ m^3}{1\ mol\times273.15\ K}$$

$$=8.314\ Pa\cdot m^3\cdot mol^{-1}\cdot K^{-1}=8.314\ J\cdot mol^{-1}\cdot K^{-1}$$

应用理想气体状态方程式时，各物理量均应使用国际单位；如果压强以大气压（atm）、体积以升（L）为单位，则 $R=0.082\ atm\cdot L\cdot mol^{-1}\cdot K^{-1}$。

根据 T、V、p 与质量（m）和摩尔质量（M）之间的关系以及密度（ρ）的定义，可推导出气体摩尔质量与密度的关系式：

$$pV=nRT=\frac{mRT}{M}\Rightarrow\rho=\frac{m}{V}=\frac{pM}{RT}$$

即
$$M=\frac{\rho RT}{p} \tag{1.1a}$$

例如,实验测出空气在标准状态下的密度 $\rho=1.293\ \mathrm{kg\cdot m^{-3}}$,则利用式(1.1a)可求出 $M_{空气}=29\ \mathrm{g\cdot mol^{-1}}$。

下面给出利用公式(1.1)和(1.1a)计算气体摩尔质量的两个例子。

例 1-1 已知一纯净气态化合物的质量为 0.896 0 g,其只含氮和氧,在 28.0 ℃ 和 0.973×10^5 Pa 时体积为 0.524 L,求该气体的摩尔质量和化学式。

解:$n=\frac{m}{M}=\frac{pV}{RT}$

$M=\frac{mRT}{pV}=\frac{0.896\ 0\times8.314\times301}{0.973\times10^5\times0.524\times10^{-3}}=44.0(\mathrm{g\cdot mol^{-1}})$

该气体的摩尔质量为 $44.0\ \mathrm{g\cdot mol^{-1}}$,化学式为 N_2O。

例 1-2 利用蒸气密度法测定易挥发液体的摩尔质量。将盛有易挥发液体的瓶子浸泡在温度高于其沸点的其他液体中直接加热,待液体完全蒸发后封住瓶口并取出瓶子,待其冷却后称量。已知室温 $T=288.5$ K,大气压为 1.012×10^5 Pa,水浴温度 $T_{水浴}=373$ K,$m_{瓶+蒸气}=23.720\ 0$ g,$m_{瓶+空气}=23.449\ 0$ g,$m_{瓶+水}=201.5$ g,求该液体的摩尔质量。

解:$M=\frac{mRT}{pV}$

$V=\frac{m_{瓶+水}-m_{瓶+空气}}{\rho_{水}}=\frac{(201.5-23.449\ 0)\times10^{-6}}{1}=0.178\ 1\times10^{-3}(\mathrm{m^3})$

$\rho=\frac{Mp}{RT}$

空气在不同温度时密度之比为$\frac{\rho_1}{\rho_2}=\frac{\frac{p_1}{T_1}}{\frac{p_2}{T_2}}$。标准状态(273 K,$1.013\ 25\times10^5$ Pa)时,空气的密度 $\rho_1=1.293\ \mathrm{g\cdot dm^{-3}}$,则在室温为 288.5 K、大气压力为 1.012×10^5 Pa 时,空气的密度为:

$\rho_2=\frac{\rho_1 p_2 T_1}{T_2 p_1}=\frac{1.293\times1.012\times10^5\times273}{288.5\times1.013\ 25\times10^5}=1.222(\mathrm{g\cdot dm^{-3}})$

即 $m_{空气}=\rho_2 V=1.222\times0.178\ 1=0.217\ 6(\mathrm{g})$

$m_{瓶}=23.720\ 0-m_{蒸气}=23.449\ 0-m_{空气}=23.449\ 0-0.217\ 6=23.231\ 4(\mathrm{g})$

即 $m_{蒸气}=23.720\ 0-23.231\ 4=0.488\ 6(\mathrm{g})$

所以 $M=\frac{mRT}{pV}=\frac{0.488\ 6\times8.314\times288.5}{1.012\times10^5\times0.178\ 1\times10^{-3}}=65.02(\mathrm{g\cdot mol^{-1}})$

该液体的摩尔质量为 $65.02\ \mathrm{g\cdot mol^{-1}}$。

1.1.2　混合气体的分压定律和分体积定律

若理想气体混合物的各种气体组分互不反应，如空气由氮气、氧气、二氧化碳、稀有气体等相互之间不反应的气体组成，则各种气体组分充满整个空间，如同其单独存在时一样。某一组分在同一温度下单独占有混合气体的体积时所具有的压强，称为该组分的**分压**。一定温度下，混合理想气体的总压强等于各气体分压之和，这就是道尔顿(Dalton)分压定律。

$$p_{总} = p_1 + p_2 + \cdots = \sum p_i \tag{1.2}$$

对于每一气体组分，$p_1V=n_1RT$，$p_2V=n_2RT$，……，$p_iV=n_iRT$，即：

$$p_{总}V=(p_1+p_2+\cdots+p_i)V=(n_1+n_2+\cdots+n_i)RT=n_{总}RT$$

$$\frac{p_i}{p_{总}}=\frac{n_i}{n_{总}}=x_i$$

$$p_i=p_{总}x_i \tag{1.2a}$$

式(1.2a)是道尔顿分压定律的另一种形式；其中，x_i 称为摩尔分数，某组分的分压等于总压与其摩尔分数的乘积。

例 1-3　T、V 一定时，$p_{总}=1.42\times10^6$ Pa。将 $n_{N_2}:n_{H_2}=1:3$ 的氮气和氢气的混合气体放入反应器，当原料有 9%反应时，求各组分的分压。

解：

	$N_2(g)$ +	$3H_2(g)$ ===	$2NH_3(g)$
t_0/mol	1	3	0
t'/mol	1(1−9%)	3(1−9%)	2×9%

$n_{总}=4$ mol，$n_{总}'=3.82$ mol，$p_{总}=\dfrac{n_{总}RT}{V}=1.42\times10^6$ Pa，$p_{总}'=\dfrac{n_{总}'RT}{V}$

所以 $p_{总}'=\dfrac{n_{总}'}{n_{总}}p_{总}=\dfrac{3.82}{4}\times1.42\times10^6=1.36\times10^6\,(\text{Pa})$

由分压定律得：

$$p_{N_2}=\frac{0.91}{3.82}\times1.36\times10^6=0.32\times10^6\,(\text{Pa})$$

$$p_{H_2}=\frac{2.73}{3.82}\times1.36\times10^6=0.97\times10^6\,(\text{Pa})$$

$$p_{NH_3}=\frac{0.18}{3.82}\times1.36\times10^6=0.06\times10^6\,(\text{Pa})$$

例 1-4　$2KClO_3 \xrightarrow[\Delta]{MnO_2} 2KCl+3O_2\uparrow$

利用上面的反应制备氧气时，$KClO_3$ 与 MnO_2 的混合物质量减少了 0.48 g，排水集气得 0.377 L 气体。此时 $T=294$ K、总压 $p=9.96\times10^4$ Pa、水的饱和蒸气压 $p_{H_2O}=2.48\times10^3$ Pa，求氧气的摩尔质量。

解:排水集气法得到的是氧气和水蒸气的混合气体:$p_{总}=p_{H_2O}+p_{O_2}$

所以 $p_{O_2}=p_{总}-p_{H_2O}=9.96\times10^4-2.48\times10^3=9.71\times10^4$(Pa)

$$n_{O_2}=\frac{p_{O_2}V_{总}}{RT}=\frac{9.71\times10^4\times0.377\times10^{-3}}{8.314\times294}=0.0150(\text{mol})$$

$M_{O_2}=\frac{m_{O_2}}{n_{O_2}}=\frac{0.480}{0.0150}=32.0(\text{g}\cdot\text{mol}^{-1})$,即氧气的摩尔质量为 32.0 $\text{g}\cdot\text{mol}^{-1}$。

例 1-5 在 290 K 和 1.01325×10^5 Pa 时,在水面上收集 0.15 L N_2,经干燥后 $m_{N_2}=0.172$ g,求干燥氮气的体积 V' 和 M_{N_2}(假设干燥后 T、p 不变,290 K 时水的饱和蒸气压 $p_{H_2O}=1.93\times10^3$ Pa)。

解:$p=p_{N_2}+p_{H_2O}$

所以 $p_{N_2}=p-p_{H_2O}=1.01325\times10^5-1.93\times10^3\approx1\times10^5$(Pa)

$$M=\frac{mRT}{pV}=\frac{0.172\times8.314\times290}{1.0\times10^5\times0.15\times10^{-3}}=28(\text{g}\cdot\text{mol}^{-1})$$

经干燥后的 N_2 在 T、p 不变的情况下,因少了 $H_2O(g)$,所以 V 减小。

$p_{N_2}V=p_{N_2}{}'V'=nRT$

$$V'=\frac{p_{N_2}V}{p_{N_2}{}'}=\frac{1\times10^5\times0.15}{1.01325\times10^5}=0.148(\text{L})$$

即干燥氮气的体积为 0.148 L,氮气的摩尔质量为 28 $\text{g}\cdot\text{mol}^{-1}$。

与上述气体分压定律相类似,恒温恒压时混合气体总体积等于各分体积之和,这称为阿马格(Amagat)分体积定律(图 1-1)。**分体积**指在相同温度下,某一组分气体具有混合气体总压强 p 时所占有的体积。

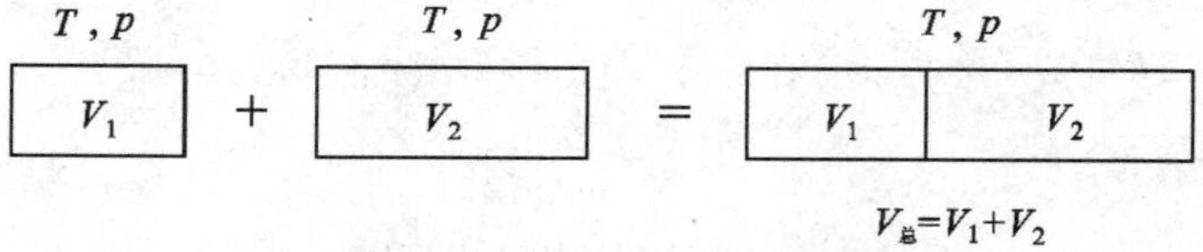

图 1-1 分体积定律示意图

$$V_{总}=V_1+V_2+\cdots=\sum V_i \qquad (1.3)$$

$$pV_1=n_1RT, pV_2=n_2RT, \cdots, pV_i=n_iRT$$

$$p(V_1+V_2+\cdots+V_i)=(n_1+n_2+\cdots+n_i)RT$$

$$pV_{总}=n_{总}RT$$

$$\frac{V_i}{V_{总}}=\frac{n_i}{n_{总}}=x_i$$

$$V_i=V_{总}x_i \qquad (1.3a)$$

1.1.3 气体分子运动论

理想气体状态方程、分压定律和分体积定律等都是从实验中总结出来的，要想从理论上揭示其内在的联系，必须从微观上研究气体分子的运动情况。18 世纪由伯努利(D. Bernoulli)、博斯科维克(R. J. Boscovich)等人提出理论假设并经克劳修斯(R. Clausius)、麦克斯韦(J. C. Maxwell)、玻尔兹曼(L. Boltzmann)、吉布斯(J. W. Gibbs)等人的系统研究，现代由费米(E. Fermi)、狄拉克(P. Dirac)、博斯(S. N. Bose)、爱因斯坦(A. Einstein)等人补充，形成了气体分子运动理论。这一理论解答了气体分子如何运动，分子运动的速率 u 与描述气体存在状态的物理量 p、V、n、T 之间的关系，以及气体分子运动速率 u 的分布规律等问题。

1. 理论假设

气体分子运动论有三条基本假设：①气体由分子或原子组成，这些微粒的体积很小，相对于容器的体积可以忽略不计；②分子的运动毫无规则、毫无秩序，速度由零到超音速，在各个方向上的机会均等，其运动快速变化；③微粒间的碰撞是弹性碰撞，即没有能量损失，彼此之间没有作用力。

2. 气体分子运动方程

设在边长为 l 的立方容器(图 1-2)中放入 N 个质量为 m 的气体分子。假定在全部运动分子中 $\frac{1}{3}N$ 作上下运动，$\frac{1}{3}N$ 作前后运动，$\frac{1}{3}N$ 作左右运动。现考虑一个速度为 u_1 的左右运动的分子，其每撞 A 壁一次动量改变的绝对值为 $2mu_1$，$\Delta t=\frac{2l}{u_1}$，单位时间内动量的变化为力 $F=\frac{2mu_1}{\Delta t}=\frac{mu_1^2}{l}$，则：

$$F=\sum_i F_i=\frac{m}{l}(N_1u_1^2+N_2u_2^2+\cdots)$$

$$=\frac{mN}{3l}\cdot\frac{N_1u_1^2+N_2u_2^2+\cdots}{\frac{1}{3}N}\qquad \left(N_1+N_2+N_3+\cdots=\frac{N}{3}\text{，分子分母同乘}\frac{N}{3}\right)$$

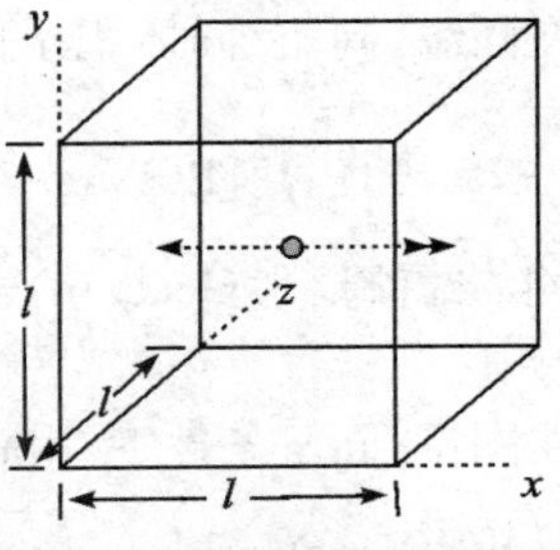

图 1-2 气体分子在立方容器中运动

令 $\overline{u^2}=\dfrac{N_1u_1^2+N_2u_2^2+\cdots}{\frac{1}{3}N}$

即
$$F=\sum_i F_i=\frac{m}{l}(N_1u_1^2+N_2u_2^2+\cdots)=\frac{mN}{3l}\cdot\overline{u^2} \qquad (1.4)$$

$\overline{u^2}$是速率平方的平均值，$\sqrt{\overline{u^2}}$叫作**根均方速率**(root mean square velocity)，简记作 u_{rms}，它是一种平均速率。

$$p=\frac{F}{S}=\frac{mN\overline{u^2}}{l^2 3l}=\frac{mN\overline{u^2}}{3V}$$

$$pV=\frac{1}{3}mN\overline{u^2}=\frac{1}{3}mN(\sqrt{\overline{u^2}})^2=\frac{1}{3}mNu_{\mathrm{rms}}^2=nRT \qquad (1.5)$$

式(1.5)即为理想气体分子运动方程。由此方程可知，u 与 N 无关，即分子的速率不受其数量的影响。

$$u_{\mathrm{rms}}=\sqrt{\frac{3RT}{mN_0}}=\sqrt{\frac{3RT}{M}}=\sqrt{\frac{3kT}{m}} \qquad (1.5\mathrm{a})$$

式(1.5a)中玻尔兹曼(Boltzmann)常数 k 为：

$$k=\frac{R}{N_0}=\frac{8.314\ \mathrm{J\cdot mol^{-1}\cdot K^{-1}}}{6.02\times10^{23}\ \mathrm{mol^{-1}}}=1.38\times10^{-23}\mathrm{J\cdot K^{-1}}$$

式(1.5)可变换为$\dfrac{1}{3}m\cdot\overline{u^2}=\dfrac{R}{N_0}T$

$$\overline{E}=\frac{1}{2}m\overline{u^2}=\frac{3}{2}\cdot\frac{1}{3}m\cdot\overline{u^2}=\frac{3}{2}\cdot\frac{R}{N_0}T=\frac{3}{2}kT \qquad (1.5\mathrm{b})$$

式(1.5b)表明气体分子的平均动能与绝对温度成正比，这就是温度的意义。由此得到一个重要的结论：若两种气体的温度相同，则其平均动能相等。

3. 应用

气体分子运动论可以用来说明我们已知的经验定律，并计算一定温度下气体的根均方速率。

(1)阿伏加德罗定律：同温、同压下，同体积的气体含有相同数目的分子。

对于 A 和 B 两种气体，在同温、同压、同体积条件下，由式(1.5)得$\dfrac{m_{\mathrm{A}}N_{\mathrm{A}}u_{\mathrm{A}}^2}{3}=\dfrac{m_{\mathrm{B}}N_{\mathrm{B}}u_{\mathrm{B}}^2}{3}$，由式(1.5b)得$\dfrac{m_{\mathrm{A}}u_{\mathrm{A}}^2}{2}=\dfrac{m_{\mathrm{B}}u_{\mathrm{B}}^2}{2}$，所以 $N_{\mathrm{A}}=N_{\mathrm{B}}$。

(2)气体扩散定律：1831 年格雷姆(T. Graham)发现同温、同压下，气体扩散的速率和其密度的平方根成反比。

对于 A 和 B 两种气体，在同温、同压条件下，由式(1.5a)得：

$u_{\mathrm{rms,A}}=\sqrt{\dfrac{3RT}{M_{\mathrm{A}}}}$，$u_{\mathrm{rms,B}}=\sqrt{\dfrac{3RT}{M_{\mathrm{B}}}}$，即 $\dfrac{u_{\mathrm{rms,A}}}{u_{\mathrm{rms,B}}}=\sqrt{\dfrac{M_{\mathrm{B}}}{M_{\mathrm{A}}}}$

又因为相同 T、p 下，$M=\frac{\rho RT}{p}$，所以$\frac{M_B}{M_A}=\frac{\rho_B}{\rho_A}$，即得　$\frac{u_{rms,A}}{u_{rms,B}}=\sqrt{\frac{\rho_B}{\rho_A}}$。

例 1-6　在一根 100 cm 长的玻璃管左端塞上蘸有浓氨水的棉花，右端塞上蘸有浓盐酸的棉花，稍后即可在管中观察到一个白雾圈出现，求白雾圈的位置。

解：$NH_3+HCl = NH_4Cl$

$\frac{\text{氨扩散的距离}}{\text{HCl 扩散的距离}}=\frac{u_{rms,NH_3}}{u_{rms\ HCl}}=\sqrt{\frac{M_{HCl}}{M_{NH_3}}}=\sqrt{\frac{36.5}{17}}=1.5$，白雾圈的位置在离左端$\frac{100\times1.5}{2.5}$$=60(\text{cm})$。

(3)计算分子的运动速度：由式(1.5b)可以计算一定温度下气体的根均方速率。

例 1-7　计算 298 K 时 H_2、He、H_2O、O_2、H_2S、Ar、CO_2、Xe 气体分子的根均方速率。

解：由式(1.5a)，$u_{rms}=\sqrt{\frac{3RT}{M}}$

H_2 的根均方速率 $u_{rms}=\sqrt{\frac{3\times8.314\times298}{2\times10^{-3}}}=1\ 928(\text{m·s}^{-1})$

同样计算得到的结果见表 1-1。

表 1-1　298 K 时气体分子的根均方速率

气体	根均方速率/m·s^{-1}
H_2	1 928
He	1 360
H_2O	642
O_2	482
H_2S	468
Ar	431
CO_2	411
Xe	238

4. 速率分布——速率分布函数

室温 298 K 时硫化氢气体的根均方速率为 468 m·s^{-1}，速度很快，但为何在一个房间里不能立即闻到某一处散发出的硫化氢臭鸡蛋气味呢？这是因为空气中有很多分子相互碰撞。在标准状态下，22.4 L 中有 6.02×10^{23} 个分子，即 1 mL中有2.7×10^{19}个分子。硫化氢分子运动时不断与其他分子相撞，每次碰撞，其运动方向就会发生改变，从而导致了分子运动路径的曲折性。为简明起见，图 1-3 给出一个分子的运动路线。

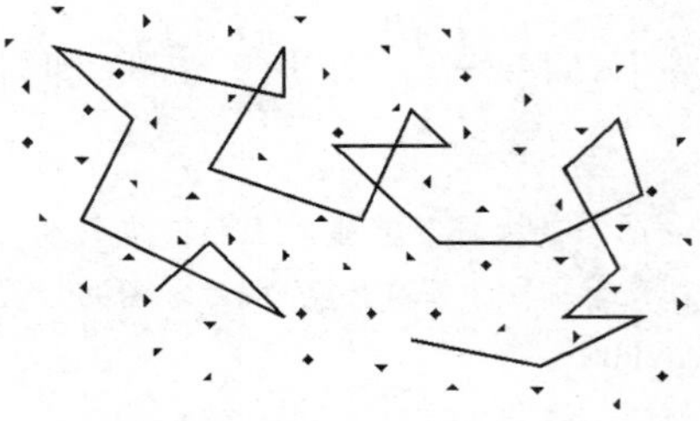

图 1-3　气体分子运动

就大量分子而言，一定条件下，每个分子速率的改变完全是偶然的、随机的。求单个分子的速率不仅没有意义，而且不可能。有两种不同意义的平均速率：一是算术平均速率，二是前面所介绍的根均方速率。利用式(1.5a)求一定温度下气体分子运动的速率，属于根均方速率。事实上，气体分子运动的速率分布遵循统计规律。我们可以求出一定速率区间 $u \rightarrow u+\Delta u$ 内的分子数 ΔN 占总分子数 N 的比例，用速率 u 的函数 $f(u)$ 来表示：

$$f(u)=\frac{1}{N}\cdot\frac{\Delta N}{\Delta u} \tag{1.6}$$

$f(u)$ 的物理意义即分布在速率 u 附近单位速率间隔内的分子数占总分子数的百分比。

$$\Delta N=Nf(u)\cdot\Delta u \tag{1.6a}$$

显然，ΔN 不仅与 Δu 有关，而且与 u 有关。例如，$\Delta u=10\ \mathrm{m\cdot s^{-1}}$，在 10～20 $\mathrm{m\cdot s^{-1}}$ 与 410～420 $\mathrm{m\cdot s^{-1}}$ 两个速率间隔中的气体分子数不相等。$f(u)$ 关系复杂，不是简单的正比例关系。1866 年，英国物理学家麦克斯韦(J. C. Maxwell)用概率论和统计力学推导出气体分子运动速率分布的公式；20 世纪 50 年代，科学家通过实验测定了气体的速率分布，证明了 Maxwell 理论的正确性。

以 u 为横坐标，以 $\frac{1}{N}\cdot\frac{\Delta N}{\Delta u}$ 为纵坐标，可得速率分布曲线(图 1-4)。图中，$u_0 \rightarrow u_0+\Delta u$ 之间的阴影面积表示在速率区间 $u_0 \rightarrow u_0+\Delta u$ 内的分子数占总分子数的百分比，曲线下的面积为 1。由速率分布曲线可知，速率为 $u=0$ 和 $u \rightarrow \infty$ 的分子极少；速率 u 居中的分子较多；曲线最高点所对应的速率用 u_p 表示，表明具有速率 u_p 的分子最多，其分子数在分子总数中占有的比例最大，因此 u_p 称作**最可几速率**。要注意，最可几速率不是平均速率。最可几速率与两种平均速率的关系是：

$$u_p : \bar{u} : u_{rms} = 0.816 : 0.921 : 1.000$$

图 1-5 给出了不同温度时气体的速率分布。显然，温度升高，分子的平均速

率增大，表现为曲线最高点右移，曲线覆盖面加宽，但高度降低，比较平坦(两条曲线下的面积相等)。

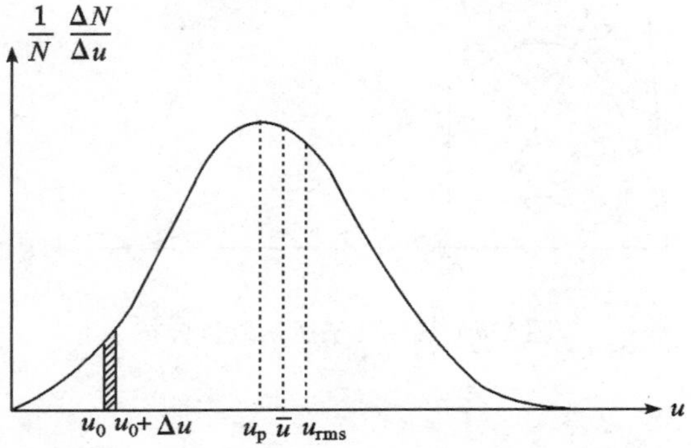

图 1-4　气体分子运动速率分布

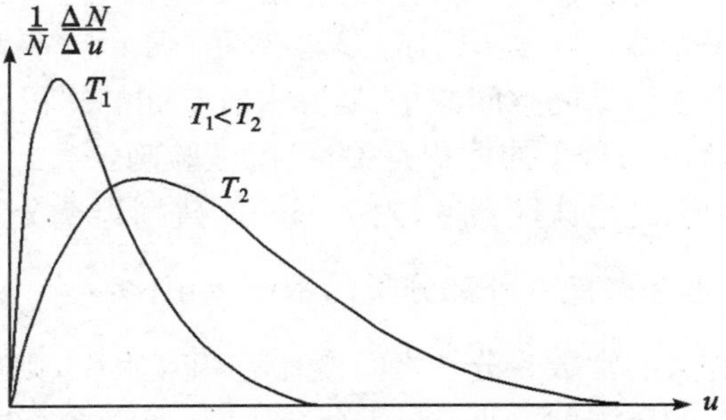

图 1-5　不同温度时的速率分布

5. 气体分子的能量分布

气体分子运动的动能与速率的关系为 $E_k=\frac{mu^2}{2}$，所以气体分子的能量分布可以用类似的曲线来表示(图 1-6)，其近似公式为：

$$f(E_0)=\frac{\Delta N_i}{N}=e^{-E_0/RT} \tag{1.7}$$

该公式称为麦克斯韦—波耳兹曼分布定律。式中：E_0 为某一能量值，$\frac{\Delta N_i}{N}$ 是能量大于和等于 E_0 的分子占有的分数。显然，E_0 越大，$\frac{\Delta N_i}{N}$ 越小。由图 1-6 可见，能量$\geqslant E_0$ 的分子的百分比(阴影部分的面积)，在温度高(T_2)时远远大于温度低(T_1)时。这一结论在第 7 章 7.3.1 节碰撞理论讨论化学反应速率时要用到。

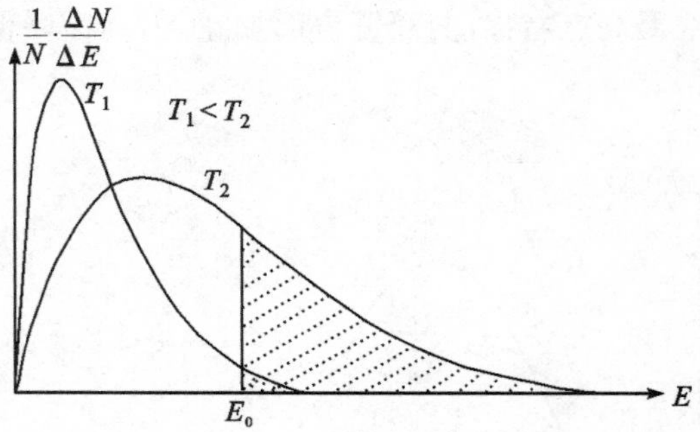

图 1-6 气体分子运动能量分布

1.1.4 实际气体

1. 实际气体状态方程

实际气体(真实气体)不符合理想气体状态方程。1873 年,荷兰化学家范德华(J. D. van der Waals)提出引起偏差有两个原因。一是实际气体分子自身的体积使分子可以活动的空间减小,实际占有空间的体积为 $V-nb$。式中,n 是气体的物质的量;b 与分子的体积有关,可由试验确定。二是分子间的作用力使得分子不能全力以赴地碰撞器壁,内部分子对碰撞器壁分子的引力和内部分子的密度成正比,也和碰撞的外部分子的密度成正比:$p_{内}=a(\frac{n}{V})^2$。式中,a 是与分子间吸引力有关的常数。分子之间既然有相互吸引,则所表现出来的压强比气体所施之器壁的压强就要小,$p_{施}=p_{表}+p_{内}$。换言之,实际气体碰撞器壁所产生的压强小于理想气体碰撞器壁所产生的压强。范德华提出了范德华方程式:

$$(p+a\frac{n^2}{V^2})(V-nb)=nRT \tag{1.8}$$

范德华方程式适用于更为广泛的温度和压强(几十个大气压)范围,a 和 b 叫作范德华常数。因为范德华是第一个将分子之间吸引力概念引进气体公式的人,故这种分子间作用力又叫作范德华力(参见第 9 章 9.3.1 节)。

需要说明的是,凡是表示气体的 p、V、T 关系的方程式都叫作状态方程式。范德华方程式是最早关于实际气体的状态方程式。现在已有近百个状态方程式,它们虽然比范德华方程式更精确,但形式上都很复杂,都是由实验得出的经验公式,没有严格的理论依据,在此不再赘述。

2. 气体的液化

气体变成液体的过程叫作液化。任何气体的液化,都必须在降低温度或同时增加压强的条件下才能实现。降低温度,分子运动速率减小,不利于扩散,有利于增大分子之间的引力；增大压强，分子之间的距离减小，有利于增大分子之间的引力，导致气体的液化。实验表明，单纯降低温度，可使气体液化。例如，氮气的沸点为－196 ℃，将温度降到－196 ℃以下，氮气会变成液氮。实验也表明，单纯增加压力，不能液化气体。只有将温度降低到一定数值，同时增加压力，才能液化气体。这个加压使气体液化所需要的温度，叫作临界温度，用符号 T_c 表示；在 T_c 时使气体液化所需的最低压强，叫作临界压强，用符号 p_c 表示；在 $T=T_c$ 和 $p=p_c$ 时 1 mol 气体所占有的体积，叫作临界体积，用符号 V_c 表示。T_c、p_c、V_c 统称临界常数。一些物质的临界常数和熔点、沸点见表 1-2。

表 1-2　一些物质的临界常数和熔点、沸点

物质	T_c/K	p_c/Pa	V_c/m³·mol⁻¹	mp./K	bp./K
He	5.1	2.28×10^5	5.77×10^{-5}	1	4
H_2	33.1	1.30×10^6	6.50×10^{-5}	14	20
N_2	126	3.39×10^6	9.00×10^{-5}	63	77
O_2	154.6	5.08×10^6	7.44×10^{-5}	54	90
CH_4	190.9	4.64×10^6	9.88×10^{-5}	90	156
CO_2	304.1	7.39×10^6	9.56×10^{-5}	104	169
NH_3	408.4	1.13×10^7	7.23×10^{-5}	195	240
Cl_2	417	7.71×10^6	1.24×10^{-4}	122	239
H_2O	647.2	2.21×10^7	4.50×10^{-4}	273	373

T_c 低，表明气体难液化，这与分子结构有关。例如，He、H_2、N_2、O_2 等非极性分子，分子之间引力很小，所以难液化；H_2O 和 NH_3 等极性分子，分子间作用力较大而易于液化。

一种物质，当 $T>T_c$ 时，为气相；$T<T_c$ 且 $p\geqslant p_c$ 时，为液相。当物质处于 $T=T_c$、$p=p_c$ 和 $V=V_c$ 时，称其处于临界状态。这是一种不稳定的特殊状态，此时气、液态的界面消失。

1.2　液体

液体分子之间的距离远远小于气体分子之间的距离，所以液体与气体的性质明显不同。表面上看似静止的液体实际上其分子在不断地运动。例如，将花粉在水中摇匀，用显微镜观察就会发现花粉在杂乱无章地运动，这种运动称为布朗(Brown)运动。既然运动,就会有分子从液相逸出变成蒸气。这里就围绕液体变成蒸气的过程介绍几个有关的概念。

1. 蒸发热

液体吸收能量变成气体的过程叫作蒸发。什么样的分子可逸出?只有当液体分子运动到接近液体表面,具有向上的运动方向且有足够大的动能时,才能挣脱邻近分子的引力而逃逸出来。液体分子的能量分布与气体分子相似,都符合公式(1.7)$f(E_0)=\frac{\Delta N_i}{N}=e^{-E_0/RT}$。一定条件下,随着动能较大的分子的逸出,体系的动能减小,T 降低。欲使液体在恒温、恒压下蒸发,须从环境吸热。维持液体恒温、恒压下蒸发所必需的热量,叫作蒸发热。一定温度和压强下,1 mol 液体的蒸发热叫作**摩尔蒸发热**,用"$\Delta_v H_m^\ominus$"表示,单位为$J\cdot mol^{-1}$。不同物质,分子间作用力不同,$\Delta_v H_m^\ominus$不同;同一物质,不同温度时,$\Delta_v H_m^\ominus$亦不同。通常,液体摩尔蒸发热数值是在其沸点及 1 atm 下测得的,在一定温度范围内 $\Delta_v H_m^\ominus$可视为常数。

2. 饱和蒸气压

把某些液体放入真空罩内,液体开始蒸发,蒸气分子无序运动,与液面撞击被捕获进入液体。当 $v_{蒸发}=v_{凝聚}$时,达到动态平衡,此时的蒸气叫作饱和蒸气,所产生的压强叫作**饱和蒸气压**,用 p 表示。

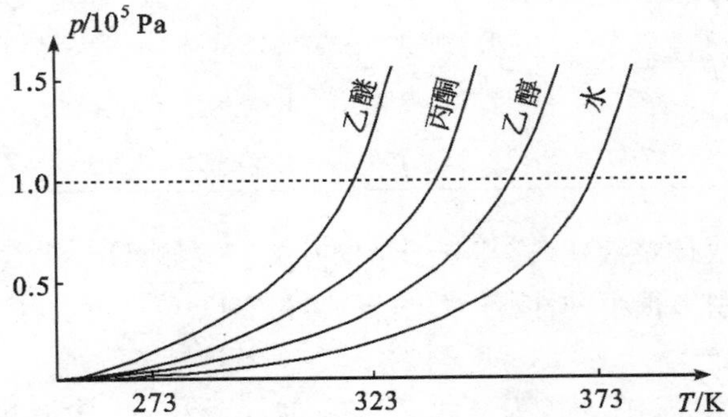

图 1-7　几种液体的饱和蒸气压曲线

由图 1-7 几种液体的饱和蒸气压曲线可见:

(1)同一温度下,液体分子间作用力强,分子难以逸出,饱和蒸气压 p 就小。分子间作用力的大小顺序为 $H_2O>C_2H_5OH>CH_3COCH_3>(C_2H_5)_2O$,因此,同一温度时,$p$ 的大小顺序为 $H_2O<C_2H_5OH<CH_3COCH_3<(C_2H_5)_2O$,即非极性分子乙醚、丙酮等有机溶剂蒸气压大,容易蒸发。(所以实验室里必须严禁烟火)

(2)同一液体,温度升高,具有较大动能的分子数增多,逸出的分子数增多,蒸气压增大。液体的蒸气压 p 随温度升高而呈曲线升高,不是直线关系(与理想气体不同);若以 $\lg p$ 对 $\frac{1}{T}$ 做图,可得一直线。

$$\lg p=\frac{A}{T}+B \tag{1.9}$$

斜率 $A=\frac{-\Delta_v H_m^\ominus}{2.303R}$,即:

$$\lg p=-\frac{\Delta_v H_m^\ominus}{2.303\,RT}+B \tag{1.9a}$$

设 T_1 和 T_2 两个温度的蒸气压分别为 p_1 和 p_2,将其带入式(1.9a)再相减,得:

$$\lg\frac{p_1}{p_2}=\frac{\Delta_v H_m^\ominus}{2.303\,R}\cdot\frac{T_1-T_2}{T_1T_2} \tag{1.9b}$$

式(1.9b)称为**克劳修斯-克拉贝龙(Clausius-Clapeyron)方程**。可见,蒸气压只是温度的函数,与液体的量和蒸气的体积无关。在恒温时可改变蒸气的体积而不影响其压力,因为恒温下,使蒸气体积减半,则蒸气浓度加倍,于是凝聚速度增加,直至达到新的平衡,蒸气浓度恢复;此过程中,蒸气压不变。

3. 液体的正常沸点

液体的饱和蒸气压等于外界大气压时所对应的温度,称为液体的沸点。显然,对于同一液体,外界压强不同时,液体的沸点不同。例如,在高山上,$p_{外}<1.013\,25\times10^5$ Pa,水的沸点小于 100 ℃。因此,外界压强等于 $1.013\,25\times10^5$ Pa 时液体的沸点,叫作液体的正常沸点。外界压强的降低,可降低液体的沸点,减压蒸馏利用的就是这个原理。

1.3 固体

给液体降温,分子运动速度减慢,当温度低于某个值时,液体凝固成固体。对于液体而言,这一温度叫作凝固点;对于固体而言,这一温度叫作熔点。

$$液体\underset{熔化,吸热}{\overset{凝固,放热}{\rightleftharpoons}}固体$$

1.3.1 晶体与非晶体

1. 定义

从外表上看固体,有的具有整齐的外形,如食盐是立方体、明矾是八面体;有的则无固定的形状，如玻璃、沥青。前者，内部质点有规律地排列，叫作**晶体**；后者，内部质点无规律排列，这是因温度突然降到液体凝固点以下物质的质点（分子、原子、离子）来不及进行有规则排列而形成的，叫作**非晶体**，也叫作**无定形体**。例如，玻璃的制备过程，即在高温下将反应物完全熔化后立即于室温下用平板压玻形成透明玻璃体的过程。

2. 异同点

晶体与非晶体的共同点在于其可压缩性、扩散性均很差，不同之处表现在以下四方面。首先，完整晶体有固定的几何外形，而非晶体则没有。例如，玻璃压片则成片状，放入模子则与模子形状一样；而从溶液中析出的明矾[$KAl(SO_4)_2 \cdot 12H_2O$]均为正八面体的晶体，盐水中缓慢析出的 NaCl 晶体都是立方体。第二，晶体有固定的熔点，而非晶体由软化到成为流体有一个很宽泛的温度范围，无固定的熔点。第三，晶体具有各向异性，即在不同方向上有不同的性质（力、光、电、热等），而非晶体都是各向同性的。例如，石墨易沿层状结构方向断裂，所以可用作铅笔和润滑剂；石墨的层向电导率高出竖向电导率 1 万倍。第四，晶体绝大多数稳定（某些人工合成的、对空气敏感的晶体除外），而非晶体则不稳定。例如，实验室制备的氟化物玻璃在空气中放置则会析晶而变得不透明，最终成为晶体。自然界中绝大多数的固态物质都属于晶体，只有极少数属非晶体。

1.3.2　7 种晶系和 14 种晶格

1. 7 种晶系

晶体的外形，是被隐藏着的晶体内部结构的反映。自然界中的晶体以及由人工方法制得的晶体，很少有完全整齐的外形，因为往往生长得不均衡，形状发生歪曲或缺陷。然而，不管晶体的外形如何不规则，对于某一晶体来讲，晶面之间所成的夹角总是不变的，因为晶系的晶轴夹角是固定的；只要测量出晶面间的夹角，就能准确地确定该晶体所属的晶系种类。在结晶学中根据结晶多面体的对称情况从外形上将晶体分为七类，称为七大晶系。表 1-3 列出了七大晶系的晶体在晶轴长短和晶轴夹角方面的差别，这就是分系的根据。

2. 14 种晶格

晶系还可以再细分。构成晶体的质点（离子、原子或分子）以一定的规则排列在空间，形成点阵。根据 X-射线晶体结构分析的结果可知，共有 14 种可能的点阵形式，这些点阵形式称为**晶格**（表 1-3）。7 种晶系都形成不带心的简单晶格。对于立方晶系，除了简单立方晶格外，还有体心立方晶格和面心立方晶格，共 3 种晶格。在简单立方晶格中，立方体每个顶角都有一个质点。在体心立方晶格中，除了这 8 个质点以外，立方体中心还有 1 个质点。在面心立方晶格中，除了这 8 个质点外，立方体 6 个面的中心都有质点。对于正交晶系，有简单正交晶格、体心正交晶格、面心正交晶格、底心正交晶格，共 4 种晶格。对于四方晶系，有简单四方晶格、体心四方晶格，共 2 种晶格。对于单斜晶系，有简单单斜晶格、底心单斜晶格，共 2 种晶格。所以，7 种晶系可以细分为 14 种晶格。

表 1-3　7 种晶系和 14 种晶格

晶系	晶轴长度	晶格			
		简单	体心	面心	底心
立方	$a=b=c$ $\alpha=\beta=\gamma=90°$	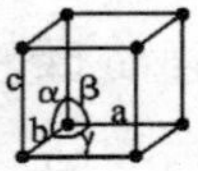	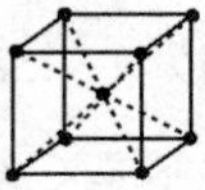	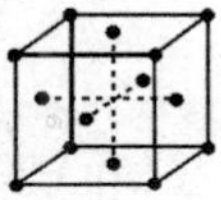	
四方	$a=b\neq c$ $\alpha=\beta=\gamma=90°$	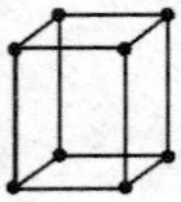	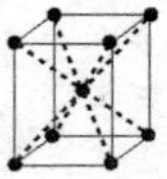		
正交	$a\neq b\neq c$ $\alpha=\beta=\gamma=90°$	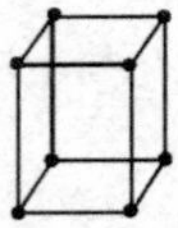	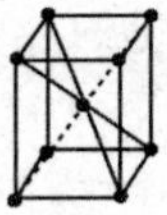	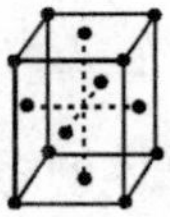	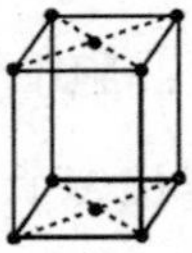
单斜	$a\neq b\neq c$ $\alpha=\gamma=90°,\beta\neq 90°$	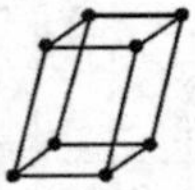			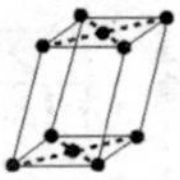
三斜	$a\neq b\neq c$ $\alpha\neq\beta\neq\gamma\neq 90°$				
六方	$a=b\neq c$ $\alpha=\beta=90°,\gamma=120°$	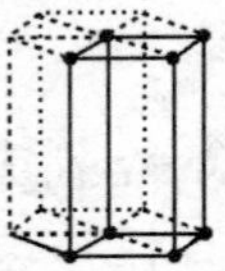			
三方	$a=b=c$ $\alpha=\beta=\gamma\neq 90°$	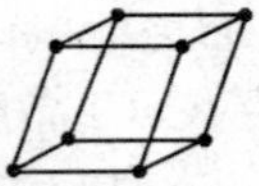			

3. 晶胞

组成晶体的基本单位，即能够表达出晶格结构特征的最小重复单位，叫作晶胞。一般情况下，晶胞是一个平行六面体，含有一定数目的质点，这些质点可以是离子、原子或分子。显然，晶胞在空间作有规律的重复排列，即得宏观晶体。所以晶胞的大小、形状和组成完全决定整个晶体的结构和性质。

图 1-8 是 CsCl、NaCl 和 ZnS(闪锌矿型)晶体的晶胞图。在一个 CsCl 晶胞中有 1 个 Cs^+(体心处)，还有 8 个处于立方体角隅上的 Cl^-。由于每个角隅上的那 1 个 Cl^- 同时属于相邻的 8 个同样的晶胞，因此那 8 个 Cl^- 对一个晶胞来讲只能作为一个($8\times\frac{1}{8}=1$)。所以，一个氯化铯晶胞中 $Cs^+:Cl^-=1:1$，晶体中存在着等数目的 Cs^+ 和 Cl^-，并不是 CsCl 分子。在一个 NaCl 晶胞中，在体心处有一个 Na^+，在每条棱的中央有一个 Na^+，共 12 个，但每一个只能算作$\frac{1}{4}$个，所以晶胞中共有 4 个 Na^+($1+12\times\frac{1}{4}$)，4 个 Cl^-($8\times\frac{1}{8}+6\times\frac{1}{2}$)。因此一个氯化钠晶胞中 $Na^+:Cl^-=4:4(1:1)$，即晶体中存在等数目的 Na^+ 和 Cl^-。一个 ZnS 晶胞中含有 4 个 Zn^{2+}，4 个 S^{2-}($8\times\frac{1}{8}+6\times\frac{1}{2}$)，因此一个 ZnS 晶胞的化学成分代表了 ZnS 晶体的组成。

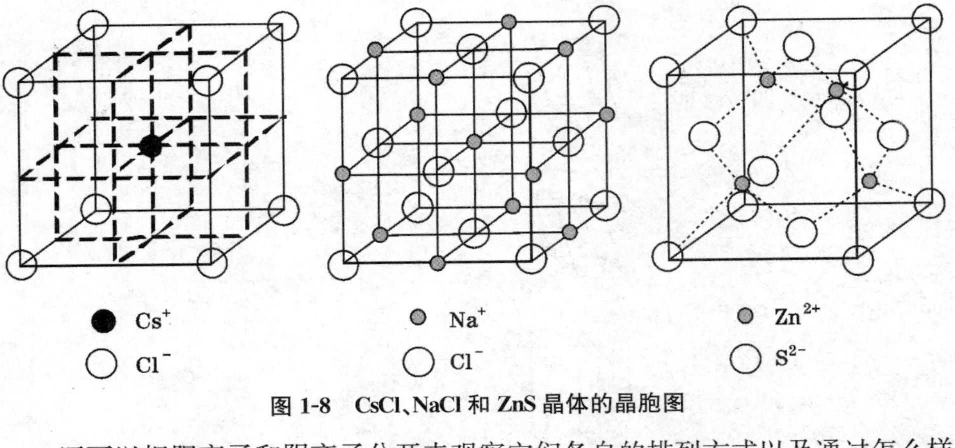

图 1-8 CsCl、NaCl 和 ZnS 晶体的晶胞图

还可以把阳离子和阴离子分开来观察它们各自的排列方式以及通过怎么样方式的穿插来组成晶胞的。同一晶体不论有多少种不同的质点，每种质点所排列成的形式都是完全相同的。图 1-9 显示了 CsCl 晶胞由 Cs^+ 和 Cl^- 的简单立方晶格在体心处穿插而成，NaCl 晶胞是由 Na^+ 和 Cl^- 的面心立方晶格穿插而成的。

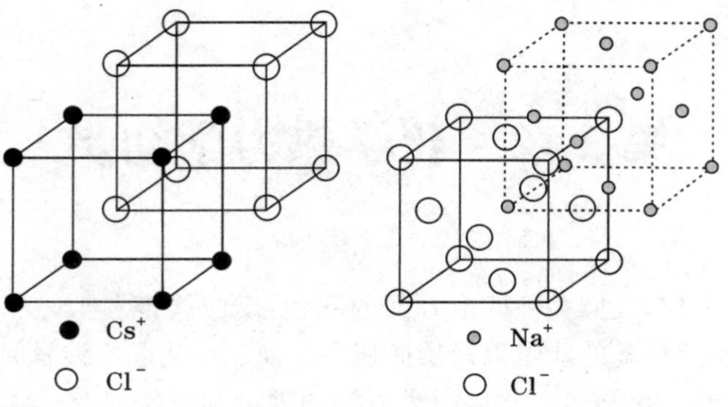

图 1-9　晶胞的构成

综上，CsCl 为简单立方晶体；NaCl 和 ZnS 均为面心立方晶体，但二者的结构类型不同。关于晶体的类型和性质，将在第 9 章中进一步学习。

习　题

1-1　一敞口烧瓶在 280 K 时所盛的气体，需加热至什么温度时才能使其 $\frac{1}{3}$ 逸出瓶外？

1-2　某气态化合物是氮的氧化物，其中氮的质量分数为 30.5%。今有一容器，其中装有该氮氧化物 4.107 g，其体积为 0.500 L，压强为 202.7 kPa，温度为 0 ℃。试求：

(1)在标准状态下，该气体的密度是多少？

(2)该气体的摩尔质量是多少？

(3)写出该气体的化学式。

1-3　现有一气体，在 35 ℃、101.3 kPa 的水面上捕集，体积为 500 mL。如果在同样条件下将它压缩成 250 mL，干燥气体的最后分压是多少？(35 ℃时 H_2O 的蒸气压为 5.626 7 kPa)

1-4　$CHCl_3$ 在 40 ℃时蒸气压为 49.3 kPa，于此温度和 98.6 kPa 压强下，有 4.00 L 空气缓慢通过 $CHCl_3$(即每个气泡都为 $CHCl_3$ 蒸气所饱和)，求：

(1)空气和 $CHCl_3$ 混合气体的体积是多少？

(2)被空气带走的 $CHCl_3$ 的质量是多少？

1-5　在 273 K 和 $1.013\,25\times10^5$ Pa 条件下，将 1.0 L 洁净干燥的空气缓慢通过甲醚液体，在此过程中液体损失 0.033 5 g，求此种液体 273 K 时的饱和蒸气压。

1-6　平均动能相同而密度不同的两种气体，温度是否相同，压强是否相同？为什么？

1-7　何谓晶胞？以图 1-8 中 ZnS 晶胞为例，说明晶体的组成。

1-8　自然界的晶体可分为多少晶系？有多少种晶格？

第2章　化学热力学初步

对于化学反应，人们关注四个方面的问题：反应能否发生，反应进行的程度即化学平衡，反应伴随的能量以及反应速率。前三个问题不涉及时间概念，属于化学热力学范畴。化学热力学是用热力学的理论和方法研究化学问题，它着眼于研究对象宏观性质的变化，只需考虑起始状态和终止状态，无须了解变化的过程机理。本章题为“化学热力学初步”，仅讨论反应伴随的能量变化以及判断反应能否发生这两个问题。

2.1　热化学

化学反应往往伴有热量的吸收或放出。将热力学的原理和方法应用到化学反应中，讨论和计算其热量的变化的化学分支，称为热化学。本节首先介绍热化学的基本概念和热力学第一定律，然后给出反应热的定义，进而引入状态函数的改变量（ΔU、ΔH）来计算反应热，并介绍四种计算方法。

2.1.1　基本概念

1. 体系和环境

化学热力学研究的对象叫作体系，体系之外的部分称为环境。根据体系与环境之间物质和能量的交换关系，将体系分为三类：体系与环境有物质和能量交换的，称为敞开体系；体系与环境没有物质交换，只有能量交换的，称为封闭体系；体系与环境没有物质和能量交换的，称为孤立体系。例如，室温下的一敞口杯中盛有开水，以水为体系，则盛水的杯子、水面上方的空气等都是环境；开水在室温下放置逐渐变凉，即体系向环境放出能量，同时水层表面的水分子逸出，进入环境，因此这一体系为敞开体系。若换成带盖的杯子，则阻止了水与环境之间的物质交换，这一体系便为封闭体系。若换成保温杯，既杜绝了物质交换，又杜绝了能量交换，则为孤立体系。

化学反应通常在封闭体系中进行。

2. 状态和状态函数

状态指由一系列表征体系的物理量确定的体系的存在形式，这些物理量即为状态函数。状态函数分为两类:一类具有加和性,即量度性质(广延性质),如 V、n、m 等;另一类不具有加和性,为强度性质,如温度 T、压强 p、密度 ρ 等。

体系发生变化前的状态称为始态,变化后的状态称为终态。状态函数的改变量等于终态的量减去始态的量,用希腊字母 Δ 表示。例如,将一壶水由 20 ℃变为 100 ℃,一种方法是直接加热到 100 ℃,温度的改变量 $\Delta T=T_2-T_1=100\ ℃-20\ ℃=80\ ℃$;第二种方法是先将水的温度降至 0 ℃(结冰),再升高温度至 100 ℃,温度的改变量仍为 $\Delta T=80\ ℃$。可见,状态函数的改变量与变化过程无关,体系的始态和终态确定,则状态函数的改变量确定,即"状态函数有特征,状态一定值一定,殊途同归变化等,周而复始变化零"。

3. 热和功

由于温度不同而在体系与环境之间交换的能量(大量质点无序运动传递的能量),叫作热(Q);除了以热量形式传递外的其他各种被传递的能量(大量有序运动传递的能量),叫作功(W),如体积功、机械功、电功等。热和功是能量传递的形式,只有在状态改变时才有,但不是状态函数。

4. 过程和途径

体系的状态的变化,从始态变到终态,称为过程。有一些过程在特定条件下进行,如等温过程、等压过程、等容过程、绝热过程等。一个过程中可以有多种不同的方式,每一种方式称为一种途径;其中,可逆途径是一种理想的途径,在下一节讨论。

5. 热力学能

热力学能,又称内能,是体系内一切能量的总和,包括动能(振动、平动、转动等)、位能等,一般用"U"表示。人们对物质运动形式的认识有待继续不断深入,因此,内能的绝对值无法求得。但体系状态改变时,体系与环境之间有能量交换,即有热和功的传递,因此可以确定内能的变化值 ΔU。那么,内能的改变量 ΔU 与 Q、W 有什么样的关系呢?

2.1.2 热力学第一定律

1. 热力学第一定律

热力学第一定律(即能量转化与守恒定律)指出,体系由始态到终态这一过程中,体系吸收的热量为 Q,对环境做的功为 W,则体系内能的改变为:

$$\Delta U=U_2-U_1=Q-W \tag{2.1}$$

式(2.1)表明,体系内能的改变等于体系从环境吸收的热量减去体系对环境所做的功,并规定:体系吸热时 Q 为"+",取正值;体系对环境做功时 W 为"+",取正值。

2. 焦耳定律

对于一定量的纯物质，内能由 p、T、V 中任意两个量决定。而对于理想气体，1843 年英国物理学家焦耳(J. P. Joule)通过实验发现，理想气体的 U 仅为 T 的函数，即 $U=f(T)$，这一定律称为焦耳定律。图 2-1 为焦耳实验装置示意图。打开旋钮，至达平衡。$T_{水}$ 无变化，气体膨胀前后 T 未变，即 $Q=0$；又体系不对环境做功，$W=0$，所以 $\Delta U=Q-W=0$，也就是说，理想气体膨胀过程中内能不变，即：

$$U=f(T) \tag{2.2}$$

水的比热很大，所以微小的放热难以测量，实验证明：气体原来的 p 越小，式(2.2)越正确；当 $p\to 0$ 时，式(2.2)完全正确。

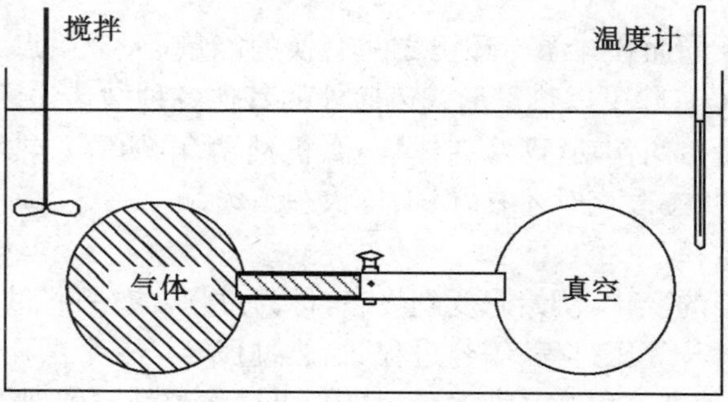

图 2-1　焦耳实验装置示意图

3. 可逆途径

体系由始态到终态，可以通过不同的途径来实现。请看下面的例子。

例 2-1　一定量的理想气体($n=0.646$ mol)等温膨胀，$T=298$ K，由始态 $p_1=16\times10^5$ Pa、$V_1=1.0\times10^{-3}$ m^3 到终态 $p_2=1.0\times10^5$ Pa、$V_2=16\times10^{-3}$ m^3。若分别进行一步膨胀、二步膨胀(第一步外压为 2.0×10^5 Pa，第二步外压为 1.0×10^5 Pa)及无限多步膨胀，计算相应的膨胀功。

解：一步膨胀：$p_{外}=1.0\times10^5$ Pa，$W=p_{外}\cdot\Delta V=1.0\times10^5\times15\times10^{-3}=1.5\times10^3$ (J)

二步膨胀：$p_{外}=2.0\times10^5$ Pa，$V_{中间态}=8.0\times10^{-3}$ m^3；$p_{外}'=1.0\times10^5$ Pa

$W=p_{外}\cdot\Delta V+p_{外}'\cdot\Delta V'=2.0\times10^5\times7\times10^{-3}+1.0\times10^5\times8\times10^{-3}=2.2\times10^3$ (J)

无限多步膨胀：$p_{外}=p_{内}-\delta p$

$$W_{\mathrm{r}}=\int p_{外}\mathrm{d}v=\int(p_{内}-\delta p)\mathrm{d}v=\int p_{内}\mathrm{d}v-\int\delta p\mathrm{d}v=\int p_{内}\mathrm{d}v=\int\frac{nRT}{V}\mathrm{d}v=nRT\int_{V_1}^{V_2}\frac{1}{V}\mathrm{d}v$$

$$=nRT\ln\frac{V_2}{V_1}=0.646\times8.314\times298\times\ln\frac{16\times10^{-3}}{1.0\times10^{-3}}=4.4\times10^3\ (\mathrm{J})$$

由上述计算结果可见,步骤越多,体系对环境所做的膨胀功就越大;在理想的无限多步条件下,膨胀功最大。例 2-1 中,若反过来,由终态再压缩回始态,可以计算出相应的环境对体系的压缩功,结果见表 2-1。

表 2-1　例 2-1 中膨胀功与压缩功的比较

步骤数	膨胀功($\times 10^3$ J)	压缩功($\times 10^3$ J)
一	1.5	−24
二	2.2	−12.8
无限多步	4.4	−4.4

由分析数据可知,在有限步骤的途径中,|膨胀功|<|压缩功|,即体系向环境做的功小于环境向体系做的功,环境要留下痕迹,称为不可逆途径。对于无限多步的途径,|膨胀功|=|压缩功|,即经过一次无限慢的膨胀和压缩循环之后,体系和环境都恢复到原态而没有留下任何痕迹(变化)。体系无限多步达到平衡态,即每时每刻都在无限地接近平衡态,这是所有途径中最特殊的一种,称为可逆途径。可逆途径具有三个特点:①在无限接近于平衡的状态下完成,是理想的、实际可能达到的极限;②在反应过程中,循原来的途径,体系和环境均回到原来的状态(可逆性);③恒温时,可逆途径中,体系对环境做最大功 W_r,环境对体系做最小功。从实用观点看,可逆途径是变化过程中最经济、效率最高的一种途径。物质的相变可以看作可逆途径。

对于理想气体,恒温时 $\Delta U=0$,可知 $Q_r=W_r$,即可逆途径中体系吸收最多的热量 Q_r。

2.1.3　反应热

化学反应中的热效应来源于"化学键的改组",反应物的化学键断裂要吸热,产物的化学键生成要放热。由反应物($U_1=\sum U_{反应物}$)到产物($U_2=\sum U_{产物}$),能量的变化 $\Delta U=U_2-U_1=\sum U_{产物}-\sum U_{反应物}=Q-W$。其中,$Q$ 是反应的热效应。显然,Q 与 T 有关:同一反应,T 不同,Q 就不同。当反应物与产物的温度相等时,Q 纯粹是化学反应引起的热量改变——反应热。化学热力学一般采用 298 K 时的数值以供比较。

1. 定义

对于只做体积功的封闭体系的反应,当 $T_{反应物}=T_{产物}$时,反应吸收或放出的热量叫作反应热。下面介绍恒容和恒压条件下的反应热以及二者的数量关系。

(1)恒容反应热 Q_v。

因为 $\Delta V=0$，所以 $W=p\cdot\Delta V=0$，即：

$$\Delta U=Q_v \tag{2.3}$$

式(2.3)表明恒容反应中，体系吸收的热量全部用来改变体系的内能。

(2)恒压反应热 Q_p。

因为 $p_{外}=p_1=p_2$，$W=p_{外}\cdot\Delta V$

$\Delta U=Q_p-p\cdot\Delta V$

$Q_p=\Delta U+p\cdot\Delta V=U_2-U_1+p(V_2-V_1)=(U_2+pV_2)-(U_1+pV_1)$

为研究方便，热力学引入新的状态函数 H，令 $H\equiv U+pV$，H 称为热焓（焓）。

$$Q_p=H_2-H_1=\Delta H \tag{2.4}$$

式(2.4)表明恒压反应中，体系吸收的热量全部用来改变该体系的热焓。对于焓需要说明的是，它没有明确的物理意义，具加和性，绝对值无法测得。对于理想气体，由式(2.2)可知，T 一定，$\Delta U=0$，$pV=$ 常数，$\Delta(pV)=0$，所以 $\Delta H=\Delta U+\Delta(pV)=0$，即理想气体的焓为：

$$H=f(T) \tag{2.2a}$$

(3) Q_p 与 Q_v 的关系。

由图 2-2 可知，气相反应中的气体可看作理想气体。由式(2.2)和(2.2a)可知，$\Delta U_{Ⅲ}=0$，$\Delta H_{Ⅲ}=0$。

因为 $\Delta H_{Ⅰ}=\Delta H_{Ⅱ}+\Delta H_{Ⅲ}=\Delta U_{Ⅱ}+\Delta(pV)_{Ⅱ}$

$=\Delta U_{Ⅱ}+p\cdot\Delta V+\Delta p\cdot V$

$=\Delta U_{Ⅱ}+\Delta p\cdot V$

即 $\Delta H_{Ⅰ}=\Delta U_{Ⅱ}+\Delta n_{(产物-反应物)}\cdot RT$

又 $\Delta H_{Ⅰ}=Q_p$，$\Delta U_{Ⅱ}=Q_v$，即：

$$Q_p=Q_v+\Delta n_{(产物-反应物)}\cdot RT \tag{2.5}$$

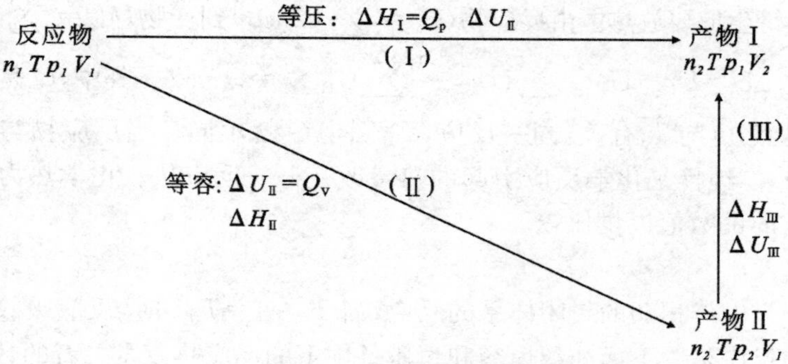

图 2-2 Q_p 与 Q_v 的关系示意图

至此，所讨论的体系中 ΔU 和 ΔH 的单位均为 J 或 kJ。但是对于化学反应，ΔU、ΔH 显然与物质的量的改变有关。例如，生成 2 mol $H_2O(g)$ 和 1 mol $H_2O(g)$，ΔH 显然不同。如何表示反应热与物质的量之间的关系？如何表示反应热与反应进行程度之间的关系？需要引入一个物理量——反应进度 ξ（读音："克赛"）。

2. 反应进度与反应的标准摩尔反应热

对于任意反应：$\gamma_A A + \gamma_B B \rightarrow \gamma_G G + \gamma_F F$

$t=0$	n°_A	n°_B	n°_G	n°_F
t	n_A	n_B	n_G	n_F

定义反应进度：

$$\xi = \frac{n_A^{\circ} - n_A}{\gamma_A} = \frac{n_B^{\circ} - n_B}{\gamma_B} = \frac{n_G - n_G^{\circ}}{\gamma_G} = \frac{n_F - n_F^{\circ}}{\gamma_F} \geqslant 0 \tag{2.6}$$

由式(2.6)可知，反应进度的量纲是 mol。引入 ξ，用任一反应物或产物来表示反应的程度，所得的值相同。$t=0$，$\xi=0$，表示反应尚未进行；ξ 可为正整数、正分数。当反应按反应式的系数比例进行一个单位的反应，$\Delta n_i = |n_i - n^{\circ}_i| = \gamma_i$，即物质的量的改变在数值上等于其化学计量数时，则 $\xi = 1$ mol。

例 2-2　将 10 mol $N_2(g)$ 和 20 mol $H_2(g)$ 混合，当有 2 mol $NH_3(g)$ 生成时，试以下面两个反应的化学方程式为基础计算反应进度。

(a) $N_2(g) + 3H_2(g) \xlongequal{} 2NH_3(g)$；(b) $\frac{1}{2}N_2(g) + \frac{3}{2}H_2(g) \xlongequal{} NH_3(g)$。

解：

	(a) $N_2(g)$	$+3H_2(g)$	$\xlongequal{} 2NH_3(g)$	(b) $\frac{1}{2}N_2(g)$	$+\frac{3}{2}H_2(g)$	$\xlongequal{} NH_3(g)$
$t=0$	10	20	0	10	20	0
t	9	17	2	9	17	2

$\xi_a = \frac{2-0}{2} = 1(\text{mol})$　　　　$\xi_b = \frac{2-0}{1} = 2(\text{mol})$

由此例可知，ξ 的数值与反应的化学方程式写法有关；化学方程式写法不同，$\xi=1$ mol 所代表的物质的量的改变不同。

当 $\xi=1$ mol 时反应的焓变，称为反应的摩尔焓变，用"$\Delta_r H_m$"表示，单位为"$kJ \cdot mol^{-1}$"。$\Delta_r H_m = \frac{\Delta_r H}{\xi}$。显然，$\Delta_r H_m$ 与反应的化学方程式一一对应。

为了比较不同反应的反应热，需要规定一个共同的状态作为基准。热力学规定**物质的标准态**即物质处于某温度 T 和标准压强 $p^{\ominus}$（100 kPa）①时的状态。对

① 根据 IUPAC(International Union of Pure and Applied Chemistry)的建议，化学热力学范畴的标准压强 $p^{\ominus}$ 规定为 100 kPa，有些教材仍沿用 $1.013\ 25 \times 10^5$ Pa。

于固体或液体，其标准态即 $p^{\ominus}$ 下固体或液体纯物质的状态；气体的标准态是指其处于 $p^{\ominus}$ 下的状态，混合气体中某组分的标准态是指该气体分压为 $p^{\ominus}$ 时的状态；溶液中溶质的标准态则指 $p^{\ominus}$ 下溶质浓度为 1 $mol \cdot kg^{-1}$ 或 1 $mol \cdot L^{-1}$（或活度为 1）[①]的状态。可见，物质的标准态未指定温度，是因为对于任何温度 T 都有一定的标准态。鉴于手册中物质的热力学数据大多是在 298.15 K 下得到的，所以本书未加说明时，均以 298.15 K 为参考温度。当反应物和产物都处于标准态，此时反应的摩尔焓变即为标准摩尔焓变，用"$\Delta_r H_m^{\ominus}$"表示，右上角标"$\ominus$"即表示标准态。

3. 热化学方程式

表示化学反应与反应热之间关系的化学方程式，称为热化学方程式。严格地说，热化学方程式是表示一个已经完成了的反应（反应物、产物都处于标准态，反应进度 $\xi = 1$ mol 时）的标准摩尔反应热 $\Delta_r H_m^{\ominus}$ 的化学方程式，如：

$$C(石墨,s) + O_2(g) = CO_2(g) \quad \Delta_r H_m^{\ominus} = -393.5\ kJ \cdot mol^{-1}$$

$$C(金刚石,s) + O_2(g) = CO_2(g) \quad \Delta_r H_m^{\ominus} = -395.4\ kJ \cdot mol^{-1}$$

$$H_2(g) + \frac{1}{2}O_2(g) = H_2O(g) \quad \Delta_r H_m^{\ominus} = -241.8\ kJ \cdot mol^{-1}$$

$$H_2(g) + \frac{1}{2}O_2(g) = H_2O(l) \quad \Delta_r H_m^{\ominus} = -285.8\ kJ \cdot mol^{-1}$$

$$2H_2(g) + O_2(g) = 2H_2O(l) \quad \Delta_r H_m^{\ominus} = -571.6\ kJ \cdot mol^{-1}$$

由于反应热与 T、p 及物质数量、存在状态有关，所以应注意以下几点：

①标明 T、p，通常的反应 $T = 298.15$ K、$p = 1.0 \times 10^5$ Pa，不必标注。

②注明物质的物态或晶形，溶液则需注明浓度。常用"g"表示气态，"l"表示液态，"s"表示固态，"aq"表示水溶液。

③$\Delta_r H_m^{\ominus}$ 与反应的化学方程式写法有关，系数不同，$\Delta_r H_m^{\ominus}$ 数值不同；正、逆反应的标准摩尔反应热数值相等、符号相反，即 $\Delta_r H_{m_{正}}^{\ominus} = -\Delta_r H_{m_{逆}}^{\ominus}$。

至此，明确恒压反应热 Q_p 在数值上等于 ΔH，$\Delta_r H_m$ 和 $\Delta_r H_m^{\ominus}$；写在热化学方程式中的 $\Delta_r H_m^{\ominus}$，通常是 $T = 298.15$ K 时的数值。

4. 反应热的计算

反应热数据可以通过量热实验（参见物理化学实验教材，杜瓦瓶测定恒压反应热，弹式量热计测定恒容反应热）和理论计算两种途径获得。这里介绍四种计算方法。

(1)根据盖斯定律计算。

俄国科学家盖斯(G. H. Hess)指出：一个化学反应在等压且只做体积功的

① 活度概念见本书第 4 章 4.1.2 节。

情况下，无论是一步完成，还是分为几步完成，其热效应的值相同，这称为盖斯定律(图 2-3)，即恒压下一步反应的反应热等于分步反应各反应热之和。

$$\Delta H=\Delta H_1+\Delta H_2+\Delta H_3$$

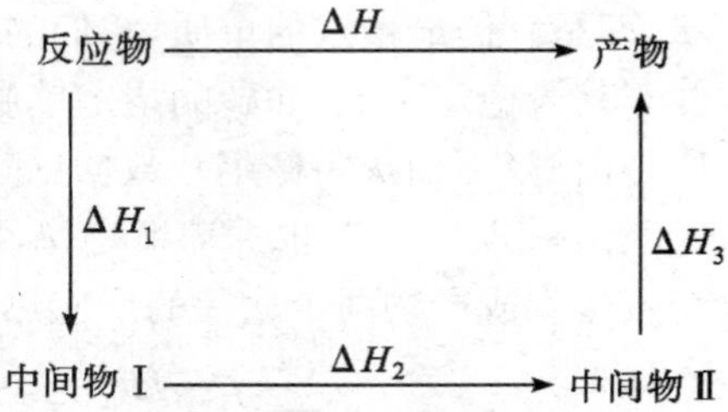

图 2-3　盖斯定律示意图

因此，可以借助于某些已知和易测 $\Delta_r H_m^{\ominus}$ 的反应来求算某些难测反应的反应热。化学热力学讨论的是始态、终态热力学函数的改变量，与反应热是否实际按照设计方案进行无关，这正是其简便之处。

例 2-3　已知：(1)C(石墨)$+O_2(g)$══$CO_2(g)$的 $\Delta_r H_{m(1)}^{\ominus}=-393.5\ kJ\cdot mol^{-1}$

(2)$CO(g)+\frac{1}{2}O_2(g)$══$CO_2(g)$的 $\Delta_r H_{m(2)}^{\ominus}=-283.0\ kJ\cdot mol^{-1}$

求：(3)C(石墨)$+\frac{1}{2}O_2(g)$══$CO(g)$的 $\Delta_r H_{m(3)}^{\ominus}$。

解：因为(3)的反应热很难通过实验测得，而反应(3)＝反应(1)－反应(2)

所以 $\Delta_r H_{m(3)}^{\ominus}=\Delta_r H_{m(1)}^{\ominus}-\Delta_r H_{m(2)}^{\ominus}=-393.5-(-283.0)=-110.5(kJ\cdot mol^{-1})$

例 2-4　已知：

(1)$CH_3COOH(l)+2O_2(g)$══$2CO_2(g)+2H_2O(l)$　$\Delta_r H_{m(1)}^{\ominus}=-874.5\ kJ\cdot mol^{-1}$

(2)C(石墨)$+O_2(g)$══$CO_2(g)$　$\Delta_r H_{m(2)}^{\ominus}=-393.5\ kJ\cdot mol^{-1}$

(3)$2H_2(g)+O_2(g)$══$2H_2O(l)$　$\Delta_r H_{m(3)}^{\ominus}=-571.6\ kJ\cdot mol^{-1}$

求：(4)2C(石墨)$+2H_2(g)+O_2(g)$══$CH_3COOH(l)$　$\Delta_r H_{m(4)}^{\ominus}=?$

解：反应(2)×2＋反应(3)－反应(1)，得反应(4)

所以 $\Delta_r H_{m(4)}^{\ominus}=2\Delta_r H_{m(2)}^{\ominus}+\Delta_r H_{m(3)}^{\ominus}-\Delta_r H_{m(1)}^{\ominus}$

$=-393.5\times2-571.6-(-874.5)=-484.1(kJ\cdot mol^{-1})$

(2)根据标准摩尔生成热/标准摩尔生成焓计算。

由例 2-3、2-4 可见，用盖斯定律求算反应热，需要知道许多相关反应的反应热。从根本上讲，如果知道了反应物和产物的状态函数焓 H，就可以求得反应的$\Delta_r H_m^{\ominus}$，为此引进生成热的概念。但是，由于 H 的绝对值无法测知，必须选择一个基准。化学热力学规定：某温度下，由处于标准态的指定单质生成 1 mol 纯物质(该单质的同素异形体或化合物)的热效应，称为该物质的标准摩尔生成热，用符号“$\Delta_f H_m^{\ominus}$”表示，其单位为$kJ\cdot mol^{-1}$。显然，根据上述定义，处于标准态的指定单质的标准摩尔生成热为零。定义中的指定单质多为该条件下最稳定存在的单质，例如氢、氧、溴、碘、碳的指定单质分别为 $H_2(g)$、$O_2(g)$、$Br_2(l)$、$I_2(s)$和石墨，即是它们最稳定的单质，它们的标准摩尔生成热均为 0；但是，有的指定单质并非其最稳定单质，如磷的指定单质是白磷（不如红磷、黑磷稳定）、锡的指定单质是白锡（不如灰锡稳定），数据见附录 3。

由图 2-4 可知，根据盖斯定律，参加反应的指定单质经反应物再转变为产物与直接生成产物两个途径的反应热相等，即：

$$\sum \gamma_i \Delta_f H_m^{\ominus}{}_{反应物} + \Delta_r H_m^{\ominus} = \sum \gamma_i \Delta_f H_m^{\ominus}{}_{产物}$$

$$\Delta_r H_m^{\ominus} = \sum \gamma_i \Delta_f H_m^{\ominus}{}_{产物} - \sum \gamma_i \Delta_f H_m^{\ominus}{}_{反应物} \qquad (2.7)$$

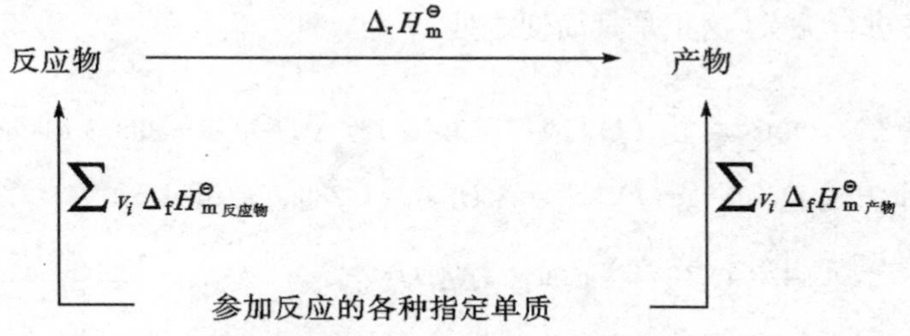

图 2-4　物质的 $\Delta_f H_m^{\ominus}$ 与反应的 $\Delta_r H_m^{\ominus}$ 的关系示意图

例 2-5　已知 C(石墨)══C(金刚石)的 $\Delta_r H_m^{\ominus} = 1.9\ kJ \cdot mol^{-1}$，求 $\Delta_f H_m^{\ominus}{}_{金刚石}$。

解： $\Delta_r H_m^{\ominus} = \sum \gamma_i \Delta_f H_m^{\ominus}{}_{产物} - \sum \gamma_i \Delta_f H_m^{\ominus}{}_{反应物}$

$= \Delta_f H_m^{\ominus}{}_{金刚石} - 0 = 1.9\ (kJ \cdot mol^{-1})$，即 $\Delta_f H_m^{\ominus}{}_{金刚石} = 1.9\ kJ \cdot mol^{-1}$

例 2-6　求反应 $H_2(g) + I_2(g)$══$2HI(g)$ 的 $\Delta_r H_m^{\ominus}$。

解：查附录 3 得到相应物质的 $\Delta_f H_m^{\ominus}$：

	$H_2(g)$	$+ I_2(g)$	══ $2HI(g)$
$\Delta_f H_m^{\ominus}/kJ \cdot mol^{-1}$	0	62.4	26.5

$\Delta_r H_m^{\ominus} = \sum \gamma_i \Delta_f H_m^{\ominus}{}_{产物} - \sum \gamma_i \Delta_f H_m^{\ominus}{}_{反应物}$

$= 26.5 \times 2 - (0 + 62.4) = -9.4(kJ \cdot mol^{-1})$

大多数反应在常温、常压下进行，$\Delta_r H_m^{\ominus}$ 与温度有关但变化不大。在一定温度范围内，视 $\Delta_r H_m^{\ominus}$ 为常数，即 $\Delta_r H_m^{\ominus}{}_{(T)} \approx \Delta_r H_m^{\ominus}{}_{(298\ K)}$。

(3)根据标准摩尔燃烧热/标准摩尔燃烧焓计算。

在指定温度(298.15 K)和标准压强 $p^{\ominus}$(100 kPa)下，1 mol 物质完全燃烧时的热效应，称为该物质的标准摩尔燃烧热，用 $\Delta_c H_m^{\ominus}$ 表示，单位为 $kJ \cdot mol^{-1}$。化学热力学对“完全燃烧”的最终产物做了规定，即物质中的碳、氢、氮、硫、磷、氯等元素分别变为 $CO_2(g)$、$H_2O(l)$、$N_2(g)$、$SO_2(g)$、$P_4O_{10}(s)$、$HCl(aq)$ 等，意味着上述这些最终产物不能再燃烧，因此其标准摩尔燃烧热为零。此外，单质氧不能燃烧，其标准摩尔燃烧热取零。

根据上述定义可以导出：

$$\Delta_r H_m^\ominus = \sum \gamma_i \Delta_c H_{m\,反应物}^\ominus - \sum \gamma_i \Delta_c H_{m\,产物}^\ominus \tag{2.8}$$

式(2.8)主要应用于有机化学反应热的计算，因为多数有机物的 $\Delta_f H_m^\ominus$ 难测，而 $\Delta_c H_m^\ominus$ 易得。

例 2-7 已知燃烧热数据如下：

$$CH_3OH(l) + \frac{1}{2}O_2(g) \xlongequal{} HCHO(g) + H_2O(l)$$

$\Delta_c H_m^\ominus/kJ\cdot mol^{-1}$ -726.64 0 -563.58 0

求该反应的 $\Delta_r H_m^\ominus$。

解：$\Delta_r H_m^\ominus = \sum \gamma_i \Delta_c H_{m\,反应物}^\ominus - \sum \gamma_i \Delta_c H_{m\,产物}^\ominus$

$= -726.64 - (-563.58) = -163.06(kJ\cdot mol^{-1})$

(4)由键能估算。

$$\Delta_r H_m^\ominus = \sum E_{反应物} - \sum E_{产物} \tag{2.9}$$

例 2-8 已知下列键能数据：

	N≡N	N—F	N—Cl	F—F	Cl—Cl
键能/$kJ\cdot mol^{-1}$	942	272	201	155	243

试由键能数据计算下列反应的 $\Delta_r H_m^\ominus$：

(1) $\frac{1}{2}N_2 + \frac{3}{2}F_2 \xlongequal{} NF_3$；

(2) $\frac{1}{2}N_2 + \frac{3}{2}Cl_2 \xlongequal{} NCl_3$。

请用 NF_3 和 NCl_3 的标准摩尔生成热来说明在室温下 NF_3 较稳定而 NCl_3 不稳定。

解：(1) $\frac{1}{2}N_2 + \frac{3}{2}F_2 \xlongequal{} NF_3$

$\Delta_f H_{m\,NF_3}^\ominus = \Delta_r H_m^\ominus = (E_{N\equiv N} + 3E_{F-F} - 6E_{N-F}) \times \frac{1}{2} = (942 + 3\times155 - 6\times272)\times\frac{1}{2}$ $= -112.5(kJ\cdot mol^{-1}) < 0$，即 NF_3 的标准摩尔生成热小于零，NF_3 稳定。

(2) $\frac{1}{2}N_2 + \frac{3}{2}Cl_2 \xlongequal{} NCl_3$

$\Delta_f H_{m\,NCl_3}^\ominus = \Delta_r H_m^\ominus = (E_{N\equiv N} + 3E_{Cl-Cl} - 6E_{N-Cl}) \times \frac{1}{2} = (942 + 3\times243 - 6\times201)\times\frac{1}{2}$ $= 232.5(kJ\cdot mol^{-1}) > 0$，即 NCl_3 的标准摩尔生成热大于零，NCl_3 不稳定，在室温下难以存在。

由于键能数据不全，不同化合物中同一键的键能未必相等，而且一般反应物、产物所处的状态不满足键能定义（见第 9 章 9.1.5 节）的条件，因此通常只是利用键能来估算反应热。

综上所述，可以利用盖斯定律、物质的标准摩尔生成热、物质的标准摩尔燃烧热和键能等四种方法计算反应热。其中，用各物质的标准摩尔生成热 $\Delta_f H_m^\ominus$ 数据计算反应热 $\Delta_r H_m^\ominus$ 是无机化学中使用最普遍的方法。

2.2 化学反应的方向

这一节讨论的中心问题是如何判断化学反应自发进行的方向。与讨论反应热相类似，需要用状态函数改变量（ΔS，ΔG）来解决这一问题。我们首先分析影响化学反应自发进行的因素，进而提出适合于孤立体系的熵判据，再推导出等温、等压条件下的自由能判据。

2.2.1 决定反应自发进行方向的因素

反应的自发性是指反应体系"自行"发生变化，不需要环境做功的性质。例如，酸和碱相遇，即发生中和反应生成水。再如，渗透过程，溶剂分子由稀溶液通过半透膜向浓溶液渗透。这些过程都是自发进行的过程。对于一个反应来说，能量降低显然是自发进行的一个有利因素。比如我们所熟知的酸碱中和 $H^+ + OH^- \xlongequal{} H_2O$、燃烧如$C+O_2 \xlongequal{} CO_2$，它们均为放热反应，即 $\Delta_r H_m^\ominus<0$ 反应能够自发进行。但是，$\Delta_r H_m^\ominus<0$ 不能作为判据，因为一些吸热反应也能自发进行，如：

$$Ba(OH)_2 \cdot 8H_2O(s)+2NH_4SCN(s) \xlongequal{} Ba(SCN)_2(s)+2NH_3(g)+10H_2O(l) \quad \Delta_r H_m^\ominus>0$$

$$CuSO_4 \cdot 5H_2O(s) \xlongequal{>510\ K} CuSO_4(s)+5H_2O(g) \quad \Delta_r H_{m(298\ K)}^\ominus=297.5\ kJ \cdot mol^{-1}$$

$$NH_4HCO_3(s) \xlongequal{>389\ K} NH_3(g)+H_2O(g)+CO_2(g) \quad \Delta_r H_{m(298\ K)}^\ominus=168.2\ kJ \cdot mol^{-1}$$

上面三个反应的共同点是由固态反应物生成了气态或液态产物，即反应体系中分子的活动范围增大了或活动范围大的分子增多了，形象地说，就是体系的混乱程度增大了。可见，体系混乱度变大是反应进行的又一趋势。

总之，能量降低或混乱度增大均有利于化学反应的自发进行。

2.2.2 熵

1. 熵与微观状态数（Ω）的关系

描述体系混乱度的状态函数称为熵，用 S 表示。宏观现象必与体系的微观状态有关。下面来分析三个简单的体系。

①3 个粒子 A、B、C，可分别在 3 个位置之一出现，可能的状态数 $P_3^3=3\times2\times1=6$；

②3 个粒子 A、B、C，可分别在 4 个位置之一出现，可能的状态数 $P_4^3=4\times3\times2=24$；

③2 个粒子 A、B，可分别在 4 个位置之一出现，可能的状态数 $P_4^2=4\times3=12$。

比较①②可知，粒子活动范围越大，体系的微观状态数就越多，混乱度就越大；比较②③可知，粒子越多，体系的微观状态数就越多，混乱度就越大。微观状态数与混乱度（熵）的定量关系为：

$$S=k\ln\Omega \tag{2.10}$$

式中：波耳兹曼常数 $k=1.38\times10^{-23}\ \mathrm{J\cdot K^{-1}}$；微观状态数 Ω 为无量纲，熵 S 的量纲为$\mathrm{J\cdot K^{-1}}$，具有加和性。

推论：同类物质，摩尔质量越大或者结构越复杂，S 越大，如 $S_{I_2(g)}>S_{Br_2(g)}>S_{Cl_2(g)}>S_{F_2(g)}$，$S_{C_4H_{10}}>S_{C_3H_8}>S_{C_2H_6}>S_{CH_4}$。气体复杂分子的 S 比气体简单分子的 S 大，如 $S_{NO_2(g)}>S_{NO(g)}>S_{N_2(g)}$。同一物质，其气态、液态、固态的熵值大小顺序为 $S_{(g)}>S_{(l)}>S_{(s)}$。同一物质，呈固态时，分子在晶格中有规律地排列，只能在节点做微小振动；T 降低，振幅减小，体系熵值减小。当 $T=0$ K 时，纯物质完美晶体只以一种状态存在，即 $\Omega=1$，所以 $S=0$。这就是 20 世纪初，根据实验科学推测出的一个结论，即热力学第三定律。

2. 热力学第三定律与物质的标准熵

绝对零度时，任何完整晶体的原子或分子只有一种排列形式，即只有一种存在状态，其熵值为零，称为热力学第三定律（图 2-5）。由此可计算出物质在$p=1.0\times10^5$ Pa 和温度 T 时的熵值，这一熵值称为物质的标准熵，用符号 $S_m^\ominus$ 表示，单位为$\mathrm{J\cdot mol^{-1}\cdot K^{-1}}$。显然，298 K 时物质的 $S_m^\ominus$ 为正值。对于溶液中的离子，规定 H^+ 的 $S_m^\ominus=0$，因而某些离子如 La^{3+} 和 PO_4^{3-}，其 $S_m^\ominus$ 为负值（见附录 3）。

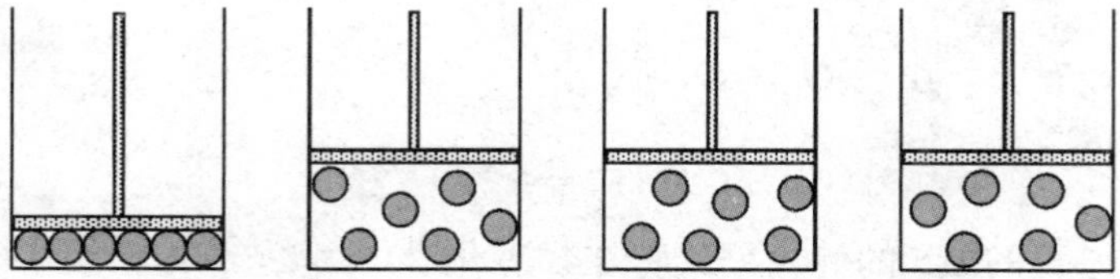

（a）　在 0 K 和 1.0×10^5 Pa

（b）　在 0 K 以上和 1.0×10^5 Pa

图 2-5　理想气体在不同条件下的示意图

3. 反应的标准摩尔熵变

与推导 $\Delta_r H_m^\ominus$ 的计算公式一样，可以推导出化学反应的标准摩尔熵变 $\Delta_r S_m^\ominus$

的计算公式：

$$\Delta_r S_m^\ominus = \sum \gamma_i S_{m\,产物}^\ominus - \sum \gamma_i S_{m\,反应物}^\ominus \tag{2.11}$$

对于任意反应： $aA + bB \rightarrow dD + eE$

$S_m^\ominus/J\cdot mol^{-1}\cdot K^{-1}$ $\quad S_{m\,A}^\ominus \quad S_{m\,B}^\ominus \quad S_{m\,D}^\ominus \quad S_{m\,E}^\ominus$

$\Delta_r S_m^\ominus = d\,S_{m\,D}^\ominus + e\,S_{m\,E}^\ominus - a\,S_{m\,A}^\ominus - b\,S_{m\,B}^\ominus$

例 2-9 求反应 $2HCl(g) = H_2(g) + Cl_2(g)$的标准摩尔熵变。

$$2HCl(g) = H_2(g) + Cl_2(g)$$

$S_m^\ominus/J\cdot mol^{-1}\cdot K^{-1}$ 186.9 130.7 223.1

解：反应由 2 mol HCl 转变为 1 mol H_2和 1 mol Cl_2，混乱程度改变不大。带入数据计算：

$\Delta_r S_m^\ominus = 130.7 + 223.1 - 2\times 186.9 = -20(J\cdot mol^{-1}\cdot K^{-1})$

结果与预计的相符。

显然，反应的熵变 $\Delta_r S_m^\ominus$与 T 有关。但是，由于每一种物质的 $S_{m\,(T)}^\ominus$都随 T 的升高而增大，所以反应物、产物的熵都增大；这样，$\Delta_r S_m^\ominus$ 随 T 的变化不大（与 $\Delta_r H_m^\ominus$类似），因此，在无机化学课程的近似计算中可视为常数。

4. 熵判据

经证明，等温过程中体系的熵变可以用式(2.12)表示：

$$\Delta S_m^\ominus = S_2 - S_1 = \frac{Q_r}{T} \tag{2.12}$$

即恒温时体系的熵变等于可逆途径的热温熵（热量与温度之比）。若为一定量物质的熵变，ΔS 单位为$J\cdot mol^{-1}\cdot K^{-1}$。例如，373 K 水变为水蒸气的过程：

$$H_2O(l) \rightarrow H_2O(g) \quad \Delta_v H_{m\,(373\,K)}^\ominus = \Delta_r H_m^\ominus = Q_r = 44.0\ kJ\cdot mol^{-1}$$

此过程的摩尔熵变 $\Delta S_m = \frac{Q_r}{T} = \frac{44.0\times 1\,000}{373} = 118(J\cdot mol^{-1}\cdot K^{-1})$。

Q 与途径有关。由于 $Q_r \geqslant Q$，所以：

$$\Delta S = \frac{Q_r}{T} \geqslant \frac{Q}{T} \tag{2.13}$$

不等温过程的 ΔS 的计算公式将在物理化学中讨论。

对于孤立体系或绝热过程，$Q=0$，则

$$\Delta S \geqslant 0 \tag{2.14}$$

式(2.14)表示，若 $\Delta S>0$，体系变化可自发进行（以不可逆方式）；$\Delta S=0$，体系达到平衡（以可逆方式）。

式(2.14)是热力学第二定律的一种表述：在孤立体系的任何自发过程中，体系的熵值总是增加的。因此，热力学第二定律又叫作**熵增加原理**。

例 2-10 一个大的高温热源(T_1)通过一个物体,将微小热量 Q 传给另一个大的低温热源(T_2)的过程是自发的。请以此证明熵增加原理。

[证明] $\Delta S_{高温}=\frac{-Q}{T_1}$,$\Delta S_{低温}=\frac{Q}{T_2}$

$$\Delta S_{孤立体系}=\Delta S_{高温}+\Delta S_{低温}=\frac{-Q}{T_1}+\frac{Q}{T_2}=\frac{Q(T_1-T_2)}{T_1T_2}$$

因为 $T_1>T_2$,所以 $\Delta S_{孤立体系}>0$。

熵判据只能在孤立体系或者绝热过程中使用,而化学反应一般为封闭体系在常温、常压进行,影响化学反应方向的两个因素有表 2-2 所示的四种组合情况,因此需要一个能把 $\Delta_r H_m^{\ominus}$ 与 $\Delta_r S_m^{\ominus}$ 联系在一起的新的状态函数。

表 2-2 恒压下 ΔH 和 ΔS 对反应自发性的影响

类型	ΔH	ΔS	反应的自发性
1	−	+	任何温度都能自发进行
2	+	−	任何温度都不能自发进行
3	−	−	需要综合考虑 ΔH 和 ΔS 的影响
4	+	+	需要综合考虑 ΔH 和 ΔS 的影响

2.2.3 吉布斯自由能

1. 吉布斯自由能与自由能判据

等温、等压条件下的化学反应所做的功可以分为体积功 $W_{体}$ 和非体积功 $W_{非}$ 两部分,由热力学第一定律可得:

$$\Delta U=Q-W_{体}-W_{非}$$

$$Q=\Delta U+p\cdot\Delta V+W_{非}=\Delta H+W_{非}$$

由于可逆途径中体系吸热最多,即 $Q_r\geqslant Q$,所以:

$$Q_r\geqslant \Delta H+W_{非}$$

又因为

$$\Delta S=\frac{Q_r}{T}$$

所以

$$T\Delta S\geqslant\Delta H+W_{非}$$

$$-(\Delta H-T\Delta S)\geqslant W_{非}$$

$$-[(H_2-H_1)-T(S_2-S_1)]\geqslant W_{非}$$

$$-[(H_2-TS_2)-(H_1-TS_1)]\geqslant W_{非}$$

令$G\equiv H-TS$，G称为吉布斯自由能，简称自由能。

$$-[G_2-G_1]\geqslant W_{非}$$

$$-\Delta G\geqslant W_{非} \tag{2.15}$$

$-\Delta G>W_{非}$，反应以不可逆的方式自发进行；

$-\Delta G=W_{非}$，反应以可逆的方式进行，处于平衡状态；

$-\Delta G<W_{非}$，反应不能自发进行。

等温、等压条件下，自由能G是体系所具有的做非体积功的能力。当反应以可逆方式进行时(达平衡时)，体系做最大的非体积功$W_{非}$。$-\Delta G$是体系做非体积功的最大限度，这个最大限度在可逆途径中得到实现。若等温、等压条件下，反应的$W_{非}=0$，则$-\Delta G\geqslant 0$，即：

$$\Delta G\leqslant 0 \tag{2.15a}$$

式(2.15a)表明：

①$\Delta_r G_m<0$，以不可逆方式正向自发进行；

②$\Delta_r G_m=0$，以可逆方式进行，达到平衡；

③$\Delta_r G_m>0$，不能正向自发进行，能逆向自发进行。

也就是说，等温、等压条件下，体系吉布斯自由能减小的方向即为不做非体积功的化学反应进行的方向。这正是热力学第二定律的另一种表述：在等温、等压、$W_{非}=0$的条件下，任何自发过程其吉布斯自由能总是减小的。

鉴于化学反应多在等温、等压条件下进行，式(2.15)和(2.15a)可作为化学反应自发进行的判据；通常$W_{非}=0$，式(2.15a)更常用，因此只要求出$\Delta_r G_m$，根据其正、负号，就能判断反应的方向。

2. 物质的标准摩尔生成吉布斯自由能和标准状态下化学反应的$\Delta_r G_m^\ominus$

与H一样，G的绝对值不能求出。与标准生成热的求法类似，规定标准状态下(1.0×10^5 Pa，指定T)各元素的指定单质的吉布斯自由能为零。某温度下，由处于标准状态的元素的指定单质生成1 mol某纯物质的吉布斯自由能的改变量，称为该物质的标准摩尔生成吉布斯自由能，用符号$\Delta_f G_m^\ominus$表示，其单位是$kJ\cdot mol^{-1}$。298 K时物质的标准摩尔生成吉布斯自由能见附录3。

物质均处于标准态时，化学反应的标准摩尔自由能变化$\Delta_r G_m^\ominus$为：

$$\Delta_r G_m^\ominus=\sum \gamma_i \Delta_f G_{m\,产物}^\ominus-\sum \gamma_i \Delta_f G_{m\,反应物}^\ominus \tag{2.16}$$

由$G\equiv H-T\cdot S$可知，在等温、等压条件下，有：

$$\Delta G=\Delta H-T\cdot\Delta S \tag{2.17}$$

标准状态时

$$\Delta_r G_m^\ominus = \Delta_r H_m^\ominus - T \cdot \Delta_r S_m^\ominus \tag{2.17a}$$

式(2.17)和(2.17a)称为**吉布斯-赫姆霍兹(Gibbs-Helmholtz)方程**。

由式(2.17a)可知，虽然 $\Delta_r H_m^\ominus$、$\Delta_r S_m^\ominus$ 随 T 的改变变化不大，但 $\Delta_r G_m^\ominus$ 随 T 的改变变化大。T=298 K，$\Delta G_m^\ominus$ 表示为 $\Delta_r G_{m(298\,K)}^\ominus$；任意温度 T 时，$\Delta G_m^\ominus$ 表示为 $\Delta_r G_{m(T)}^\ominus$。式(2.16)和(2.17a)两个公式均可用来计算反应的 $\Delta_r G_m^\ominus$，但前者只能计算 298 K 的$\Delta_r G_m^\ominus$，后者可计算任意温度时的 $\Delta_r G_m^\ominus$。用式(2.17)对表 2-2 所列的四种情况进行分析，结果见表 2-3。

表 2-3 恒压下温度对反应自发性的影响

类型	ΔH	ΔS	$\Delta G = \Delta H - T\Delta S$	实例及说明
1	−	+	−	$H_2O_2(l) = H_2O(l) + \frac{1}{2}O_2(g)$ 在任何 T 时都能自发进行
2	+	−	+	$CO(g) = C(s) + \frac{1}{2}O_2(g)$ 在任何 T 时都不能自发进行
3	−	−	低温−	$NH_3(g) + HCl(g) = NH_4Cl(s)$
			高温+	反应只在低温时自发进行
4	+	+	低温+	$CaCO_3(s) = CaO(s) + CO_2(g)$
			高温−	反应只在高温时自发进行

例 2-11 用两种方法计算 H_2O_2 分解反应的 $\Delta_r G_{m(298\,K)}^\ominus$，并说明逆反应能否自发进行。

$$H_2O_2(l) = H_2O(l) + \frac{1}{2}O_2(g)$$

	$H_2O_2(l)$	$H_2O(l)$	$\frac{1}{2}O_2(g)$
$\Delta_f G_m^\ominus/kJ \cdot mol^{-1}$	−120.4	−237.1	0
$\Delta_f H_m^\ominus/kJ \cdot mol^{-1}$	−187.8	−285.8	0
$S_m^\ominus/J \cdot mol^{-1} \cdot K^{-1}$	109.6	70.0	205.2

解：$\Delta_r G_m^\ominus = \sum \gamma_i \Delta_f G_{m\,产物}^\ominus - \sum \gamma_i \Delta_f G_{m\,反应物}^\ominus$

$= -237.1 - (-120.4) = -116.7(kJ \cdot mol^{-1})$

$\Delta_r G_m^\ominus = \Delta_r H_m^\ominus - T \cdot \Delta_r S_m^\ominus = (-285.8 + 187.8) - 298 \times (70.0 + \frac{205.2}{2} - 109.6) \times 10^{-3}$

$= -98.0 - 298 \times 63.0 \times 10^{-3} = -116.8(kJ \cdot mol^{-1})$

因为 $\Delta_r H_m^\ominus = -98.0\ kJ \cdot mol^{-1}$，$\Delta_r S_m^\ominus = 63.0\ J \cdot mol^{-1} \cdot K^{-1}$

所以任何温度下 $\Delta_r G_m^\ominus < 0$，反应都正向自发进行，逆反应不能自发进行。

例 2-12 已知下列反应 $CaCO_3(s) = CaO(s) + CO_2(g)$ 的 $\Delta_r H_m^\ominus = 179.2\ kJ \cdot mol^{-1}$、$\Delta_r S_m^\ominus = 160.2\ J \cdot mol^{-1} \cdot K^{-1}$，求该反应自发进行的最低温度。

解：$\Delta_r G_{m(298K)}^\ominus = \Delta_r H_{m(298K)}^\ominus - 298 \times \Delta_r S_{m(298K)}^\ominus$

$$=179.2-298\times160.2\times10^{-3}=131.5(\text{kJ}\cdot\text{mol}^{-1})$$

反应自发进行的条件：

$\Delta_r G^{\ominus}_{m(T)} \approx \Delta_r H^{\ominus}_{m(298K)} - T\Delta_r S^{\ominus}_{m(298K)} < 0$

$T > \dfrac{\Delta_r H_m}{\Delta_r S_m}$，即 $T > \dfrac{179.2\times10^3}{160.2} = 1\,119(\text{K})$

现在，通过计算化学反应的标准自由能变化 $\Delta_r G^{\ominus}_m$，就可以判断当反应物和产物都处于标准状态时反应的方向。但是通常情况下，反应物和产物不处于标准状态，因此需要求出化学反应的自由能变化$\Delta_r G_m$。

2.2.4 化学反应等温式

化学热力学中用化学反应等温式来表示 $\Delta_r G_m$和 $\Delta_r G^{\ominus}_m$关系，即：

$$\Delta_r G_m = \Delta_r G^{\ominus}_m + RT\ \ln Q \tag{2.18}$$

其中，Q 称为**反应商**，等于产物与反应物的相对浓度以化学方程式中的化学计量数为方次之比。

对于任意反应 $a\text{A(aq)}+b\text{B(aq)}\rightarrow g\text{G(aq)}+h\text{H(aq)}$：

$$Q=\frac{\left(\frac{[\text{G}]}{c^{\ominus}}\right)^g\left(\frac{[\text{H}]}{c^{\ominus}}\right)^h}{\left(\frac{[\text{A}]}{c^{\ominus}}\right)^a\left(\frac{[\text{B}]}{c^{\ominus}}\right)^b} \tag{2.19}$$

其中，标准浓度 $c^{\ominus}=1\ \text{mol}\cdot\text{L}^{-1}$。

若为气相反应，则必须用相对压强表示浓度，即：

$$Q=\frac{\left(\frac{p_\text{G}}{p^{\ominus}}\right)^g\left(\frac{p_\text{H}}{p^{\ominus}}\right)^h}{\left(\frac{p_\text{A}}{p^{\ominus}}\right)^a\left(\frac{p_\text{B}}{p^{\ominus}}\right)^b} \tag{2.19a}$$

其中，标准压强 $p^{\ominus}=1.0\times10^5\ \text{Pa}$。

根据式(2.18)的化学反应等温式计算出反应的自由能变化 $\Delta_r G_m$，再根据(2.15a)，即可判断反应物和产物在任何浓度条件下即非标准态时，反应进行的方向。下面给出三个例子。

例 2-13 已知 298 K 乙醇蒸发 $C_2H_5OH(l)=C_2H_5OH(g)$，其 $\Delta_r G^{\ominus}_m=6.2\ \text{kJ}\cdot\text{mol}^{-1}$；通过计算说明当 $C_2H_5OH(g)$的压强分别为 $p_1=\frac{1}{2}p^{\ominus}$、$p_2=\frac{1}{10}p^{\ominus}$、$p_3=\frac{1}{20}p^{\ominus}$时，乙醇蒸发的过程能否自发进行。

解：$\Delta_r G_{m(1)}=\Delta_r G^{\ominus}_m+RT\ln(\frac{\frac{p}{p^{\ominus}}}{1})=6.2+8.314\times298\times10^{-3}\ln\frac{1}{2}=6.2-1.7$

$=4.5(\text{kJ}\cdot\text{mol}^{-1})>0$，即 $C_2H_5OH(g)$ 的压强分别为 $p_1=\frac{1}{2}p^{\ominus}$ 时，蒸发不能自发进行。

同理，带入另外两个压强数值计算，$\Delta_r G_{m(2)}=6.2+8.314\times298\times10^{-3}\ln\frac{1}{10}=6.2-5.7=0.5(\text{kJ}\cdot\text{mol}^{-1})>0$，蒸发不能自发进行。

$\Delta_r G_{m(3)}=6.2+8.314\times298\times10^{-3}\ \ln\frac{1}{20}=6.2-7.4=-1.2(\text{kJ}\cdot\text{mol}^{-1})<0$，即 $C_2H_5OH(g)$ 的压强为 $\frac{1}{20}p^{\ominus}$ 时，蒸发可自发进行。

例 2-14　298 K，Fe 生锈：$2Fe(s)+\frac{3}{2}O_2(g)$ ══ $Fe_2O_3(s)$

$\Delta_f G_m^{\ominus}/\text{kJ}\cdot\text{mol}^{-1}$　　0　　0　　-742.2

说明反应逆向进行的条件。

解：$\Delta_r G_m^{\ominus}=-742.2\ \text{kJ}\cdot\text{mol}^{-1}$

若要逆向进行，需 $\Delta_r G_m>0$，即 $\Delta_r G_m=\Delta_r G_m^{\ominus}+RT\ln Q$

$$=-742.2+8.314\times298\times10^{-3}\ln\left(\frac{p_{O_2}}{p^{\ominus}}\right)^{-\frac{3}{2}}=-742.2-3.72\ln\frac{p_{O_2}}{p^{\ominus}}>0$$

$$\ln\frac{p_{O_2}}{p^{\ominus}}<-199.5,\ \frac{p_{O_2}}{p^{\ominus}}<2.28\times10^{-87}$$，所以 $p_{O_2}<2.28\times10^{-82}$ Pa，

即若要反应逆向进行，空气中氧气的分压须小于 2.28×10^{-82} Pa，这是不可能实现的。因此，铁锈不可能自发地变成铁，同时放出氧气。

至此，我们学习了如何计算 $\Delta_r G_m$，并利用 $\Delta_r G_m$ 判断反应进行的方向。根据化学反应等温式，一般来说，当 $\Delta_r G_m^{\ominus}$ 数值较大时，如 $|\Delta_r G_m^{\ominus}|>40\ \text{kJ}\cdot\text{mol}^{-1}$，$\Delta_r G_m$ 的符号与 $\Delta_r G_m^{\ominus}$ 相同，此时可直接用 $\Delta_r G_m^{\ominus}$ 来估计和判断反应方向；当 $\Delta_r G_m^{\ominus}$ 数值较小时，如 $|\Delta_r G_m^{\ominus}|<40\ \text{kJ}\cdot\text{mol}^{-1}$，$\Delta_r G_m$ 的符号受反应商的影响，不一定与 $\Delta_r G_m^{\ominus}$ 相同，则必须用化学反应等温式计算出 $\Delta_r G_m$，再来判断反应的方向。

习　题*

2-1　450 g 水蒸气在 101.3 kPa 和 100 ℃时凝结成水。已知水的蒸发热为 $2.26\ \text{kJ}\cdot\text{g}^{-1}$，试计算此过程的 W、Q、ΔH 和 ΔU。

2-2　什么类型的化学反应 Q_p 等于 Q_v？什么类型的化学反应 Q_p 大于 Q_v？什么类型的化学反应 Q_p 小于 Q_v？

*　习题中所需热力学数据见附录 3。

2-3 高炉炼铁的主要反应有：

$$C(s)+O_2(g)=\!=\!=CO_2(g)$$

$$\frac{1}{2}CO_2(g)+\frac{1}{2}C(s)=\!=\!=CO(g)$$

$$CO(g)+\frac{1}{3}Fe_2O_3(s)=\!=\!=\frac{2}{3}Fe(s)+CO_2(g)$$

(1)分别计算 298 K 时各反应的 $\Delta H^{\ominus}$。

(2)各 $\Delta H^{\ominus}$之和是多少？

(3)将上述三个反应的化学方程式合并，写出净反应的化学方程式。

(4)应用净反应化学方程式中各物质 298 K 时的标准生成热计算 $\Delta H^{\ominus}$，并与(2)中所得结果作比较。

2-4 在 373 K 时，水的蒸发热为 40.58 kJ·mol^{-1}。计算在 373 K、1.0×10^5 Pa 条件下，1 mol 水汽化过程的 ΔU 和 ΔS(假定水蒸气为理想气体，液态水的体积可忽略不计)。

2-5 试判断下列过程熵变的正负号。

(1)溶解少量食盐于水中。

(2)水蒸气和炽热的碳反应生成一氧化碳和氢气。

(3)冰融化变为水。

(4)石灰水吸收二氧化碳。

(5)石灰石高温分解。

2-6 一氧化氮和一氧化碳是汽车尾气的主要污染物，人们设想利用下列反应消除其污染。

$$2CO(g)+2NO(g)=\!=\!=2CO_2(g)+N_2(g)$$

试通过热力学计算说明这种设想的可能性。

2-7 化肥碳酸氢铵(NH_4HCO_3)在常温下极易分解，从而限制了它的应用。通过热力学计算说明，在实际应用中能否通过控制温度来阻止碳酸氢铵的分解？

2-8 通过热力学计算说明，为什么人们用氟化氢气体而不用氯化氢气体腐蚀玻璃？相关反应如下：

$$SiO_2(\text{石英})+4HF(g)=\!=\!=SiF_4(g)+2H_2O(l)$$

$$SiO_2(\text{石英})+4HCl(g)=\!=\!=SiCl_4(g)+2H_2O(l)$$

2-9 白云石的主要成分是 $CaCO_3\cdot MgCO_3$，欲使 $MgCO_3$ 分解而 $CaCO_3$ 不分解，加热温度应控制在什么范围？

2-10 利用有关热力学数据判断反应：

$$C_2H_5OH(g)=\!=\!=C_2H_4(g)+H_2O(g)$$

(1)在 25 ℃能否自发进行？

(2)在 360 ℃能否自发进行？

(3)该反应能自发进行的最低温度是多少？

2-11 在 298 K 的标准状态下，用焦炭还原三氧化二铁生成铁和二氧化碳的反应在热力学上是否可能？请通过计算说明。若要反应自发进行，最低温度为多少？

2-12　为了减少大气污染，常用生石灰除去炉气中的三氧化硫气体。已知反应为：

$$CaO(s)+SO_3(g)=\!=\!=CaSO_4(s)$$

计算在标准状态下反应可自发进行的最高温度。

2-13　在一定温度下 Ag_2O 能分解，发生反应 $Ag_2O(s) \rightleftharpoons 2Ag(s)+\frac{1}{2}O_2(g)$。假定反应的 $\Delta H^{\ominus}$、$\Delta S^{\ominus}$ 不随温度的改变而变化，估算 Ag_2O 的最低分解温度和在该温度下 O_2 的分压是多少。

2-14　假设下列反应处于标准状态，求该反应逆向进行的条件。

$$Zn(s)+Cu^{2+}(aq)=\!=\!=Zn^{2+}(aq)+Cu(s)$$

第3章　化学平衡

除了放射性元素的蜕变之外，所有的化学反应，在一定条件下，按化学方程式所示，既可正向进行，又可逆向进行，如 $Ag^+ + Cl^- \rightleftharpoons AgCl$，这称为反应的可逆性(注意：反应的可逆性≠可逆途径)，这样的化学反应叫作可逆反应。对于可逆反应，我们关注的是可逆反应进行的程度，即反应物在一定条件下最多有多少可以转变成产物以及若要增加产量须采用什么办法。欲解决这类问题，只知道反应的化学方程式是不够的。本章所讨论的就是解决上述问题的理论——化学平衡。

3.1　化学平衡与平衡常数

1. 化学平衡的特点

封闭体系中的可逆反应，当反应达到一定程度后表面静止，各组分的浓度不再随时间而改变，即达到了化学平衡，此时反应物、产物的浓度叫作平衡浓度。分析表 3-1 和表 3-2所列出的两个温度条件下反应 $CO_2(g) + H_2(g) \rightleftharpoons CO(g) + H_2O(g)$的实验数据，可以看出化学平衡具有以下三个特点。

(1)一定温度下，产物的平衡浓度以反应的化学方程式中化学计量数为指数的幂的乘积与反应物的平衡浓度以反应的化学方程式中化学计量数为指数的幂的乘积之比等于常数，这一常数称为平衡常数，用 K 表示。

表 3-1　$CO_2(g) + H_2(g) \rightleftharpoons CO(g) + H_2O(g)$的实验数据(1 273 K)

编号	起始浓度/$mol \cdot L^{-1}$				平衡浓度/$mol \cdot L^{-1}$				$K_c = \frac{[CO][H_2O]}{[CO_2][H_2]}$
	CO_2	H_2	CO	H_2O	CO_2	H_2	CO	H_2O	
1	10.1	89.9	0	0	0.69	80.5	9.40	9.40	1.60
2	30.1	69.9	0	0	7.15	46.9	23.0	23.0	1.58
3	50.0	50.0	5.0	5.0	24.2	24.2	30.8	30.8	1.62
4	0	0	50.0	50.0	22.1	22.1	27.9	27.9	1.59

(2)动态平衡，指反应并未停止，即 $v_{正}=v_{逆}\neq0$。化学平衡时的速率 v 可由速率方程求出(见第 7 章)。

(3)有条件的平衡，即改变外界条件浓度 c(或压强 p)时 $v_{正}\neq v_{逆}$，平衡移动，但平衡常数不变；改变温度时，平衡常数改变，平衡发生移动。

表 3-2　$CO_2(g)+H_2(g)\rightleftharpoons CO(g)+H_2O(g)$ 的实验数据(1 473 K)

编号	起始浓度/mol·L⁻¹				平衡浓度/mol·L⁻¹				$K_c=\frac{[CO][H_2O]}{[CO_2][H_2]}$
	CO_2	H_2	CO	H_2O	CO_2	H_2	CO	H_2O	
1	0.10	0.10	0	0	0.040	0.040	0.060	0.060	2.3
2	0.10	0.10	0.010	0	0.041	0.041	0.069	0.059	2.4
3	0	0	0.10	0.10	0.039	0.039	0.061	0.061	2.4

2. 实验平衡常数(经验平衡常数)表达式

表 3-1、3-2 中的平衡常数，组分的浓度是以$mol\cdot L^{-1}$为单位表示的。

对于任意反应 $aA+bB\rightleftharpoons gG+hH$，有以下三种情况。

(1)浓度平衡常数(溶液或气相反应)：

$$K_c=\frac{[G]^g[H]^h}{[A]^a[B]^b} \tag{3.1a}$$

式中：[G]、[H]、[A]、[B]分别为各组分的平衡浓度，单位为$mol\cdot L^{-1}$。

(2)分压平衡常数(气相反应)：

$$K_p=\frac{p_G^g p_H^h}{p_A^a p_B^b} \tag{3.1b}$$

式中：p_G、p_H、p_A、p_B分别为各组分平衡时的分压，单位为 Pa 或 atm。

(3)复相反应的平衡常数 K(此时既非 K_c 也非 K_p)，纯固体或液体的浓度当作 1 $mol\cdot L^{-1}$，不出现在表达式中，如 $CaCO_3(s)\rightleftharpoons CaO(s)+CO_2(g)$，$K=p_{CO_2}$。

由实验平衡常数的定义可知，K_c、K_p、K 有量纲，只有当出现在表达式中反应物化学计量数之和等于产物化学计量数之和时才无量纲，但通常习惯上不写出量纲。由实验测出组分平衡浓度或分压，即可通过计算得到实验平衡常数。

3. 标准平衡常数(热力学平衡常数)$K^{\ominus}$的表达式

在经验平衡常数的表达式中，带入组分的相对浓度或相对压强，即得到标准平衡常数 $K^{\ominus}$。热力学中有严格的规定，纯固体、液体不出现在平衡常数表达式中；组分是气体时，必须以相对分压表示；溶液中的离子，必须以相对浓度表示。相对压强等于平衡压强除以标准压强 $p^{\ominus}$($p^{\ominus}=1.0\times10^5$ Pa)，相对浓度等于平衡浓度除以标准浓度 $c^{\ominus}$($c^{\ominus}=1$ $mol\cdot L^{-1}$)。由此规定得到的标准平衡常数 $K^{\ominus}$

没有量纲，同样有以下三种情况。

(1)溶液反应：$$K^{\ominus}=\frac{\left[\frac{[G]}{c^{\ominus}}\right]^{g}\left(\frac{[H]}{c^{\ominus}}\right)^{h}}{\left(\frac{[A]}{c^{\ominus}}\right)^{a}\left(\frac{[B]}{c^{\ominus}}\right)^{b}} \tag{3.2a}$$

$K^{\ominus}$在数值上与 K_c 相等。

(2)气相反应：$$K^{\ominus}=\frac{\left(\frac{p_G}{p^{\ominus}}\right)^{g}\left(\frac{p_H}{p^{\ominus}}\right)^{h}}{\left(\frac{p_A}{p^{\ominus}}\right)^{a}\left(\frac{p_B}{p^{\ominus}}\right)^{b}} \tag{3.2b}$$

$K^{\ominus}$在数值上与 K_p 不一定相等，只有当$(a+b)$等于$(g+h)$时二者才相等。

(3)复相反应：如 $CaCO_3(s) \rightleftharpoons CaO(s)+CO_2(g) \quad K^{\ominus}=\frac{p_{CO_2}}{p^{\ominus}}$

$$CO_2(g)+H_2O+Ca^{2+} \rightleftharpoons CaCO_3(s)+2H^+(aq) \quad K^{\ominus}=\frac{\left(\frac{[H^+]}{c^{\ominus}}\right)^2}{\frac{p_{CO_2}}{p^{\ominus}}\frac{[Ca^{2+}]}{c^{\ominus}}}$$

显然，$K^{\ominus}$的定义与第 2 章 2.2.4 节中反应商 Q 的定义式(2.19，2.19a)形式上一样，区别在于 $K^{\ominus}$的表达式中用的为平衡浓度，而 Q 中用的为任一时刻的浓度。

在热力学范畴中，必须使用标准平衡常数 $K^{\ominus}$；只有在计算平衡体系的浓度时才用到经验平衡常数。

例 3-1 1 000 K 时，将 1.00 mol SO_2 和 1.00 mol O_2 充入体积为 5.00 L 的密闭容器里，达到平衡时有 0.85 mol SO_3 生成。

(1)计算反应 $2SO_2+O_2 \rightleftharpoons 2SO_3$ 的 $K^{\ominus}_{(1\,000\text{ K})}$ 和 K_p 和 K_c；

(2)利用热力学数据求 298 K 时的 $K^{\ominus}$。

解：(1)

	$2SO_2(g)$	+ $O_2(g)$	$\rightleftharpoons$ $2SO_3(g)$
$t=0$/mol	1.00	1.00	0
$t_平$/mol	$1.00-0.85=0.15$	$1.00-\frac{0.85}{2}=0.575$	0.85

平衡时 $p_{SO_2}=\frac{nRT}{V}=\frac{0.15\times 8.314\times 1\,000}{5\times 10^{-3}}=2.49\times 10^5(\text{Pa})$

$p_{O_2}=\frac{0.575\times 8.314\times 1\,000}{5\times 10^{-3}}=9.56\times 10^5(\text{Pa})$

$p_{SO_3}=\frac{0.85\times 8.314\times 1\,000}{5\times 10^{-3}}=1.41\times 10^6(\text{Pa})$

所以 $K_p=\frac{p_{SO_3}^2}{p_{SO_2}^2\, p_{O_2}}=\frac{(1.41\times 10^6)^2}{(2.49\times 10^5)^2\times 9.56\times 10^5}=3.4\times 10^{-5}(\text{Pa}^{-1})$

$$K^{\ominus}=\frac{\left(\frac{p_{SO_3}}{p^{\ominus}}\right)^2}{\left(\frac{p_{SO_2}}{p^{\ominus}}\right)^2\left(\frac{p_{O_2}}{p^{\ominus}}\right)}=\frac{p_{SO_3}^2\,p^{\ominus}}{p_{SO_2}^2\,p_{O_2}}=3.4\times10^{-5}\times1.0\times10^{5}=3.4$$

$$K_c=\frac{[SO_3]^2}{[SO_2]^2[O_2]}=\frac{(\frac{0.85}{5})^2}{(\frac{0.15}{5})^2\times\frac{0.575}{5}}=\frac{0.85^2\times5}{0.15^2\times0.575}=279.2(\mathrm{L\cdot mol^{-1}})$$

(2)查附录 3 的 $\Delta_f G_m^{\ominus}$：

$$2SO_2(g)+O_2(g)\rightleftharpoons 2SO_3(g)$$

$\Delta_f G_m^{\ominus}/\mathrm{kJ\cdot mol^{-1}}$　-300.1　　0　　-371.1

所以 $\Delta_r G_m^{\ominus}=2\Delta_f G_{m\,SO_3(g)}^{\ominus}-2\Delta_f G_{m\,SO_2(g)}^{\ominus}=-371.1\times2+300.1\times2=-142.0(\mathrm{kJ\cdot mol^{-1}})$

根据式(2.18)化学反应等温式 $\Delta_r G_m=\Delta_r G_m^{\ominus}+RT\ln Q$

当反应达平衡时，$\Delta_r G_m=0$，此时反应商 Q 等于平衡常数 $K^{\ominus}$，即得

$$\Delta_r G_m^{\ominus}=-RT\ln Q=-RT\ln K^{\ominus} \tag{3.3}$$

所以

$$\lg K^{\ominus}=-\frac{\Delta_r G_m^{\ominus}}{2.303RT}=\frac{142.0\times10^3}{2.303\times8.314\times298}=24.89$$

即

$$K_{(298\,K)}^{\ominus}=7.76\times10^{24}$$

4.关于平衡常数的四点说明

(1)平衡常数 $K^{\ominus}$ 是温度的函数，T 一定，$K^{\ominus}$ 一定，与 c、p 无关。$K^{\ominus}$ 表示反应进行的程度；$K^{\ominus}$ 越大，反应进行得越完全。

(2)平衡常数 $K^{\ominus}$ 与 $\Delta_r G_m^{\ominus}$、$\Delta_r H_m^{\ominus}$、$\Delta_r S_m^{\ominus}$ 一样，其数值与反应的化学方程式写法一一对应。同一反应，化学方程式书写方式不同，$K^{\ominus}$ 不同，系数增为 n 倍，$K^{\ominus}$ 为原来的 n 次方倍；正、逆反应的平衡常数互为倒数，$K_{正}^{\ominus}=K_{逆}^{\ominus-1}$。例如：

$$H_2+I_2\rightleftharpoons 2HI \qquad K_1^{\ominus}$$

$$\frac{1}{2}H_2+\frac{1}{2}I_2\rightleftharpoons HI \qquad K_2^{\ominus}$$

$$2HI\rightleftharpoons H_2+I_2 \qquad K_3^{\ominus}$$

上述三个反应的平衡常数之间的关系为 $K_1^{\ominus}=K_2^{\ominus 2}=K_3^{\ominus -1}$。

(3)当一个反应分步进行时，各反应的 $K^{\ominus}$ 之积等于总反应的 $K_{总}^{\ominus}$，即：

$$\text{反应式(1)}+\text{反应式(2)}=\text{反应式(3)，则 } K_3^{\ominus}=K_1^{\ominus}\cdot K_2^{\ominus} \tag{3.4}$$

$$\text{反应式(1)}-\text{反应式(2)}=\text{反应式(3)，则 } K_3^{\ominus}=\frac{K_1^{\ominus}}{K_2^{\ominus}} \tag{3.5}$$

例如：$H_2S \rightleftharpoons H^+ + HS^-$　　$K_1^\ominus = \dfrac{\dfrac{[H^+]}{c^\ominus}\dfrac{[HS^-]}{c^\ominus}}{\dfrac{[H_2S]}{c^\ominus}} = \dfrac{[H^+][HS^-]}{[H_2S]}$①

$HS^- \rightleftharpoons H^+ + S^{2-}$　　$K_2^\ominus = \dfrac{[H^+][S^{2-}]}{[HS^-]}$

$H_2S \rightleftharpoons 2H^+ + S^{2-}$　　$K^\ominus = \dfrac{[H^+]^2[S^{2-}]}{[H_2S]} = K_1^\ominus \cdot K_2^\ominus$

在指定条件下，一个反应体系中的某一种（或几种）物质同时参与两个（或两个以上）化学反应并共同达到化学平衡，这时有两个或多个化学平衡同时存在，称为**同时平衡**，又叫作**多重平衡**。在不同的平衡中，某一组分的平衡浓度只有一个值。利用多重平衡原理，可用已知 $K^\ominus$ 的反应的化学方程式，求另一反应的 $K^\ominus$，并计算组分浓度。

例 3-2　已知 25 ℃时，$NO(g) + \frac{1}{2}Br_2(l) \rightleftharpoons NOBr(g)$（溴化亚硝酰）的平衡常数 $K_1^\ominus = 3.6\times10^{-15}$，$Br_2(l)$在 25 ℃时的蒸气压为 28.4 kPa，求 $NO(g) + \frac{1}{2}Br_2(g) \rightleftharpoons NOBr(g)$的 $K_2^\ominus$。

解：$Br_2(l)$在 25 ℃时的蒸气压为 28.4 kPa，表示反应 $Br_2(l) \rightleftharpoons Br_2(g)$ 的 $K^\ominus = \dfrac{p}{p^\ominus} = \dfrac{28.4}{100} = 0.284$，则$\frac{1}{2}Br_2(l) \rightleftharpoons \frac{1}{2}Br_2(g)$的 $K^{\ominus\prime} = \sqrt{0.284} = 0.533$。

$$NO(g) + \frac{1}{2}Br_2(l) \rightleftharpoons NOBr(g)$$

$$-)\ \frac{1}{2}Br_2(l) \rightleftharpoons \frac{1}{2}Br_2(g)$$

$$NO(g) + \frac{1}{2}Br_2(g) \rightleftharpoons NOBr(g)$$

$$K_2^\ominus = \frac{K_1^\ominus}{K^{\ominus\prime}} = \frac{3.6\times10^{-15}}{0.533} = 6.8\times10^{-15}$$

(4)$K^\ominus$ 与平衡转化率 α。

某一反应物的平衡转化率为 $\alpha = \dfrac{n_{初} - n_{平}}{n_{初}}\times100\% = \dfrac{\Delta n}{n_{初}}\times100\%$；恒体积条件下（溶液中的反应，体积近似为常数），$\alpha = \dfrac{c_{初} - c_{平}}{c_{初}}\times100\%$。

$K^\ominus$ 与平衡转化率的相同之处在于二者都可以表示反应进行的程度；不同之

① 为简便起见，$K^\ominus$ 表达式中的 $c^\ominus$ 略去。后面几章中溶液离子平衡的 $K_a^\ominus$、$K_b^\ominus$、$K_{sp}^\ominus$、$K_{稳}^\ominus$ 等均如此。

处在于，一定温度下，$K^{\ominus}$ 是常数，与浓度无关，而 α 随初始浓度的不同而改变。如何提高平衡转化率，这涉及平衡的移动原理。

3.2　化学平衡的移动

化学平衡是有条件的平衡，当条件改变时(c，p 或 T)，可逆反应从一种平衡状态转变到新的平衡状态的过程，叫作化学平衡的移动。

由化学反应等温式 $\Delta_r G_m = \Delta_r G_m^{\ominus} + RT\ln Q$ 和式(3.3)得到：

$$\Delta_r G_m = -RT\ln K^{\ominus} + RT\ln Q$$

即

$$\Delta_r G_m = RT\ln\frac{Q}{K^{\ominus}} \tag{3.6}$$

当 $\Delta_r G_m < 0$ 时，$Q < K^{\ominus}$，正反应自发进行；

当 $\Delta_r G_m = 0$ 时，$Q = K^{\ominus}$，反应达到平衡；

当 $\Delta_r G_m > 0$ 时，$Q > K^{\ominus}$，逆反应自发进行。

式(3.6)显然可以将用 $\Delta_r G_m$ 的符号判断反应的方向推广到用 Q 与 $K^{\ominus}$ 的关系来判断反应的方向。改变浓度或压强可改变 Q，使 $Q \neq K^{\ominus}$；改变 T，$K^{\ominus}$ 改变，使 $Q \neq K^{\ominus}$，这两种情况均导致平衡的移动。

3.2.1　浓度对平衡的影响

例 3-3　已知 298 K 时反应 $Fe^{2+} + Ag^{+} \rightleftharpoons Fe^{3+} + Ag(s)$ 的 $K^{\ominus} = 2.98$。现将 $AgNO_3$、$Fe(NO_3)_2$ 和 $Fe(NO_3)_3$ 三种溶液等体积混合后，三者的浓度依次为 0.100 mol·L⁻¹、0.100 mol·L⁻¹ 和 0.010 0 mol·L⁻¹，再向溶液里加入少许银粉。问：(1)反应向哪个方向进行？(2)达到平衡时各组分的浓度是多少？(3)Ag^{+} 的转化率是多少？(4)保持 Ag^{+} 和 Fe^{3+} 浓度不变，当 $[Fe^{2+}] = 0.300\ mol \cdot L^{-1}$ 时 Ag^{+} 的转化率为多少？

解：(1)$Q = \dfrac{\dfrac{[Fe^{3+}]}{c^{\ominus}}}{\dfrac{[Fe^{2+}]}{c^{\ominus}}\dfrac{[Ag^{+}]}{c^{\ominus}}} = \dfrac{0.010\ 0}{0.100 \times 0.100} = 1 < K^{\ominus}$，所以平衡右移，反应正向进行。

(2)	Fe^{2+}	+	Ag^{+}	$\rightleftharpoons$	Fe^{3+}	+	Ag
$t=0/mol \cdot L^{-1}$	0.100		0.100		0.010 0		
$t_{平}/mol \cdot L^{-1}$	$0.100-x$		$0.100-x$		$0.010\ 0+x$		

$K^{\ominus} = \dfrac{0.010\ 0 + x}{(0.100 - x)^2} = 2.98$，解之，$x = 0.012\ 7(mol \cdot L^{-1})$

所以 $[Fe^{2+}] = [Ag^{+}] = 0.087\ 3\ mol \cdot L^{-1}$，$[Fe^{3+}] = 0.022\ 7\ mol \cdot L^{-1}$。

(3)Ag^{+} 的转化率 $\alpha = \dfrac{0.012\ 7}{0.100} = 12.7\%$。

(4)设此时 Ag^+ 的转化率为 α,则:

	Fe^{2+}	+	Ag^+	$\rightleftharpoons$	Fe^{3+}	+	Ag
$t=0/mol\cdot L^{-1}$	0.300		0.100		0.010 0		
$t_{平}/mol\cdot L^{-1}$	0.300−0.100α		0.100(1−α)		0.010 0+0.100α		

$K^{\ominus}=\dfrac{0.010\,0+0.100\alpha}{(0.300-0.100\alpha)\times[0.100(1-\alpha)]}=2.98$,解之,$\alpha=0.382=38.2\%$。

比较(3)(4)结果可知,增大某一反应物的浓度,可使另一反应物的平衡转化率升高。

可见,在恒温下增大反应物的浓度或减小产物的浓度,$Q<K^{\ominus}$,平衡向正反应方向移动;反之,减小反应物的浓度或增大产物的浓度,$Q>K^{\ominus}$,平衡向逆反应方向移动。

3.2.2 压强对平衡的影响

例如,$N_2(g)+3H_2(g)\rightleftharpoons 2NH_3(g)$

$$K^{\ominus}=\frac{\left(\dfrac{p_{NH_3}}{p^{\ominus}}\right)^2}{\dfrac{p_{N_2}}{p^{\ominus}}\left(\dfrac{p_{H_2}}{p^{\ominus}}\right)^3}=\frac{p_{NH_3}^2}{p_{N_2}p_{H_2}^3}\cdot p^{\ominus-[2-(1+3)]}$$

平衡体系总压强加至原来的2倍,则:

$$Q=\frac{\left(\dfrac{2p_{NH_3}}{p^{\ominus}}\right)^2}{\dfrac{2p_{N_2}}{p^{\ominus}}\left(\dfrac{2p_{H_2}}{p^{\ominus}}\right)^3}=\frac{1}{4}\frac{p_{NH_3}^2}{p_{N_2}p_{H_2}^3}\cdot p^{\ominus+2}=\frac{1}{4}K^{\ominus}<K^{\ominus}$$

所以平衡向正反应方向移动。

然而,对于反应 $CO(g)+H_2O(g)=CO_2(g)+H_2(g)$:

$$K^{\ominus}=\frac{\dfrac{p_{CO_2}}{p^{\ominus}}\times\dfrac{p_{H_2}}{p^{\ominus}}}{\dfrac{p_{CO}}{p^{\ominus}}\times\dfrac{p_{H_2O}}{p^{\ominus}}}=\frac{p_{CO_2}p_{H_2}}{p_{CO}p_{H_2O}}$$

达平衡时,将体系体积减为原来的一半,相当于 $p_{总}$ 增加2倍,则:

$$Q=\frac{\dfrac{2p_{CO_2}}{p^{\ominus}}\times\dfrac{2p_{H_2}}{p^{\ominus}}}{\dfrac{2p_{CO}}{p^{\ominus}}\times\dfrac{2p_{H_2O}}{p^{\ominus}}}=K^{\ominus}$$

表示平衡不发生移动。

可见,压强仅对有气体参加且反应前后气体的物质的量有变化的反应的平衡有影响。增加 $p_{总}$(或减小 $V_{总}$),平衡向气体分子数减少的方向移动;相反地,

减小 $p_{总}$（增加 $V_{总}$），平衡向气体分子数增加的方向移动。由此可得到重要的结论：若产物气体分子数少，则增大压强或减小体积可提高产率。

再来分析惰性气体（不参与反应的气态物质）对气相反应的影响。在恒 T、恒 V 时，$p_{总}$ 加大，各组分分压 p_i 不变，所以平衡不移动，此时惰性气体对气相反应无影响。在恒 T、恒 p 时，$p_{总}$ 一定，引入惰性气体后，参与化学反应的各组分分压 p_i 之和减小，平衡向气体分子数多的方向移动。例如，对于合成氨反应 $N_2(g)+3H_2(g)\rightleftharpoons 2NH_3(g)$，原料气（空气）循环使用时，惰性气体（氧气、二氧化碳、稀有气体等）积累过多将影响氨的产量，此时需放空、补充或者更换新鲜的原料气。又如，对于乙烷裂解制乙烯的反应 $C_2H_6(g)\rightleftharpoons C_2H_4(g)+H_2(g)$，恒 T、恒 p 时，可采用加入水蒸气的方法提高乙烯的产率。

3.2.3 温度对平衡的影响

温度改变，尽管各平衡浓度不变，Q 不变，但 $K^{\ominus}$ 改变，因此平衡移动。

因为 $\Delta_r G^{\ominus}_{m(T)}=\Delta_r H^{\ominus}_m - T\Delta_r S^{\ominus}_m$、$\Delta_r G^{\ominus}_{m(T)}=-RT\ln K^{\ominus}$，将两式联立，得：

$$-RT\ln K^{\ominus}=\Delta_r H^{\ominus}_m - T\Delta_r S^{\ominus}_m \tag{3.7}$$

$$\ln K^{\ominus}=-\frac{\Delta_r H^{\ominus}_{m(298\ K)}}{RT}+\frac{\Delta_r S^{\ominus}_{m(298\ K)}}{R} \tag{3.7a}$$

设 T_1 时的平衡常数为 K_1，T_2 时的平衡常数为 K_2，分别带入式(3.7a)再相减，得到：

$$\ln\frac{K_2^{\ominus}}{K_1^{\ominus}}=\frac{\Delta_r H_m}{R}\left(\frac{1}{T_1}-\frac{1}{T_2}\right) \tag{3.7b}$$

换成常用对数则为

$$\lg\frac{K_2^{\ominus}}{K_1^{\ominus}}=\frac{\Delta_r H^{\ominus}_m}{2.303\,R}\cdot\frac{T_2-T_1}{T_1T_2} \tag{3.7c}$$

知道了一个反应在某一温度的平衡常数，查附录3数据计算298.15 K时的焓变 $\Delta_r H^{\ominus}_m$，便可计算出该反应在任一温度的平衡常数。对于放热反应，$\Delta_r H^{\ominus}_m<0$，$T_2>T_1$ 时 $K_2^{\ominus}<K_1^{\ominus}$，即升高温度时 $K^{\ominus}$ 减小；对于吸热反应，$\Delta_r H^{\ominus}_m>0$，$T_2>T_1$ 时 $K_2^{\ominus}>K_1^{\ominus}$，即升高温度时 $K^{\ominus}$ 增大。这是因为升高温度时，活化能 E_a 大的反应的速率增大得多（见第7章7.2.2节），反应向吸热反应方向移动。

另外，催化剂同时改变正、逆反应的速度，不影响化学平衡（见第7章7.3.2节）。

综上所述，如果对平衡体系施加外力，平衡将沿着减少此外力影响的方向移动。这就是1884年由里·查德里（Le Chatelier）总结出的平衡移动原理，称为**里·查德里原则**。

3.3 小结

本章介绍了四种 $K^\ominus$ 的计算方法：

(1)根据 $K^\ominus$ 的定义，由各组分平衡浓度带入表达式计算。

(2)多重平衡原理，由已知的 $K^\ominus$ 计算某反应的 $K^\ominus$。

若反应(1)＋(2)＝(3)，则 $K_3^\ominus = K_1^\ominus \cdot K_2^\ominus$；若反应(1)－(2)＝(3)，则 $K_3^\ominus = \dfrac{K_1^\ominus}{K_2^\ominus}$。

(3)根据 $\Delta_r G_m^\ominus = -RT\ln K^\ominus$，带入热力学数据计算。

(4)根据 $\lg\dfrac{K_2^\ominus}{K_1^\ominus} = \dfrac{\Delta_r H_m^\ominus}{2.303\,R}\cdot\dfrac{T_2 - T_1}{T_1 T_2}$ 计算同一反应在不同温度下的 $K^\ominus$。

此外，对于氧化还原反应，在第 6 章还将介绍一种利用标准电极电势计算平衡常数的方法。

至此，根据已知的条件，可以灵活应用上述一种或几种方法来求算反应的平衡常数以及组分的浓度。在下面的几章里，我们将利用化学平衡原理，逐一讨论溶液中存在的四种离子平衡。每一种平衡中，平衡常数都有一种新的称谓，但其本质是一致的。

习 题

3-1 已知反应 $N_2(g) + O_2(g) \rightleftharpoons 2NO(g)$ 是吸热反应，在 2 000 K 时 $K_c = 2.3\times10^{-4}$。如果氧气和氮气的原始浓度都是 1.0 mol·L^{-1}，试求平衡混合物中 NO 的浓度，并以计算结果说明单质直接生产 NO 是否可取。

3-2 反应 $SO_2Cl_2(g) \rightleftharpoons SO_2(g) + Cl_2(g)$ 在 375 K 时平衡常数 $K_c = 2.4$。以 7.6 g SO_2Cl_2 和 1.0×10^5 Pa 的 Cl_2 作用于 1.0 dm^3 的烧瓶内，试计算平衡时 SO_2Cl_2、SO_2 和 Cl_2 的分压。

3-3 反应 $PCl_5(g) \rightleftharpoons PCl_3(g) + Cl_2(g)$：

(1)523 K 时，将 0.70 mol 的 PCl_5 注入容积为 2.0 dm^3 的密闭容器中，平衡时有 0.50 mol PCl_5 被分解了。试计算该温度下的平衡常数 $K^\ominus$ 和 PCl_5 的分解百分率。

(2)若在上述容器中已达到平衡后再加入 0.10 mol Cl_2，则 PCl_5 的分解百分率与未加 Cl_2 时相比有何不同？

(3)如开始时在注入 0.70 mol PCl_5 的同时注入了 0.10 mol Cl_2，则平衡时 PCl_5 的分解百分率又是多少？比较(2)(3)所得结果，可以得出什么结论？

3-4 已知下列反应在 1 362 K 时的平衡常数：

(1) $H_2(g) + \frac{1}{2}S_2(g) \rightleftharpoons H_2S(g)$ $\quad K_1^\ominus = 0.8$

(2) $3H_2(g) + SO_2(g) \rightleftharpoons H_2S(g) + 2H_2O(g)$ $\quad K_2^\ominus = 1.8\times10^4$

计算反应 $4H_2(g)+2SO_2(g) \rightleftharpoons S_2(g)+4H_2O(g)$ 在 1 362 K 时的平衡常数 $K^{\ominus}$。

3-5　273 K 时水的饱和蒸气压为 611 Pa，该温度下反应 $SrCl_2 \cdot 6H_2O(s) \rightleftharpoons SrCl_2 \cdot 2H_2O(s)+4H_2O(g)$ 的平衡常数 $K^{\ominus}=6.89\times10^{-12}$。请通过计算说明实际发生的是 $SrCl_2 \cdot 6H_2O(s)$ 失水风化，还是 $SrCl_2 \cdot 2H_2O(s)$ 吸水潮解。

3-6　$CuSO_4 \cdot 5H_2O$ 的风化反应用 $CuSO_4 \cdot 5H_2O(s)=CuSO_4(s)+5H_2O(g)$ 表示，

(1)试求 298 K 时该反应的 $\Delta_r G_m^{\ominus}$ 及 $K^{\ominus}$。

(2)298 K 时水的饱和蒸气压 $p_{H_2O}=3.16\times10^3$ Pa，若空气的相对湿度为 60%，$CuSO_4 \cdot 5H_2O$ 能否风化？

3-7　运用下列数据计算：

$NiSO_4 \cdot 7H_2O(s)$　$\Delta_f G_m^{\ominus}=-2\ 462\ kJ \cdot mol^{-1}$；

$NiSO_4(s)$　$\Delta_f G_m^{\ominus}=-759.7\ kJ \cdot mol^{-1}$；

$H_2O(g)$　$\Delta_f G_m^{\ominus}=-228.6\ kJ \cdot mol^{-1}$。

(1)反应 $NiSO_4 \cdot 7H_2O(s) \rightleftharpoons NiSO_4(s)+7H_2O(g)$ 的 $K^{\ominus}$。

(2)$H_2O(g)$ 在固体 $NiSO_4 \cdot 7H_2O$ 上的平衡分压为多少？

3-8　25 ℃时，反应 $3H_2(g)+N_2(g) \rightleftharpoons 2NH_3(g)$ 的平衡常数 $K^{\ominus}=6.0\times10^5$。已知氨气的标准摩尔生成焓 $\Delta_f H_m^{\ominus}=-45.9\ kJ \cdot mol^{-1}$，求 400 ℃时此反应的平衡常数。

3-9　加热氯化铵固体：$NH_4Cl(s) \rightleftharpoons NH_3(g)+HCl(g)$。在 427 ℃及 459 ℃时，其气体压强分别为 607.8 kPa 与 1 114 kPa。求算两个温度下解离反应的平衡常数、$\Delta_r G_m^{\ominus}$，并估算 $\Delta_r H_m^{\ominus}$ 和 $\Delta_r S_m^{\ominus}$。

第 4 章　酸碱平衡

溶液中存在四种离子平衡:酸碱平衡、沉淀溶解平衡、氧化还原平衡以及配位离解平衡。本章讨论溶液中的酸碱平衡。在利用化学平衡的原理讨论酸碱平衡之前,首先介绍不同溶液的性质及酸碱的不同定义。

4.1　溶液理论简介

天然体系中的纯物质很少,多为混合物。溶液是最重要的一种混合物。例如,人体的体液是溶液,不了解溶液的性质就不能了解生命现象;工业生产中,许多反应需要在溶液里进行和控制。溶质分子溶于溶剂离解成离子而导电,这样的溶质叫作电解质,否则叫作非电解质。不同的溶液性质不同,但有几种性质是非电解质稀溶液所共有的。

4.1.1　难挥发非电解质稀溶液的依数性

与纯溶剂相比,稀溶液的蒸气压下降、沸点升高、凝固点下降及产生渗透压等。这些性质只与溶液的浓度有关,即与溶质的量有关而与溶质的本性无关。稀溶液的这些性质称为稀溶液的依数性。

1. 溶液蒸气压降低

以水的蔗糖溶液为例,对于纯水:$H_2O(l) \rightarrow H_2O(g)\quad \Delta_r H_m > 0$。

蒸气压 p 只与 T 有关,T 一定,p 就一定。对于溶液,液面上部被不挥发的溶质所占据,一定温度下达到平衡时 $p_{溶液} < p_{溶剂}$,如图 4-1 所示。那么,$p_{溶液}$ 降低多少呢?法国物理学家拉乌尔(F. Raoult)分析了实验结果,得出**拉乌尔定律**:在一定温度下,稀溶液的蒸气压等于纯溶剂的蒸气压与溶剂摩尔分数的乘积。

$$p = p_A^{\ominus} x_A = p_A^{\ominus}(1 - x_B) \tag{4.1}$$

式中:p 是溶液的蒸气压,$p_A^{\ominus}$ 是纯溶剂的蒸气压,x_A 是溶剂的摩尔分数,x_B 是溶质的摩尔分数。

显然
$$\Delta p = p_A^{\ominus} - p = p_A^{\ominus} x_B \tag{4.1a}$$
即稀溶液的蒸气压的降低值 Δp 与溶质的摩尔分数成正比。

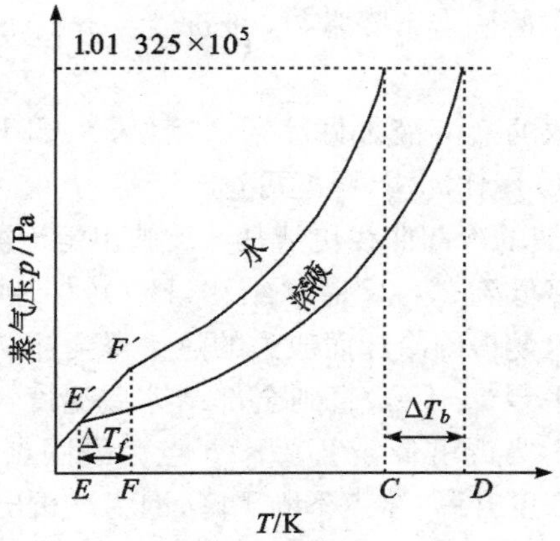

图 4-1　稀溶液的依数性

2. 溶液沸点上升

生活中我们知道，沸腾的油汤比沸腾的水温度高。由图 4-1 可见，稀溶液的沸点总高于纯溶剂，并且沸点升高值与溶液的质量摩尔浓度成正比。

$$\Delta T_b = T_{溶液} - T_{溶剂} = K_b m \tag{4.2}$$

式中：m 为溶液的质量摩尔浓度，单位为$mol \cdot kg^{-1}$；K_b为溶剂的沸点上升常数（表 4-1），在数值上等于质量摩尔浓度为 1 $mol \cdot kg^{-1}$的溶液沸点上升的值，单位为$K \cdot kg \cdot mol^{-1}$。

据此，可利用较浓的盐溶液来做高温热浴。

表 4-1　常用溶剂的 K_b 和 K_f

溶剂	沸点/K	K_b/K·kg·mol^{-1}	熔点/K	K_f/K·kg·mol^{-1}
水	373.0	0.512	273.0	1.86
苯	353.1	2.53	278.4	5.10
环己烷	354.0	2.79	279.5	20.20
乙酸	391.0	2.93	290.0	3.90
萘	491.0	5.80	353.0	6.90

3. 溶液凝固点下降

溶液的凝固点指溶液与溶剂的固体达到平衡时的温度。由图 4-1 可知，水溶液的凝固点下降，即水与冰达到平衡时的温度（E 点）比水的凝固点（F 点）低。难挥发非电解质稀溶液的凝固点下降值与溶液的质量摩尔浓度成正比。

$$\Delta T_f = T_{溶剂} - T_{溶液} = K_f m \tag{4.3}$$

式中：K_f为溶剂的摩尔凝固点下降常数，即 m 为 1 mol·kg^{-1}的溶液凝固点的下降值(见表 4-1)。

据此，可利用较浓的盐溶液来做冰浴。例如，NaCl-H_2O 用作冰浴，温度可达－22 ℃；$CaCl_2$-H_2O 用作冰浴，温度可达－55 ℃。

图 4-2 水和水溶液的冷却曲线更清楚地反映出溶液凝固的情况。水的冷却曲线很简单，当温度降低到 273 K 时水结冰，$H_2O(l) \rightleftharpoons H_2O(s)$达到平衡，由于放出热量(熔化热)，使得因冷却而散失的热量得到补偿。所以，此过程中温度保持不变，出现一个平台(bc 线)，直到全部结冰后温度再继续均匀下降。水溶液的冷却曲线则不同，当温度低于 273 K(b'点为凝固点)时水开始结冰。随着冰的不断析出，溶液浓度升高，冰点不断下降；因为冰析出时伴有热量放出，所以温度下降速率变小，表现为冷却曲线斜率变小($b'c'$线)。到达某一温度(c'点)时，溶质和冰按一定比例一起析出，此时温度保持不变，曲线出现平台($c'd'$线)直到溶液全部冻结为止。此后，组成固定的冻结物又开始继续降温。这种冻结物叫作低共熔混合物，其冻结温度(c'点)称为低共熔点，又叫作冰晶共析点。

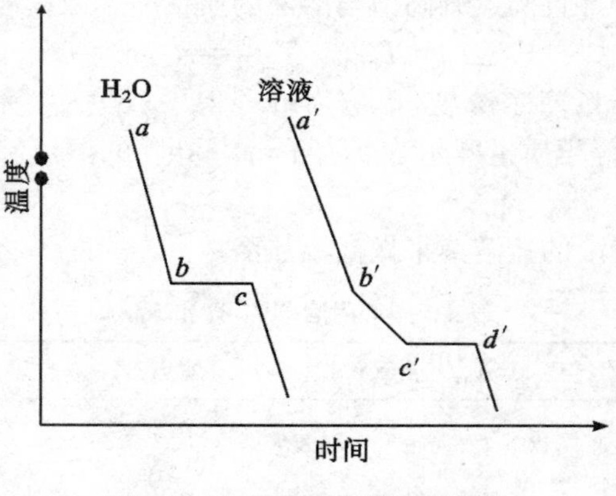

图 4-2　水和水溶液的冷却曲线

例 4-1　冬季，在汽车的水箱里加入甘油(或乙二醇)，可防止水结冰，以免冻裂水箱。请问：在 1 kg 水中加入甘油 989 g，可使水溶液的凝固点下降多少度？

解：$\Delta T_f = K_f m$，查表 4-1 知 $K_{f\,H_2O} = 1.86$ K·kg·mol^{-1}，甘油(即丙三醇)的摩尔质量为 92 g·mol^{-1}。

$$m = \frac{\frac{989}{92}}{1} = 10.75(\text{mol·kg}^{-1})$$

所以 $\Delta T_f = 1.86 \times 10.75 = 20$ (K)，即在－20 ℃时汽车水箱中的水才结冰。

4. 渗透压

我们来看一个现象(图4-3):在萝卜上插一玻璃管,注入水至a处;然后将萝卜浸入水中,则水上升至b处停止。究其原因,是因为萝卜皮可以允许水分子等小分子通过,糖及其他大分子则不能透过。这种允许小分子通过而不允许某些溶质透过的膜,叫作半透膜(图4-4)。溶剂等小分子通过半透膜自动扩散的过程,叫作**渗透**(现象);渗透所产生的压强叫作**渗透压**,常用符号π表示。图4-3中水柱ab具有的压强等于萝卜具有的渗透压。细胞膜是半透膜,生命体与渗透平衡有着密切的关系。最早对渗透现象进行研究的人是植物学家普费弗(W. Pfeffer)。根据1877年普费弗的实验结果,范特霍夫(J. H. Van't Hoff)推导出渗透压的计算公式:

$$\pi=\frac{nRT}{V}=cRT \tag{4.4}$$

这一公式与理想气体方程$p=\frac{nRT}{V}$一致,单位也一致。对此,可以理解为:稀溶液中溶质受到溶剂分子的作用,因四面八方的吸引相互抵消而相当于不受力,如同理想气体一样。

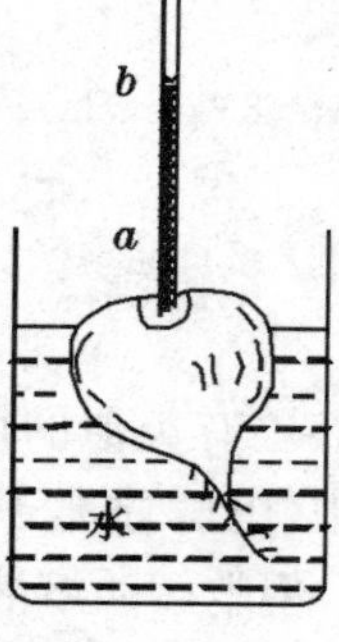

图4-3 渗透压

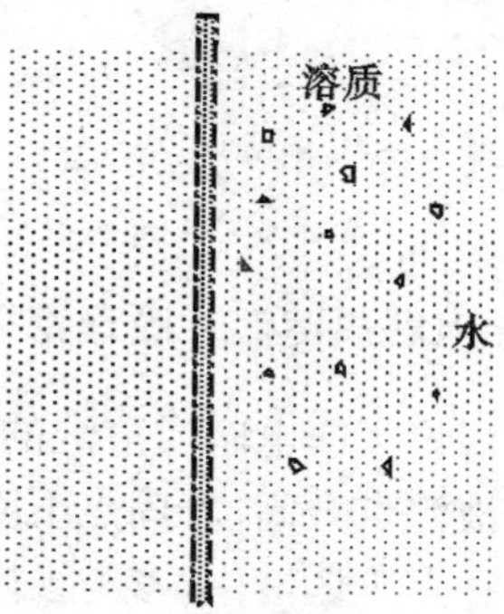

图4-4 半透膜

渗透是溶液的一种性质,但渗透压只是当溶液被半透膜隔开时才显现出来。渗透总是稀溶液中的水等小分子通过半透膜到浓溶液中去,如果半透膜内外的溶液浓度相等,就不会产生渗透压。如图4-5(a)所示,设膜的两方有相同的分子撞在膜上,但右方溶液中的溶质是不能透过的,总的结果是右方净赚了若干水,所以管中的液柱升高;到进出速度相等时,液柱不再上升。若在右面溶液上方加压,如图4-5(b)、4-5(c)所示,则左方将净赚若干水,这叫作反渗透,利用膜由海水制淡水就是基于此原理。

利用稀溶液的依数性,可测算物质的摩尔质量。由于测定溶液的饱和蒸气压p和渗透压π相对比较麻烦,因此,实际上经常通过测量溶液的沸点上升或凝固点下降的方法来测定溶质的摩尔质量。

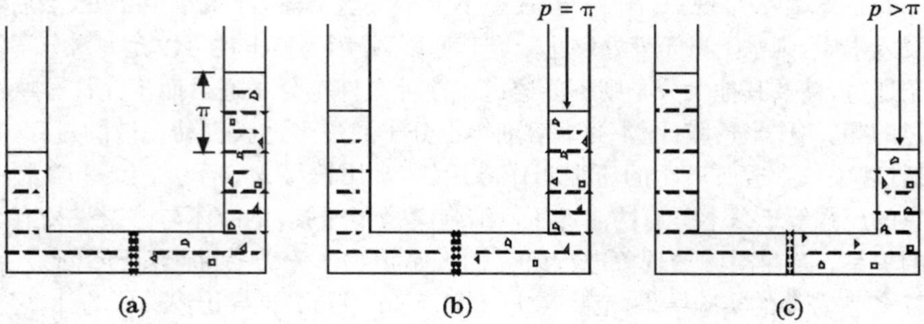

图 4-5 渗透与反渗透

例 4-2 323 K 时 200 g 含有 23 g 非挥发性溶质的乙醇溶液，其蒸气压为 2.76×10^4 Pa。已知 323 K 乙醇的蒸气压为 2.93×10^4 Pa，求溶质的摩尔质量。

解：设溶质的摩尔质量为 M。

$\Delta p=p_A-p_{液}=2.93\times10^4-2.76\times10^4=0.17\times10^4\,(\mathrm{Pa})$

因为 $\Delta p=p_A x_B$，所以 $x_B=\dfrac{\Delta p}{p_A}=\dfrac{0.17\times10^4}{2.93\times10^4}=0.058$

又 $M_{C_2H_5OH}=46\ \mathrm{g\cdot mol^{-1}}$，$x_B=\dfrac{\dfrac{23}{M}}{\dfrac{200}{46}+\dfrac{23}{M}}=0.058$，解之得 $M=86\ \mathrm{g\cdot mol^{-1}}$。

4.1.2 强电解质溶液互吸理论

以上讨论了非电解质溶液的依数性。电解质溶液也有类似的性质。例如，较浓盐溶液沸点升高、凝固点下降。又如，在生物体中，电解质离子以一定的浓度或比例存在于体液中，参与维持体液的正常渗透压。但电解质溶液的“依数性”并不完全符合上述非电解质溶液依数性的公式(见表 4-2)。对于电解质溶液“依数性”反常的现象，1923 年，德拜(P. Debye)和休克尔(E. Hückel)提出了电解质溶液的互吸理论予以解释。

表 4-2 几种盐的水溶液的凝固点下降情况

盐	$m/\mathrm{mol\cdot kg^{-1}}$	ΔT_f/K(计算值)	ΔT_f/K(实验值)	实验值/计算值
KCl	0.20	0.372	0.673	1.81 →2
KNO_3	0.20	0.372	0.664	1.78→2
$MgCl_2$	0.10	0.186	0.519	2.79 →3
$Ca(NO_3)_2$	0.10	0.186	0.461	2.43 →3

强电解质溶液互吸理论认为强电解质在溶液中完全电离且离子互吸，内容如下：

(1)强电解质在水中完全电离，电离度 $\alpha=100\%$。

(2)形成“离子氛”：只考虑阴、阳离子之间的静电作用，不考虑离子的水合作用(溶剂化作用)，每个离子周围异号离子多于同号离子，净结果是在每个离子周围形成球形对称的“离子氛”，如图 4-6 所示。“离子氛”的电荷在数值上等于中心离子的电荷，符号相反，即每个阳离子之外有一个带负电的“离子氛”，每一个阴离子之外又有一个带正电荷的“离子氛”。每个中心离子同时又可以作为另一个异号离子的“离子氛”中的一员，类似于离子晶体中离子排列的情况。另外，“离子氛”不是完全静止的，而是不断地运动和变换的。因此，离子与离子之间的作用使得离子不能完全自由地运动，即离子不能完全发挥作用。例如通电时，离子不能 100% 地发挥输送电荷的作用(迁移速率减小)：阳离子向负极移动，但它的“离子氛”却要向正极移动。相互吸引的结果，使得离子的运动显然要比自由离子慢些；表现在依数性上，表观离子的数目小于全部电离应有的离子的数目，即表观电离度小于 100%。

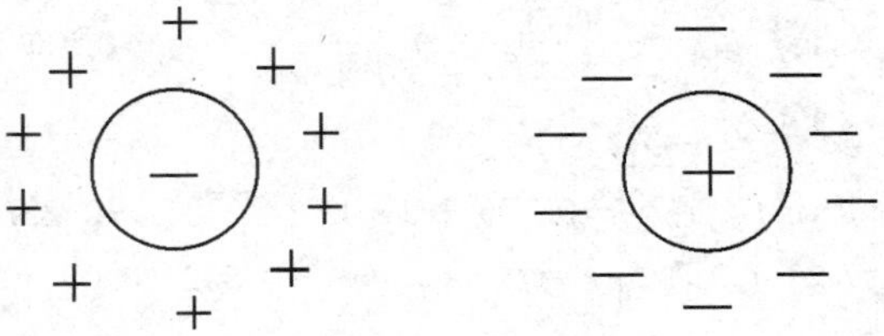

图 4-6　“离子氛”示意图

(3)活度：溶液中实际发挥作用的离子浓度，叫作**有效浓度**或**活度**，用 a 表示。

$$a=f\frac{m}{m^{\ominus}} \tag{4.5}$$

式(4.5)中 f 称为**活度系数**，由定义可知活度 a 没有量纲。

稀溶液中可用体积摩尔浓度代替质量摩尔浓度，即：

$$a=f\frac{c}{c^{\ominus}} \tag{4.5a}$$

(4)活度的根源在于离子间作用力，质量摩尔浓度 m 越大，离子的电荷 z 越大，离子间作用力就越大。离子间作用力用**离子强度** I 来衡量，单位为$\mathrm{mol\cdot kg^{-1}}$。

$$I=\frac{1}{2}\sum m_i z_i^2 \tag{4.6}$$

(5)利用近似公式可以计算稀溶液中离子的活度系数，进而计算离子的活度。

德拜-休克尔的极限公式：

$$\lg f_{\pm}=-\frac{0.509|z_{+}\cdot z_{-}|\sqrt{I}}{1+\sqrt{I}} \quad (4.7)$$

当 $I<0.01\ \mathrm{mol\cdot kg^{-1}}$ 时

$$\lg f_{\pm}=-0.509|z_{+}\cdot z_{-}|\sqrt{I} \quad (4.7a)$$

式中：$f_{\pm}$ 是分子的活度系数。

对于不同组成类型的分子：

$$AB: f_{\pm}=f_{+}=f_{-}; AB_m: f_{\pm}\neq f_{+}\neq f_{-}$$

式中：f_{+} 是阳离子的活度系数，f_{-} 是阴离子的活度系数。

因此，可以利用公式(4.7)或(4.7a)求解电解质溶液中AB型分子的阴、阳离子的活度。

例 4-3 0.1 $\mathrm{mol\cdot kg^{-1}}$ 盐酸和 0.1 $\mathrm{mol\cdot kg^{-1}}$ $CaCl_2$ 溶液等体积混合，计算该溶液的 I 及 a_{H^+}。

解：$m_{H^+}=0.05\ \mathrm{mol\cdot kg^{-1}}$，$m_{Ca^{2+}}=0.05\ \mathrm{mol\cdot kg^{-1}}$，$m_{Cl^-}=0.15\ \mathrm{mol\cdot kg^{-1}}$

所以 $I=\frac{1}{2}\sum m_i z_i^2=\frac{1}{2}(0.05\times1^2+0.05\times2^2+0.15\times1^2)=0.2(\mathrm{mol\cdot kg^{-1}})$

应用式(4.7)计算，$\lg f_{\pm(HCl)}=\frac{-0.509\ |1\times1|\ \sqrt{0.2}}{1+\sqrt{0.2}}=-0.157\ 3$，解之得 $f_{\pm}=0.70$

即 $a_{H^+}=0.70\times0.05=0.035$。

若用式(4.7a)计算，$\lg f_{\pm(HCl)}=-0.509\ |1\times1|\ \sqrt{0.2}=-0.227\ 6$

得 $f_{\pm}=0.592=f_{+}=f_{-}$，即 $a_{H^+}=f_{+}m_{H^+}/m^{\ominus}=0.592\times0.05=0.029\ 6$，误差较大。

例 4-4 $I=1.0\times10^{-4}\ \mathrm{mol\cdot kg^{-1}}$，计算 NaCl 溶液，$MgSO_4$ 溶液的 $f_{\pm}$。

解：阴、阳离子各为一价离子的 NaCl：

$\lg f_{\pm}=-0.509\ |1\times1|\ \sqrt{1.0\times10^{-4}}=-0.005\ 09$，$f_{\pm}=0.99$。

阴、阳离子各为二价离子的 $MgSO_4$：

$\lg f_{\pm}=-0.509\ |2\times2|\ \sqrt{1.0\times10^{-4}}=-0.020\ 36$，$f_{\pm}=0.95$。

同样计算阴、阳离子各为三价离子的电解质：

$\lg f_{\pm}=-0.509\ |3\times3|\ \sqrt{1.0\times10^{-4}}=-0.045\ 8$，$f_{\pm}=0.90$。

阴、阳离子各为四价离子的电解质：

$\lg f_{\pm}=-0.509\ |4\times4|\ \sqrt{1.0\times10^{-4}}=-0.081\ 4$，$f_{\pm}=0.83$。

由计算结果可见，I 一定时，z 越小，f 越趋近于 1。

例 4-5 分别计算浓度为 $1.0\times10^{-2}\ \mathrm{mol\cdot kg^{-1}}$，$1.0\times10^{-3}\ \mathrm{mol\cdot kg^{-1}}$ 和 $1.0\times10^{-4}\ \mathrm{mol\cdot kg^{-1}}$ NaCl 溶液中 Na^+ 和 Cl^- 的活度系数及其活度。

解：$I=\frac{1}{2}\sum m_i Z_i^2=0.5\times0.01\times1^2+0.5\times0.01\times1^2=0.01(\text{mol}\cdot\text{kg}^{-1})$，

$\lg f_{\pm}=\frac{-0.509\ |1\times1|\ \times\sqrt{0.01}}{1+\sqrt{0.01}}=-0.046$，解之，$f_{\pm}=0.90=f_{+}=f_{-}$，

所以 $a_{Na^+}=a_{Cl^-}=0.90\times0.01=0.9\times10^{-2}(\text{mol}\cdot\text{kg}^{-1})$。

同理，$m=1.0\times10^{-3}\ \text{mol}\cdot\text{kg}^{-1}$，得 $I=1.0\times10^{-3}\ \text{mol}\cdot\text{kg}^{-1}$，用最简式计算得 $f_{\pm}=0.96$，所以 $a_{Na^+}=a_{Cl^-}=0.96\times10^{-3}\ \text{mol}\cdot\text{kg}^{-1}$；

$m=1.0\times10^{-4}\ \text{mol}\cdot\text{kg}^{-1}$，$I=1.0\times10^{-4}\ \text{mol}\cdot\text{kg}^{-1}$ 时，$f_{\pm}=0.99$，

$a_{Na^+}=a_{Cl^-}=0.99\times10^{-4}\ \text{mol}\cdot\text{kg}^{-1}$。

结果表明，m 越稀，I 越小，f 越接近 1。

需要明确的是，所有溶液反应的标准平衡常数表达式中的组分相对浓度严格地说是活度。在无机化学的酸碱平衡的计算中，溶液浓度一般很低，可以近似认为其活度系数为 1，因此可以利用浓度代替活度进行计算。

4.2 酸碱理论

4.2.1 阿仑尼乌斯电离理论

1884 年瑞典化学家阿仑尼乌斯(S. A. Arrhenius)根据电解质水溶液依数性反常的现象，提出电解质在水溶液中电解成阴、阳离子的观点。

1. 定义

在水溶液中电离出的阳离子均为 H^+ 的化合物叫作酸，如 HCl 和 CH_3COOH(在本书后文中均简记为 HAc，CH_3COO^- 简记为 Ac^-)；在水溶液中电离出的阴离子均为 OH^- 的化合物叫作碱，如 NaOH 和 KOH。

2. 强度

以电离度 α 衡量，全部电离者，为强酸；部分电离者，为中强酸或弱酸。以 $K^{\ominus}$ 衡量，$K^{\ominus}$ 越小，酸越弱，如：

$$HCl \rightarrow H^+ + Cl^- \qquad \alpha=100\%$$

$$H_3PO_4 \rightleftharpoons H^+ + H_2PO_4^- \qquad K^{\ominus}=7.6\times10^{-3}$$

$$HAc \rightleftharpoons H^+ + Ac^- \qquad K^{\ominus}=1.8\times10^{-5}$$

$$H_2S \rightleftharpoons H^+ + HS^- \qquad K^{\ominus}=1.1\times10^{-7}$$

据此可知，HCl 为强酸；H_3PO_4 为中强酸；HAc 和 H_2S 均为弱酸，H_2S 的酸性更弱。

3. 反应实质

阿仑尼乌斯酸碱反应的实质是酸碱中和：$H^+ + OH^- \rightleftharpoons H_2O$。

4. 应用

(1)强酸强碱反应的中和热 $\Delta_r H_m^\ominus = -55.8\ kJ\cdot mol^{-1}$[$H_2SO_4$ 与 $Ba(OH)_2$ 的反应例外]；所有弱酸弱碱反应的中和热 $\Delta_r H_m^\ominus$ 绝对值低于 55.8 $kJ\cdot mol^{-1}$，即放热少于 55.8 $kJ\cdot mol^{-1}$。

(2)稀盐溶液混合，热效应为零，如，

$$NaCl + KNO_3 \rightleftharpoons Na^+ + Cl^- + K^+ + NO_3^- \quad \Delta_r H_m^\ominus = 0$$

阿仑尼乌斯电离理论将溶液化学系统化，只要知道了离子的性质，就可以知道相应化合物溶液的性质。例如，尽管铜(Ⅱ)盐显现不同的颜色，如 $CuSO_4$ 为白色，$CuCl_2 \cdot 2H_2O$ 为绿色，$CuBr_2$ 为黑色，$Cu(NO_3)_2 \cdot 3H_2O$ 为蓝色，但其稀溶液的颜色均为$[Cu(H_2O)_4]^{2+}$的浅蓝色，表明 Cu(Ⅱ)盐溶液的性质一致。

4.2.2 质子酸碱理论

1923 年，布朗斯特(J. N. Brönsted)和劳莱(T. M . Lowry)根据上述电离理论中的酸碱反应都有质子 H^+ 参与，提出了质子酸碱理论。

1. 定义

凡能给出质子的物质，叫作酸，又称**质子酸**；凡能接受质子的物质，叫作碱，又称**质子碱**。酸碱成对出现，称为**共轭酸碱对**。酸$\rightleftharpoons$碱$+H^+$，如：

$$HCl \rightleftharpoons Cl^- + H^+$$

$$NH_4^+ \rightleftharpoons NH_3 + H^+$$

$$H_2PO_4^- \rightleftharpoons HPO_4^{2-} + H^+$$

$$HPO_4^{2-} \rightleftharpoons PO_4^{3-} + H^+$$

$$[Al(H_2O)_6]^{3+} \rightleftharpoons [Al(H_2O)_5(OH)]^{2+} + H^+$$

$$H_2O \rightleftharpoons OH^- + H^+$$

$$H_3O^+ \rightleftharpoons H_2O + H^+$$

$$NH_3 \rightleftharpoons NH_2^- + H^+$$

由质子酸碱的定义可知：

(1)酸、碱可以是分子、阳离子或阴离子；

(2)酸碱相互对应、转化，强弱相互对应，即酸强则其共轭碱就弱；

(3)有些物质既可是酸又可是碱，称作“两性物质”，如 HPO_4^{2-}；

(4)不存在“盐”的概念。

2. 强度

质子酸碱的强度主要取决于物质的本性：给 H^+ 能力强的为强酸，接受 H^+

能力强的为强碱；同时与溶剂性质有关，在不同的无机非水溶剂中，同一种酸或碱表现出的强度不同。例如，HAc 在水中只部分提供质子，为弱酸；在液氨中完全给出质子，为强酸。

$$HAc(弱酸) + H_2O \rightleftharpoons H_3O^+ + Ac^-$$

$$HAc(强酸) + NH_3 \rightleftharpoons NH_4^+ + Ac^-$$

溶剂具有“区分效应”和“拉平效应”。以 H_2O 为溶剂，$HClO_4$、H_2SO_4、HCl、HNO_3 均为强酸，H_2O 为“拉平试剂”。以 HAc 为溶剂：

$$HClO_4 + HAc \rightleftharpoons ClO_4^- + H_2Ac^+ \qquad K_a^{\ominus} = 10^{-5.8}$$

$$H_2SO_4 + HAc \rightleftharpoons HSO_4^- + H_2Ac^+ \qquad K_a^{\ominus} = 10^{-8.2}$$

$$HCl + HAc \rightleftharpoons Cl^- + H_2Ac^+ \qquad K_a^{\ominus} = 10^{-8.8}$$

$$HNO_3 + HAc \rightleftharpoons NO_3^- + H_2Ac^+ \qquad K_a^{\ominus} = 10^{-9.4}$$

它们酸性的强弱顺序为 $HClO_4 > H_2SO_4 > HCl > HNO_3$。这里 HAc 为“分辨试剂”。可见，物质的酸碱性的强弱因溶剂不同而不同。

3. 反应实质

质子酸碱反应的实质即质子的转移；反应方向为强酸 a_1 + 强碱 $b_2 \rightleftharpoons$ 弱酸 a_2 + 弱碱 b_1，如中和反应 $H_3O^+(aq) + OH^- \rightleftharpoons H_2O + H_2O$。

4. 评价

质子酸碱理论扩充了酸碱的范围，并适合于非水的质子溶剂。在无机化学中讨论酸碱反应，通常用的就是质子酸碱理论。

4.2.3 电子酸碱理论

1923 年，路易斯(G. N. Lewis)提出电子酸碱理论。

1. 定义

可以接受外来电子对的分子或离子，叫作 Lewis 酸（电子对的接受体，所有阳离子）；可以提供电子对的分子或离子，叫作 Lewis 碱（电子对的给予体，所有阴离子）。

2. 实质

$$Lewis 酸 + Lewis 碱 \rightleftharpoons 酸碱配合物$$

例如，质子酸碱反应：

$$H^+ + OH^- \rightleftharpoons H_2O$$

$$H^+ + NH_3 \rightleftharpoons NH_4^+$$

沉淀反应：

$$Ag^+ + Cl^- \rightleftharpoons AgCl\downarrow$$

配位反应：

$$Ag^{+} + 2NH_3 \rightleftharpoons [Ag(NH_3)_2]^{+}$$
$$Cu^{2+} + 4H_2O \rightleftharpoons [Cu(H_2O)_4]^{2+}$$
$$BF_3 + F^{-} \rightleftharpoons [BF_4]^{-}$$

由此可见，一种物质究竟是酸、是碱还是酸碱配合物，必须在具体的反应中确定。

3. 评价

电子酸碱理论应用范围广，绝大多数物质都能归类为酸、碱或酸碱配合物，绝大多数非氧化还原反应都可归类为酸碱反应或酸、碱与酸碱配合物之间的反应。

4.3 溶液中的质子转移反应——酸碱平衡

4.3.1 弱酸、弱碱的电离平衡

1. 水的离子积和溶液的 pH

水是弱电解质，部分电离，其电离平衡常数叫作水的离子积，记做 $K_w^\ominus$。

$$H_2O \rightleftharpoons H^{+} + OH^{-} \quad \Delta_r H_m^\ominus = 55.8\ kJ \cdot mol^{-1}$$

$$K_w^\ominus = [H^{+}][OH^{-}] \qquad (4.8)①$$

鉴于水的电离为吸热反应，$K_w^\ominus$ 随温度升高而增大(见表 4-3)。

表 4-3　不同温度下水的离子积

温度/K	$K_w^\ominus$
273	0.12×10^{-14}
293	0.75×10^{-14}
295	1.00×10^{-14}
298	1.27×10^{-14}
303	1.50×10^{-14}
323	5.31×10^{-14}
373	54.95×10^{-14}

$[H^{+}]>[OH^{-}]$的溶液，为酸性溶液，$[H^{+}]=[OH^{-}]$的溶液，为中性溶液，

① 根据第 3 章 3.1 节标准平衡常数 $K^\ominus$ 的定义，溶液中的离子必须以相对浓度表示，此处为简便，已略去 $c^\ominus$。本书后面的平衡常数 $K_a^\ominus$、$K_b^\ominus$、$K_{sp}^\ominus$、β 等均如此处理。

$[H^+]<[OH^-]$的溶液，为碱性溶液。将溶液中的$[H^+]$取负对数得到 pH，$[OH^-]$取负对数得到 pOH，即：

$$pH=-\lg[H^+] \tag{4.9}$$

$$pOH=-\lg[OH^-] \tag{4.9a}$$

将式(4.8)取负对数，得：

$$pK_w^{\ominus}=pH+pOH \tag{4.9b}$$

氯化钠水溶液为中性。295 K 时，水的 $K_w^{\ominus}=1.00\times10^{-14}$，此时溶液的 pH=pOH=7.00，溶液呈中性；但在其他温度下，$K_w^{\ominus}\neq1.00\times10^{-14}$，pH=pOH $\neq$7.00，溶液仍呈中性。所以，不能用 pH=7.00 作为中性溶液的标志。

2. 弱酸、弱碱的电离平衡

(1)一元弱酸、弱碱的离解平衡。

$HAc+H_2O \rightleftharpoons H_3O^+ + Ac^-$　$\Delta_r H_m^{\ominus}=-0.46\ kJ\cdot mol^{-1}$

简写作：$HAc \rightleftharpoons H^+ + Ac^-$

t_0	c_0	0	0
t_e	c_0-x	x	x

$$K_a^{\ominus}=\frac{x^2}{c_0-x} \tag{4.10}$$

式中：$K_a^{\ominus}$叫作酸的离解平衡常数。

若$\frac{c_0}{K_a^{\ominus}}>400$，$c_0-x\approx c_0$，

$$[H^+]=x=\sqrt{K_a^{\ominus}c_0} \tag{4.10a}$$

$$\alpha=\sqrt{\frac{K_a^{\ominus}}{c_0}} \tag{4.10b}$$

由式(4.10b)可见，酸的起始浓度越小，电离度就越大，这叫作**稀释定律**。

同理，对于一元弱碱有类似的公式，$K_b^{\ominus}$表示碱的离解平衡常数。若$\frac{c_0}{K_b^{\ominus}}>400$，近似公式为：

$$[OH^-]=\sqrt{K_b^{\ominus}c_0} \tag{4.10c}$$

例 4-6　已知 HAc 的 $K_a^{\ominus}=1.8\times10^{-5}$，计算下列 HAc 溶液 H^+ 的浓度和电离度 α：

(a)0.1 $mol\cdot L^{-1}$ HAc 溶液；

(b)1.0×10^{-5} $mol\cdot L^{-1}$ HAc 溶液；

(c)向 0.1 $mol\cdot L^{-1}$ HAc 溶液中加入 NaAc(s)，使得[NaAc]=0.20 $mol\cdot L^{-1}$；

(d)向 0.1 $mol\cdot L^{-1}$ HAc 溶液中加入 NaCl(s)，使得[NaCl]=0.20 $mol\cdot L^{-1}$。

解：

(a)因为$\frac{c_0}{K_a^\ominus} > 400$，所以$[H^+] = \sqrt{K_a^\ominus c_0} = \sqrt{1.8\times10^{-5}\times0.1} = 1.3\times10^{-3}\ mol\cdot L^{-1}$，$\alpha=1.3\%$。

(b)因为$\frac{c_0}{K_a^\ominus} < 400$，所以需要用精确公式$K_a^\ominus = \frac{x^2}{c_0 - x}$，$1.8\times10^{-5} = \frac{x^2}{1.0\times10^{-5} - x}$。解此一元二次方程得$[H^+]=x=7.16\times10^{-6}\ mol\cdot L^{-1}$，$\alpha=71.6\%$。与(a)结果比较，可知酸的起始浓度越小，电离度越大。

(c)	HAc	$\rightleftharpoons$	H^+	+	Ac^-
$t_0/mol\cdot L^{-1}$	0.1		0		0.2
$t_e/mol\cdot L^{-1}$	$0.1-x\approx0.1$		x		$0.2+x\approx0.2$

$K_a^\ominus = \frac{0.2x}{0.1} = 1.8\times10^{-5}$，所以$[H^+]=9.0\times10^{-6}\ mol\cdot L^{-1}$、$\alpha=0.009\%$。与(a)结果比较，可知酸中加入相同的离子时弱酸的离解受到抑制，电离度减小。

(d)向$0.1\ mol\cdot L^{-1}$ HAc溶液中加入大量的盐，离子强度增大，影响到离子的有效浓度。此时需要用活度计算。$I=\frac{1}{2}\sum m_i Z i^2 = 0.5\times0.20\times1^2 + 0.5\times0.20\times1^2 = 0.20\ mol\cdot kg^{-1}$，带入式(4.7)，$\lg f_\pm = \frac{-0.509\ |1\times1|\times\sqrt{0.20}}{1+\sqrt{0.20}} = -0.157$，解之，$f_\pm = f_+ = f_- = 0.697$

	HAc	$\rightleftharpoons$	H^+	+	Ac^-
$t_0/mol\cdot L^{-1}$	0.1		0		0
$t_e/mol\cdot L^{-1}$	$0.1-x\approx0.1$		xf_+		xf_-

$K_a^\ominus = \frac{(xf_+)^2}{0.1}$

$xf_+ = \sqrt{0.1K_a^\ominus} = \sqrt{0.1\times1.8\times10^{-5}} = 1.3\times10^{-3}$

即$[H^+]=x=1.9\times10^{-3}\ mol\cdot L^{-1}$，$\alpha=1.9\%$。

与(a)结果比较，可知酸中加入不相同的离子时，离子强度增大，弱酸的离解度略微增大。

综上所述，$K_a^\ominus$和$K_b^\ominus$代表酸和碱离解的程度，$K_a^\ominus$和$K_b^\ominus$数值越大，表明酸、碱的强度越大(常见的弱酸、弱碱的离解常数见附录4之A4.1、A4.2)。一般地，弱酸、弱碱离解反应的热效应$\Delta_r H_m^\ominus$很小，$K_a^\ominus$和$K_b^\ominus$随温度变化改变很小，因此影响弱酸、弱碱离解反应的主要因素是浓度。例4-6(c)中，加入相同的离子时，弱酸的离解受到抑制，电离程度减小，这种现象称为**同离子效应**。例4-6(d)中，加入不相同的离子时，相当于稀释了弱酸溶液，弱酸的离解程度略微增大，这种现象称为**盐效应**。

(2)多元弱酸的离解平衡。

能够提供2个或多个质子的酸，叫作多元酸。例如，H_2S、H_2SO_3、H_2CO_3、

$H_2C_2O_4$等为二元酸；H_3PO_4为三元酸。多元酸分步离解，如：

$H_2S \rightleftharpoons HS^- + H^+ \qquad K_{a1}^{\ominus}=1.1\times10^{-7}$

$HS^- \rightleftharpoons S^{2-} + H^+ \qquad K_{a2}^{\ominus}=1.3\times10^{-13}$

由 $K_{a1}^{\ominus} \gg K_{a2}^{\ominus}$ 可见，多元酸的逐级离解常数相差几个数量级，因此通常计算多元酸溶液 pH 时，可以只考虑一级电离提供的 H^+，忽略二级、三级电离提供的 H^+。当 $\frac{c_0}{K_{a1}^{\ominus}}>400$，则：

$$[H^+]=\sqrt{K_{a1}^{\ominus}c_0} \tag{4.10d}$$

例 4-7 H_2S 饱和溶液的浓度为 0.1 $mol\cdot L^{-1}$，试计算各组分的浓度。

解：

	$H_2S \rightleftharpoons$	HS^-	$+ H^+$
$t_0/mol\cdot L^{-1}$	0.1	0	0
$t_e/mol\cdot L^{-1}$	$0.1-x\approx0.1$	x	x

$x=[H^+]=[HS^-]=\sqrt{K_a^{\ominus}c_0}=\sqrt{1.1\times10^{-7}\times0.1}=1.0\times10^{-4}(mol\cdot L^{-1})$

根据多重平衡原理，某一组分同时在几个平衡关系中，但其只有一个浓度，因此得到下面的关系。

	HS^-	$\rightleftharpoons$ S^{2-}	$+$ H^+
$t_0/mol\cdot L^{-1}$	1.0×10^{-4}	0	1.0×10^{-4}
$t_e/mol\cdot L^{-1}$	$1.0\times10^{-4}-y$ $\approx1.0\times10^{-4}$	y	$1.0\times10^{-4}+y$ $\approx1.0\times10^{-4}$

所以 $K_{a2}^{\ominus}=y=1.3\times10^{-13}mol\cdot L^{-1}$。

溶液中含有少量氢氧根离子，$[OH^-]=\frac{K_w^{\ominus}}{x}=\frac{1.0\times10^{-14}}{1.0\times10^{-4}}=1.0\times10^{-10}(mol\cdot L^{-1})$

即 H_2S 饱和溶液中，H^+ 和 HS^- 浓度为 $1.0\times10^{-4}mol\cdot L^{-1}$，$S^{2-}$ 浓度为 $1.3\times10^{-13}mol\cdot L^{-1}$，$OH^-$ 浓度为 $1.0\times10^{-10}mol\cdot L^{-1}$。

3. 酸碱指示剂

由自身颜色的改变来指示溶液 pH 的物质叫作酸碱指示剂。酸碱指示剂一般为有机弱酸或弱碱，用 HIn 来表示。HIn 与 In^- 颜色不同，存在如下平衡。

$$HIn \rightleftharpoons H^+ + In^-$$

$$K_i^{\ominus}=\frac{[H^+][In^-]}{[HIn]} \tag{4.11}$$

当$[In^-]=[HIn]$时，$K_i^{\ominus}=[H^+]$，$pH=pK_i^{\ominus}$，称为**指示剂的理论变色点**，此时显示的是 HIn 与 In^- 共存的颜色。加入碱，平衡右移，$\frac{[In^-]}{[HIn]}>10$ 时显示 In^-

的颜色；加入酸，平衡左移，$\frac{[In^-]}{[HIn]}<0.10$ 时显示 HIn 的颜色。$pH=pK_i^\ominus\pm1$ 称为指示剂的理论变色范围。由于人眼对颜色的敏感程度不同，人眼目视的变色范围与理论计算值不尽相同，以人眼实际目测的变色范围为准。例如，常用甲基橙的变色范围为 3.2～4.4、酚酞的变色范围为 8.2～10.0。

4.3.2 盐的水解

NaCl 溶液为中性，但 NaAc 溶液为碱性、NH_4Cl 溶液为酸性。这是因为 Na^+ 和 Cl^- 不与水分子作用，而 Ac^- 和 NH_4^+ 与水分子作用。盐溶于水，与水作用使水的电离平衡发生移动从而使盐溶液具有一定的酸碱性，这种作用叫作盐的水解。不同类型的盐的水解情况列于表 4-4。

表 4-4 各种类型盐的水解

盐的类型	实例	盐溶液的酸碱性	计算公式
弱酸强碱盐	NaAc	碱性	$[OH^-]=\sqrt{K_h^\ominus c_0}=\sqrt{\frac{K_w^\ominus c_0}{K_a^\ominus}}$
多元弱酸强碱盐	Na_2CO_3	碱性	$[OH^-]=\sqrt{K_h^\ominus c_0}=\sqrt{\frac{K_w^\ominus c_0}{K_{a_2}^\ominus}}$
弱碱强酸盐	NH_4Cl	酸性	$[H^+]=\sqrt{K_h^\ominus c_0}=\sqrt{\frac{K_w^\ominus c_0}{K_b^\ominus}}$
弱酸弱碱盐	NH_4Ac	中性 $K_a^\ominus=K_b^\ominus$	$[H^+]=\sqrt{\frac{K_w^\ominus K_a^\ominus}{K_b^\ominus}}$
	NH_4F	酸性 $K_a^\ominus>K_b^\ominus$	
	NH_4CN	碱性 $K_a^\ominus<K_b^\ominus$	
酸式盐	$NaHCO_3$	碱性	$[H^+]=\sqrt{\frac{K_{a1}^\ominus(K_w^\ominus+K_{a2}^\ominus c_0)}{c_0}}$
	Na_2HPO_4	碱性	若 $K_{a2}^\ominus c_0\gg K_w^\ominus$，$[H^+]=\sqrt{K_{a1}^\ominus K_{a2}^\ominus}$
	NaH_2PO_4	酸性	

下面举例推导盐溶液中$[H^+]$或$[OH^-]$的计算公式。

1. 弱酸强碱盐

以 NaAc 为例，水解反应的离子方程式如下：

$$
\begin{array}{lllll}
 & Ac^- + H_2O & \rightleftharpoons & HAc + & OH^- \\
t_0 & c_0 & & 0 & 0 \\
t_e & c_0-x & & x & x
\end{array}
$$

$$K_h^{\ominus}=K_b^{\ominus}=\frac{[HAc][OH^-][H^+]}{[Ac^-][H^+]}=\frac{K_w^{\ominus}}{K_a^{\ominus}}=5.6\times10^{-10}$$

即
$$[OH^-]=x=\sqrt{K_h^{\ominus}c_0}=\sqrt{\frac{K_w^{\ominus}c_0}{K_a^{\ominus}}} \tag{4.12}$$

盐的水解度用 h 表示，
$$h=\frac{[OH^-]}{c_0}=\sqrt{\frac{K_w^{\ominus}}{K_a^{\ominus}c_0}} \tag{4.12a}$$

式(4.12a)表明盐的浓度越小，水解程度越大；弱酸强碱盐的酸越弱，即 $K_a^{\ominus}$ 越小，其水解程度越大。

例 4-8　计算下面溶液的 pH 和水解度 h：

(a)0.010 mol·L^{-1} NaAc 溶液（HAc 的 $K_a^{\ominus}=1.8\times10^{-5}$）；

(b)0.010 mol·L^{-1} NaCN 溶液（HCN 的 $K_a^{\ominus}=6.2\times10^{-10}$）。

解：

(a)

	$Ac^- + H_2O \rightleftharpoons$	HAc	$+OH^-$
t_0/mol·L^{-1}	0.01	0	0
t_e/mol·L^{-1}	$0.01-x$	x	x

$$x=[OH^-]=\sqrt{K_h^{\ominus}c_0}=\sqrt{\frac{K_w^{\ominus}c_0}{K_a^0}}=\sqrt{\frac{1.0\times10^{-14}\times0.010}{1.8\times10^{-5}}}$$
$$=2.36\times10^{-6}(\text{mol}\cdot\text{L}^{-1})$$

则 $[H^+]=4.24\times10^{-9}$ mol·L^{-1}，pH=8.37，$h=\frac{[OH^-]}{c_0}=0.0236\%$。

(b)同理计算可得 pH =10.60，$h=4.0\%$。

由计算结果可见，弱酸强碱盐的弱酸的 $K_a^{\ominus}$ 越小，水解后$[OH^-]$越大，pH 越大，h 越大。

2. 酸式盐

以 $NaHCO_3$ 为例：

$$NaHCO_3(c_0)\rightarrow Na^+(c_0)+HCO_3^-(\approx c_0)$$

HCO_3^- 有电离和水解两种趋势：

$$HCO_3^-\rightleftharpoons H^+ +CO_3^{2-}\quad K_{a2}^{\ominus}=4.7\times10^{-11}$$

$$HCO_3^- +H_2O\rightleftharpoons OH^- +H_2CO_3\quad K_{h2}^{\ominus}=\frac{K_w^{\ominus}}{K_{a1}^{\ominus}}=2.2\times10^{-8}$$

其中
$$[OH^-]=[H_2CO_3]-[CO_3^{2-}]$$

即
$$\frac{K_w^{\ominus}}{[H^+]}=\frac{[H^+][HCO_3^-]}{K_{a1}^{\ominus}}-\frac{K_{a2}^{\ominus}[HCO_3^-]}{[H^+]}$$

$$\frac{[H^+]^2[HCO_3^-]}{K_{a1}^{\ominus}}=K_w^{\ominus}+K_{a2}^{\ominus}[HCO_3^-]$$

$$[H^+]^2=\frac{K_{a1}^{\ominus}(K_w^{\ominus}+K_{a2}^{\ominus}[HCO_3^-])}{[HCO_3^-]}$$

$$[H^+]=\sqrt{\frac{K_{a1}^{\ominus}(K_w^{\ominus}+K_{a2}^{\ominus}c_0)}{c_0}} \tag{4.13}$$

若 $K_{a2}^{\ominus}c_0 \gg K_w^{\ominus}$，则 $$[H^+]=\sqrt{K_{a1}^{\ominus}K_{a2}^{\ominus}} \tag{4.13a}$$

例 4-9 将下列盐溶液按 pH 由小到大排列：

(a) KNO_3，K_2SO_3，K_2S，$Fe(NO_3)_2$；(b) NH_4NO_3，$NaHSO_4$，$NaHCO_3$，Na_2CO_3。

解：(a) $Fe(NO_3)_2$，KNO_3，K_2SO_3，K_2S；(b) $NaHSO_4$，NH_4NO_3，$NaHCO_3$，Na_2CO_3。

3. 影响水解的因素

影响盐的水解反应的因素包括浓度和温度。由式(4.12a)可知，盐溶液的浓度越小，水解程度就越大。由于水解反应是酸碱中和反应的逆反应，为吸热反应，所以升高温度有利于水解反应的进行。

4.3.3 缓冲溶液

许多反应需要在一定 pH 范围中进行。例如，人体血液的 pH 在 7.35～7.45之间，超出这个范围，就无法正常进行生化反应，人的生命就要受到威胁。维持血液的 pH 恒定的组分是 HCO_3^--CO_3^{2-} 等共轭酸碱对。能够抵御少量强酸、强碱和水的稀释的影响而保持其 pH 基本不变的溶液叫作缓冲溶液。缓冲溶液通常由弱酸和弱酸盐或弱碱和弱碱盐组成，其有效成分为共轭酸碱对。缓冲溶液保持 pH 不变的作用叫作缓冲作用。

以 HAc-Ac^- 体系为例：

$$\begin{array}{llll} & HAc & \rightleftharpoons H^+ & + \quad Ac^- \\ t_0 & c_a & 0 & c_s \\ t_e & c_a-x\approx c_a & x & c_s+x\approx c_s \end{array}$$

$$K_a^{\ominus}=x\frac{c_s}{c_a}$$

$$[H^+]=x=K_a^{\ominus}\frac{c_a}{c_s}$$

$$pH=pK_a^{\ominus}-\lg\frac{c_a}{c_s} \tag{4.14}$$

式(4.14)以及后面的式(4.15)称为**亨德森-哈塞尔巴尔赫(Henderson-Hasselbalch)方程**。显然，缓冲作用的原理是同离子效应。缓冲溶液的 pH 与弱

酸的 $pK_a^\ominus$ 以及 $\frac{c_a}{c_s}$ 有关。每一种缓冲溶液都有一定的缓冲范围和缓冲容量。由表 4-5 可知，当 $\frac{c_a}{c_s}=1$ 时，溶液的缓冲作用最大；当 $\frac{c_a}{c_s}=0.1\sim10$ 时，溶液具有缓冲作用，相应的 pH 范围称为**有效缓冲范围**，即：

$$pH=pK_a^\ominus\pm1 \tag{4.14a}$$

若超出此范围，缓冲作用丧失。另外，缓冲作用还与缓冲溶液中的弱酸与弱酸盐的总浓度有关：总浓度减小，缓冲能力减小（见表 4-5）。

表 4-5　不同组成的溶液缓冲作用的比较

n_T $=n_a+n_s$	c_a/c_s $=n_a/n_s$	$[H^+]$ $=K_a^\ominus\frac{n_a}{n_s}$	加入 0.01 mol 强酸后的 $[H^+]'$ $=K_a^\ominus\frac{n_a+0.01}{n_s-0.01}$	$[H^+]$ 增加的比率 $=\frac{[H^+]'-[H^+]}{[H^+]}$
2 mol	10∶1	10 $K_a^\ominus$	10.69 $K_a^\ominus$	6.9%
2 mol	1∶1	$K_a^\ominus$	1.02 $K_a^\ominus$	2%
2 mol	1∶10	0.1 $K_a^\ominus$	0.105 $K_a^\ominus$	5%
2 mol	1∶99	0.01 $K_a^\ominus$	0.015 2 $K_a^\ominus$	52%
0.2 mol	1∶1	$K_a^\ominus$	1.22 $K_a^\ominus$	22%

若是弱碱和弱碱盐组成的缓冲溶液，其公式为：

$$pOH=pK_b^\ominus-\lg\frac{c_b}{c_s} \tag{4.15}$$

下面举例说明如何选择、配制缓冲溶液。

例 4-10　有下面三种酸：$(CH_3)_2AsOOH$，$pK_a^\ominus=6.19$；

$ClCH_2COOH$，$pK_a^\ominus=2.87$；

CH_3COOH，$pK_a^\ominus=4.76$。

欲配制 pH 为 6.50 的缓冲溶液，应选用哪种酸？若配制总浓度为 $c_T=1.00\ mol\cdot L^{-1}$ 的缓冲溶液 1 L，需要多少克固体 NaOH 和这种酸？

解：所选的酸的 $pK_a^\ominus$ 值应尽可能接近待配制溶液的 pH，应选用 $(CH_3)_2AsOOH$（简记为 HA）。设需要 x mol NaOH，y mol HA。

$$HA+NaOH \rightleftharpoons NaA+H_2O$$

	HA	NaOH	NaA
t_0/mol	y	x	
t_e/mol	$y-x$	0	x

$n_T=(y-x)+x=y=1$ mol，即需要 1 mol $(CH_3)_2AsOOH$，即 138 g。

$pH=pK_a^\ominus-\lg\frac{c_a}{c_s}$，即 $6.50=6.19-\lg\frac{1-x}{x}$

解之得 $x=0.67$ mol，即需要 NaOH 26.8 g。

习　题

4-1　303 K 时丙酮(C_3H_6O)的饱和蒸气压为 37.33 kPa。当 6 g 某非挥发性有机物溶于 120 g 丙酮时，丙酮的饱和蒸气压下降至 35.57 kPa。试求此有机物的摩尔质量。

4-2　人体血浆的凝固点为 -0.501 ℃，正常体温 37 ℃时，人体血液的渗透压是多少？(已知水的 $K_f = 1.86\ K \cdot kg \cdot mol^{-1}$)

4-3　某糖水溶液的凝固点为 -0.300 ℃，求：

(1)该糖水溶液的沸点；

(2)凝固点时的渗透压(水的 $K_f = 1.86\ K \cdot kg \cdot mol^{-1}$，$K_b = 0.512\ K \cdot kg \cdot mol^{-1}$)。

4-4　解释下列现象：

(1)海鱼放在淡水中会死亡。

(2)雪地里洒些盐，雪就熔化了。

(3)盐碱地上栽种植物难以生长。

4-5　有某化合物的苯溶液，溶质和溶剂的质量比是 15∶100；在 293 K、$1.013\ 25 \times 10^5$ Pa 条件下以4 L空气缓慢通过该溶液时，测知损失了 1.185 g 苯(假设失去苯以后，溶液的浓度不变)。试求：

(1)该溶质的摩尔质量。

(2)该溶液的沸点和凝固点(已知 293 K 时，苯的蒸气压为 1.0×10^4 Pa，$1.013\ 25 \times 10^5$ Pa 条件下苯的沸点为 353.10 K，苯的凝固点为 278.4 K)。

4-6　有下列两种溶剂：液氨 NH_3 和 H_2O。

(1)写出每种纯溶剂的自电离方程。

(2)HAc 在上述两种溶剂中以何种形式存在(用离子方程式表示)？

(3)在上述溶剂中，HAc 是酸还是碱？

4-7　50 mL 0.10 $mol \cdot L^{-1}$ 的 HAc 溶液中加入 1.36 g $NaAc \cdot 3H_2O$ 晶体，假设体积不变，计算该溶液的 pH($M_{NaAc \cdot 3H_2O} = 136\ g \cdot mol^{-1}$，$K^{\ominus}_{a\ HAc} = 1.8 \times 10^{-5}$)。

4-8　有一混合酸溶液，其中 HF 的浓度为 1.0 $mol \cdot L^{-1}$，HAc 的浓度为 0.10 $mol \cdot L^{-1}$，求溶液中 H^+、F^-、Ac^-、HF、HAc 的浓度。

4-9　已知：$HI(g) \longrightarrow HI(aq)$　$\Delta_r H^{\ominus}_m = -23\ kJ \cdot mol^{-1}$；

$H^+(g) + I^-(g) \longrightarrow H^+(aq) + I^-(aq)$　$\Delta_r H^{\ominus}_m = -1397\ kJ \cdot mol^{-1}$；

H—I 键能为 298 $kJ \cdot mol^{-1}$；

$H(g) \longrightarrow H^+(g) + e^-$　$\Delta_r H^{\ominus}_m = 1\ 312\ kJ \cdot mol^{-1}$；

$I(g) \longrightarrow I^-(g) - e^-$　$\Delta_r H^{\ominus}_m = -295\ kJ \cdot mol^{-1}$；

$HI(aq) \longrightarrow H^+(aq) + I^-(aq)$　$\Delta_r S^{\ominus}_m = 12.5\ J \cdot mol^{-1} \cdot K^{-1}$。

请设计一个 HI(aq) 电离的热力学循环，计算 298 K HI(aq) 的电离常数，以此说明 HI(aq) 是强酸还是弱酸。

4-10　计算下列各缓冲溶液的有效缓冲范围：

(1) $HCO_3^- - CO_3^{2-}$　(2) $HC_2O_4^- - C_2O_4^{2-}$　(3) $H_3PO_4 - H_2PO_4^-$

(4) $H_2PO_4^- - HPO_4^{2-}$　(5) $HPO_4^{2-} - PO_4^{3-}$

4-11　将 1.0 mol·L^{-1} Na_3PO_4 和 2.0 mol·L^{-1} 盐酸等体积混合，求溶液的 pH。

4-12　有三瓶溶液 pH 相同。已知其一为 1.0×10^{-3} mol·L^{-1} 的硝酸溶液；其二为 6.0×10^{-3} mol·L^{-1} 的甲酸溶液；另一瓶是苯胺用盐酸完全中和形成的盐($C_6H_5NH_3Cl$)溶液，浓度为 4.0×10^{-2} mol·L^{-1}。如何用简单方法鉴别这三种溶液？求甲酸的 $K_a^{\ominus}$ 和苯胺的 $K_b^{\ominus}$。

第5章　难溶电解质的沉淀溶解平衡

本章讨论难溶电解质的沉淀溶解平衡。通常将溶解度小于 0.01 g/100 g H_2O 的物质，称为难溶物或不溶物；但有些微溶的化合物，如 $PbCl_2$、$CaSO_4$、Hg_2SO_4 等，尽管其溶解度大于 0.01 g/100 g H_2O，习惯上也看作难溶物。

5.1　溶度积常数

假设溶解的盐完全离解，则在固体溶质和已离解的离子之间存在异相平衡，如：

$$BaSO_4(s) \rightleftharpoons Ba^{2+}(aq) + SO_4^{2-}(aq)$$

$$K_{sp}^{\ominus} = [Ba^{2+}][SO_4^{2-}] \tag{5.1}$$

$K_{sp}^{\ominus}$ 叫作溶度积常数。此处反应商等于离子浓度的乘积，所以叫作离子积，用符号 Q_{sp} 表示。

一般地，对于摩尔溶解度为 S 的难溶电解质 A_mB_n 来说：

$$A_mB_n \rightleftharpoons mA^{n+} + nB^{m-}$$

$$t_e/\text{mol}\cdot\text{L}^{-1} \qquad mS \qquad nS$$

$$K_{sp}^{\ominus} = [A^{n+}]^m[B^{m-}]^n = [mS]^m[nS]^n = m^m n^n S^{m+n} \tag{5.1a}$$

$K_{sp}^{\ominus}$ 和摩尔溶解度 S 都能表示难溶电解质溶解的程度。对于组成形式相同的难溶电解质，如 AB 型盐 AgCl 和 AgBr，$K_{sp}^{\ominus}$ 越小，其 S 越小；对于组成形式不相同的难溶电解质，如 AB 型盐 AgCl、AgBr 和 A_2B 型盐 Ag_2CrO_4，$K_{sp}^{\ominus}$ 越小，其 S 不一定越小(见表 5-1)。$K_{sp}^{\ominus}$ 作为平衡常数，只与温度有关(见附录 4 之 A 4.3)，S 还与溶液的浓度有关。

表 5-1　难溶电解质的 $K_{sp}^{\ominus}$ 与 S 的比较

难溶电解质	$K_{sp}^{\ominus}$	$S/\text{mol}\cdot\text{L}^{-1}$
AgCl	1.77×10^{-10}	1.3×10^{-5}
AgBr	5.35×10^{-13}	7.3×10^{-7}
Ag_2CrO_4	1.12×10^{-12}	6.5×10^{-5}
Ag_2S	6.3×10^{-50}	2.5×10^{-17}

例 5-1　已知 AgCl 的 $K_{sp}^{\ominus}=1.77\times10^{-10}$，计算 AgCl 在下列溶液中的溶解度：

(a)在 1 L 纯水中；

(b)在 0.01 $mol\cdot L^{-1}$ KNO_3 溶液中；

(c)在 0.01 $mol\cdot L^{-1}$ $AgNO_3$ 溶液中；

(d)在 0.01 $mol\cdot L^{-1}$ NaCl 溶液中。

解：(a) $AgCl(s) \rightleftharpoons Ag^+ + Cl^-$

$t_e/mol\cdot L^{-1}$　　S　　S

$K_{sp}^{\ominus}=S^2$，所以 $S=\sqrt{K_{sp}^{\ominus}}=\sqrt{1.77\times10^{-10}}=1.33\times10^{-5}(mol\cdot L^{-1})$。

(b) $I=0.01\ mol\cdot L^{-1}$，$\lg f=\dfrac{-0.509|z_+ z_-|\sqrt{I}}{1+\sqrt{I}}$，解之得 $f=0.9$。

$AgCl(s) \rightleftharpoons Ag^+ + Cl^-$

$t_e/mol\cdot L^{-1}$　　$0.9S$　　$0.9S$

$K_{sp}^{\ominus}=(0.9S)^2$，所以 $S=1.48\times10^{-5}\ mol\cdot L^{-1}$。与(a)的结果比较，在盐溶液中 AgCl 的溶解度增大，称为**盐效应**。所以，本质上盐效应是由活度导致的。如果盐溶液的浓度足够大，AgCl 可完全溶解。

(c) $AgCl(s) \rightleftharpoons Cl^- + Ag^+$

$t_e/mol\cdot L^{-1}$　　S　　$S+0.01\approx0.01$

$K_{sp}^{\ominus}=0.01S$，所以 $S=1.77\times10^{-8}\ mol\cdot L^{-1}$。

(d) $AgCl(s) \rightleftharpoons Ag^+ + Cl^-$

$t_e/mol\cdot L^{-1}$　　S　　$S+0.01\approx0.01$

$K_{sp}^{\ominus}=0.01S$，所以 $S=1.77\times10^{-8}\ mol\cdot L^{-1}$。

将(c)和(d)的结果与(a)比较可知，在具有相同离子的溶液中 AgCl 的溶解度减小，显现**同离子效应**。同离子效应的本质是溶液中与盐（或酸、碱）中所含相同离子导致的盐（或酸、碱）离解平衡发生移动。

5.2　难溶电解质沉淀溶解平衡的移动

难溶电解质的沉淀溶解平衡的热效应 ΔH 很小，所以 $K_{sp}^{\ominus}$ 随温度变化不大，影响平衡的主要因素是浓度。

1. 溶度积原理

应用化学反应等温式，得到：

$$\Delta G=\Delta G^{\ominus}+RT\ln Q_{sp}=-RT\ln K_{sp}^{\ominus}+RT\ln Q_{sp} \tag{5.2}$$

若 $\Delta G>0$，则 $Q_{sp}>K_{sp}^{\ominus}$，平衡向沉淀方向移动，沉淀析出。

若 $\Delta G=0$，则 $Q_{sp}=K_{sp}^{\ominus}$，饱和溶液与沉淀物达到平衡状态。

若 $\Delta G<0$，则 $Q_{sp}<K_{sp}^{\ominus}$，为不饱和溶液；若体系中有沉淀物，则沉淀溶解。

这就是溶度积原理，可以此来判断沉淀溶解平衡移动的方向。

2. 沉淀的生成

例 5-2 实验室制备沉淀最常用的方法是将两种离子混合。将 0.100 L 0.30 mol·L^{-1} $Ca(NO_3)_2$溶液与 0.200 L 0.060 mol·L^{-1} NaF 溶液混合，有沉淀析出吗？此时 F^- 的浓度为多少？已知 $K^{\ominus}_{sp\ CaF_2}=3.45\times10^{-11}$。

解：$[Ca^{2+}]=\dfrac{0.30\times0.100}{0.100+0.200}=0.10(mol\cdot L^{-1})$

$[F^-]=\dfrac{0.060\times0.200}{0.300}=0.040\ (mol\cdot L^{-1})$

$Q_{sp}=[Ca^{2+}][F^-]^2=0.10\times0.040^2=1.6\times10^{-4}>K^{\ominus}_{sp\ CaF_2}$

所以有 CaF_2 沉淀析出。

	$CaF_2(s)$	$=\!=$	Ca^{2+}	+	$2F^-$
t_0/mol·L^{-1}			0.10		0.04
$t_{平}$/mol·L^{-1}			$0.10-\dfrac{0.04-x}{2}\approx0.08$		x

$K^{\ominus}_{sp\ CaF_2}=3.45\times10^{-11}=0.08x^2$，解之得 $x=2.1\times10^{-5}$ mol·L^{-1}

即 Ca^{2+} 与 F^- 形成 CaF_2 沉淀导致溶液中$[F^-]$大大降低，$[F^-]=2.1\times10^{-5}$ mol·L^{-1}。

我们知道，即使是溶解度极小的沉淀，在溶液中也有少量的溶解，因此离子不可能完全沉淀。当离子浓度 $c<1.0\times10^{-5}$ mol·L^{-1}时，认为该**离子定性沉淀完全**；当离子浓度 $c<1.0\times10^{-6}$ mol·L^{-1}时，认为该**离子定量沉淀完全**。利用 $K^{\ominus}_{sp}$的差别，可采用分步沉淀的方法将溶液中的离子分离。

例 5-3 一升溶液含 0.2 mol $MgCl_2$和 0.10 mol $CuCl_2$。通过计算说明加入含有氢氧根离子的强碱溶液能否将 Mg^{2+} 和 Cu^{2+} 完全分离。已知 $K^{\ominus}_{sp\ Mg(OH)_2}=5.6\times10^{-12}$，$K^{\ominus}_{sp\ Cu(OH)_2}=2.2\times10^{-20}$。

解：由 $K^{\ominus}_{sp\ Mg(OH)_2}=6.3\times10^{-10}$、$K^{\ominus}_{sp\ Cu(OH)_2}=2.2\times10^{-20}$ 可知，加入 OH^-，Cu^{2+} 先沉淀。当 Cu^{2+} 定量沉淀完全时，$[OH^-]^2=\dfrac{K^{\ominus}_{sp\ Cu(OH)_2}}{[Cu^{2+}]}=\dfrac{2.2\times10^{-20}}{1.0\times10^{-6}}=2.2\times10^{-14}$，即$[OH^-]=1.5\times10^{-7}$ mol·L^{-1}。此时 $Mg(OH)_2$ 的 $Q_{sp}=[Mg^{2+}][OH^-]^2=0.2\times(1.5\times10^{-7})^2=4.5\times10^{-15}<K^{\ominus}_{sp\ Mg(OH)_2}$，也就是说，当 Cu^{2+} 沉淀完全时 Mg^{2+} 还在溶液中尚未开始沉淀。

3. 沉淀的转化

例 5-4 向 K_2CrO_4溶液中加入少量 $BaCO_3(s)$，预测能看到什么变化。

($K^{\ominus}_{sp\ BaCO_3}=2.58\times10^{-9}$，$K^{\ominus}_{sp\ BaCrO_4}=1.17\times10^{-10}$)

解：$BaCO_3(s)+CrO_4^{2-}\rightleftharpoons BaCrO_4(s)+CO_3^{2-}$

$K^{\ominus}=\dfrac{[CO_3^{2-}]}{[CrO_4^{2-}]}=\dfrac{[Ba^{2+}][CO_3^{2-}]}{[Ba^{2+}][CrO_4^{2-}]}=\dfrac{K^{\ominus}_{sp\ BaCO_3}}{K^{\ominus}_{sp\ BaCrO_4}}=\dfrac{2.58\times10^{-9}}{1.17\times10^{-10}}=22.1$

因此白色的 $BaCO_3$ 将转化为黄色的 $BaCrO_4$ 沉淀。

4. 沉淀的溶解

化学上通常用三种方法来使沉淀溶解：

(1)加入强酸或碱，生成弱的酸碱，如：

$$CaCO_3(s)+2H^+ \rightleftharpoons Ca^{2+}+CO_2\uparrow+H_2O$$

(2)加入配位剂，形成配合物，如：

$$AgCl(s)+2NH_3\cdot H_2O \rightleftharpoons Ag(NH_3)_2^+ +Cl^- +2H_2O$$

(3)加入氧化剂或还原剂，如：

$$CuS(s)+4H^+ +2NO_3^- \rightleftharpoons Cu^{2+}+2NO_2\uparrow+S\downarrow+2H_2O$$

上述反应均涉及两种类型的平衡共存，需要用到多重平衡原理进行有关平衡常数和组分浓度的计算，为此建议均根据离子方程式来计算。这里仅举例说明酸碱平衡与沉淀溶解平衡共存的情况。

例 5-5　某一元弱酸与强碱形成的难溶盐 MA 在纯水中的溶解度(不考虑水解)为 1.0×10^{-3} $mol\cdot L^{-1}$，弱酸的 $K_a^{\ominus}$ 为 1.0×10^{-6}。试求该盐在$[H^+]$为 2.4×10^{-6} $mol\cdot L^{-1}$的溶液中的溶解度。

解：难溶盐 MA 在纯水中的溶解度(不考虑水解)为 1.0×10^{-3} $mol\cdot L^{-1}$，$K_{sp\,MA}^{\ominus}=1.0\times10^{-6}$。

设 MA 在$[H^+]$为 2.4×10^{-6} $mol\cdot L^{-1}$的溶液中的溶解度为 S $mol\cdot L^{-1}$，A^- 的浓度为 x $mol\cdot L^{-1}$。

	$MA \rightleftharpoons M^+ + A^-$		$HA \rightleftharpoons H^+ + A^-$		
$t_e/mol\cdot L^{-1}$	S	x	$S-x$	2.4×10^{-6}	x

$K_{sp\,MA}^{\ominus}=S\cdot x=1.0\times10^{-6}$　　　　$K_a^{\ominus}=\dfrac{2.4\times10^{-6}x}{S-x}=1.0\times10^{-6}$

解上述两个方程，得 $S=1.8\times10^{-3}$ $mol\cdot L^{-1}$，$x=5.6\times10^{-4}$ $mol\cdot L^{-1}$，即该盐的溶解度为 1.8×10^{-3} $mol\cdot L^{-1}$。

习　题*

5-1　已知 $Zn(OH)_2$的溶度积为 3×10^{-17}，求其溶解度。

5-2　在 0.10 L 每升含有 2.0×10^{-17} mol 的 Pb^{2+} 溶液中加入 0.10 L 每升含 0.040 mol 的 I^- 溶液后，能否产生 PbI_2 沉淀？

5-3　$Mg(OH)_2$ 的溶解度为 1.3×10^{-4} $mol\cdot L^{-1}$。今在 10 mL 0.1 $mol\cdot L^{-1}$ $MgCl_2$ 溶液中加入 10 mL 0.1 $mol\cdot L^{-1}$ $NH_3\cdot H_2O$，如果不希望生成沉淀，则需加入$(NH_4)_2SO_4$ 固体的量至少为多少克？(已知 $M_{(NH_4)_2SO_4}=132$)

5-4　在 100 mL 0.20 $mol\cdot L^{-1}$ $MnCl_2$溶液中加入 100 mL 含有 NH_4Cl 0.010 $mol\cdot L^{-1}$的氨水，问：在此氨水中需含多少克 NH_4Cl 时才不致生成 $Mn(OH)_2$ 沉淀？(忽略加入固体

*　习题中所需的 $K_a^{\ominus}$、$K_b^{\ominus}$ 和 $K_{sp}^{\ominus}$见附录 4 之 A 4.1，A 4.2 和 A 4.3。

NH_4Cl后溶液的体积的变化)

5-5 某溶液中含有 Pb^{2+} 和 Zn^{2+}，两者的浓度均为 0.10 mol·L^{-1}；在室温下通入 H_2S 使其成为 H_2S 饱和溶液，并加 HCl 控制 S^{2-} 浓度。为了使 PbS 沉淀出来而 Zn^{2+} 留在溶液中，则溶液中 H^+ 浓度最低应是多少？此时溶液中的 Pb^{2+} 浓度是否小于 1.0×10^{-5} mol·L^{-1}？

5-6 某试剂厂制备化学试剂醋酸锰[$Mn(CH_3COO)_2\cdot4H_2O$]时，常控制 pH 在 4～5 之间，以除去溶液中杂质 Fe^{3+}。试用溶度积原理通过计算予以说明。

5-7 通过计算说明，分别用 Na_2CO_3 溶液和 Na_2S 溶液处理 AgI 沉淀能否实现沉淀的转化？

5-8 某水溶液每升中有 0.10 mol H_3PO_4 和 0.10 mol Ca^{2+}，如果用缓冲溶液控制 pH=3.00，问：溶液中能否生成沉淀？有沉淀生成的话，是什么沉淀？（已知 $K^{\ominus}_{sp\,CaHPO_4}=1\times10^{-7}$，其余 $K^{\ominus}_a$ 和 $K^{\ominus}_{sp}$ 数据见附录 4)

5-9 通过计算回答下列问题：

(1)100 cm^3 0.10 mol·L^{-1} H_2S 溶液与 100 cm^3 0.010 mol·L^{-1} $ZnCl_2$ 溶液混合后有无沉淀生成？

(2)如有沉淀，需在此混合液中至少加入多少 12 mol·L^{-1} HCl 溶液才能使沉淀溶解？(设加入 HCl 溶液后体积变化可以忽略)。

5-10 在每升含有 0.10 mol Cu^{2+}、0.10 mol Ni^{2+} 溶液中通入 H_2S 气体达到饱和状态，问：最终溶液中 S^{2-}、Cu^{2+}、Ni^{2+} 的浓度各为多少？

5-11 使 0.01 mol ZnS 溶于 1 L 盐酸中，求所需盐酸的最低浓度；通过计算说明为何 CuS 不能溶于盐酸。

5-12 设有一溶液含有 0.10 mol·L^{-1} Ba^{2+} 及 0.10 mol·L^{-1} Sr^{2+}。如欲借 K_2CrO_4 试剂使两种离子分离(设残留在溶液中的阳离子浓度为 1.0×10^{-5} mol·L^{-1})，CrO_4^{2-} 浓度应控制在何种范围？

5-13 某溶液中 Fe^{3+} 和 Mg^{2+} 的浓度均为 0.01 mol·L^{-1}，欲通过生成氢氧化物使二者分离，溶液的 pH 应控制在什么范围？

5-14 已知：$K^{\ominus}_{a\,HCOOH}=1.8\times10^{-4}$，$K^{\ominus}_{a\,HAc}=1.8\times10^{-5}$，$K^{\ominus}_{b\,NH_3\cdot H_2O}=1.8\times10^{-5}$。今欲配制 pH=3.00 的缓冲溶液，问：

(1)应选择哪种酸(碱)？

(2)酸及其盐的浓度比(或碱及其盐的浓度比)等于多少？

(3)将 0.10 mol $CuCl_2$(s)加入 100 mL 上述缓冲溶液中，有 $Cu(OH)_2$ 沉淀析出吗？($K^{\ominus}_{sp\,Cu(OH)_2}=2.2\times10^{-20}$)

第 6 章　氧化还原平衡

根据反应中原子(或离子)之间有无电子得失或转移,可将化学反应分为两大类:氧化还原反应和非氧化还原反应。氧化还原反应存在于人类生活的各个方面,如燃烧煤、石油、天然气等化石燃料以获取能量、还原金属矿石以提取各种金属元素等。本章首先介绍有关氧化还原反应的基础知识,重点介绍标准电极电势的概念以及应用电极电势预测氧化还原反应的方向和程度,最后介绍元素电势图以及电解。

6.1　基础知识

6.1.1　基本概念

1. 氧化数

为了体现纯净物中各元素的原子相互结合的能力,1948 年杰出的化学家鲍林(L. Pauling)在价键理论和电负性的基础上提出氧化数的概念。经过几十年的修正,氧化数可以简单定义为化合物中某元素原子所带的形式电荷的数值。假设分子中成键的电子都归电负性较大的原子,即得到某元素的一个原子所带的形式电荷数(表观电荷数),确定氧化数的规则如下:

(1)单质的氧化数为零;化合物中各元素氧化数的代数和为零;离子中各元素氧化数的代数和等于离子所带的电荷数。

(2)在化合物中,碱金属元素的氧化数为+1,碱土金属元素的氧化数为+2,氟元素的氧化数为−1。

(3)氢元素在化合物中的氧化数一般为+1,但在活泼金属的氢化物(如 NaH)中的氧化数为−1。

(4)氧元素在化合物中的氧化数一般为−2,但在过氧化物(如 H_2O_2)中为−1,在超氧化物(如 KO_2)中为$-\frac{1}{2}$,在氟化物(OF_2)中为+2。

氧化数可以为整数,也可以为分数。例如,CrO_5 中铬的氧化数为+10,$S_4O_6^{2-}$ 中硫的氧化数为$+\frac{5}{2}$。需要指出的是,氧化数的概念并不严格,但用氧化数可以很方便地讨论氧化还原反应。

2. 氧化还原反应

我们已经知道，原子（或离子）之间有电子得失或转移的反应，叫作氧化还原反应，如：

$$Zn+Cu^{2+} \rightleftharpoons Cu+Zn^{2+}$$

根据氧化数的概念，反应前后元素氧化数发生改变的反应即是氧化还原反应。氧化还原反应中，同一元素的两种不同的氧化态构成**氧化还原电对**。其中，氧化数高的叫作氧化剂，又叫作氧化型物质；氧化数低的叫作还原剂，又叫作还原型物质。氧化还原电对表示为：氧化剂/还原剂（氧化型物质/还原型物质），如 Cu^{2+}/Cu、Zn^{2+}/Zn、H^+/H_2、Cl_2/Cl^- 等。氧化还原反应总是发生在两个氧化还原电对之间，如：

$$\underset{\text{还原剂}_1}{Zn} + \underset{\text{氧化剂}_2}{Cu^{2+}} \rightleftharpoons \underset{\text{还原剂}_2}{Cu} + \underset{\text{氧化剂}_1}{Zn^{2+}}$$

氧化数升高的过程称为氧化（氧化反应），如 $Zn-2e^- \rightleftharpoons Zn^{2+}$；氧化数降低的过程称为还原（还原反应），如 $Cu^{2+}+2e^- \rightleftharpoons Cu$。上面两个表示氧化反应和还原反应的反应式中都包含电子 e^-，这种反应式称为**氧化还原半反应式**或**电极反应式**。显然，氧化还原反应的化学方程式是由两个氧化还原半反应式相加得到的。与共轭酸碱对相类似，一个氧化还原电对具有共轭的关系，即氧化剂的氧化性强，则其共轭的还原剂的还原性就弱；反之，还原剂的还原性强，则其共轭的氧化剂的氧化性就弱。

如果氧化数的改变发生在同一个化合物中，这种氧化还原反应叫作**自氧化还原反应**。例如，$2KClO_3 \rightleftharpoons 2KCl+3O_2$ 反应发生在 ClO_3^-/Cl^- 和 O_2/ClO_3^- 两个氧化还原电对之间，ClO_3^- 既是氧化剂又是还原剂。

如果氧化数的改变发生在同一个物质的同一种元素上，这种氧化还原反应叫作**歧化反应**。例如，$Cl_2+H_2O \rightleftharpoons HCl+HClO$ 反应发生在 Cl_2/Cl^- 和 ClO^-/Cl_2 两个氧化还原电对之间，Cl_2 既是氧化剂又是还原剂。

6.1.2 氧化还原反应方程式的配平

配平氧化还原反应方程式的方法很多，常用的有氧化数法和离子-电子法。氧化数法和中学里学过的方法类似。这里仅介绍**离子-电子法**，这种方法对于氧化数难以确定的反应及半反应的配平特别简便。

离子-电子法配平氧化还原反应的离子方程式，需要找出反应所含的两个氧化还原电对，写成半反应式，先配平半反应式，再相加消去电子而完成。现以 $MnO_4^-+C_2O_4^{2-} \rightarrow Mn^{2+}+CO_2$（酸性介质）为例，说明具体的配平步骤。

(1)找出两个氧化还原电对，写成半反应式。

$$MnO_4^- \rightarrow Mn^{2+}$$

$$C_2O_4^{2-} \rightarrow CO_2$$

(2)先配平氧化数有改变的原子的个数，再配平氢原子数和氧原子数：在酸性介质中加 H^+ 和 H_2O，在氧原子多的一边加 H^+；若是碱性介质，则加 OH^- 和 H_2O，在氧原子少的一边加 OH^-；氧原子相等时，在氢原子多的一边加 OH^-。

$$MnO_4^- + 8H^+ \rightarrow Mn^{2+} + 4H_2O$$

$$C_2O_4^{2-} \rightarrow 2CO_2$$

(3)加一定数目的电子使半反应式两端的电荷数相等，得到配平的半反应式。

$$MnO_4^- + 8H^+ + 5e^- \rightleftharpoons Mn^{2+} + 4H_2O$$

$$C_2O_4^{2-} \rightleftharpoons 2CO_2 + 2e^-$$

(4)根据反应中得失电子数相等的原则，取两个半反应式电荷数的最小公倍数，将两个半反应式加合得到配平的离子方程式。

$$\begin{array}{lr} MnO_4^- + 8H^+ + 5e^- \rightleftharpoons Mn^{2+} + 4H_2O & \times 2 \\ +)\quad C_2O_4^{2-} \rightleftharpoons 2CO_2 + 2e^- & \times 5 \\ \hline 2MnO_4^- + 5C_2O_4^{2-} + 16H^+ \rightleftharpoons 2Mn^{2+} + 10CO_2\uparrow + 8H_2O & \end{array}$$

例 6-1 配平反应的离子方程式 $FeS_2 + HNO_3 \rightarrow Fe_2(SO_4)_3 + NO_2$。

解：第一步，写出两个氧化还原电对

$$FeS_2 \longrightarrow Fe^{3+} + SO_4^{2-}$$

$$NO_3^- \rightarrow NO_2$$

第二步，配平原子个数

$$FeS_2 + 8H_2O \rightarrow Fe^{3+} + 2SO_4^{2-} + 16H^+$$

$$2H^+ + NO_3^- \rightarrow NO_2 + H_2O$$

第三步，配平电荷数

$$FeS_2 + 8H_2O \rightleftharpoons Fe^{3+} + 2SO_4^{2-} + 16H^+ + 15e^-$$

$$2H^+ + NO_3^- + e^- \rightleftharpoons NO_2 + H_2O$$

第四步，取电荷数的最小公倍数

$$\begin{array}{lr} FeS_2 + 8H_2O \rightleftharpoons Fe^{3+} + 2SO_4^{2-} + 16H^+ + 15e^- & \times 1 \\ +)\quad 2H^+ + NO_3^- + e^- \rightleftharpoons NO_2 + H_2O & \times 15 \\ \hline FeS_2 + 14H^+ + 15NO_3^- \rightleftharpoons Fe^{3+} + 2SO_4^{2-} + 15NO_2\uparrow + 7H_2O & \end{array}$$

例 6-2 配平反应的离子方程式 $ClO^- + CrO_2^- \rightarrow Cl^- + CrO_4^{2-}$(碱性介质)。

解：第一步，写出两个氧化还原电对

$$ClO^- \rightarrow Cl^-$$

$$CrO_2^- \rightarrow CrO_4^{2-}$$

第二步，配平原子个数。因为反应发生在碱性介质中，所以加 OH^- 和 H_2O，在氧原子少

的一边加 OH^-

$$ClO^- + H_2O \rightarrow Cl^- + 2OH^-$$

$$CrO_2^- + 4OH^- \rightarrow 2H_2O + CrO_4^{2-}$$

第三步，配平电荷数

$$ClO^- + H_2O + 2e^- \rightleftharpoons Cl^- + 2OH^-$$

$$CrO_2^- + 4OH^- \rightleftharpoons 2H_2O + CrO_4^{2-} + 3e^-$$

第四步，取电荷数的最小公倍数

$$ClO^- + H_2O + 2e^- \rightleftharpoons Cl^- + 2OH^- \quad \times 3$$

$$+)\ CrO_2^- + 4OH^- \rightleftharpoons 2H_2O + CrO_4^{2-} + 3e^- \quad \times 2$$

$$3ClO^- + 2CrO_2^- + 2OH^- \rightleftharpoons H_2O + 3Cl^- + 2CrO_4^{2-}$$

6.1.3 氧化还原反应与原电池

1. 原电池

氧化还原反应有电子得失或转移，如果设计一定的装置，让电子定向移动，则形成电流。这种使化学反应所产生的化学能转变为电能的装置叫作原电池。图 6-1 所示的是铜锌原电池。将锌片和铜片分别放入盛有 $ZnSO_4$ 和 $CuSO_4$ 溶液的两个烧杯中，把两个烧杯中的溶液用一个倒置的 U 型管连接起来。这个 U 型管里装满用饱和 KCl 溶液和琼脂做成的冻胶，叫作盐桥。将锌片和铜片以导线相连，则串联的电流表中指示有电流通过。这是因为锌失去两个电子形成 Zn^{2+} 进入溶液，锌片上的电子经过导线流向铜片。在铜片表面，溶液中的 Cu^{2+} 得到电子变成金属铜析出。通过盐桥，阴离子 Cl^- 和 SO_4^{2-}（主要是 Cl^-）向 $ZnSO_4$ 溶液移动，阳离子 K^+ 和 Zn^{2+}（主要是 K^+）向 $CuSO_4$ 溶液移动，使两个盐溶液保持电中性。因此，锌的溶解和铜的析出得以持续，电流继续流通。

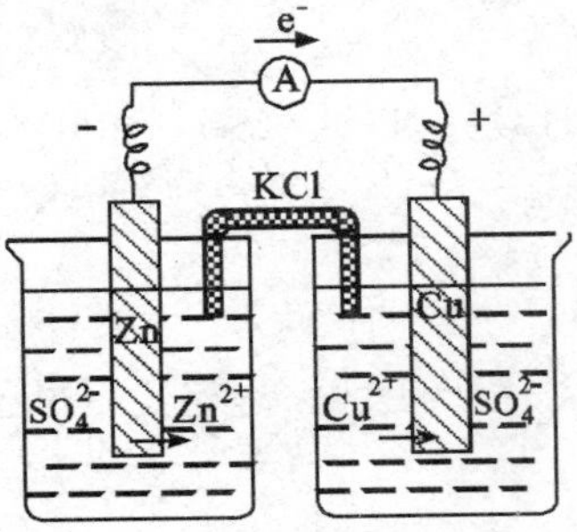

图 6-1 铜锌原电池

我们把电子流出的锌片叫作负极，电子流入的铜片叫作正极。电极反应为：

(－)：$Zn \rightleftharpoons Zn^{2+} + 2e^-$ （氧化反应）

(＋)：$Cu^{2+} + 2e^- \rightleftharpoons Cu$ （还原反应）

二者加合，即为原电池反应：$Zn + Cu^{2+} \rightleftharpoons Cu + Zn^{2+}$。

需要说明的是，理论上如果一个氧化还原反应能够自发进行，即 $\Delta G<0$，同时反应速率足够大，则可用来制作电池。但事实上，我们知道真正用作实用电池①的氧化还原反应并不多，这涉及化学工艺的问题。

我们常常用到电池，因此需要有一种符号来方便地表示电池。这种符号必须能代表一个化学反应，而且只代表这一个反应。下面先简单介绍原电池中存在的电极类型及其符号表示，再介绍原电池的表示法。

2. 电极的类型及其符号表示

根据电极组成的不同，电极可以分为四种类型。

(1)金属-金属离子电极：金属置于其盐溶液中所构成，如：

电极反应：$Zn^{2+}+2e^{-} \rightleftharpoons Zn$

电极符号：$Zn|Zn^{2+}$

“|”表示固、液两相的界面。下面的固、气；液、气两相之间，同样用“|”表示。

(2)气体-离子电极：由气体、相应的酸溶液和一个惰性固体导电材料组成。该固体导体通常用金属铂或石墨，它不与接触到的气体和溶液反应，但能催化气体电极反应的发生，如图 6-2 所示的标准氢电极。

电极反应：$2H^{+}+2e^{-} \rightleftharpoons H_2$

电极符号：$Pt|H_2(g)|H^{+}$

(3)金属-金属难溶盐/氧化物-阴离子电极：由金属表面涂覆该金属的难溶盐（或氧化物），浸于含相同阴离子的盐溶液中所构成。例如，甘汞电极是在汞表面覆盖一层 Hg_2Cl_2，浸于饱和 KCl 溶液而形成的电极，如图 6-3 所示。

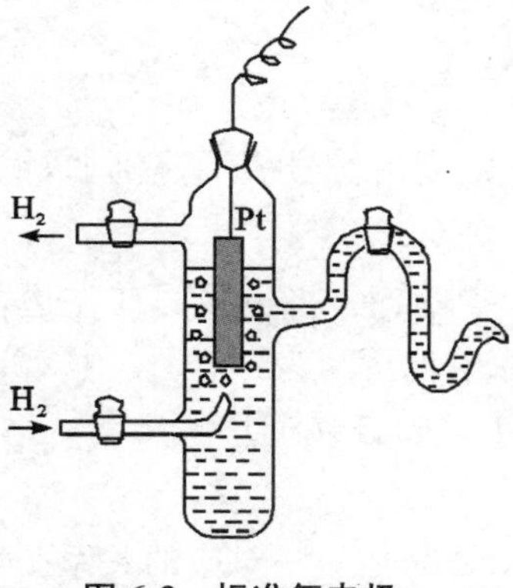

图 6-2 标准氢电极

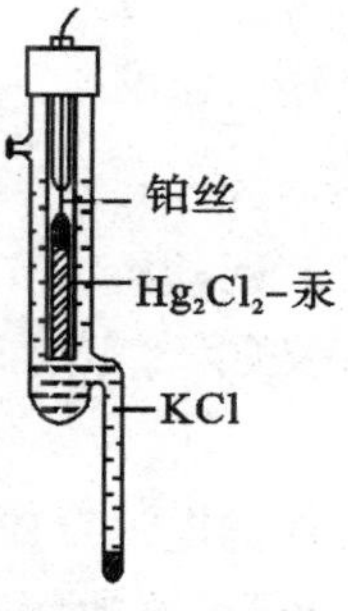

图 6-3 甘汞电极

① 常见的实用电池，可以分为一次电池（如锌锰干电池、锂电池）、充电电池（如铅蓄电池、镍镉电池、镍氢电池、锂离子电池）、燃料电池等。其中，锂电池和锂离子电池详见第 12 章 12.2.3 节。

电极反应：$Hg_2Cl_2+2e^- \rightleftharpoons 2Hg(l)+2Cl^-$

电极符号：$Hg\text{-}Hg_2Cl_2(s)|Cl^-$ 或 $Hg|Hg_2Cl_2(s)|Cl^-$

又如，氯化银电极，表面涂有 AgCl 的银棒插入 HCl 溶液形成电极。

电极反应：$AgCl+e^- \rightleftharpoons Ag+Cl^-$

电极符号：$Ag\text{-}AgCl(s)|Cl^-$ 或 $Ag|AgCl(s)|Cl^-$

(4)氧化还原电极(离子-离子电极)：由溶液中同一元素的两种具有不同氧化数的离子和一根惰性固体导电材料(铂或石墨)所构成，如图 6-4 所示的 Fe^{3+}、Fe^{2+} 电极。

电极反应：$Fe^{3+}+e^- \rightleftharpoons Fe^{2+}$

电极符号：$Pt|Fe^{3+},Fe^{2+}$

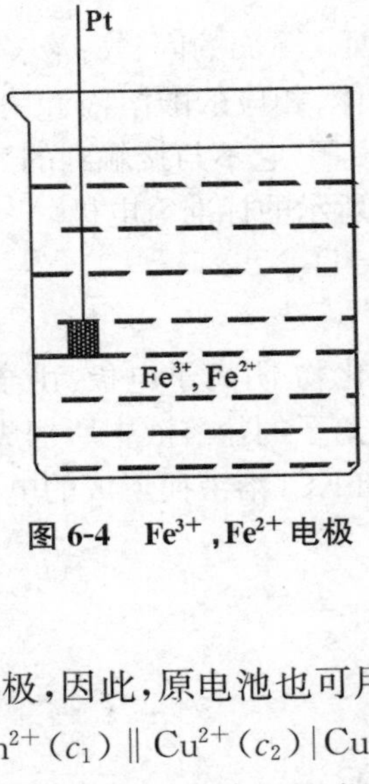

图 6-4　Fe^{3+}，Fe^{2+} 电极

3. 原电池符号

上面用电极符号表示电极，因此，原电池也可用符号表示。例如，铜锌原电池可以表示为$(-)Zn(s)|Zn^{2+}(c_1)\parallel Cu^{2+}(c_2)|Cu(s)(+)$。

“$\parallel$”表示盐桥，c_1，c_2分别为溶液的浓度。习惯上，将负极写在左边，正极写在右边。又如，锌电极与标准氢电极组成的原电池可写为：

$$(-)Zn(s)|Zn^{2+}\parallel H^+|H_2(g)|Pt(+)$$

其相应的电池反应为：$Zn+2H^+ \rightleftharpoons Zn^{2+}+H_2$

由此可见，电池反应与原电池的符号表示之间是一一对应的关系。

4. 原电池的电动势

原电池的电动势指原电池的正极与负极电势之差：

$$\varepsilon=\varphi_+-\varphi_- \tag{6.1}$$

式中：ε 表示原电池的电动势，φ_+，φ_- 分别表示正极和负极的电势。

显然，之所以原电池能产生电流，是因为其 $\varepsilon>0$，即 $\varphi_+>\varphi_-$。相应的氧化还原反应是一个能够自发进行的反应，其 $\Delta G<0$。那么，原电池的电动势 ε 与相应的氧化还原反应的 ΔG 之间有何内在的关联？原电池的电动势 ε 依赖于正极和负极的电势，因此，电极电势成为本章讨论的核心问题。

6.2　电极电势

电极电势是怎样产生的，如何度量，受哪些因素影响，有哪些用途？在这一节中，重点讨论这些问题。

6.2.1　电极电势的产生

我们知道，在铜锌原电池中，电子由锌片通过导线流向铜片，说明锌片上的电子比铜片上的电子多，这与锌片和铜片在溶液中分别形成的**“双电层”**有关，如图 6-5 所示。

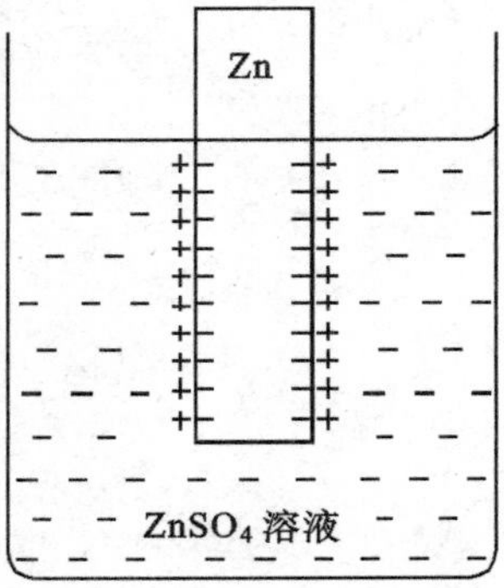

图 6-5　锌电极的双电层

将金属片 M 插入其盐溶液中，存在如下平衡：$M \underset{\text{沉积}}{\overset{\text{溶解}}{\rightleftharpoons}} M^{n+}(aq)+ne^-$。不同的金属与其盐溶液的作用不同。金属越活泼，溶液越稀，则溶解倾向越大；金属越不活泼，溶液越浓，则离子沉积到金属表面的倾向越大。当溶解和沉积速率相等，即达到平衡时，金属片带负电，溶液带正电，形成稳定的**双电层**（图 6-5）。双电层的电势差，即产生在金属及其盐溶液之间的电势，叫作金属的**电极电势**，表示为 $\varphi_{M^{n+}/M}$。由于锌原子比铜原子容易失去电子，因此锌片表面积聚的电子要比铜片表面积聚的电子多，即锌电极的电势要比铜电极的电势更负。当用导线将锌片与铜片连接起来时，电子就从锌片流向铜片。显然，金属的电极电势除了与金属的活泼性质有关，还与其盐溶液的浓度和温度有关。当然，对于有气体参与的电极，其电极电势与气体的压强有关。关于电极电势与浓度、压强、温度的定量关系将在 6.2.3 节讨论。

6.2.2　电极电势的测量

1. 电动势的测定

我们用电压表或用电位差计“对消法”测量原电池的电动势。单个电极电势的绝对值无法测量，需要有一个标准，以求得单个电极电势的相对值。为此，通常选用标准氢电极。

如图 6-6 所示，将待测电极与标准氢电极组成待测电池。双臂开关先接通标准电池，调可变电阻，使检流计指示为零，此时 $\varepsilon_{s.c}=I\times R_{AB}$；接通待测电池，调可变电阻使检流计指示为零，此时 $\varepsilon_x=I\times R_{AB'}$。所以，$\varepsilon_x=\frac{R_{AB'}\times\varepsilon_{s.c}}{R_{AB}}=\frac{AB'\times\varepsilon_{s.c}}{AB}$，则 $\varphi=\varepsilon_x+\varphi^{\ominus}_{H^+/H_2}$。事实上，由于标准氢电极使用不便，实际测量时常用甘汞电极（图 6-3）作为参比电极，用“数字式电位差计”测定待测电极的电极电势。

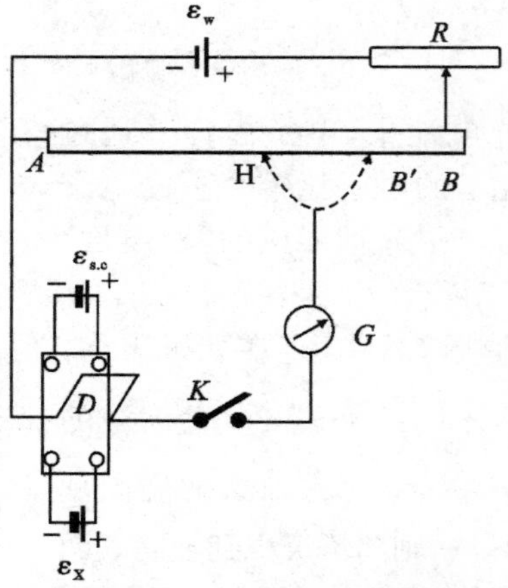

图 6-6　对消法测原电池的电动势

2. 标准氢电极和标准电极电势

标准氢电极有多种形式，简单的如图 6-2 所示，以镀铂黑的铂片做电极，通入 1.0×10^5 Pa 的氢气，H^+ 的浓度为 $1.0\ mol\cdot kg^{-1}$（活度为 1）。规定该标准氢电极的电势为零，即 $\varphi^{\ominus}_{H^+/H_2}=0$ V。

电极的各种物质处于标准状态（同第 2 章中物质热力学标准态的定义）时，与标准氢电极组成原电池时所具有的电势值，称为该电极的标准电极电势，用符号 $\varphi^{\ominus}$ 表示。利用上述测量方法可测得不同电极的标准电极电势。例如，$Zn|Zn^{2+}$（$1.0\ mol\cdot L^{-1}$）的电势比标准氢电极的低 0.76 V，而 $Cu|Cu^{2+}$（$1.0\ mol\cdot L^{-1}$）的电势比标准氢电极的高 0.34 V，即 $\varphi^{\ominus}_{Zn^{2+}/Zn}=-0.76$ V，$\varphi^{\ominus}_{Cu^{2+}/Cu}=0.34$ V。附录 5 列出了一些物质在水溶液中的标准电极电势。需要说明的是：

（1）$\varphi^{\ominus}$ 值与得失的电子数无关，即与电极反应式“氧化型 $+ne^-\rightleftharpoons$ 还原型”中的系数 n 无关。例如，对于锌电极，无论电极反应式写成 $Zn^{2+}+2e^-\rightleftharpoons Zn$ 还是 $\frac{1}{2}Zn^{2+}+e^-\rightleftharpoons\frac{1}{2}Zn$，其 $\varphi^{\ominus}_{Zn^{2+}/Zn}=-0.76$ V。

(2)$\varphi^{\ominus}$越大,表明氧化型物质得电子的能力越强,是强氧化剂,相应地,其还原型物质失电子能力弱,是弱还原剂;$\varphi^{\ominus}$越小,表明还原型物质失电子能力强,是强还原剂,相应地,氧化型物质得电子的能力弱,是弱氧化剂。

(3)当同一元素有多种氧化态时,同一物质在一个电对中为氧化型物质,在另一电对中为还原型物质,使用时应注意选取正确的值。例如,Fe^{2+}可与Fe^{3+}或 Fe 组成两个电对:对于 $Fe^{3+}+e^- \rightleftharpoons Fe^{2+}$, $\varphi^{\ominus}_{Fe^{3+}/Fe^{2+}}=0.771$ V;而 $Fe^{2+}+2e^- \rightleftharpoons Fe$, $\varphi^{\ominus}_{Fe^{2+}/Fe}=-0.447$ V,使用时要注意区分。

(4)电极反应若有氢离子参与,相应的标准电极电势其$[H^+]=1\ mol\cdot L^{-1}$,记为 $\varphi^{\ominus}_A$,列于酸性介质表中(没有 H^+ 参与的反应,其标准电极电势也列于酸性介质表中,见附录 5);若电极反应有 OH^- 参与,即在碱性溶液中进行,相应的标准电极电势其$[OH^-]=1\ mol\cdot L^{-1}$,记为 $\varphi^{\ominus}_B$,列于碱性介质表中。例如,O_2/H_2O的电极电势,在酸性溶液中,$\varphi^{\ominus}_{O_2/H_2O}=1.229$ V,相应的电极反应为 $O_2+4H^++4e^- \rightleftharpoons 2H_2O$;在碱性溶液中,$\varphi^{\ominus}_{O_2/OH^-}=0.401$ V,相应的电极反应为 $O_2+2H_2O+4e^- \rightleftharpoons 4OH^-$。可见,$O_2$在酸性溶液中具有较强的氧化性。

附录 5 中的电极电势均为 298 K 时的标准电极电势,前两页为酸性介质、后一页为碱性介质的表,使用时应注意区分。由于电极电势随温度变化不大,故在室温上下的一定温度范围内可以借用 298 K 时的数据。

6.2.3　电极电势的影响因素——能斯特方程

如前所述,电极电势除了与电极本身的性质有关以外,还与电极中离子的浓度(气体的压强)和温度有关。要寻求电极电势与电极中离子的浓度(气体的压强)以及温度的定量关系,可从原电池的电动势 ε 与相应的氧化还原反应的 $\Delta_r G_m$之间的关系入手,经由 $\Delta_r G_m$与反应商的关系 $\Delta_r G_m \sim Q$,推导出电动势 ε 与反应商 Q 的关系,进而得到电极电势 φ 与电极组分浓度 c 或 p 的关系。

1. $\Delta_r G_m$与 ε 的关系

由热力学第二定律知,在等温等压下体系减少的吉布斯自由能等于体系所做的最大有用功。电池反应中,若非膨胀功只有电功一种,吉布斯自由能的减少等于电池所做的电功。1 mol 电子的电量为 $1.6\times10^{-19}\ C\times6.02\times10^{23}\ mol^{-1}=96\ 500\ C\cdot mol^{-1}$称为**法拉第常数**,用符号 F 表示。n 摩尔电子的电量即为 nF,电功$(J\cdot mol^{-1})$=电量$(C\cdot mol^{-1})$×电动势(V),由此得到 $\Delta_r G_m$与 ε 的关系为:

$$-\Delta_r G_m = W = nF\varepsilon \qquad (6.2)$$

式(6.2)表明对于氧化还原反应,可用相应原电池的电动势的符号来判断反应的方向。当 $\varepsilon>0$,正反应可自发进行;$\varepsilon=0$,反应达到平衡状态;$\varepsilon<0$,逆反应可自发进行。若电池中所有物质都处于标准状态时,则有:

$$-\Delta_r G_m^{\ominus}=nF\varepsilon^{\ominus} \tag{6.2a}$$

2. ε 与反应商 Q 的关系

将式(6.2)和(6.2 a)代入化学反应等温式 $\Delta_r G_m=\Delta_r G_m^{\ominus}+RT\ln Q$ 中，得到 ε 与反应商 Q 的关系：

$$-nF\varepsilon=-nF\varepsilon^{\ominus}+RT\ln Q$$

$$\varepsilon=\varepsilon^{\ominus}-\frac{RT}{nF}\ln Q \tag{6.3}$$

式(6.3)表明，原电池的电动势随电池反应的反应商及温度的变化而改变。由于温度对原电池的电动势影响不大，通常取温度 $T=298$ K，将其以及 $F=96\ 500$ C·mol^{-1}，$R=8.314$ J·mol^{-1}·K^{-1}代入式(6.3)，得到：

$$\varepsilon=\varepsilon^{\ominus}-\frac{0.059\ 1}{n}\lg Q \tag{6.3a}$$

这表明原电池的电动势随电池反应的反应商的变化而改变。当 $\varepsilon^{\ominus}$ 足够大时，可利用 $\varepsilon^{\ominus}$ 的符号判断反应的方向。

3. φ 与电极组分浓度 c 或 p 的关系

对于反应 $Zn+Cu^{2+}\rightleftharpoons Zn^{2+}+Cu$，根据式(6.3a)得到：

$$\varphi_{Cu^{2+}/Cu}-\varphi_{Zn^{2+}/Zn}=(\varphi^{\ominus}_{Cu^{2+}/Cu}-\varphi^{\ominus}_{Zn^{2+}/Zn})-\frac{0.059\ 1}{n}\lg([Zn^{2+}]/[Cu^{2+}])$$

$$=(\varphi^{\ominus}_{Cu^{2+}/Cu}+\frac{0.059\ 1}{n}\lg[Cu^{2+}])-(\varphi^{\ominus}_{Zn^{2+}/Zn}+\frac{0.059\ 1}{n}\lg[Zn^{2+}])$$

此式右边合并同类项，即得出下面两个关系式，表达了两个电极的电极电势随各自组分浓度变化而改变的情况：

$$\varphi_{Cu^{2+}/Cu}=\varphi^{\ominus}_{Cu^{2+}/Cu}+\frac{0.059\ 1}{n}\lg[Cu^{2+}]$$

$$\varphi_{Zn^{2+}/Zn}=\varphi^{\ominus}_{Zn^{2+}/Zn}+\frac{0.059\ 1}{n}\lg[Zn^{2+}]$$

将上述结果推广到一般的电极反应：氧化型物质$+ne^-\rightleftharpoons$还原型物质，则：

$$\varphi=\varphi^{\ominus}+\frac{0.059\ 1}{n}\lg\frac{[\text{氧化型}]}{[\text{还原型}]} \tag{6.3b}$$

公式(6.3)、(6.3a)和(6.3b)叫作**能斯特(Nernst)方程**。

关于能斯特方程，需要说明的是，$\frac{[\text{氧化型}]}{[\text{还原型}]}$表示电极反应式中，氧化型物质一边的所有物质的浓度以化学计量数为指数的幂的乘积，除以还原型物质一边的所有物质的浓度以化学计量数为指数的幂的乘积，如：

$$MnO_4^-+8H^++5e^-\rightleftharpoons Mn^{2+}+4H_2O$$

$$\varphi_{MnO_4^-/Mn^{2+}}=\varphi^{\ominus}_{MnO_4^-/Mn^{2+}}+\frac{0.059\ 1}{5}\lg\frac{[MnO_4^-][H^+]^8}{[Mn^{2+}]}$$

由能斯特方程可见，氧化型物质浓度增加或还原性物质浓度降低时，φ 增加。下面举例说明能斯特方程的应用。

例 6-3　已知 $\varphi^{\ominus}_{Ag^+/Ag}=0.799\ 6\ V$，求 298 K 时 Ag 放在 0.10 $mol\cdot L^{-1}$ Ag^+ 溶液中的 $\varphi_{Ag^+/Ag}$。

解：$\varphi_{Ag^+/Ag}=\varphi^{\ominus}_{Ag^+/Ag}+0.059\ 1\lg[Ag^+]=0.799\ 6-0.059\ 1=0.740\ 5(V)$。

例 6-4　已知 $\varphi^{\ominus}_{Ag^+/Ag}=0.799\ 6\ V$，$K^{\ominus}_{sp\ AgCl}=1.77\times10^{-10}$，向 Ag|$AgNO_3$ 电极中加入 NaCl，使$[Cl^-]=1.0\ mol\cdot L^{-1}$，求 $\varphi^{\ominus}_{AgCl/Ag}$。

解：$\varphi_{Ag^+/Ag}=\varphi^{\ominus}_{Ag^+/Ag}+0.059\ 1\lg[Ag^+]$

$=0.799\ 6+0.059\ 1\lg(1.77\times10^{-10})=0.223(V)$

向 Ag|$AgNO_3$ 电极中加入 NaCl，形成 Ag-AgCl(s)|Cl^- 电极，电极反应为：

$AgCl(s)+e^-=Ag+Cl^-$，当$[Cl^-]=1.0\ mol\cdot L^{-1}$时的电极电势为 $\varphi^{\ominus}_{AgCl/Ag}$，

即 $\varphi^{\ominus}_{AgCl/Ag}=0.223\ V$。

例 6-5　已知：$\varphi^{\ominus}_{Fe^{3+}/Fe^{2+}}=0.771\ V$，$K^{\ominus}_{sp\ Fe(OH)_3}=2.79\times10^{-39}$，$K^{\ominus}_{sp\ Fe(OH)_2}=4.87\times10^{-17}$。298 K 时，向 Fe^{2+}、Fe^{3+} 混合液中加 NaOH，反应达平衡时$[OH^-]=1.0\ mol\cdot L^{-1}$，求 $\varphi^{\ominus}_{Fe(OH)_3/Fe(OH)_2}$。

解：$\varphi_{Fe^{3+}/Fe^{2+}}=\varphi^{\ominus}_{Fe^{3+}/Fe^{2+}}+0.059\ 1\lg\dfrac{[Fe^{3+}]}{[Fe^{2+}]}$

$=0.771+0.059\ 1\lg\dfrac{K^{\ominus}_{sp\ Fe(OH)_3}}{K^{\ominus}_{sp\ Fe(OH)_2}}$

$=0.771+0.059\ 1\lg\dfrac{2.79\times10^{-39}}{4.87\times10^{-17}}=-0.54(V)=\varphi^{\ominus}_{Fe(OH)_3/Fe(OH)_2}$

例 6-6　$NO_3^-+4H^++3e^-\rightleftharpoons NO+2H_2O$，$\varphi^{\ominus}_{NO_3^-/NO}=0.96\ V$，$[NO_3^-]=1.0\ mol\cdot L^{-1}$，$p_{NO}=p^{\ominus}$。求$[H^+]$为下列数值时的 $\varphi_{NO_3^-/NO}$：

(1)$[H^+]=1\times10^{-7}\ mol\cdot L^{-1}$；(2)$[H^+]=10\ mol\cdot L^{-1}$。

解：(1)$\varphi=\varphi^{\ominus}+\dfrac{0.059\ 1}{3}\lg\dfrac{[NO_3^-][H^+]^4p^{\ominus}}{p_{NO}}=0.96+\dfrac{0.059\ 1}{3}\lg10^{-28}=0.41\ V$

(2)$\varphi=\varphi^{\ominus}+\dfrac{0.059\ 1}{3}\lg\dfrac{[NO_3^-][H^+]^4p^{\ominus}}{p_{NO}}=0.96+\dfrac{0.059\ 1}{3}\lg10^{4}=1.039\ V$

可见，NO_3^- 的氧化能力随氢离子浓度的增加而增大，因此可以解释浓硝酸的氧化性比稀硝酸的强，而硝酸盐溶液中的 NO_3^- 无氧化性。

6.2.4　电极电势的应用

我们知道，利用标准电极电势 $\varphi^{\ominus}$ 可以判断一个氧化还原电对的氧化型物质

氧化性、还原型物质还原性的强弱；由电池反应的标准电动势，即两个标准电极电势的差值，可大体估计其反应进行的方向；还可利用 $\varphi^{\ominus}$ 来计算电池反应的标准平衡常数。将式(6.2a) 代入反应的标准吉布斯自由能变化 $\Delta_r G_m^{\ominus}$ 与反应的标准平衡常数的关系式 $\Delta_r G_m^{\ominus} = -RT \ln K^{\ominus}$，得：

$$\Delta_r G_m^{\ominus} = -RT \ln K^{\ominus} = -n\varepsilon^{\ominus} F \tag{6.4}$$

$$\lg K^{\ominus} = \frac{n\varepsilon^{\ominus} F}{2.303RT} \tag{6.4a}$$

将 $T = 298$ K，$F = 96\ 500$ C·mol^{-1}，$R = 8.314$ J·mol^{-1}·K^{-1} 代入式(6.4a)得：

$$\lg K^{\ominus} = \frac{n\varepsilon^{\ominus}}{0.059\ 1} = \frac{n(\varphi_{+}^{\ominus} - \varphi_{-}^{\ominus})}{0.059\ 1} \tag{6.4b}$$

由式(6.4b)，知道电池反应的两个电极的标准电极电势 $\varphi_{+}^{\ominus}$ 和 $\varphi_{-}^{\ominus}$ 后，即可计算电池反应的标准平衡常数。这是继《化学平衡》一章所讲的四种方法之后，又一种计算标准平衡常数的方法。$K^{\ominus}$，$\varphi_{+}^{\ominus}$ 和 $\varphi_{-}^{\ominus}$ 三个物理量，知道其中任意两个，就可以求算第三个。

例 6-7 将 Zn 片放入 0.1 mol·L^{-1} $CuSO_4$ 溶液中，计算平衡时 Cu^{2+} 的浓度（已知 $\varphi_{Cu^{2+}/Cu}^{\ominus} = 0.34$ V，$\varphi_{Zn^{2+}/Zn}^{\ominus} = -0.76$ V）。

解：$Zn + Cu^{2+} \rightleftharpoons Zn^{2+} + Cu$

(－)Zn (s)|Zn^{2+} ‖ Cu^{2+}|Cu (s) (＋)

$\varepsilon^{\ominus} = \varphi_{Cu^{2+}/Cu}^{\ominus} - \varphi_{Zn^{2+}/Zn}^{\ominus} = 0.34 - (-0.76) = 1.10$(V)，

$\lg K^{\ominus} = \dfrac{n\varepsilon^{\ominus}}{0.059\ 1} = \dfrac{2 \times 1.10}{0.059\ 1} = 37.2$，所以 $K^{\ominus} = 1.6 \times 10^{37}$。

	Zn +	Cu^{2+} $\rightleftharpoons$	Zn^{2+} + Cu
t_0		0.1	0
t_e		$[Cu^{2+}]$	$0.1 - [Cu^{2+}] \approx 0.1$

$K^{\ominus} = \dfrac{[Zn^{2+}]}{[Cu^{2+}]} = \dfrac{0.1}{[Cu^{2+}]} = 1.6 \times 10^{37}$，即 $[Cu^{2+}] = 6.3 \times 10^{-39}$ mol·L^{-1}。

例 6-8 已知：$Ag^{+} + e^{-} \rightleftharpoons Ag$，$\varphi_{Ag^{+}/Ag}^{\ominus} = 0.799\ 6$ V；$AgCl(s) + e^{-} \rightleftharpoons Ag + Cl^{-}$，$\varphi_{AgCl/Ag}^{\ominus} = 0.222\ 33$ V。计算 $K_{sp\ AgCl}^{\ominus}$。

解：这是典型的已知两个电对的标准电极电势求平衡常数的问题。通常，将两个电对组成原电池，相应的反应平衡常数即为要求的平衡常数或其倒数。

(－)Ag-AgCl(s)|Cl^{-}(1.0 mol·L^{-1}) ‖ Ag^{+}(1.0 mol·L^{-1})|Ag(s) (＋)

(－) $Ag + Cl^{-} \rightleftharpoons AgCl(s) + e^{-}$

(＋) $Ag^{+} + e^{-} \rightleftharpoons Ag$

则 $Ag^{+} + Cl^{-} \rightleftharpoons AgCl(s)$

$\lg K^{\ominus} = \lg \dfrac{1}{K_{sp\ AgCl}^{\ominus}} = \dfrac{n\varepsilon^{\ominus}}{0.059\ 1} = \dfrac{1 \times 0.577\ 27}{0.059\ 1} = 9.77$，解之 $K_{sp\ AgCl}^{\ominus} = 1.7 \times 10^{-10}$。

例 6-9　已知：$Cu^{+}+e^{-} \rightleftharpoons Cu$，$\varphi^{\ominus}_{Cu^{+}/Cu}=0.521\ V$；$Cu^{2+}+e^{-} \rightleftharpoons Cu^{+}$，$\varphi^{\ominus}_{Cu^{2+}/Cu^{+}}=0.153\ V$；$K^{\ominus}_{sp\ CuCl}=1.72\times10^{-7}$，计算：

(1)$Cu+Cu^{2+} \rightleftharpoons 2Cu^{+}$ 的平衡常数 $K_1^{\ominus}$；

(2)$Cu+Cu^{2+}+2Cl^{-} \rightleftharpoons 2CuCl(s)$ 的平衡常数 $K_2^{\ominus}$。

解：(1)将 Cu^{2+}/Cu^{+} 和 Cu^{+}/Cu 组成原电池（－）$Pt|Cu^{2+}, Cu^{+} \| Cu^{+}|Cu$（＋）

（－）　$Cu^{+}-e^{-} \rightleftharpoons Cu^{2+}$

（＋）　$Cu^{+}+e^{-} \rightleftharpoons Cu$

$2Cu^{+} \rightleftharpoons Cu+Cu^{2+}$

$$\lg K^{\ominus}=\frac{n\varepsilon^{\ominus}}{0.059\ 1}=\frac{1\times(0.521-0.153)}{0.059\ 1}=6.23，解之\ K^{\ominus}=10^{6.23}，$$

逆反应的平衡常数 $K_1^{\ominus}=5.9\times10^{-7}$。

(2)　$Cu+Cu^{2+} \rightleftharpoons 2Cu^{+}$　　$K_1^{\ominus}$

＋）　$2Cu^{+}+2Cl^{-} \rightleftharpoons 2CuCl(s)$　　$K^{\ominus -2}_{sp\ CuCl}$

$Cu+Cu^{2+}+2Cl^{-} \rightleftharpoons 2CuCl$　　$K_2^{\ominus}$

$$K_2^{\ominus}=\frac{K_1^{\ominus}}{K^{\ominus 2}_{sp\ CuCl}}=\frac{5.9\times10^{-7}}{(1.72\times10^{-7})^2}=2.0\times10^{7}$$

这是利用已知反应的平衡常数求未知反应的平衡常数。

至此，根据具体的已知条件，我们可以从五种计算平衡常数的方法中选择一种或几种来解决有关平衡的计算问题。

6.3　电势图解及其应用

1. 元素电势图

当元素具有三种或三种以上的氧化态时，将元素的不同氧化态按氧化数由大到小自左向右排列，用横线相连，线上标出相应的标准电极电势值 $\varphi^{\ominus}$，便可得到元素电势图。图 6-7 所示的是锰的元素电势图。

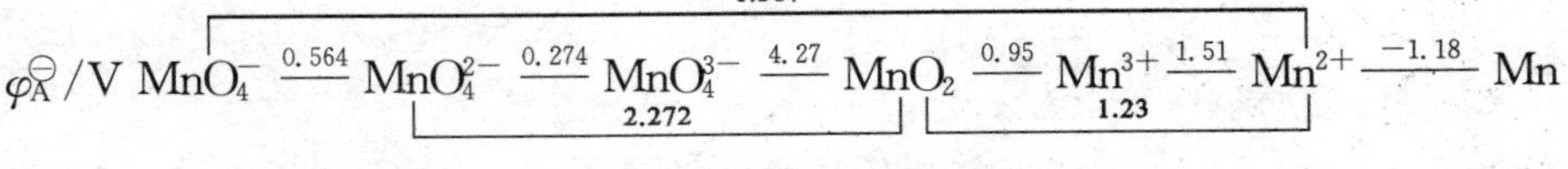

图 6-7　锰的元素电势图

利用元素电势图可以计算元素电势图中未知的电极电势，并判断歧化反应是否能够发生。下面首先以铁元素的电势图为例，推导计算未知的标准电极电势的公式。

$\varphi_A^\ominus/V$ Fe^{3+} —0.771— Fe^{2+} —−0.447— Fe

$\varphi^\ominus$?

计算 $\varphi^\ominus$。

$Fe^{3+} + e^- \rightleftharpoons Fe^{2+}$ $\quad \varphi_1^\ominus \quad \Delta_r G_{m1}^\ominus = -\varphi_1^\ominus F$

$Fe^{2+} + 2e^- \rightleftharpoons Fe$ $\quad \varphi_2^\ominus \quad \Delta_r G_{m2}^\ominus = -2\varphi_2^\ominus F$

$Fe^{3+} + 3e^- \rightleftharpoons Fe$ $\quad \varphi_3^\ominus \quad \Delta_r G_{m3}^\ominus = -3\varphi_3^\ominus F$

$$\Delta_r G_{m3}^\ominus = \Delta_r G_{m1}^\ominus + \Delta_r G_{m2}^\ominus$$

$$3\varphi_3^\ominus F = \varphi_1^\ominus F + 2\varphi_2^\ominus F$$

所以 $\quad \varphi_3^\ominus = \dfrac{\varphi_1^\ominus + 2\varphi_2^\ominus}{3} = \dfrac{0.771 + 2\times(-0.447)}{3} = -0.041(\text{V})$

推广到任意元素的电势图：

$\varphi_A^\ominus/V$ A —$\varphi_1^\ominus, n_1$— B —$\varphi_2^\ominus, n_2$— C

$\varphi_3^\ominus$

则
$$\varphi_3^\ominus = \frac{n_1\varphi_1^\ominus + n_2\varphi_2^\ominus}{n_1 + n_2} \tag{6.5}$$

n_1、n_2 为元素氧化数的改变值，知道两个标准电极电势，依据式(6.5)可以求算第三个标准电极电势。若有 i 个相邻电对，则：

$$\varphi_i^\ominus = \frac{n_1\varphi_1^\ominus + n_2\varphi_2^\ominus + \cdots + n_{i-1}\varphi_{i-1}^\ominus}{n_1 + n_2 + \cdots + n_{i-1}} \tag{6.5a}$$

现在介绍利用元素电势图判断歧化反应的方法。

A —$\varphi_左^\ominus$— B —$\varphi_右^\ominus$— C

若 $\varphi_左^\ominus < \varphi_右^\ominus$，则发生歧化反应 B→A+C；否则，B 不能够歧化，而是 A+C→B。

例 6-10 已知元素电势图如下：

$\varphi_A^\ominus$/V Cu^{2+} —0.153— Cu^+ —0.521— Cu

Hg^{2+} —0.92— Hg_2^{2+} —0.79 73— Hg

问：Cu^+ 和 Hg_2^{2+} 能否发生歧化反应？

解：$\varphi_{Cu^{2+}/Cu^+}^\ominus = 0.151\ \text{V} < \varphi_{Cu^+/Cu}^\ominus = 0.521\ \text{V}$，所以 $2Cu^+ \rightleftharpoons Cu^{2+} + Cu$，发生歧化反应。事实上，$Cu^+$ 在水溶液中不存在；Cu^+ 只能以难溶盐或配合物的形式存在，如 CuCl、H[$CuCl_2$]。

$\varphi_{Hg^{2+}/Hg_2^{2+}}^\ominus = 0.92\ \text{V} > \varphi_{Hg_2^{2+}/Hg}^\ominus = 0.797\ 3\ \text{V}$，所以 $Hg + Hg^{2+} \rightleftharpoons Hg_2^{2+}$，发生歧化反应的逆反应。事实上，常温下将汞滴加到 Hg^{2+} 盐溶液中，振荡即得 Hg_2^{2+} 盐。

2. 电势-pH 图

对于有 H^+/OH^- 参与的电极反应，其 φ 随 pH 的改变而变化，由 φ-pH 图可直接看出 φ 随 pH 的变化情况。这里涉及两个问题：一是如何制图，二是如何用图。

(1)制作电势-pH 图。

以 pH 为横坐标、电势 φ 为纵坐标，可以得到水以及不同物质-水体系的 φ-pH 图。在 φ-pH 图中，若 φ 与 pH 无关，为一横线"—"；与 pH 有关，为一斜线"\"；若为非氧化还原反应但与 pH 有关，为一竖线"|"。下面以水的 φ-pH 为例，说明如何制作 φ-pH 图。

已知 $\varphi^{\ominus}_{O_2/H_2O}=1.229\ V$，制作 H_2O 的 φ-pH 图。

$2H^+ + 2e^- \rightleftharpoons H_2$（设 $p_{H_2} = p^{\ominus}$）

$$\varphi_{H^+/H_2}=\varphi^{\ominus}_{H^+/H_2}+\frac{0.059\ 1}{2}\lg\frac{[H^+]^2\times p^{\ominus}}{p_{H_2}}=0.059\ 1\ \lg[H^+]=-0.059\ 1\ \mathrm{pH}$$

$O_2 + 4H^+ + 4e^- \rightleftharpoons 2H_2O$（设 $p_{O_2} = p^{\ominus}$）

$$\varphi_{O_2/H_2O}=\varphi^{\ominus}_{O_2/H_2O}+\frac{0.059\ 1}{4}\lg\frac{[H^+]^4\times p_{O_2}}{p^{\ominus}}$$

$$=1.229+0.059\ 1\ \lg[H^+]=1.229-0.059\ 1\ \mathrm{pH}$$

将不同 pH 条件下计算得到的 φ_{H^+/H_2} 和 φ_{O_2/H_2O} 列于表 6-1，据此绘制水的 φ-pH 图(图 6-8)，得到斜率相同的两条斜线，分别叫作氢线和氧线。用同样的方法可以得到图 6-9 所示的 Fe-H_2O 的 φ-pH 图。

表 6-1　不同 pH 条件下的 φ_{H^+/H_2} 和 φ_{O_2/H_2O}

pH	φ_{H^+/H_2}/V	φ_{O_2/H_2O}/V
0	0	1.229
2	−0.118	1.111
4	−0.236	0.993
6	−0.355	0.874
8	−0.473	0.756
10	−0.591	0.638
12	−0.709	0.520
14	−0.827	0.402

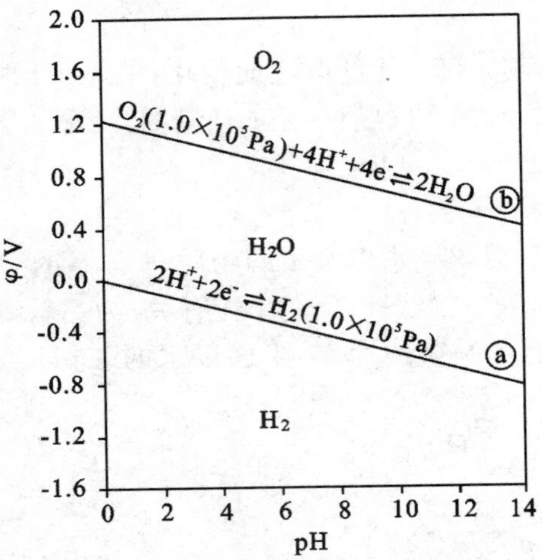

图 6-8 H_2O 的 φ-pH 图

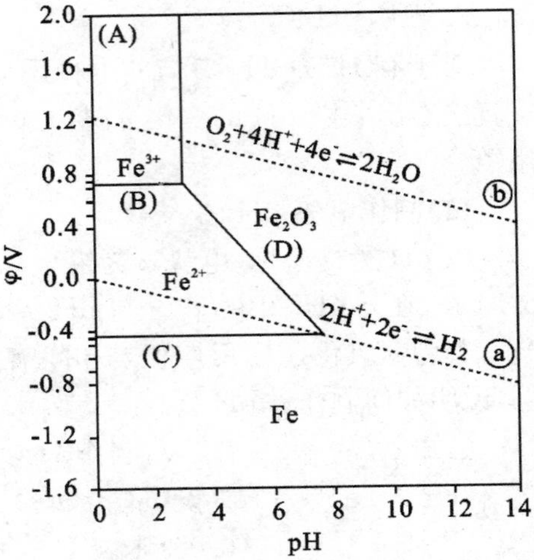

图 6-9 Fe-H_2O 的 φ-pH 图

(2)电势-pH 图的应用。

分析 φ-pH 图可以得出规律：某线上方电对的氧化型占优势，较稳定；下方电对的还原型占优势，较稳定。反应自发进行的方向是：电极电势大的氧化型物质与电极电势小的还原型物质反应；从此 φ-pH 图上看，便是上方线的氧化剂与下方线的还原剂之间的反应可以自发进行。因此，由 φ-pH 图可以直接判断反应能否自发进行；还可以利用电对所处的位置是否在水的氢线、氧线之内，判断其在水中的稳定性。

例 6-11 由图 6-9 Fe-H_2O 的 φ-pH 图，说明下列反应能否自发进行：

(1)$Fe+2H^+\rightleftharpoons Fe^{2+}+H_2$

(2)$2Fe+4H^++O_2\rightleftharpoons 2Fe^{2+}+2H_2O$

(3)$4Fe^{2+}+8OH^-+O_2+2H_2O\rightleftharpoons 4Fe(OH)_3$ 即：$Fe_2O_3\cdot 3H_2O$

(4)$2Fe^{3+}+Fe\rightleftharpoons 3Fe^{2+}$

解：(1)能。(2)能。(3)能。(4)在 pH<3 的酸性条件下并有 Fe 存在的情况下，Fe^{3+} 不可能存在，$2Fe^{3+}+Fe\rightleftharpoons 3Fe^{2+}$。当 pH>3 时，$Fe^{3+}\rightarrow Fe(OH)_3$。

另外，实际的氢线比上述理论值低 0.5 V、氧线比上述理论值高 0.5 V(原因在于存在“超电压”，这将在物理化学课程中详尽介绍)。由此可以解释 $KMnO_4$ 溶液稳定存在，并不发生下面的反应：$MnO_4^-+H_2O\rightarrow Mn^{2+}+O_2$，即 $\varphi^{\ominus}_{O_2/H_2O}=1.229\ V+0.5\ V\approx 1.7\ V>\varphi^{\ominus}_{MnO_4^-/Mn^{2+}}=1.51\ V$。需要说明的是，$\varphi$-pH 图不过是 φ 的一种直观的表示，只表示热力学可能性，不表示现实性。

6.4 电解

1. 电解反应与分解电压

外加电压使一个自发进行的氧化还原反应逆向进行，所发生的反应叫作电解反应。这种将电能转化为化学能的装置叫作电解池(图 6-10)。进行电解时，与电源负极相连发生还原反应的一极叫作**阴极**；与电源正极相连发生氧化反应的一极叫作**阳极**。

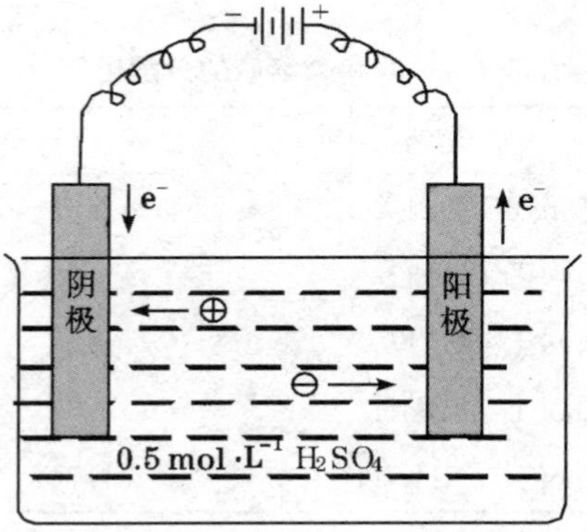

图 6-10 电解池示意图

电解0.5 mol·L^{-1} H_2SO_4溶液时：

阴极：$2H^+ + 2e^- \rightleftharpoons H_2$(还原反应)

阳极：$H_2O \rightleftharpoons \frac{1}{2}O_2 + 2H^+ + 2e^-$(氧化反应)

电解反应：$H_2O \xrightleftharpoons{通电} H_2 + \frac{1}{2}O_2$

$\varepsilon_{理论} = \varphi^{\ominus}_{O_2/H_2O} - \varphi^{\ominus}_{H^+/H_2} = 1.229$ V，但外加电压必须超过 1.229 V，氢气和氧气才能源源不断地逸出，此时电流激增。图 6-11 所示的为电流与外加电压的关系图，其中 BA 线的延长线与横坐标的交点 C 点的电压叫作分解电压。不同酸或碱溶液的分解电压列于表 6-2 中。由表 6-2 可知，分解电压均在 1.7 V 左右，表明电解这些酸或碱的溶液时发生相同的反应，即都发生上述电解水的反应。通常，外加电压＞测出的分解电压＞理论分解电压。$\varphi_{实测}$与 $\varphi_{理论}$之差叫作超电压。电流通过电极时，φ 偏离理论值的现象称为极化现象，对于极化现象这里不作介绍。

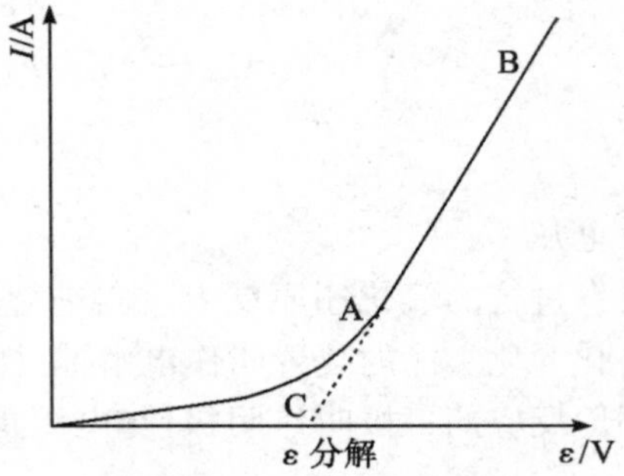

图 6-11　分解电压

表 6-2　酸和碱溶液的分解电压

溶液	分解电压/V
0.5 mol·L^{-1} H_2SO_4	1.67
1 mol·L^{-1} HNO_3	1.69
1 mol·L^{-1} $HClO_4$	1.65
1 mol·L^{-1} NaOH	1.69
1 mol·L^{-1} $NH_3·H_2O$	1.74

2. 电解定律

1833 年法拉第(M. Faraday)通过实验得出电解定律:"电解所得的物质的量与电量成正比,与其他因素无关。"由于离子电荷不同,电解产生 1 mol 物质所需要的电量不等(见表6-3)。当溶液中存在多种组分时,电极电势大的氧化型物质优先在阴极析出,电极电势小的还原型物质优先在阳极失去电子。实际电解时,因为有副反应存在,不可能得到理论产量,电流效率为:

$$\eta=\frac{实际产量}{理论产量}\times100\% \tag{6.6}$$

表 6-3　电解产生 1 mol 物质所需要的理论电量比较

	1 mol 电解产物的质量/ g	所需理论电量/C
$Na^+ + e^- \rightleftharpoons Na$	22.99	1×96 500
$Cu^{2+} + 2e^- \rightleftharpoons Cu$	63.55	2×96 500
$Al^{3+} + 3e^- \rightleftharpoons Al$	26.98	3×96 500

例 6-12 在电解精炼铜实验中，所给电流强度为 5 000 A，电流效率为 94.5%，问：经过 3 小时后能得到电解铜多少千克？

解：$W_{Cu}=M_{Cu}\times\frac{It\eta}{2F}$

$=63.55\times\frac{5\,000\times3\,600\times3\times94.5\%}{2\times96\,500}=16\,802.88(g)\approx16.8(kg)$

3. 电解的应用

利用电解可以制备通常的化学反应难以制备的物质，如强氧化剂 F_2、活泼的碱金属和稀土金属。其次，利用电解可以精炼金属。例如，精炼铜时，以粗铜(98%～99%) 做阳极，活泼金属与铜都失电子进入溶液，不活泼金属如银等留在阳极成为阳极泥；以精铜(99.98%)做阴极，溶液中 Cu^{2+} 优先得电子在阴极析出，活泼金属离子仍然留在溶液中，由此粗铜便得以提纯。总之，电解在化工生产中有着广泛的应用。

习 题

6-1 配平下列反应的离子方程式(酸性介质)：

(1) $IO_3^- + I^- \rightarrow I_2$

(2) $Mn^{2+} + NaBiO_3 \rightarrow MnO_4^- + Bi^{3+}$

(3) $Cr^{3+} + PbO_2 \rightarrow Cr_2O_7^{2-} + Pb^{2+}$

(4) $HClO + P_4 \rightarrow Cl^- + H_3PO_4$

6-2 配平下列反应的离子方程式(碱性介质)：

(1) $CrO_4^{2-} + HSnO_2^- \rightarrow CrO_2^- + HSnO_3^-$

(2) $H_2O_2 + CrO_2^- \rightarrow CrO_4^{2-}$

(3) $I_2 + H_2AsO_3^- \rightarrow AsO_4^{3-} + I^-$

(4) $Si + OH^- \rightarrow SiO_3^{2-} + H_2$

(5) $Br_2 + OH^- \rightarrow BrO_3^- + Br^-$

6-3 某原电池中的一个半电池是由金属钴(Co)浸在 1.0 mol·L^{-1} Co^{2+} 溶液中组成的；另一半电池则由铂片浸入 1.0 mol·L^{-1} Cl^- 的溶液中，并不断通入 Cl_2 (p_{Cl_2} 为 100 kPa)组成。实验测得电池的电动势为 1.63 V。钴电极为负极。已知 $\varphi^{\ominus}_{Cl_2/Cl^-}=1.36$ V，回答下列问题：

(1) 写出电池反应的离子方程式。

(2) $\varphi^{\ominus}_{Co^{2+}/Co}$ 为多少？

(3) p_{Cl_2} 增大时，电池的电动势将如何变化？

(4) 当 Co^{2+} 浓度为 0.010 mol·L^{-1} 时，电池的电动势是多少？

6-4 已知电对 $H_3AsO_3 + H_2O \rightleftharpoons H_3AsO_4 + 2H^+ + 2e^-$，$\varphi^\ominus = +0.559\ V$；

电对 $3I^- \rightleftharpoons I_3^- + 2e^-$，$\varphi^\ominus = 0.5355\ V$。

计算下列反应的平衡常数：

$$H_3AsO_3 + H_2O + I_3^- \rightleftharpoons H_3AsO_4 + 3I^- + 2H^+$$

并说明如果溶液的$[H^+] = 1.0 \times 10^{-7}\ mol \cdot L^{-1}$，反应朝什么方向进行；如果溶液中的$[H^+] = 6\ mol \cdot L^{-1}$，反应朝什么方向进行。

6-5 已知溴在酸性介质中的电势图为：

$\varphi_A^\ominus/V$：$BrO_4^- \xrightarrow{1.85} BrO_3^- \xrightarrow{1.45} HBrO \xrightarrow{1.60} Br_2 \xrightarrow{1.065} Br^-$

试回答：(1)溴的哪些氧化态不稳定易发生歧化反应？

(2)电对 BrO_3^-/Br^- 的 $\varphi^\ominus$ 值。

6-6 酸性溶液中，钒的电势图如下：

$\varphi_A^\ominus/V$：$VO_2^+ \xrightarrow{0.991} VO^{2+} \xrightarrow{0.337} V^{3+} \xrightarrow{-0.255} V^{2+} \xrightarrow{-1.175} V$

已知：$\varphi^\ominus_{Zn^{2+}/Zn} = -0.76\ V$，$\varphi^\ominus_{Sn^{2+}/Sn} = -0.14\ V$，$\varphi^\ominus_{Fe^{3+}/Fe^{2+}} = 0.771\ V$，$\varphi^\ominus_{O_2/H_2O} = 1.229\ V$。

(1)求 $\varphi^\ominus_{VO^{2+}/V^{2+}}$；

(2)欲使 $VO_2^+ \longrightarrow V^{2+}$，$VO_2^+ \longrightarrow V^{3+}$，应分别选择哪个还原剂？

(3)低氧化态钒 V^{2+} 在空气中是否稳定？

6-7 已知：$K^\ominus_{sp\,Co(OH)_3} = 1.6 \times 10^{-44}$，$K^\ominus_{sp\,Co(OH)_2} = 5.92 \times 10^{-15}$。$Co^{3+} + e^- \rightleftharpoons Co^{2+}$，$\varphi^\ominus = 1.92\ V$；$Cl_2 + 2e^- \rightleftharpoons 2Cl^-$，$\varphi^\ominus = 1.36\ V$。从 $\varphi^\ominus$ 值可以看出 Cl_2 不能氧化 Co^{2+} 离子。在制备 $Co(OH)_3$ 时，是用 $CoCl_2$ 溶液加 NaOH 溶液再加氯水制得的。试用计算说明之。

6-8 写出过量铁粉被盐酸氧化以及过量铁粉在碱性条件下被空气氧化生成 $Fe(OH)_2$ 沉淀反应的离子方程式，并利用有关标准电极电势及其他数据计算平衡常数。

6-9 已知 $\varphi^\ominus_{Fe^{2+}/Fe} = -0.447\ V$，$\varphi^\ominus_{Cd^{2+}/Cd} = -0.403\ V$。过量的铁屑置于 $0.05\ mol \cdot L^{-1}\ Cd^{2+}$ 溶液中，平衡后 Cd^{2+} 的浓度是多少？

6-10 粗铜片中常含有杂质 Zn、Pb、Fe、Ag 等，将粗铜做阳极、精铜做阴极进行电解精炼铜。试用电极电势说明这四种杂质是怎样与铜分离的。

第 7 章　化学反应速率

无论是在理论上还是实际的工业生产中，化学反应的两个核心内容是产量和速率。前者在《化学热力学初步》和《化学平衡》等章中已有详述，后者则属于化学动力学的范畴。化学热力学考虑的是化学反应的可能性，不涉及反应的时间；与之相对的化学动力学则以时间为参数，研究反应的现实性。

化学动力学的发展经历了三个阶段。①19 世纪后半叶，宏观化学动力学阶段。这期间有两个重要的发现：1867 年，挪威科学家古德贝格(C. M. Guldberg)和瓦格(P. Waage)发现了质量作用定律；1889 年，瑞典化学家阿仑尼乌斯(S. A. Arrhenius)总结提出了阿仑尼乌斯定律。②1900—1950 年，主要的成果包括1918 年美国化学家路易斯(G. N. Lewis)提出了反应速率的碰撞理论，1935 年艾林(H. Eyring)提出了过渡态理论以及链反应(自由基)。③1950 年以后，微观化学动力学阶段。微观化学动力学又称分子反应动态学，它从分子水平研究反应物的一次碰撞行为中的变化、基元反应的微观历程等。

本章题为“化学反应速率”，简要介绍化学动力学的基本内容，即 1950 年以前取得的重要研究成果，为今后深入学习化学动力学奠定基础。

7.1　化学反应速率的定义

单位时间内物质浓度的改变称为化学反应速率(取正值)，单位为$mol \cdot L^{-1} \cdot s^{-1}$。反应速率有平均速率和瞬时速率两种定义。一定时间间隔内浓度的变化，叫作平均速率。

$$\bar{v}=\frac{\Delta c}{\Delta t}>0 \tag{7.1}$$

例如，　　$2N_2O_5(g) = 4NO_2(g) + O_2(g)$

$t=0/mol \cdot L^{-1}$　　1.00　　0　　0

$t=200\ s/mol \cdot L^{-1}$　　0.88　　0.24　　0.06

$$\bar{v}_{N_2O_5}=\frac{-(0.88-1.0)}{200}=6.0\times10^{-4}(mol \cdot L^{-1} \cdot s^{-1})$$

$$\bar{v}_{NO_2}=\frac{0.24-0}{200}=12\times10^{-4}(mol \cdot L^{-1} \cdot s^{-1})$$

$$\bar{v}_{O_2}=\frac{0.06-0}{200}=3.0\times10^{-4}(mol \cdot L^{-1} \cdot s^{-1})$$

即 $\bar{v}_{N_2O_5}:\bar{v}_{NO_2}:\bar{v}_{O_2}=2:4:1$，$\frac{\bar{v}_{N_2O_5}}{2}=\frac{\bar{v}_{NO_2}}{4}=\frac{\bar{v}_{O_2}}{1}$。

可见，用不同的反应物或产物来表示反应速率时，速率之比为反应的化学方程式中化学计量数之比。对于任意化学反应 $aA+bB \longrightarrow gG+hH$：

$$-\frac{\bar{v}_A}{a}=-\frac{\bar{v}_B}{b}=\frac{\bar{v}_G}{g}=\frac{\bar{v}_H}{h} \tag{7.1a}$$

通常采用浓度变化易于测量的那种物质来研究反应速率。例如，318 K 时测得反应 $2N_2O_5(g) = 4NO_2(g)+O_2(g)$ 中反应物 N_2O_5 浓度随时间的变化，列于表 7-1，据此画图得到图 7-1。由表 7-1 可见，随着反应物 N_2O_5 浓度的减小，一定时间间隔内的平均反应速率逐渐减小。当时间间隔趋于零时，平均速率的极限值称为瞬时速率。

表 7-1　N_2O_5 的浓度随时间的变化

时间 /s	$[N_2O_5]$ / $mol\cdot L^{-1}$	$-\Delta[N_2O_5]$ / $mol\cdot L^{-1}$	$\bar{v}=-\frac{\Delta[N_2O_5]}{\Delta t}$ / $mol\cdot L^{-1}\cdot s^{-1}$	$\frac{\bar{v}}{[N_2O_5]}$ / s^{-1}
0	1.00	—	—	—
200	0.88	0.12	6.0×10^{-4}	$6.0\times10^{-4}\approx6\times10^{-4}$
400	0.78	0.10	5.0×10^{-4}	$5.7\times10^{-4}\approx6\times10^{-4}$
600	0.69	0.09	4.5×10^{-4}	$5.8\times10^{-4}\approx6\times10^{-4}$
800	0.61	0.08	4.0×10^{-4}	$6.6\times10^{-4}\approx6\times10^{-4}$
1 000	0.54	0.07	3.5×10^{-4}	$5.7\times10^{-4}\approx6\times10^{-4}$
1 200	0.48	0.06	3.0×10^{-4}	$5.6\times10^{-4}\approx6\times10^{-4}$
1 400	0.43	0.05	2.5×10^{-4}	$5.2\times10^{-4}\approx6\times10^{-4}$
1 600	0.38	0.05	2.5×10^{-4}	$5.8\times10^{-4}\approx6\times10^{-4}$
1 800	0.34	0.04	2.0×10^{-4}	$5.3\times10^{-4}\approx6\times10^{-4}$
2 000	0.30	0.04	2.0×10^{-4}	$5.9\times10^{-4}\approx6\times10^{-4}$

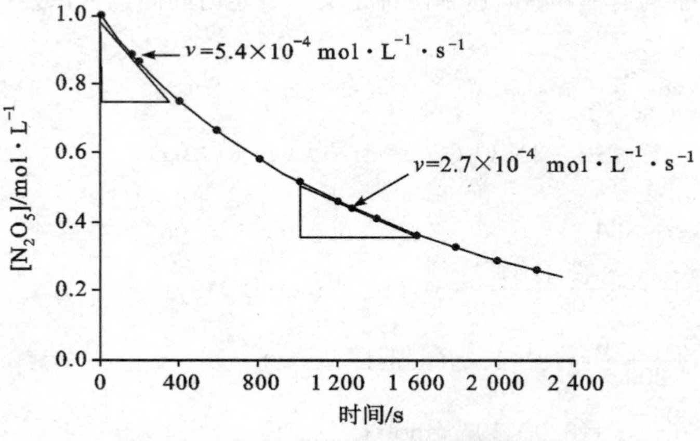

图 7-1　318 K 时 N_2O_5 浓度与时间的关系

$$v=\lim_{\Delta t \to 0}\left(-\frac{\Delta[N_2O_5]}{\Delta t}\right) \qquad (7.1b)$$

在浓度与时间的关系曲线上，某一点的切线的斜率即为该时刻的瞬时速率。图 7-1 中，$[N_2O_5]=0.9\ mol \cdot L^{-1}$时，瞬时速率为 $5.4\times10^{-4}\ mol \cdot L^{-1} \cdot s^{-1}$；$[N_2O_5]=0.45\ mol \cdot L^{-1}$时，瞬时速率为 $2.7\times10^{-4}\ mol \cdot L^{-1} \cdot s^{-1}$。

7.2　影响化学反应速率的因素

7.2.1　浓度

前面的例子表明一定温度时，反应物浓度减小，则反应速率减小。图 7-1 中当浓度减小为一半时，瞬时速率减小一半，这两个点的瞬时速率与相应的反应物 N_2O_5浓度之比$\frac{v}{[N_2O_5]}$都等于 $6\times10^{-4}\ s^{-1}$。事实上，每一时刻的$\frac{v}{[N_2O_5]}$都等于 $6\times10^{-4}\ s^{-1}$，即瞬时速率与反应物浓度成正比：$v=6\times10^{-4}[N_2O_5]$。表示反应物浓度与反应速率关系的式子叫作反应的**速率方程**。一定温度下，某些反应 $a\mathrm{A}+b\mathrm{B} \rightarrow g\mathrm{G}+h\mathrm{H}$ 的速率方程可以写为：

$$v=k[\mathrm{A}]^{\alpha}[\mathrm{B}]^{\beta} \qquad (7.2)$$

式中：v 是瞬时速率，[A]和[B]是反应物 A 和 B 在某一时刻的浓度；α, β 分别叫作反应物 A 和 B 的反应级数。令 $n=\alpha+\beta$, n 叫作该反应的**反应级数**(速率方程中的指数和)；n 可以为整数，也可为分数。k 叫作**速率常数**，等于各组分浓度均为 $1\ mol \cdot L^{-1}$时的反应速率；一定温度时反应的 k 值与反应物浓度无关，单位为 $(mol \cdot L^{-1})^{1-n} \cdot s^{-1}$(见表 7-2)。

表 7-2　速率常数 k 的单位与反应级数 n 的关系

n	反应实例	速率方程	k 的单位/ $(mol \cdot L^{-1})^{1-n} \cdot s^{-1}$
0	$2Na+2H_2O = 2NaOH+H_2$	$v=k$	$mol \cdot L^{-1} s^{-1}$
	$2NH_3 = N_2+3H_2$		
1	$2N_2O_5 = 4NO_2+O_2$	$v=k[N_2O_5]$	s^{-1}
	$C_{12}H_{22}O_{11}$(蔗糖)$+H_2O$ $=C_6H_{12}O_6+C_6H_{12}O_6$(果糖)	$v=k[C_{12}H_{22}O_{11}]$	
1.5	$H_2+Cl_2 = 2HCl$	$v=k[H_2][Cl_2]^{0.5}$	$L^{0.5} \cdot mol^{-0.5} \cdot s^{-1}$
	$C_2H_6 = C_2H_4+H_2$	$v=k[C_2H_6]^{1.5}$	

(续表)

n	反应实例	速率方程	k 的单位/$(mol\cdot L^{-1})^{1-n}\cdot s^{-1}$
2	$S_2O_8^{2-}+3I^- = 2SO_4^{2-}+I_3^-$	$v=k[S_2O_8^{2-}][I^-]$	$L\cdot mol^{-1}\cdot s^{-1}$
	$CO+NO_2 = CO_2+NO$	$v=k[CO][NO_2]$	
	$2NO_2 = O_2+2NO$	$v=k[NO_2]^2$	
	$2NO_2+F_2 = 2NO_2F$	$v=k[NO_2][F_2]$	
2.5	$CO+Cl_2 \xlongequal{高温} COCl_2$	$v=k[CO][Cl_2]^{1.5}$	$L^{1.5}\cdot mol^{-1.5}\cdot s^{-1}$
3	$2H_2+2NO = 2H_2O+N_2$	$v=k[H_2][NO]^2$	$L^2\cdot mol^{-2}\cdot s^{-1}$
	$2NO+Cl_2 = 2NOCl$	$v=k[NO]^2[Cl_2]$	

需要说明的是，对于复杂的速率方程，即不具有 $v=k[A]^{\alpha}[B]^{\beta}\cdots$ 形式的反应，则不谈反应级数。下面举例说明如何通过实验数据求出 n 和 k 来确定速率方程。

例 7-1 400 ℃ 时，测量反应 $CO(g)+NO_2(g) = CO_2(g)+NO(g)$ 的起始浓度和相应的反应速率如下，求其速率方程。

实验序号	$[CO]_{起始}/mol\cdot L^{-1}$	$[NO_2]_{起始}/mol\cdot L^{-1}$	$v_0/mol\cdot L^{-1}\cdot s^{-1}$
1	0.10	0.10	0.005
2	0.20	0.10	0.010
3	0.30	0.10	0.015
4	0.10	0.20	0.010
5	0.10	0.30	0.015

解：实验 1—3，固定 NO_2 的起始浓度，改变 CO 的浓度，$v\propto[CO]$；实验 1、4、5，固定 CO 的起始浓度，改变 NO_2 的浓度，$v\propto[NO_2]$；因此 $v\propto[CO][NO_2]$。带入任意一组数据，得速率方程 $v=k[CO][NO_2]=0.5[CO][NO_2]$，此反应为 2 级反应。

例 7-2 在 800 ℃下，测量反应 $2H_2+2NO = 2H_2O+N_2$ 的起始浓度和相应的反应速率如下，求其速率方程。

实验序号	$[H_2]_{起始}/mol\cdot L^{-1}$	$[NO]_{起始}/mol\cdot L^{-1}$	$v_{N_2}/mol\cdot L^{-1}\cdot s^{-1}$
1	1.00×10^{-3}	6.00×10^{-3}	3.19×10^{-3}
2	2.00×10^{-3}	6.00×10^{-3}	6.36×10^{-3}
3	3.00×10^{-3}	6.00×10^{-3}	9.56×10^{-3}
4	6.00×10^{-3}	1.00×10^{-3}	0.48×10^{-3}
5	6.00×10^{-3}	2.00×10^{-3}	1.92×10^{-3}
6	6.00×10^{-3}	3.00×10^{-3}	4.30×10^{-3}

解:实验1—3,固定NO的起始浓度,改变H_2的浓度,$v \propto [H_2]$;实验4—6,固定H_2的起始浓度,改变NO的浓度,$v \propto [NO]^2$;因此$v \propto [H_2][NO]^2$。带入任意一组数据,计算k值,取其平均值,得速率方程$v=k[H_2][NO]^2=8.42 \times 10^4[H_2][NO]^2$,此反应为3级反应。

倘若从分子水平上研究反应的历程(又叫作反应机理,这是微观化学动力学的重要研究内容),可以粗略地将反应分为**基元反应**和**非基元反应**两大类。基元反应指反应物粒子(分子或原子)在有效碰撞中一步直接转化成产物。“基元反应的速率与反应物浓度以其化学计量数为指数的幂的乘积成正比”,此所谓**质量作用定律**。基元反应有单分子、双分子,少有三分子反应,尚未发现四分子乃至更多分子的反应,例如:

单分子反应:$SO_2Cl_2 = SO_2 + Cl_2$　　$v=k[SO_2Cl_2]$

双分子反应:$NO_2 + CO = NO + CO_2$　　$v=k[NO_2][CO]$

三分子反应:$H_2 + 2I = 2HI$　　$v=k[H_2][I]^2$

非基元反应(又称复杂反应)指反应由两个或多个基元反应组成。事实上,绝大多数反应都是非基元反应。例如,反应$2NO_2 + F_2 = 2NO_2F$由以下两个基元反应组成:

$$NO_2 + F_2 = NO_2F + F\ (慢, k_1)$$

$$F + NO_2 = NO_2F (快, k_2)$$

反应速率由慢反应步骤决定,所以速率方程为$v=k_1[NO_2][F_2]$。

可见,只有在已知某反应是基元反应时,其速率方程方可直接由反应的化学方程式写出。非基元反应的速率方程必须通过实验确定。

7.2.2 温度

温度对化学反应速率有很大的影响。例如,常温下酸碱中和反应瞬间完成,而合成氨的反应在常温下不发生,必须在高温(加压并加催化剂)下才能进行。一般来说,化学反应的速率随温度的升高而增大,如图7-2(a)所示。本章主要介绍这种情形。图7-2还给出了化学反应速率随温度改变而变化的另外几种类型。图7-2(b)表示随温度的升高反应速率激增,如氢气和氧气发生爆炸性反应。图7-2(c)表示化学反应速率随温度的升高而达到一个最大值;若继续升高温度,反应速率将减小,如某些在固体催化剂表面进行的气相反应。图7-2(d)表示化学反应速率随温度的升高先增大而后减小再增大,这往往由副反应的干扰造成。图7-2(e)很少见,其化学反应速率随温度的升高而减小。

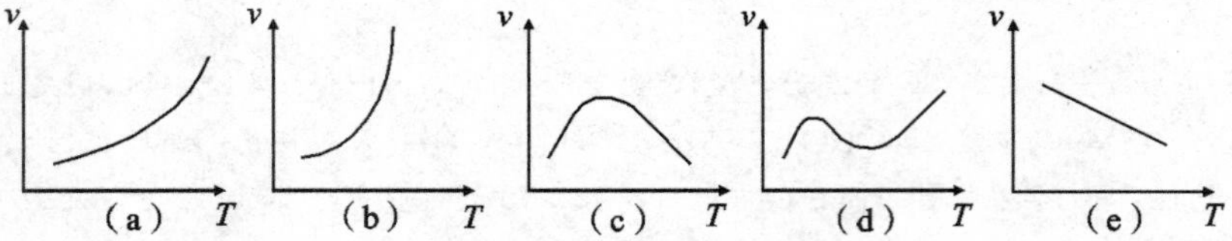

图 7-2　反应速率随温度变化的几种类型

1889 年,阿仑尼乌斯总结了大量实验事实,得出经验公式:

$$k = A\mathrm{e}^{-E_a/RT} \tag{7.3}$$

式中:k 为速度常数,与温度 T 成指数关系;R 为气体常数;E_a 称为**活化能**,单位为$\mathrm{J \cdot mol^{-1}}$(通常化学反应的活化能在几十到几百$\mathrm{kJ \cdot mol^{-1}}$);$A$ 称为指前因子,单位与速率常数的单位相同。

对式(7.3)分别取自然对数和常用对数,得到下面两个公式:

$$\ln k = -\frac{E_a}{RT} + \ln A \tag{7.3a}$$

$$\lg k = -\frac{E_a}{2.303RT} + \lg A \tag{7.3b}$$

以 $\lg k$-$\frac{1}{T}$作图得到一直线,斜率$=-\frac{E_a}{2.303R}$,截距$=\lg A$。图 7-3 中两条斜率不同的直线,分别对应着活化能不同的两个化学反应:斜率绝对值较小的直线Ⅰ对应着活化能较小的反应,斜率绝对值较大的直线Ⅱ对应着活化能较大的反应。在同一温度下,不同化学反应的速率相差很大,活化能小的反应的速率常数大。升温时,活化能大的反应速率常数增加的倍数多。

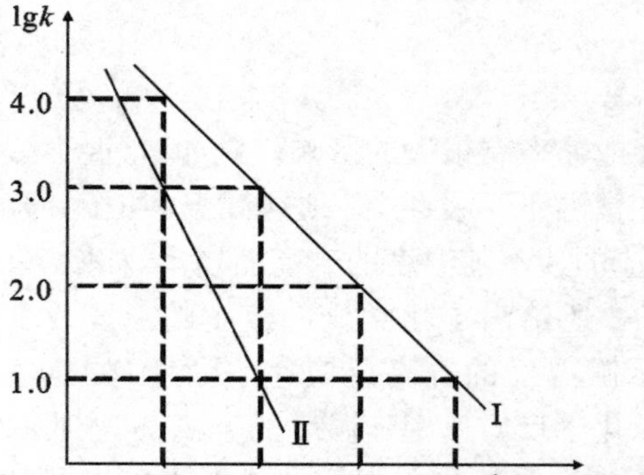

图 7-3　反应速率常数与温度的关系

除了利用作图法求出反应的活化能及不同温度下的速率常数外,还可以利用公式直接进行相关计算。设温度 T_1 时速率常数为 k_1、T_2 时速率常数为 k_2，分别代入式(7.3b)再相减，即得：

$$\lg\frac{k_2}{k_1}=-\frac{E_a}{2.303R}\left(\frac{1}{T_2}-\frac{1}{T_1}\right)=\frac{E_a(T_2-T_1)}{2.303R\,T_1T_2} \quad (7.3c)$$

$$E_a=\frac{2.303R\,T_1T_2}{T_2-T_1}\times\lg\frac{k_2}{k_1} \quad (7.3d)$$

例 7-3　反应 $2N_2O_5(g)=\!=\!=2N_2O_4(g)+O_2(g)$，当 $T_1=298\ K$ 时 $k_1=3.4\times10^{-5}\ s^{-1}$，当 $T_2=328\ K$ 时 $k_2=1.5\times10^{-3}\ s^{-1}$，计算 E_a 和 A。

解：因为 $E_a=\dfrac{2.303\,RT_1T_2}{T_2-T_1}\times\lg\dfrac{k_2}{k_1}$

$=\dfrac{2.303\times8.314\times298\times328}{328-298}\times\lg\dfrac{1.5\times10^{-3}}{3.4\times10^{-5}}$

$=102\,597\ (J\cdot mol^{-1})\approx103\ (kJ\cdot mol^{-1})$

又 $\lg k=\dfrac{-E_a}{2.303RT}+\lg A$

所以 $\lg A=\lg k+\dfrac{E_a}{2.303RT}$，带入 $T_1=298\ K$、$k_1=3.4\times10^{-5}\ s^{-1}$，解之得 $A=3.8\times10^{13}\ s^{-1}$。

7.2.3　催化剂

催化剂指参与反应且能够改变反应速率，而自身组成、质量、化学性质不变的物质。催化剂的选择性表现为：①反应物不同时，所需催化剂不同；②反应物相同时，催化剂不同则产物不同。根据催化剂与反应物所处的状态，催化分为均相催化(如溶液反应)和异相催化(如气-固，液-固，固-固)。另外，无论在均相反应还是异相反应中，反应物之间接触的情况对反应速率也有很大的影响。例如，当反应物为纳米尺度时，其反应性能会发生质的变化。

以上，我们讨论了反应速率受反应物的浓度、温度和催化剂影响的事实；至于原因，则要从微观角度运用反应速率理论来阐释。

7.3　化学反应速率理论简介

7.3.1　碰撞理论

碰撞理论将反应物分子看作没有结构的刚性球，包括两个基本要点：①化学反应发生的首要条件是反应物分子必须相互碰撞，反应速率与单位时间、单位体积内分子的碰撞次数 Z 成正比，即 $v\propto Z$。②只有有效的碰撞才能导致反应物转变为产物，有效碰撞取决于能量因素和方位因素。能量因素是指只有**活化分子**（具有较高能量的分子）的碰撞才可能是有效的，活化分子具有的最低能量称为活化能 E_a。由第 1 章的图 1-6 可知，图中阴影部分的面积即活化分子百分数 f。显然，T 一定，活化分子百分数 f 就一定；T 升高，活化分子百分数 f 就增大，即 $v \propto Z \times f$。方位因素（概率因素）指只有当活化分子采取适当的取向进行碰撞时反应才有可能发生。以 P 代表方位因子，则 $v \propto P \times Z \times f$。例如，反应 $CO(g) + NO_2(g) = CO_2(g) + NO(g)$，在如图 7-4 所示的几种情形中，只有当 CO 分子的 C 与 NO_2 分子的 O 相碰时才有可能导致产物的生成。

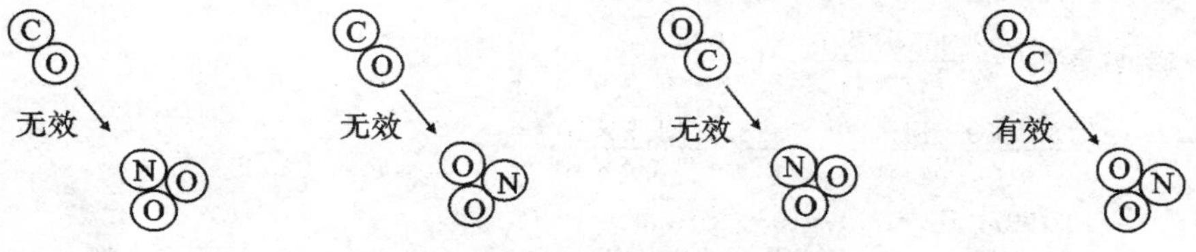

图 7-4　反应分子碰撞的不同取向

应用碰撞理论可以解释浓度、温度对反应速率的影响。浓度增大，分子碰撞次数 Z 增多，所以反应速率增大。温度升高，活化分子百分数 f 增大，所以反应速率增大。碰撞理论简单明了，但理论模型过于简单，不能说明结构比较复杂的分子参与的反应。

7.3.2　过渡态理论（活化配合物理论）

过渡态理论又叫作活化配合物理论，包括两个基本要点：①反应物分子相互接近时，化学键重排，形成活化配合物（图 7-5，图 7-6），此过渡态的能量高于反应物和产物；②正反应的活化能 $E_{a正}$ 指活化配合物与反应物之间的能量差，逆反应的活化能 $E_{a逆}$ 指活化配合物与产物之间的能量差。反应热为正、逆反应活化能之差：

$$\Delta_r H_m = E_{a正} - E_{a逆} \tag{7.4}$$

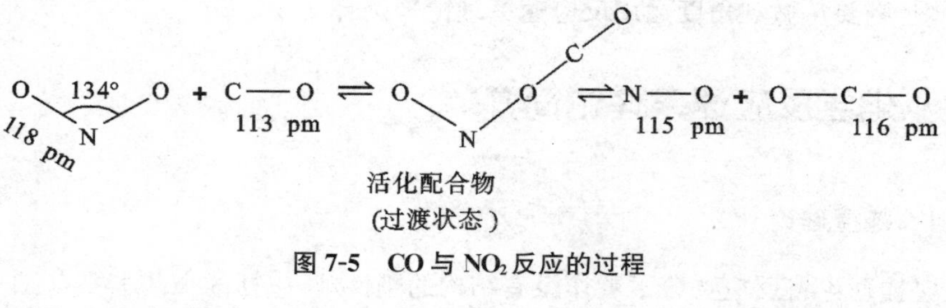

图 7-5　CO 与 NO_2 反应的过程

如图 7-6 所示，反应 $CO(g) + NO_2(g) = CO_2(g) + NO(g)$，$\Delta_r H_m = E_{a正} - E_{a逆} < 0$，为放热反应。当温度升高时，活化能大的逆反应速率增加得多，

平衡向逆反应方向,即向吸热反应方向移动。

应用过渡态理论可以说明催化剂对反应速率的影响。如图 7-7 所示,有催化剂参与的活化配合物具有较低的能量,$E_{a正}$ 较低,反应物只需要越过较小的能垒即可转变为产物分子,因此正反应速率增大。同样,对于逆反应,$E_{a逆}$ 减小,产物分子越过较小的能垒即可转变为反应物分子。所以,催化剂只改变反应速率,不影响平衡状态。过渡态理论从分子内部结构及内部运动的角度讨论反应速率,研究内容更加详尽;不足之处在于许多反应的活化配合物结构尚无法从实验上加以确定,计算复杂,应用受到限制。

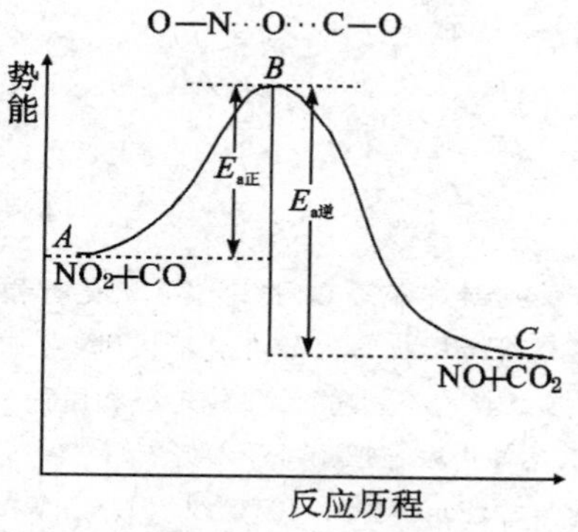

图 7-6　CO 与 NO_2 反应的历程-势能示意图

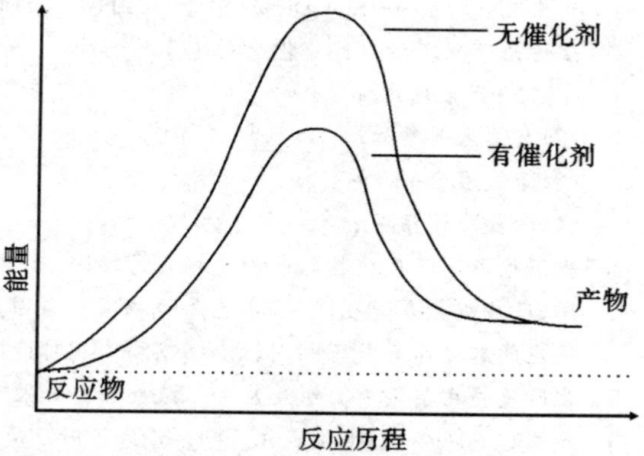

图 7-7　有催化剂及无催化剂的反应历程示意图

综上所述,碰撞理论和过渡态理论从不同角度解释了影响反应速率的因素,这两个理论都提到了活化能 E_a,但定义不同。

习　题

7-1　对于某气相反应 A (g)+3B (g)+2C (g)⟶D (g) + 2E (g) 测得如下的动力学数据:

c_A /$mol \cdot L^{-1}$	c_B /$mol \cdot L^{-1}$	c_C /$mol \cdot L^{-1}$	$d(c_D)/dt$ /$mol \cdot L^{-1} \cdot min^{-1}$
0.20	0.40	0.10	x
0.40	0.40	0.10	$4x$
0.40	0.40	0.20	$8x$
0.20	0.20	0.20	x

(1)分别求出 A,B,C 的反应级数;

(2)写出反应的速率方程;

(3)若 $x=6.0\times10^{-2}$ $mol \cdot L^{-1} \cdot min^{-1}$,求该反应的速率常数。

7-2 在碱性介质中 ClO^- 氧化 I^- 的反应为 $ClO^- + I^- \xrightarrow{OH^-} IO^- + Cl^-$，实验测得其速率方程是 $v=k\dfrac{[I^-][ClO^-]}{[OH^-]}$。该反应可能的反应机理为：

$ClO^- + H_2O \underset{k_{-1}}{\overset{k_1}{\rightleftharpoons}} HClO + OH^-$ （快平衡）

$I^- + HClO \xrightarrow{k_2} HIO + Cl^-$ （慢反应）

$HIO + OH^- \xrightarrow{k_3} IO^- + H_2O$ （快反应）

上述反应机理与速率方程是否一致？

7-3 反应 $2NO(g) + 2H_2(g) \xlongequal{} N_2(g) + 2H_2O(g)$ 的反应速率表达式为 $v=k[NO]^2[H_2]$，试讨论下列各种条件变化对初速率的影响。

(1)NO 的浓度增加 1 倍；

(2)有催化剂参加；

(3)降低温度；

(4)向反应体系中加入一定量的 N_2。

7-4 当温度不同而反应物起始浓度相同时，同一反应的起始速率是否相同，速率常数是否相同，反应级数是否相同，活化能是否相同？当温度相同而反应物起始浓度不同时，同一反应的起始速率是否相同，速率常数是否相同，反应级数是否相同，活化能是否相同？

7-5 实际反应中有没有 0 级反应和 1 级反应？如果有，怎样用碰撞理论给予解释？

7-6 反应 $C_2H_4(g) + H_2(g) \xlongequal{} C_2H_6(g)$ 700 K 时反应速率常数 $k_1 = 1.3\times10^{-8}\ mol^{-1}\cdot L\cdot s^{-1}$，求 730 K 时的 k_2（已知该反应的活化能 $E_a = 180\ kJ\cdot mol^{-1}$）。

7-7 某可逆反应，其 $E_{a正} = 2E_{a逆} = 180\ kJ\cdot mol^{-1}$。

(1)当温度从 380 K 升高到 390 K 时，$k_正$ 增大倍数是 $k_逆$ 增大倍数的多少倍？

(2)$k_正$ 从 380 K 升高到 390 K 增大倍数是从 880 K 升高到 890 K 增大倍数的多少倍？

(3)在 400 K 时，加入催化剂，正、逆反应活化能都减少了 20 $kJ\cdot mol^{-1}$，那么 $k_正$ 增大了多少倍？$k_逆$ 又如何？

7-8 测得反应 $S_2O_8^{2-} + 3I^- \xlongequal{} 2SO_4^{2-} + I_3^-$ 的有关数据见下表。请给出速率方程，并计算 293 K和 283 K 时的速率常数和反应的活化能。

试验编号	反应温度	$[S_2O_8^{2-}]/mol\cdot L^{-1}$	$[I^-]/mol\cdot L^{-1}$	$v/mol\cdot L^{-1}\cdot s^{-1}$
1	293 K	0.080	0.080	3.1×10^{-5}
2	293 K	0.040	0.080	1.4×10^{-5}
3	293 K	0.020	0.080	0.71×10^{-5}
4	293 K	0.080	0.040	1.5×10^{-5}
5	293 K	0.080	0.020	0.73×10^{-5}
6	283 K	0.080	0.040	0.67×10^{-5}

第 8 章　原子结构

我们知道物质由分子、原子或离子组成，物质的性质取决于分子、原子乃至离子的结构。原子包括原子核和核外电子。在一般的化学反应中，原子核不发生变化，只是核外电子的运动状态发生改变。本章题为“原子结构”，简要介绍核外电子的运动状态，重点介绍原子的电子层结构即核外电子的排布，进而揭示元素性质与原子的电子层结构之间的关系，为后面学习物质结构知识奠定基础。

8.1　核外电子运动状态

中学物理学习了用牛顿力学定律来描述宏观物体运动的方法。19 世纪末 20 世纪初，科学家发现**微观粒子**（如原子、电子等）的运动不同于宏观物体，其运动要用量子力学来描述。本节将直接应用薛定谔方程的解来讨论原子核外电子的运动状态。

8.1.1　核外电子运动的特点

1. 量子性

核外电子的运动能量具有量子性，即不连续性，这一微观世界的重要特征体现在原子的光谱上。氢光谱实验如图 8-1 所示，用棱镜观察放电管中的氢所发出的光，可以看见一条条的亮线，这些亮线叫作**光谱线**，整个光谱叫作线状光谱。氢的线状光谱如图 8-2 所示。图中 H_α，H_β，……是谱线的代号，分别对应着不同波长，这些线组成一个光谱系。1885 年，瑞士的巴尔麦（J. Balmer）最先发现氢光谱可见光区的各谱线的波长之间的关系可以用一个极简单的公式来表示，因而氢光谱可见光区的谱线叫作**巴尔麦线系**。氢在紫外和红外光区的谱线分别叫作**莱曼线系**和**帕邢线系**。这些光谱系的形式一样，不过谱线的波长不同而已。1913 年，瑞典物理学家里德堡（J. Rydberg）分析各谱线波长的倒数 $\bar{\nu}$（波数），总结出了里德堡经验公式：

$$\bar{\nu}=\frac{1}{\lambda}=R_H\left(\frac{1}{n_1^2}-\frac{1}{n_2^2}\right)=1.097\times10^7\left(\frac{1}{n_1^2}-\frac{1}{n_2^2}\right) \tag{8.1}$$

式中：$\bar{\nu}$ 是波数；$R_H=1.097\times10^7\ m^{-1}$，称为氢原子的里德堡常数；$n_1$、$n_2$ 为正整

数，$n_2>n_1$。

公式(8.1)中，$n_1=2$，$n_2=3,4,\cdots\cdots$为可见光区的巴尔麦线系；$n_1=1$，$n_2=2,3,\cdots\cdots$为莱曼线系；$n_1=3$，$n_2=4,5,\cdots\cdots$为帕邢线系，如图 8-3 所示。尽管里德堡经验公式未说明 n 的物理意义，其重要性在于利用它不仅可以计算氢光谱的各条谱线对应的光的频率，而且可以指出氢光谱谱线对应的光的频率是两项之差，每一项的形式都是$\frac{R_H}{n^2}$。

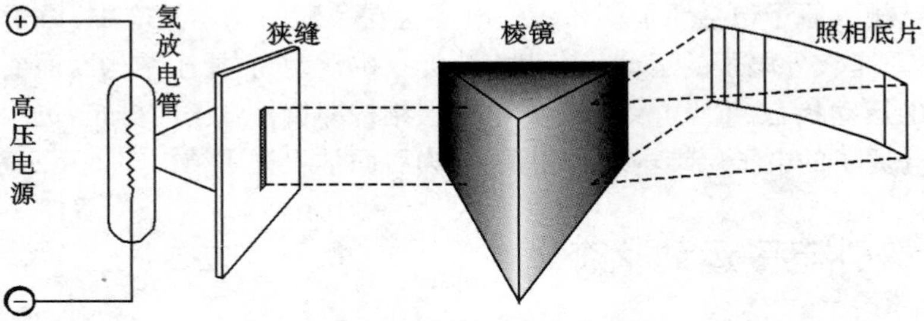

图 8-1　氢原子光谱实验示意图

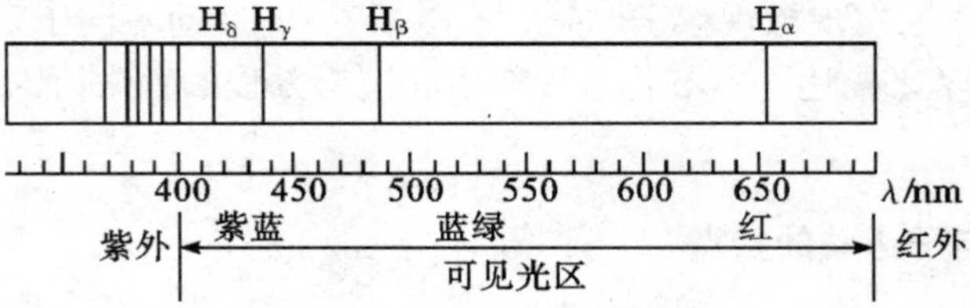

图 8-2　氢原子的线状光谱

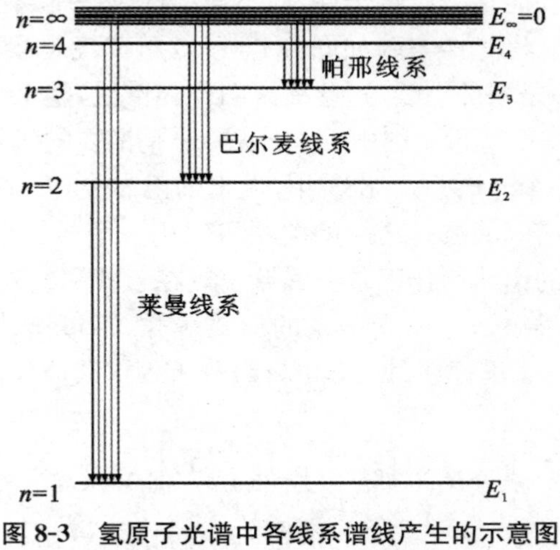

图 8-3　氢原子光谱中各线系谱线产生的示意图

那么,如何解释氢原子的线状光谱?它与原子结构有何关系?1913 年,丹麦物理学家玻尔(N. H. D. Bohr)最先回答了这个问题。玻尔在普朗克(M. Planck)量子化概念、爱因斯坦(A. Einstein)光子学说和卢瑟福(E. Rutherford)有核原子模型的基础上,提出了玻尔理论,认为:

(1)电子只在符合一定条件的轨道上绕核运动,这些轨道必须满足:

$$mrv=\frac{nh}{2\pi} \tag{8.2}$$

式中:m 是电子的质量;r 是其与原子核的距离;v 是电子运动的速度;h 是普朗克常数,为 6.626×10^{-34} J·s;n 是正整数,代表轨道的层级。

原子中的电子通常尽可能处在离核最近的轨道上,具有最低的能量,这种状态称为基态。电子在这些稳定的轨道上运动,不释放能量。

(2)当原子从外界获得能量时,电子被激发到较高的能量轨道,这时的状态称为激发态。处于激发态的电子不稳定,将跃迁到低能量轨道,以光的形式放出能量,所产生的光的频率为:

$$\nu=\frac{E_2-E_1}{h} \tag{8.3}$$

玻尔根据经典力学和量子化条件计算出电子运动的轨道半径 r 和轨道的能量 E:

$$r=0.529n^2\ \text{Å} \tag{8.4}$$

$$E=-\frac{2.179\times10^{-18}Z^2}{n^2}\text{J} \tag{8.5}$$

式中:Z 为核电荷数,对氢原子而言 $Z=1$。

将 n 的值分别代入式(8.4)和(8.5),得到

$n=1, r_1=0.529$ Å, $E_1=-2.179\times10^{-18}$ J

$n=2, r_2=2^2\times0.529$ Å, $E_2=-\frac{2.179\times10^{-18}}{4}$ J

$n=3, r_3=3^2\times0.529$ Å, $E_3=-\frac{2.179\times10^{-18}}{9}$ J

……

当 $n=1$ 时,氢原子半径为 0.529 Å,这一半径称为**玻尔半径**。此时,氢原子的电子处于基态,能量为 -2.179×10^{-18} J。随着 n 的增大,电子离核越来越远,电子的能量以量子化的方式不断增大,因此 n 被叫作量子数。当 $n\to\infty$ 时,$E=0$,此时电子脱离原子核的引力成为自由电子。

将式(8.5)代入式(8.3),再根据光的频率与波数的关系 $\nu=\bar{\nu}c$,即得出式(8.1)。由玻尔理论可以推导出里德堡经验公式,从理论上解释了氢光谱的规

律性，指出公式中的 n 有确定的物理意义，它代表电子能够稳定存在的轨道。

综上所述，氢原子光谱为线状光谱，表明核外电子能量的不连续性。实际上，任何原子被火花、电弧或其他方式激发时都给出谱线分立的线状光谱，而且每种原子有自己的特征光谱。据此，分析化学中用原子发射光谱来鉴别不同的元素。玻尔理论不仅成功地解释了氢原子的线状光谱，更重要的是玻尔理论推动了人们对原子结构的认识，为此，玻尔获得 1922 年的诺贝尔物理学奖。但是，用高分辨率光谱仪观察，光谱的每条谱线由相距很近的两条谱线组成；在磁场中，每条谱线还可以分裂为几条谱线。玻尔理论无法解释氢原子光谱的精细结构，也不能解释多电子原子、分子或固体的光谱。这是因为玻尔理论是以经典力学为基础的，不能反映电子等微观粒子运动的规律。为此，科学家们不断提出新的假设和理论，1926 年诞生的薛定谔量子力学方程最终取代了玻尔理论。

2. 统计性

(1)德布罗意关系式。

中学物理中我们学习了光的波粒二象性，即光具有波的性质（如光的衍射、干涉现象），还具有粒子的性质（如光电效应）。由爱因斯坦质能联系定律 $E=mc^2$ 和关系式 $E=h\nu$，可以推导出光子的波长与动量的关系：

$$P=mc=\frac{E}{c}=\frac{h\nu}{c}=\frac{h}{\lambda} \tag{8.6}$$

式(8.6)将表征粒子性的动量与表征波动性的波长通过普朗克常数定量地联系起来，揭示了光的本质。

1923 年，法国青年物理学家德布罗意(Louis de Broglie)在光的波粒二象性的启发下，大胆假设电子等微观粒子也具有波粒二象性，提出了德布罗意关系式：

$$\lambda=\frac{h}{P}=\frac{h}{mv} \tag{8.7}$$

式中：λ 是电子的波长，m 是电子的质量，v 是电子的速度，P 是电子的动量，h 是普朗克常数。

实物粒子具有的波动性，称为**德布罗意波**或**物质波**。这一科学的假设，在 1927 年美国的戴维森(C. J. Davisson)与革末(L. H. Germer)用低速电子进行的电子衍射实验中得到了证明。同年，英国的汤姆孙(G. P. Thomson)用高速电子获得电子衍射环纹，它与单色光通过狭缝发生衍射的现象一样。他们的工作为德布罗意的物质波理论提供了实验证据。

(2)海森伯不确定原理。

电子不仅是一种具有一定质量的带电粒子，而且能呈现波动的特性，运动规律具有统计性，即对于能量一定（速度一定）的电子，不能预知其运动的准确位置，只能得到它在某处出现的几率。1927 年德国物理学家海森伯（W. K. Heisenberg）提出不确定原理：运动中的微观粒子的位置和动量不能同时被准确测定，其关系式为：

$$\Delta x \cdot \Delta P \geqslant \frac{h}{4\pi} \tag{8.8a}$$

$$\Delta x \cdot \Delta v \geqslant \frac{h}{4\pi m} \tag{8.8b}$$

式中：Δx 为粒子的位置的不准确量，ΔP 为粒子的动量的不准确量，Δv 为粒子的速度的不准确量。式(8.8a)(8.8b)表明粒子的位置的测定准确度越大（Δx 越小），则相应的动量的准确度越小（ΔP 越大），反之亦然。

通常电子运动速度的数量级接近光速，$m_e = 9.11 \times 10^{-31}$ kg。因为原子半径数量级为 10^{-10} m，所以电子的大小远小于 10^{-10} m，Δx 要小于 10^{-12} m 才近乎合理。计算速度不准确的程度为：

$$\Delta v \geqslant \frac{h}{4\pi m \cdot \Delta x} = \frac{6.626 \times 10^{-34}}{4 \times 3.14 \times 9.11 \times 10^{-31} \times 10^{-12}} = 5.8 \times 10^{7} (\mathrm{m \cdot s^{-1}})$$

这表明此时速度的不准确程度已接近光速。这里必须强调，不确定原理表明微观粒子运动有其特殊的规律，它是由微粒的本质决定的（表 8-1），而不是因实验设备限制的"测不准"。

表 8-1 微观粒子和宏观物体运动的描述

宏观物体	微观粒子（$r < 10^{-8}$ m）
用牛顿力学定律描述 $F = ma$	用量子力学薛定谔波动方程描述 $\frac{\partial^2 \Psi}{\partial x^2} + \frac{\partial^2 \Psi}{\partial y^2} + \frac{\partial^2 \Psi}{\partial z^2} = \frac{-8\pi^2 m(E-V)\Psi}{h^2}$
物体在某瞬间的速度、位置可同时确定	微观粒子的速度、位置不可同时确定 $\Delta x \cdot \Delta v \geqslant \frac{h}{4\pi m}$

8.1.2 核外电子运动状态的描述

1926 年，奥地利物理学家薛定谔（E. Schrödinger）在德布罗意关系式的启发下，提出用波动力学方程来描述电子的运动状态：

$$\frac{\partial^2 \Psi}{\partial x^2} + \frac{\partial^2 \Psi}{\partial y^2} + \frac{\partial^2 \Psi}{\partial z^2} = \frac{-8\pi^2 m(E-V)\Psi}{h^2} \tag{8.9}$$

式中：x，y，z 是坐标，m 是电子的质量，h 是普朗克常数，E 是总能量，V 是势能，Ψ（读音："波赛"）叫作**波函数**。

波函数是描述微观体系中粒子运动状态的数学表达式，它是粒子坐标的函数，常记作 $\Psi_{n,l,m}(x, y, z)$，又称为原子轨道或原子轨函。式(8.9)与光波方程式几乎相同。在光波方程式中，Ψ 代表光波的振幅。

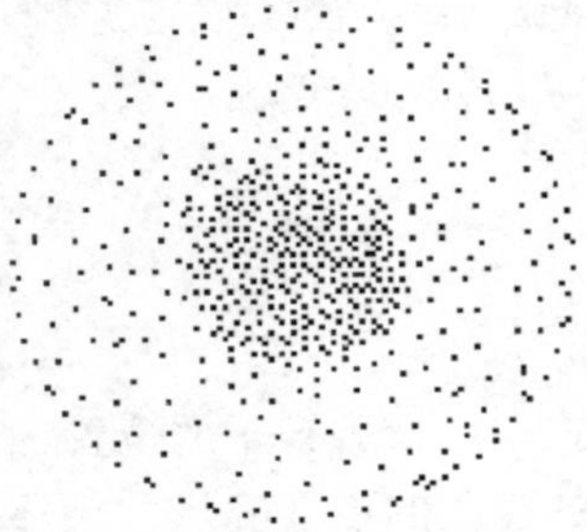

图 8-4　氢的 1s 电子云图

由光学知识我们知道，光波的能量与振幅的平方成正比；在薛定谔方程中，自然地认为 Ψ 代表物质波的振幅。Ψ 与几率有关，即 $|\Psi(x, y, z)|^2 dV$ 是电子在小体积 dV 处出现的几率。$|\Psi(x, y, z)|^2$ 是点 (x, y, z) 附近单位体积中出现的几率，叫作**几率密度**。用黑点的疏密来形象地表示几率密度 $|\Psi(x, y, z)|^2$ 的大小，叫作**电子云**，其图形如图 8-4 所示。几率与时间、位置皆有关系，薛定谔方程所表示的就是这个关系。原子中各种不同的电子的运动状态的 Ψ 和能量 E 可通过薛定谔方程求得。求解薛定谔方程，要得到合理的解 $\Psi_{n,l,m}(x, y, z)$，须引入一定的量子化条件；关于薛定谔方程的数学求解过程，可参考《结构化学》等教材。这里直接应用薛定谔方程的解来描述核外电子的运动状态。下面介绍三个量子数的取值、所代表的物理意义以及波函数的图形表示。

1. 三个量子数

主量子数 n，取 1，2，3，4，5，6，7，8，……，共 n 个值，相应的符号为 K，L，M，N，O，P，Q，R，……，表示电子离核的远近。在同一原子中，具有相同 n 的电子，在离核近乎同样远的空间运动，组成一个电子层。n 还决定电子能量的高低，对于单电子体系，如氢原子和类氢离子，轨道的能量 $E_n = -\dfrac{2.179 \times 10^{-18} Z^2}{n^2}$ J，这与玻尔理论的结果相同。

角量子数 l，取 0，1，2，3，4，……，$n-1$，共 n 个值，相应的符号为 s，p，d，f，g，……，表示电子在空间的角度分布情况，即不同运动状态的电子，在空间不同角度的几率分布不同。s 态是球形对称(图 8-4)，p 态是哑铃形，d 态是梅花形，如图 8-7 所示；f 和 g 更复杂。l 还与 n 一起决定多电子原子的**能级**：

$$E_{nl} = -\frac{2.179 \times 10^{-18} Z^{*2}}{n^2} \text{ J} \tag{8.10}$$

其中，Z^* 为**有效核电荷数**，$Z^* < Z$。

对于单电子原子或离子，轨道能量完全由 n 决定，即 $E_{ns} = E_{np} = E_{nd} = E_{nf}$。对于多电子原子，$n$ 相同 l 不同，为不同能级，$E_{ns} \neq E_{np} \neq E_{nd} \neq E_{nf}$，即不同分层的能量不同，称为**能级分裂**。例如，$n=3$，$l=0$、1、2，对应的原子轨道分别为 3s、3p、3d，其 $E_{3s} \neq E_{3p} \neq E_{3d}$。多电子原子能级的计算将在下一节介绍。

磁量子数 m，取 $0, \pm1, \pm2, \pm3, \cdots\cdots, \pm l$，共$(2l+1)$个值，决定原子轨道在空间的伸展方向。例如，对于处于 s 态的电子，$m=0$，其在核外半径相同的地方的单位空间里出现的几率相同；处于 p 态的电子，$m=+1, 0, -1$，其电子云沿着直角坐标系的 3 个坐标轴的方向伸展，分别记做 p_x、p_z 和 p_y；处于 d 态的电子，其电子云有 5 个伸展方向，分别记做 d_{xy}、d_{yz}、d_{xz}、$d_{x^2-y^2}$、d_{z^2}。l 相同时，m 不同，轨道的能量通常是相等的。例如，三个 p 轨道 p_x、p_z 和 p_y 的能量相等（称为**等价轨道，或简并轨道**），但在空间伸展方向不同，因此在外加磁场方向上的角动量的分量不同，造成 3 个 p 轨道的能量有微小差异，这是原子光谱的谱线在磁场中分裂为几条谱线的根本原因。

综上所述，表征原子轨道的 3 个量子数的取值关系为$|m| \leqslant l \leqslant n-1$，一组量子数 n、l、m 可以决定一个原子轨道离核的远近、能量的高低、形状和伸展方向。例如，$n=1$、$l=0$、$m=0$ 所表示的 1s 原子轨道位于第一层，为球形对称。原子轨道与量子数的关系见表 8-3。

2. 波函数的图形表示

如前所述，波函数 Ψ 是描述微观体系中粒子运动状态的数学表达式，而不是一个具体的轨道，Ψ 本身无直观的物理意义，但与几率有关。为了能够更加具体、形象地说明 Ψ，我们用数学方法，将直角坐标 $\Psi_{n,l,m}(x, y, z)$ 转换成球坐标 $\Psi_{n,l,m}(r,\theta,\varphi)$（图 8-5），分离变量，将三个变量的方程转化为径向和角度两个部分：

$$\Psi_{n,l,m}(r,\theta,\varphi)=R_{n,l}(r)\cdot Y_{l,m}(\theta,\varphi) \qquad (8.11)$$

$R_{n,l}(r)$ 叫作**波函数的径向部分**，与 n、l 有关；$Y_{l,m}(\theta, \varphi)$ 叫作**波函数的角度部分**，与 l、m 有关。

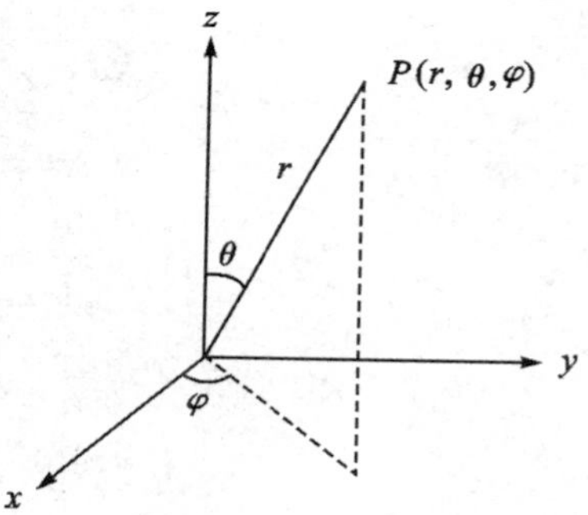

图 8-5　球坐标系与直角坐标系的关系

(1)径向部分的图形。

几率的径向分布图（又称几率的径向分布函数图），表示半径为 r 的单位厚度球壳内电子出现的几率。几率＝几率密度×体积＝$|\Psi|^2\ 4\pi r^2\mathrm{d}r=R_{nl}^2(r)\ 4\pi r^2\mathrm{d}r=D(r)\mathrm{d}r$。这里，令 $R_{nl}^2(r)\ 4\pi r^2=D(r)$，以 $D(r)$ 对 r 作图，即可得到电子在不同状态的几率的径向分布图，如图 8-6 所示。

需要说明的有以下几点。首先，$D(r)$与 $|\Psi|^2$的物理意义不同，$|\Psi|^2$指核外空间某点附近单位体积内电子出现的几率；$D(r)$ 指半径为 r 的单位厚度球壳内电子出现的几率。其次，由基态的$D(r)$-r图可见，几率最大处的$r_1=0.529$ Å

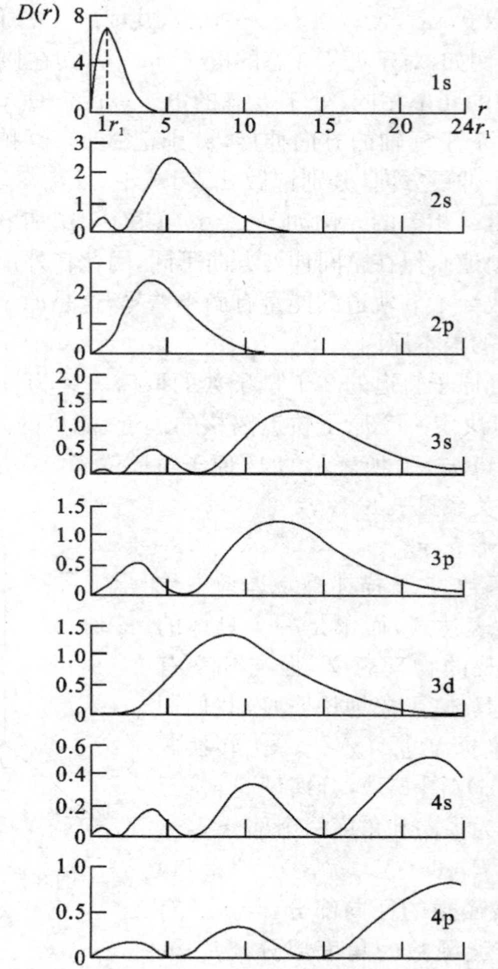

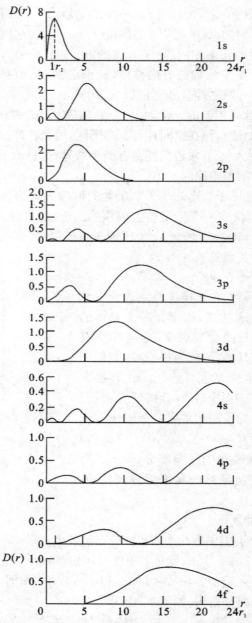

图 8-6　氢原子电子在不同状态的几率的径向分布图

(玻尔半径)，表明玻尔半径就是电子出现几率最大的球壳离核的距离。第三，n 越大，电子出现几率最大处离核越远。在同一原子中，具有相同 n 的电子，在离核近乎同样远的空间运动，即从径向分布的意义上，核外电子可看作按层分布的。第四，n 相同，l 不同，氢原子的几率的径向分布图不同，有$(n-l)$个峰。例如 $n=3$ 时，3s、3p 和 3d 的几率径向分布图分别有 3 个、2 个和 1 个峰，表明电子在核附近出现的机会为 3s＞3p＞3d。

外层电子钻到内层空间而靠近原子核的现象，叫作**钻穿作用**。n 相同、l 不同的电子钻穿作用程度：ns＞np＞nd＞nf，因而使能级发生变化，称为**钻穿效应**。可以预计多电子原子的能级顺序为 $E_{ns}<E_{np}<E_{nd}<E_{nf}$。

(2)角度部分的图形。

将波函数的角度部分 $Y_{l,m}(\theta,\varphi)$ 作图，得到图 8-7 所示的原子轨道角度分布图。现以 p_z 轨道为例说明原子轨道角度分布图的做法。解薛定谔方程得到 $Y_{p_z}=\sqrt{\frac{3}{4\pi}}\cos\theta$，将不同的 θ 值与其对应的 Y_{p_z} 列于表 8-2，在 xz 平面直角坐标系中画出 p_z 轨道角度分布图，如图 8-7 所示。其他的原子轨道角度分布图均依此方法画出。需要指出的是，在 z 轴的方向上，Y_{p_z} 具有最大值，表明在此方向上电子出现的几率最大；图中的正、负号则表明电子的波动性。这两点在第 9 章讨论共价键成键作用时将要用到。

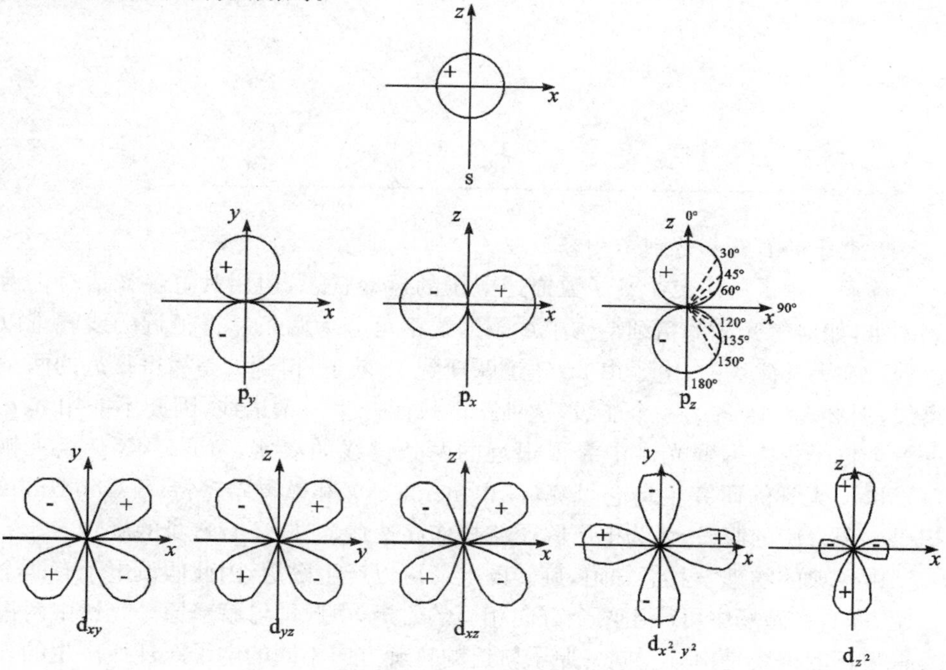

图 8-7 原子轨道角度分布图

表 8-2 θ 角与 Y_{p_z} 值

θ	$\cos\theta$	$Y_{p_z}=\sqrt{\frac{3}{4\pi}}\cos\theta$
0	1.00	$\sqrt{\frac{3}{4\pi}}$
30	0.87	$0.87\sqrt{\frac{3}{4\pi}}$
45	0.71	$0.71\sqrt{\frac{3}{4\pi}}$
60	0.50	$0.50\sqrt{\frac{3}{4\pi}}$
90	0.00	0
120	−0.50	$-0.50\sqrt{\frac{3}{4\pi}}$
135	−0.71	$-0.71\sqrt{\frac{3}{4\pi}}$
150	−0.87	$-0.87\sqrt{\frac{3}{4\pi}}$
180	−1.00	$-\sqrt{\frac{3}{4\pi}}$

3. 电子的自旋和泡利不相容原理

前面介绍了可用三个量子数描述电子的运动状态，但用其解释光谱时仍遇到困难，如对氢光谱的精细结构中每条谱线都可分为两条靠得很近的线就难以解释。在无外磁场时，电子由 2p 轨道跃迁到 1s 轨道，得到的是靠得很近的两条谱线，但 2p 和 1s 各为一个能级，这种跃迁只能产生一条谱线，因此不能用 n、l、m 三个量子数来解释光谱中靠得很近的两条谱线的事实。1925 年，荷兰莱顿(Leyden)大学的研究生乌仑贝克(G. Uhlenbeck) 和歌德希密特(S. Goudsmit)提出电子自旋的假设，认为电子除了绕核作高速运动外，还有自身的旋转。

由经典的物理学我们知道，旋转的电荷可以产生磁矩，因此假设电子有两个自旋方向，在磁场中可产生两个方向相反的磁矩，由此即可解释原子光谱中两根靠得很近的谱线是由处于同一原子轨道的自旋方向不同的电子跃迁所产生的。

必须要提及的是 Stern-Gerlach 实验。早在 1922 年，物理学家斯特恩

(O. Stern)和盖拉赫(W. Gerlach)使银原子束穿过不均匀的磁场后得到分离的两束,每一束的强度都是原来的一半,如图 8-8 所示。这是因为银原子有 47 个电子,最外层只有一个成单的电子,在磁场中有两个运动方向所致。这一实验成为 1925 年提出电子自旋的依据。

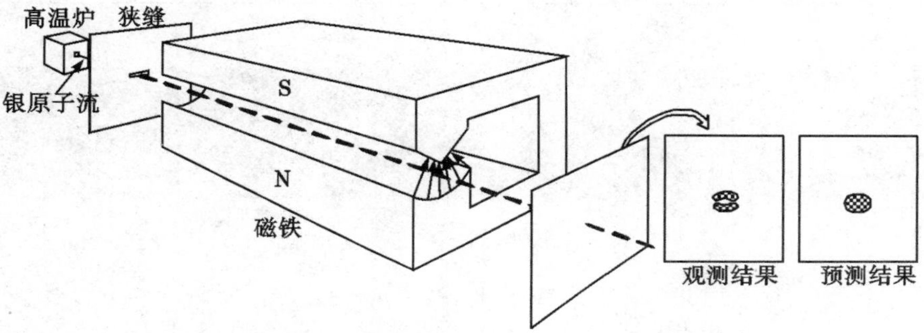

图 8-8　电子的自旋

在详细考察了光谱数据之后,奥地利物理学家泡利(W. Pauli)提出“第四量子数”,用**自旋量子数** m_s 来描述电子自旋,取值为 $+\frac{1}{2}$ 或 $-\frac{1}{2}$,分别对应顺时针、逆时针两个方向;他进而提出**不相容原理**:在同一原子中不能有两个电子,其四个量子数是完全相同的,换言之,在同一原子中不能有运动状态完全相同的电子。

由泡利不相容原理可知,一个原子轨道最多只能容纳自旋相反的两个电子。一个电子在每一种可能的空间运动状态,有两种可能的自旋方向,但只能取一种。例如,处于基态的氢原子的电子,$n=1$, $l=0$,$m=0$,$m_s=+\frac{1}{2}$;或者 $n=1$, $l=0$, $m=0$, $m_s=-\frac{1}{2}$。需要指出的是,泡利不相容原理不是由量子力学推导出的,它是基于光谱数据提出的一个假设。事实表明它是正确的,是核外电子排布所遵循的三个原则之一。

至此,我们认识到核外电子的运动具有量子性和统计性的特点,解薛定谔方程可以得出电子在空间某点单位体积内出现的几率和相应的能量。利用四个量子数可以很好地解释原子光谱的精细结构以及原子光谱谱线在外加磁场中的分裂,因此,可利用四个量子数来描述电子的运动状态。核外电子与原子轨道、量子数的关系见表 8-3。

表 8-3　核外电子与原子轨道、量子数的关系

主量子数 /n	角量子数 /l	磁量子数 /m	分层 /n,l	原子轨道符号	各分层最多的电子数	各层的轨道数/n^2	各层最多的电子数/$2n^2$
1(K)	0	0	1s	1s	2	1	2
2(L)	0	0	2s	2s	2	4	8
	1	1, 0, −1	2p	$2p_x$, $2p_z$, $2p_y$	6		
3(M)	0	0	3s	3s	2	9	18
	1	1, 0, −1	3p	$3p_x$, $3p_z$, $3p_y$	6		
	2	2,1,0,−1,−2	3d	$3d_{xy}$, $3d_{yz}$, $3d_{xz}$, $3d_{x^2-y^2}$, $3d_{z^2}$	10		
4(N)	0	0	4s	4s	2	16	32
	1	1,0,−1	4p	$4p_x$, $4p_z$, $4p_y$	6		
	2	2,1,0,−1,−2	4d	$4d_{xy}$, $4d_{yz}$, $4d_{xz}$, $4d_{x^2-y^2}$, $4d_{z^2}$	10		
	3	3,2,1,0, −1,−2,−3	4f	$4f_{z^3-\frac{3}{5}zr^2}$, $4f_{x^3-\frac{3}{5}xr^2}$, $4f_{y^3-\frac{3}{5}yr^2}$, $4f_{y(x^2-z^2)}$, $4f_{x(z^2-y^2)}$, $4f_{z(x^2-y^2)}$, $4f_{xyz}$	14		

8.2　核外电子排布

物理学家和化学家通过对原子光谱数据的解析，得到了各个元素原子的**电子层结构**，又叫作**电子排布式**或**电子构型**，从中总结出核外电子排布的一般规律。下面先介绍多电子原子的能级的近似计算方法和原子轨道能级图，然后根据电子排布的三个原则预测元素原子的电子层结构。

8.2.1　多电子原子的轨道能级顺序

1. 多电子原子的能级 E_{nl}

由量子力学可知，多电子原子的能级 $E_{nl}=-\dfrac{2.179\times10^{-18}Z^{*2}}{n^2}$ J。那么，如何计算有效核电荷数 Z^*？斯莱特(J. C. Slater) 认为，多电子原子中的某个电子除了受 Ze 个核电荷的吸引外，还受另外 $(Z-1)$ 个电子的排斥，在平均势场中运动，相当于 Ze 个核对电子的引力被 $(Z-1)$ 个电子的斥力削弱。$(Z-1)$ 个电子对核的削弱作用，叫作**屏蔽效应**。削弱部分相当于减少了 σ 个核电荷，σ 称为**屏蔽常数**。因此，有效核电荷数 $Z^*=Z-\sigma$。σ 可用斯莱特提出的规则近似求算。

首先将原子中的电子分组：(1s) (2s, 2p) (3s, 3p) (3d) (4s, 4p) (4d) (4f) (5s, 5p) ……

(1)外层电子对内层电子的 $\sigma=0$。

(2)被屏蔽电子在 ns 或 np 轨道，同组的 $\sigma=0.35$(1s 轨道上两个电子之间 $\sigma=0.30$)；$(n-1)$层各电子的 $\sigma=0.85$，$(n-2)$层及更内层电子的 $\sigma=1$。

(3)被屏蔽电子为 nd、nf，同组之间的电子 $\sigma=0.35$，左侧各组的电子 $\sigma=1$。

例 8-1　计算锂原子中 1 个 1s 电子和 1 个 2s 电子的能级。

解：锂原子有 3 个电子，分组为 $(1s)^2(2s)^1$。

1s 电子的 $\sigma=0.3$，$Z^*=3-0.3=2.7$

$$E_{1s}=-2.179\times10^{-18}\times\frac{2.7^2}{1^2}=-15.88\times10^{-18}(\text{J})$$

2s 电子的 $\sigma=2\times0.85=1.7$，$Z^*=3-1.7=1.3$

$$E_{2s}=-\frac{2.179\times10^{-18}\times1.3^2}{2^2}=-0.92\times10^{-18}(\text{J})$$

即 $E_{1s}<E_{2s}$。可见，内层电子受到的屏蔽小，感受到的有效核电荷大，能量低；外层电子受到的屏蔽大，感受到的有效核电荷小，能量高。

例 8-2 计算钾原子的一个 3s 电子、3p 电子、3d 电子和 4s 电子的能级。

解:19 号元素钾的原子核外电子的分组情况为$(1s)^2(2s,2p)^8(3s,3p)^8(3d)^1(4s,4p)$

3s 电子的 $\sigma=2+0.85\times8+0.35\times7=11.25$,$Z^*=19-11.25=7.75$

$E_{3s}=-2.179\times10^{-18}\times\frac{7.75^2}{3^2}=-14.542\times10^{-18}(\text{J})$

根据斯莱特规则,$E_{3s}=E_{3p}$。(实际上 $E_{3s}<E_{3p}$,如图 8-9 所示,可见这只是一个近似的计算方式)

3d 电子的 $\sigma=18$,$Z^*=1$,$E_{3d}=-\frac{2.179\times10^{-18}}{3^2}=-0.242\times10^{-18}(\text{J})$

假设最外层的 3d 电子在 4s 上,则 4s 电子的 $\sigma=1\times10+0.85\times8=16.8$,$Z^*=2.20$

$E_{4s}=-\frac{2.179\times10^{-18}Z^{*2}}{n^2}=-\frac{2.179\times10^{-18}\times2.20^2}{4^2}=-0.66\times10^{-18}(\text{J})$

计算结果为 $E_{3s}=E_{3p}<E_{4s}<E_{3d}$。

2. 科顿原子轨道能级图

根据光谱实验数据,当代著名的无机化学家科顿(F. A. Cotton)得出了各元素原子轨道的能量及能级相对高低与原子序数的关系——**科顿原子轨道能级图**,如图 8-9 所示。

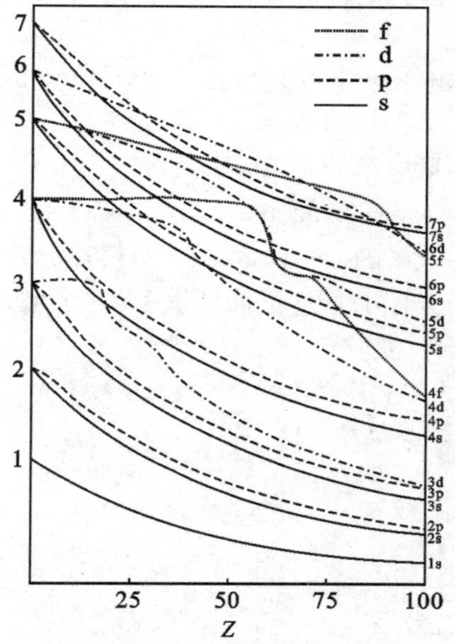

图 8-9 科顿原子轨道能级图

对图 8-9 的说明:

(1)对于$Z=1$的氢原子,轨道能量只与n有关,$E_{ns}=E_{np}=E_{nd}=E_{nf}$,$E_n=$

$-\frac{2.179 \times 10^{-18} Z^2}{n^2}$ J。

(2)随着 Z 的增大,核电荷对电子的引力增强,同一原子轨道的能量降低。例如,$E_{1s(Cl)} < E_{1s(H)}$。由斯莱特规则计算 σ,再计算轨道的能级,得 Cl 原子的 $E_{1s} = -\frac{2.179 \times 10^{-18} (17-0.3)^2}{1^2}$ J $= -607.7 \times 10^{-18}$ J,H 原子的 $E_{1s} = -2.179 \times 10^{-18}$ J。

(3)对于 $Z>1$ 的多电子原子,由于增加的内层电子对各外层轨道的屏蔽作用不等,l 不同,其 E_{nl} 降低的幅度不同,$E_{ns} < E_{np} < E_{nd} < E_{nf}$,引起能级分裂,乃至**能级交错**,即主量子数 n 小的能级高于 n 大的能级,如 $E_{3d} > E_{4s}$,$E_{4d} > E_{5s}$。能级分裂可由钻穿效应来解释。由图 8-6 几率的径向分布图可知,钻穿作用 ns>np>nd>nf,电子的钻穿作用越大,受其他电子的屏蔽作用越小,受核的引力越强,能量越低;同样,可解释能级交错现象。

(4)不同元素的原子轨道能级顺序不同。例如,$Z<15$ 和 $Z>20$ 的元素,$E_{3d} < E_{4s}$;而 Z 为 15~20 的元素发生能级交错,$E_{3d} > E_{4s}$。

3. 鲍林原子轨道能级顺序

鲍林(L. Pauling)根据光谱实验结果,假定所有元素原子的能级顺序一样,按原子轨道能量的高低排列,总结出多电子原子的原子轨道能级图(图略),将能量相近的划成一组,得到表 8-4 所列的能级组,其原子轨道能级顺序即为核外电子填充的顺序。

表 8-4　鲍林能级组

能级组	含有的原子轨道
Ⅰ	1s
Ⅱ	2s 2p
Ⅲ	3s 3p
Ⅳ	4s 3d 4p
Ⅴ	5s 4d 5p
Ⅵ	6s 4f 5d 6p
Ⅶ	7s 5f 6d 7p
Ⅷ	8s 5g 6f 7d 8p
Ⅸ	9s 6g 7f 8d 9p

8.2.2 核外电子排布的原则

核外电子排布遵从三个原则，除了上节提到的泡利不相容原理外，还有能量最低原理和洪特(E. Hund)规则。**能量最低原理**是指多电子原子在基态时，核外电子总是尽可能分布到能量低的轨道。**洪特规则**又叫作**等价轨道原理**，是指电子自旋平行地占据尽可能多的等价轨道。当一个轨道中已有一个电子时，另一个电子要进入，必须克服它们之间的相互排斥作用，其所需的能量叫作**电子成对能**。量子力学计算表明，当等价轨道处于半满、全满、全空时能量较低。例如，氮原子有 7 个电子，在 1s 和 2s 轨道各排 2 个后，剩下的 3 个电子在 2p 轨道排布时，分占 3 个 2p 轨道且自旋方向相同，如图 8-10 所示。

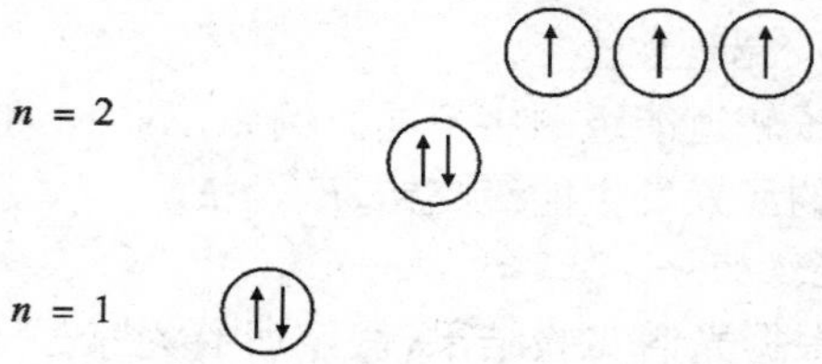

图 8-10 氮原子核外电子的排布

依照鲍林原子轨道能级顺序，书写电子排布式(电子构型)时，将同一层放在一起(可与填充顺序不一致)；可以全部写出，也可用“原子实＋最高能级组”表示。“原子实”是上一周期的稀有气体元素原子，如：

$_{26}$Fe 的电子构型为 $1s^2 2s^2 2p^6 3s^2 3p^6 3d^6 4s^2$ 或 $[Ar]3d^6 4s^2$

$_{29}$Cu 的电子构型为 $1s^2 2s^2 2p^6 3s^2 3p^6 3d^{10} 4s^1$ 或 $[Ar]3d^{10} 4s^1$(而不是 $3d^9 4s^2$)

$_{33}$As 的电子构型为 $1s^2 2s^2 2p^6 3s^2 3p^6 3d^{10} 4s^2 4p^3$ 或 $[Ar]3d^{10} 4s^2 4p^3$。

更常用的是元素原子的**价电子构型**(又称作**价电子层结构**)。**价电子**指反应中能够参与成键的电子。由元素周期表(见本书最后彩页)可见，ⅠA～ⅦA 和零族元素原子的价电子即最外层电子，ⅠB、ⅡB、ⅢB～ⅦB 以及Ⅷ族元素原子的价电子为其最高能级组中的电子，如 As 的价电子构型为 $4s^2 4p^3$、Fe 的价电子构型为 $3d^6 4s^2$。

类似地，可以写出离子的价电子构型，例如 Fe^{2+} $3d^6$、Fe^{3+} $3d^5$。需要注意的是，失电子时最先失去的是最外层电子，而不是完全按填充顺序的逆顺序失去电子。

元素原子的电子构型均已由光谱实验测得。应该说明的是，学习无机化学知识，应用科学家们总结出的一般规律来推测元素原子的价电子构型时，多数情况下推测的结果与事实吻合，当遇到不一致时应以实验事实为准。例如，Pd 原子的价电子构型为 $4d^{10}$ 而非 $4d^8 5s^2$，Pt 原子的价电子构型为 $5d^9 6s^1$ 而非 $5d^8 6s^2$。

8.3　元素周期律与原子的电子层结构的关系

8.3.1 电子层结构与元素周期表的关系

门捷列夫(D. I. Mendeleev)元素周期表是当今国内外普遍采用的元素周期表(本书最后彩页)。下面分析元素周期表的周期、族和区与原子的电子层结构之间的内在联系。

1. 周期

元素周期表的横行叫作周期，现有 7 个周期。元素原子具有的电子层数 n 等于该元素所在的周期数；周期的划分与鲍林能级组相对应(见表 8-5)，每一周期都是从 ns 开始至 np 结束(第一周期例外)。

表 8-5　元素周期表的周期与鲍林能级组的对应关系

周期	能级组	原子轨道数	原子轨道能容纳的电子数＝元素个数	类别
一	Ⅰ(1s)	1	2	特短周期
二	Ⅱ(2s 2p)	4	8	短周期
三	Ⅲ(3s 3p)	4	8	短周期
四	Ⅳ(4s 3d 4p)	9	18	长周期
五	Ⅴ(5s 4d 5p)	9	18	长周期
六	Ⅵ(6s 4f 5d 6p)	16	32	超长周期
七	Ⅶ(7s 5f 6d 7p)	16	32	超长周期
八	Ⅷ(8s 5g 6f 7d 8p)	25	50 (119～168)	—
九	Ⅸ(9s 6g 7f 8d 9p)	25	50 (169～218)	—

2. 族

元素周期表有 18 个纵列，按原子的价电子构型，分为 7 个 A 族(又称主族)、7 个 B 族(又称副族)、零族①和Ⅷ族，共 16 个族。主族和零族包括短周期的元素和长周期元素，副族和Ⅷ族只包含长周期元素。

主族元素原子的价电子数即为最外层电子数，等于族数。零族的稀有气体元素原子的价电子构型是稳定的 $8e^-$ 型，其单个原子能够稳定存在。

副族元素的价电子为其最高能级组中的电子，通常副族元素原子的最外层只有 1～2 个电子(Pd 除外)。对于ⅠB 和ⅡB 族元素原子，最外层电子数等于

① 有的教材将零族称为ⅧA 族，归为主族元素。

族数，次外层全满。对于ⅢB～ⅦB族元素原子，最高能级组的电子数等于族数。Ⅷ族元素原子，最高能级组的电子数≥8，如 Fe $3d^6 4s^2$、Co $3d^7 4s^2$、Ni $3d^8 4s^2$。

3. 区

根据原子的价电子构型的特征，即最后一个电子填充的轨道，元素周期表分为 5 个区，包括 s、p、ds、d、f 区，见表 8-6。元素周期表中元素原子的电子部分填充 d 和 f 轨道的区域，包括第四、五、六周期从ⅢB～ⅦB 和Ⅷ族 8 个纵列，此区元素叫作 d 区元素和 f 区元素。通常称 d 区元素、f 区元素以及 ds 区元素为过渡元素或过渡金属；d 区和 ds 区的第四周期称为第一过渡系，第五、六周期称为第二、三过渡系，f 区元素又称为内过渡元素。本教材将在第 11～15 章依次介绍 p、s、ds、d、f 区元素。

表 8-6　元素周期表的区和元素的归属

区	价电子构型	在元素周期表中的位置	元素的归属
s	ns^{1-2}	ⅠA 和ⅡA	碱金属和碱土金属元素
p	ns^2np^{1-6}	ⅢA～ⅦA 和零族	非金属元素和主族金属元素
d	$(n-1)d^{1-8}ns^{1-2}$	ⅢB～ⅦB 和Ⅷ族	过渡金属元素
ds	$(n-1)d^{10}ns^{1-2}$	ⅠB 和ⅡB	过渡金属元素
f	$(n-2)f^{0-14}(n-1)d^{0-2}ns^2$	在周期表中的下方	过渡金属（镧系元素和锕系元素）

综上所述，原子的电子层结构与元素周期表有着内在的关系。由元素的原子序数写出其电子层结构，就能判断它在元素周期表所属的周期和族；反之，亦然。

例 8-3　已知某元素位于元素周期表中第五周期 VA 族。写出该元素原子的电子排布式以及元素名称、元素符号、原子序数。

解：电子排布式为[Kr]$4d^{10}5s^2 5p^3$，即 $Z=51$，为锑 Sb。

例 8-4　某元素 $Z=23$。写出其原子的电子排布式，价电子构型，并指出该元素在元素周期表所处位置。

解：$_{23}Z$ 原子的电子排布式为 $1s^2 2s^2 2p^6 3s^2 3p^6 3d^3 4s^2$，价电子构型为 $3d^3 4s^2$。该元素在元素周期表第四周期 VB 族。

8.3.2　元素性质的周期性

原子电子层结构的周期性变化决定了元素性质的周期性变化。下面考察元素周期表中元素的半径 r、电离能 I、电子亲合能 E 和电负性 X 等性质的变化规律。

1. 原子半径

原子半径这一看似简单的概念，目前有三种定义。一是共价半径，指同种元素的两个原子以共价单键相连，其核间距的一半，如 $r_H = 0.30$ Å。二是金属半径，将金属晶体看成由球状的原子堆积而成，假设相邻两原子彼此接触，其核间距的一半叫作金属半径，如 $r_{Na} = 1.86$ Å。三是范德华半径，当两原子间无化学键，仅通过范德华力（属于分子间作用力，见第 9 章 9.3.1 节）相互接近时，两原子核间距的一半，叫作范德华半径。一般来说，同种元素的上述三种定义的半径依次增大。

同周期的元素，其原子半径自左向右总体趋势减小，到稀有气体元素的原子半径又增大。第六周期ⅢB 族的镧系的 15 个元素，由 La 到 Lu，原子序数由 57 增至 71，其原子半径由 1.83 Å 减为 1.74 Å，仅减小了 0.09 Å。这一现象称为**镧系收缩**。对于主族元素，同族自上而下，原子半径增大；对于副族元素，由于镧系收缩的影响，同族第六周期元素的原子半径与第五周期元素的原子半径接近，见表 8-7。现已发现的自然元素中，元素原子半径最小的是氢，为 0.30 Å；原子半径最大的是铯，为2.65 Å。

表 8-7 原子半径* (pm)

ⅠA	ⅡA	ⅢB	ⅣB	ⅤB	ⅥB	ⅦB	Ⅷ			ⅠB	ⅡB	ⅢA	ⅣA	VA	ⅥA	ⅦA	0
H																	He
30																	140
Li	Be											B	C	N	O	F	Ne
152	111											88	77	70	66	64	154
Na	Mg											Al	Si	P	S	Cl	Ar
186	160											143	117	110	104	99	188
K	Ca	Sc	Ti	V	Cr	Mn	Fe	Co	Ni	Cu	Zn	Ga	Ge	As	Se	Br	Kr
232	197	162	147	134	128	127	126	125	124	128	134	135	128	121	117	114	202
Rb	Sr	Y	Zr	Nb	Mo	Tc	Ru	Rh	Pd	Ag	Cd	In	Sn	Sb	Te	I	Xe
248	215	180	160	146	139	136	134	134	137	144	149	167	151	145	137	133	216
Cs	Ba	La-Lu	Hf	Ta	W	Re	Os	Ir	Pt	Au	Hg	Tl	Pb	Bi	Po	At	Rn
265	217		159	146	139	137	135	136	139	144	151	170	175	155	164	—	—

La	Ce	Pr	Nd	Pm	Sm	Eu	Gd	Tb	Dy	Ho	Er	Tm	Yb	Lu
183	182	182	181	183	180	208	180	177	178	176	176	176	193	174

数据来源：James G. Speight. Lange's Handbook of Chemistry, 16th ed. New York: McGraw-Hill Companies Inc, 2005；W. M. Haynes. CRC Handbook of Chemistry and Physics. 97th ed. Boca Raton: CRC Press Inc, 2016-2017.

* 数据四舍五入取整数，其中金属元素的原子半径数据引自上述兰氏化学手册的 Table 1.31，阴影所示的 15 种非金属元素的共价半径数据引自 Table 1.33。最后一列的稀有气体元素的范德华半径数据引自 CRC 手册的 9-57～9-58。

2. 电离能

基态的气态原子失去一个电子形成正一价的气态离子所需的能量，叫作该元素的第一电离能(表 8-8)，常用符号 I_1 表示。依次地，元素还有第二电离能、第三电离能等，分别表示为 I_2、I_3 等。元素的电离能可由元素的发射光谱实验测得。一般地，$I_1 < I_2 < I_3$。由电离能的数据能说明元素呈现的氧化态。

电离能的大小，取决于原子核电荷、原子半径和原子的电子层结构。元素的第一电离能越小，表明元素的原子越易失去电子、元素的金属性越强。通常，同周期元素的第一电离能自左向右总体趋势增大，表明元素的金属性减弱、非金属性增强；但有反常现象，如 $I_{1\,Be} > I_{1\,B}$、$I_{1\,N} > I_{1\,O}$、$I_{1\,Mg} > I_{1\,Al}$、$I_{1\,P} > I_{1\,S}$。硼的 I_1 比铍的小，这是因为硼原子的最外层结构为 $2s^2 2p^1$，易失去 1 个 p 电子而达到 $2s^2$ 稳定结构。同样，氧原子的最外层为 $2s^2 2p^4$，易失去 1 个 p 电子而达到 $2p^3$ 半充满的稳定结构。同主族元素，自上而下第一电离能减小；同副族元素，自上而下第一电离能的变化不规则。现已发现的自然元素中第一电离能最小的元素是铯，最大的是氟(不算稀有气体元素)。

表 8-8　元素的第一电离能 (kJ·mol⁻¹)

ⅠA	ⅡA	ⅢB	ⅥB	VB	VIB	ⅦB	Ⅷ			ⅠB	ⅡB	ⅢA	ⅥA	ⅤA	ⅥA	ⅦA	0
H																	He
1312																	2372
Li	Be											B	C	N	O	F	Ne
520	899											801	1087	1402	1314	1681	2081
Na	Mg											Al	Si	P	S	Cl	Ar
496	738											578	787	1012	1000	1251	1521
K	Ca	Sc	Ti	V	Cr	Mn	Fe	Co	Ni	Cu	Zn	Ga	Ge	As	Se	Br	Kr
419	590	631	658	650	653	717	759	758	737	746	906	579	762	947	941	1140	1351
Rb	Sr	Y	Zr	Nb	Mo	Tc	Ru	Rh	Pd	Ag	Cd	In	Sn	Sb	Te	I	Xe
403	550	616	660	664	685	702	711	720	805	731	868	558	709	834	869	1008	1170
Cs	Ba	La-Lu	Hf	Ta	W	Re	Os	Ir	Pt	Au	Hg	Tl	Pb	Bi	Po	At	Rn
376	503		675	761	770	760	839	878	868	890	1007	589	716	703	812	703	1037

La	Ce	Pr	Nd	Pm	Sm	Eu	Gd	Tb	Dy	Ho	Er	Tm	Yb	Lu
538	528	523	530	535	543	547	592	564	572	581	589	596	603	524

数据来源：C. E. Moore. Ionization Potentials and Limits Derived from the Analyses of Optical Spectra, NSRDS-NBS 34, National Bureau of Standards, Washington, DC, 1970; W. C. Martin, L. Hagan, J. Reador, J. Sugar. J. Phys. Chem. Ref. Data, 1974, 3, 771; and J. Sugar. J. Opt. Soc. Am., 1975, 65, 1366.

3. 电子亲合能

基态的气态原子得到一个电子形成气态阴离子时所放出的能量，叫作该元素的第一电子亲合能，用 E_1 表示。一般地，$A(g) + e^- = A^-(g)$反应放热，E_1 为负（零族元素、ⅡA、ⅡB族元素以及 N、Mn 等元素除外）；$A^-(g) + e^- = A^{2-}(g)$反应吸热，第二电子亲合能 E_2 为正，这是因为$A^-(g)$再得到一个电子需要克服很大的电子之间的斥力，必须吸热。

由表 8-9 可知，多数元素的 E_1 为负值，但对于稀有气体元素，其原子最外层为 $8e^-$ 稳定结构，再得到 1 个电子反而不稳定了，要克服电子之间的斥力，需要吸热，E_1 为正。同样，对于ⅡA 和ⅡB 族的元素原子，最外层为 ns^2，接受外来电子需要吸热以克服电子之间的斥力。值得注意的是，氟的 E_1 的绝对值小于氯的，这是因为第二周期元素原子半径小，接受外来电子导致电子密度过大而需要抵消一部分能量。p 区第二周期的其他元素情况类似。

表 8-9　元素的第一电子亲合能* ($kJ \cdot mol^{-1}$)

ⅠA	ⅡA	ⅢB	ⅣB	ⅤB	ⅥB	ⅦB	Ⅷ			ⅠB	ⅡB	ⅢA	ⅣA	ⅤA	ⅥA	ⅦA	0
H																	He
−73																	50
Li	Be											B	C	N	O	F	Ne
−60	50											−27	−122	7	−141	−328	116
Na	Mg											Al	Si	P	S	Cl	Ar
−53	39											−43	−134	−72	−200	−349	97
K	Ca	Sc	Ti	V	Cr	Mn	Fe	Co	Ni	Cu	Zn	Ga	Ge	As	Se	Br	Kr
−48	29	−18	−8	−51	−64	>0.0	−16	−64	−112	−119	58	−29	−116	−78	−195	−325	97
Rb	Sr	Y	Zr	Nb	Mo	Tc	Ru	Rh	Pd	Ag	Cd	In	Sn	Sb	Te	I	Xe
−47	29	−30	−41	−86	−72	−53	−101	−110	−54	−126	68	−29	−116	−103	−190	−295	77
Cs	Ba	La	Hf	Ta	W	Re	Os	Ir	Pt	Au	Hg	Tl	Pb	Bi	Po	At	Rn
−46	29	−48	~0	−31	−79	−15	−106	−151	−205	−223	48	−19	−35	−91	−183	−270	68

数据来源：W. Hotop and W. C. Lineberger. J. Phys. Chem. Ref. Data，1985，14，731.

* 数据四舍五入取整数，Ce-Lu 的第一电子亲合能的绝对值均 <48 $kJ \cdot mol^{-1}$，本表中略去。注意有的教材中电子亲合能的符号规定为放热取正值、吸热取负值，与此处恰恰相反。

4. 元素电负性

电离能和电子亲合能分别代表原子失电子和得电子的难易程度，综合考虑原子得电子和失电子趋势的一个物理量叫作电负性。电负性可以理解为原子在分子中吸引电子的能力，用符号 χ 表示。表 8-10 列出了元素电负性的 6 种标度（详见所列的参考文献）。显然，计算电负性的方法不同所得数值不同。由表 8-

11 可知，同周期元素，电负性自左向右总体趋势增大，由活泼的金属元素过渡到非金属元素。同主族元素，电负性自上而下减小；同副族元素，自上而下电负性有增有减。非金属的电负性一般在 2.0 以上，金属的电负性一般在 2.0 以下。非金属与金属没有严格的界限，依据电负性数值，硼、硅、锗、砷、锑、铋、碲、钋属于**准金属元素**。若不考虑稀有气体元素，在已发现的自然元素中，氟的电负性最大，铯的电负性最小。此外，同一元素的不同氧化态可有不同的电负性值。

表 8-10　元素电负性的标度

主要研究者	标度方法	主要参考文献
Pauling	键能	鲍林《化学键的本质》
Mulliken	$\chi=\frac{I-E}{2}$	J. Chem. Phys. ,1935,3,573
Pearson	电离能和电子亲合能的平均	Acc. Chem. Res. ,1990, 23, 1
Allred & Rochow	$\chi=\frac{0.359Z^*}{r^2}+0.744$	J. Inorg. Nucl. Chem. ,1958, 5, 264
Sanderson	原子的电子密度	J. Chem. Educ. ,1954, 31, 238
Allen	价层电子的平均能量，构象能	J. Am. Chem. Soc. , 2000, 122, 5132.

表 8-11　元素的电负性*

ⅠA	ⅡA	ⅢB	ⅣB	ⅤB	ⅥB	ⅦB	Ⅷ			ⅠB	ⅡB	ⅢA	ⅣA	ⅤA	ⅥA	ⅦA	0
H																	He
2.30																	4.16
Li	Be											B	C	N	O	F	Ne
0.91	1.58											2.05	2.54	3.07	3.61	4.19	4.79
Na	Mg											Al	Si	P	S	Cl	Ar
0.87	1.29											1.61	1.92	2.25	2.59	2.87	3.24
K	Ca	Sc	Ti	V	Cr	Mn	Fe	Co	Ni	Cu	Zn	Ga	Ge	As	Se	Br	Kr
0.73	1.03	1.19	1.38	1.53	1.65	1.75	1.80	1.84	1.88	1.85	1.59	1.76	1.99	2.21	2.42	2.69	2.97
Rb	Sr	Y	Zr	Nb	Mo	Tc	Ru	Rh	Pd	Ag	Cd	In	Sn	Sb	Te	I	Xe
0.71	0.96	1.12	1.32	1.41	1.47	1.51	1.54	1.56	1.58	1.87	1.52	1.66	1.82	1.98	2.16	2.36	2.58
Cs	Ba	La	Hf	Ta	W	Re	Os	Ir	Pt	Au	Hg	Tl	Pb	Bi	Po	At	Rn
0.66	0.88	1.09	1.16	1.34	1.47	1.60	1.65	1.68	1.72	1.92	1.77	1.79	1.85	(2.01)	(2.19)	(2.39)	(2.60)

数据来源：J. B. Mann, T. L. Meek, and L. C. Allen. J. Am. Chem. Soc. , 2000, 122, 2 780.

J. B. Mann, T. L. Meek, E. T. Knight, J. F. Capitani, and L. C. Allen. J. Am. Chem. Soc. , 2000, 122, 5132.

* 根据电负性数值，本表中阴影位置的元素为准金属元素。

习　题

8-1　光和电子都具有波粒二象性,其实验基础是什么?

8-2　简要说明波函数、原子轨道、电子云和几率密度的意义、联系和区别。

8-3　画出 s、p、d 各原子轨道的角度分布图和径向分布图,并说明这些图形的含义。

8-4　描述原子中电子运动状态的四个量子数的物理意义各是什么以及它们的可能的取值范围。

8-5　下列各组量子数哪些是不合理的? 为什么?

(1) $n=2,\ l=1,\ m=1$　　(2) $n=2,\ l=2,\ m=0$

(3) $n=3,\ l=0,\ m=0$　　(4) $n=3,\ l=1,\ m=-1$

(5) $n=2,\ l=0,\ m=1$　　(6) $n=2,\ l=3,\ m=0$

8-6　下列说法是否正确? 不正确的应该如何改正?

(1) s 电子绕核运动,其轨道为一圆周,而 p 电子是走∞形的。

(2) 主量子数 n 为 1 时,有自旋相反的两条轨道。

(3) 主量子数 n 为 4 时,其轨道总数为 16,电子层电子最大容量为 32。

(4) 主量子数 n 为 3 时,有 3s, 3p, 3d 3 条轨道。

8-7　将氢原子核外电子从基态激发 2s 或 2p 所需能量是否相等? 若是氦原子,情况又怎样?

8-8　氧原子中有 8 个电子,写出各电子的四个量子数。

8-9　按斯莱特规则计算 K、Cu、I 的最外层电子感受到的有效电荷及相应能级的能量。

8-10　根据原子结构的知识,写出第 16 号、第 24 号、第 82 号元素的基态原子的电子结构式。

8-11　已知 M^{3+} 离子 3d 轨道中有 5 个电子,试推出:①M 原子的核外电子排布;②M 原子的最外层和最高级组中的电子数;③M 元素在元素周期表中的位置。

8-12　指出下列叙述是否正确:

(1) 价电子层排布为 ns^1 的元素是碱金属元素。

(2) Ⅷ族元素的价电子排布为 $(n-1)d^6ns^2$。

(3) 过渡元素的原子填充电子对时是先填 3d 然后 4s,所以失去电子也是这个次序。

(4) 因为镧系收缩,第六周期元素的原子半径全比第五周期同族元素的原子半径小。

(5) $O\,(g) + e^- = O^-\,(g)$, $O^-\,(g) + e^- = O^{2-}\,(g)$ 都是放热过程。

(6) 氟是最活泼的非金属元素,故其电子亲合能也最大.

8-13　第二周期各元素的第二电离能 I_2 分别为:

元素	Li	Be	B	C	N	O	F	Ne
$I_2/kJ\cdot mol^{-1}$	7 298	1 757	2 427	2 353	2 856	3 388	3 374	3 952

指出上述电离能的变化趋势并解释之。

8-14　19 号元素 K 和 29 号元素 Cu 是元素周期表中同一周期的元素,原子的最外层中都只有一个电子,两者原子半径也相近,但两者的化学活泼性相差很大。试用原子结构理论知识进行说明。

第 9 章　化学键与物质结构

已经发现的 100 多种元素，除了零族稀有气体元素能够以单个原子存在以外，其他原子都是以化学键结合的形式而稳定存在的。**化学键**是分子中原子或离子之间主要的、直接的、强烈的作用，分为离子键、共价键和金属键（又称离域共价键）三种类型。离子键指阴、阳离子的静电作用，共价键指原子之间通过共用电子对相结合，金属键指金属原子或离子“沉浸”在自由电子的“海洋”中。本章将在原子结构的基础上，重点讨论共价分子的形成过程及相关的化学键理论，包括价键理论、轨道杂化理论、价层电子对互斥理论和分子轨道理论；同时介绍离子键的形成、离子的极化以及分子间作用力（包括范德华力的氢键），从结构的角度加深对物质存在状态的认识。

9.1　共价键

9.1.1　价键理论

电负性相同或相近的元素的原子如何形成分子？氢气为何只能以 H_2 而不是以 H_3 或其他形式存在？

1916 年，美国化学家路易斯（G. N. Lewis）考察了许多分子的电子数目，发现绝大多数分子中的数目是双数，因此他假设电子有“成双”的倾向。直到 1927 年，海特勒（W. Heitler）和伦敦（F. London）用量子力学计算说明了 H_2 的形成。1930 年，鲍林（L. Pauling）和斯莱特（J. C. Slater）等人予以补充，建立了价键理论，又称电子配对法，其基本要点如下：

(1) 原子相互接近时，自旋相反的成单电子其原子轨道相互重叠，配对形成**共价键**。例如 H_2，H 的价电子构型为 $1s^1$，如图 9-1 所示，当两个 H 的电子自旋相反时，原子轨道相互重叠，电子云分布在核间较密集，能量降至最低，此时核间距 R_0 为 74 pm[图 9-1(a)]，形成 H_2；当两个 H 的电子自旋相同时，原子轨道相互推斥，电子云分布在核间较稀疏，能量升高，不能形成 H_2。另外，只能是两个 H 的自旋相反的 1s 电子配对成键，不可能形成 H_3，即共价键具有饱和性。

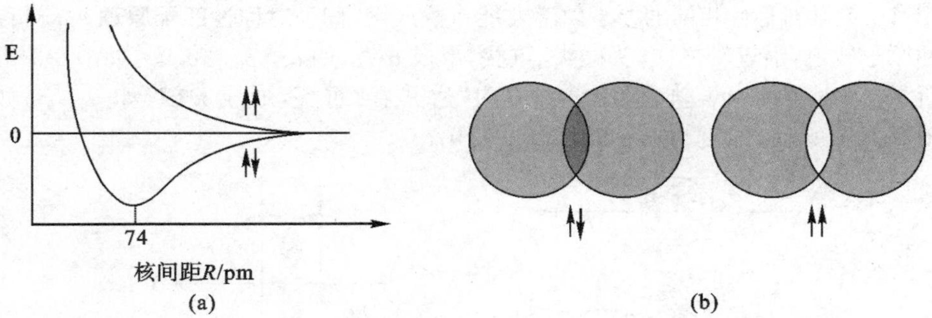

图 9-1 H_2 分子的能量与核间距的关系图及对应的两种状态的电子云示意图

(2)成键的原子轨道尽可能按最大重叠方式进行，即沿着波函数 ψ 具有最大值的方向键合；$|\psi|^2$ 越大，E 降低越多，分子就越稳定。原子轨道除了 s 轨道呈球形对称外，p、d、f 的轨道在空间都有一定的伸展方向，形成共价键时要取一定的角度。另外，根据量子力学原理，成键的原子轨道重叠部分的波函数的符号(正或负)必须相同。例如，形成 HCl 分子时，H 的 1s 电子与 Cl 的一个未成对的电子 $3p_x$ 形成共价键，只有当 s 电子沿着在 p_x 轨道的对称轴方向(角度波函数值最大，参见第 8 章表 8-2)，且波函数的符号相同时如图 9-2(a)所示，才能形成稳定的共价键；图 9-2(b)和 9-2(c)表示原子轨道不重叠或重叠很少的情况。可见，共价键具有方向性。

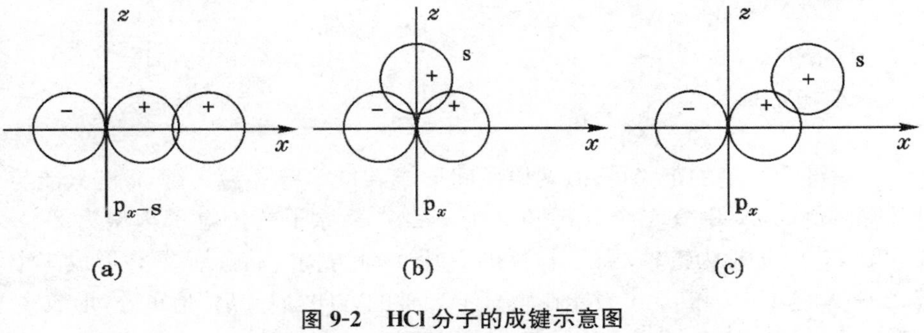

图 9-2 HCl 分子的成键示意图

(3)根据原子轨道对称性的不同，可以有两种不同的重叠方式，得到两种类型的共价键，分别叫作 σ 键和 π 键。两核的连线叫作**键轴**。若取 x 轴为键轴，考察原子轨道的对称性，则以 x 轴为轴旋转 180°，ψ 数值恢复且符号不变，称为 **σ 对称轨道**，如 ψ_s、ψ_{p_x}、$\psi_{d_{x^2-y^2}}$、$\psi_{d_{z^2}}$；以 x 轴为轴旋转 180°，ψ 数值恢复且符号相反，称为 **π 对称轨道**，如 ψ_{p_y}、ψ_{p_z}、$\psi_{d_{xy}}$、$\psi_{d_{yz}}$、$\psi_{d_{xz}}$。根据轨道最大重叠的要求，只有相对于键轴对称性相同的原子轨道才能重叠成键，称为**对称性匹配原理**。σ 对称的原子轨道，沿键轴方向“头碰头”重叠，形成 **σ 键**，如 $\sigma_{s\text{-}s}$、$\sigma_{s\text{-}p_x}$、$\sigma_{p_x\text{-}p_x}$，如图 9-3(a)所示。π 对称的原子轨道，沿键轴方向“肩并肩”重叠，形成 **π 键**，如 $\pi_{p_z-p_z}$，如图 9-3(b)所示。σ 键与 π 键的比较见表 9-1。

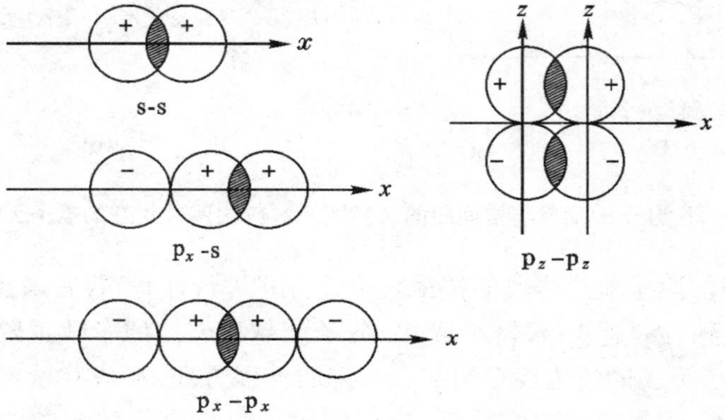

(a) σ 键　　(b) π 键

图 9-3　σ 键与 π 键示意图

表 9-1　σ 键与 π 键的比较

成键情况	σ 键	π 键
重叠方式	沿键轴重叠	沿垂直于键轴方向重叠
重叠程度	大	小
键能	大	小
反应性能	不易起反应	易起反应

由 σ 键和 π 键的定义可知，两原子间形成共价单键必为 σ 键，π 键只能与 σ 键共存。例如，N_2 中有 1 个 σ 键和 2 个 π 键。N 原子的价电子构型为 $2s^2 2p_x^1 2p_y^1 2p_z^1$，若取 x 轴为键轴，则两个 N 的 p_x 沿 x 轴方向“头碰头”重叠形成 1 个 σ 键，2 个 N 的 p_y-p_y 和 p_z-p_z 只能在垂直于 x 轴的方向“肩并肩”地重叠，形成 2 个 π 键。图 9-4 是 N_2 分子形成的示意图。同理可知，O_2 中有 1 个 σ 键和 1 个 π 键。再如 H_2S 分子，S 原子的价电子构型为 $3s^2 3p_x^1 3p_y^1 3p_z^2$，原子轨道 p_x 与 p_y 相互垂直，所以只能分别与 2 个氢原子的 1s 电子配对形成 σ 键，2 个 S—H 键的夹角应近似等于 90°，实际测量为 92°。图 9-5 是 H_2S 分子形成的示意图。

综上所述，共价键的本质在于两个核对负电区域的吸引，是电性的，具有饱和性和方向性。

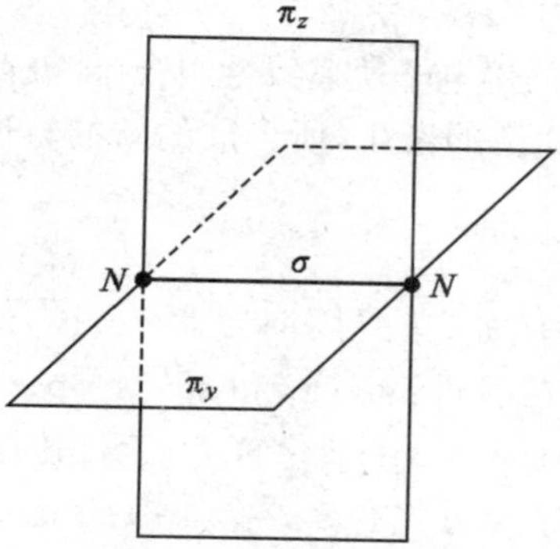

图 9-4　N_2分子形成的示意图

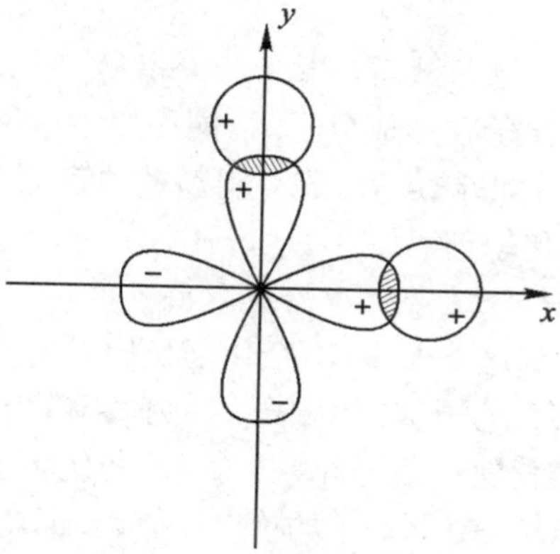

图 9-5　H_2S 分子形成的示意图

另外，若两原子间的共用电子对是由一个原子提供的，这种共价键叫作**配位共价键**，简称**配位键**。含有配位键的化合物称为**配位化合物**，简称配合物，这是在自然界和生命体中广泛存在的一大类化合物，将在第 10 章专门讨论。

9.1.2　轨道杂化理论

价键理论阐述了电负性相同或相近的元素的原子形成分子的过程，但是无法解释单质碳的三种同素异形体——金刚石、石墨和富勒烯①（如 C_{60}）的结构（图 9-6），也无法说明 CH_4分子的形成。碳原子的电子构型为 $1s^2 2s^2 2p_x^1 2p_y^1$，依据价键理论，单质碳应为 C_2分子，碳原子应与两个氢原子形成 CH_2。那么，如何解释金刚石、石墨和富勒烯的结构？如何说明 CH_4 等 AB_m 型分子或离子的形成和空间结构（又称空间构型、几何构型）？1931 年，鲍林在价键理论的基础上提出了轨道杂化理论。

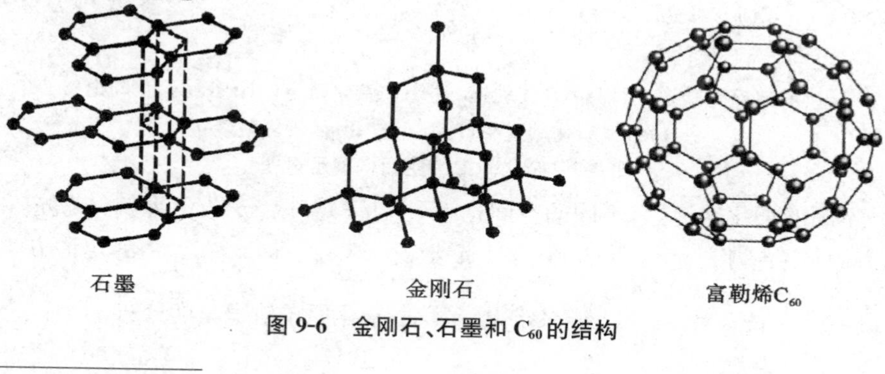

石墨　　金刚石　　富勒烯C_{60}

图 9-6　金刚石、石墨和 C_{60} 的结构

① 碳元素组成的以球状、椭圆状或管状结构存在的一类单质，又译作“巴基球”。

1. 原子轨道杂化和杂化轨道

原子在形成分子时，同一原子中能量相近的价电子轨道线性组合(即波函数 ψ 进行加、减运算)成一组新的轨道，称为原子轨道的**杂化**，所形成的新的轨道叫作**杂化轨道**。

2. 轨道杂化理论基本要点

杂化方式多样，杂化前后轨道数目相等。例如，第二周期元素 Be、B、C、N、O 和 F，原子的价电子轨道为 2s 和 2p，杂化方式包括 sp、sp^2 和 sp^3：s＋p→2 个 sp 杂化轨道，s＋2p→3 个 sp^2 杂化轨道，s＋3p→4 个 sp^3 杂化轨道。第三周期元素 Si、P、S、Cl，原子的价电子轨道 3s、3p 和 3d，杂化方式有 sp、sp^2、sp^3、sp^3d、sp^3d^2 等 5 种：s＋3p＋d→5 个 sp^3d 杂化轨道，s＋3p＋2d→6 个 sp^3d^2 杂化轨道。第四周期元素原子的价电子轨道为 3d、4s、4p、(4d)，除了上述 5 种杂化方式外，还有 dsp^2 和 d^2sp^3 杂化，即用内层 d 轨道(3d)进行杂化：d＋s＋2p→4 个 dsp^2 杂化轨道，2d＋s＋3p→6 个 d^2sp^3 杂化轨道。

杂化轨道电子云分布更集中(一头大一头小，图 9-7)，其成键能力增大，且依下面的顺序增强：$sp < sp^2 < sp^3 < dsp^2 < sp^3d < sp^3d^2$。

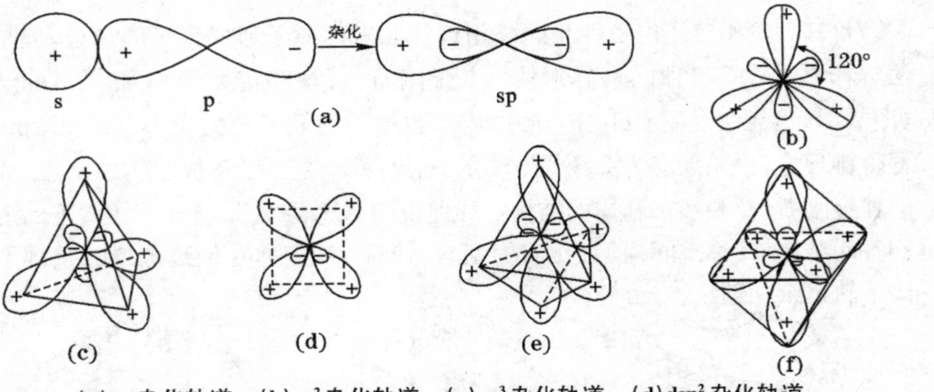

(a) sp 杂化轨道　(b) sp^2 杂化轨道　(c) sp^3 杂化轨道　(d) dsp^2 杂化轨道
(e) sp^3d 杂化轨道　(f) sp^3d^2 或 d^2sp^3 杂化轨道

图 9-7　杂化轨道的空间构型示意图

不同的杂化轨道，有不同的空间构型(图 9-7)。以 sp 杂化为例，s 轨道和 p 轨道线性组合得到 sp 杂化轨道 $\psi_{\mathrm{I}}=\psi_s+\psi_{p_z}$ 和 $\psi_{\mathrm{II}}=\psi_s-\psi_{p_z}$。由薛定谔方程的解 $Y_s=\sqrt{\frac{1}{4\pi}}$，$Y_{p_z}=\sqrt{\frac{3}{4\pi}}\cos\theta$ 来定量计算 sp 杂化原子轨道角度分布，$\psi_{\mathrm{I}}=\sqrt{\frac{1}{4\pi}}+\sqrt{\frac{3}{4\pi}}\cos\theta$，当 $\theta=0°$ 时，$\cos\theta=1$，$\psi_{\mathrm{I}}=\sqrt{\frac{1}{4\pi}}+\sqrt{\frac{3}{4\pi}}$ 为最大值；$\psi_{\mathrm{II}}=\sqrt{\frac{1}{4\pi}}-\sqrt{\frac{3}{4\pi}}\cos\theta$，

当 $\theta=180°$时，$\cos\theta=-1$，$\psi_{\mathrm{II}}=\sqrt{\frac{1}{4\pi}}+\sqrt{\frac{3}{4\pi}}$为最大值。依次取不同的 θ 值(见第 8 章表 8-2)，计算得到 ψ_{I} 和 ψ_{II}。作图得到的两个 sp 杂化轨道电子云分布更集中(一头大、一头小)，在空间以直线方式排布。其他的杂化轨道的角度分布图可用同样的方法得到。

某一原子的杂化轨道与其他元素原子的价电子原子轨道重叠形成 σ 键，所形成的分子构型与杂化轨道的空间构型有关(见表 9-2)；当杂化轨道中无**孤电子对**时，杂化叫作**等性杂化**，杂化轨道等同，分子构型与杂化轨道的空间构型相同；当杂化轨道中有孤电子对时，杂化叫作**不等性杂化**，杂化轨道不等同，分子构型与杂化轨道的空间构型不同。例如，CH_4，NH_3 和 H_2O 三个分子的结构示意图如 9-8 所示，应用杂化轨道理论解释如下。

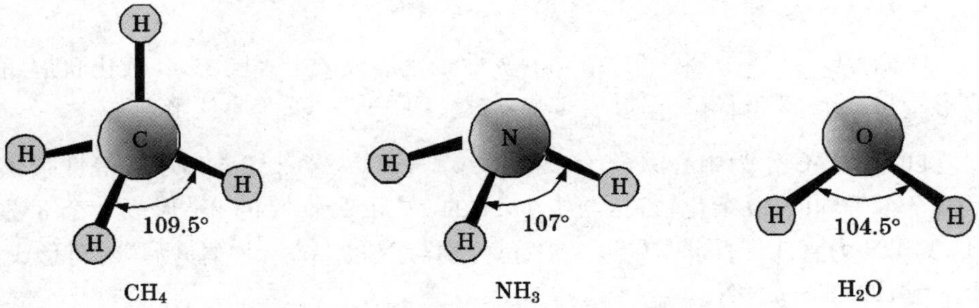

图 9-8 CH_4，NH_3 和 H_2O 的分子结构示意图

CH_4：C $2s^2 2p_x^1 2p_y^1$激发→C^* $2s^1 2p_x^1 2p_y^1 2p_z^1$，$sp^3$ 等性杂化，形成 4 个等同的 sp^3 杂化轨道(正四面体)。与 4 个 H $1s^1$ 形成 4 个 σ 键，CH_4 为正四面体形，$\angle HCH=109.5°$。

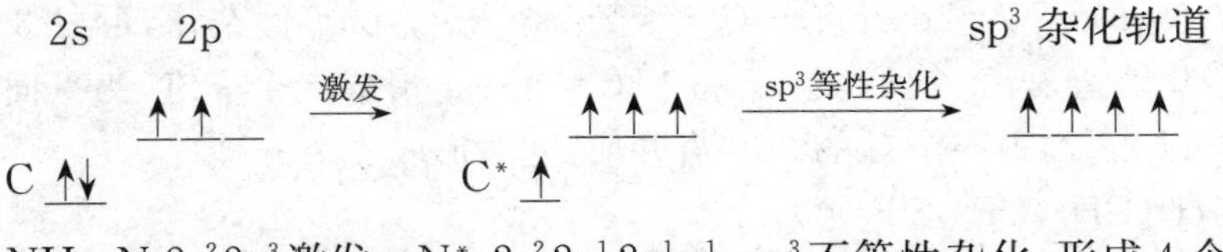
2s
2p
sp3 杂化轨道
激发
sp3等性杂化
C
C*

NH_3：N $2s^2 2p^3$ 激发→N^* $2s^2 2p_x^1 2p_y^1 p_z^1$，sp^3 不等性杂化，形成 4 个不等同的 sp^3 杂化轨道(四面体)，其中 1 个轨道上有 1 对电子。与 3 个 H $1s^1$ 形成 3 个 σ 键，NH_3 为三角锥形，$\angle HNH=107°<109.5°$。

H_2O：O $2s^2 2p^4$ 激发→O^* $2s^2 2p_x^1 2p_y^1 2p_z^2$，$sp^3$ 不等性杂化，形成 4 个不等同的 sp^3 杂化轨道(四面体)，其中两个轨道上有孤电子对。与 2 个 H $1s^1$ 形成 2 个 σ 键，H_2O 分子为角形(V 形)，$\angle HOH=104.5°<109.5°$。

可见，尽管中心原子 C、N 和 O 均采取 sp^3 杂化，但 C 无孤电子对、N 含有 1 对孤电子对、O 有 2 对孤电子对，孤电子对对成键电子对的排斥作用造成键角依次减小。

表 9-2　杂化轨道类型与空间结构的关系

杂化类型	杂化的轨道数目	杂化轨道的夹角	空间构型	实例
sp	2	180°	直线形	$BeCl_2$
sp^2	3	120°	平面三角形	BF_3
sp^3	4	109.5°	四面体形	CH_4
dsp^2	4	90°,180°	平面四边形	$[Ni(H_2O)_4]^{2+}$
sp^3d	5	90°,120°,180°	三角双锥形	PCl_5
sp^3d^2或d^2sp^3	6	90°,180°	八面体形	SF_6,$[Fe(CN)_6]^{3-}$

3. 实例分析

AB_m型分子/离子,中心原子采取哪一种杂化方式,不仅取决于中心原子的价电子轨道、价电子数,而且取决于与之键合的其他原子的数目。现具体分析如下。

(1)$BeCl_2$(g)和 HCN。

$BeCl_2$:Be $2s^2 \xrightarrow{激发} Be^*$ $2s^1 2p^1$,sp 等性杂化形成 2 个等同的 sp 杂化轨道(直线形),与 2 个 Cl $3p_x^1 3p_y^2 3p_z^2$形成 2 个 σ 键。Cl—Be—Cl 为直线形。

HCN:以 C 作为中心原子,C $2s^2 2p_x^1 2p_y^1 \xrightarrow{激发} C^*$ $2s^1 2p_x^1 2p_y^1 2p_z^1$,sp 等性杂化,形成 2 个等同的 sp 杂化轨道,与 1 个 H 的 $1s^1$和 1 个 N 的 $2p_x^1$形成 2 个 σ 键,H—C—N 为直线形;同时,C 以 $2p_y^1$ $2p_z^1$分别与 N 的 $2p_y^1$ $2p_z^1$"肩并肩"配对形成 2 个 π 键,即 H—C≡N 。

(2)BF_3(BCl_3,BBr_3等)和 CH_2═CH_2 。

BF_3:B $2s^2 2p^1 \xrightarrow{激发} B^*$ $2s^1 2p_x^1 2p_y^1$,sp^2等性杂化,形成 3 个等同的 sp^2杂化轨道(平面三角形),与 3 个 F $2p_x^1 2p_y^2 2p_z^2$,形成 3 个 σ 键。BF_3为平面三角形。

CH_2═CH_2:C $2s^2 2p_x^1 2p_y^1 \xrightarrow{激发} C^*$ $2s^1 2p_x^1 2p_y^1 2p_z^1$,$sp^2$等性杂化,形成 3 个等同的 sp^2杂化轨道,与 2 个 H 的 $1s^1$和 1 个 C 的 $2p_x^1$形成 3 个 σ 键,为平面三角形;同时 C 以 $2p_z^1$与另一个 C 的 $2p_z^1$"肩并肩"配对形成 1 个 π 键。

(3)SiH_4(CH_4,CF_4,SiF_4等)。

SiH_4:Si $3s^2 3p^2 \xrightarrow{激发} Si^*$ $3s^1 3p_x^1 3p_y^1 3p_z^1$,$sp^3$等性杂化,形成 4 个等同的 sp^3杂化轨道(正四面体形),与 4 个 H $1s^1$形成 4 个 σ 键。SiH_4为正四面体形,∠HSiH=109.5°。

(4)PCl_5(AsF_5)。

PCl_5:P $3s^2 3p^3 \xrightarrow{激发} P^*$ $3s^1 3p_x^1 3p_y^1 3p_z^1 3d_{z^2}^1$,$sp^3d$ 等性杂化,形成 5 个等同的 sp^3d 杂化轨道(三角双锥形),与 5 个 Cl $3p_x^1 3p_y^2 3p_z^2$形成 5 个 σ 键。PCl_5分子为三角双锥形。

(5)SF_6(SeF_6，$[AlF_6]^{3-}$，$[SiF_6]^{2-}$)。

SF_6：S $3s^2 3p^4 \xrightarrow{激发} S^* \ 3s^1 3p_x^1 3p_y^1 3p_z^1 3d_{x^2-y^2}^1 3d_{z^2}^1$，$sp^3d^2$等性杂化，形成 6 个等同的 sp^3d^2杂化轨道(正八面体形)，与 6 个 F $2p_x^1 2p_y^2 2p_z^2$形成 6 个 σ 键。SF_6分子为正八面体形。

(6)$[HgI_4]^{2-}$。

$[HgI_4]^{2-}$：Hg^{2+} $5d^{10}6s^0 6p^0$，利用外层空的价电子轨道，采取 sp^3等性杂化，形成 4 个空的 sp^3杂化轨道，与 4 个 I^-($5s^2 5p^6$)提供的孤电子对结合，形成 4 个配位键(σ 键)。$[HgI_4]^{2-}$为正四面体形。

(7)$[Ni(H_2O)_4]^{2+}$。

$[Ni(H_2O)_4]^{2+}$：Ni^{2+} $3d^8 4s^0 4p_x^0 4p_y^0 \xrightarrow{激发} Ni^{2+*}$ $3d_{xy}^2 3d_{xz}^2 3d_{yz}^2 3d_{z^2}^2 3d_{x^2-y^2}^0 4s^0 4p_x^0 4p_y^0$，利用外层空的价电子轨道，采取 dsp^2等性杂化，形成 4 个空的 dsp^2杂化轨道，与 4 个 H_2O结合，形成 4 个配位键(σ 键)。$[Ni(H_2O)_4]^{2+}$为平面四边形。

(8)苯(C_6H_6)。

苯分子的 6 个碳原子在一个平面上，如图 9-9 所示。依照轨道杂化理论每个碳原子均采取 sp^2等性杂化，分别与另外两个碳原子和一个氢原子形成 3 个σ键；在与平面垂直 p 轨道上有 1 个电子，这 6 个 p 轨道肩并肩地形成 1 个离域 π 键，又叫**大 π 键**[①]，记作 Π_6^6。

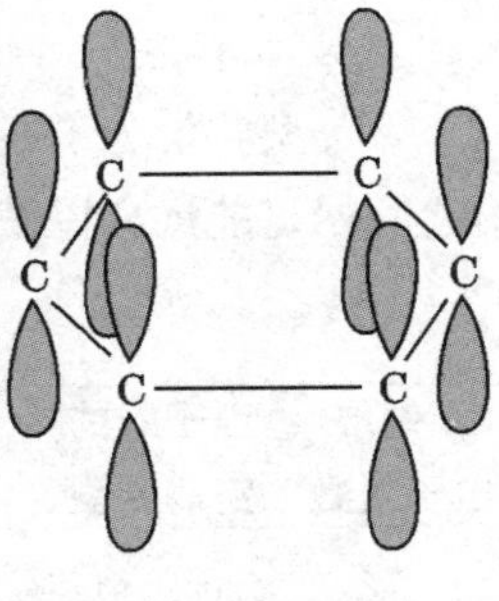

图 9-9　C_6H_6的结构

最后，用轨道杂化理论解释金刚石、石墨和富勒烯的结构。金刚石中的每个碳原子采取 sp^3等性杂化，形成 4 个等同的 sp^3杂化轨道，每个碳原子与另外 4 个碳原子形成 4 个 σ 键，构成网络大分子——原子晶体(又叫共价晶体，见表 9-6)。石墨中的每个碳原子采取 sp^2等性杂化，每个碳原子与另外 3 个碳原子在同一平面形成 3 个 σ 键，构成平面大分子。每个碳原子与该平面垂直的 p 轨道中有 1 个电子，相互肩并肩地形成 1 个大 π 键 Π_m^m。石墨是层状结构，层与层之间靠微弱的分子间作用力结合，因此石墨是混合晶体。富勒烯是由若干个六元环和 12 个五元环组成的笼状全碳分子，其中足球形状的分子 C_{60}由 12 个五边形、20 个六边形组成了 1 个中空的 32 面体，五边形互不邻接，而是与 5 个六边形相接；每个六边形又与 3 个六边形和 3 个五边形间隔相接，共有 60 个顶角，碳原子位于顶角上，构成一个完美对称的分子。六元环的

① p-p 离域 π 键：m 个原子($m \geqslant 3$)在同一平面，其 p 轨道肩并肩地成键，所含电子数为 n($m \leqslant n < 2m$)，记作 Π_m^n。

每个碳原子均以双键与其他碳原子结合，形成类似苯环的结构，它的 σ 键不同于石墨中 sp^2 杂化轨道形成的 σ 键，也不同于金刚石中 sp^3 杂化轨道形成的 σ 键，是以 $sp^{2.28}$ 杂化轨道（s 成分为 30%，p 成分为 70%）形成的 σ 键。此内容已超出本书所述范围，不再详述。

总之，轨道杂化理论作为价键理论的补充，说明了键的形成原理和键的相对稳定性，成功地解释了主族元素共价分子及过渡金属配合物的空间构型以及单质碳和有机化合物的结构。问题在于 AB_m 的中心原子 A 究竟采取哪种类型的杂化，有时难以确定。为此，理论化学家寻求更加简明的理论来解释和预测 AB_m 型分子或离子的结构。

9.1.3 价层电子对互斥理论

1940 年，首先由英国化学家西奇威克（N. V. Sidgwick）提出、后经吉来斯必（R. J. Gillespie）等人补充形成了价层电子对互斥理论（VSEPR），用来解释和预测 AB_m 型分子或离子的结构。

1. 基本要点

AB_m 型共价分子或离子的空间构型取决于中心原子 A 的价层电子对数，价电子对之间尽可能远离以使斥力最小，分子取电子对间排斥力最小的构型（见表 9-3）。

表 9-3 A 价层电子对数的排列方式

A 价层电子对数	电子对的空间构型	成键电子对数	A 价层电子对排列方式	实例
2	直线形	2	:—A—:	$BeCl_2$ 直线形
3	平面三角形	3		NO_3^- 平面三角形
		2		NO_2 角形
4	四面体形	4		CH_4 正四面体形
		3		NH_3 三角锥形
		2		H_2O 角形（V 形）

（续表）

A价层电子对数	电子对的空间构型	成键电子对数	A价层电子对排列方式	实例
5	三角双锥形	5		PCl_5 三角双锥形
		4		SF_4 变形四面体形
		3		ClF_3，BrF_3 T形
		2	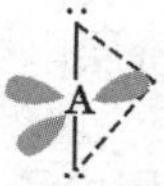	XeF_2 直线形
6	八面体形	6	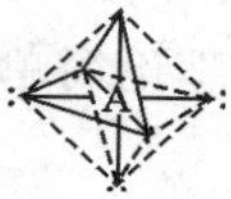	SF_6 正八面体形
		5	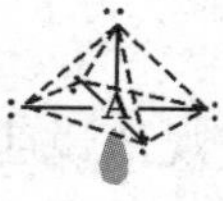	BrF_5，IF_5 四角锥形
		4	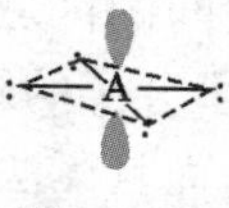	XeF_4，ICl_4^- 平面四边形

2. 一般规则

(1)确定中心原子A的价层电子总数等于A的价电子数加上B提供的电子数再加上离子所带电荷数(若为阳离子，则减去所带电荷数)；当形成单键时，规定作为配位原子时H和卤素原子提供一个电子，氧族元素(O，S，Se)不提供电子。例如，PO_4^{3-} 中P的价层电子总数＝5＋3＝8，AsO_4^{3-} 中As：5＋3＝8，SO_4^{2-} 中的S：6＋2＝8，NH_4^+ 中的N：5＋4－1＝8，PCl_3中的P：5＋3＝8。

(2)价层电子对数等于$\frac{\text{价层电子总数}}{2}$(四舍五入)，由价层电子对数所对应的电子对的空间排布推出分子的空间构型。若无孤电子对，则分子构型与电子对的空间构型相同；若有孤电子对，分子构型不同于电子对的空间构型；出现奇数电子，把它当作孤电子对来看待。

对于 PO_4^{3-}、SO_4^{2-}、NH_4^+ 三个离子，均为四面体构型，而 PCl_3 有 1 孤电子对，所以只形成 3 个键，为三角锥形。又如，NO_3^- 和 NO_2，中心原子 N 价层电子对数等于 3，前者为平面三角形，后者有 1 孤电子对为角形。

(3)排斥力由强到弱的顺序为孤电子对-孤电子对>孤电子对-成键电子对>成键电子对-成键电子对。当中心原子 A 的价层电子对数等于 5 或 6 时，分子取斥力最小的构型，即含 90°"孤-孤"和"孤-成"数目最少的构型(见表 9-3 的实例)。

(4)若为双键、叁键，计算价层电子总数时分别算作 0、-1。排斥力由强到弱的顺序为三键>双键>单键。

例如，HCHO 中心原子 C 的价电子数为 4，含 C═O 双键，价层电子对数等于 $\frac{4+2}{2}=3$，所以分子为平面三角形，且∠OCH＝121°，稍大于∠HCH＝118°。又如，CO_2 中心原子 C，含C═O双键，价层电子对数等于 $\frac{4}{2}=2$，分子为直线形。同理，HCN 中心原子 C，含C≡N叁键，价层电子对数等于 $\frac{4+1-1}{2}=2$，分子为直线形。

综上所述，价层电子对互斥理论简单、实用，可以方便地用来推测 AB_m 型分子或离子的构型。

9.1.4 分子轨道理论

价键理论和杂化轨道理论直观地说明了分子的配对成键和结构，但由于其认为成键的电子只在两个原子之间的区域运动，缺乏对分子作为一个整体的全面考虑，因此不能解释一些多原子分子的结构，无法解释 H_2^+、O_2^+ 等单电子键的形成，无法直接给出键能的信息，而且无法解释某些分子的磁性。我们知道分子中有成单电子时，在外加磁场中表现为顺磁性；无成单电子时，在外加磁场中表现为抗磁性。按照价键理论 O_2 中有一个 σ 键和一个 π 键，无成单电子，但是 O_2 在外加磁场中却表现出顺磁性。那么，如何解释 H_2^+、O_2^+ 单电子键的形成？如何解释 O_2 的顺磁性？这需要用到另一个重要的共价键理论——分子轨道理论。

1. 理论要点

(1)分子中的电子不属于某个原子，而属于整个分子，其运动状态由分子轨道波函数 $\psi_{分子}$ 来描述，$\psi_{分子}$ 叫作分子轨道。

(2)分子轨道由来自不同原子的电子的原子轨道 $\psi_{原子}$ 线性组合而成，组合前后轨道数目相等，即分子轨道数目等于原子轨道数目。

(3)原子轨道线性组合类型多样，需要满足能量相近、对称性匹配、最大重叠三个条件，以 x 轴为键轴，根据分子轨道对称性，得到 **σ 分子轨道**(如 s-s，s-p_x，p_x-p_x)和 **π 分子轨道**(如 p_y-p_y，p_y-d_{xy}，d_{xy}-d_{xy})。

(4)两个原子轨道 ψ_a 和 ψ_b 线性组合有两种方式，得到一个**成键分子轨道**和一个**反键分子轨道**(图 9-10)。成键分子轨道的能量比原子轨道的能量低，反键分子轨道的能量比原子轨道的能量高。符号相同的 ψ_a 和 ψ_b 叠加(即原子轨道相加重叠)，$\psi=c_1(\psi_a+\psi_b)$，两核间几率密度增大，$E_{\psi 1}$ 降低；符号相反的 ψ_a 和 ψ_b 叠加(即原子轨道相减重叠)，$\psi^*=c_2(\psi_a-\psi_b)$，两核间几率密度减小，$E_{\psi 1}^*$ 升高。符号"*"表示反键。

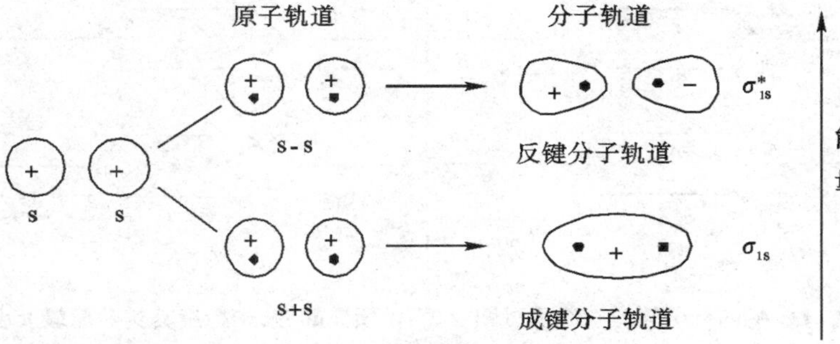

图 9-10　成键和反键分子轨道

(5)由 $\psi_{分子}$ 得到分子轨道的图形和能量 E_i。按分子轨道能量的大小，得到分子轨道近似能级图；分子中电子的排布同样遵从原子中电子排布的三原则，即能量最低原理、泡利不相容原理和洪特规则。

2. 同核双原子分子 A_2 的轨道能级图

分子轨道能级顺序目前主要由光谱实验数据确定。对于第二周期同核双原子分子，其分子轨道能级顺序不同，如图 9-11 所示。F 和 O 的 2s 和 2p 原子轨道能量相差较大，只发生 s-s、p-p 重叠，不发生 2s 和 2p 轨道之间的作用，能级为 $\sigma_{2p}<\pi_{2p}$(图 9-11a)。而 N、C、B 等的 2s 和 2p 能级相近，需考虑 2s 和 2p 轨道之间的作用，不仅发生 s-s，p-p 重叠，还发生 s-p 重叠，以致造成 σ_{2p} 能量高于 π_{2p} 的现象(图 9-11b)。现具体说明如下：

(1)两个原子轨道形成一个成键分子轨道和一个反键分子轨道。成键分子轨道的能量比原子轨道的能量低一定的值，反键分子轨道的能量比原子轨道的能量高出等量的值。成键时，若只有成键轨道上有电子，则能量要比原子的能量低；若成键和反键轨道填满了电子，则能量基本抵消。例如：

H_2 的分子轨道式：$(\sigma_{1s})^2$ 形成 1 个 σ 键；

H_2^+ 的分子轨道式：$(\sigma_{1s})^1$ 形成 1 个**单电子 σ 键**；

He_2 的分子轨道式：$(\sigma_{1s})^2(\sigma_{1s}^*)^2$ 成键和反键相互抵消。

表明：形成 H_2 和 H_2^+ 时能量比氢原子降低，所以 H_2 和 H_2^+ 能够稳定存在；He_2 未成键，事实上，He 以单原子形式存在。

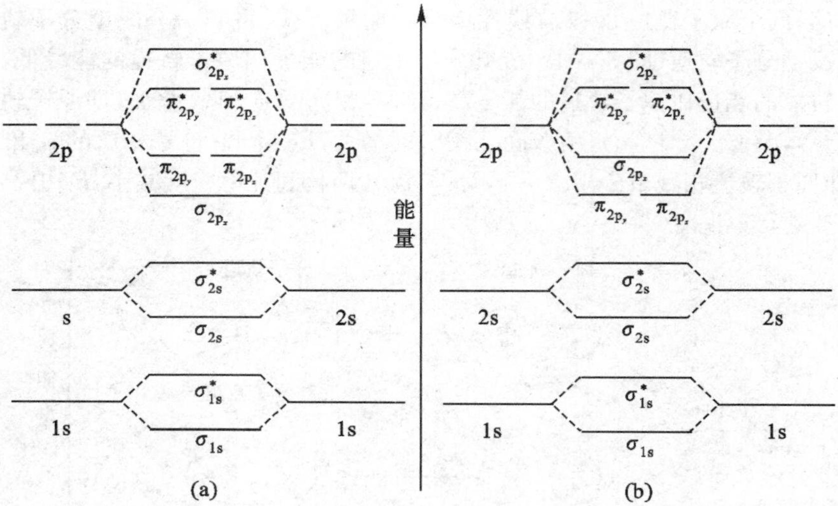

图 9-11　A_2的分子轨道能级示意图(只显示填充顺序,未标度其实际能级大小)

(2)π_{2p_y} 和 π_{2p_z} 两个成键分子轨道能量相等,称为简并轨道;同样 $\pi^*_{2p_y}$ 和 $\pi^*_{2p_z}$ 两个反键分子轨道能量相等,π^*_{2p}也是二重简并的。依据电子排布的三个原则填充电子,可以得到分子轨道式。例如,N_2 的分子轨道式为$(\sigma_{1s})^2(\sigma^*_{1s})^2(\sigma_{2s})^2(\sigma^*_{2s})^2(\pi_{2p_y})^2(\pi_{2p_z})^2(\sigma_{2p_x})^2$,内层的成键分子轨道和反键分子轨道都填满了电子,相互抵消;对分子形成有贡献的是$(\pi_{2p_y})^2(\pi_{2p_z})^2(\sigma_{2p_x})^2$,即 1 个 σ 键和 2 个 π 键,与价键理论一致。

O_2的分子轨道式为$(\sigma_{1s})^2(\sigma^*_{1s})^2(\sigma_{2s})^2(\sigma^*_{2s})^2(\sigma_{2p_x})^2(\pi_{2p_y})^2(\pi_{2p_z})^2(\pi^*_{2p_y})^1(\pi^*_{2p_z})^1$,对分子形成有贡献的是 1 个 σ 键$(\sigma_{2p_x})^2$、2 个**三电子 π 键**$(\pi_{2p_y})^2(\pi^*_{2p_y})^1$和$(\pi_{2p_z})^2(\pi^*_{2p_z})^1$。因此,分子轨道理论处理 O_2的结构得出有成单电子存在的结论,这就能够解释 O_2 的顺磁性。另外,由于三电子 π 键在反键分子轨道中有 1 个电子,所以它的能量相当于**单电子 π 键**的能量,为正常 π 键的一半。

O_2^+ 的分子轨道式:$(\sigma_{1s})^2(\sigma^*_{1s})^2(\sigma_{2s})^2(\sigma^*_{2s})^2(\sigma_{2p_x})^2(\pi_{2p_y})^2(\pi_{2p_z})^2(\pi^*_{2p_y})^1(\pi^*_{2p_z})$
1 个 σ键,1 个三电子 π 键,1 个 π 键。

O_2^- 的分子轨道式:$(\sigma_{1s})^2(\sigma^*_{1s})^2(\sigma_{2s})^2(\sigma^*_{2s})^2(\sigma_{2p_x})^2(\pi_{2p_y})^2(\pi_{2p_z})^2(\pi^*_{2p_y})^2(\pi^*_{2p_z})^1$
1 个 σ 键,1 个三电子 π 键。

O_2^{2-} 的分子轨道式:$(\sigma_{1s})^2(\sigma^*_{1s})^2(\sigma_{2s})^2(\sigma^*_{2s})^2(\sigma_{2p_x})^2(\pi_{2p_y})^2(\pi_{2p_z})^2(\pi^*_{2p_y})^2(\pi^*_{2p_z})^2$
1 个 σ 键,无 π 键。

因此,键能大小为 $O_2^+ > O_2 > O_2^- > O_2^{2-}$,推测的稳定性为 $O_2^+ > O_2 > O_2^- > O_2^{2-}$。

(3)分子轨道能量取决于原子轨道的能量,而原子轨道能量与原子序数 Z

有关，随着 Z 增大，核电荷对电子的引力增强，同一原子轨道的能量降低(图 8-9)。所以第二周期元素 A_2 的分子轨道能量随原子序数的增加而减小。

3. 第二周期元素异核双原子分子 AB 的分子轨道能级图

对于异核双原子分子，有一类分子是由邻近的元素组成的，如 CO、CN^-、NO 等，可以沿用同核双原子分子的轨道能级顺序图。以 CO 为例，CO 的分子轨道式为 $(\sigma_{1s})^2(\sigma_{1s}^*)^2(\sigma_{2s})^2(\sigma_{2s}^*)^2(\pi_{2p_y})^2(\pi_{2p_z})^2(\sigma_{2p_x})^2$，形成 1 个 σ 键和 2 个 π 键。

比较双原子分子 CO 和 N_2，它们所含电子数都是 14，分子轨道式相同(能量有差别)。像这样的分子或离子，其原子数相同，所含电子数相同，称为**等电子体**。如电子数同为 22 且都有 3 个原子的 CO_2、N_2O、N_3^- 和 NO_2^+，电子数同为 32 且都有 4 个原子的 BO_3^{3-}、CO_3^{2-}、NO_3^-，电子数同为 50 且都有 5 个原子的 SiO_4^{4-}、PO_4^{3-}、SO_4^{2-}、ClO_4^- 等。等电子体因为电子占据同样的分子轨道，所以性质相似。

对于原子序数相差较大的异核双原子分子，就不能用同核双原子分子的轨道能级顺序图了。例如，对于 HF 分子，H 的电子构型为 $1s^1$，$E_{1s}=-13.6$ eV；F 的电子构型为 $1s^2 2s^2 2p_y^2 2p_z^2 2p_x^1$，$E_{1s}=-696.3$ eV，$E_{2s}=-40.1$ eV，$E_{2p}=-18.6$ eV。根据组成分子轨道的原则，能量相近的 H 的 1s 轨道与 F 的 $2p_x$ 轨道组合形成分子轨道(图 9-12)。由于 F 的 2p 轨道能量低于 H 的 1s 轨道能量，分子中的电子对倾向于靠近 F 原子，而非均等地归属 F 和 H 原子，使得 F 原子略带负电荷而 H 原子略带正电荷。因此，分子轨道理论直接说明了因 F 和 H 原子电负性不同而导致的电荷不均匀分布。另外。F 原子的 $1s2s2p_y2p_z$ 轨道在形成分子后仍保持原来原子轨道的性质，这些轨道称为**非键轨道**。非键轨道上的电子叫作非键电子，对分子的形成无大的影响。

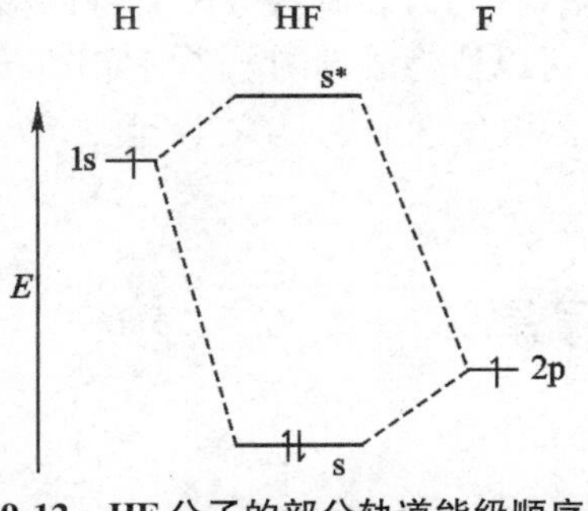

图 9-12　HF 分子的部分轨道能级顺序图

1928 年，马利肯(R. S. Mulliken)提出分子轨道理论。1952 年，他又用量子力学理论来阐明原子结合成分子时的电子轨道，发展了分子轨道理论。分子轨道理论能够较好地处理多原子 π 键体系、解释离域效应和诱导效应等方面的问题，弥补了价键理论的不足。

9.1.5 键参数与分子性质

共价键的性质可用某些物理量来描述，如键能、键长、键角、键级、键的极性等，这些表征化学键性质的物理量统称键参数。键参数可通过实验测得，也可通过理论计算得到。事实上，本书前面已提到过这些物理量，这里给出其准确的定义。

键能，用 E 表示。绝对零度下，将处于基态的双原子分子 AB 拆开，得到处于基态的 A 和 B 原子所需的能量，叫作 AB 的离解能，用 D 表示。对于双原子分子，键能等于键的离解能；对于多原子分子，键能等于分子中各键的离解能的平均值。需要注意键能与键焓概念上的差别。298 K 下和标准气压下，将理想气体的双原子分子 AB 拆开，得到 A 和 B 原子，所需的能量叫作 AB 的离解焓，即键焓。例如，H_2的键能＝432 kJ·mol^{-1}，H_2的键焓＝436 kJ·mol^{-1}，二者数值上有小的差异。在热力学计算时，常用键焓的数据代替键能。通常，键能或键焓可通过热化学法或光谱法测得。键能或键焓越大，分子越稳定。

键长，又叫作核间距，指分子中两核之间的平衡距离。键长越小，键就越牢固。

键角，即分子中键与键之夹角，可通过光谱或衍射等实验来测定键长和键角。

键级，定义为成键电子数与反键电子数之差的一半（分子轨道理论）。元素周期表中同一周期和同一区内的元素组成的双原子分子，键级越大，键就越牢固，分子就越稳定。例如，计算 O_2^+、O_2、O_2^-、O_2^{2-} 的键级分别为 2.5、2、1.5 和 1，所以稳定性顺序为 $O_2^+ > O_2 > O_2^- > O_2^{2-}$。

键的极性，以成键的两原子电负性差值表示电子对偏向电负性大的原子的程度。例如，H_2电负性差值为 0，为非极性共价键。卤化氢分子由 HI、HBr、HCl 到 HF 电负性差值依次增大，表明各分子中键的极性依次增大。当两个原子的电负性相差很大时，可以认为成键的电子对完全转移到电负性大的原子上。例如，Na 原子和 Cl 原子的电负性分别是 0.87 和 2.87，相差2.0，这就形成了离子键。

9.2 离子键和离子晶体

9.2.1 离子键

当活泼非金属原子与活泼金属原子相遇时，二者都有达到稳定电子层结构的倾向，分别得、失电子成为离子；阴、阳离子间以静电引力相互吸引，阴、阳离子的外层电子相互排斥，达平衡时能量最低，形成**离子键**。以 NaCl 为例：

$nNa(3s^1) - ne^- \!=\!=\!= nNa^+(2s^2 2p^6)$

$nCl(3s^2 3p^5) + ne^- \!=\!=\!= nCl^-(3s^2 3p^6)$

$nNa^+(2s^2 2p^6) + nCl^-(3s^2 3p^6) \!=\!=\!= nNaCl$

显然，离子键是正、负电荷之间的静电作用，无方向性，无饱和性，只要空间允许，阳离子将吸引尽可能多的阴离子，反之亦然。

键的离子性与元素电负性的差值有关。实验表明，没有百分之百的离子型化合物。由表 9-4 可知，当单键的两个原子电负性之差 $\Delta\chi > 1.7$ 时，具有 50% 以上的离子性。最活泼的金属 Cs 与最活泼的非金属 F 的电负性相差 3.2[①]，形成的 CsF 具有 92%的离子性，仍有 8%的共价性。NaCl 为离子型化合物，Na 元素和 Cl 元素的电负性相差 2.0，NaCl 有 63% 的离子性；铜元素的电负性为 1.85，与氯元素的电负性相差 1.02，所以 CuCl 只有 22%的离子性，以共价键为主，属于共价型化合物。事实上，离子键与共价键之间没有截然的分界线，二者之间关系的过渡、转变将在第9.2.4节离子极化部分详述。

表 9-4　单键的离子性百分数与元素电负性差值之关系

$\Delta\chi$	离子性百分数/%	$\Delta\chi$	离子性百分数/%
0.2	1	1.8	55
0.4	4	2.0	63
0.6	9	2.2	70
0.8	15	2.4	76
1.0	22	2.6	82
1.2	30	2.8	86
1.4	39	3.0	89
1.6	47	3.2	92

数据来源：L. Pauling & P. Pauling. Chemistry. San Francisco: Freeman and Company, 1975.

9.2.2　离子晶体的结构类型

通常离子型化合物以晶体状态存在，所形成的晶体叫作**离子晶体**。AB 型离子晶体有三种结构类型(见第 1 章的图 1-8)。CsCl 晶体中一个 Cs^+ 附近有 8 个 Cl^-，NaCl 晶体中离一个 Na^+ 最近的 Cl^- 有 6 个，ZnS 晶体中离一个 Zn^{2+} 最近的 S^{2-} 有 4 个。决定离子晶体结构类型的主要因素是阳、阴离子的半径比(见表 9-5，此处配位数指离子晶体中离阳离子最近的阴离子的个数)。

① 该数据用的是 Pauling 的电负性数值。

表 9-5　AB 型离子晶体结构类型与离子半径比和配位数的关系

r^+/r^-	配位数	阳、阴离子形成的几何构型	晶体结构类型	实例
0.225～0.414	4	四面体形	ZnS 型面心立方	闪锌矿，BeO
0.414～0.732	6	八面体形	NaCl 型面心立方	NaCl，NaBr
0.732～1	8	立方体形	CsCl 型简单立方	CsCl，CsBr

根据离子晶体结构类型与 r^+/r^- 的关系，可以推测 AB 型离子晶体的结构。例如 BeO 晶体中 r^+/r^- 小于 0.414，则 BeO 晶体中 Be^{2+} 与 4 个 O^{2-} 构成四面体形，BeO 晶体为 ZnS 型；NaBr 晶体中 r^+/r^- 在 0.414～0.732 之间，则 NaBr 晶体中 Na^+ 与 6 个 Br^- 构成八面体形，NaBr 晶体为 NaCl 型；CsBr 晶体中 r^+/r^- 在 0.732～1 之间，则 CsBr 晶体中 Cs^+ 与 8 个 Br^- 构成立方体形，CsBr 晶体为 CsCl 型。需要说明的是，离子晶体的结构类型还与温度等条件有关，以上简单的关系并不能准确预测所有 AB 型离子晶体的结构类型。

9.2.3　晶格能

离子键的强度可以用晶格能来衡量。绝对零度和压强为 1.0×10^5 Pa 的条件下，气态阴、阳离子结合形成 1 mol 晶体时放出的能量叫作**晶格能**，用 U_0（$kJ\cdot mol^{-1}$）表示。与之相对应的晶格焓指 298 K、1.0×10^5 Pa 下，气态阴、阳离子结合形成 1 mol 晶体时放出的能量，与晶格能相差几个 $kJ\cdot mol^{-1}$。通常用晶格焓数据代替晶格能数据。晶格能可以用热化学实验数据计算得到，也可通过理论计算得到。

例 9-1　利用下列热化学实验数据求 NaF 的 U_0。

过程	能量变化/$kJ\cdot mol^{-1}$
$Na(s) = Na(g)$	$S=108.8$
$Na(g) = Na^+(g)+e^-$	$I_1=502.3$
$\frac{1}{2}F_2(g) = F(g)$	$\frac{1}{2}D=\frac{1}{2}\times153.2$
$F(g)+e^- = F^-(g)$	$E_1=-328$
$Na^+(g)+F^-(g) = NaF(s)$	U_0
$Na(s)+\frac{1}{2}F_2(g) = NaF(s)$	$\Delta_r H_m^\ominus=-576.6$

解： $Na(s)+\frac{1}{2}F_2(g)$══$NaF(s)$为前面 5 个反应之和，

所以 $\Delta_r H_m^{\ominus}=S+I_1+\frac{1}{2}D+E_1+U_0$

$U_0=\Delta_r H_m^{\ominus}-(S+I_1+\frac{1}{2}D+E_1)$

$=-576.6-(108.8+502.3+\frac{1}{2}\times 153.2-328)$

$=-936.3(kJ\cdot mol^{-1})$。

晶格能为负值，表明 NaF 的形成放热。

玻恩(M. Born)和兰德(A. Lande)由静电引力理论推导出计算晶格能的玻恩-兰德方程：

$$U_0=\frac{138\ 940\ AZ_1Z_2}{R_0}(1-\frac{1}{n}) \tag{9-1}$$

式中：A 叫作马德隆(Madelung)常数，与晶体类型有关，CsCl 型为 1.763，NaCl 型为1.748，ZnS 型为 1.638；Z_1，Z_2分别是阴、阳离子所带电荷数，取绝对值；n 是玻恩指数，与离子所属的稀有气体电子层结构有关，取值为 He(如 Li^+)5、Ne(如 Na^+)7、Ar(如 K^+，Cu^+)9、Kr(如 Rb^+，Ag^+)10、Xe(如 Au^+)12，若阴、阳离子所属的稀有气体电子层结构不同则求其平均值；R_0 为阴、阳离子的核间距，等于 r^+ 与 r^- 之和(阳离子半径较小，为 0.1～1.7 Å；阴离子半径较大，为1.3～2.5 Å)，以 pm 为单位，则晶格能 U_0的单位为$kJ\cdot mol^{-1}$。

显然，式(9-1)表明对于相同类型的离子晶体，离子电荷越高，阴、阳离子半径越小，晶格能就越大，离子键就越强。离子晶体的特性列于表 9-6 中。

事实上，离子晶体的性质取决于离子键的强弱。离子键的强弱除了与离子电荷、离子半径有关，还与离子自身的电子构型(与玻恩-兰德方程中的分类不同)有关，离子的电子构型有以下五种类型：

(1)**$2e^-$ 构型**：最外层有 2 个电子，如 Li^+，Be^{2+} 等；

(2)**$8e^-$ 构型**：最外层有 8 个电子，如 Na^+，F^- 等；

(3)**$18e^-$ 构型**：最外层有 18 个电子，如 Cu^+，Ag^+，Zn^{2+} 等；

(4)**$(18+2)e^-$ 构型**：次外层有 18 个电子，最外层有 2 个 s 电子，如 Tl^+，Sn^{2+}，Pb^{2+} 等；

(5)**$(9\sim17)e^-$ 构型**：最外层有 9～17 个电子，如 Cu^{2+}，Fe^{2+}，Fe^{3+} 等。

不同电子构型的阳离子对同种阴离子的结合力大小顺序为 $2e^-$ 构型、$18e^-$ 构型和$(18+2)e^-$ 构型＞$(9\sim17)e^-$ 构型＞$8e^-$ 构型，这是因为 d 电子对核的屏蔽作用较小，有效核电荷大。在离子电荷、离子半径相同或相近的情况下，阳离子电子构型便成为影响离子键强弱的重要因素。例如，Na^+和Cu^+，最外层中都只有1个电子，两者离子半径也相近，但形成的氯化物NaCl与CuCl的性质有很大差别，这就是因为Na^+ $2s^2 2p^6$是$8e^-$构型，而Cu^+ $3s^2 3p^6 3d^{10}$是$18e^-$构型，二者与Cl^-的作用不同。下面通过离子的极化来做进一步的说明。

9.2.4 离子极化

1. 离子极化

离子中正、负“极”(电荷重心)进一步分化的过程，叫作离子极化，如图9-13所示。

(1)阳离子对阴离子的极化：阳离子电荷数越高、半径越小，产生的电场越强，对阴离子的极化作用就越强。若电荷相同、半径相近，则取决于阳离子的电子构型，极化作用的强弱顺序为$2e^-$，$18e^-$，$(18+2)e^- > (9\sim17)e^- > 8e^-$。

例如，NaCl与$CaCl_2$比较，$r_{Na^+} = r_{Ca^{2+}}$，所以Ca^{2+}对Cl^-的极化作用强；NaCl与LiCl比较，$r_{Li^+} < r_{Na^+}$，所以Li^+对Cl^-的极化作用强；NaCl与CuCl比较，$r_{Na^+} = r_{Cu^+}$，Na^+是$8e^-$构型，而Cu^+是$18e^-$构型，所以Cu^+对Cl^-的极化作用强。

另外，对于同一阳离子，阴离子越大其变形性越大，如F^-、Cl^-、Br^-、I^-的变形性依次增强。

(2)阴离子对阳离子的极化：阳离子半径越大，其变形性越大，如Li^+、Na^+、K^+、Rb^+、Cs^+的变形性依次增强；最外层电子越多的离子，其变形性越大，即$18e^-$，$(9\sim17)e^- > 8e^-$，$2e^-$。

(3)离子极化的结果是离子的电子云重叠，形成了共价键(图9-13)。

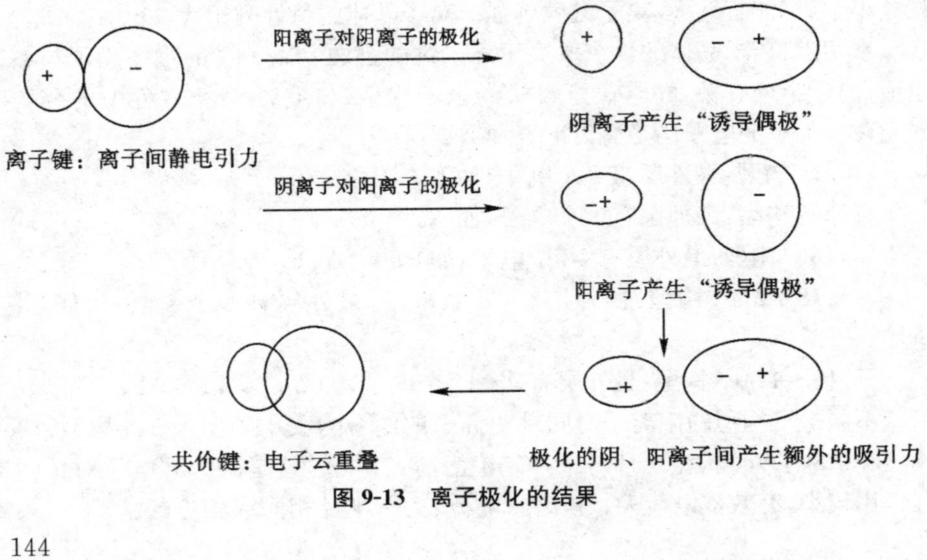

图9-13 离子极化的结果

2. 离子极化对化合物性质的影响

离子极化导致化合物的共价性增强，对化合物的熔点、沸点、溶解度及颜色等都有影响。例如，NaCl(800 ℃)、$MgCl_2$(714 ℃)、$AlCl_3$(180 ℃，升华)的熔点依次减小，就是因为：NaCl 是典型的离子键；$MgCl_2$离子极化增大，有一定的共价性；$AlCl_3$中的 Al^{3+}极化作用很强，以至于 Al-Cl 成为共价键，$AlCl_3$ 为共价化合物。而对于 AgF、AgCl、AgBr 和 AgI，它们在水中的溶解度依次减小，是因为由 AgF 到 AgI，离子极化作用依次增大，化合物的共价性依次增强。同理，ZnI_2为无色，CdI_2为黄绿，HgI_2为红色，这是因为 Zn^{2+}、Cd^{2+}、Hg^{2+} 的变形性依次增大，离子极化作用加强，CdI_2、HgI_2 成为共价化合物，发生电荷迁移而使化合物呈现颜色(参见第 14 章 14.1 节)。

9.3 分子间作用力

9.3.1 分子的极化和范德华力

1. 分子的极性

讨论分子的极性即考察分子的正、负电荷重心是否重合，可以用**偶极矩** $\mu=q\cdot d$(单位：德拜，$1D=3.336\times10^{-30}$ C·m)来衡量。偶极矩为零的分子为非极性分子，否则为极性分子。极性分子本身具有的偶极矩叫作**固有偶极**或**永久偶极**。测量固有偶极 μ 和偶极长 d(极性分子中正电荷重心与负电荷重心的距离，相当于核间距)，即可计算得到偶极上的电荷 q。例如，HCl 的 $\mu=1.03$ D，$d=1.27$ Å，$q=\dfrac{1.03\times3.336\times10^{-30}}{1.27\times10^{-10}}=0.271\times10^{-19}$(C)，$\dfrac{0.271\times10^{-19}}{1.6\times10^{-19}}=16.9\%$，表明 HCl 具有 16.9%的离子性。

2. 分子的极化

分子中正、负“极”(电荷重心)分化的过程，叫作分子的极化。分子在外电场作用下所产生的偶极叫作**诱导偶极**，如图 9-14 所示。

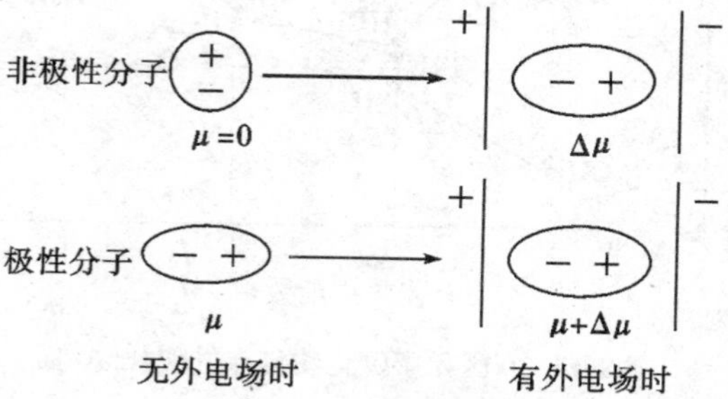

图 9-14 分子的极化

由于原子核的振动和电子的运动，任何分子的正电荷重心和负电荷重心随时发生瞬间的相对位移，产生**瞬时偶极**。

3. 范德华力

事实表明，分子之间存在着多种相互作用，统称为分子间作用力。分子间作用力是一类弱相互作用，其中最常见的是范德华力。范德华力分为以下三种：

(1)取向力(定向力)：即固有偶极之间的作用力，存在于极性分子之间。

(2)诱导力：即诱导偶极与固有偶极之间的作用力，存在于极性分子之间、极性分子与非极性分子之间。

(3)色散力：即瞬时偶极之间的作用力，存在于任何分子之间。

范德华力的特点为：①是近距离的作用力，作用范围为几百皮米，力的大小与分子间距离的 6 次方成反比；②是吸引力，作用能为几至几十 $kJ \cdot mol^{-1}$，比化学键能小 1～2 个数量级；③无方向性、无饱和性；④大多数分子之间以色散力为主，诱导力很小，三种范德华力一般为色散力≫取向力＞诱导力；只有偶极矩很大的分子，例如 H_2O，取向力才为主。

分子间作用力对共价分子的物理性质，如熔点、沸点有影响。分子的摩尔质量的增大，分子间作用力增大，熔、沸点就升高。例如，卤素单质的熔点、沸点随摩尔质量的增大而增大，有机化合物中同系物的沸点随摩尔质量的增大而增大；元素周期表中ⅣA 族元素氢化物的沸点随摩尔质量的增大而升高：$CH_4 < SiH_4 < GeH_4 < SnH_4$，如图9-15所示。HF、$H_2O$ 和 NH_3 与同族其他元素的氢化物相比，沸点异常高，这是因为这三种氢化物中还存在氢键。

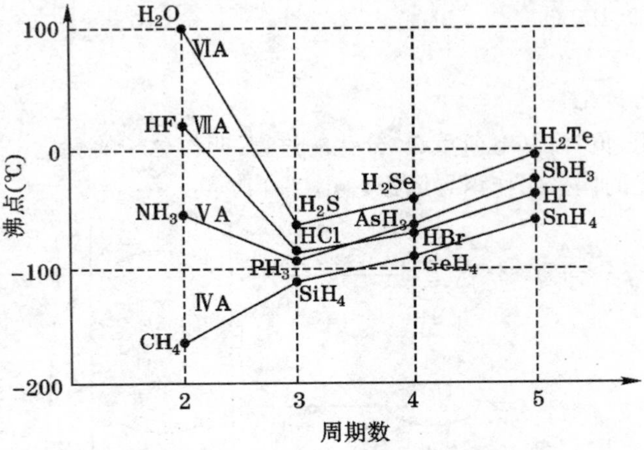

图 9-15　p 区元素氢化物沸点的变化趋势

9.3.2 氢键

氢键也是一种分子间作用力，通常用X—H---Y表示，其中X—H表示氢原子和X原子以共价键相结合，H和Y原子核间的距离比两个原子的范德华半径之和小，但比共价键键长大得多。氢键的作用能指X—H---Y分解为X—H和Y所需要的能量。X、Y为电负性大、半径小的元素，且Y有孤电子对，一般为F、O、N。氢键有方向性，为减少X与Y之间的斥力，尽量使两者远离，形成一定的键角，键角多为180°；有饱和性，X—H中的H与Y结合后，就不能再与另一原子结合。

如图9-16所示，冰中各个分子以氢键相互连接形成分子晶体。水分子间以氢键相连，因氢键断裂需要能量，导致水的沸点比其他氧族元素的氢化物的沸点要高。因氢键的作用能的数量级与范德华力相近，如F—H---F为25～40 $kJ \cdot mol^{-1}$、O—H---O为13～29 $kJ \cdot mol^{-1}$、N—H---N为5～21 $kJ \cdot mol^{-1}$，可认为氢键是“有方向性的分子间力”。

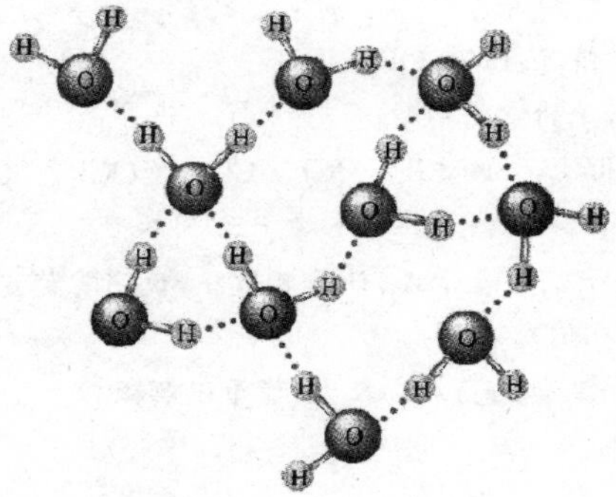

(a)Water

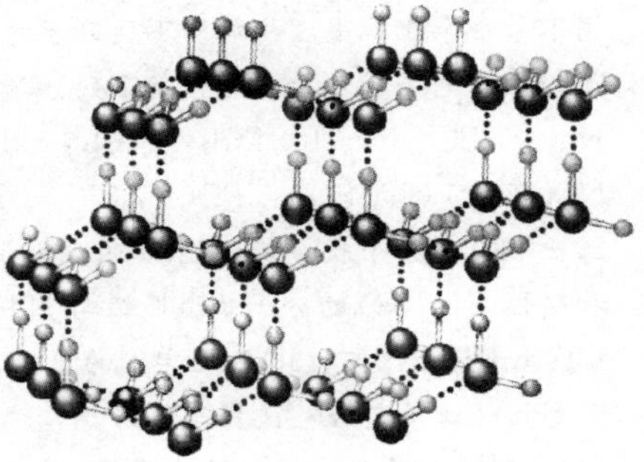

(b)Ice

图9-16 水和冰分子间的氢键

尽管人们将氢键归为一种分子间作用力，其实氢键既可以存在于分子之间，也可以存在于分子内部。氢键的存在对物质性质如熔、沸点有很大影响。比较同分异构体邻羟基苯甲醛和对羟基苯甲醛，前者形成分子内氢键，后者形成分子间氢键，液体蒸发成气体时只破坏分子间氢键，所以后者需要额外的能量，沸点高。

综上所述，分子间作用力主要包括范德华力和氢键。物质的存在状态等性质取决于物质的结构。

回顾本章内容，阴、阳离子之间通过离子键形成离子晶体，原子之间通过共价键形成原子晶体（又称为共价晶体），分子之间通过分子间作用力形成分子晶体。这三类晶体连同本章末讨论的金属晶体的比较，一并列入表9-6。

表 9-6 四种晶体的比较

	离子晶体	原子晶体	分子晶体	金属晶体
结构质点	阴、阳离子	原子	分子	金属原子
质点连接	离子键	共价键	分子间作用力	金属键
能量/$kJ \cdot mol^{-1}$	几百	几百	几～几十	几百
特征	熔点高 硬度大	熔点高 硬度大	熔点很低 硬度小	熔点有高有低 硬度有大有小
实例	NaCl	金刚石	干冰，冰，C_{60}	Cu，Na

习　题

9-1　用不等性杂化轨道理论解释下列分子的成键情况：PCl_3，OF_2。

9-2　试用价层电子对互斥理论判断下列分子或离子的空间构型：

$HgCl_2$，BCl_3，$SnCl_2$，PCl_3，$TeCl_4$，ClF_3，ICl_2^-，SF_6，IF_5，ICl_4，CO_2，$COCl_2$，SO_2，$NOCl$，SO_2Cl_2，SO_3^{2-}，$POCl_3$，ClO_2^-，$IO_2F_2^-$。

9-3　画出 NO 的分子轨道能级图，写出 NO 的分子轨道表示式，计算其键级，说明其稳定性和磁性高低(NO 的分子轨道能级与 N_2 分子相似)。

9-4　LiF 比 KF 相比较，LiF 的化学键的离子性较小，但晶格能却较大，请予以解释。

9-5　下列说法正确与否？说明其原因。

(1)非极性分子只含非极性共价键。

(2)极性分子只含极性共价键。

(3)离子化合物中不可能含有共价键。

(4)全由共价键结合形成的化合物只能形成分子晶体。

(5)同温同压下，摩尔质量越大，分子间的作用力就越大。

(6)色散力只存在于非极性分子之间。

(7)σ 键比 π 键的键能大。

(8)阳离子的极化能力越强，其形成的化合物在水中的溶解度越小。

(9)阴离子的变形性越大，其形成的化合物在水中的溶解度越小。

(10)共价型的氢化物之间可以形成氢键。

9-6　已知下列两类晶体的熔点(℃)。

(1)NaF 993，NaCl 801，NaBr 747，NaI 661；

(2)SiF_4 −90.2，$SiCl_4$ −70，$SiBr_4$ 5.4，SiI_4 120.5。

为什么钠的卤化物的熔点比硅的卤化物的高？为什么钠的卤化物与硅的卤化物的熔点

递变不一致？

9-7　比较下列各组中两种物质的熔点高低，并简单说明原因。

(1) NH_3 和 PH_3　　(2) PH_3 和 SbH_3

(3) Br_2 和 ICl　　(4) MgO 和 Na_2O

(5) SiO_2 和 SO_2　　(6) $SnCl_2$ 和 $SnCl_4$

9-8　试用离子极化的观点解释下列现象。

(1) AgF 易溶于水，AgCl，AgBr，AgI 难溶于水，溶解度由 AgF 到 AgI 依次减小。

(2) AgCl，AgBr，AgI 的颜色依次加深。

9-9　在酒精的水溶液中，分子间主要存在哪些作用力？

9-10　极性共价化合物的实例是(　　)。

(A) KCl　　(B) HCl　　(C) CCl_4　　(D) BF_3

第 10 章　配位化合物及其配位离解平衡

尽管许多配合物早在远古时期就被用作颜料，如普鲁士蓝$K[Fe^{III}Fe^{II}(CN)_6]$、黄色的$K_3[Co(NO_2)_6]\cdot 6H_2O$等，但直到1893年瑞士无机化学家维尔纳(A. Werner)在《无机化学领域中的新见解》一书中首次提出配合物的有关概念后化学家们才开始了对这类化合物的研究。配合物广泛地存在于自然界和生命体中，许多生化作用的活性中心是配合物，如叶绿素是镁(Ⅱ)的卟啉配合物、血红素是铁(Ⅱ)的卟啉配合物，它们的结构如图10-1所示。配合物在染料、颜料、催化剂以及制药行业都拥有广泛的应用，如维生素B_{12}是钴(Ⅲ)的配合物、顺铂$[Pt(NH_3)_2Cl_2]$等铂的配合物用作抗癌药物。配合物如此广泛地存在又十分重要，以至于形成化学科学的一个分支——配位化学。本章仅介绍配合物的基础知识和基础理论(包括价键理论、晶体场理论)以及溶液中配合物的配位离解平衡。

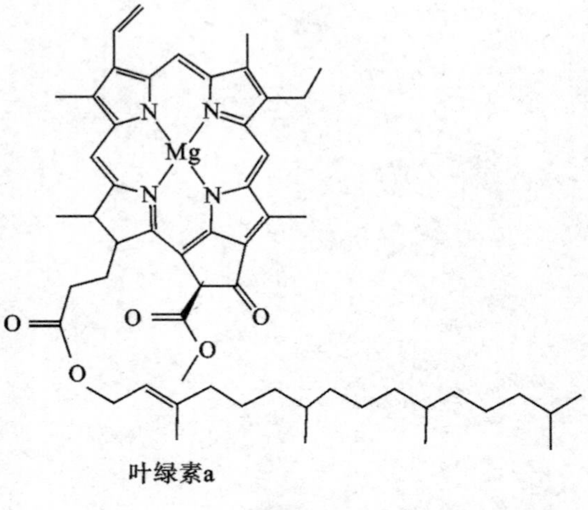

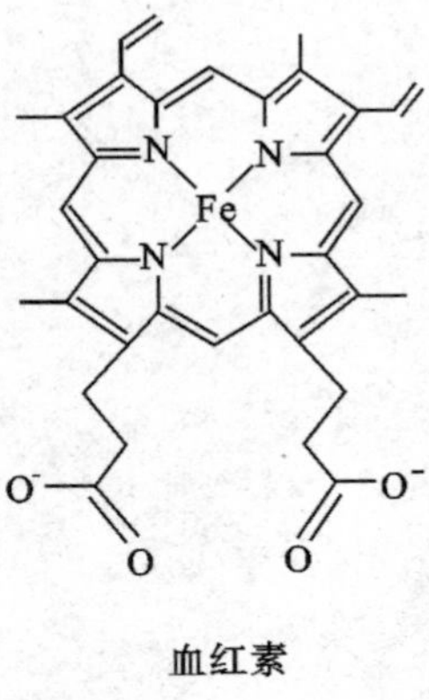

图 10-1　叶绿素 a、血红素的结构示意图

10.1　配合物的基础知识

1. 定义[①]和组成

一个原子提供电子对或 π 电子，一个原子提供空轨道而形成的共价键叫作配位键。中心体 M 与配位体 L 以配位键相结合，形成具有一定组成和空间结构的**配位单元** ML_n，含有这样配位单元的化合物叫作配位化合物，简称为配合物(旧称"络合物")。配合物一般由内界和外界两部分构成。配位单元即内界，通常放入中括号中，剩下的离子即外界。配位单元可以是阳离子、阴离子或中性分子。例如，$[Cu(NH_3)_4]SO_4$ 中 $[Cu(NH_3)_4]^{2+}$ 为内界、SO_4^{2-} 为外界，$K_3[Fe(CN)_6]$ 中 $[Fe(CN)_6]^{3-}$ 为内界、K^+ 为外界，$[Co(NH_3)_3Cl_3]$ 和 $[Fe(CO)_5]$ 无外界。

中心体，指有空轨道的原子或离子。金属阳离子均可作中心体，而过渡金属元素用作中心体时，氧化数可以为正、零，还可以为负值，如 $H[Co(CO)_4]$。此外，非金属元素作中心体时，通常显示其高氧化态，如 B(Ⅲ)、Si(Ⅳ)。

配体[②]，指能够提供孤电子对的分子或离子。配体中直接与中心体相连的原子，叫作**配位原子**。有 14 种元素的原子或离子可以用作配位原子，这 14 种元素是 F、Cl、Br、I、O、S、Se、Te、N、P、As、C、Si 和 H。配体可以是无机或有机分子、离子，如羰基 CO(C 为配位原子)、亚硝基 NO(N 为配位原子)、羟基 OH^-(O 为配位原子)、氰根 CN^-(C 为配位原子)、硝基 NO_2^-(N 为配位原子)、亚硝酸根 ONO^-(O 为配位原子)、硫氰酸根 SCN^-(S 为配位原子)、异硫氰酸根 NCS^-(N 为配位原子)、甲胺 CH_3NH_2(N 为配位原子)。根据一个配体所能提供的配位原子的个数，分为单齿配体和多齿配体(又称单基配体和多基配体)。上述配体只有一个配位原子，称为**单齿配体**。这里需要注意的是配体-NO_2 和 SCN^-，虽然它们都有两个原子可以作为配位原子，但二者不能同时与同一中心体配位，称为**两可配体**，仍属于单齿配体。**多齿配体**即提供两个或多个配位原子的配体，如草酸根(即乙二酸根)$C_2O_4^{2-}$ 有 2 个羧基氧作为配位原子、乙二胺四乙酸根$[(OOCCH_2)_2NCH_2CH_2N(CH_2COO)_2]^{4-}$(简记为 EDTA)有 2 个 N 和 4 个羧基氧为配位原子、乙二胺 $H_2NCH_2CH_2NH_2$(简记为 en)有 2 个 N 为配位原子。

配位原子的个数(更准确地说是参与配位的原子的个数)叫作**配位数**，常见

① 中国化学会《无机化合物命名原则》(1980 年)给出的定义是"配位化合物是由可以给出孤对电子或多个不定域电子的一定数目的离子或分子(称为配体)和具有接受孤对电子或多个不定域电子的空位的原子或离子(统称为中心原子)按一定的组成和空间构型所形成的化合物"。

② 还有一类重要配体，即提供 π 电子的分子，如不饱和烃环戊二烯 C_5H_6、乙烯等。

的配位数有 2、4、6、8 等。一定的中心体，常具有特征的配位数。例如，Ag^{+} 的配位数都是 2，Zn^{2+}、Cd^{2+}、Hg^{2+}、Cu^{2+}、Au^{3+}、Ni^{2+}、Pt^{2+} 的常见配位数是 4，Sc^{3+}、Ti^{3+}、V^{3+}、Cr^{3+}、Mn^{3+}、Fe^{3+}、Fe^{2+}、Co^{3+}、Co^{2+}、Pt(IV)的配位数通常是 6。影响配位数的因素有两个：一是中心体所带的电荷，中心体电荷高，对配体吸引力大，配位数就大，如$[Ag(NH_3)_2]^{+}$、$[Cu(NH_3)_4]^{2+}$、$[Co(NH_3)_6]^{3+}$；二是中心体与配体的相对大小，一般来说$\frac{r_{中心体}}{r_{配体}}$越大，配位数就越大，如$[AlF_6]^{3-}$与$[AlCl_4]^{-}$、$[BF_4]^{-}$与$[AlF_6]^{3-}$。

配位单元 ML_n 较稳定。例如，向分别装有 $FeCl_3$，$(NH_4)_2SO_4\cdot Fe_2(SO_4)_3$ 和 $K_3[Fe(CN)_6]$溶液的 3 支试管中加入 KSCN 溶液。前两个试管中溶液变为血红色，即简单盐和复盐溶液中均有大量的 Fe^{3+}，生成了$[Fe(SCN)_x]^{3-x}$；第三支试管中无变化，表明$[Fe(CN)_6]^{3-}$作为一个整体稳定存在，不能离解出足够的 Fe^{3+}。事实上，配位单元 ML_n 具有相对的稳定性，在水溶液中存在配位离解平衡，将在 10.3 节讨论。

2. 分类

根据组成和结构的不同，可对配合物进行分类(表 10-1)。本教材主要讨论简单配合物和螯合物。螯合物分子中存在有五元环、六元环，如$[Cu(en)_2]^{2+}$和$[Ca(EDTA)]^{2-}$，它们的结构如图 10-2、图 10-3 所示，比简单配合物稳定。

表 10-1　配合物的类别

配合物类型	结构特征	实例
简单配合物	中心体与单齿配体	$[Ag(NH_3)_2]^{+}$，$[AlF_6]^{3-}$
螯合物	中心体与多齿配体，有环存在	$[Cu(en)_2]^{2+}$，$[Ca(EDTA)]^{2-}$
大环冠醚配合物	配体有多个配位原子	18-冠-6 与 K^{+} 的配合物*
多核配合物	配位单元中含有两个或多个中心体，一配位原子同时与两个中心体结合	$[Fe_3(H_2O)_{10}(OH)_4]^{5+}$
羰基配合物	中心体、配位体氧化数均为 0	$[Fe(CO)_5]$，$[Ni(CO)_4]$
不饱和烃的配合物	配体提供 π 电子	$[Fe(C_5H_5)_2]$，$K[Pt(C_2H_4)Cl_3]$**

* 18-冠-6 的结构见第 12 章图 12-1。

* * 见第 14 章图 14-7。

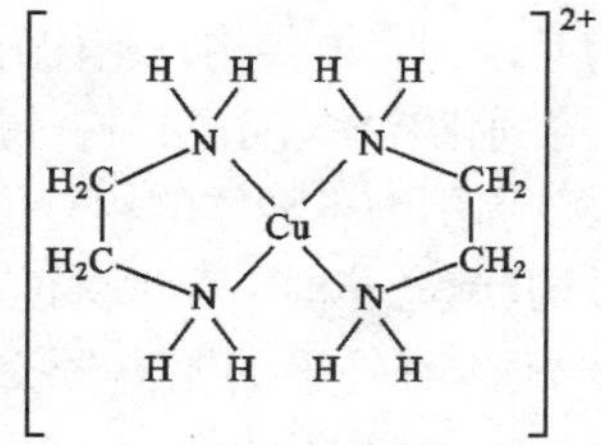

图 10-2 $[Cu(en)_2]^{2+}$ 的结构

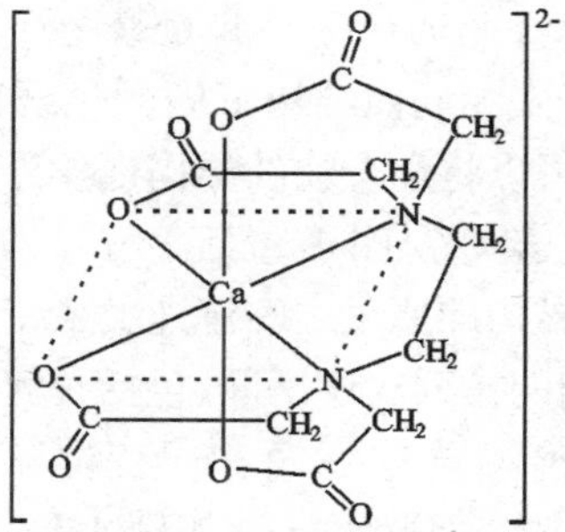

图 10-3 $[Ca(EDTA)]^{2-}$ 的结构

3. 命名

配位单元的命名顺序为：阴离子·中性分子一合一中心原子/离子（氧化数除0外，皆用罗马数字表示），同类配体按配位原子元素符号的英文字母顺序，如 $\underline{N}H_3$ 先于 $H_2\underline{O}$。若含有多种配体时，先无机后有机，先简单后复杂。复杂配体加括号，配体数用二、三、四等表示；对于 π 电子配体，还可加词头“η-”表示。

举例如下：

$[Co(NH_3)_5H_2O]Cl_3$	三氯化五氨·水合钴(Ⅲ)
$[Co(NH_3)_5H_2O]^{3+}$	五氨·水合钴(Ⅲ)离子
$[Fe(en)_3]Cl_3$	三氯化三(乙二胺)合铁(Ⅲ)
$[Fe(CO)_5]$	五羰基合铁(0)
$[Fe(C_5H_5)_2]$	二(η-环戊二烯)合铁(Ⅱ)
$K[Pt(C_2H_4)Cl_3]$	三氯·(η-乙烯)合铂(Ⅱ)酸钾
$Na_3[Fe(CN)_5CO]$	五氰·羰基合铁(Ⅱ)酸钠
$Na[Co(CO)_4]$	四羰基合钴(－Ⅰ)酸钠
$[Pt(NH_3)_4Cl_2][PtCl_4]$	四氯合铂(Ⅱ)酸二氯·四氨合铂(Ⅳ)

可见，内、外界要用一个字连接，配位单元为阳离子，前面加“化”；配位单元为阴离子，后面加“酸”字，这与无机盐命名一致。另外，对于多核配合物（即配位单元中含有两个或两个以上中心体的配合物）的桥基配体，为了区别端基配体，需在桥基配体前加上词头“μ-”，如：

$$[(NH_3)_5Cr-\overset{H}{O}-Cr(NH_3)_5]Cl_5$$

五氯化 μ-羟基·二[五氨合铬(Ⅲ)]

$$\left[(H_2O)_4Fe\begin{matrix}\overset{H}{O}\\ \diagup\ \ \diagdown\\ \diagdown\ \ \diagup\\ \underset{H}{O}\end{matrix}Fe(H_2O_4)\right]^{4+}$$

二(μ-羟基)·二[四水合铁(Ⅲ)]离子

4. 配合物的同分异构现象

分子式相同而结构不同的化合物称为同分异构体。根据是否在相同原子之间成键，可以将配合物的异构现象分为两类：结构异构和立体异构。结构异构即原子之间键连关系不同，包括离解异构、水合异构/溶剂化异构、配位异构、键连异构等；立体异构即原子之间键连关系相同，但在中心体周围的各配体的相对位置不同或在空间的排列次序不同，包括几何异构、构象异构、旋光异构。现举例说明如下。

(1)离解异构：又称离子变位异构，指阴离子配体与外界的阴离子交换而得到的异构体。例如，$[Co(NH_3)_5Br]SO_4$ 和 $[Co(NH_3)_5(SO_4)]Br$，与 $AgNO_3$ 溶液反应时，前者出现白色沉淀 Ag_2SO_4，后者得到黄色沉淀 AgBr；若滴加 $BaCl_2$ 溶液，则前者出现白色沉淀 $BaSO_4$，后者无沉淀。

(2)水合异构：水分子部分或全部进入内界，形成水合异构体。例如，组成为 $Cr(H_2O)_6Cl_3$ 的配合物具有三种水合异构体：$[Cr(H_2O)_6]Cl_3$，紫色；$[Cr(H_2O)_5Cl]Cl_2 \cdot H_2O$，蓝绿色；$[Cr(H_2O)_4Cl_2]Cl \cdot 2H_2O$，绿色。

(3)配位异构：两个内界之间交换配体而得到的异构体。只有阴、阳离子都是配位单元或在双核配合物中，才可能出现这种同分异构现象，如钴(Ⅲ)和铬(Ⅲ)的配合物 $[Co(NH_3)_6][Cr(CN)_6]$ 与 $[Cr(NH_3)_6][Co(CN)_6]$。

(4)键连异构：指两可配体用不同原子配位而得到的异构体。例如，Co(Ⅲ)与硝基 NO_2 和亚硝酸根离子 ONO^- 配位得到颜色不同的两种异构体：黄色的 $[Co(NO_2)(NH_3)_5]Cl_2$ 与红色的 $[Co(ONO)(NH_3)_5]Cl_2$。

(5)几何异构：例如，配位数为 4 组成为 $[ML_2B_2]$ 的平面四边形结构的配合物中，两个相同配体处于四边形的相邻顶点叫作顺式，否则叫作反式，得到顺、反两种异构体；图 10-4 所示的 $[Pt(NH_3)_2Cl_2]$ 为平面四边形结构，命名时在其名称前加“顺-”或“反-”表明它有两种几何异构体，其中，顺-二氯·二氨合铂(Ⅱ)就是化疗药物顺铂。

(6)构象异构：例如，图 10-5 所示的二(环戊二烯)合铁(Ⅱ)，俗称二茂铁，具有两个环戊二烯离子与亚铁离子形成的“夹心三明治”结构，两个环戊二烯离子的相对位置不同，构成二茂铁的构象异构体。

此外，还有旋光异构等，在此不再赘述。

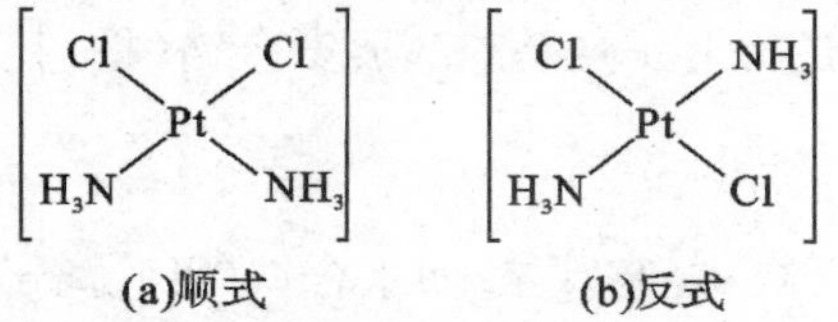

图 10-4 $[Pt(NH_3)_2Cl_2]$ 的顺、反异构体

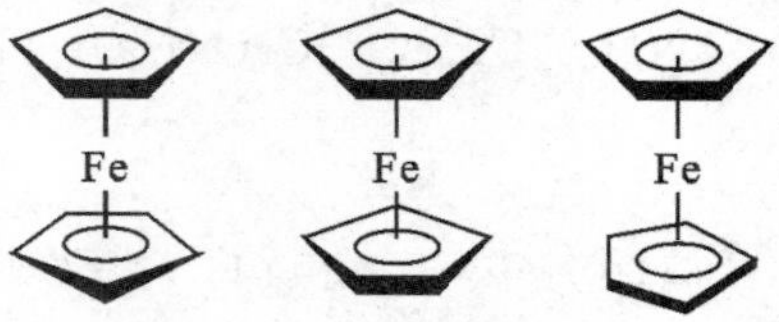

图 10-5 二茂铁的构象异构体

10.2　配合物化学键理论

ML_n 是如何形成的？配位数与 ML_n 结构有何直接联系？如何解释配合物的性质(包括稳定性、磁性、光谱性质如配离子的颜色等)与其结构的内在关系？这三个问题可以由运用配合物价键理论和晶体场理论来解答。

10.2.1　价键理论

配合物的价键理论是电子配对理论和杂化轨道理论的结合，其基本要点如下。

(1)中心体 M 具有空轨道，配体 L 提供孤电子对，$M \xleftarrow{\text{配键}} L$ 形成 σ 配位共价键，简称 σ 配键，σ 配键数等于配位数。

(2)成键过程中，M 的价电子轨道杂化，以杂化的空轨道来接受 L 的孤电子对，杂化轨道的类型决定着配离子的空间构型。配位数、M 的价电子轨道杂化类型与配离子空间构型的关系见表 10-2。元素周期表中第五周期和第六周期元素的配合物，其配位数常大于 6，空间结构复杂，未在表 10-2 中列出。

表 10-2　配位数、M 的价电子轨道杂化类型与空间构型的关系

配位数	杂化类型	空间构型	实例
2	sp	直线形	$[Ag(NH_3)_2]^+$
3	sp^2	平面三角形	$[HgI_3]^-$
4	sp^3	正四面体形	$[Zn(NH_3)_4]^{2+}$，$[Cd(CN)_4]^{2-}$，$[HgI_4]^{2-}$
	dsp^2	平面四边形	$[Ni(CN)_4]^{2-}$，$[PdCl_4]^{2-}$，$[PtCl_4]^{2-}$
5	dsp^3	三角双锥形	$[Fe(CO)_5]$
	sp^3d	三角双锥形	$[Fe(SCN)_5]^{2-}$
6	d^2sp^3	正八面体形	$[Co(NH_3)_6]^{3+}$，$[Fe(CN)_6]^{3-}$
	sp^3d^2	正八面体形	$[CoF_6]^{3-}$，$[FeF_6]^{3-}$

(3)对于配位数为 6 的配合物，若中心体利用外层 d 轨道杂化，则得到**外轨型配合物**；若中心体利用内层 d 轨道杂化，则得到**内轨型配合物**。一个中心体 M 与不同配体形成正八面体配合物时，形成的内轨型配合物比外轨型配合物稳定，并且会表现出不同的磁性。例如，$K_3[FeF_6]$ 和 $K_3[Fe(CN)_6]$，磁矩分别为 5.88 B. M. 和 2.2 B. M.，$[Fe(CN)_6]^{3-}$ 比 $[FeF_6]^{3-}$ 稳定。

研究表明，物质的永磁矩 μ 主要是电子自旋运动造成的，μ 与分子中未成对电子数 n 的近似关系为 $\mu=\sqrt{n(n+2)}$ B. M.；式中：n 为中心体的成单电子数，磁矩的单位为玻尔磁子(B. M.)。不同的 n 值所对应的磁矩的理论计算值见表 10-3。

表 10-3 中心体的成单电子数与磁矩的近似计算值

n	μ(B. M.)*
0	0
1	1.73
2	2.83
3	3.87
4	4.90
5	5.92

* 磁矩的单位玻尔磁子(Bohr Magneton)，记作 B. M.

用价键理论分析$[FeF_6]^{3-}$和$[Fe(CN)_6]^{3-}$的成键。Fe^{3+}的价电子构型为$3d_{xy}{}^1 3d_{xz}{}^1 3d_{yz}{}^1 3d_{x^2-y^2}{}^1 3d_{z^2}{}^1\ 4s^0 4p^0 4d^0$。对于$[FeF_6]^{3-}$，$Fe^{3+}$利用外层空的价电子轨道，采取$sp^3d^2$等性杂化，形成 6 个$sp^3d^2$杂化轨道，接受 6 个$F^-(2s^2 2p^6)$的孤电子对，形成 6 个配位键，$FeF_6^{3-}$为正八面体形，有 5 个成单电子；查表 10-3 知，磁矩计算值为 5.92 B. M.，实际测量值与其吻合。对于$[Fe(CN)_6]^{3-}$，Fe^{3+}的价电子构型为$3d_{xy}{}^2 3d_{xz}{}^2 3d_{yz}{}^1 3d_{x^2-y^2}{}^0 3d_{z^2}{}^0\ 4s^0 4p^0$，利用内层空的价电子轨道，采取$d^2sp^3$等性杂化，形成 6 个$d^2sp^3$杂化轨道，与 6 个$CN^-$结合，形成 6 个配位键，$[Fe(CN)_6]^{3-}$为正八面体形，有 1 个成单电子，磁矩计算值为 1.73 B. M.，实际测量值与其大致相符。

一般来说，配位原子电负性很大，如F^-和H_2O，不易给出电子对，对 M 的电子层结构没有影响，易形成外轨型配合物。配位原子电负性小，如CN^-和NO_2^-，易给出电子对，使 M 的电子层结构改变，形成内轨型配合物。形成内轨型配合物时，要违反洪特规则使原来成单的电子强行在同一 d 轨道中配对，在同一轨道中电子配对时所需要的能量叫作**电子成对能**(用 P 表示)。因此，形成内轨型配合物的条件是 M 与 L 成键的总能量在减去电子成对能之后仍比形成外轨型配合物的键能大。

总之，价键理论能够说明ML_n的形成，给出了配位数与ML_n结构的直接联系，并且能够说明同一中心体所形成的内轨型和外轨型配合物的相对稳定性和磁性。不过，应注意以下几点。首先，价键理论尚不能准确预见内轨、外轨型配合物的形成条件，只能以实验为依据，用磁天平测出物质的磁矩，并与理论计算值比较得出未成对电子数，然后再推断成键的方式。其次，价键理论不能解释$[Cu(NH_3)_4]^{2+}$的平面四边形结构及稳定性。因为Cu^{2+}的价电子构型为$3d^9$，需要空出一个 d 轨道才可采取dsp^2杂化。假设将一个 3d 电子激发到高能量的 4p 轨道上，含有这样一个单电子的$[Cu(NH_3)_4]^{2+}$应该不够稳定，4p 轨道上的电子易失去，即容易被氧化成$[Cu(NH_3)_4]^{3+}$；然而事实是$[Cu(NH_3)_4]^{2+}$在空气中稳定存在，这说明 Cu^{2+} 的单电子仍在 3d 轨道上，Cu^{2+} 未采取 dsp^2 杂化。第三，价键理论不能解释第一过渡系元素的＋2 氧化态的水合离子$[M(H_2O)_6]^{2+}$的稳定性与 M^{2+} 的 $3d^x$ 之间有如下关系：

$$\begin{matrix} d^0 & < & d^1 & < & d^2 & < & d^3 & > & d^4 & > & d^5 & < & d^6 & < & d^7 & < & d^8 & > & d^9 & > & d^{10} \\ Ca^{2+} & & Sc^{2+} & & Ti^{2+} & & V^{2+} & & Cr^{2+} & & Mn^{2+} & & Fe^{2+} & & Co^{2+} & & Ni^{2+} & & Cu^{2+} & & Zn^{2+} \end{matrix}$$

最后，价键理论只能解释配合物基态的性质，不能解释其激发态的性质，如价键理论不能说明为什么大多数过渡金属配合物都有颜色。要解释这些现象，需要用到晶体场理论。

10.2.2　晶体场理论

1929 年，皮塞(H. Bethe)提出晶体场理论。

1. 晶体场理论的基本要点

(1)配位体对中心体的影响。

中心离子 M^{n+} 与配位体 L(阴离子或极性分子)之间的静电引力是配合物稳定的主要原因；中心离子的 d 轨道在配位体静电场的影响下会发生分裂，即原来能量相同的 5 个 d 轨道会分裂成两组或两组以上能量不同的轨道。分裂的情况主要取决于配位体的空间分布。配体在空间的位置，如图 10-6 所示。

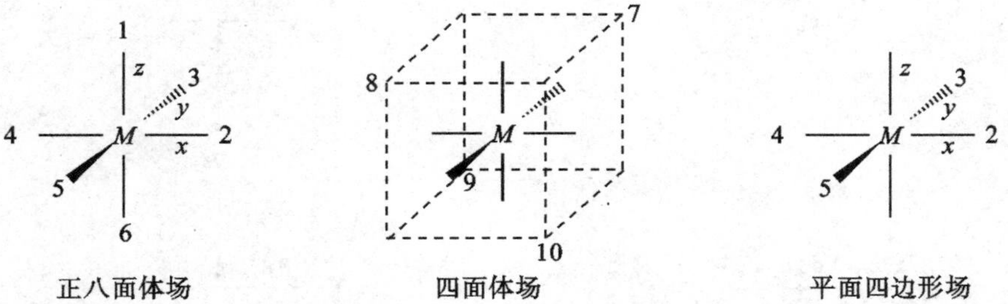

图 10-6　正八面体场、四面体场、平面四边形场中配体在空间的位置

以$[Ti(H_2O)_6]^{3+}$八面体场为例说明中心离子 5 个 d 轨道是如何分裂的。如图 10-7 所示，$d_{x^2-y^2}$ 和 d_{z^2} 轨道和 L 处于“迎头相碰”的状态，受到带负电的配体较大的静电排斥，能量升高；而 d_{xy}，d_{xz}，d_{yz} 三个轨道位于 L 的空隙中，受到的排斥较小，能量降低，即 5 个简并的 d 轨道分裂成两组：d_γ($d_{x^2-y^2}$，d_{z^2})和 d_ε(d_{xy}，d_{xz}，d_{yz})。d_γ 和 d_ε 是晶体场理论中代表这些轨道的符号，如图 10-8 所示。同样的分析可以得出在四面体场中 d 轨道会分裂成两组、在平面四边形场中 d 轨道分裂成四组(图 10-9)的结论。

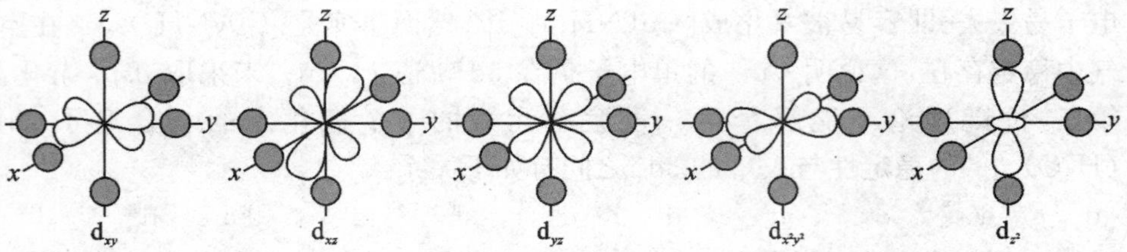

图 10-7　正八面体场对 5 个 d 轨道的作用情况

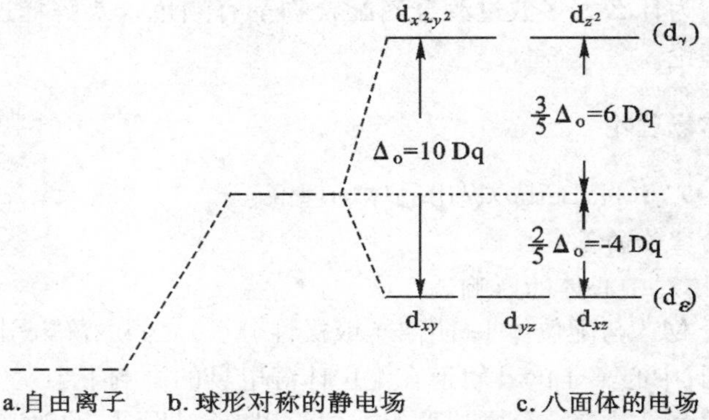

图 10-8　正八面体场中 d 轨道的分裂

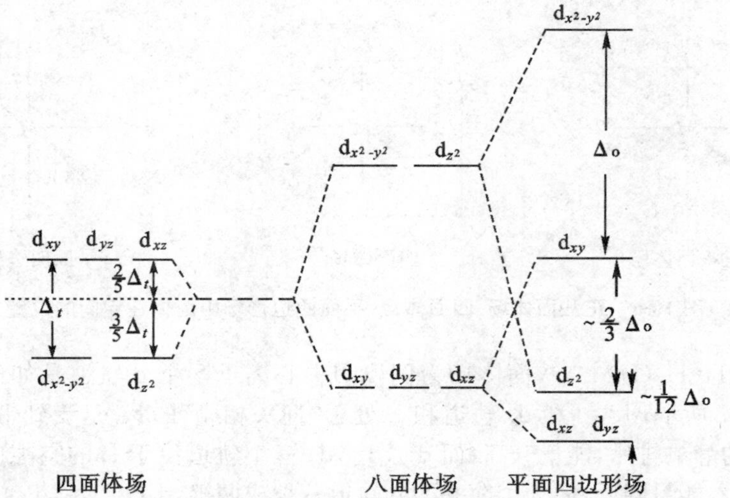

图 10-9　在不同场中 d 轨道的分裂

(2)晶体场的分裂能。

中心离子的 d 轨道在配位体的作用下发生分裂后，最高能级与最低能级间的能量差叫作**分裂能**，用 Δ 表示。根据量子力学中的重心不变原理，分裂后的 d 轨道的总能量的代数和为零。

八面体场 $2E(d_\gamma)+3E(d_\varepsilon)=0$，令八面体场的分裂能 $\Delta_o=E(d_\gamma)-E(d_\varepsilon)=10\ Dq$，解之得 $E(d_\gamma)=\frac{3}{5}\Delta_o=6\ Dq$，$E(d_\varepsilon)=-\frac{2}{5}\Delta_o=-4\ Dq$。$\Delta_o$与配体所形成的晶体场的强度成正比：

$$\Delta_o=E(d_\gamma)-E(d_\varepsilon)=hv=\frac{hc}{\lambda}$$

式中：普朗克常数 $h=6.63\times10^{-34}\ J\cdot s$，光速 $c=2.997\,9\times10^{10}\ cm\cdot s^{-1}$，波长 λ 的单位为厘米。

分裂能 Δ 与波数$\frac{1}{\lambda}$(单位为 cm^{-1}，$1\ cm^{-1}=1.239\,77\times10^{-4}\ eV=1.986\times10^{-23}\ J$)成正比，$\frac{1}{\lambda}$可测量晶体或溶液的光谱得到。例如，$[Ti(H_2O)_6]^{3+}$ 紫红溶液的最大吸收峰在 20 400 cm^{-1}(图 10-10)。

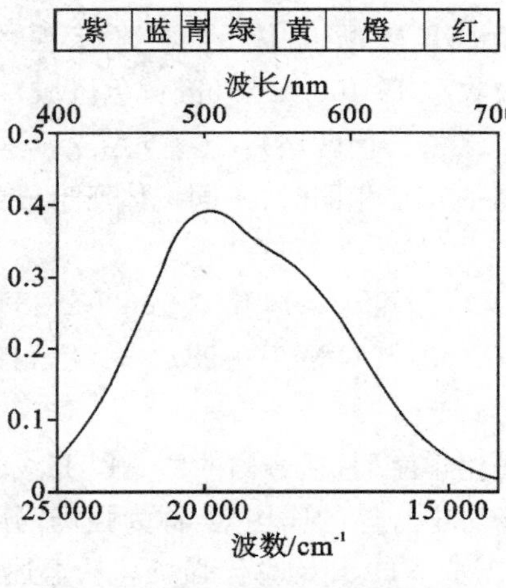

图 10-10　$[Ti(H_2O)_6]^{3+}$ 的吸收光谱

$$\Delta_o=6.63\times10^{-34}(J\cdot s)\times2.997\,9\times10^{10}(cm\cdot s^{-1})\times20\,400\ cm^{-1}\times6.02\times10^{23}\ mol^{-1}$$
$$=244\ kJ\cdot mol^{-1}。$$

首先，分裂能的大小主要依赖于配合物的几何构型。计算表明，在金属离子 M^{n+} 与配位体 L 二者之间的距离和八面体场相同的情况下，四面体场的分裂能

Δ_t为Δ_o的$\frac{4}{9}$，平面四边形场的分裂能Δ_s为Δ_o的 1.742 倍，即平面四边形场Δ_s = 17.42 Dq>八面体场Δ_o = 10 Dq>四面体场Δ_t = 4.45 Dq。不同配体场中能量的相对值如图 10-11 所示。

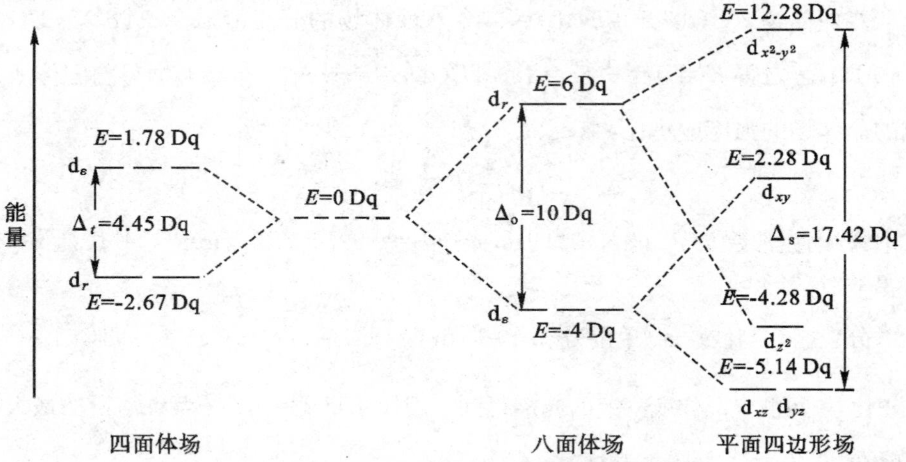

图 10-11　分裂能在不同场中的相对大小

其次，分裂能的大小与配位体的种类有很大的关系。蓝紫色的$[Cu(NH_3)_4]^{2+}$，最大吸收在 15 100 cm^{-1}（橙黄色区域）；蓝色的$[Cu(H_2O)_4]^{2+}$，最大吸收在 12 600 cm^{-1}（橙红色区域），$\Delta_{NH_3}>\Delta_{H_2O}$。这表明$NH_3$是比$H_2O$更强的配位体。当中心离子$M^{n+}$相同时，不同配体所形成的八面体场的分裂能$\Delta_o$由大到小的顺序为：

CN^-(1.5 ～ 3.0)> —NO_2 >SO_3^{2-}> en (1.28)> NH_3 > $EDTA^{4-}$ > —NCS^-(1.02)> H_2O(1.00)> $C_2O_4^{2-}$(0.98)>—O—N=O—，OH^- > F^-(0.9) > SCN^- > Cl^-(0.8)> Br^-(0.76)>I^-

这个序列称为**光谱化学序列**，括号内的值是以H_2O的Δ_o为 1.00 时的相对值。分裂能大的配体场对中心体的作用大，称为**强场**；分裂能小的配体场对中心体的作用小，称为**弱场**。从NH_3开始算作强场。从上述光谱化学序列可粗略看出，分裂能的大小同配位原子的种类有关：碳>氮>氧>卤素。

另外，分裂能的大小还与中心离子的电荷和 d 轨道的主量子数 n 有关。中心离子M^{n+}的电荷越高，对配体的引力越大，则 M—L 的核间距越小，M 外层电子与配体之间的斥力就越大，从而分裂能也越大。例如，第四周期过渡元素的M^{2+}离子的六水化合物的Δ_o为 7 500～14 000 cm^{-1}，而M^{3+}离子的Δ_o在 14 000～21 000 cm^{-1}之间。同族过渡金属相同电荷的离子，在配体相同时，分裂能的顺序一般为 3d <4d <5d。例如，$[CrCl_6]^{3-}$（Δ_o=13 600 cm^{-1}）<$[MoCl_6]^{3-}$（Δ_o=19 200 cm^{-1}），$[RhCl_6]^{3-}$（Δ_o=20 300 cm^{-1}）<$[IrCl_6]^{3-}$（Δ_o=24 900 cm^{-1}）。

需要说明的是，分裂能仅占组成配合物的总结合能的一小部分（5%～10%）。例如，$[Ti(H_2O)_6]^{3+}$的Δ_o约为 244 kJ·mol^{-1}，而$[Ti(H_2O)_6]^{3+}$的水合能约为 4 184 kJ·mol^{-1}，但分裂能仍起重要作用。

(3)晶体场稳定化能(Crystal Field Stabilization Energy，缩写为 CFSE)。

晶体场稳定化能指 d 电子从未分裂前的 d 轨道进入分裂后的 d 轨道所产生的总能量的改变值。设进入 d_ε轨道的电子数为 n_ε，进入 d_γ轨道的电子数为 n_γ，则：

$$\text{八面体场的 CFSE}=-\frac{2}{5}\Delta_o\times n_\varepsilon+\frac{3}{5}\Delta_o\times n_\gamma=(-4n_\varepsilon+6n_\gamma)\text{Dq}$$

可见，八面体配合物稳定化能既和 Δ_o的大小有关，又和 n_ε，n_γ的数目有关，进入低能量轨道的电子越多，则稳定化能越大。一般地，在强场中，Δ_o大于电子成对能 P，电子倾向于进入低能量轨道，形成**低自旋化合物**；在弱场中，Δ_o小于电子成对能 P，电子尽量分占各个轨道，形成**高自旋化合物**。例如，$[Fe(H_2O)_6]^{3+}$的 P=30 000 cm^{-1}>$\Delta_o(H_2O)$=13 700 cm^{-1}，H_2O 为弱场，形成高自旋配合物；$[Fe(CN)_6]^{3-}$的 P=30 000 cm^{-1}<$\Delta_o(CN^-)$=13 700 cm^{-1}×2.5 =34 250 cm^{-1}，CN^-为强场，形成低自旋配合物。

表 10-4 列出了 $d^{1\sim9}$型离子在八面体场、四面体场、平面四边形场中的稳定化能。可以看出，除了 d^0，d^{10}，d^5型(弱场)离子的 CFSE 为零以外，其他构型的离子在强场和弱场中的 CFSE 绝对值均为平面四边形场>八面体场>四面体场。平面四边形场和八面体场的 CFSE 差值以 d^8(强场)或 d^4、d^9(弱场)时为最大。

综上所述，晶体场理论的核心内容是配体的静电场与中心离子作用引起的 d 轨道能级分裂，以及 d 电子进入低能级轨道所产生的晶体场稳定化能。

2. 应用

(1)解释配合物的结构。尽管由 CFSE 看相同金属离子和相同配体的配离子的稳定性为平面四边形>八面体>四面体，但事实上，八面体的配离子更常见。这是因为八面体的配离子形成 6 个配位键，平面四边形的配离子形成 4 个配位键，总键能前者大于后者。分裂能 Δ 仅占组成配合物的总结合能的一小部分(5%～10%)，导致 CFSE 比配合物的总结合能小一个数量级。只有中心离子为 d^8(强场)或 d^4、d^9(弱场)时，平面四边形场的 CFSE 远远高于八面体场的 CFSE，才能形成平面四边形配合物，即只有 Ni^{2+}、Pd^{2+}、Pt^{2+}以及 Cu^{2+}的配合物才呈现平面四边形结构。四面体结构的配合物，主要在中心离子为 d^0、d^{10}和 d^5(弱场)构型时存在，如 d^0构型的 $TiCl_4$，d^{10}构型的 Zn^{2+}、Cd^{2+}、Hg^{2+}的配合物以及 d^5构型的$[FeCl_4]^-$(Cl^-弱场)。

表 10-4　d^n 离子在八面体场、四面体场、平面四边形场中的稳定化能

d^n 离子		弱场 CFSE/Dq			强场 CFSE/Dq		
		平面四边形场	八面体场	四面体场	平面四边形场	八面体场	四面体场
d^0	Ca^{2+}	0	0	0	0	0	0
d^1	Ti^{3+}	−5.14	−4	−2.67	−5.14	−4	−2.67
d^2	V^{3+}	−10.28	−8	−5.34	−10.28	−8	−5.34
d^3	Cr^{3+}	−14.56	−12	−3.56	−14.56	−12	−8.01
d^4	Mn^{3+}	−12.28	−6	−1.78	−19.70	−16	−10.68
d^5	Mn^{2+},Fe^{3+}	0	0	0	−24.84	−20	−8.90
d^6	Fe^{2+},Co^{3+}	−5.14	−4	−2.67	−29.12	−24	−6.12
d^7	Co^{2+},Ni^{3+}	−10.28	−8	−5.34	−26.84	−18	−5.34
d^8	Ni^{2+},Pd^{2+},Pt^{2+}	−14.56	−12	−3.56	−24.56	−12	−3.56
d^9	Cu^{2+}	−12.28	−6	−1.78	−12.28	−6	−1.78
d^{10}	Zn^{2+},Cd^{2+},Hg^{2+}	0	0	0	0	0	0

注：表中的 CFSE 是以八面体的 Δ_o 为基准计算所得的相对值，均未扣除成对能 P。

晶体场理论很好地解释了$[Cu(NH_3)_4]^{2+}$的平面四边形结构及稳定性。研究表明，铜氨溶液中存在的是拉长的八面体$[Cu(NH_3)_4(H_2O)_2]^{2+}$[图10-12(a)的结构示意图]。4 个 NH_3 在 Cu^{2+} 的四周，2 个 H_2O 在八面体的轴向(图 10-12 所示的 z 轴)上，Cu—N 键长 206 pm，而 Cu 与 O 的距离为 267 pm，后者比正常 Cu—O键长大得多，可以认为 Cu^{2+} 与 H_2O 之间无成键作用，因此看成是四配位的平面四边形的$[Cu(NH_3)_4]^{2+}$。

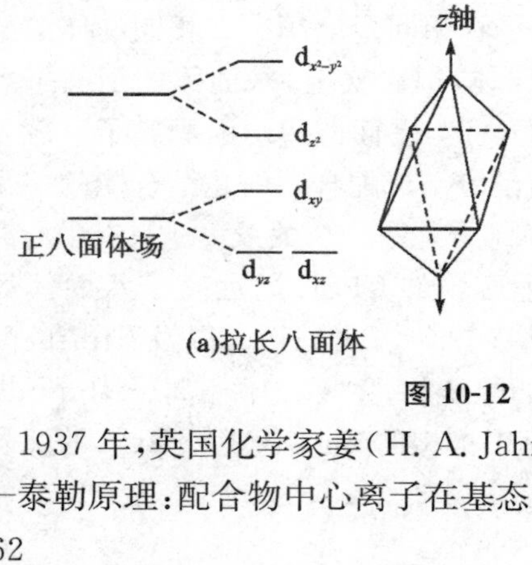

(a)拉长八面体

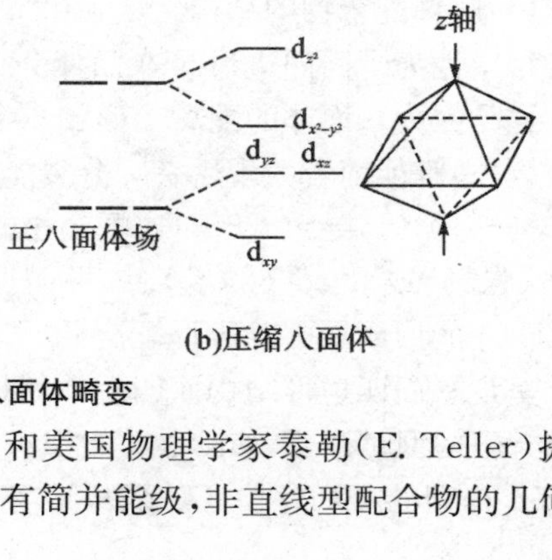

(b)压缩八面体

图 10-12　八面体畸变

1937 年，英国化学家姜(H. A. Jahn)和美国物理学家泰勒(E. Teller)提出姜—泰勒原理：配合物中心离子在基态时有简并能级，非直线型配合物的几何构

型可发生变形而能级分裂，从而使体系的能量降低达到稳定化。换言之，如果中心离子 d 轨道电子云不对称（八面体场中 d 电子云对称的情形包括 d^0、d^3、d^8、d^{10} 以及 d^5 弱场和 d^6 强场，其余情况均为不对称），则配体所受的作用就不对称，因此导致八面体结构发生畸变，这称为**姜—泰勒效应**。如图 10-12 所示，姜—泰勒效应预言了八面体畸变发生的两种情形，但不能预测是拉长八面体还是压缩八面体，必须通过实验测定配合物结构才能得知。姜—泰勒效应很好地解释了 $[Cu(NH_3)_4]^{2+}$ 的结构和稳定性。如图 10-12(a) 所示，Cu^{2+} 价电子为 $3d^9$，其最后 1 个 d 电子填充在畸变后的 $d_{x^2-y^2}$ 轨道上，相比于畸变之前的八面体获得了一份额外的稳定化能，体系的能量降低而使体系稳定，形成拉长八面体即平面四边形结构（称之为畸变八面体的平面四边形结构）。

(2) 解释了第一过渡系元素 $[M(H_2O)_6]^{2+}$ 的稳定性与 M^{2+} 的 $3d^x$ 之间的关系。晶体场理论认为 H_2O 是弱场。从表 10-4 得知，八面体弱场的 CFSE 的绝对值大小顺序为：

$$d^0 < d^1 < d^2 < d^3 > d^4 > d^5 < d^6 < d^7 < d^8 > d^9 > d^{10}$$

这正是 $[M(H_2O)_6]^{2+}$ 稳定性与 M^{2+} 的 $3d^x$ 之关系顺序。

(3) 解释配合物的磁性。晶体场理论讨论配合物时，用分裂能与电子成对能的相对大小所导致的配合物中心离子有高、低自旋之分来说明配合物的磁性。对于第四周期过渡金属离子的四面体配合物，因 $\Delta_t = \frac{4}{9}\Delta_o$，即 Δ_t 较小，不易超过 P，因而尚未发现低自旋配合物，均表现出顺磁性。第五周期和第六周期的 4d 和 5d 过渡金属比同族的第四周期 3d 金属离子易生成低自旋配合物（$P < \Delta_o$）。事实上，对于八面体配合物 ML_6，只有中心离子为 d^4、d^5、d^6、d^7 四种构型时，才有高、低自旋之分。高自旋，成单电子多，磁矩高；低自旋，成单电子少，磁矩低。晶体场理论的高、低自旋配合物对应于价键理论的外轨型、内轨型配合物。

(4) 解释配合物的颜色。含 $d^{1\sim9}$ 的过渡金属离子的配合物，由于 d 轨道没有充满，电子吸收光能在 d_γ 和 d_ε 轨道之间发生电子跃迁，这种跃迁称为 **d-d 跃迁**。由此，显示出所吸收的光的互补色。例如，我们所熟悉的 $[Cu(H_2O)_4]^{2+}$，吸收了在 12 600 cm^{-1} 附近橙红色区域的光而显蓝色。而 d^0、d^{10} 构型的离子若显色，则是由电荷迁移等其他原因造成的（见第 14 章 14.1 节）。

至此，晶体场理论已经解决了我们前面提出的关于配合物的颜色的问题。由于晶体场理论只考虑了中心离子与配体之间的静电作用，没有考虑二者之间一定程度的共价结合，无法说明 $[Ni(CO)_4]$、$[Fe(CO)_5]$ 等以共价为主的配合物的形成和性质，也无法说明光化学序中卤素离子 X^- 和 OH^- 的场强比 H_2O 还要低的现象。这些都需要用配体场理论解释，对此本教材不作讨论。

10.3 配合物的稳定性和配位离解平衡

10.3.1 软硬酸碱规则

配合物的稳定性取决于中心体和配体(配位原子)的性质。依据 Lewis 电子酸碱理论,配位反应属于酸碱反应,中心体为 Lewis 酸,配体为 Lewis 碱。1963 年,皮尔森(R. G. Pearson)在前人工作的基础上,根据离子的极化能力和变形性的大小,提出软硬酸碱的概念和规则。**硬酸**指电荷高、r 小、Z/r 大、d 电子少、不易变形的 Lewis 酸,如碱金属、碱土金属离子和轻金属的高价离子。**软酸**指电荷低、r 大、Z/r 小、d 电子多、易于变形的 Lewis 酸,如重过渡金属低价离子、金属原子 M^0。介于二者之间的叫作**交界酸**。**硬碱**的 r 小,电负性大,不易给出电子,不易被极化。**软碱**的 r 大,电负性小,易给出电子,易被极化。介于二者之间的叫作**交界碱**。对于同一元素,氧化数高的为硬酸,氧化数低的为软酸。例如,Fe^{3+} 为硬酸,Fe^{2+} 为交界酸,Fe 为软酸。常见酸、碱的归属分别见表 10-5 和表 10-6。

软硬酸碱规则是"硬亲硬,软亲软,软硬交界就不管"。这是一条经验规律,以此可以判断一些简单配合物的稳定性。例如,稳定性顺序为 $[HgCl_4]^{2-} < [HgBr_4]^{2-} < [HgI_4]^{2-}$,$[Fe(SCN)_x]^{3-x} < [Fe(CN)_6]^{3-} < [Fe(C_2O_4)_3]^{3-}$。另外,软硬酸碱规则在有机化学中应用颇广。

表 10-5 酸的归属

硬酸	交界酸	软酸
H^+, Li^+, Na^+, K^+		
Be^{2+}, Mg^{2+}, Ca^{2+}, Sr^{2+}		
Al^{3+}	Sn^{2+}, Pb^{2+}, Sb^{3+}, Bi^{3+}	Tl^+, Tl^{3+}
Cr^{3+}, Mn^{2+}, Fe^{3+}, Co^{3+}	Cr^{2+}, Fe^{2+}, Co^{2+}, Ni^{2+},	Cu^+, Ag^+, Au^+, Cd^{2+}, Hg^+,
La^{3+}, Ti(IV)	Cu^{2+}, Zn^{2+}	Hg^{2+}, Pd^{2+}, Pt^{2+}, Pt(Ⅳ), M^0

表 10-6 碱的归属

硬碱	交界碱	软碱
F^-, Cl^-	Br^-	I^-, H^-
H_2O, OH^-, O^{2-}, $C_2O_4^{2-}$		H_2S, S^{2-}
ClO_4^-, SO_4^{2-}, PO_4^{3-}, NO_3^-, CO_3^{2-}	SO_3^{2-}, NO_2^-	SCN^-, $S_2O_3^{2-}$, CN^-, CO
NH_3, RNH_2, N_2H_4	$C_6H_5NH_2$	C_2H_4

10.3.2　配合物的稳定常数

前面提到配合物有相对的稳定性，在水溶液中存在配位离解平衡。下面来做一个实验：将足量氨水加入铜盐溶液，得到深蓝色溶液。此时向溶液中加入 NaOH 溶液，无沉淀产生，表明溶液中铜离子主要以配离子$[Cu(NH_3)_4]^{2+}$存在；但若继续加入 0.1 mol·L^{-1} Na_2S溶液，出现黑色的 CuS 沉淀，表明溶液中仍存在很少量的铜离子，尽管浓度很低，还是存在如下配位离解平衡：

$$Cu^{2+}+4NH_3 \rightleftharpoons [Cu(NH_3)_4]^{2+}$$

$$K^{\ominus}_{稳}=\frac{[Cu(NH_3)_4^{2+}]}{[Cu^{2+}][NH_3]^4}$$

$K^{\ominus}_{稳}$叫作配离子的**稳定常数**，$K_{稳}$越大，配离子就越稳定、越不容易离解。配离子的形成是分步进行的(见表 10-7)，溶液中存在一系列的配位离解平衡及相应的**逐级稳定常数** $K_1, K_2, \cdots\cdots, K_n$ 和**累积稳定常数** $\beta_1, \beta_2, \cdots\cdots, \beta_n$。

表 10-7　配离子的分步形成

离子方程式	逐级稳定常数	离子方程式	累积稳定常数
$Cu^{2+}+NH_3 \rightleftharpoons [Cu(NH_3)]^{2+}$	$K^{\ominus}_1=\frac{[Cu(NH_3)^{2+}]}{[Cu^{2+}][NH_3]}$	$Cu^{2+}+NH_3 \rightleftharpoons [Cu(NH_3)]^{2+}$	$\beta_1=K^{\ominus}_1$
$[Cu(NH_3)]^{2+}+NH_3 \rightleftharpoons [Cu(NH_3)_2]^{2+}$	$K^{\ominus}_2=\frac{[Cu(NH_3)_2^{2+}]}{[Cu(NH_3)^{2+}][NH_3]}$	$Cu^{2+}+2NH_3 \rightleftharpoons [Cu(NH_3)_2]^{2+}$	$\beta_2=K^{\ominus}_1 K^{\ominus}_2$
$[Cu(NH_3)_2]^{2+}+NH_3 \rightleftharpoons [Cu(NH_3)_3]^{2+}$	$K^{\ominus}_3=\frac{[Cu(NH_3)_3^{2+}]}{[Cu(NH_3)_2^{2+}][NH_3]}$	$Cu^{2+}+3NH_3 \rightleftharpoons [Cu(NH_3)_3]^{2+}$	$\beta_3=K^{\ominus}_1 K^{\ominus}_2 K^{\ominus}_3$
$[Cu(NH_3)_3]^{2+}+NH_3 \rightleftharpoons [Cu(NH_3)_4]^{2+}$	$K^{\ominus}_4=\frac{[Cu(NH_3)_4^{2+}]}{[Cu(NH_3)_3^{2+}][NH_3]}$	$Cu^{2+}+4NH_3 \rightleftharpoons [Cu(NH_3)_4]^{2+}$	$\beta_4=K^{\ominus}_1 K^{\ominus}_2 K^{\ominus}_3 K^{\ominus}_4$ $=K^{\ominus}_{稳}$

$K_1, K_2, \cdots\cdots, K_n$通常相差不大，在配体过量的情况下，最高配位数为主要组分，低级配离子可忽略不计。对于同类型配离子，可用β比较其稳定性，β越大，配离子就越稳定。例如，$\beta_{4[Zn(NH_3)_4]^{2+}}=2.9\times10^9$，$\beta_{4[Zn(CN)_4]^{2-}}=5.0\times10^{16}$，表明$[Zn(CN)_4]^{2-}$比$[Zn(NH_3)_4]^{2+}$稳定。不同类型配离子，须通过计算比较其稳定性。例如，$\beta_{[Cu(EDTA)]^{2-}}=5\times10^{18}$，$\beta_{[Cu(en)_2]^{2+}}=1\times10^{20}$，但$[Cu(EDTA)]^{2-}$更稳定。

例 10-1　将 0.010 mol $AgNO_3$(s)加入 1.0 L 0.030 mol·L^{-1} $NH_3 \cdot H_2O$(假设体积不变)，计算溶液中Ag^+、NH_3和$[Ag(NH_3)_2]^+$的浓度(已知$\beta_2=1.1\times10^7$)。

解：	Ag^+	+	$2NH_3$	$\rightleftharpoons$	$[Ag(NH_3)_2]^+$
$t_0/mol\cdot L^{-1}$	0.010		0.030		0
$t_e/mol\cdot L^{-1}$	x		$0.030-2(0.010-x)$ ≈ 0.010		$0.010-x$ ≈ 0.010

由 $\beta_2=1.1\times10^7$ 可知，Ag^+ 在过量的 NH_3 存在时，绝大多数转化成 $[Ag(NH_3)_2]^+$；平衡时 $[NH_3]\approx 0.010\ mol\cdot L^{-1}$，$[Ag(NH_3)_2^+]\approx 0.010\ mol\cdot L^{-1}$，$\beta_2=\frac{0.010}{0.010^2x}=1.1\times10^7$，解之，$x=[Ag^+]=9.1\times10^{-6}\ mol\cdot L^{-1}$。

10.3.3 配位离解平衡的移动

作为一种化学平衡，配合物的配位离解平衡 $M^{n+}+xL^-\rightleftharpoons[ML_x]^{n-x}$ 是一种相对的平衡。温度对上述平衡影响不大，浓度是主要的影响因素。若要破坏配合物 $[ML_x]^{n-x}$，让平衡向左移动，可通过加 H^+ 降低配体的浓度 $[L^-]$，或者加沉淀剂、氧化剂或还原剂以及其他配位剂等来降低 $[M^{n+}]$。而这四种方式，正表现为溶液中的酸碱平衡、沉淀溶解平衡、氧化还原平衡和配位离解平衡。下面分别举例讨论配位离解平衡与这四种离子平衡的关系。

1. 与酸碱平衡的关系

例如，

$$\begin{array}{ccccc} Fe^{3+} & + & 6F^- & \rightleftharpoons & [FeF_6]^{3-} \\ & & + & & \\ & & 6H^+ & & \\ & & \Updownarrow & & \\ & & 6HF & & \end{array}$$

显然，β_n 越小，K_a 越小（酸越弱），ML_n 越易被酸破坏。

2. 与沉淀溶解平衡的关系

来看下面一组实验。已知 AgCl、AgBr 和 AgI 的 $K_{sp}^{\ominus}$ 依次为 1.77×10^{-10}、5.35×10^{-13} 和 8.52×10^{-17}。现在向这三种沉淀中分别加入 $NH_3\cdot H_2O$，AgCl 溶解得 $[Ag(NH_3)_2]^+$（$\beta_2=1.1\times10^7$），AgBr 和 AgI 不溶；再向 AgBr 和 AgI 中加入 $Na_2S_2O_3$ 溶液，AgBr 溶解得 $[Ag(S_2O_3)_2]^{3-}$（$\beta_2=2.9\times10^{13}$），AgI 不溶；向 AgI 中加入 KCN 溶液，AgI 溶解得无色清液 $[Ag(CN)_2]^-$（$\beta_2=1.3\times10^{21}$），再滴加 Na_2S 溶液，生成黑色的 Ag_2S（$K_{sp}^{\ominus}=1.1\times10^{-49}$）沉淀。

可见，$K_{sp}^{\ominus}$ 越大或 β_n 越大，则沉淀越易溶解生成配离子；$K_{sp}^{\ominus}$ 越小或 β_n 越小，则配离子越易被破坏而生成沉淀。当然，沉淀反应与配位反应之间的平衡移动还与各组分的浓度有关。

例 10-2　(1)将 NaCl 加入 0.1 $mol\cdot L^{-1}[Ag(NH_3)_2]^+$ 溶液，保持 NaCl 的浓度为 0.001 $mol\cdot L^{-1}$，有 AgCl 沉淀析出吗？

(2)将 NaCl 加入含有 2 $mol\cdot L^{-1}$ $NH_3\cdot H_2O$ 的 0.1 $mol\cdot L^{-1}[Ag(NH_3)_2]^+$ 溶液，保持 NaCl 的浓度为 0.001 $mol\cdot L^{-1}$，有 AgCl 沉淀析出吗？（已知 $\beta_{2[Ag(NH_3)_2]^+}=1.1\times10^7$，$K^{\ominus}_{sp\,AgCl}$ 为 1.77×10^{-10}）

解：(1)　$Ag^+ + 2NH_3 \rightleftharpoons [Ag(NH_3)_2]^+$

$t_e/mol\cdot L^{-1}$　x　$2x$　$0.1-x\approx0.1$

$\beta_2=\dfrac{0.1}{x(2x)^2}=\dfrac{0.1}{4x^3}=1.1\times10^7$，解之，$x=1.3\times10^{-3}\ mol\cdot L^{-1}$

$Q=[Ag^+][Cl^-]=1.3\times10^{-3}\times0.001=1.3\times10^{-6}>K^{\ominus}_{sp}$，所以有 AgCl 沉淀析出。

(2)　$Ag^+ + 2NH_3 \rightleftharpoons [Ag(NH_3)_2]^+$

$t_e/mol\cdot L^{-1}$　y　$2+2y\approx2$　$0.1-y\approx0.1$

$\beta_2=\dfrac{0.1}{4y}=1.1\times10^7$，解之，$y=2.3\times10^{-9}\ mol\cdot L^{-1}$

$Q=[Ag^+][Cl^-]=2.3\times10^{-9}\times0.001=2.3\times10^{-12}<K^{\ominus}_{sp}$，所以无 AgCl 沉淀析出。

3. 与氧化还原平衡的关系

配合物的形成使金属/金属离子电极的电极电势发生变化。

例 10-3　若 $\varphi^{\ominus}_{Ag^+/Ag}=0.7996\ V$，$\beta_{2[Ag(CN)_2]^-}=10^{21.1}$，计算 $\varphi^{\ominus}_{[Ag(CN)_2]^-/Ag}$。

解：　将两个电对组成原电池：(－)Ag|$[Ag(CN)_2]^-$ ‖ Ag^+|Ag(＋)

(－) $Ag + 2CN^- - e^- \rightleftharpoons [Ag(CN)_2]^-$

(＋) $Ag^+ + e^- \rightleftharpoons Ag$

$Ag^+ + 2CN^- \rightleftharpoons [Ag(CN)_2]^-$

$$\lg\beta_2=\frac{\varphi^{\ominus}_{Ag^+/Ag}-\varphi^{\ominus}_{[Ag(CN)_2]^-/Ag}}{0.0591}$$

$\varphi^{\ominus}_{[Ag(CN)_2]^-/Ag}=\varphi^{\ominus}_{Ag^+/Ag}-0.0591\lg\beta_2=0.7996-0.0591\lg10^{21.1}=-0.4474(V)$

例 10-4　已知 $\varphi^{\ominus}_{Co^{3+}/Co^{2+}}=1.92\ V$，$\varphi^{\ominus}_{O_2/H_2O}=1.229\ V$，$\varphi^{\ominus}_{O_2/OH^-}=0.401\ V$，$\beta_{[Co(NH_3)_6]^{3+}}=1.58\times10^{35}$，$\beta_{[Co(NH_3)_6]^{2+}}=1.3\times10^5$。通过计算说明为什么 Co^{3+} 能氧化 H_2O，而 $[Co(NH_3)_6]^{3+}$ 则不能。

解：　因为 $\varphi^{\ominus}_{Co^{3+}/Co^{2+}}=1.92\ V>\varphi^{\ominus}_{O_2/H_2O}=1.229\ V$，所以 Co^{3+} 能氧化 H_2O 得到 O_2。

需要计算得到 $\varphi^{\ominus}_{[Co(NH_3)_6]^{3+}/[Co(NH_3)_6]^{2+}}$，与 $\varphi^{\ominus}_{O_2/OH^-}$ 比较大小来解释 $[Co(NH_3)_6]^{3+}$ 不能氧化 H_2O。将两个电对组成如下原电池：

(－)Pt | $[Co(NH_3)_6]^{3+}$，$[Co(NH_3)_6]^{2+}$ ‖ Co^{3+}，Co^{2+} | Pt(＋)

(－) $[Co(NH_3)_6]^{2+} - e^- \rightleftharpoons [Co(NH_3)_6]^{3+}$

(＋) $Co^{3+} + e^- \rightleftharpoons Co^{2+}$

$[Co(NH_3)_6]^{2+} + Co^{3+} \rightleftharpoons [Co(NH_3)_6]^{3+} + Co^{2+}$

由平衡常数表达式可得 $K=\dfrac{\beta_{[Co(NH_3)_6]^{3+}}}{\beta_{[Co(NH_3)_6]^{2+}}}$，$\lg K=\dfrac{\varphi^{\ominus}_{Co^{3+}/Co^{2+}}-\varphi^{\ominus}_{[Co(NH_3)_6]^{3+}/[Co(NH_3)_6]^{2+}}}{0.0591}$

$$\varphi^{\ominus}_{[Co(NH_3)_6]^{3+}/[Co(NH_3)_6]^{2+}}=\varphi^{\ominus}_{Co^{3+}/Co^{2+}}-0.0591\lg\frac{\beta_{[Co(NH_3)_6]^{3+}}}{\beta_{[Co(NH_3)_6]^{2+}}}$$

$$=1.92-0.0591\lg\frac{1.58\times10^{35}}{1.3\times10^{5}}=0.14(\text{V})$$

因为 $\varphi^{\ominus}_{[Co(NH_3)_6]^{3+}/[Co(NH_3)_6]^{2+}}=0.14\ \text{V}<\varphi^{\ominus}_{O_2/OH^-}=0.401\ \text{V}$，所以$[Co(NH_3)_6]^{3+}$不能氧化 H_2O；事实上，$[Co(NH_3)_6]^{2+}$不稳定，易被 O_2 氧化为$[Co(NH_3)_6]^{3+}$。

4. 与其他配位离解平衡的关系

下面通过一个实验来说明不同配位离解平衡的转化。向 $Fe(NO_3)_3$ 溶液加入 KSCN 溶液，得到血红色的$[Fe(SCN)_x]^{3-x}$；加入 NaF，变成无色溶液$[FeF_6]^{3-}$或$[FeF_5(H_2O)]^{2-}$；再加入草酸，得到绿色溶液$[Fe(C_2O_4)_3]^{3-}$。有关反应的化学反应式如下：

$$Fe^{3+}+6SCN^-\rightleftharpoons[Fe(SCN)_6]^{3-}$$

$$[Fe(SCN)_6]^{3-}+6F^-\rightleftharpoons[FeF_6]^{3-}+6SCN^-$$

$$[FeF_6]^{3-}+3C_2O_4^{2-}\rightleftharpoons[Fe(C_2O_4)_3]^{3-}+6F^-$$

已知 $\beta_{[FeF_6]^{3-}}=1.0\times10^{16}$，$\beta_{[Fe(C_2O_4)_3]^{3-}}=1.6\times10^{20}$，上面第三个反应的平衡常数 $K=\dfrac{[Fe(C_2O_4)_3^{3-}][F^-]^6}{[FeF_6^{3-}][C_2O_4^{2-}]^3}=\dfrac{\beta_{[Fe(C_2O_4)_3]^{3-}}}{\beta_{[FeF_6]^{3-}}}=\dfrac{1.6\times10^{20}}{1.0\times10^{16}}=1.6\times10^4$，反应进行得很完全。可见，向配合物中加入另外一种配体时，平衡发生移动，生成更稳定的配离子。

至此，我们讨论了溶液中的四大离子平衡，以及两种或多种平衡共存时的关系。应用多重平衡原理进行有关计算时，要牢记一个体系中某种组分只有一个浓度。

习　题

10-1　给以下各配位单元命名：

(1)$[Zn(NH_3)_4]^{2+}$　(2)$[Co(NH_3)_3Cl_3]$　(3)$[FeF_6]^{3-}$

(4)$[Ag(CN)_2]^-$　(5)$[Fe(CN)_5NO_2]^{3-}$

10-2　Al_2S_3 受潮时发出一种腐败气味，写出该反应的化学方程式并用软硬酸碱理论讨论之。

10-3　对下列各组中的物质两两比较，哪一个可能存在？如都能存在，哪一个稳定性更大？简述理由。

(1)Na_2SO_4 和 Cu_2SO_4　(2)$[AlF_6]^{3-}$和$[AlI_6]^{3-}$

(3)$[HgI_4]^{2-}$和$[HgF_4]^{2-}$　(4)$[PbI_4]^{2-}$和$[PbCl_4]^{2-}$

10-4　$[ZnCl_4]^{2-}$和$[NiCl_4]^{2-}$为四面体构型，而$[PtCl_4]^{2-}$和$[CuCl_4]^{2-}$为平面四边形构型，请予解释。

10-5　氯化铜溶液随浓度的增大，颜色由浅蓝色变为绿色再变为土黄色。试用晶体场理论予以解释。

10-6　已知 AgBr 的 $K_{sp}^{\ominus}=5.35\times10^{-13}$，$[Ag(NH_3)_2]^+$的 $K_{稳}^{\ominus}=1.1\times10^7$。

(1)计算 $AgBr+2NH_3 \rightleftharpoons [Ag(NH_3)_2]^+ + Br^-$ 的平衡常数是多少。

(2)0.010 mol AgBr 能否完全溶于 1.0 dm^3 浓 $NH_3\cdot H_2O$(15.0 $mol\cdot L^{-1}$)中？

10-7　已知：$Co^{3+} + e^- \rightleftharpoons Co^{2+}$　　$\varphi^{\ominus}=1.92$ V

$O_2 + 4H^+ + 4e^- \rightleftharpoons 2H_2O$　　$\varphi^{\ominus}=1.229$ V

$NH_3\cdot H_2O \rightleftharpoons NH_4^+ + OH^-$　　$K_b^{\ominus}=1.8\times10^{-5}$

$Co^{3+} + 6NH_3 \rightleftharpoons [Co(NH_3)_6]^{3+}$　　$K_{稳}^{\ominus}=1.6\times10^{35}$

$Co^{2+} + 6NH_3 \rightleftharpoons [Co(NH_3)_6]^{2+}$　　$K_{稳}^{\ominus}=1.3\times10^5$

参考上述数据，根据计算结果判断下列问题：

(1)设溶液中$[H^+]=1.0\ mol\cdot L^{-1}$，空气($p_{O_2}=20.26$ kPa)能否将 Co^{2+}(1.0 $mol\cdot L^{-1}$)氧化为 Co^{3+}？

(2)设 $NH_3\cdot H_2O$ 浓度为 1.0 $mol\cdot L^{-1}$，空气能否将$[Co(NH_3)_6]^{2+}$(1.0 $mol\cdot L^{-1}$)氧化为$[Co(NH_3)_6]^{3+}$？

10-8　已知：$\varphi^{\ominus}_{Co^{3+}/Co^{2+}}=1.92$ V，$[Co(en)_3]^{3+}$的 $K_{稳}^{\ominus}=4.9\times10^{48}$，$[Co(en)_3]^{2+}$的 $K_{稳}^{\ominus}=8.7\times10^{13}$。计算电对$[Co(en)_3]^{3+}/[Co(en)_3]^{2+}$的 $\varphi^{\ominus}$ 值。

10-9　已知：

	$\varphi^{\ominus}$/V
$Co^{3+} + e^- \rightleftharpoons Co^{2+}$	1.92
$[Co(en)_3]^{3+} + e^- \rightleftharpoons [Co(en)_3]^{2+}$	−0.2

通过计算说明这两种配离子的稳定常数哪一个较大，稳定常数的比值为多少。

10-10　将过量 $Zn(OH)_2$ 加入 1.0 L KCN 溶液中，平衡时溶液的 pH =10.50，$[Zn(CN)_4]^{2-}$的浓度是 0.080 $mol\cdot L^{-1}$。试计算溶液中 Zn^{2+}、CN^- 和 HCN 浓度以及原 KCN 溶液的浓度。

($K^{\ominus}_{sp\,Zn(OH)_2}=3\times10^{-17}$，$K^{\ominus}_{稳\,[Zn(CN)_4]^{2-}}=5.0\times10^{16}$，$K^{\ominus}_{a\,HCN}=6.2\times10^{-10}$)

10-11　向含 Zn^{2+} 0.010 $mol\cdot L^{-1}$的溶液中通入 H_2S 至饱和，当 pH ≥1 时即可析出 ZnS 沉淀。向含 0.010 $mol\cdot L^{-1}$的 Zu^{2+} 溶液加入 CN^- 离子至其浓度为 1 $mol\cdot L^{-1}$，再通入 H_2S 至饱和，则需要在 pH≥9 时才能析出 ZnS 沉淀。计算$[Zn(CN)_4]^{2-}$的稳定常数(计算时忽略 CN^- 的水解，并不需要题中未给的其他数据)。

10-12　已知：$Cu^{2+} + 2e^- \rightleftharpoons Cu$　　$\varphi^{\ominus}=0.34$ V

$Hg^{2+} + 2e^- \rightleftharpoons Hg$　　$\varphi^{\ominus}=0.858\,6$ V

$[Hg(CN)_4]^{2-} + 2e^- \rightleftharpoons Hg + 4CN^-$　　$\varphi^{\ominus}=-0.37$ V

问：(1)如在 $HgCl_2$ 和 $K_2[Hg(CN)_4]$溶液中分别投入铜片，将有什么现象发生？

(2)设计一原电池测定$[Hg(CN)_4]^{2-}$的稳定常数，并写出该常数的计算结果。

第 11 章　p 区元素

在已知的 100 多种元素中，大多数元素为金属元素，非金属元素仅有 22 种①，而且除了氢元素，非金属元素都在 p 区。在此首先讨论 p 区元素。

11.1　概述

p 区元素原子的价电子构型为 $ns^2np^{1\sim6}$，最后一个电子填充在 p 轨道上；同族元素原子价电子构型相同，价电子数等于族数（零族除外）。零族元素原子的价电子构型为 ns^2np^6，不易得失电子而表现出"惰性"。ⅦA～ⅤA族元素原子的价电子构型为 $ns^2np^{5\sim3}$，易得到 1～3 个电子，达到稀有气体元素原子的稳定结构。

p 区各族元素性质递变规律总体表现为：同族元素自上而下原子半径（r）依次增大，第一电离能（I_1）、第一电子亲合能（绝对值 $|E_1|$）、电负性依次减小，即得电子能力减小，元素的非金属性减弱、金属性增强；下面是具体表现以及一些"反常"情况：

①第二周期元素性质反常，配位数≤4，这是因为其电负性大，r 小，原子核外无可利用的 d 轨道。例如，卤素电子亲合能 F＜Cl＞Br＞I，卤素单质离解能：F—F＜Cl—Cl＞Br—Br＞I—I。

②第四周期元素性质与第三周期元素性质相似，但有时表现出"中间排异样性"，这是由于原子有了 $3d^{10}$ 电子，相对于第二、三短周期元素，其有效核电荷数 Z^* 增多，r 减小，即 Z^*/r 较大，元素电负性较大。例如，BrO_3^- 的氧化性强于 IO_3^- 和 ClO_3^-。

③第五、六周期元素性质相近，而ⅢA～ⅤA 族的铊、铅、铋三个元素的最高氧化态表现出强的氧化性，即其 $6s^2$ 电子不易失去，这称为**惰性电子对效应**。

本章分族讨论 p 区元素，依 ⅦA 到ⅢA 的顺序，逐一讨论卤素、氧族元素、氮族元素、碳族元素、硼族元素，然后讨论氢和稀有气体元素，最后对 p 区元素化合物的性质进行归纳总结。

---

① 若加上 117 号和 118 号元素则为 24 种。本书正文部分均不包括人造元素。

11.2 卤素

11.2.1 通性

元素周期表中ⅦA 族元素包括氟 F、氯 Cl、溴 Br、碘 I、砹 At 五种元素，这五种元素统称为卤素，常用符号 X 表示。卤素原子的价电子构型为 ns^2np^5，元素的氧化数为−1(可形成离子键、共价键和配位键)、+1、+3、+5、+7，与电负性更大的元素形成氧化物、卤素互化物等；也有偶数氧化数+4，如 ClO_2。卤素从氟到砹原子半径逐渐增加，I_1、$|E_1|$、χ 总趋势依次减小；有例外，如 $|E_{1Cl}|>|E_{1F}|$。自然界中卤素多以氢卤酸盐的形式存在。

11.2.2 单质

1. 物理性质

卤素单质 X_2 的基本性质列于表 11-1。

表 11-1 X_2 的物理性质

	F_2	Cl_2	Br_2	I_2
E_{X-X}(kJ·mol^{-1})	158	244	192	150
298 K 的形态	g	g	l	s
颜色	淡黄	淡绿	红棕	紫黑
在水中溶解度小	/	氯水(黄绿色)	溴水(红棕色)	碘水(黄色)*
熔点、沸点	随摩尔质量增大而增大			
毒性	随摩尔质量增大而减小，Cl_2 刺激呼吸道，Br_2 灼烧皮肤、难以治愈			
$\varphi^{\ominus}_{X_2/X^-}$(V)	2.866	1.36	1.066	0.535 5

* 碘水的配制：将 I_2(s)溶于 KI 溶液，$I_2+I^- \rightleftharpoons I_3^-$ $K\approx1\times10^3$。

2. 化学性质

由表 11-1 中的 X_2/X^- 的标准电极电势可知，X_2 的氧化性强弱顺序为 $F_2>Cl_2>Br_2>I_2$，X^- 的还原性强弱顺序为 $F^-<Cl^-<Br^-<I^-$。

(1)与金属反应：F_2 可与大多数金属反应生成挥发性的高价氟化物；与 Cu、Ni、Mg 形成致密氟化物薄层而使反应终止，因此可用它们制成的金属容器贮存 F_2。Cl_2 与大多数金属反应生成具有挥发性的高价氯化物，干燥时不与 Fe 反应，因而可用铁罐贮存 Cl_2。Br_2、I_2 只与活泼金属直接反应，与其他金属通过加热才能反应。

(2)与非金属反应：氟气与除氧气、氮气、氦、氖、氩以外的非金属单质直接化合且反应剧烈。氯气与除氧气、氮气、稀有气体以外的非金属单质直接化合，反应不如 F_2 剧烈。例如，氟气置于暗处遇氢气爆炸，氯气则须用镁条点燃才与氢气发生反应。

$$X_2 + H_2 \xlongequal{} 2HX(g) \quad (Br_2\ 需加热；I_2\ 需加热，且反应不完全)$$

$$3Cl_2 + 2P \xlongequal{} 2PCl_3$$

$$PCl_3 + Cl_2 \xlongequal{} PCl_5$$

$$Cl_2 + 2S \xlongequal{} S_2Cl_2$$

$$S_2Cl_2 + Cl_2 \xlongequal{} 2SCl_2$$

$$2Cl_2 + Si \xlongequal{\triangle} SiCl_4$$

$$3Br_2 + 2P \xlongequal{} 2PBr_3$$

$$3I_2 + 2P \xlongequal{} 2PI_3$$

(3)与水反应：$\varphi^{\ominus}_{O_2/H_2O} = 1.229\ V$，$F_2$ 和 Cl_2 均可以将水氧化得到 O_2，即：

$$2F_2 + 2H_2O \xlongequal{} 4HF + O_2$$

$$2Cl_2 + 2H_2O \xlongequal{光照} 4HCl + O_2$$

Br_2 和 I_2 不与水反应。事实上是 HI 与 O_2 发生如下反应。

$$4HI + O_2 \xlongequal{} 2I_2 + 2H_2O$$

氯、溴、碘的单质在碱性条件下易发生歧化反应，其中氯气的歧化产物与温度有关。

$$Cl_2 + 2OH^- \xlongequal{} Cl^- + OCl^- + H_2O$$

$$3Cl_2 + 6OH^- \xlongequal{\triangle} 5Cl^- + ClO_3^- + 3H_2O$$

$$3Br_2 + 6OH^- \xlongequal{} 5Br^- + BrO_3^- + 3H_2O$$

$$3I_2 + 6OH^- \xlongequal{} 5I^- + IO_3^- + 3H_2O$$

(4)与碳氢化合物发生卤代/加成反应，如：

$$CH_4 + Cl_2 \xlongequal{} CH_3Cl + HCl$$

$$CH_2{=}CH_2 + Cl_2 \xlongequal{} CH_2Cl{-}CH_2Cl$$

3. 制备及用途

原料为 F^-(萤石 CaF_2、冰晶石 Na_3AlF_6)、Cl^-、Br^-(海水)、I^-(海藻)，因为还原性强弱顺序为 $F^- < Cl^- < Br^- < I^-$，所以制 X_2 所用的氧化剂的氧化性依次减弱。另外，若用碘酸钠($NaIO_3$)制碘，则需要使用还原剂。

(1)氟气。

$\varphi^{\ominus}_{F_2/F^-} = 2.866\ V$，$\varphi^{\ominus}_{F_2/HF(aq)} = 3.053\ V$，难以找到更强的氧化剂将 F^- 氧化成

F_2。1886 年，法国化学家莫瓦桑(H. Moissan)利用电解的方法来制备 F_2。

阴极(Cu—Ni 合金)：$2H^+ + 2e^- = H_2\uparrow$

阳极(石墨)：$2F^- = F_2\uparrow + 2e^-$

电解反应：$2HF \xlongequal{通电} F_2\uparrow + H_2\uparrow$

1986 年，无机化学家克里斯特(K. Christe)设计下述化学反应制备了 F_2。

$$2KMnO_4 + 2KF + 10HF + 3H_2O_2 = 2K_2[MnF_6] + 8H_2O + 3O_2\uparrow$$

$$SbCl_5 + 5HF = SbF_5 + 5HCl$$

$$K_2[MnF_6] + 2SbF_5 \xlongequal{150\ ℃} 2K[SbF_6] + MnF_4$$

$$2MnF_4 = 2MnF_3 + F_2\uparrow$$

实验制备少量 F_2：$K_2[PbF_6] \xlongequal{\triangle} K_2[PbF_4] + F_2\uparrow$

$$BrF_5 \xlongequal{\triangle} BrF_3 + F_2\uparrow$$

氟气的用途：制备塑料单体$CF_2{=}CF_2$、聚四氟乙烯以及氟的其他有机物如制冷剂 R134a(CF_3CH_2F)等；制备 UF_6，利用其挥发性在原子能工业中用气体扩散法分离 U^{235}、U^{238}；用作高能燃料。

(2)氯气。

由电极电势数据 $\varphi^{\ominus}_{Cl_2/Cl^-} = 1.36\ V$、$\varphi^{\ominus}_{MnO_4^-/Mn^{2+}} = 1.507\ V$、$\varphi^{\ominus}_{MnO_2/Mn^{2+}} = 1.224\ V$，可选用 $MnO_2(s)$、$KMnO_4(s)$等氧化剂与浓盐酸反应制备 Cl_2。

$$MnO_2(s) + 4H^+ + 2Cl^-(浓) \xlongequal{\triangle} Mn^{2+} + Cl_2\uparrow + 2H_2O$$

工业上通过电解食盐水制备 Cl_2，如图 11-1 所示。

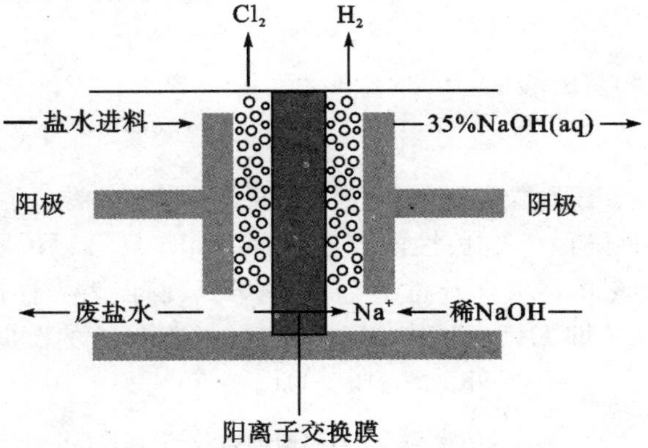

图 11-1 现代氯碱工业电解池示意图

阴极：$2H_2O + 2e^- = H_2\uparrow + 2OH^-$

阳极：$2Cl^- = Cl_2\uparrow + 2e^-$

电解反应：$2NaCl+2H_2O \xlongequal{通电} 2NaOH+Cl_2\uparrow+H_2\uparrow$

用途：在工业上利用 Cl_2 制盐酸、聚氯乙烯 $\text{+}CH_2—CHCl\text{+}_n$、漂白粉、农药以及三氯甲烷、四氯化碳等有机试剂等，还用于饮用水消毒。

(3)溴单质。

实验室制备反应：$2NaBr+Cl_2 \xlongequal{} Br_2+2NaCl$

工业上制溴：海水、卤水调节 pH＝3.5，通入氯气。

$$2Br^-+Cl_2 \xlongequal{383\ K} Br_2+2Cl^-$$

用空气吹出，用 Na_2CO_3 溶液吸收，再用硫酸酸化即得液溴。

$$3Br_2+3CO_3^{2-} \xlongequal{} 5Br^-+BrO_3^-+3CO_2\uparrow$$

$$5Br^-+BrO_3^-+6H^+ \xlongequal{} 3Br_2+3H_2O$$

用途：制备染料、照相用光敏物质溴化银、二溴乙烷等溴的有机物以及含溴系列阻燃剂等。

(4)碘单质。

制备方法一：$2I^-+Cl_2(适量) \xlongequal{} I_2+2Cl^-$

$$I_2+5Cl_2(过量)+6H_2O \xlongequal{} 2IO_3^-+10Cl^-+12H^+$$

$$2I^-+MnO_2+4H^+ \xlongequal{} I_2+Mn^{2+}+2H_2O$$

制备方法二：$2IO_3^-+5HSO_3^- \xlongequal{} I_2+2SO_4^{2-}+3HSO_4^-+H_2O$

碘单质用二硫化碳或四氯化碳萃取。

碘单质的定量测定：$I_2+2Na_2S_2O_3 \xlongequal{} 2NaI+Na_2S_4O_6$（淀粉做指示剂）

用途：制备碘酒、碘酸盐（如 KIO_3、$NaIO_3$）、碘仿（CHI_3）、碘化银（AgI，用作人工降雨的“晶种”）等。

11.2.3　卤化氢和氢卤酸

1. 性质

卤化氢为无色、有刺激性气味的气体，易液化，不导电，易溶于水形成氢卤酸。

卤化氢的极性随卤素电负性的减小而减小，即 HF＞HCl＞HBr＞HI；熔点、沸点随摩尔质量的增大而升高，但 HF 的熔点、沸点因为存在氢键而异常高（见第 9 章图 9-15），即 HF＞HCl＜HBr＜HI。由表 11-2 的数据可以看出，卤化氢的热稳定性顺序为 HF＞HCl＞HBr＞HI。

表 11-2　HX(g)的比较

	HF	HCl	HBr	HI
$\Delta_f G_m^\ominus(kJ\cdot mol^{-1})$	−275.4	−95.3	−53.4	1.7
$E_{H-X}(kJ\cdot mol^{-1})$	565	431	364	299

HX(aq)的酸性：HCl、HBr、HI 在水中完全电离，均为强酸；HF 部分电离。

$$HF(aq) \xlongequal{} H^+(aq) + F^-(aq)$$

$\Delta_f G_m^\ominus (kJ \cdot mol^{-1})$　-296.9　　0　　-278.8

$\Delta_r G_m^\ominus = -RT\ln K_a^\ominus = -278.8-(-296.9)=18.1(kJ \cdot mol^{-1})$

解之，得到 298 K 时 $K_a^\ominus = 6.8 \times 10^{-4}$。

X^- 配位：难溶性金属硫化物由于 X^- 的配位而溶解：

$$HgS + 4I^- \xlongequal{} [HgI_4]^{2-} + S^{2-}$$

2. HX(aq)的制备

四种方法：①直接合成；②浓酸＋金属卤化物；③非金属卤化物水解；④饱和烃或芳烃＋X_2(I_2 除外)，即农药生产的副产品。用 H_2O 吸收 HX 得到 HX(aq)。

(1)HF(aq)：　$CaF_2 + H_2SO_4(浓) \xlongequal{} CaSO_4 + 2HF\uparrow$

$$C_6H_6 + F_2 \xlongequal{} C_6H_5F + HF$$

(2)HCl(aq)：

工业制备反应：$H_2 + Cl_2 \xlongequal{燃烧} 2HCl$

实验室制备反应：$NaCl + H_2SO_4(浓) \xlongequal{} NaHSO_4 + HCl\uparrow$

$$2NaCl + H_2SO_4(浓) \xlongequal{\triangle} Na_2SO_4 + 2HCl\uparrow$$

$$PCl_3 + 3H_2O \xlongequal{} H_3PO_3 + 3HCl$$

$$C_2H_6 + Cl_2 \xlongequal{光照} C_2H_5Cl + HCl$$

(3)HBr(aq)和 HI(aq)：

$$3Br_2 + 2P + 6H_2O \xlongequal{} 2H_3PO_3 + 6HBr$$

$$3I_2 + 2P + 6H_2O \xlongequal{} 2H_3PO_3 + 6HI$$

用非氧化性酸 H_3PO_4 制备，其反应为：

$$3NaBr + H_3PO_4 \xlongequal{\triangle} Na_3PO_4 + 3HBr\uparrow$$

若使用浓硫酸，制得的 HBr 或 HI 会被进一步氧化成 Br_2 和 I_2。

$$2HBr + H_2SO_4(浓) \xlongequal{\triangle} Br_2 + SO_2\uparrow + 2H_2O$$

$$8HI + H_2SO_4(浓) \xlongequal{\triangle} 4I_2 + H_2S\uparrow + 4H_2O$$

11.2.4　卤化物、卤素互化物、多卤化物

1. 卤化物

X_2 可与大多数元素的单质反应；除 He、Ne、Ar 外，所有元素均可生成卤化物。

(1)键型：
- 离子键：ⅠA、ⅡA(Li、Be 除外)、ⅢB 族的卤化物
- 共价键：
  - 非金属的卤化物，如 PCl_3、PCl_5
  - 高价金属的卤化物，如 $TiCl_4$、$FeCl_3$

同一周期自左至右，元素的卤化物由离子键向共价键过渡；同种元素不同氧化态的卤化物，高氧化态的共价性更显著，如 $FeCl_3$ 的共价性高于 $FeCl_2$；同种元素卤化物的共价性依氟化物、氯化物、溴化物、碘化物的顺序依次增高。

(2)金属氟化物 MF_n 在溶解度上的反常性。

LiF、BeF_2、CaF_2、SrF_2、BaF_2 和 REF_3(RE 代表稀土元素)难溶于水，而相应的其他卤化物易溶；AgF 等重金属氟化物易溶，而重金属的其他卤化物难溶，溶解度大小顺序为 $MF_n > MCl_n > MBr_n > MI_n$。

(3)卤化物的水解，如：

$$AlCl_3 + 3H_2O = Al(OH)_3\downarrow + 3HCl$$

$$FeCl_3 + 3H_2O = Fe(OH)_3\downarrow + 3HCl$$

$$Sn^{2+} + Cl^- + H_2O = Sn(OH)Cl\downarrow + H^+$$

阳离子电荷越高、半径越小，越易结合水中的 OH^- 形成氢氧化物或碱式盐。

(4)卤化物的制备。

干法：$2M + nX_2 = 2MX_n$ （此处 M 代表金属元素或非金属元素）

湿法：

$$\begin{cases} M + nHX(aq) = MX_n + \frac{n}{2}H_2\uparrow \\ MO + 2HX(aq) = MX_2 + H_2O \\ MCO_3 + 2HX(aq) = MX_2 + CO_2\uparrow + H_2O \end{cases}$$

（M 代表金属元素）

2. 卤素互化物(卤素间化合物)

一个电负性较小的 X 原子与奇数个电负性较大的 X′原子以极性共价键结合形成 XX'_n $(n=1,3,5,7)$。其中，$r_X/r_{X'}$ 越大，n 值越大；电负性相差越大，n 值越大，见表 11-3。

表 11-3　卤素互化物一览表

中心原子的氧化数	中心原子的价电子对数	卤素互化物					
+7	7			IF_7(g)			
+5	6	ClF_5(g)	BrF_5(l)	IF_5(l)			
+3	5	ClF_3(g)	BrF_3(l)	IF_3(s)		I_2Cl_6(s)	IBr_3(l)
+1	4	ClF(g)	BrF(g)	IF *	BrCl(g)	ICl(s)	IBr(s)

* 很不稳定，歧化为 IF_5 和 I_2。

卤素互化物的结构由 VSEPR 规则判定。例如，IF_5 的中心原子 I 的价层电子对数$=\frac{7+5}{2}=6$，电子对的空间结构为八面体形，与 F 成 5 个键，变为四方锥形。

XX'_n 的性质类似于 X_2，不稳定，有极强的氧化性，与金属和非金属反应生成相应的卤化物，如 $IF_5+6Cs=CsI+5CsF$；此外，XX'_n 易水解，如：

$$IF_5+3H_2O=H^++IO_3^-+5HF$$

XX'_n 可由两种卤素单质直接加热而制得，如：

$$Cl_2+F_2\xlongequal{470\ K}2ClF$$

3. 多卤化物

原子半径较大的碱金属可以形成多卤化物，不稳定，易受热分解，得晶格能更大的物质，如：

$$KI+I_2=KI_3$$

$$KI_3\xlongequal{\triangle}KI+I_2$$

$$CsI+Br_2=CsIBr_2$$

$$CsIBr_2\xlongequal{\triangle}CsBr+IBr$$

11.2.5　卤素的含氧化合物

1. 二氟化氧（OF_2）

氟化物 OF_2 的中心原子 O 采取 sp^3 不等性杂化，得到类似 H_2O 分子的角形结构。二氟化氧（OF_2）为无色气体，O 原子的氧化数为$+2$，具有强氧化性，与金属（M）或碱液反应均得到氧化物。

$$OF_2+2M=MO+MF_2$$

$$OF_2+2OH^-=2F^-+O_2+H_2O$$

氟气不能直接与氧气化合，能与氢氧化钠溶液反应生成二氟化氧。

$$2F_2+2OH^-(2\%NaOH\ 溶液)=OF_2+2F^-+H_2O$$

2. 二氧化氯（ClO_2）

二氧化氯分子的中心原子 Cl 采取 sp^2 不等性杂化，与两个 O 原子形成 σ 配键①，分子结构如图 11-2 所示。

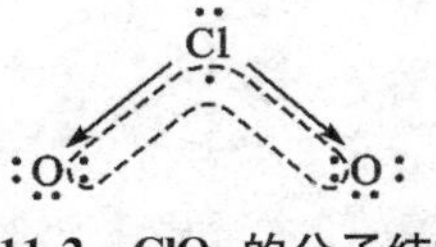

图 11-2　ClO_2 的分子结构

---

① 关于该分子的成键有不同的解释。

在该分子平面的垂直方向，氯原子中未参与杂化的 3p 电子与两个氧原子的孤电子对形成大 π 键 Π_3^5 键。

ClO_2 为奇电子化合物，呈顺磁性，有强氧化性；沸点为 11 ℃；为黄色气体，液态呈红色；易溶于水；主要用于饮用水、空气及食品、养殖业、公共场所等的杀菌消毒，还可用于纺织品的漂白。ClO_2 的制备方法多样，生产厂家已开发出高浓度溶液以及固态粉剂、片剂等稳定的二氧化氯商品。

$$2NaClO_2 + Na_2S_2O_8 = 2ClO_2 + 2Na_2SO_4$$

$$2NaClO_3 + SO_2 + H_2SO_4 = 2ClO_2 + 2NaHSO_4$$

3. 碘酸酐（I_2O_5）

碘酸酐为白色固体，稳定，可做氧化剂。

$$I_2O_5 + 5CO = 5CO_2 + I_2 \quad \text{（合成氨中测 CO）}$$

$$2I_2O_5 \xlongequal{573\ K} 2I_2 + 5O_2\uparrow$$

将碘酸（HIO_3）加热即制得碘酸酐：

$$2HIO_3(s) \xlongequal{170\ ℃} I_2O_5(s) + H_2O$$

4. 卤素的含氧酸/盐（F 除外）

卤素的含氧酸存在形式为次卤酸（HOX）、亚卤酸（HXO_2）、卤酸（HXO_3）、高卤酸（HXO_4），除了 $HClO_4$(l)、HIO_3(s)、HIO_4(s)以游离态自由存在外，其余均只存在于水溶液中。其中，高碘酸有正高碘酸（H_5IO_6）和偏高碘酸（HIO_4），HIO_4 由 H_5IO_6 真空加热脱去 2 个 H_2O 而得。

氯的含氧酸根离子的结构如图 11-3 所示。

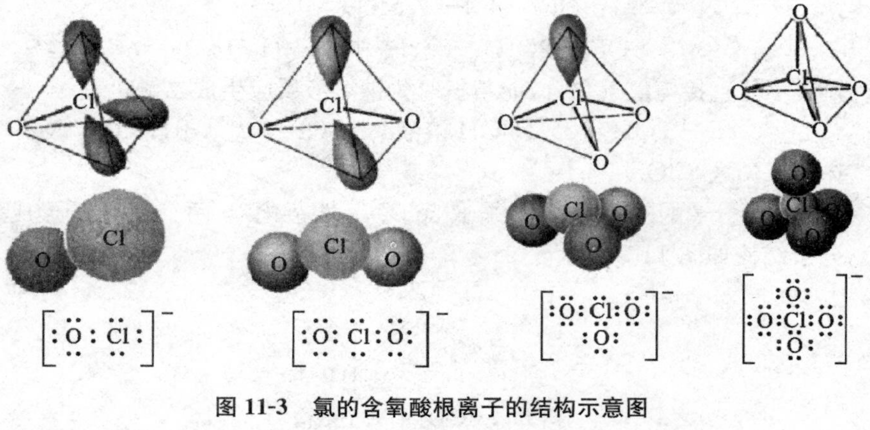

图 11-3　氯的含氧酸根离子的结构示意图

HOCl、$HClO_2$、$HClO_3$、$HClO_4$(aq)的酸性、稳定性依次增大，氧化性依次减小，如：

$$2HOCl = 2HCl + O_2\uparrow$$

$$HClO_3 + HI \longrightarrow HCl + HIO_3$$

$$ClO_3^- + 3SO_2 + 3H_2O \longrightarrow Cl^- + 6H^+ + 3SO_4^{2-}$$

$$ClO_3^- + 3Zn + 6H^+ \longrightarrow Cl^- + 3Zn^{2+} + 3H_2O$$

而 $HClO_4$(aq)几乎没有氧化性，不与上述 HI、SO_2、Zn 等还原剂反应。

推广到一般的含氧酸，成酸元素 R 的氧化数越大，与 O 结合得愈紧密，H^+ 愈易离解，溶液酸性越大；还原为低价态或单质时，所需破坏的 R—O 键越多，酸就越稳定，其氧化性就越弱。

需要说明的是，上述含氧酸均指其水溶液；若是纯的 $HClO_4$(l)，则具有强的氧化性。而高碘酸的氧化能力更大，能将 Mn^{2+} 氧化成 MnO_4^-。

$$2Mn^{2+} + 5IO_4^- + 3H_2O \longrightarrow 2MnO_4^- + 5IO_3^- + 6H^+$$

卤素含氧酸或其盐的制备如下。

①次氯酸盐：

$$Cl_2 + 2OH^- \longrightarrow Cl^- + ClO^- + H_2O$$

制备次氯酸钠(NaClO)，就是通过电解冷的稀食盐溶液，阳极生成的氯气(参见图 11-1)与 NaOH 溶液反应生成次氯酸钠。

②亚氯酸及其盐，如：

$$2ClO_2 + Na_2O_2 \longrightarrow 2NaClO_2 + O_2$$

$$Ba(ClO_2)_2 + H_2SO_4 \longrightarrow BaSO_4\downarrow + 2HClO_2$$

③卤酸(HXO_3)：

$$Ba(XO_3)_2 + H_2SO_4 \longrightarrow BaSO_4\downarrow + 2HXO_3 \quad (X=Cl,Br)$$

$$I_2 + 10HNO_3(\text{浓}) \longrightarrow 2HIO_3 + 10NO_2\uparrow + 4H_2O$$

④高卤酸(HXO_4)及其盐：

$$KClO_4 + H_2SO_4(\text{浓}) \longrightarrow KHSO_4 + HClO_4$$

工业上采用电解氧化盐酸法制备高氯酸：

阴极：$2H^+ + 2e^- \longrightarrow H_2\uparrow$

阳极：$Cl^- + 4H_2O \longrightarrow ClO_4^- + 8H^+ + 8e^-$

电解反应：$Cl^- + 4H_2O \xlongequal{\text{电解}} ClO_4^- + 4H_2\uparrow$

利用强氧化剂 F_2 或 XeF_2 氧化溴酸可制备高溴酸及其盐：

$$BrO_3^- + F_2 + 2OH^- \longrightarrow BrO_4^- + 2F^- + H_2O$$

$$BrO_3^- + XeF_2 + H_2O \longrightarrow BrO_4^- + Xe\uparrow + 2HF$$

用氯气氧化碘酸盐即可制备高碘酸盐，再酸化得高碘酸：

$$IO_3^- + Cl_2 + 6OH^- \longrightarrow IO_6^{5-} + 2Cl^- + 3H_2O$$

$$Ba_5(IO_6)_2 + 5H_2SO_4 \longrightarrow 5BaSO_4\downarrow + 2H_5IO_6$$

11.3 氧族元素

11.3.1 通性

元素周期表中ⅥA族元素包括氧O、硫S、硒Se、碲Te、钋Po五种元素，这五种元素称为氧族元素。氧族元素原子的价电子构型为ns^2np^4，氧元素的氧化数为-2、-1、0、$+2$（还可为$-\frac{1}{2}$、$-\frac{1}{3}$，参见第12章12.2.2节）；S、Se、Te元素的氧化数为-2、0、$+2$、$+4$、$+6$等，S的氧化数还可以为$+7$。氧族元素原子要结合2个电子才能达到稳定结构，不如卤素原子结合1个电子达到稳定结构容易，即其非金属性弱于卤素。

11.3.2 单质

常温下，$O_2(g)$、$O_3(g)$、$S_8(s)$的存在形态不同，是因为其分子间作用力依次增大所致。臭氧分子$O_3(g)$的成键及结构如图11-4所示。O采取sp^2不等性杂化，形成大π键Π_3^4，键长127 pm，在O—O单键148 pm和O═O双键112 pm之间，键角为117°，为V形分子。臭氧可用作氧化剂。

$$O_3 + CN^- \xlongequal{} OCN^- + O_2$$

$$4O_3 + 2OCN^- + 4OH^- \xlongequal{} N_2 + 2CO_2 + 6O_2^- + 2H_2O$$

$$6O_3 + 2CN^- + 4OH^- \xlongequal{} N_2 + 2CO_2 + 2O_2 + 6O_2^- + 2H_2O$$

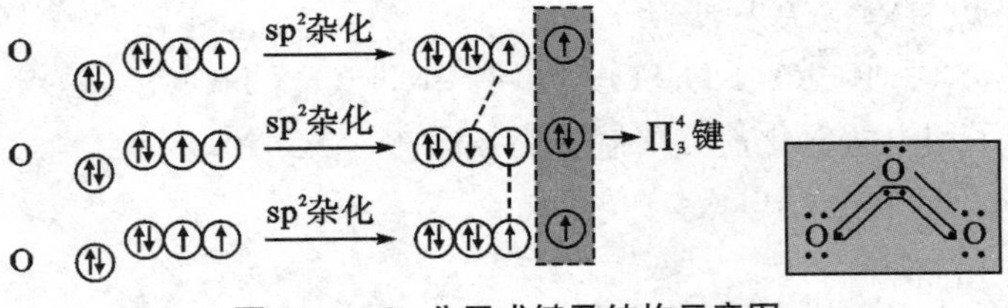

图 11-4　O_3 分子成键及结构示意图

单质硫俗称硫黄，有多种同素异形体。

$$单斜硫(\beta\text{-硫，浅黄}) \underset{>95.5\ ℃}{\overset{<95.5\ ℃}{\rightleftharpoons}} 斜方硫(菱形硫/\alpha\text{-硫，黄})$$

弹性硫（无定形硫/γ-硫，淡黄）不稳定，易转化为斜方硫。其中，斜方硫和单斜硫晶体都是由S_8环状分子组成的（如图11-5所示，形似皇冠），液态时为链状分子；蒸气中有S_8、S_4、S_2等分子，1 000 ℃以上时蒸气由S_2组成。S_2与O_2一样，具有顺磁性。硫溶于二硫化碳，不溶于水。

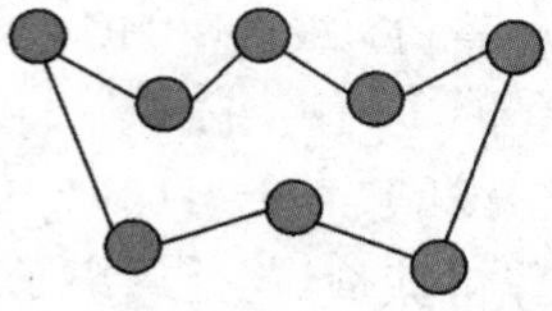

图 11-5　S_8 环状分子的皇冠结构示意图

硫既有氧化性又有还原性，遇金属作氧化剂，遇强氧化剂则表现出还原性。

$$3S + 2Al \xlongequal{\triangle} Al_2S_3$$

$$S + H_2 \xlongequal{\triangle} H_2S$$

$$S + 3F_2 \xlongequal{} SF_6(g)$$

$$S + O_2 \xlongequal{\triangle} SO_2$$

$$S + 6HNO_3(\text{浓}) \xlongequal{\triangle} H_2SO_4 + 6NO_2\uparrow + 2H_2O$$

$$S + 2H_2SO_4(\text{浓}) \xlongequal{\triangle} 3SO_2\uparrow + 2H_2O$$

$$3S + 6NaOH(\text{浓}) \xlongequal{\triangle} 2Na_2S + Na_2SO_3 + 3H_2O$$

硫单质来源于天然的硫矿以及炼油等其他工业过程的副产物。现在，原油脱硫已成为硫的主要来源。

11.3.3　氢化物

1. 性质

	$H_2O(l)$		$H_2S(g)$		$H_2Se(g)$		$H_2Te(g)$
①熔点、沸点比较		>		<		<	
②热稳定性比较		>		>		>	
③还原性比较		<		<		<	
④其水溶液的酸性比较		<		<		<	

2. 硫化氢与氢硫酸

H_2S 分子的中心原子 S 采取 sp^3 不等性杂化，为 V 形结构。硫化氢是一种无色、有臭鸡蛋气味的有毒气体。空气中硫化氢的体积分数达 0.1%时，人会感到头晕头痛，人吸入大量 H_2S 会昏迷甚至死亡。

硫化氢溶于水得到氢硫酸，氢硫酸为二元弱酸：$K_{a1}^{\ominus} = 1.1 \times 10^{-7}$，$K_{a2}^{\ominus} = 1.3 \times 10^{-13}$。氢硫酸为强还原剂，如：

$$2H_2S + O_2 \xlongequal{} 2S\downarrow + 2H_2O$$

$$H_2S + I_2 \xlongequal{} S\downarrow + 2HI$$

$$H_2S+4Cl_2+4H_2O \longrightarrow H_2SO_4+8HCl$$ （Br_2 有类似反应）

$$H_2S+4H_2O_2 \longrightarrow H_2SO_4+4H_2O$$

$$3H_2S+4ClO_3^- \longrightarrow 3H_2SO_4+4Cl^-$$

硫化氢在分析化学中用作沉淀剂，与金属离子 M^{n+} 形成硫化物沉淀，利用溶度积不同而将 M^{n+} 分离。金属硫化物按溶解度分为以下几种。

①易溶：Na_2S、$Na_2S\cdot 9H_2O$(硫化碱，白色)、$(NH_4)_2S$(黄色)。

②微溶：MgS、CaS、SrS，缓慢水解，如：

$$2CaS+2H_2O \longrightarrow Ca(HS)_2+Ca(OH)_2$$

③难溶于水但溶于稀酸，如 MnS 溶于乙酸、FeS 溶于稀盐酸。

④$K_{sp}^{\ominus}$ 在 $1\times10^{-25}\sim1\times10^{-30}$ 之间的难溶硫化物，可用浓盐酸溶解，如：

$$PbS+2H^++4Cl^-(浓) \longrightarrow [PbCl_4]^{2-}+H_2S\uparrow$$

Cl^- 配位，CdS、SnS 等有上述类似反应。

⑤$K_{sp}^{\ominus}<1\times10^{-30}$ 的难溶硫化物，可用浓硝酸溶解，如：

$$CuS+6NO_3^-+8H^+ \longrightarrow Cu^{2+}+SO_2\uparrow+6NO_2\uparrow+4H_2O$$

$$3PbS+2NO_3^-+8H^+ \longrightarrow 3Pb^{2+}+3S\downarrow+2NO\uparrow+4H_2O$$

⑥极难溶的硫化物如 HgS($K_{sp}^{\ominus}=4\times10^{-53}$)，只能溶于**王水**(浓硝酸与浓盐酸以 1∶3 的体积比混合得到王水，兼具 HNO_3 的氧化性和 Cl^- 的配位性)。

$$3HgS+8H^++2NO_3^-+12Cl^- \longrightarrow 3[HgCl_4]^{2-}+3S\downarrow+2NO\uparrow+4H_2O$$

硫化氢的制备反应：$FeS+2HCl \longrightarrow FeCl_2+H_2S\uparrow$

目前，实验室大多用硫代乙酰胺水解制得硫化氢水溶液：

$$CH_3CSNH_2(s)+2H_2O \longrightarrow CH_3COONH_4+H_2S(aq)$$

硫化氢的鉴定反应：$H_2S+Pb(Ac)_2 \longrightarrow PbS\downarrow+2HAc$

11.3.4 过氧化氢

1. 结构

H_2O_2 分子的 O 原子采取 sp^3 不等性杂化，分子中 O—H 键处于二面角的两个面上，为不对称极性分子，如图 11-6 所示。

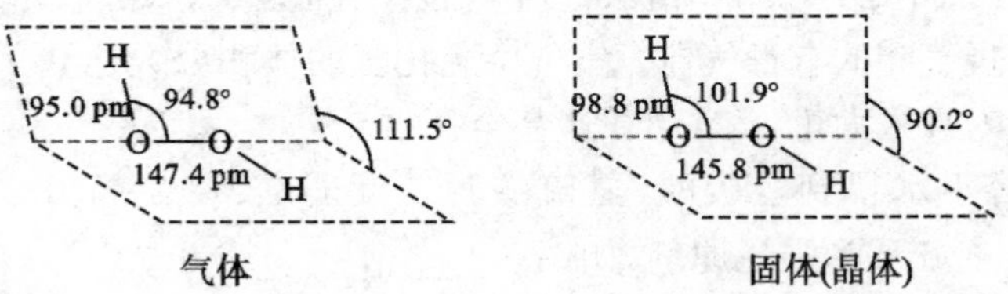

图 11-6 H_2O_2 分子结构示意图

2. 性质

过氧化氢不稳定，其分解反应熵增、放热，在任何温度下均可自发进行。光照或 $T>153$ ℃时，碱性介质或重金属离子(Fe^{2+}、Mn^{2+}、Cu^{2+})等均能催化过氧化氢的分解反应，因此过氧化氢溶液用棕色瓶存放于荫凉处，可加微量 Na_2SnO_3、$Na_4P_2O_7$ 或 8-羟基喹啉做稳定剂。

$$2H_2O_2(l) = 2H_2O(l) + O_2(g) \quad \Delta_r H_m^{\ominus} = -196\ kJ \cdot mol^{-1}$$

由电极电势数值 $\varphi^{\ominus}_{H_2O_2/H_2O} = 1.776\ V$、$\varphi^{\ominus}_{O_2/H_2O_2} = 0.695\ V$、$\varphi^{\ominus}_{O_2/HO_2^-} = -0.076\ V$ 可知，过氧化氢以氧化性为主，也可作还原剂，碱性条件下还原性增强。

$$H_2O_2 + 2Fe^{2+} + 2H^+ = 2Fe^{3+} + 2H_2O$$

$$H_2O_2 + H_2SO_3 = SO_4^{2-} + 2H^+ + H_2O$$

$$H_2O_2 + Mn(OH)_2 = MnO_2 \downarrow + 2H_2O$$

$$3H_2O_2 + 2Cr(OH)_3 + 4OH^- = 2CrO_4^{2-} + 8H_2O$$

$$4H_2O_2 + PbS = 4H_2O + PbSO_4$$

$$4H_2O_2 + Cr_2O_7^{2-} + 2H^+ \xlongequal{\text{乙醚}} 2CrO_5 + 5H_2O$$

$$5H_2O_2 + 2MnO_4^- + 6H^+ = 5O_2 \uparrow + 2Mn^{2+} + 8H_2O$$

$$3H_2O_2 + 2MnO_4^- = 3O_2 \uparrow + 2MnO_2 \downarrow + 2OH^- + 2H_2O$$

$$H_2O_2 + Cl_2 = O_2 + 2Cl^- + 2H^+$$

$$H_2O_2 + Ag_2O = O_2 \uparrow + 2Ag + H_2O$$

过氧化氢有极弱的酸性：$K_a^{\ominus} = 2.4 \times 10^{-12}$。

$$H_2O_2 + Ba(OH)_2 = BaO_2 \downarrow + 2H_2O$$

3. 制备及用途

工业上最早利用过氧化钡和酸作用制备过氧化氢：

$$BaO_2 + H_2SO_4 = BaSO_4 + H_2O_2$$

$$BaO_2 + CO_2 + H_2O = BaCO_3 + H_2O_2$$

1908 年，开始用电解—水解法(用 NH_4HSO_4 饱和液)制备过氧化氢：

阴极：$2H^+ + 2e^- = H_2 \uparrow$　　　阳极：$2HSO_4^- = S_2O_8^{2-} + 2H^+ + 2e^-$

电解反应：$2HSO_4^- \xlongequal{\text{通电}} S_2O_8^{2-} + H_2 \uparrow$

$$S_2O_8^{2-} + 2H_2O \xlongequal{H_2SO_4} 2HSO_4^- + H_2O_2$$

1945 年，开始用**乙基蒽醌法**制备过氧化氢，以 2-乙基蒽醌和钯(或镍)为催化剂，由氢气和氧气化合生成过氧化氢，为绿色化学“零排放”实例。

$$H_2 + O_2 \xlongequal{\text{2-乙基蒽醌/Pd}} H_2O_2$$

上述方法所得的过氧化氢均为其稀溶液，减压蒸馏可得 H_2O_2 质量分数为

30%的过氧化氢溶液;经减压、分级蒸馏,再冷冻分级结晶,可得纯过氧化氢晶体。

过氧化氢可做氧化剂,用于漂白毛、丝、油画等;纯过氧化氢可用做火箭燃料的氧化剂;3%过氧化氢水溶液,俗称双氧水,用作消毒剂。

11.3.5 硫的含氧化合物

1. 二氧化硫,亚硫酸及其盐

SO_2 分子的中心原子 S 采取 sp^2 不等性杂化,为 V 形结构。二氧化硫为无色、有刺激性气味的气体,空气中含量不得超过 0.02 mg·L^{-1};每升水可溶解 40 L 二氧化硫,生成的亚硫酸为弱酸。由标准电极电势数据 $\varphi^{\ominus}_{SO_4^{2-}/SO_3^{2-}}=-0.93$ V、$\varphi^{\ominus}_{H_2SO_4/H_2SO_3}=0.172$ V、$\varphi^{\ominus}_{H_2SO_3/S}=0.449$ V 可知,二氧化硫和亚硫酸以还原性为主,遇氧化剂即被氧化为硫酸根离子,如:

$$5SO_3^{2-}+2MnO_4^-+6H^+ \longrightarrow 5SO_4^{2-}+2Mn^{2+}+3H_2O$$

$$SO_3^{2-}+Cl_2+H_2O \longrightarrow SO_4^{2-}+2Cl^-+2H^+$$

只有当遇见强还原剂时,才能被还原为单质硫或+3 氧化态的硫化合物,如:

$$SO_3^{2-}+2H_2S+2H^+ \longrightarrow 3S\downarrow+3H_2O$$

$$SO_2+2CO \xrightarrow[T=500\ ^\circ C]{Al_2O_3} S+2CO_2$$

$$2SO_2+2Na[Hg] \xrightarrow{\text{无氧条件}} Na_2S_2O_4+2Hg$$

$$2NaHSO_3+Zn \xrightarrow{\text{无氧条件}} Na_2S_2O_4+Zn(OH)_2$$

二水合连二亚硫酸钠($Na_2S_2O_4\cdot 2H_2O$)俗称保险粉,为强还原剂,可将有机硝基化合物还原成胺。

亚硫酸盐和亚硫酸氢盐遇酸放出二氧化硫,受热易分解。

$$4Na_2SO_3 \xrightarrow{\triangle} 3Na_2SO_4+Na_2S$$

$$2NaHSO_3 \xrightarrow{\triangle} Na_2S_2O_5+H_2O$$

2. 三氧化硫,硫酸及其盐,焦硫酸

(1)三氧化硫(SO_3)。

$$2SO_2+O_2 \xrightarrow[723\ K]{V_2O_5} 2SO_3$$

纯净的三氧化硫是无色、易挥发的固体,熔点为 289.8 K,沸点为 317.8 K。气态的三氧化硫分子为平面三角形结构(图 11-7)。固态三氧化硫以 SO_4 四面体为基本结构单元,共用 O 原子而形成$(SO_3)_3$ 三聚体或$(SO_3)_n$ 链状分子;前者的三个 S 原子通过 O 原子连接成环状,后者则连成无限长链。其中,S 采取 sp^3 不等性杂化,形成 2 个 σ 键、2 个 σ 配键。

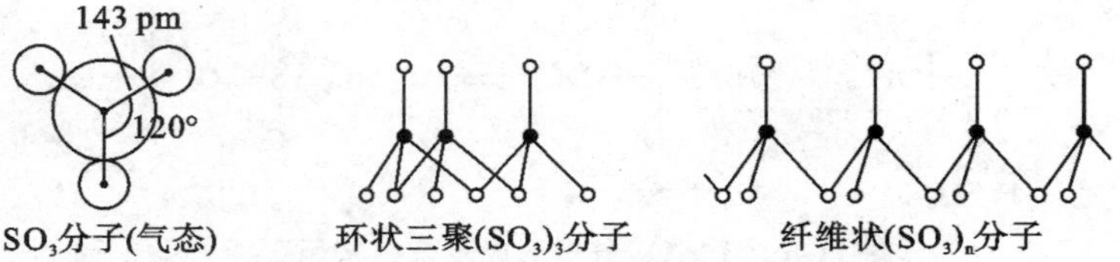

图 11-7　三氧化硫分子的结构示意图

三氧化硫具有强氧化性。

$$Fe + SO_3 = FeSO_3$$

$$4P + 10SO_3 = P_4O_{10} + 10SO_2$$

$$2KI + SO_3 = K_2SO_3 + I_2$$

三氧化硫主要用于制硫酸。

$$SO_3 + H_2O = H_2SO_4 \quad \Delta_r H_m^{\ominus} = -133\ kJ \cdot mol^{-1}$$

$$xSO_3 + H_2SO_4(\text{浓}) = H_2SO_4 \cdot xSO_3 \quad (\text{发烟硫酸})$$

(2)硫酸及其盐。

市售浓硫酸，H_2SO_4 的质量分数为 98%即 18 $mol \cdot L^{-1}$，$d = 1.84\ g \cdot cm^{-3}$；具有强酸性、强氧化性、吸水性和脱水性，其脱水性主要表现为如下反应：

$$C_{12}H_{22}O_{11} \xlongequal{\text{浓 } H_2SO_4} 12C + 11H_2O$$

$$C_2H_5OH \xlongequal{\text{浓 } H_2SO_4} C_2H_4 \uparrow + H_2O$$

$$HCOOH \xlongequal{\text{浓 } H_2SO_4} CO \uparrow + H_2O$$

硫酸盐大多易溶，$CaSO_4$ 微溶，$PbSO_4$、$SrSO_4$ 和 $BaSO_4$ 难溶；易形成水合物，如 $CuSO_4 \cdot 5H_2O$(胆矾)，$FeSO_4 \cdot 7H_2O$(绿矾)，$Na_2SO_4 \cdot 10H_2O$(芒硝)，$ZnSO_4 \cdot 7H_2O$(皓矾)，$(NH_4)_2SO_4 \cdot FeSO_4 \cdot 6H_2O$(摩尔盐)，$KAl(SO_4)_2 \cdot 12H_2O$(明矾)，$CaSO_4 \cdot 2H_2O$(石膏)。碱金属和碱土金属的硫酸盐稳定，1 000 ℃时也不分解，而过渡金属硫酸盐受热分解为三氧化硫和金属氧化物，如：

$$CuSO_4 \xlongequal{\triangle} CuO + SO_3 \uparrow$$

$$Ag_2SO_4 \xlongequal{\triangle} Ag_2O + SO_3 \uparrow$$

酸式硫酸盐受热变为硫酸盐，强热时形成焦硫酸盐，如：

$$2NaHSO_4(s) \xlongequal{\triangle} Na_2SO_4 + SO_3 \uparrow + H_2O \uparrow$$

$$2NaHSO_4(s) \xlongequal{\text{强热}} Na_2S_2O_7 + H_2O \uparrow$$

(3)焦硫酸($H_2S_2O_7$)。

1 个焦硫酸分子由两个硫酸分子缩水得到。焦硫酸为无色晶体，结构如图 11-8 所示。

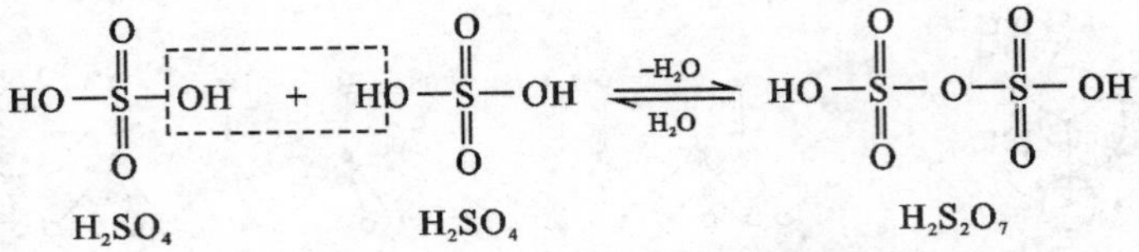

图 11-8　$H_2S_2O_7$ 分子形成及其结构示意图

$$Fe_2O_3+3K_2S_2O_7 = Fe_2(SO_4)_3+3K_2SO_4$$

3.硫代硫酸钠

$Na_2S_2O_3$ 可看作 Na_2SO_4 的硫酸根中一个 O 被 S 取代而成。$Na_2S_2O_3 \cdot 5H_2O$，俗称大苏打、海波。

硫代硫酸钠遇酸分解。

$$S_2O_3^{2-}+2H^+ = [H_2S_2O_3] = S\downarrow+SO_2\uparrow+H_2O$$

硫代硫酸钠具有还原性，如：

$$S_2O_3^{2-}+4Cl_2+5H_2O = 2SO_4^{2-}+8Cl^-+10H^+$$

$$2S_2O_3^{2-}+I_2 = S_4O_6^{2-}+2I^-$$

硫代硫酸钠可做配位剂，如：

$$2AgBr+S_2O_3^{2-} = Ag_2S_2O_3\downarrow(白色)+2Br^-$$

$$AgBr+2S_2O_3^{2-}(过量) = [Ag(S_2O_3)_2]^{3-}+Br^-$$

硫代硫酸钠的制备反应如下：

$$S+O_2 \xlongequal{点燃} SO_2$$

$$Na_2CO_3+SO_2 = Na_2SO_3+CO_2$$

$$Na_2SO_3+S \xlongequal{\triangle} Na_2S_2O_3$$

4.过硫酸及其盐

过二硫酸（$H_2S_2O_8$）可以看作 H_2O_2 的 2 个 H 被—SO_3H 取代所得，结构如图 11-9 所示。

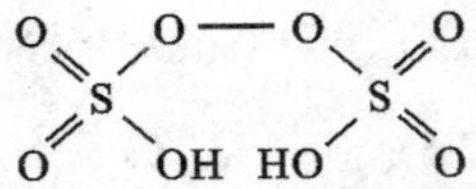

图 11-9　$H_2S_2O_8$ 分子结构示意图

由 $\varphi^{\ominus}_{S_2O_8^{2-}/SO_4^{2-}}=2.01$ V 可知，过二硫酸为强氧化剂，受热不稳定。实验室常用的过硫酸盐为 $(NH_4)_2S_2O_8$ 和 $K_2S_2O_8$。

$$2H_2S_2O_8 \xlongequal{\triangle} 2H_2SO_4+2SO_3\uparrow+O_2\uparrow$$

$$2K_2S_2O_8 \xlongequal{\triangle} 2K_2SO_4+2SO_3\uparrow+O_2\uparrow$$

$$K_2S_2O_8 + Cu \xlongequal{\triangle} CuSO_4 + K_2SO_4$$

$$5S_2O_8^{2-} + 2Mn^{2+} + 8H_2O \xlongequal[\triangle]{Ag^+} 2MnO_4^- + 10SO_4^{2-} + 16H^+$$

5. 连硫酸及其盐

连硫酸的通式为 $H_2S_xO_6$，其中 $x=2\sim6$，有 2～6 个 S 原子相连，硫的氧化数随 x 的不同而不同。二水合连四硫酸钠 $Na_2S_4O_6 \cdot 2H_2O$ 的结构如图 11-10 所示。如前所述，硫代硫酸根被 I_2 氧化得到连四硫酸根，即：

$$2Na_2S_2O_3 + I_2 = Na_2S_4O_6 + 2NaI$$

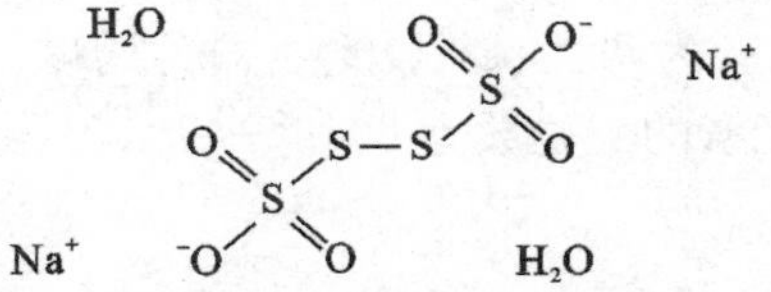

图 11-10　二水合连四硫酸钠的结构示意图

6. 硫的含氧酸的卤素衍生物

$$HCl + SO_3(\text{发烟硫酸}, H_2SO_4 \cdot xSO_3) = HSO_3Cl\ (\text{氯磺酸})$$

$$HSO_3Cl + H_2O = H_2SO_4 + HCl$$

$$SO_2 + Cl_2 \xlongequal{\text{活性炭}} SO_2Cl_2(\text{氯化硫酰/硫酰氯})$$

$$SO_2Cl_2 + 2H_2O = H_2SO_4 + 2HCl$$

$$SO_2 + PCl_5 = SOCl_2(\text{亚硫酰氯}) + POCl_3$$

$$SOCl_2 + H_2O = SO_2 + 2HCl$$

上述硫的含氧酸的卤素衍生物为无色液体，均易发生猛烈或爆炸性水解。

11.4　氮族元素

11.4.1　通性

元素周期表中ⅤA 族元素包括氮 N、磷 P、砷 As、锑 Sb、铋 Bi 五种元素，这五种元素称为氮族元素。氮族元素原子的价电子构型为 ns^2np^3，元素的常见氧化数为－3、＋3、＋5。N 能与活泼金属形成离子型化合物，如 Li_3N、Na_3N 和 Mg_3N_2。氮族元素能与氢形成共价型氢化物 NH_3、PH_3、AsH_3。氧化数为＋3、＋5 的氮族元素，其化合物大多是共价化合物，只能与 F^-、NO_3^-、SO_4^{2-} 形成离子型化合物，如 AsF_3、SbF_3、BiF_3、$Bi(NO_3)_3$、$Sb_2(SO_4)_3$。另外，N 还有其他氧化数，如

NH_2NH_2(联氨,−2)、NH_2OH(羟氨,−1)、HN_3(叠氮酸,$-\frac{1}{3}$)、N_2O(+1)、NO(+2)、NO_2(+4)。

氮族元素由氮到铋随 r 增大,低氧化态(+3)的化合物的还原性降低、稳定性提高,高氧化态(+5)的化合物氧化性增强、稳定性减弱。例如,铋酸钠 $NaBiO_3$(s)为强氧化剂,能将 Mn^{2+} 氧化成 MnO_4^-,表现出铋的 $6s^2$ 电子不易失去,即惰性电子对效应。具有此效应的元素除铋外,还有铅、铊、汞。

氮族元素由氮到铋从非金属向金属完整过渡,其氧化物的水合物的酸碱性由强酸至中强酸、两性再到弱碱性,即 HNO_3(l)为强酸、H_3PO_4(l)和 H_3AsO_4(l)均为中强酸、$Sb(OH)_3$(s)为两性、$Bi(OH)_3$(s)为弱碱。做中心体时,N 的配位数为 4,如 NH_4^+;其余元素的配位数为 6,如$[PCl_6]^-$。

11.4.2 氮的单质

氮气可以通过液化空气获得。将 NH_4Cl 与 $NaNO_2$ 溶液混合即生成氮气。

$$NH_4NO_2 = N_2\uparrow + 2H_2O$$

铵盐或叠氮化银热分解也可得到氮气。

$$(NH_4)_2Cr_2O_7(s) \xlongequal{\triangle} N_2\uparrow + Cr_2O_3 + 4H_2O\uparrow$$

$$2AgN_3 \xlongequal{\triangle} 2Ag + 3N_2\uparrow$$

氮气分子的叁键结构(见第 9 章图 9-4)决定了其化学不活泼性,但氮气能与活泼金属 Li、Mg、Ca、Sr、Ba 反应,与 B、Si 等在高温下反应,生成氮化物。

$$6Li + N_2 \xlongequal{\triangle} 2Li_3N$$

$$3Mg + N_2 \xlongequal{\triangle} Mg_3N_2$$

$$2B + N_2 \xlongequal{高温} 2BN$$

(BN 为原子晶体,结构与石墨相似)

$$3Si + 2N_2 \xlongequal{T>1\ 473\ ℃} Si_3N_4$$

(Si_3N_4 耐高温,有高强度,耐磨,耐热冲击,用作陶瓷引擎)

过渡金属氮化物,如 TiN、VN、ZrN、NbN、TaN 等,具有高熔点、高硬度,可用作工程材料、功能材料等。

氮气可用作有机合成等反应的保护气,也可作为制备氨气、硝酸、铵盐、炸药等的原料。

11.4.3 氨

氨的制备反应如下:

$$N_2 + 3H_2 \xrightleftharpoons[\text{高温、高压}]{\text{Fe}} 2NH_3$$

$$2NH_4Cl + Ca(OH)_2 \xrightarrow{\triangle} CaCl_2 + 2NH_3\uparrow + 2H_2O$$

$$(NH_4)_2SO_4(s) + CaO(s) \xrightarrow{\triangle} CaSO_4 + 2NH_3\uparrow + H_2O$$

氨为无色、有刺激性气味的气体,在水中溶解度很大,所得氨水为弱碱:$K_b^{\ominus} = 1.8 \times 10^{-5}$;与酸反应得到相应的铵盐。铵盐均易溶,且受热易分解,如:

$$NH_4Cl \xrightarrow{\triangle} NH_3\uparrow + HCl\uparrow$$

$$(NH_4)_2SO_4 \xrightarrow{\triangle} 2NH_3\uparrow + H_2SO_4$$

铵盐的酸根具有氧化性时,发生自身氧化还原反应,如:

$$NH_4NO_3 \xrightarrow{\triangle} N_2O\uparrow + 2H_2O$$

$$2NH_4NO_3 \xrightarrow{\text{高温}} 2N_2\uparrow + O_2\uparrow + 4H_2O$$

$$2NH_4ClO_4 \xrightarrow{\triangle} N_2\uparrow + Cl_2\uparrow + 2O_2\uparrow + 4H_2O$$

可使用**奈斯勒(Nessler)试剂**$(K_2[HgI_4]/KOH)$检验NH_4^+,生成碘化氨基·氧合二汞(Ⅱ)红棕色沉淀。

$$NH_4^+ + 2[HgI_4]^{2-} + 4OH^- = \left[\begin{array}{c} Hg \\ O \diagup \diagdown NH_2 \\ Hg \end{array}\right]I\downarrow + 7I^- + 3H_2O$$

NH_3 提供孤电子对,用做配体生成氨的配合物,如$[Ag(NH_3)_2]^+$、$[Cu(NH_3)_4]^{2+}$。此外,氨气与无水 $CaCl_2$ 生成氨合物 $CaCl_2 \cdot 8NH_3$(类似于结晶水合物 $CaCl_2 \cdot 6H_2O$),因此,不能用无水 $CaCl_2$ 干燥氨气。

氨具有还原性,如:

$$4NH_3 + 5O_2 \xrightarrow[500\,°C]{Pt} 4NO + 6H_2O$$

$$4NH_3 + 3O_2(纯) = 6H_2O + 2N_2$$

$$2NH_3 + 3CuO \xrightarrow{\triangle} 3Cu + N_2 + 3H_2O$$

$$2NH_3 + 3PbO \xrightarrow{\triangle} 3Pb + N_2 + 3H_2O$$

$$2NH_3 + 3Cl_2 = N_2 + 6HCl$$

上面一个反应 Cl_2 过量时发生歧化反应:$2NH_3 + 6Cl_2(过量) = 2NCl_3 + 6HCl$

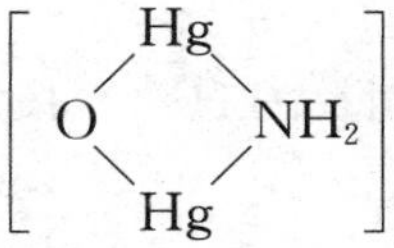

氨遇强还原剂时可做氧化剂，如：

$$2NH_3(l)+2Na \xlongequal{} 2NaNH_2+H_2\uparrow$$

$$2NH_3(l)+3Mg \xlongequal{} Mg_3N_2+3H_2\uparrow$$

碱金属、钙、锶、钡的液氨溶液，具有导电性，因为形成了 $M(NH_3)_x^+$ 和 $(NH_3)_y^-$（氨合电子）；蒸干，得原来的金属 M。

液氨易蒸发，可用作制冷剂；工业上用氨来制备硝酸、铵盐以及塑料、涂料和药品。

11.4.4 硝酸及其盐

1. 硝酸

(1)制备：工业上用催化氧化法制硝酸。

$$4NH_3+5O_2 \xlongequal[773\ K]{Pt} 4NO+6H_2O$$

$$2NO+O_2 \xlongequal{} 2NO_2$$

$$3NO_2+H_2O \xlongequal{} 2HNO_3+NO$$

实验室用硝酸盐与硫酸反应制备少量硝酸，如：

$$NaNO_3+H_2SO_4 \xlongequal{393\sim423\ K} NaHSO_4+HNO_3$$

(2)结构：硝酸分子的中心原子 N 的价电子构型为 $2s^22p^3$，采取 sp^2 等性杂化，与三个 O 形成三个 σ 键；N 的 p_z 轨道上有 2 个电子，与两个 O 的 p_z 轨道的电子肩并肩形成大 π 键 Π_3^4［图 11-11(a)］。由图 11-11(b)可见，NO_3^- 含有大 π 键 Π_4^6，其对称结构比不对称的 HNO_3 稳定，因此 NO_3^- 无氧化性，而 HNO_3 具有氧化性。

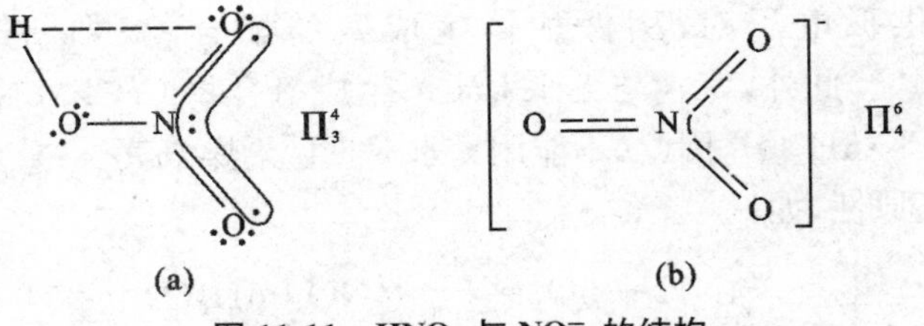

图 11-11 HNO_3 与 NO_3^- 的结构

(3)性质：硝酸为无色、透明、油状液体，不稳定，放久会发黄。

$$4HNO_3 \xlongequal{} 4NO_2\uparrow+O_2\uparrow+2H_2O$$

硝酸具有强酸性和强氧化性，能氧化不活泼金属和除氯气、氧气、稀有气体之外的非金属，如：

$$Cu+4HNO_3(浓) \xlongequal{} Cu(NO_3)_2+2NO_2\uparrow+2H_2O$$

$$3Hg + 8HNO_3(稀) = 3Hg(NO_3)_2 + 2NO\uparrow + 4H_2O$$

$$S + 2HNO_3 = H_2SO_4 + 2NO\uparrow$$

$$3P + 5HNO_3 + 2H_2O = 3H_3PO_4 + 5NO\uparrow$$

$$C + 4HNO_3(浓) = CO_2\uparrow + 4NO_2\uparrow + 2H_2O$$

硝酸溶有二氧化氮(NO_2),二氧化氮起传递电子的作用,反应机理如下:

$$NO_2 + e^- = NO_2^-$$

$$NO_2^- + H^+ = HNO_2$$

$$HNO_3 + HNO_2 = H_2O + 2NO_2\uparrow$$

硝酸通过 NO_2 获得还原剂的电子,因此氧化性顺序为发烟硝酸>浓硝酸>稀硝酸。硝酸用于制造炸药、染料、人造纤维、塑料、底片等。

2. 硝酸盐

硝酸盐均易溶,受热易分解。根据金属活泼性,硝酸盐分解分别得到亚硝酸盐、氧化物或金属单质三种产物:

活泼金属硝酸盐,如:$NaNO_3 \xlongequal{\triangle} NaNO_2 + \frac{1}{2}O_2\uparrow$

Mg~Cu 硝酸盐,如:$Mg(NO_3)_2 \xlongequal{\triangle} MgO + 2NO_2\uparrow + \frac{1}{2}O_2\uparrow$

$$Mn(NO_3)_2 \xlongequal{\triangle} MnO_2 + 2NO_2\uparrow$$

活泼性在 Cu 之后金属硝酸盐,如:$AgNO_3 \xlongequal{\triangle} Ag + NO_2\uparrow + \frac{1}{2}O_2\uparrow$

$$Hg_2(NO_3)_2 \xlongequal{\triangle} 2Hg + 2NO_2\uparrow + O_2\uparrow$$

3. NO_3^- 的鉴定——棕色环实验

$$NO_3^- + 3Fe^{2+} + 4H^+(浓\ H_2SO_4) = 3Fe^{3+} + NO + 2H_2O$$

$$Fe^{2+} + NO = Fe(NO)^{2+}(棕色)$$

11.4.5 亚硝酸及其盐

亚硝酸通过亚硝酸盐与盐酸反应制得,如:

$$NaNO_2 + HCl \xlongequal{冷水浴} NaCl + HNO_2$$

亚硝酸为淡蓝色溶液,极不稳定,易歧化分解,只能存在于冰水浴低温中,为弱酸:$K_a^\ominus = 5.6\times10^{-4}$。$NO_2^-$ 能做配位体形成配合物,如[$Co(ONO)_3(NH_3)_3$][三亚硝酸根·三氨合钴(Ⅲ)]。NO_2^- 既有氧化性,又有还原性,如:

$$2NO_2^- + 2I^- + 4H^+ = 2NO\uparrow + I_2 + 2H_2O$$

$$5NO_2^- + 2MnO_4^- + 6H^+ = 5NO_3^- + 2Mn^{2+} + 3H_2O$$

亚硝酸钠为无色、易溶晶体，可用作食品添加剂，起抗氧化作用；有毒，量多可致癌。

11.4.6 磷及其化合物

1. 单质

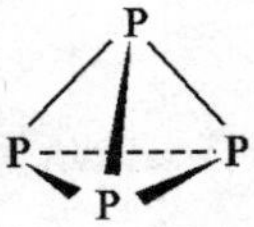

白磷(P_4)为正四面体结构，P—P—P 键角为 60°，P—P 键张力大、键能小。P_4 为非极性分子，不溶于水，可保存于水中；剧毒，服入0.1 g 致死；其结构决定了其不稳定性，极活泼，易自燃。

$$P_4 + 3O_2 \xlongequal{} P_4O_6$$

$$P_4O_6 + 2O_2 \xlongequal{} P_4O_{10}$$

$$P_4O_6 + 6H_2O(冷) \xlongequal{} 4H_3PO_3$$

$$P_4O_6 + 6H_2O(热) \xlongequal{} 3H_3PO_4 + PH_3\uparrow$$

$$P_4O_{10} + H_2O \xrightarrow{慢} (HPO_3)_n(偏磷酸)$$

$$2P + 3Cl_2 \xlongequal{} 2PCl_3$$

$$PCl_3 + Cl_2 \xlongequal{} PCl_5$$

$$PCl_5 + 4H_2O \xlongequal{} H_3PO_4 + 5HCl$$

$$PCl_5 + H_2O(不足) \xlongequal{} POCl_3 + 2HCl$$

$$2P + 5H_2SO_4 \xlongequal{} 2H_3PO_4 + 5SO_2\uparrow + 2H_2O$$

白磷的制备反应如下：

$$2Ca_3(PO_4)_2 + 6SiO_2 + 10C \xlongequal[电弧炉中熔烧]{1\ 173 \sim 1\ 713\ K} 6CaSiO_3 + P_4\uparrow + 10CO\uparrow$$

该反应放热，加入 SiO_2 以降低反应温度：$SiO_2 + CaO \xlongequal{高温} CaSiO_3$

白磷主要用于制造燃烧弹、烟幕弹以及制备 H_3PO_4 等。

2. 磷酸及其盐

磷酸，其分子含磷氧四面体结构，为三元酸：$K_{a1}^{\ominus} = 6.9 \times 10^{-3}$、$K_{a2}^{\ominus} = 6.2 \times 10^{-8}$、$K_{a3}^{\ominus} = 4.8 \times 10^{-13}$；沸点高因而无挥发性；没有氧化性。

PO_4^{3-} 可做配位体来掩蔽 Fe^{3+}：

$$Fe^{3+} + 3PO_4^{3-} + 6H^+ \xlongequal{} H_6[Fe(PO_4)_3]或 H_3[Fe(HPO_4)_3]$$

少量磷酸的制备反应：

$$P + 5HNO_3(浓) \xlongequal{} H_3PO_4 + 5NO_2\uparrow + H_2O$$

$$P_4O_{10} + 6H_2O \xlongequal[\triangle]{HNO_3} 4H_3PO_4$$

工业上制备磷酸的反应：$Ca_3(PO_4)_2 + 3H_2SO_4 \xlongequal{} 3CaSO_4 + 2H_3PO_4$

三种磷酸盐的比较，见表 11-4。

表 11-4　磷酸盐的比较

磷酸盐种类	溶解性	水解性	稳定性
正盐	ⅠA(Li 除外)、铵盐易溶，其余难溶	pH>12	稳定
磷酸氢盐	ⅠA(Li 除外)、铵盐易溶，其余难溶	pH=9～10	加热得焦磷酸盐、偏磷酸盐
磷酸二氢盐	均易溶	pH=4～5	加热得焦磷酸盐、偏磷酸盐

PO_4^{3-} 可通过下列反应进行鉴定①。

$$3Ag^+ + PO_4^{3-} = Ag_3PO_4\downarrow \text{(黄，可溶于硝酸)}$$

$$Mg^{2+} + NH_4^+ + PO_4^{3-} = MgNH_4PO_4\downarrow \text{(白)}$$

$$3NH_4^+ + 12MoO_4^{2-} + 24H^+ + PO_4^{3-} = (NH_4)_3PO_4 + 12MoO_3\downarrow \text{(黄)} + 12H_2O$$

P(Ⅴ)的其他含氧酸基本结构均为四面体形。偏磷酸：$nH_3PO_4 - nH_2O \rightarrow (HPO_3)_n$；焦磷酸：$2H_3PO_4 - H_2O \rightarrow H_4P_2O_7$；三磷酸：$3H_3PO_4 - 2H_2O \rightarrow H_5P_3O_{10}$。

3. 亚磷酸与次磷酸

亚磷酸与次磷酸的结构皆为四面体，其比较见表 11-5。

表 11-5　亚磷酸与次磷酸的比较

	亚磷酸(H_3PO_3)	次磷酸(H_3PO_2)
结构	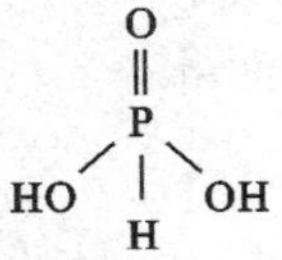	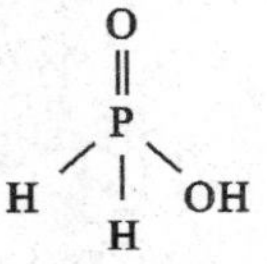
性质	无色固体，易溶于水 二元酸 $K_{a1}^{\ominus}=5\times10^{-2}$，$K_{a2}^{\ominus}=2\times10^{-7}$ 还原剂 $4H_3PO_3 \xlongequal{\triangle} 3H_3PO_4 + PH_3\uparrow$ $HPO_3^{2-} + 2Ag^+ + H_2O = PO_4^{3-} + 2Ag\downarrow + 3H^+$ $HPO_3^{2-} + SO_4^{2-} + H^+ = PO_4^{3-} + SO_2\uparrow + H_2O$	无色固体，易潮解，易溶于水，有毒 一元酸　$K_a^{\ominus}=1\times10^{-2}$ 强还原剂　$\varphi^{\ominus}_{HPO_3^{2-}/H_2PO_2^-}=-1.65\ V$ $H_2PO_2^- + Ni^{2+} + H_2O = HPO_3^{2-} + Ni\downarrow + 3H^+$
制备	$P_4O_6 + 6H_2O(冷) = 4H_3PO_3$	$P_4 + 3OH^- + 3H_2O \xlongequal{\triangle} PH_3\uparrow + 3H_2PO_2^-$ $2H_2PO_2^- + Ba(OH)_2 = Ba(H_2PO_2)_2\downarrow + 2OH^-$ $Ba(H_2PO_2)_2 + H_2SO_4 = BaSO_4 + 2H_3PO_2$

① 水体中 PO_4^{3-} 的定量测定见第 251 页。

11.4.7 砷、锑、铋

1. 砷、锑、铋单质

自然界中，砷、锑、铋少量以游离态存在，大部分以硫化物矿存在如雌黄(As_2S_3)、雄黄(As_4S_4)、辉锑矿(Sb_2S_3)、辉铋矿(Bi_2S_3)等。微量的砷广泛存在于金属硫化物矿中，因此制备的金属或硫酸中常含杂质砷。

硫化物矿通空气煅烧，再还原得到单质：

$$2M_2S_3+9O_2 \xlongequal{煅烧} 2M_2O_3+6SO_2 \quad (此节中 M=As、Sb、Bi，下同)$$

$$M_2O_3+3C(活性炭) \xlongequal{\triangle} 2M+3CO\uparrow$$

$$M_2S_3+3Fe(粉) \xlongequal{高温} 2M+3FeS$$

砷、锑、铋均为低熔点、易挥发的固体。$As_4(g)$结构同 P_4；Sb、Bi 不同于一般金属，其固态的导电、导热等性质比液态时差。砷、锑、铋的主要化学反应如下：

$$2M+3X_2 = 2MX_3$$

$$4M+3O_2 = 2M_2O_3$$

$$2M+3S = M_2S_3$$

$$2As+3H_2SO_4(浓) \xlongequal{\triangle} As_2O_3+3SO_2\uparrow+3H_2O$$

$$2Sb+6H_2SO_4(浓) = Sb_2(SO_4)_3+3SO_2\uparrow+6H_2O \quad (Bi 有类似的反应)$$

$$3As+5HNO_3(浓)+2H_2O = 3H_3AsO_4+5NO\uparrow$$

$$3Sb+5HNO_3(浓)+8H_2O = 3H[Sb(OH)_6]+5NO\uparrow$$

$$Bi+4HNO_3(浓) = Bi(NO_3)_3+NO\uparrow+2H_2O$$

$$3Sb+18Cl^-+5NO_3^-+20H^+ = 3[SbCl_6]^-+5NO\uparrow+10H_2O$$

$$2As+6NaOH(熔融) \xlongequal{\triangle} 2Na_3AsO_3+3H_2\uparrow$$

$$As+3Na \xlongequal{\triangle} Na_3As$$

砷、锑、铋主要用于制备Ⅲ～Ⅴ族半导体材料，如 GaAs、InAs、GaSb、AlSb 等。

2. 砷、锑、铋的氧化物及其水合物

砷、锑、铋氧化物的比较见表 11-6。由标准电极电势 $\varphi^{\ominus}_{H_3AsO_4/H_3AsO_3}=0.56\ V$、$\varphi^{\ominus}_{Sb_2O_5/SbO^+}=0.581\ V$、$\varphi^{\ominus}_{Bi_2O_5/BiO^+}=1.6\ V$ 可知，砷、锑、铋的高价态的氧化性依次增强：

$$AsO_4^{3-}+2I^-+2H^+ \underset{pH4\sim8}{\overset{pH<1}{\rightleftharpoons}} AsO_3^{3-}+I_2+H_2O \quad (若 pH>8，则 I_2 歧化)$$

$$H_3SbO_4+2HCl(浓) = H_3SbO_3+Cl_2\uparrow+H_2O$$

$$5NaBiO_3+2Mn^{2+}+14H^+ \xlongequal{\triangle} 2MnO_4^-+5Bi^{3+}+7H_2O+5Na^+$$

表 11-6 砷、锑、铋氧化物的比较

氧化物	外观	酸碱性	溶解性	氧化物的水合物的酸碱性
As_4O_6	白色固体	两性偏酸	微溶	$H_3AsO_3+OH^- \rightarrow H_2AsO_3^-$ 或 $HAsO_3^{2-}$ $As(OH)_3+H^+ \rightarrow As^{3+}$
Sb_4O_6	白色固体	两性偏碱	难溶	$Sb(OH)_3+H^+ \rightarrow Sb^{3+}$(或 SbO^+) $Sb(OH)_3+OH^- \rightarrow SbO_3^{3-}$
Bi_2O_3	白色固体	弱碱	极难溶	$Bi(OH)_3+H^+ \rightarrow Bi^{3+}$(或 BiO^+)
As_2O_5	白色固体	酸性	难溶	$H_3AsO_4+OH^- \rightarrow AsO_4^{3-}$
Sb_2O_5	白色固体	酸性	难溶	$H[Sb(OH)_6]+OH^- \rightarrow SbO_4^{3-}$
Bi_2O_5	(无纯品)	酸性	难溶	$HBiO_3+OH^- \rightarrow BiO_3^-$

3. 砷、锑、铋的硫化物及硫代酸盐

向砷、锑、铋盐溶液中通入硫化氢,即可制备得到相应的硫化物沉淀:

$$AsO_4^{3-}+S^{2-}+H^+ \rightarrow As_2S_5\downarrow \quad (\text{常含有 } As_2S_3)$$

$$AsO_3^{3-}+S^{2-}+H^+ \rightarrow As_2S_3\downarrow$$

$$Sb^{3+}+S^{2-}+H^+ \rightarrow Sb_2S_3\downarrow$$

$$Bi^{3+}+S^{2-}+H^+ \rightarrow Bi_2S_3\downarrow$$

砷、锑、铋的硫化物均难溶,有颜色,如 As_2S_3(黄)、As_2S_5(淡黄)、Sb_2S_3(橙)、Sb_2S_5(橙黄)、Bi_2S_3(黑)。其中,As_2S_5、Sb_2S_5 和 As_2S_3 为酸性硫化物,Sb_2S_3 为两性硫化物,而 Bi_2S_3 为碱性硫化物,反应如下。

与盐酸反应,如:

$$Bi_2S_3+6H^+ = 2Bi^{3+}+3H_2S\uparrow$$

$$Sb_2S_3+6H^++12Cl^- = 2[SbCl_6]^{3-}+3H_2S\uparrow$$

与氢氧化钠、硫化钠反应,如:

$$As_2S_3+6OH^- = AsO_3^{3-}+AsS_3^{3-}+3H_2O$$

$$4As_2S_5+24OH^- = 3AsO_4^{3-}+5AsS_4^{3-}+12H_2O$$

$$As_2S_3+3Na_2S = 2Na_3AsS_3$$

$$As_2S_5+3Na_2S = 2Na_3AsS_4$$

锑的硫化物能发生与上述反应类似的反应。

As_2S_3 和 Sb_2S_3 具有还原性,与过硫化钠(Na_2S_2)反应得到+5 氧化态的硫代酸盐:

$$As_2S_3+Na_2S_2 \rightarrow Na_3AsS_4$$

$$Sb_2S_3+Na_2S_2 \rightarrow Na_3SbS_4$$

砷、锑、铋的硫代酸盐不稳定，只能在中性或碱性介质中存在，遇 H^+ 生成不稳定的硫代酸，旋即生成 H_2S 和硫化物：

$$2AsS_3^{3-}+6H^+ = As_2S_3\downarrow+3H_2S\uparrow$$

$$2AsS_4^{3-}+6H^+ = As_2S_5\downarrow+3H_2S\uparrow$$

4. 砷、锑、铋的三卤化物

砷、锑、铋三卤化物制备反应：$2M+3X_2 = 2MX_3$

$M_2O_3+6HX = 2MX_3+3H_2O$ （M=Sb、Bi）

砷、锑、铋的三卤化物易水解：$AsCl_3+3H_2O = As(OH)_3\downarrow+3HCl$

$SbCl_3+H_2O = SbOCl\downarrow+2HCl$

$BiCl_3+H_2O = BiOCl\downarrow+2HCl$

5. 砷、锑、铋的氢化物（MH_3）

砷、锑、铋的氢化物不稳定，还原性依 AsH_3、SbH_3、BiH_3 的顺序增强，在空气中自燃。鉴定砷时先用锌将三氧化二砷还原为砷化氢（AsH_3），主要有以下两种方法。

$$As_2O_3+6Zn+12H^+ = 2AsH_3\uparrow+6Zn^{2+}+3H_2O$$

Sb_2O_3 有同样的反应。

(1)马氏试砷法

$$2AsH_3 = 2As+3H_2$$

缺氧条件下得到亮黑色砷镜。该反应检出限 0.007 mg As。

$$5NaClO+2As+3H_2O = 2H_3AsO_4+5NaCl$$

若是锑，则锑镜不溶。

(2)古氏试砷法

$$2AsH_3+12AgNO_3+3H_2O = As_2O_3+12HNO_3+12Ag\downarrow$$

该反应检出限 0.005 mg As_2O_3。

11.5 碳族元素

11.5.1 通性

元素周期表中ⅣA 族元素包括碳 C、硅 Si、锗 Ge、锡 Sn、铅 Pb 五种元素，这五种元素称为碳族元素。碳族元素原子的价电子构型为 ns^2np^2，元素的常见氧化数为+2、+4；随半径的增大，氧化态为+2的化合物的稳定性增强，氧化态为+4 的化合物的稳定性减弱、氧化性增强。Pb(Ⅳ)具有强的氧化性，如：

$$5PbO_2+2Mn^{2+}+4H^+ \xlongequal{Ag^+} 5Pb^{2+}+2MnO_4^-+2H_2O$$

自然界中碳以游离态和化合态存在；硅主要以 SiO_2、SiO_3^{2-} 存在；锗存在于锗石矿($Cu_2S \cdot FeS \cdot GeS_2$)、硫银锗矿($4Ag_2S \cdot GeS_2$)中;锡以锡石($SnO_2$)存在;铅以方铅矿(PbS)、白铅矿($PbCO_3$)存在。做中心原子时,碳原子的配位数为 4;其余元素原子的配位数为 6 或 4,如$[SiF_6]^{2-}$、$[SnCl_6]^{2-}$、$[PbCl_4]^{2-}$、$[PbCl_6]^{2-}$。

11.5.2 单质

碳的三种同素异形体的结构如第 9 章图 9-6 所示,详见第 9 章 9.1.2 节。金刚石透明、折光,是硬度最大的原子晶体,可制作珠宝;石墨主要用于制作电极、电刷、润滑剂、铅笔等;焦炭在冶金工业中用来还原矿物。

$$3FeS_2 + 12C + 8O_2 \xlongequal{\text{燃烧}} Fe_3O_4 + 12CO + 6S$$

$$SiO_2 + 2C \xlongequal{\text{电炉}} Si + 2CO\uparrow$$

$$SiO_2 + 2C + 2Cl_2 \xlongequal{\triangle} SiCl_4 + 2CO$$

$$SnO_2 + 2C \xlongequal{\triangle} Sn + 2CO\uparrow$$

$$2PbS + 3O_2 \xlongequal{\triangle} 2PbO + 2SO_2$$

$$PbO + C \xlongequal{\triangle} Pb + CO\uparrow$$

这里着重强调碳基碳材料的基本结构单元——石墨烯(Graphene)。2004 年,英国曼彻斯特大学的杰姆(A. K. Geim)和诺沃肖洛夫(K. S. Novoselov)利用机械剥离的方法首次成功地得到只包含一层原子的石墨片层即石墨烯,这种晶体薄膜的厚度只有 0.335 nm,即 20 万片薄膜叠加才够一根头发丝的厚度。完美的石墨烯具有理想的二维蜂窝状晶体结构,它由六边形晶格组成(图 11-12);如同石墨晶体,碳原子采取 sp^2 杂化,以 σ 键与其他三个碳原子相连接,扩展成原子晶体。这些 C—C 键致使石墨烯具有优异的结构刚性和韧性,是目前已知的强度最高的材料,强度可达 130 GPa,是钢的 100 多倍。每个碳原子剩余的一个未成键的 p 电子,在与分子平面垂直的方向形成大 π 键 Π_m^m,π 电子可在共轭平面上自由移动而使石墨烯具有良好的导电性。两层石墨烯叠在一起的时候并不完全对等,上下两个六边形会以轴心旋转(错开)一定的角度,从而产生不一样的特性。当呈 1.1°角时,石墨烯产生超导效应。研究表明石墨烯具有 10 倍于商用硅片的高载流子迁移率(达 200 000 $cm^2 \cdot V^{-1} \cdot s^{-1}$),并且载流子表现出明显的双极场效应特性和室温亚微米尺度的弹道传输特性,具有极高和连续可调的载流子浓度(可达 10^{13} cm^{-2});石墨烯的热导率可达 5 000 $W \cdot m^{-1} \cdot K^{-1}$,是室温下纯金刚石的 3 倍;比表面积理论值可达 2 630 $m^2 \cdot g^{-1}$,具有极佳的吸附性能;而且,石墨烯对近红外、可见光及紫外光均具有优异的透过性,因而有望用于开发更高性能的碳基导电复合材料、抗静电复合材料以及高效吸波材料。

二维材料石墨烯是一维材料高韧性与三维材料高刚性的完美结合体。迄今为止在石墨烯中没有发现碳原子缺失情况，也就是说，在任何状态下石墨烯的碳六边晶格都是“完美”存在的。如图 11-12 所示，当施加外力时，石墨烯就弯曲变形而不需要发生原子重排。石墨烯卷曲可形成二维材料碳纳米管，卷曲成球就得到了零维的巴基球，多层堆积就构成了三维的石墨。目前，随着石墨烯制备新方法的涌现，批量化生产以及大尺寸等难题的逐步突破，石墨烯的产业化加快，石墨烯基复合材料将有可能成为集“高韧性、高刚性、高强度、高耐热、高导电性”等诸多优良性能于一身的“完美复合材料”，有望在航空航天、电子、汽车、核电甚至室温超导等领域获得广泛的应用。

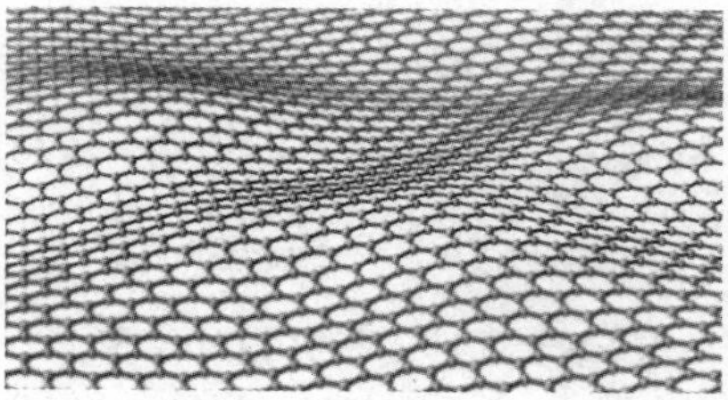

图 11-12　单层石墨烯二维蜂窝状结构示意图

硅有晶态和无定形两种同素异形体。晶态硅又分为单晶硅和多晶硅。晶态硅的结构类似于金刚石，硅的 4 个价电子参与成键，所以硅不导电，但当光照或外加电场时可导电，其电导率不及金属且随温度升高而升高。晶态硅具有金属光泽，化学性质不活泼，与氧气、水蒸气均不反应，这可能是因为晶态硅表面有极薄的 SiO_2 保护层。熔融的硅则相当活泼，可与大多数金属形成合金或硅化物，并且能够快速还原金属氧化物，这是因为 SiO_2 的生成热极高（接近 900 $kJ \cdot mol^{-1}$）。晶态硅的制备流程如下：

$$SiO_2 \xrightarrow{C} Si \xrightarrow{Cl_2} SiCl_4 \xrightarrow{\text{蒸馏}} SiCl_4 \xrightarrow{H_2} Si$$

锗也呈金刚石结构，为高硬度、高熔点的金属。高纯度锗和硅均是优良的半导体材料。

锡有三种同素异形体，相互转化关系如下：

$$\text{灰锡(}\alpha\text{-锡，无定形)} \xrightleftharpoons[<13.2\ ^{\circ}\mathrm{C}]{} \text{白锡(}\beta\text{-锡，正方晶系)} \xrightleftharpoons[<161\ ^{\circ}\mathrm{C}]{} \text{脆锡(斜方晶系)}$$

白锡是低熔点、银白色柔软金属，延展性好。白锡制品在 13.2 ℃以上时稳定，低温时白锡自行转变为粉末状灰锡的速度加快，称为锡疫；锡疫能损坏锡制品。白锡主要用作制合金如低熔点合金焊锡（67% Sn/33% Pb），以及罐头盒的马口铁（镀锡薄铁）。

铅是低熔点、柔软的重金属，主要用于制备铅蓄电池、制造化工耐蚀设备以及用作射线防护材料。

碳族元素的化学性质列于表 11-7。

表 11-7 碳族元素的化学性质*

反应物及条件	化学方程式	说明
F_2	$A+2F_2 = AF_4$	
Cl_2，加热	$A+2Cl_2 = ACl_4$	Pb 生成 $PbCl_2$
Br_2，加热	$A+2Br_2 = ABr_4$	Pb 生成 $PbBr_2$
I_2，加热	$A+2I_2 = AI_4$	Pb 生成 PbI_2
空气，加热	$A+O_2 = AO_2$ $Pb \xrightarrow{O_2} PbO \xrightarrow{H_2O} Pb(OH)_2 \xrightarrow{CO_2} Pb_2(OH)_2CO_3$	Si、Ge、Sn 在高温反应 Pb 例外，生成 PbO，进而可得到 Pb_3O_4
S，加热	$A+2S = AS_2$	Pb 生成 PbS
N_2，高温	$3Si+2N_2 = Si_3N_4$	
H_2，高温	$Ge+2H_2 = GeH_4$	Sn、Pb 同 Ge，C 加催化剂也可反应；Si 不与 H_2 反应
Si+C，高温	$Si+C = SiC$	SiC 俗称金刚砂，硬度仅次于金刚石、氮化硼和碳化硼
金属，高温	$3Al+4C = Al_3C_4$ $2Mg+Si = Mg_2Si$	C、Si 与电负性小的元素形成碳化物、硅化物，这些二元化合物熔点高、硬度大、高温时强度好、耐化学腐蚀。
金属氧化物，高温	$2MO+Si = SiO_2+2M$	M 为过渡金属
水蒸气，加热	$C+H_2O = CO+H_2$ $Si+2H_2O = SiO_2+2H_2$ $Sn+2H_2O = SnO_2+2H_2$	Si 在高温熔化时反应
碱溶液，加热	$Si+2OH^-+H_2O = SiO_3^{2-}+2H_2\uparrow$ $Sn+2OH^-+4H_2O = [Sn(OH)_6]^{2-}+2H_2\uparrow$ $Pb+OH^-+2H_2O = [Pb(OH)_3]^-+H_2\uparrow$	C、Ge 不反应 Ge、Sn、Pb 都是两性金属，但是 Ge 不溶于碱液

（续表）

反应物及条件	化学方程式	说明
碱溶液＋H_2O_2	$Ge+2OH^-+2H_2O_2 = [Ge(OH)_6]^{2-}$	
熔融碱，高温	$Si+4NaOH = Na_4SiO_4+2H_2\uparrow$	
浓 HCl，加热	$Sn+2H^+ = Sn^{2+}+H_2\uparrow$ $Pb+2H^++4Cl^- = [PbCl_4]^{2-}+H_2\uparrow$	C、Si 不反应，Ge 同 Sn
浓 H_2SO_4，加热	$C+2H_2SO_4$(浓)$= CO_2+2SO_2\uparrow+2H_2O$ $Sn+4H_2SO_4$(浓)$= Sn(SO_4)_2+2SO_2\uparrow+4H_2O$ $Pb+3H_2SO_4$(浓)$= Pb(HSO_4)_2+SO_2\uparrow+2H_2O$	Si 不反应 Ge 同 Sn
浓 HNO_3	$3C+4HNO_3$(浓)$= 3CO_2+4NO\uparrow+2H_2O$ $Sn+4HNO_3$(浓)$= H_2SnO_3\downarrow+4NO_2\uparrow+H_2O$ $Ge+4HNO_3$(浓)$= GeO_2\cdot H_2O\downarrow+4NO_2\uparrow+H_2O$	Si 不反应，Ge 同 Sn H_2SnO_3 称为 β-锡酸，可写作$SnO_2\cdot H_2O$。
稀 HNO_3	$3Sn+8HNO_3$(稀)$= 3Sn(NO_3)_2+2NO\uparrow+4H_2O$	Pb 有此反应，但浓硝酸、发烟硝酸使 Pb 钝化
$HF+HNO_3$	$3Si+4HNO_3+18HF = 3H_2[SiF_6]+4NO\uparrow+8H_2O$ $Ge+4HNO_3+6HF = H_2[GeF_6]+4NO_2\uparrow+4H_2O$	Si 不与一般的酸反应

* 表中 A 代表碳族元素的 C、Si、Ge、Sn、Pb。

11.5.3 化合物

1. 一氧化碳

一氧化碳主要表现出还原性和配位性。

$$FeO+CO \xlongequal{\triangle} Fe+CO_2$$

$$PdCl_2+CO+H_2O = Pd\downarrow+2HCl+CO_2$$

$$2CuCl+2CO+2H_2O \xlongequal{H^+} [Cu(CO)Cl\cdot H_2O]_2 \quad \text{（定量吸收 CO）}$$

高温下，一氧化碳能与许多过渡金属形成金属羰基配合物，如：

$$Ni(s)+4CO(g) \underset{473\ K}{\overset{327\ K}{\rightleftharpoons}} [Ni(CO)_4](l)$$

2. 碳酸盐

碳酸盐分正盐和酸式盐，其溶解性表现为正盐中铵盐、Ⅰ A 族元素（除 Li 外）碳酸盐易溶而其余的难溶，酸式盐均易溶但 $NaHCO_3$ 和 $KHCO_3$ 的溶解度比相应的 Na_2CO_3 和 K_2CO_3 低。

$$2MHCO_3 \xlongequal{\triangle} M_2CO_3+CO_2\uparrow+H_2O\uparrow$$

$$MCO_3 \xlongequal{\triangle} MO + CO_2\uparrow$$

$$H_2CO_3 \xlongequal{\triangle} CO_2\uparrow + H_2O$$

碳酸盐热稳定性低，因为阳离子极化作用大，加热易夺取 CO_3^{2-} 中的 O^{2-} 而使盐分解；热稳定性顺序为 H_2CO_3＜酸式盐＜正盐（其中，过渡金属碳酸盐＜碱土金属碳酸盐＜碱金属碳酸盐）。

碱金属离子、碱土金属离子随离子半径的增大，极化作用减小，稳定性增强。碳酸盐热稳定性顺序为 $BeCO_3 < MgCO_3 < CaCO_3 < SrCO_3 < BaCO_3$，$Na_2CO_3 < K_2CO_3 < Rb_2CO_3 < Cs_2CO_3$。

碳酸盐易水解：$CO_3^{2-} + H_2O \rightleftharpoons HCO_3^- + OH^-$

金属离子与碳酸盐反应得到以下三种沉淀产物：

$$\begin{cases}\text{碳酸盐：}Li^+\text{、}Ca^{2+}\text{、}Sr^{2+}\text{、}Ba^{2+}\text{、}Ag^+\text{，其相应的氢氧化物碱性较强} \\ \text{碱式碳酸盐：}Ni^{2+}\text{、}Cu^{2+}\text{、}Zn^{2+}\text{、}Pb^{2+}\text{、}Mg^{2+}\text{，其相应的氢氧化物碱性较弱} \\ M(OH)_n\text{：}Al^{3+}\text{、}Fe^{3+}\text{、}Cr^{3+}\text{等高价阳离子，极易水解}\end{cases}$$

3. 二氧化硅，硅酸及其盐

与同族的碳元素形成大量含有 C—C、C═C、C≡C、C═O的有机化合物不同，硅主要以 Si—O 单键形成 SiO_4 四面体为结构单元的含氧化合物，即硅与氧结合生成二氧化硅或硅酸盐，这可以从以下键能数据得到解释：

$E_{Si-O}(452\ kJ\cdot mol^{-1}) \quad > \quad E_{C-O}(357.7\ kJ\cdot mol^{-1})$

$E_{Si-Si}(222\ kJ\cdot mol^{-1}) \quad < \quad E_{C-C}(345.6\ kJ\cdot mol^{-1})$

$E_{Si=O}(640.2\ kJ\cdot mol^{-1}) \quad < \quad E_{C=O}(798.9\ kJ\cdot mol^{-1})$

(1)二氧化硅。

自然界中常见的石英就是坚硬、难溶的二氧化硅原子晶体，化学性质稳定，可发生如下反应。

$$SiO_2 + 2Mg \xlongequal{\text{高温}} 2MgO + Si \quad \text{（也可用 Al 或 B 做还原剂）}$$

$$SiO_2 + 2NaOH \xlongequal{\triangle} Na_2SiO_3 + H_2O$$

$$SiO_2 + Na_2CO_3 \xlongequal{\text{熔融}} Na_2SiO_3 + CO_2\uparrow$$

$$SiO_2 + 4HF \xlongequal{} SiF_4\uparrow + 2H_2O$$

$$SiO_2 + 6HF \xlongequal{} H_2[SiF_6] + 2H_2O$$

石英高温时熔化，其中 SiO_4 四面体杂乱排列，成为石英玻璃。石英玻璃允许紫外光通过，可用来制造紫外灯、紫外分析用的比色皿；又因为它的膨胀系数很小，不溶于水，不与酸反应（HF 除外），常用来制造耐高温、耐腐蚀的器皿。此外，石英玻璃还可制成光导纤维，代替铜导线用于通讯。

值得一提的是，浮游植物硅藻细胞壁的主成分也是氧化硅，称为硅质壳(frustules)。自然界存在大约 10^5 种硅藻。硅质壳尺寸在几微米至百微米，其形状各异的三维结构(如孔、脊或管状结构)有着不可思议的花纹和图案(图 11-13)，表现出高度的规律性和精确的重现性，不仅精美绝伦，还因构造绝妙而具有非常好的性质，如高韧性、高传输率和高比表面积等，成为材料研究者痴迷和效仿的模板。

图 11-13　几种硅藻硅质壳的结构

(2)硅酸和硅酸盐。

天然的硅酸盐有 1 000 多种，组成复杂，可用通式 $a\mathrm{M}_x\mathrm{O}_y \cdot b\mathrm{SiO_2} \cdot c\mathrm{H_2O}$ 表示；其中，硅酸钠易溶，加酸可制得硅酸。

$$\mathrm{SiO_4^{4-}} + 4\mathrm{H^+} = \mathrm{H_4SiO_4}(\text{正硅酸}) \xrightarrow{-\mathrm{H_2O}} \mathrm{H_2SiO_3}(\text{偏硅酸})$$

$$2\mathrm{H_4SiO_4} \xrightarrow{-\mathrm{H_2O}} \mathrm{H_6Si_2O_7}(\text{焦硅酸})$$

硅酸($\mathrm{H_2SiO_3}$)为二元弱酸：$K_{a1}^{\ominus} = 1.3 \times 10^{-10}$、$K_{a2}^{\ominus} = 1.6 \times 10^{-12}$。硅酸的组成随条件而变，常以通式 $x\mathrm{SiO_2} \cdot y\mathrm{H_2O}$ 表示。多硅酸骨架中包含大量的 $\mathrm{H_2O}$，使多硅酸软而透明且有弹性，可制得多孔性硅胶，比表面积可达 800～900 $\mathrm{m^2 \cdot g^{-1}}$，而且其中小孔甚多，是极好的吸附剂。

硅酸钠溶液酸化后，加入蓝色的无水 $\mathrm{CoCl_2}$，可制成变色硅胶。变色硅胶吸水后 $\mathrm{CoCl_2 \cdot 6H_2O}$ 为粉红色，因此可以变色硅胶的颜色来判断硅胶的吸水程度。

$$\mathrm{Na_2SiO_3(aq)} \xrightarrow{\mathrm{H^+}} \xrightarrow[\text{热水洗涤}]{\text{静置老化}} \mathrm{H_4SiO_4} \xrightarrow[\text{浸泡}]{\mathrm{CoCl_2}} \text{老化，洗涤} \xrightarrow[\text{活化}]{\text{干燥}} x\mathrm{SiO_2} \cdot y\mathrm{H_2O} \cdot \mathrm{CoCl_2}$$

硅酸钠溶液中，加入 $\mathrm{Ca^{2+}}$ 、$\mathrm{Mg^{2+}}$ 、$\mathrm{Cu^{2+}}$ 等金属离子，得到颜色各异的难溶硅酸盐，这在化学实验中称为**“水中花园”**。

$$\mathrm{SiO_3^{2-}} + \mathrm{Ca^{2+}} = \mathrm{CaSiO_3}\downarrow(\text{白})$$

$$\mathrm{SiO_3^{2-}} + \mathrm{Cu^{2+}} = \mathrm{CuSiO_3}\downarrow(\text{蓝})$$

硅酸钠除了用于制备硅胶和分子筛外，还用作建筑工业、造纸工业领域的黏合剂，并且木材、织物用之浸泡后可防腐、防火。此外，硅酸钙、硅酸镁常用作洗涤剂填料。

4. 硅的氢化物

硅的氢化物只有 Si_nH_{2n+2} 的几种，其中硅化氢（SiH_4）为无色无味气体，高级硅烷为液体。

硅化氢（SiH_4）的制备反应如下：

$$SiO_2 + 4Mg \xlongequal{\text{灼烧}} Mg_2Si + 2MgO$$

$$Mg_2Si + 4H^+ \xlongequal{} SiH_4\uparrow + 2Mg^{2+}$$

$$SiCl_4 + LiAlH_4 \xlongequal{} SiH_4\uparrow + LiCl + AlCl_3$$

硅化氢极活泼。Si 的氧化数为 −4，因而具有强还原性。

$$SiH_4 + 2O_2 \xlongequal{} SiO_2 + 2H_2O$$

$$SiH_4 + 2MnO_4^- \xlongequal{} 2MnO_2(s) + SiO_3^{2-} + H_2O + H_2$$

硅化氢热稳定性差，在 773 K 下，分解为硅和氢气；极易水解，产物为二氧化硅的水合物（$SiO_2\cdot nH_2O$）。

$$SiH_4 + (n+2)H_2O \xlongequal{OH^-} SiO_2\cdot nH_2O + 4H_2$$

5. 锡、铅的化合物

(1) +2、+4 两种氧化态化合物的稳定性：锡的化合物中，Sn(Ⅳ)稳定，Sn(Ⅱ)具有强的还原性；而铅的化合物 Pb(Ⅱ)稳定，Pb(Ⅳ)具有强的氧化性，这体现了铅的 $6s^2$ 电子不易失去，即惰性电子对效应。

$$2Sn^{2+} + O_2 + 4H^+ \xlongequal{} 2Sn^{4+} + 2H_2O$$

$$SnS + S_2^{2-} \xlongequal{} SnS_3^{2-}$$

$$SnS_3^{2-} + 2H^+ \xlongequal{} SnS_2 + H_2S\uparrow$$

$$SnCl_2 + 2HgCl_2 \xlongequal{} SnCl_4 + Hg_2Cl_2\downarrow$$

$$SnCl_2 + Hg_2Cl_2 \xlongequal{} 2Hg\downarrow + SnCl_4$$

$$PbO_2 + 6HCl(\text{浓}) \xlongequal{} H_2[PbCl_4] + Cl_2\uparrow + 2H_2O$$

$$5PbO_2 + 2Mn^{2+} + 4H^+ \xlongequal{Ag^+} 5Pb^{2+} + 2MnO_4^- + 2H_2O$$

$$Pb^{2+} + ClO^- + 2OH^- \xlongequal{} PbO_2\downarrow + Cl^- + H_2O$$

(2) 锡、铅盐类的水解性：Sn(Ⅱ)和 Sn(Ⅳ)的盐均表现出强的水解性，因此必须在相应的浓酸中配制其盐溶液，以抑制水解。

$$SnCl_2(s) + H_2O \xlongequal{} Sn(OH)Cl\downarrow + HCl$$

$$SnCl_4(s) + 3H_2O \xlongequal{} H_2SnO_3\downarrow + 4HCl$$

Pb(Ⅱ)盐只有 $Pb(NO_3)_2$、$Pb(Ac)_2$ 易溶，易水解；其余铅盐均难溶，如 $PbCl_2$、$PbCO_3$、$Pb_2(OH)_2CO_3$、$PbSO_4$、$PbSiO_3$、PbS、$PbCrO_4$ 等。Pb(Ⅳ)盐很少，$PbCl_4$ 只有低温时稳定，常温即分解为 $PbCl_2$ 和 Cl_2，遇水即强烈水解。

$$PbCl_4 + 2H_2O \xlongequal{} PbO_2\downarrow + 4HCl$$

(3)锡、铅氢氧化物的酸碱性：$Sn(OH)_2$、$Sn(OH)_4$ 和 $Pb(OH)_2$ 均为两性氢氧化物，既可溶于酸也可溶于碱。此外，黄色的难溶物 $PbCrO_4$ 可溶于碱液。

$$Sn(OH)_2 + 2H^+ = Sn^{2+} + 2H_2O$$

$$Sn(OH)_2 + 2OH^- = SnO_2^{2-} + 2H_2O$$

$$Sn(OH)_4 + 4H^+ = Sn^{4+} + 4H_2O$$

$$Sn(OH)_4 + 2OH^- = SnO_3^{2-} + 3H_2O$$

$$Pb(OH)_2 + 2H^+ = Pb^{2+} + 2H_2O$$

$$Pb(OH)_2 + OH^- = [Pb(OH)_3]^-$$

$$PbCrO_4 + 3OH^- = [Pb(OH)_3]^- + CrO_4^{2-}$$

(4)锡、铅的硫化物。

锡、铅的硫化物的比较见表 11-8。

表 11-8　锡、铅硫化物的比较

	SnS	**SnS_2**	**PbS**
颜色	棕色	黄色	黑色
溶解性		均难溶于 H_2O、稀酸	
酸碱性	碱	酸	碱
HCl(浓)	$[SnCl_4]^{2-}$	$[SnCl_6]^{2-}$	$[PbCl_4]^{2-}$
NaOH	/	$SnO_3^{2-} + SnS_3^{2-}$	/
Na_2S	/	SnS_3^{2-}	/
Na_2S_2	SnS_3^{2-}	SnS_3^{2-}	/

11.6　硼族元素

11.6.1　通性

元素周期表中ⅢA 族元素包括硼 B、铝 Al、镓 Ga、铟 In、铊 Tl 五种元素，这五种元素称为硼族元素。硼族元素原子的价电子构型为 ns^2np^1，价电子数小于价电子轨道数，为**缺电子结构**，因此硼族元素形成**缺电子化合物**，即成键电子对数小于价电子轨道数，故而硼族元素化合物接受电子对能力很强，是强的 Lewis 酸。硼族元素常见的氧化数有+3、+1。硼的配位数为 4 如 $[BF_4]^-$，其余元素的配位数为 4 或 6 如 $[AlF_6]^{3-}$、$[AlCl_4]^-$。

硼在地壳中的含量为 10 ppm，是唯一能以富集矿存在的稀有元素，如硼砂 $Na_2[B_4O_5(OH)_4]\cdot 8H_2O$、硼镁矿 $Mg_2B_2O_5\cdot H_2O$、白硼钙石 $Ca_2[B_3O_4(OH)_3]\cdot 2H_2O$

等。硼在自然界中主要以氧化物的形式存在，E_{B-O}（561 kJ·mol^{-1}）＞E_{Si-O}（452 kJ·mol^{-1}）。世界上硼矿资源以美国最多，我国的硼矿资源十分稀少且分散。硼为植物必需元素，以 H_3BO_3、$[B(OH)_4]^-$ 的形式吸收；土壤中可溶性硼含量小于 0.5 ppm，则为缺硼。硼以化合态存在于海洋中，为海水中的常量元素。

铝主要以铝矾土（含杂质的水合氧化铝）存在，铝存在于动、植物组织中。镓存在于铝矾土、煤中，铟、铊存在于闪锌矿（ZnS）中。铝、镓、铟、铊金属均为银白色，质软、轻，延展性好，相当活泼，可用电解法制备。

硼的性质与同族的铝、镓、铟、铊不同，却与其斜线方向的硅相类似。在元素周期表中，有 3 对处于相邻两个族对角线上的元素，即

$$\begin{matrix} \text{Li} & & \text{Be} & & \text{B} & \\ & \searrow & & \searrow & & \searrow \\ & \text{Mg} & & \text{Al} & & \text{Si} \end{matrix}$$

：Li(Ⅰ)—Mg(Ⅱ)、Be(Ⅱ)—Al(Ⅲ)、B(Ⅲ)—Si(Ⅳ)，其电荷数与半径数值之比相近，离子极化作用相似，导致其化合物的化学性质相近，称为元素周期表中的**斜线关系**，又称**对角线规则**。

11.6.2 硼及其化合物

1. 硼的工业制备

$$\text{硼镁矿}\xrightarrow{OH^-(\text{浓})}NaBO_2\xrightarrow[H_2O]{CO_2}Na_2B_4O_7\xrightarrow[H_2O]{H_2SO_4}H_3BO_3\xrightarrow{\text{加热}}B_2O_3\xrightarrow{Mg}B$$

$$Mg_2B_2O_5\cdot H_2O+2NaOH=\!=\!=2NaBO_2+2Mg(OH)_2$$

$$4NaBO_2+CO_2+10H_2O=\!=\!=Na_2B_4O_7\cdot 10H_2O\downarrow+Na_2CO_3$$

$$Na_2B_4O_7+5H_2O+H_2SO_4=\!=\!=4H_3BO_3+Na_2SO_4$$

总反应：$Mg_2B_2O_5\cdot H_2O+2H_2SO_4=\!=\!=2H_3BO_3+2MgSO_4$（需要耐酸设备）

$$2H_3BO_3\overset{\triangle}{=\!=\!=}B_2O_3+3H_2O$$

$$B_2O_3+3Mg=\!=\!=2B+3MgO$$

纯化：$2B+3I_2\overset{\triangle}{=\!=\!=}2BI_3$

$$2BI_3\xrightarrow[\text{钽丝}]{1\,000\sim1\,300\text{ K}}2B+3I_2\uparrow$$

2. 硼的性质

与硅相似，晶态硼为黑灰色、不活泼的原子晶体，其中，α-菱形硼的硬度仅次于金刚石；无定形硼为棕色粉末，较活泼。

高温时硼能与非金属、金属发生反应：

$$2B+3X_2\overset{\triangle}{=\!=\!=}2BX_3\quad(F_2\text{ 在常温下即反应})$$

$$4B+3O_2\overset{\triangle}{=\!=\!=}2B_2O_3\quad\Delta_rG_m^{\ominus}=-2\,388.6\text{ kJ}\cdot\text{mol}^{-1}$$

$$2B+3S \xrightarrow{\triangle} B_2S_3 \quad \Delta_r G_m^{\ominus}=-1\ 237\ kJ \cdot mol^{-1}$$

$$2B+N_2 \xrightarrow{T>1\ 473\ K} 2BN$$

$$4B+C \xrightarrow{高温} B_4C$$

碳化硼是原子晶体，同金刚砂(SiC)、氮化硼(BN)一样，硬度大，熔点高，化学性质不活泼，可用作优良的磨料和制切削工具，还用于制作原子反应堆中的控制棒。硼与几乎所有金属生成金属型化合物，如 Ti_3B_4、ZrB_2、V_2B、Cr_4B、MnB、FeB、LiB_4、MgB_2、CaB_6、AlB_{12} 等，其中，锂、铍、钛、锆、铪、钒、铌、钽、铬、钼、钨、锰、钴、镍等金属的硼化物硬度大、耐磨性能好、耐热、抗氧化、电阻与温度呈线性关系，可用作耐磨涂层、坩埚内衬、高温电阻和制造耐腐蚀化工设备。硼化镧与六硼化钙可做半导体高温整流材料、掺杂材料、电子管材料、阴极射线材料以及高温核反应器中子的吸收材料。二硼化镁具有超导性能。此外，金属硼化物复合材料(硼化物金属陶瓷)以及硼钛、硼锆基等在核工业、火箭喷嘴、高温轴承、热电保护管、汽车部件等制造中都有应用。含硼非晶型合金为节能材料，可代替硅钢片，节能在 50%以上。

硼与氧的亲合力大，可用作还原剂，替代焦炭、锌、镁等还原氧化物，如：

$$3SiO_2+4B = 2B_2O_3+3Si$$

$$3P_2O_5+10B = 5B_2O_3+6P$$

$$3CO_2+4B = 2B_2O_3+3C$$

$$3MO+2B = B_2O_3+3M \quad (M=Cu、Fe、Co、Sn、Pb、Sb、Bi)$$

$$2B+6H_2O(g) \xrightarrow{赤热} 2B(OH)_3+3H_2$$

硼能与热浓 H_2SO_4、热浓 HNO_3 反应；有氧化剂存在时，能与强碱共熔，化学方程式如下：

$$2B+3H_2SO_4(浓) \xrightarrow{\triangle} 2H_3BO_3+3SO_2\uparrow$$

$$B+3HNO_3(浓) \xrightarrow{\triangle} H_3BO_3+3NO_2\uparrow$$

$$2B+2NaOH(s)+3KNO_3(s) = 2NaBO_2+3KNO_2+H_2O$$

3. 硼的化合物

无机硼化合物包括 H_3BO_3，$Na_2B_4O_7 \cdot 10H_2O$，BX_3，KBH_4，$NaBH_4$ 等 40 余种。有机硼化合物包括 20 多种硼烷(B_nH_{n+4}、B_nH_{n+6})以及硼酸酯(硼酸与醇酯化而得)。下面简要介绍硼酸、硼砂、三卤化硼、硼氢化钠和乙硼烷。

(1)硼酸(H_3BO_3)。

硼酸的制备流程:$B \xrightarrow{O_2} B_2O_3 \xrightarrow{H_2O} H_3BO_3(s)$

硼酸中心原子 B 的价电子构型为 $2s^2 2p^1$,采取 sp^2 等性杂化,与 3 个 O 形成 3 个 σ 键,结构为平面三角形,可形成分子内氢键。硼酸晶体为层状结构,层与层之间以微弱的分子间作用力相连;在冷水中溶解度小,在热水中部分氢键断开,溶解度增大。硼酸为极弱的一元酸:$K_a^\ominus = 5.4 \times 10^{-10}$。$H_3BO_3$ 不是自身电离出 H^+,而是结合 H_2O 中的 OH^- 成为 $[B(OH)_4]^-$,从而产生 H^+,这由 H_3BO_3 缺电子结构所决定。

$$B(OH)_3 + H_2O = [B(OH)_4]^- + H^+$$

H_3BO_3 能与醇发生酯化反应,如:

$$H_3BO_3 + 3CH_3OH \xlongequal{浓 H_2SO_4} B(OCH_3)_3 + 3H_2O$$

硼酸有极微弱的碱性,与磷酸煮沸生成磷酸硼。

$$B(OH)_3 + H_3PO_4 \xlongequal{煮沸} BPO_4 + 3H_2O$$

硼酸受热分解、脱水。

$$H_3BO_3 \xrightarrow{>373\ K} HBO_2 \xrightarrow{\triangle} H_2B_4O_7 \xrightarrow{\triangle} B_2O_3(s)$$

熔融态的硼酸与金属氧化物反应,得到有特征颜色的、玻璃态的偏硼酸盐,可用于定性分析,称为**硼珠实验**,如:

$$CoO + B_2O_3 \xlongequal{\triangle} Co(BO_2)_2 (蓝色)$$

$$Cr_2O_3 + 3B_2O_3 \xlongequal{\triangle} 2Cr(BO_2)_3 (绿色)$$

$$NiO + B_2O_3 \xlongequal{\triangle} Ni(BO_2)_2 (绿色)$$

硼酸常用于生产消毒剂、防腐剂,做主药成分的缓冲液或片剂中的润滑剂(硼酸层状结构),以辅助主药发挥良好的药效。例如,在氯霉素滴眼药配方中加入硼酸,可起到调节渗透压以减轻药液对眼黏膜的刺激作用。

(2)硼砂。

硼酸与氢氧化钠溶液反应,得到硼酸钠($Na_2B_4O_7$)或偏硼酸钠($NaBO_2$)。

$$4H_3BO_3 + 2NaOH \xlongequal{pH<9.6} Na_2B_4O_7 + 7H_2O$$

$$H_3BO_3 + NaOH \xlongequal{pH=11\sim12} NaBO_2 + 2H_2O$$

硼酸钠的水合物($Na_2B_4O_7 \cdot 10H_2O$)俗称硼砂,化学式为$Na_2B_4O_5(OH)_4 \cdot 8H_2O$。$[B_4O_5(OH)_4]^{2-}$ 的结构如图 11-14 所示,其中 2 个 B 采取 sp^3 杂化,与 O 形成四面体结构;2 个 B 采取 sp^2 杂化,与 O 形成平面三角形结构。

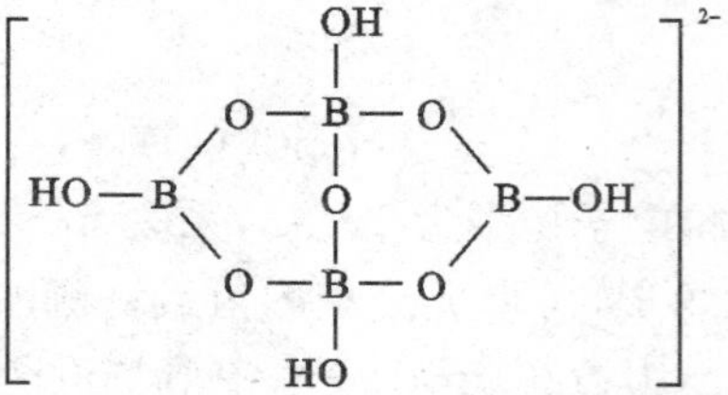

图 11-14 $[B_4O_5(OH)_4]^{2-}$的结构示意图

硼砂在冷水中难溶，温度升高溶解度增大，可重结晶提纯；为强碱弱酸盐，水解呈碱性。

$$B_4O_7^{2-} + 7H_2O \xlongequal{} 4H_3BO_3 + 2OH^-$$

与硼酸类似，硼砂在高温熔融，成为无色透明玻璃态，与金属氧化物化合反应，可制造有色硼玻璃。

$$Na_2B_4O_7 + CoO \xrightarrow{1\ 150\ K} NaBO_2 \cdot Co(BO_2)_2\text{（蓝色）}$$

$$Na_2B_4O_7 + Cr_2O_3 \xrightarrow{\triangle} NaBO_2 \cdot Cr(BO_2)_3\text{（翠绿色）}$$

我国是最早使用硼砂的国家，明代《本草纲目》中就有使用硼砂入药制作“冰硼散”的记载。冰硼散、吹喉散等口腔药粉含有的硼砂可起到消毒、防溃、辅助其他药物中和酸碱的作用。此外，硼砂是陶瓷、搪瓷、玻璃工业的重要原料（含硼的玻璃耐高温，是硬质玻璃。氧化硼与氧化锂、氧化铍的氧化物制成的玻璃，可用作射线的窗口），也可用作洗涤剂填料，还用作基准物质，配制标准缓冲溶液。

(3)三卤化硼(BX_3)。

$$2B + 3X_2 \xlongequal{\triangle} 2BX_3 \quad (X = F、Cl、Br、I)$$

$$B_2O_3 + 6HF \xlongequal{} 2BF_3 + 3H_2O$$

三卤化硼为缺电子化合物，有强烈接受电子对的倾向，是强的 Lewis 酸，在有机合成中常用作催化剂。三卤化硼与四卤化硅一样强烈水解，但机理不同：三卤化硼系缺电子化合物，四卤化硅则是因为 Si 有空的 d 轨道。

$$2BF_3 + 3H_2O \xlongequal{} H_3BO_3 + [BF_4]^- + 2F^- + 3H^+$$

$$2SiF_4 + 4H_2O \xlongequal{} H_4SiO_4 + [SiF_6]^{2-} + 2F^- + 4H^+$$

$$BCl_3 + 3H_2O \xlongequal{} H_3BO_3 + 3HCl \quad (BBr_3、BI_3\text{ 有类似反应})$$

(4)硼氢化钠($NaBH_4$)。

硼氢化钠为白色离子化合物，无毒，能溶于 H_2O、EtOH 等溶剂，为极强的还原剂，可选择性还原醛、酮、酰氯类成醇。硼氢化钠制备反应如下：

$$4NaH + BF_3 \xlongequal{} NaBH_4 + 3NaF$$

$$4NaH + B(OCH_3)_3 \xlongequal{} NaBH_4 + 3CH_3ONa$$

(5)乙硼烷(B_2H_6)。

乙硼烷分子中 B 采取 sp^3 杂化,与端基 H 形成正常 σ 键,2 个 B 与 1 个桥基 H 成键,得到三中心二电子键(氢桥键),如图 11-15 所示,2 个 B 与 4 个端基 H 在一平面上,2 个桥基 H 分别位于该平面的上方和下方。

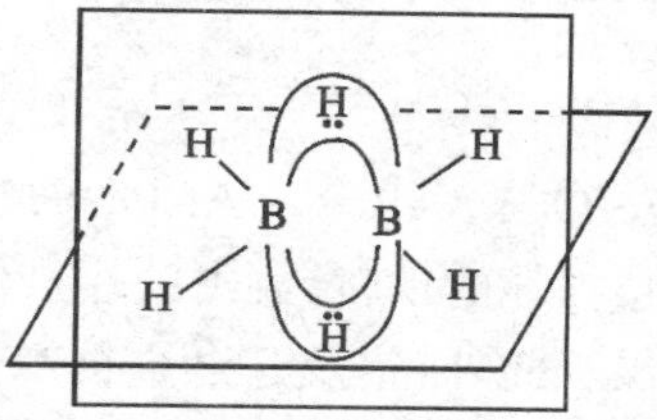

图 11-15　乙硼烷分子结构示意图

乙硼烷为剧毒气体,缺电子结构导致其在空气中极不稳定,只在 $T<373$ K 时稳定存在,易燃,易水解,易溶于乙醚。

乙硼烷中 B 的氧化数为 −3,可通过以下三种方法制备:

质子置换法　$2MnB+6H^+ \xlongequal{} B_2H_6\uparrow+2Mn^{3+}$

氢化法　$2BCl_3+6H_2 \xlongequal{无声放电} B_2H_6+6HCl$

氢阴离子置换法　$3NaBH_4+4BF_3 \xlongequal{乙醚} 2B_2H_6\uparrow+3NaBF_4$

乙硼烷主要用作制纯硼和硼化物的原料。

11.6.3　铝及其化合物

1. 铝单质

铝为银白色轻金属($d=2.7\ g\cdot cm^{-3}$),具有延展、韧性、导电性;铝表面有一层致密的氧化物薄膜使铝稳定,不与水反应,也不与冷的浓硝酸或浓硫酸作用,故可用铝桶盛冷的浓销酸和浓硫酸。铝能溶于强碱溶液,放出氢气。

$$2Al+2NaOH+2H_2O \xlongequal{} 2NaAlO_2+3H_2\uparrow$$

铝为活泼金属,是强还原剂,易与非金属反应。

$$2Al+3X_2 \xlongequal{\triangle} 2AlX_3 \quad (X=F,Cl,Br,I)$$

$$2Al+3S \xlongequal{\triangle} Al_2S_3$$

$$2Al+N_2 \xlongequal{\triangle} 2AlN$$

$$4Al+3C \xlongequal{\triangle} Al_4C_3$$

$$4Al+3O_2 \xlongequal{高温} 2Al_2O_3 \quad \Delta_r H_m^{\ominus}=-3\ 351.4\ kJ\cdot mol^{-1}$$

工业上利用铝与氧气的高反应热将铝作为还原剂把其他金属氧化物中的金属还原出来，这种方法被称为**铝热还原法**。

$$Cr_2O_3 + 2Al \xlongequal{\triangle} Al_2O_3 + 2Cr$$

$$3MnO_2 + 4Al \xlongequal{\triangle} 2Al_2O_3 + 3Mn$$

$$Fe_2O_3 + 2Al \xlongequal{\triangle} Al_2O_3 + 2Fe$$

$$3Fe_3O_4 + 8Al \xlongequal{\triangle} 4Al_2O_3 + 9Fe$$

铝热还原法可用来焊接损坏的铁轨，放出的热量使温度达到 3 273 K，导致铁熔化而同氧化铝熔渣分层。此外，铝及其合金被广泛地用于电讯、建筑设备、电器设备的制造以及机械、化工、食品工业；铝粉用于制油漆、涂料、焰火，还可作为炼钢的脱氧剂。

1886 年，22 岁美国青年化学家霍尔(C. M. Hall)找到了从氧化铝制铝的方法；几乎与此同时，法国青年冶金家厄鲁尔(P. Heroult)的实验也获得了成功，史称 **Hall-Heroult 法**。

$$Al_2O_3(\text{铝矾土}) + 2NaOH + 3H_2O = 2Na[Al(OH)_4]$$

$$2Na[Al(OH)_4] + CO_2 = 2Al(OH)_3\downarrow + Na_2CO_3 + H_2O$$

$$2Al(OH)_3 \xlongequal{\triangle} Al_2O_3 + 3H_2O$$

$$2Al_2O_3 \xlongequal[\text{通电}]{Na_3AlF_6} 4Al + 3O_2\uparrow$$

将纯净的氧化铝置于熔融的冰晶石(Na_3AlF_6，用作助熔剂)中，高温下电解可制备金属铝。由于金属铝活泼，产品不易提纯，应当用尽可能纯的氧化铝做原料。

2. 铝的化合物

铝的化合物主要有氧化铝/氢氧化铝、铝盐/铝酸盐以及三卤化铝。

α-Al_2O_3 俗称刚玉，其硬度仅次于金刚石和金刚砂，是高硬度、耐磨、耐火的材料，可由铝铵矾高温分解制得。

$$(NH_4)_2SO_4\cdot Al_2(SO_4)_3\cdot 24H_2O \xrightarrow{T>1\,273\ K} \alpha\text{-}Al_2O_3$$

$$Al(OH)_3 \xrightarrow{723\ K} \gamma\text{-}Al_2O_3$$

$$\gamma\text{-}Al_2O_3 \xrightarrow{1\,273\sim1\,473\ K} \alpha\text{-}Al_2O_3$$

活性氧化铝(γ-Al_2O_3)易溶于酸，可用作色谱分析中的吸附剂。99.99%高纯氧化铝用于制备精细陶瓷、集成电路底板、录音磁带的填充剂以及制造人工骨骼；氧化铝纤维织成的毡可用作高温电炉的保温材料。

氢氧化铝具有两性，溶于酸得到铝盐，溶于碱得到铝酸盐。铝盐和铝酸盐均易水解。

$$[Al(H_2O)_6]^{3+} + H_2O \rightleftharpoons [Al(H_2O)_5OH]^{2+} + H_3O^+$$

$$AlO_3^{3-} + 3H_2O \rightleftharpoons Al(OH)_3 \downarrow + 3OH^-$$

卤化铝(AlX_3)作为铝盐,极易水解。由表 11-9 卤化铝的沸点可见,三氟化铝(AlF_3)为离子化合物,其余均为共价化合物。

表 11-9　AlX_3 的沸点

	AlF_3	$AlCl_3$	$AlBr_3$	AlI_3
bp. /K	1 564	453	528	654

在气相或非极性溶剂中,存在二聚物$(AlCl_3)_2$,中心原子 Al 的价电子构型为 $3s^2 3p^1$,采取 sp^3 杂化,与 3 个氯原子形成 3 个正常 σ 键,第四个空的 sp^3 杂化轨道接受第四个氯原子的孤电子对。氯化铝二聚物的结构如图 11-16 所示。

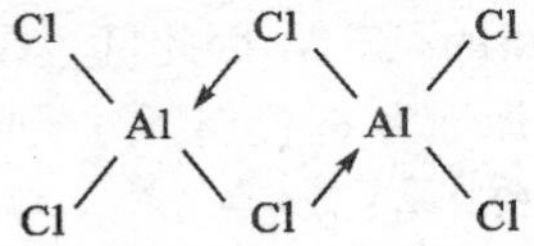

图 11-16　Al_2Cl_6 的结构

铝盐主要用作净水剂和泡沫灭火剂,还可用作媒染剂,即织物在$Al_2(SO_4)_3$和 Na_2CO_3 混合溶液中浸泡片刻,胶状氢氧化铝沉积在纤维上易吸附染料。

11.7　氢和稀有气体

11.7.1　氢

1. 氢的价电子构型及成键特征

氢原子的价电子构型为 $1s^1$;氢元素常见的氧化数为 -1、0、1;电负性为 2.30。氢原子可形成离子键、共价键并表现出独特键型。

离子键:氢原子得到一个电子形成 H^-,氧化数为 -1。高温下氢与活泼金属形成离子型氢化物,如:

$$H_2 + 2Na \xlongequal{653\ K} 2NaH$$

共价键:氢原子提供一个电子,与另一个原子的自旋方向相反的电子配对成键,氧化数为 $+1$。例如,加热或点燃时,氢与非金属元素化合直接形成共价型氢化物 HX、H_2O 和 H_2S 等或间接反应得到 SiH_4 和 B_2H_6。

独特键型：

①氢桥键：氢原子提供一个电子与缺电子原子共用。例如，H 与 B 形成的 B_2H_6 分子为三中心二电子键（图 11-15），B_2H_6 仍属于共价氢化物。

②氢原子填充到过渡金属晶格的空隙中而形成整比或非整比化合物，称为金属型氢化物。例如，CrH_2、NiH、$PdH_{0.8}$、$ZrH_{1.75}$、$LaH_{2.87}$ 这些金属型氢化物保留了金属的外观特征，具有导电性，且导电性随氢含量增多而降低。

此外，氢原子与电负性大的三种原子（F、O、N）可形成氢键。如第 9 章 9.3.2 节所述，氢键不属于化学键范畴，但具有共价键的两个性质——方向性和饱和性。在含有 F、O 或 N 的含氢化合物中，形成分子内或分子间氢键，极大地影响着化合物的性质及功能。比如，DNA 的双螺旋结构由两条分子通过氢键而形成，在生命过程中起着举足轻重的作用。

2. 氢气的性质及用途

氢气为无色无味气体，在水中溶解度小，氢分子的离解能（436 kJ·mol^{-1}）比一般单键高很多，接近于一般双键的离解能，因此氢气具有一定的稳定性；但在一定条件下，化学性质较为活泼，以还原性为主，高温下可还原金属氧化物、金属氯化物，如：

$$Fe_3O_4 + 4H_2 = 3Fe + 4H_2O$$
$$WO_3 + 3H_2 = W + 3H_2O$$
$$TiCl_4 + 2H_2 = Ti + 4HCl$$

氢氧焰的火焰温度可达 3 273 K，用于切割和焊接金属；氢气燃烧无污染，是理想的清洁能源。

$$H_2(g) + \frac{1}{2}O_2(g) = H_2O(g) \quad \Delta_r H_m^{\ominus} = -241.8\ \text{kJ·mol}^{-1}$$

此外，氢气是合成氨工业的原料；有机合成工业上，不饱和碳氢化合物可通过加氢反应变成饱和烃。

3. 氢气的制备及贮存

工业上主要利用焦炭与水蒸气高温反应制得水煤气（氢气和一氧化碳的混合物）；水煤气继续与水蒸气反应（Fe_2O_3 催化）可使一氧化碳成为二氧化碳，加压用水洗涤，二氧化碳溶于水而分离出氢气。

$$C + H_2O \xlongequal{1\ 273\ K} H_2(g) + CO$$
$$CO + H_2O \xlongequal{Fe_2O_3} CO_2 + H_2$$

氯碱工业中电解食盐水制氢氧化钠得到副产物氢气（图 11-1）；石油化工中，烷烃脱氢制取烯烃也可得到副产物氢气，如：

$$C_2H_6 \xlongequal{\triangle} C_2H_4 + H_2$$

氢气摩尔质量小，分子间作用力很弱，难液化，装运不便，并且不够安全。因此，储氢材料的研发一直是个热点，可利用多组分金属合金氢化物来贮氢，如：

$$LaNi_5 + 3H_2 \xlongequal{} LaNi_5H_6$$

$$TiFe + H_2 \longrightarrow TiFeH_{1.95}$$

11.7.2 稀有气体

1. 发现

元素周期表中零族元素包括氦 He、氖 Ne、氩 Ar、氪 Kr、氙 Xe、氡 Rn 六种元素，这六种元素称为稀有气体元素。1785 年，卡文迪什(H. Cavendish)在空气中通入过量的氧气，放电生成的一氧化氮进而被氧化为二氧化氮，用碱液吸收，剩余的氧气用红热的铜除去，发现仍有少量的气体存在。1894～1900 年间，英国物理学家拉姆赛(W. Ramsay)测得从氮化物中分离出的氮气的密度为 1.251 g·L^{-1}，从空气中分离出的氮气的密度为 1.257 g·L^{-1}，二者相差大于实验误差，这引起他的注意。他用氢氧化钙、浓硫酸、热铜、热镁依次除去空气中的二氧化碳、水蒸气、氧气、氮气，残留气体体积约占气体总体积的 1%，从而发现了氩。1895 年，拉姆赛和特拉弗斯(M. W. Travers)用光谱证实铀矿与浓硫酸产生的不活泼气体为氦；1898 年，拉姆赛和特拉弗斯从空气中分离出氖、氪、氙；后来，加拿大的欧文(R. B. Owens)于 1899 年、德国的道恩(F. E. Dorn)于 1900 年分别发现放射性元素氡。

2. 性质及用途

稀有气体由元素原子直接构成，它们的价电子构型为 ns^2np^6，8e$^-$ 结构使得其呈现“惰性”；随原子序数的增大，稀有气体在水中溶解度增大。

氦质量轻且不易燃，可代替氢气填充气球、飞艇。氦在血中溶解度小于氮气，可与氧气制成“人造空气”，供患有“气塞病”的潜水员使用，能治疗气喘、窒息。氩是空气中含量最高的稀有气体，常用作保护气，如不锈钢焊接时用 99.99%的氩气做保护气。稀有气体在电光源中有特殊的应用。在灯管里充入氖气，通电时发出的红色光能透过浓雾，适用于航空、航海的灯塔。在不同材质的玻璃灯管里充入不同含量的氦、氖、氩的混合气体，可制得霓虹灯。在灯管里充填少量的汞和氩气，灯管的内壁涂上荧光物质，发出近似日光的可见光，这种灯称为日光灯。充填氙气的高压长弧灯，能发出比荧光灯强几万倍的强光，俗称“人造小太阳”，用于体育场、飞机场的照明。此外，氙灯是化学实验室中常用的仪器光源。

3. 稀有气体化合物

1962 年，化学家巴特列(N. Bartlett)第一次制得二氧基阳离子的盐，进而制得了第一个稀有气体氙的化合物。

$$O_2 + PtF_6 \xlongequal{} O_2[PtF_6]$$

$$Xe + PtF_6 \xlongequal{室温} Xe[PtF_6]$$

之后相继合成氙的其他化合物以及氪和氡的少数化合物。下面简要介绍氙的氟化物和含氧化合物。

(1)氙的氟化物。

三种氟化氙的结构如图 11-17 所示。

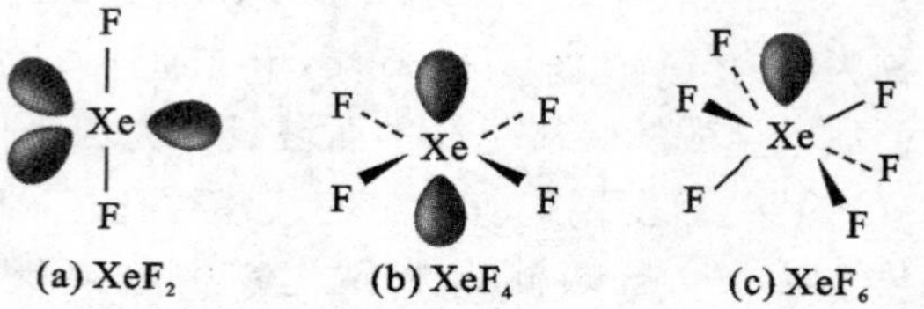

图 11-17　氟化氙的结构

$$Xe(g,过量) + F_2(g) \xlongequal{\triangle} XeF_2(g)$$

$$Xe(g) + 2F_2(g,过量) \xlongequal[\triangle]{6atm} XeF_4(g) \quad （反应时间不能太长）$$

$$Xe(g) + 3F_2(g,过量) \xlongequal[\triangle]{高压} XeF_6(g) \quad （反应时间足够长）$$

XeF_2、XeF_4、XeF_6 均为无色晶体，溶于水，发生水解反应。

$$2XeF_2 + 2H_2O \xlongequal{} 2Xe + O_2\uparrow + 4HF$$

$$6XeF_4 + 12H_2O \xlongequal{} 2XeO_3 + 4Xe\uparrow + 3O_2\uparrow + 24HF$$

$$XeF_6 + 3H_2O \xlongequal{} XeO_3 + 6HF$$

$$XeF_6 + H_2O \xlongequal{} XeOF_4 + 2HF \quad （不完全水解）$$

XeF_2 作为强氧化剂，易被还原为单质，是性质优良、前景较好的氟化剂。

$$XeF_2 + 2I^- \xlongequal{} Xe\uparrow + I_2 + 2F^-$$

$$XeF_2 + 2Cl^- \xlongequal{} Xe\uparrow + Cl_2\uparrow + 2F^-$$

$$XeF_2 + 2Ce^{3+} \xlongequal{} Xe\uparrow + 2Ce^{4+} + 2F^-$$

$$XeF_2 + IO_3^- + 6OH^- \xlongequal{} Xe\uparrow + IO_6^{5-} + 2F^- + 3H_2O$$

$$XeF_2 + NaBrO_3 + H_2O \xlongequal{} Xe\uparrow + NaBrO_4 + 2HF$$

$$XeF_2 + IF_5 \xlongequal{} Xe\uparrow + IF_7$$

$$XeF_2 + C_6H_6 \xlongequal{} Xe\uparrow + C_6H_5F + HF$$

$$XeF_4 + 2H_2 \xlongequal{} Xe + 4HF$$

$$XeF_4 + 4Hg \xlongequal{} Xe\uparrow + 2Hg_2F_2$$

$$XeF_4 + Pt = Xe\uparrow + PtF_4$$

$$XeF_4 + 4Cl^- = Xe\uparrow + 2Cl_2 + 4F^-$$

$$XeF_4 + 4Ce^{3+} = Xe\uparrow + 4Ce^{4+} + 4F^-$$

$$XeF_4 + 4Co^{2+} = Xe\uparrow + 4Co^{3+} + 4F^-$$

$$XeF_4 + 2SF_4 = Xe\uparrow + 2SF_6$$

$$XeF_4 + 2CF_3CF{=}CF_2 = Xe\uparrow + 2CF_3CF_2CF_3$$

$$2XeF_6 + SiO_2 = 2XeOF_4 + SiF_4\uparrow$$

最后一个反应表明不能用玻璃器皿而用镍制容器(这种镍制容器用 F_2 处理形成了 NiF_2 薄层)盛放氟化氙。

(2)氙的含氧化合物。

氙的含氧化合物主要有 XeO_2、XeO_3、XeO_4 以及氙酸盐 H_4XeO_6 和高氙酸盐等,见表 11-10。XeO_3 为白色固体,易潮解,易爆炸,其水溶液不导电,表明 XeO_3 在水中以分子状态存在。XeO_3 溶于碱液得到氙酸盐。

$$XeO_3 + OH^- \xlongequal{pH>10.5} HXeO_4^-$$

臭氧能将 XeO_3 氧化成高氙酸,在碱性条件下得到高氙酸盐。

$$XeO_3 + O_3 + 2H_2O = H_4XeO_6 + O_2$$

$$XeO_3 + O_3 + 4NaOH + 6H_2O = Na_4XeO_6\cdot 8H_2O + O_2$$

高氙酸钠是强氧化剂,能够将 Mn^{2+} 氧化成 MnO_4^-。

$$5Na_4XeO_6 + 8Mn^{2+} + 2H_2O = 5Xe\uparrow + 8MnO_4^- + 20Na^+ + 4H^+$$

表 11-10　稀有气体化合物及离子*

稀有气体元素的氧化数	中心原子的孤电子对数	化合物及离子		
+2	3		XeF^+	$Xe_3OF_3^+$
			XeF_2	
+4	2		XeF_3^+	
		XeF_4	$XeOF_2$	XeO_2
		XeF_5^-		
+6	1	XeF_5^+	$XeOF_4$	XeO_3
		XeF_6	XeO_2F_2	
		XeF_7^-	XeO_2F^+	
		XeF_8^{2-}	XeO_3F^-	
			$XeOF_5^-$	
+8	0		XeO_3F_2	XeO_4
				XeO_6^{4-}

* 可利用 VSEPR 理论推测其结构。

11.8 p区元素化合物性质小结

1. 无机酸强度的变化规律

无机酸分为无氧酸(即氢化物的水溶液,称为氢某酸)和含氧酸两类。酸的强度表示酸释放 H^+ 的难易程度,直接取决于分子中与 H 原子相连的原子的电子密度(电子密度=$\frac{原子所带的负电荷数}{原子半径}$);电子密度越小,H 原子越易变为 H^+ 离去,酸的强度越大。

(1)氢化物。

B_2H_6	CH_4	NH_3	H_2O	HF	↓ **水溶液酸性增强**
	SiH_4	PH_3	H_2S	HCl	**还原性增大**
		AsH_3	H_2Se	HBr	**热稳定性减小**
			H_2Te	HI	

→

水溶液酸性增强,还原性减小,热稳定性增大

元素周期表中,同一周期自左至右,随原子序数的增大,成酸元素 R 所带的负电荷减少,则电子密度减小,所以酸性增大,如 $NH_3<H_2O<HF$;同一主族自上而下,随原子序数的增大,R 的半径增大,则电子密度减小,所以酸性增大,如 $HF<HCl<HBr<HI$。

(2)含氧酸。

成酸元素 R 的电负性、原子半径、氧化数(形式电荷),影响—OH 中的 O 电子密度,进而影响 H 原子变为 H^+ 离去的难易;当 R 电负性值大、半径小、氧化数高,R 夺取电子能力强,则与之相连—OH 中的 O 原子电子密度降低,使 O—H 键易断裂放出 H^+,所以表现出很强的酸性。

同一元素不同氧化态的含氧酸,氧化数高(高氧化态)的酸性强,如氯的含氧酸强弱顺序为 $HOCl<HClO_2<HClO_3<HClO_4(aq)$。

同一族、同种类型的含氧酸,同族自上至下随原子序数的增大,成酸元素 R 的 r 增大,得电子能力降低,O 原子的电子密度增大,所以酸性减小。酸的强弱顺序为 $HOCl>HOBr>HOI$;$HClO_4>HBrO_4>HIO_4$;$H_2SO_4>H_2SeO_4$;$H_2CO_3>H_2SiO_3$。

同一周期、同种类型的含氧酸,从左至右随原子序数的增大,R 的电负性增大,氧化数增大,r 减小,R 得电子能力增大,O 原子的电子密度减小,所以酸性增加,如 $Al(OH)_3<H_4SiO_4<H_3PO_4<H_2SO_4<HClO_4$。

2. 含氧酸的氧化性

一般讨论含氧酸的氧化性时，以还原产物为单质时来量度。$\varphi^{\ominus}$越大，含氧酸的氧化性越强，含氧酸的氧化性与稳定性负相关。同一元素不同氧化态的含氧酸，高氧态的含氧酸稳定性大、氧化性小。即氧化性顺序为：

$HOCl > HClO_2 > HClO_3 > HClO_4$（稀溶液）

$H_2SO_3 > H_2SO_4$（稀）

$HNO_2 > HNO_3$（稀）

也就是说，含氧酸还原为低价态的单质时需断 R—O 键，键越多，则酸越稳定、氧化性越弱。

成酸元素 R 结合电子的能力取决于其电负性。R 的电负性越大，越易得电子而被还原，氧化性就越强。p 区同一周期元素自左至右，最高氧化态含氧酸的氧化性依次增大。例如，硅酸（H_4SiO_4）和磷酸（H_3PO_4）没有氧化性，浓硫酸和高氯酸(l)有强的氧化性。

p 区元素自上而下含氧酸的氧化性减小，但有时呈锯齿形变化。例如，$\varphi^{\ominus}_{ClO_3^-/Cl_2}=1.47\ V$，$\varphi^{\ominus}_{BrO_3^-/Br_2}=1.482\ V$，$\varphi^{\ominus}_{IO_3^-/I_2}=1.195\ V$，即 $HBrO_3$ 的氧化性最大。

3. 盐的热分解

一般来说，含氧酸的热稳定性差，则含氧酸盐的热稳定性也较差；无机含氧酸盐分解包括非氧化还原反应（分解为氧化物或酸、碱缩聚）和氧化还原反应（自身氧化还原反应、歧化反应）两种类型。

(1)非氧化还原反应。

①分解成氧化物或酸，主要为铵盐、碳酸盐、硫酸盐，而硼酸盐、硅酸盐则无此反应，如：

$$CaCO_3 \xlongequal{\triangle} CaO + CO_2\uparrow$$

$$(NH_4)_2SO_4 \xlongequal{\triangle} 2NH_3\uparrow + H_2O\uparrow + SO_3\uparrow$$

$$CuSO_4 \xlongequal{\triangle} CuO + SO_3\uparrow$$

含氧酸盐热分解的本质是金属离子夺取酸根中的 O^{2-}。用极化理论来解释：对于相同的酸根，金属离子极化能力越大（电荷高、半径小），则越易夺取 O^{2-}，盐越易受热分解。当电荷、半径相近时，取决于金属离子的电子构型，分解难易程度为$(18+2)e^- > (9\sim17)e^- > 8e^-$。例如，碳酸盐的分解温度顺序为 $NaHCO_3 < ZnCO_3 < CaCO_3 < K_2CO_3$（即 $MHCO_3 <$ 过渡金属 $<$ ⅡA 族 $<$ ⅠA 族）；同一族由上至下 r 增大，分解温度升高，如分解温度顺序为 $H_2CO_3 < MHCO_3 < Na_2CO_3 < K_2CO_3 < Rb_2CO_3 < Cs_2CO_3$，以及 $BeCO_3 < MgCO_3 < SrCO_3 < BaCO_3$。

②缩聚反应，无水的酸式含氧酸盐受热后，阴离子可能缩合失水进一步又聚

合成多酸离子。多元含氧酸的酸式盐受热分解时，通常总是生成多酸盐。如果酸式盐的酸根中只含有 1 个—OH，则该酸式盐的热解产物为焦某酸盐，如：

$$2NaHSO_4 \xlongequal{593\ K} Na_2S_2O_7 + H_2O\uparrow$$

而有些多元酸的正盐受热时也可能发生聚合，如：

$$Ca_3(PO_4)_2 \xlongequal{\triangle} CaO + Ca_2P_2O_7$$

缩聚反应的难易程度取决于成酸元素，其难易顺序为硅酸＞磷酸＞硫酸＞高氯酸。

(2)氧化还原反应。

成酸元素处于中间氧化态的含氧酸盐可歧化分解，反应多在溶液中进行。含氧酸盐发生自身氧化还原反应而分解，分为以下三种情形。

①酸根离子具有氧化性，如 NO_2^-、NO_3^-、ClO_3^-、CrO_4^{2-}、MnO_4^{2-} 等，阳离子具有还原性，如 NH_4^+、低价态金属离子。

$$NH_4NO_2 \xlongequal{} N_2\uparrow + 2H_2O$$

$$(NH_4)_2Cr_2O_7 \xlongequal{\triangle} Cr_2O_3 + N_2\uparrow + 4H_2O\uparrow$$

$$Mn(NO_3)_2 \xlongequal{\triangle} MnO_2 + 2NO_2\uparrow$$

②酸根离子具有氧化性，阳离子无氧化性，如ⅠA、ⅡA 金属离子，则酸根自身氧化还原，放出氧气。

$$2KNO_3 \xlongequal{\triangle} 2KNO_2 + O_2\uparrow$$

$$2KClO_3 \xlongequal{\triangle} 2KCl + 3O_2\uparrow$$

$$2KMnO_4 \xlongequal{\triangle} K_2MnO_4 + MnO_2 + O_2\uparrow$$

③酸根离子具有还原性，如 NO_2^-、SO_3^{2-}、$C_2O_4^{2-}$，阳离子具有氧化性。

$$AgNO_2 \xlongequal{431\ K} Ag + NO_2\uparrow$$

$$Ag_2SO_3 \xlongequal{\triangle} 2Ag + SO_3\uparrow$$

$$Ag_2C_2O_4 \xlongequal{\triangle} 2Ag + 2CO_2\uparrow$$

4. 无机物的水解性

$$M^+A^- + (x+y)H_2O \rightleftharpoons [M(H_2O)_x]^+ + [A(H_2O)_y]^-$$

M^+ 结合水分子中的 OH^- 而释放出 H^+，或者 A^- 结合水分子中的 H^+ 而释放出 OH^-，从而破坏了水的电离平衡，称为盐的水解。若水解完全，则 M^+ 结合水中的 OH^- 成为氢氧化物/含氧酸，A^- 结合 H^+ 成为 HA，即：

$$M^+A^- + H_2O \xlongequal{} MOH + HA$$

例如：

$$NCl_3 + 3H_2O = NH_3 + 3HClO$$
$$PCl_3 + 3H_2O = H_3PO_3 + 3HCl$$
$$IF_5 + 3H_2O = HIO_3 + 5HF$$

影响水解的因素有物质结构和水解反应条件两个方面。离子电荷越高，半径越小，极化作用越大，越易水解；同时，电正性元素须有空轨道。若电正性元素为第二周期元素，如 CF_4、CCl_4、NF_3，电正性元素原子只有 2s 和 2p 轨道，无法接受水分子中氧原子提供的孤电子对，因而不能水解。水解反应温度高、溶液浓度低，有利于水解（见第 4 章 4.3.2 节）。高价金属阳离子水解产物除了氢氧化物或含氧酸（即金属氧化物的水合物）外，还可以是碱式盐。

$$AlCl_3 + 3H_2O \xlongequal{\triangle} Al(OH)_3 \downarrow + 3HCl$$
$$SnCl_4 + 3H_2O = H_2SnO_3 \downarrow + 4HCl$$
$$SnCl_2 + H_2O = Sn(OH)Cl \downarrow + HCl$$

此外，高价金属阳离子不完全水解过程中，会发生聚合形成多核配离子。例如，铁盐溶液常为黄色或棕色，主要是因为部分水解得到 Fe(Ⅲ)的双核或多核配合物所致（详见第 14 章 14.6 节）。

5. 非金属单质与 NaOH 溶液反应

$$2F_2 + 4OH^- = 4F^- + O_2 \uparrow + 2H_2O$$
$$Cl_2 + 2OH^- = Cl^- + ClO^- + H_2O$$
$$3Cl_2 + 6OH^- \xlongequal{\triangle} 5Cl^- + ClO_3^- + 3H_2O$$
$$3Br_2 + 6OH^- = 5Br^- + BrO_3^- + 3H_2O$$
$$3I_2 + 6OH^- = 5I^- + IO_3^- + 3H_2O$$
$$3S + 6NaOH(浓) \xlongequal{\triangle} 2Na_2S + Na_2SO_3 + 3H_2O$$
$$4P + 3OH^- + 3H_2O \xlongequal{\triangle} 3H_2PO_2^- + PH_3 \uparrow$$
$$2As + 6NaOH(熔融) \xlongequal{\triangle} 2Na_3AsO_3 + 3H_2 \uparrow$$
$$Si + 2OH^- + H_2O \xlongequal{\triangle} SiO_3^{2-} + 2H_2 \uparrow$$

习 题

11-1 $HClO_4$(aq)稳定，无氧化性；$HClO_4$(l)不稳定，浓热的 $HClO_4$(l)为强氧化剂。解释原因。

11-2 写出氯的四种含氧酸的结构式。其酸性、氧化性、稳定性的变化顺序如何？给予解释。

11-3 浓的强酸如 HNO_3、H_2SO_4、$HClO_4$(l)表现出强氧化性。请予以解释。

11-4　如何除去溶液中少量的 NH_4^+？

11-5　NO_x（NO、NO_2 为主）如何治理？

11-6　如何鉴定 PO_4^{3-}、$P_2O_7^{4-}$、PO_3^-？

11-7　如何区分 As_2S_3 与 As_2S_5？如何区分 Sb_2S_3 与 Sb_2S_5？

11-8　已知 $\varphi^{\ominus}_{Cl_2/Cl^-}=1.36\ V$，$\varphi^{\ominus}_{BiO_3^-/Bi(OH)_3}=0.56\ V$；下列两个反应都能进行，请用电极电势予以说明。

$$NaBiO_3+6H^++2Cl^-(浓)\xlongequal{加热}Bi^{3+}+Cl_2\uparrow+3H_2O+Na^+$$

$$Bi(OH)_3+Cl_2+Na^++3OH^-\xlongequal{\quad}NaBiO_3+2Cl^-+3H_2O$$

11-9　实验证明臭氧离子（O_3^-）的键角为 100°，试用 VSEPR 模型解释之，并推测其中心氧原子的杂化轨道类型。

11-10　说明ⅤA 族的 As、Sb、Bi 的＋3 氧化态化合物的还原性的增强顺序，＋5 氧化态化合物的氧化性的增强顺序。ⅣA 族的 Ge、Sn、Pb 三种元素的＋2 氧化态的还原性的增强顺序和＋4 氧化态的氧化性的增强顺序如何？ⅢA 族的 Ga、In、Tl 三种元素的＋1 氧化态化合物的还原性的增强顺序和＋3 氧化态的氧化性的增强顺序如何？三者是否具有相似的变化规律？由此解释惰性电子对效应这一概念。

11-11　B_2H_6 和 $(AlCl_3)_2$ 的分子结构有什么异同？请简述之。

11-12　单项选择题：

（1）下列各对含氧酸盐热稳定性的大小顺序，正确的是（　　）。

（A）$BaCO_3>K_2CO_3$　　（B）$CaCO_3<CdCO_3$

（C）$BeCO_3>MgCO_3$　　（D）$Na_2SO_3>NaHSO_3$

（2）下列含氧酸中属于三元酸的是（　　）。

（A）H_3BO_3　　（B）H_3PO_2　　（C）H_3PO_3　　（D）H_3AsO_4

（3）下列有关 H_3PO_4、H_3PO_3、H_3PO_2 的说法中，不正确的是（　　）。

（A）氧化态分别是＋5，＋3，＋1　　（B）P 原子是四面体几何构型的中心

（C）三种酸在水中的离解度相近　　（D）都是三元酸

（4）PCl_3 和水反应的产物是（　　）。

（A）$POCl_3$ 和 HCl　　（B）H_3PO_3 和 HCl

（C）H_3PO_4 和 HCl　　（D）PH_3 和 HClO

（5）下列硫化物，能溶于 Na_2S 溶液生成硫代酸盐的是（　　）。

（A）SnS　　（B）SnS_2　　（C）PbS　　（D）Bi_2S_3

（6）鉴别 Sn^{4+} 和 Sn^{2+} 离子，应使用的试剂为（　　）。

（A）盐酸　　（B）硝酸　　（C）硫酸钠　　（D）硫化钠

（7）下列分子之间能形成氢键的是（　　）。

（A）HF 和 HI　　（B）H_2O 和 H_2Se

（C）NH_3 和 H_2O　　（D）NH_3 和 AsH_3

（8）NH_3 溶于水后，分子间作用力有（　　）。

（A）取向力和色散力　　（B）取向力和诱导力

(C)诱导力和色散力　　　　(D)取向力、色散力、诱导力及氢键

(9)某元素原子基态的电子构型为 $1s^2 2s^2 2p^6 3s^2 3p^5$，它在元素周期表中的位置是(　　)。

(A)s 区ⅡA 族　　　　(B)p 区ⅦA 族

(C)ds 区ⅡB 族　　　　(D)p 区Ⅵ族

(10)在 XeF_4 分子中，中心原子"Xe"的价层电子对数是(　　)。

(A)3 对　　(B)4 对　　(C)5 对　　(D)6 对

11-13　完成并配平下列反应的化学方程式。

(1)$NCl_3 + H_2O \rightarrow$

(2)$IF_5 + H_2O \rightarrow$

(3)$Na_2S_2O_3 + I_2 \rightarrow$

(4)$NO_3^- + Fe^{2+} + H^+ \rightarrow$

(5)$NO_2^- + I^- + H^+ \rightarrow$

(6)$NO_2^- + MnO_4^- + H^+ \rightarrow$

(7)$F_2 + OH^- \rightarrow$

(8)$S + NaOH$(浓)$\rightarrow$

(9)$P + HNO_3$(浓)$\rightarrow$

(10)$P_4O_6 + H_2O$(冷)$\rightarrow$

(11)$P_4 + NaOH + H_2O \rightarrow$

(12)$As_2S_5 + OH^- \rightarrow$

(13)$As_2S_5 + Na_2S \rightarrow$

(14)$Na_3AsS_3 + HCl \rightarrow$

(15)$AsO_4^{3-} + S^{2-} + H^+ \rightarrow$

11-14　制备：

(1)以碳酸钠和硫黄为原料制备硫代硫酸钠。

(2)以磷酸钙为原料制备白磷。

(3)H_2O_2 的制备方法有几种？写出相应的化学方程式。

11-15　给出能够将 Mn^{2+} 氧化制备 MnO_4^- 的四种强氧化剂的名称，写出并配平相应的四个离子方程式，注明实验条件。

11-16　由 p 区金属元素的硫化物制备该金属的一般方法是什么？请举例说明。

11-17　写出下列物质的化学式。

(1)硫化碱　(2)大苏打　(3)刚玉　(4)硼砂　(5)雌黄

(6)辉锑矿　(7)方铅矿　(8)白铅矿　(9)锡石　(10)冰晶石

11-18　写出下列物质的组成。

(1)王水　(2)奈斯勒试剂

11-19　说明镧系收缩、惰性电子对效应、对角线规则的含义。三者分别对哪些元素的性质造成影响？

第 12 章　金属通论和 s 区元素

在已知的 100 多种元素中，金属元素有 90 多种。本章首先对金属进行分类，概述金属元素基本物理性质、化学性质以及提炼金属的常用方法，然后讨论 s 区元素的碱金属和碱土金属，最后简介锂离子电池的研究进展。

12.1　金属通论

1. 分类

黑色金属指铁、锰、铬及其合金(主要是钢铁)；黑色金属之外的金属，统称有色金属。有色金属分为四类：轻金属、重金属、贵金属、稀有金属。

轻金属：密度小于 4.5 $g \cdot cm^{-3}$，如 Na、K、Mg、Ca、Sr、Ba、Al。

重金属：密度大于 4.5 $g \cdot cm^{-3}$，如 Sn、Pb、Sb、Bi、Cu、Zn、Cd、Hg、Co、Ni。

贵金属：指 Ag、Au 和铂系金属 Ru、Os、Rh、Ir、Pd、Pt 共 8 种金属，其密度大、熔点高、稳定性高。

稀有金属：指含量少或分布稀散、提取困难、工业制备应用晚的金属，包括 Li、Rb、Cs、Be、Ga、In、Tl、Ge、Ti、Zr、Hf、V、Nb、Ta、Mo、W、Re 等。

此外，B、Si、Ge、As、Sb、Bi、Te、Po 的电负性在 2.0 上下，称为准金属(见第 8 章的表 8-11)。

2. 物理性质

金属原子以最紧密堆积状态排列，内部存在自由电子。当光线照射时，自由电子吸收所有频率的光，之后很快放出各种频率的光。金属除了显示为钢灰色、银白色外，还有金黄(Au)、赤红(Cu)、淡红(Bi)等颜色。金属内聚力(金属键的强度)指金属阳离子和自由电子之间的引力，取决于原子的大小和价电子数目。金属原子半径越小、价电子越多，则金属键越强、升华热越高。过渡金属元素原子有 d 电子，因此其升华热较高，数据如下：Na 108 $kJ \cdot mol^{-1}$，Ca 177 $kJ \cdot mol^{-1}$，Fe 416 $kJ \cdot mol^{-1}$，W 837 $kJ \cdot mol^{-1}$。金属在普通溶剂中不溶解，但可溶于具有金属性的汞溶剂，如熔融态的锌与汞形成的锌汞齐。

3. 化学性质

处于气相和液相的金属，其活泼性分别用 I_1 和 $\varphi^{\ominus}_{M^{n+}/M}$ 来衡量。I_1 越小，$\varphi^{\ominus}_{M^{n+}/M}$ 越负，金属原子越易失去电子，金属的还原性越强。

金属单质与卤素单质、氧气、氮气、硫单质反应，分别生成金属卤化物、氧化物、氮化物与硫化物。

金属单质与水或酸反应：水的电极电势 $\varphi_{H^+/H_2}=-0.414\ V$，因此，$\varphi^{\ominus}_{M^{n+}/M}<-0.414\ V$ 的金属可与水反应。例如，$\varphi^{\ominus}_{Ca^{2+}/Ca}=-2.868\ V$、$\varphi^{\ominus}_{Mg^{2+}/Mg}=-2.372\ V$、$\varphi^{\ominus}_{Fe^{2+}/Fe}=-0.447\ V$，钙、镁、铁均可与水反应，条件分别是温和、加热、赤热水蒸气。而电极电势大于零的金属，理论上讲都可以与酸反应，除非金属表面形成了致密的氧化物或氢氧化物薄膜。

金属单质与碱反应，如：

$$Zn+2NaOH+2H_2O=Na_2[Zn(OH)_4]+H_2\uparrow$$

Al、Be、Sn、Pb、Cr 等金属均有此反应。

金属单质与配位剂作用，如：

$$Au+4HCl+HNO_3=H[AuCl_4]+NO\uparrow+2H_2O$$

4. 金属的提炼

含有金属元素的矿石混杂着石英、石灰石等，这些物质称为脉石。首先，采用水选、磁选、浮选等方法富集，然后，经工业还原过程（称为冶炼），得到金属（一般含有杂质），再经过精炼，得到纯度大于 99.9%的金属。

(1)冶炼。

①热还原法（又称火法冶金）：还原剂为焦炭、一氧化碳、氢气以及不与产品金属生成合金的、易分离的活泼金属，如铝、钠、钙、镁等。

$$SnO_2+2C\xlongequal{\triangle}Sn+2CO\uparrow$$

$$Fe_2O_3+3CO\xlongequal{\triangle}2Fe+3CO_2$$

$$WO_3+3H_2\xlongequal{1\ 473\ K}W+3H_2O$$

$$Cr_2O_3+2Al\xlongequal{\triangle}Al_2O_3+2Cr$$

金属硫化物先通空气氧化，再还原。

$$2PbS+3O_2\xlongequal{\triangle}2PbO+2SO_2$$

$$PbO+C\xlongequal{\triangle}Pb+CO\uparrow$$

碳酸盐矿先煅烧得到金属氧化物，再还原。

$$ZnCO_3\xrightarrow{\triangle}ZnO\xrightarrow{C}Zn$$

②电解法：活泼性在铝之前的，电解其熔融化合物；铝之后的，可以电解其盐的水溶液，如：

$$2NaCl \xlongequal{\text{通电}} 2Na + Cl_2\uparrow$$

$$2Al_2O_3 \xlongequal[\text{通电}]{Na_3[AlF_6]} 4Al + 3O_2\uparrow$$

$$2Zn^{2+} + 2H_2O \xlongequal{\text{通电}} 2Zn + O_2\uparrow + 4H^+$$

$$[TiF_6]^{2-} + 4Cl^- \xlongequal{\text{通电}} Ti + 2Cl_2\uparrow + 6F^-$$

③热分解法：活泼性在氢之后的金属可用热分解法制备，如：

$$2Ag_2O \xlongequal{\text{大于 1 000 ℃}} 4Ag + O_2\uparrow$$

$$2HgO \xlongequal{\triangle} 2Hg + O_2\uparrow$$

$$HgS + O_2 \xlongequal{\triangle} Hg + SO_2$$

(2)精炼。

精炼的方法包括电解精炼、气相精炼、区域熔炼法（对于 Ga、Ge、Si 等高熔点元素）和气相水解法。其中，气相精炼有：

①直接蒸馏法：即减压蒸馏，除去挥发性杂质。

②气相析出法：例如，在加热条件下将金属与碘单质化合得金属碘化物；在高温条件下热分解，得到纯化的金属，如：

$$Ti + 2I_2 \xlongequal{323\sim523\ K} TiI_4$$

$$TiI_4 \xlongequal{1\ 673\ K} Ti + 2I_2\uparrow$$

③羰化法：生成羰基化合物，再提高温度，分解得到纯化的金属，如：

$$Ni(s) + 4CO(g) \underset{473\ K}{\overset{327\ K}{\rightleftharpoons}} [Ni(CO)_4](l)$$

5. 合金

熔化状态时，金属与金属或金属与非金属相互混合形成合金。合金是具有金属特性的多种元素的混合物，如生铁（Fe/C）、不锈钢（Fe/Cr/Ni）等。合金往往具有更优良的性能，如导热性低得多、硬度高于其中任一种成分金属、多数合金的熔点低于它的任何一种成分金属等。低共熔混合物即两种金属的非均匀混合物，最低共熔点温度与合金组成相对应，如焊锡 67％Sn/33％Pb 是锡和铅的**低共熔点**合金。

12.2　s 区元素

12.2.1　碱金属和碱土金属元素的通性

s 区元素包括ⅠA 族的氢 H(已在 p 区讲过)、锂 Li、钠 Na、钾 K、铷 Rb、铯 Cs、钫 Fr，ⅡA 族的铍 Be、镁 Mg、钙 Ca、锶 Sr、钡 Ba、镭 Ra，共计 13 种元素。

1. 价电子构型

	ns^1	ns^2	
	Li	Be	↓ r增加，I_1减小，电负性减弱，金属活泼性增强，熔点和沸点降低，且碱金属的熔点、沸点均小于同周期碱土金属；氢氧化物碱性增强
	Na	Mg	
	K	Ca	
	Rb	Sr	
	Cs	Ba	
	Fr	Ra	
氧化数	+1	+2	

2. 常见的矿物

s 区元素均以化合物的形式存在于自然界，如钠长石($Na[AlSi_3O_8]$)、钾长石($K[AlSi_3O_8]$)、光卤石($KCl \cdot MgCl_2 \cdot 6H_2O$)、白云石($CaCO_3 \cdot MgCO_3$)、方解石($CaCO_3$)、石膏($CaSO_4 \cdot 2H_2O$)、菱镁矿($MgCO_3$)、天青石($SrSO_4$)、毒重石($BaCO_3$)和重晶石($BaSO_4$)等。

3. 碱金属和碱土金属的性质、用途及制备

碱金属和碱土金属易失去最外层的电子，化学性质活泼，均可以将水中的氢还原为氢气；易与电负性大的非金属元素反应，生成离子型化合物(锂、铍例外)。工业上利用钠、镁、钙等作为还原剂，热还原制备某些稀有金属。

$$4Na + TiCl_4 \xlongequal{\triangle} Ti + 4NaCl$$

$$2Ca + ZrO_2 \xlongequal{\triangle} Zr + 2CaO$$

鉴于 s 区元素具有强还原性，通常采用电解其熔融盐的方法制备金属单质。碱土金属还可用热还原法制备：

$$MgO + C \xlongequal{高温} CO\uparrow + Mg$$

4. 锂、铍的特殊性

如第 11 章 11.6.1 节对角线规则所述，锂、铍分别与镁、铝性质相似而与同族元素性质不同，主要表现在锂、铍的化合物共价成分明显。Li^+ 离子半径为 0.6A°，Be^{2+} 离子半径为0.31A°，离子半径小，极化能力强，形成共价键的倾向显著。

例如，Li_2O 具有共价成分，能溶于有机溶剂 EtOH；LiOH、LiF、Li_2CO_3、Li_3PO_4 均难溶于水；而 $BeCl_2$ 则为共价分子。锂和铍的化合物易水解；此外，Be(Ⅱ)能形成较多的配合物，而且铍的氧化物和氢氧化物都具有两性。

12.2.2 碱金属和碱土金属的化合物

1. 氢化物

碱金属、碱土金属的强还原性表现在与氢气反应形成离子型氢化物上，如：

$$2M + H_2 \xrightarrow{\text{高温}} 2MH \quad (M = Li, Na, K, Rb, Cs)$$

$$M + H_2 \xrightarrow{\text{高温}} MH_2 \quad (M = Ca、Sr、Ba)$$

$\varphi^{\ominus}_{H_2/H^-} = -2.23\ V$，$H^-$ 是最强的还原剂之一，如：

$$4NaH + TiCl_4 = Ti + 4NaCl + 2H_2\uparrow$$

$$LiH + H_2O = LiOH + H_2\uparrow$$

$$CaH_2 + 2H_2O = Ca(OH)_2 + 2H_2\uparrow$$

2. 氧化物、过氧化物、超氧化物及臭氧化物

氧化物、过氧化物、超氧化物及臭氧化物中，氧元素的氧化数依次为 -2、-1、$-\frac{1}{2}$、$-\frac{1}{3}$。

$$2M + O_2 = 2MO \quad (M = \text{Ⅱ}A)$$

$$M + O_2 \rightarrow MO_2 \quad (M = K, Rb, Cs)$$

$$MOH + O_3 \rightarrow MO_3 \quad (M = Na, K, Rb, Cs)$$

$$Li + \text{空气} \rightarrow Li_2O + Li_3N$$

$$4Na + O_2 \xrightarrow{180\ ℃\sim200\ ℃} 2Na_2O$$

$$2Na_2O + O_2 \xrightarrow{300\ ℃\sim400\ ℃} 2Na_2O_2$$

$$2BaO + O_2 \xrightarrow{\triangle} 2BaO_2$$

$$Ba^{2+} + H_2O_2 + 2NH_3\cdot H_2O = BaO_2\cdot 2H_2O\downarrow + 2NH_4^+$$

$$BaO_2\cdot 2H_2O \xrightarrow{383\ K} BaO_2 + 2H_2O$$

由过氧化物 BaO_2、Na_2O_2 可制备过氧化氢，反应如下：

$$BaO_2 + H_2SO_4 = BaSO_4 + H_2O_2$$

$$Na_2O_2 + 2H_2O = H_2O_2 + 2NaOH$$

$$Na_2O_2 + H_2SO_4 = H_2O_2 + Na_2SO_4$$

$$2Na_2O_2 + 2CO_2 = 2Na_2CO_3 + O_2$$

因此，过氧化钠可用作防毒面具、高空飞行、潜艇的供氧剂。

用超氧化物也可制备过氧化氢，如：

$$2KO_2 + 2H_2O = O_2\uparrow + H_2O_2 + 2KOH$$

$$4KO_2 + 2CO_2 = 2K_2CO_3 + 3O_2$$

臭氧化物遇水不形成过氧化物，直接得氧气，如：

$$4KO_3 + 2H_2O = 4KOH + 5O_2\uparrow$$

3. 配合物

s 区元素离子电荷少、半径大，形成一般配合物的能力小；唯独 Be^{2+}，因与 Al^{3+} 相似，可形成配合物，如 $[BeF_3]^-$、$[BeF_4]^{2-}$。s 区元素离子与多齿配体形成螯合物，如碱金属离子与水杨醛、Mg^{2+} 与卟啉（图 10-1）以及 Mg^{2+}、Ca^{2+} 与 EDTA 等（图 10-3）。s 区元素离子还可与大环配体形成配合物，如碱金属离子的冠醚配合物。冠醚即分子中含有多个“—氧-亚甲基—”结构单元的大环多醚，典型代表如 18-冠-6、二苯并 18-冠-6 等（图 12-1，18 为骨架原子的个数，冠即代表冠醚，6 为醚氧原子的个数）。冠醚的空穴结构决定了其随环的大小不同而选择与不同的金属离子配合。事实上，18-冠-6 主要与 K^+ 配合，15-冠-5 则主要与 Na^+ 配合。碱金属离子与配位原子氧之间主要是静电作用力。

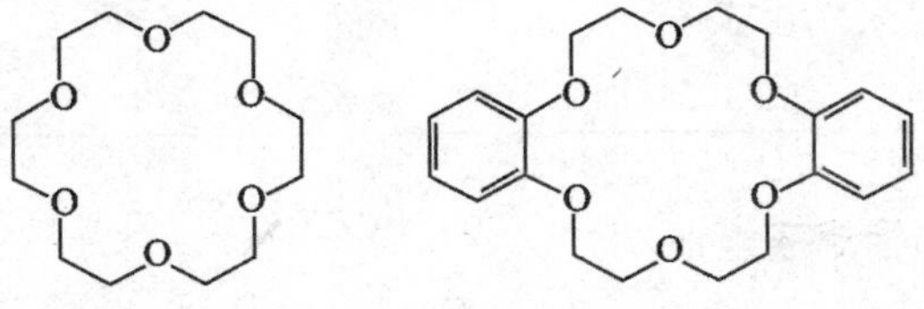

图 12-1　18-冠-6 和二苯并 18-冠-6

4. 钡盐的制备

$$BaSO_4(\text{重晶石}) + 4C = BaS + 4CO\uparrow$$

或

$$BaSO_4 + 4CO = BaS + 4CO_2$$

$$2BaS + 2H_2O = Ba(HS)_2 + Ba(OH)_2$$

$$Ba(HS)_2 + CO_2 + H_2O = BaCO_3 + 2H_2S$$

利用碳酸钡可以制备各种钡盐，如：

$$BaCO_3 + 2HCl = BaCl_2 + CO_2\uparrow + H_2O$$

5. 盐类的溶解性

碱金属盐大多数易溶；锂盐例外，如 LiF、Li_2CO_3、Li_3PO_4 均为难溶物。钠的难溶盐有 $NaZn(UO_2)_3(CH_3COO)_9\cdot 6H_2O$、$K_2Na[Co(NO_2)_6]$、$Na[Sb(OH)_6]$，K、Rb、Cs 的难溶盐有 $M_3[Co(NO_2)_6]$、$MClO_4$ 和 M_2PtCl_6，可用作这些碱金属离子的鉴定。

碱土金属元素的卤化物除氟化物外，均易溶；硝酸盐易溶，草酸盐、碳酸盐、磷酸盐均难溶；硫酸盐中 $CaSO_4$ 微溶，$SrSO_4$ 和 $BaSO_4$ 难溶。通常可用难溶盐的颜色进行离子鉴定。

Ca^{2+} 的鉴定反应：

$$Ca^{2+} + C_2O_4^{2-} = CaC_2O_4 \downarrow (\text{白})$$

Ba^{2+} 的鉴定反应：

$$2Ba^{2+} + Cr_2O_7^{2-} + H_2O = 2BaCrO_4 \downarrow (\text{黄}) + 2H^+$$

盐类溶解性的经验规律：离子半径大，电荷少，易溶。例如，碱金属氟化物的溶解度大于碱土金属氟化物的溶解度。阴离子半径越小（F^-、OH^-），阳离子半径越大，溶解度越大；阴离子越大（SO_4^{2-}、I^-、CrO_4^{2-}），阳离子半径越大，则溶解度越小，见表 12-1。显然，阴、阳离子半径相差越大，溶解度就越大；阴、阳离子半径相差越小，溶解度就越小。

表 12-1　碱金属氟化物、碘化物的溶解度($mol \cdot L^{-1}$)

X^- \ ⅠA^+	Li^+	Na^+	K^+	Rb^+	Cs^+
F^-	0.1	1.1	15.9	12.5	24.2
I^-	12.2	11.8	8.6	7.2	2.8

12.2.3　锂电池和锂离子电池

20 世纪 70 年代埃克森公司的惠廷厄姆(M. S. Whittingham)采用硫化钛作为正极材料、金属锂作为负极材料制成首个锂电池，反应如下。

负极：$Li = Li^+ + e^-$

正极：$TiS_2 + 4e^- = Ti + 2S^{2-}$

电池反应：$TiS_2 + 4Li = Ti + 2Li_2S$

锂离子电池始于 1980 年水岛(K. Mizushima)等人提出将钴酸锂作为正极材料。1982 年，伊利诺伊理工大学(Illinois Institute of Technology)的阿加瓦尔(R. R. Agarwal)和赛尔曼(J. R. Selman)发现锂离子具有嵌入石墨的特性，快速并且可逆。利用此特性制作充电电池，首个实用的锂离子石墨电极由贝尔实验室试制成功；1991 年索尼公司发布首个商用锂离子电池，成为科学研究转化为商品的典范。

目前，计算机(Computer)、通信(Communication)和消费类电子产品(Consumer Electronics)等 3C 产品的充电电池多采用钴酸锂系锂离子电池，即正极材料为钴酸锂，负极材料为混合石墨(天然石墨和人造石墨混合)、硅碳(石

墨与 SiO_x 混合，SiO_x 在 10%以内)。钴酸锂电池从常规的额定电压 4.2 V、克容量 140～145 $mAh\cdot g^{-1}$，发展到 4.35 V、155～160 $mAh\cdot g^{-1}$，再到 4.4 V、170～180 $mAh\cdot g^{-1}$。实验室已可以做到 4.5 V、185 $mAh\cdot g^{-1}$(甚至 4.6 V、215 $mAh\cdot g^{-1}$)，压实密度提高至 4.2 $g\cdot cm^{-3}$，基本上发展到了极限。

钴酸锂电池反应如下：

负极：$Li_xC_6 \underset{充电}{\overset{放电}{\rightleftharpoons}} 6C + xLi^+ + xe^-$ (Li_xC_6 表示锂离子嵌入石墨形成复合材料)

正极：$Li_{1-x}CoO_2 + xLi^+ + xe^- \underset{充电}{\overset{放电}{\rightleftharpoons}} LiCoO_2$

电池反应：$Li_{1-x}CoO_2 + Li_xC_6 \underset{充电}{\overset{放电}{\rightleftharpoons}} LiCoO_2 + 6C$

近年来，车用动力电池的正极材料主要有三类，即磷酸铁锂、镍钴铝(NCA)以及镍钴锰三元材料(NCM)，负极材料主要是人造石墨。磷酸铁锂电池的反应如下：

负极：$Li_xC_6 \underset{充电}{\overset{放电}{\rightleftharpoons}} 6C + xLi^+ + xe^-$

正极：$Li_{1-x}FePO_4 + xLi^+ + xe^- \underset{充电}{\overset{放电}{\rightleftharpoons}} LiFePO_4$

电池反应：$Li_{1-x}FePO_4 + Li_xC_6 \underset{充电}{\overset{放电}{\rightleftharpoons}} LiFePO_4 + 6C$

锂离子电池的负极材料主要是碳材料，即人造石墨和天然石墨、混合石墨以及硅碳类材料[硅基材料和石墨的掺混，硅是迄今为止发现的克容量(4 200 $mAh\cdot g^{-1}$)最高的锂离子电池负极材料]等。正极材料是锂离子电池的核心和关键，锂离子电池的特性和价格与其正极材料密切相关(见表 12-2)，其中，安全性是一个重要的指标。锂离子电池正极材料一般由具有脱嵌锂离子能力的过渡金属氧化物或盐类组成。在充电状态下过渡金属价态升高，其热力学稳定性变差；在极端情况下，当过充至锂离子全部脱出时，所得到的氧化物有些很不稳定，甚至不能稳定存在。以目前广泛使用的正极材料为例，$LiFePO_4$—$LiMn_2O_4$—$LiCoO_2$—$LiNiO_2$(如 NCA、NCM)，全部脱锂后的产物分别为 $FePO_4$—Mn_2O_4(MnO_2)—CoO_2—NiO_2，上述产物的热稳定性逐渐变差，即 $FePO_4$ 最稳定，MnO_2 比较稳定，而 CoO_2、NiO_2 是极强的氧化剂(参见第 14 章 14.6 节)，很不稳定。所以，从材料的热力学稳定性来看，锂离子电池的安全性①以磷酸铁锂最好，锰酸锂次之，钴酸锂、NCA、NCM 差。事实上，磷酸铁锂和锰酸锂的电池一般不用特殊设计就

① 影响电池安全性的主要因素为材料的能量密度，体积能量密度($wh\cdot L^{-1}$)高，在小的体积内释放高的能量，对电池安全不利。

可通过安全认证，而含有钴或镍的电池（尤其高容量电池）需要通过特殊设计方可以通过安全性测试。

钴酸锂系锂离子电池曾占据市场的主导地位，随着动力电池和储能电池需求的快速扩大，其市场份额逐步被磷酸铁锂、三元材料等蚕食。而且，研究者正着力于新的复合正极材料的开发。例如，磷酸铁锂/石墨烯、$LiFePO_4$/碳纳米管，以及锰酸锂和三元材料的掺杂改性等结构改进和制备工艺的优化，锂离子电池的性能有望进一步改善。

表 12-2 锂离子电池正极材料比较*

正极材料	符号	优势	缺陷
钴酸锂 $LiCoO_2$	LCO	高电压 4.35～4.5 V	抗过充电性差即安全性差，价格昂贵
磷酸铁锂 $LiFePO_4$	LFP	安全性好 循环寿命长 价格低廉 倍率** 性能较好 低温性能优异 （可在−40 ℃放电达 80%以上）	导电性差，须包覆碳 电压平台低，只有 3.35 V，容量一般，压实密度低，因而能量密度低，仅为 150～180 $Wh \cdot kg^{-1}$。微量单质 Fe 或者 Fe_2O_3 引起循环过程中的电池微短路、材料批次一致性差
锰酸锂 $LiMn_2O_4$	LMO	安全性好	敏感的高温性能
镍钴铝酸锂（简称：镍钴铝） $LiNi_{0.8}Co_{0.15}Al_{0.05}O_2$	NCA	克容量高 190 mAh/g 500 次循环保持率 90%以上	对湿度高度敏感
镍钴锰三元材料 $LiNi_xCo_yMn_zO_2$ $LiNi_{1/3}Co_{1/3}Mn_{1/3}O_2$（NCM111） $LiNi_{0.5}Co_{0.2}Mn_{0.3}O_2$（NCM523） NCM622、NCM811	NCM	克容量高 150～200 mAh/g***	安全性差，循环寿命一般，首次充放电效率低；压实密度低，能量密度为 170～250 $Wh \cdot kg^{-1}$。随着镍含量的提高，其容量越高，在电池制作中对工艺要求也越来越苛刻，尤其是水分的控制

* 文中所表述的克容量和能量密度等，是全电池测试数据（负极为石墨）。

** 充放电倍率 C=充放电电流/额定容量，是表示充放电快慢的一种量度。例如，锂离子电池上标“放电倍率为 20C”即表示以电池容量 20 倍的电流放电而不损害电池。

*** NCM111 为 150 $mAh \cdot g^{-1}$，NCM523 为 160 $mAh \cdot g^{-1}$，NCM622 为 170 $mAh \cdot g^{-1}$，NCM811 为 200 $mAh \cdot g^{-1}$

习　题

12-1　写出下列矿物的化学式。

(1)钠长石　(2)光卤石　(3)芒硝　(4)石膏　(5)白云石

(6)方解石　(7)菱镁矿　(8)天青石　(9)重晶石

12-2　完成并配平下列反应的离子方程式,注明反应条件。

(1) $Na+H_2 \rightarrow$

(2) $NaH+TiCl_4 \rightarrow$

(3) $CaH_2+H_2O \rightarrow$

(4) $Na+O_2 \rightarrow$

(5) $Na_2O_2+CO_2 \rightarrow$

(6) $BaO_2+H_2SO_4 \rightarrow$

(7) $K+O_3 \rightarrow$

(8) $KO_2+H_2O \rightarrow$

(9) $KO_3+H_2O \rightarrow$

(10) $KO_2+CO_2 \rightarrow$

(11) $Li+N_2 \rightarrow$

(12) $Na+TiCl_4 \rightarrow$

(13) $Ca+ZrO_2 \rightarrow$

(14) $Ca^{2+}+C_2O_4^{2-} \rightarrow$

(15) $Ba^{2+}+Cr_2O_7^{2-} \rightarrow$

12-3　简述金属的三种提炼方法,各举一个实例。

12-4　完成并配平下列反应的离子方程式,注明反应条件。

(1)锡石与焦炭反应制备锡

(2)辉铋矿提取铋

(3)方铅矿制备铅

(4)白铅矿提取铅

12-5　制备:

(1)氯化钾制备碱金属钾

(2)碳酸镁制备金属镁

(3)重晶石制备氯化钡

12-6　已知大气中含 CO_2 约 0.031%,数据如下:

	$MgCO_3(s)$	$MgO(s)$	$CO_2(g)$
$\Delta_f G_m^{\ominus}/kJ \cdot mol^{-1}$	$-1\,012.1$	-569.3	-394.4

请通过化学热力学计算,说明菱镁矿($MgCO_3$)能够稳定存在于自然界的原因。

第13章　ds区元素

ds区元素包括ⅠB族的铜Cu、银Ag、金Au，ⅡB族的锌Zn、镉Cd、汞Hg，共计6种元素。

13.1　通性

1. 价电子构型

	ⅠB	ⅡB
价电子构型	$(n-1)d^{10}ns^1$	$(n-1)d^{10}ns^2$
次外层	$18e^-$	$18e^-$
常见氧化数	Cu +2，Ag +1，Au +3	+2

尽管同在ds区，ⅠB族与前面的过渡元素接近一些，氧化态可变；ⅡB族接近后面的主族元素，原子的d电子已排满，不参与成键，氧化数为+2，其中汞元素因为惰性电子对效应易生成二聚离子 Hg_2^{2+} 而氧化数表现为+1。

2. 原子半径(pm)

Cu	128	Zn	134
Ag	144	Cd	149
Au	144	Hg	151

3. ds区元素性质的特点

(1)单质：因为ds区元素原子的d电子对核的屏蔽作用小，所以有效核电荷数大且 r 较小，核对外层电子引力大导致 I_1 较大，因此金属活泼性远小于s区元素；同族自上而下，原子序数增加很大，原子半径增加不多，金属活泼性降低，这与主族元素相反。

(2)化合物：$[\text{ⅠB}]^+$、$[\text{ⅡB}]^{2+}$ 为 $18e^-$ 构型，离子极化作用强，与非金属元素原子成键，共价成分增多，大多显颜色(电荷迁移，见第14章14.1节)，难溶；有空的 $(n-1)d$、ns、np 轨道，可接受孤电子对，形成配离子，大多无色[除Cu(Ⅱ)、Au(Ⅲ)的配离子外]，因为 Ag^+、Zn^{2+}、Cd^{2+}、Hg^{2+} 的d轨道全满，无d-d跃迁。盐溶液有一定程度的水解。

4. ⅠB 族和ⅡB 族元素的活泼性

溶液：$M^{n+}(aq)+ne^{-}=M$　$\varphi^{\ominus}_{M^{n+}/M}$

$\varphi^{\ominus}_{Cu^{2+}/Cu}=0.34\ V$　　$\varphi^{\ominus}_{Zn^{2+}/Zn}=-0.76\ V$

$\varphi^{\ominus}_{Ag^{+}/Ag}=0.7996\ V$　　$\varphi^{\ominus}_{Cd^{2+}/Cd}=-0.403\ V$

$\varphi^{\ominus}_{Au^{3+}/Au}=1.498\ V$　　$\varphi^{\ominus}_{Hg^{2+}/Hg}=0.851\ V$　　$\varphi^{\ominus}_{Hg_2^{2+}/Hg}=0.7973\ V$

可知金属活泼性顺序为 Zn＞Cd＞Cu＞Hg＞Ag＞Au，只有 Zn 和 Cd 比氢活泼，其余均为不活泼金属。

13.2　单质

1. 物理性质

铜、银、金熔点、沸点高，导电性好（Ag、Cu）；延展性好，金可制成金箔；锌、镉、汞熔点、沸点低，导电性差。汞为熔点最低的金属（常温常压下唯一成液态的金属单质），mp. ＝－38.89 ℃，bp. ＝357 ℃。

2. 化学性质

(1)与氧气等非金属反应。

$$2M+O_2 \xlongequal{\triangle} 2MO\ (M=Cu,Zn,Cd,Hg)$$

$$2Zn+O_2 \xlongequal{1\,273\ K} 2ZnO$$

$$2Hg+O_2 \xlongequal{T>773\ K,\text{加热至沸}} 2HgO$$

$$2Cu+O_2+CO_2+H_2O = Cu(OH)_2\cdot CuCO_3\downarrow\ (\text{即铜绿}\ Cu_2(OH)_2CO_3)$$

$$Cu+Cl_2 = CuCl_2$$

$$2Au+3Cl_2(\text{干燥}) = 2AuCl_3(\text{褐红色晶体，为共价化合物})$$

银和锌与氯气反应缓慢。

$$Zn+S \xlongequal{\triangle} ZnS$$

$$Hg+S \xlongequal{\text{研磨}} HgS$$

(2)与酸的反应。

锌在水中能长期存在，因其表面有一层 $Zn(OH)_2$ 保护。纯锌在稀酸中反应极快。

$$Zn+2HCl = ZnCl_2+H_2\uparrow \qquad Cd+2HCl = CdCl_2+H_2\uparrow$$

从标准电极电势数据可知，不活泼金属铜、汞、银和金不能与稀酸反应，只能与具有氧化性的酸或王水反应；而银溶于氢碘酸，是因为生成了碘化银沉淀，电极电势降低所致（$\varphi^{\ominus}_{AgI/Ag}<0$）。

$$2Ag+2HI \xlongequal{} 2AgI+H_2\uparrow$$

$$3Cu+8HNO_3(稀) \xlongequal{} 3Cu(NO_3)_2+2NO\uparrow+4H_2O$$

$$Cu+4HNO_3(浓) \xlongequal{} Cu(NO_3)_2+2NO_2\uparrow+2H_2O$$

$$Cu+2H_2SO_4(浓) \xlongequal{} CuSO_4+SO_2\uparrow+2H_2O$$

$$6Hg(过量)+8HNO_3(稀、冷) \xlongequal{} 3Hg_2(NO_3)_2+2NO\uparrow+4H_2O$$

$$Au+HNO_3+4HCl \xlongequal{} H[AuCl_4](亮黄色)+NO\uparrow+2H_2O$$

(3)与碱的反应。

锌可溶于强碱液和氨水。

$$Zn+2NaOH+2H_2O \xlongequal{} Na_2[Zn(OH)_4]+H_2\uparrow$$

$$Zn+4NH_3+2H_2O \xlongequal{} [Zn(NH_3)_4](OH)_2+H_2\uparrow \text{(与 Al 不同)}$$

$$Zn(OH)_2+4NH_3 \xlongequal{} [Zn(NH_3)_4]^{2+}+2OH^-$$

$$Cd(OH)_2+4NH_3 \xlongequal{} [Cd(NH_3)_4]^{2+}+2OH^-$$

$Zn(OH)_2$ 是两性氢氧化物；$Cd(OH)_2$ 两性偏碱，可缓慢溶于热、浓的强碱溶液。

$$Cd(OH)_2+2OH^-(浓) \xlongequal{\triangle} [Cd(OH)_4]^{2-}$$

3. 冶炼

ⅠB 族元素以游离态或化合态存在，主要矿藏有辉铜矿(Cu_2S)、黄铜矿($CuFeS_2$)、蓝铜矿($2CuCO_3\cdot Cu(OH)_2$)、孔雀石($CuCO_3\cdot Cu(OH)_2$)、赤铜矿(Cu_2O)、辉银矿(Ag_2S)。ⅡB 族元素以化合态存在，主要矿藏为闪锌矿(ZnS)、菱锌矿($ZnCO_3$)、辰砂(HgS，红色)。

(1)从黄铜矿提取铜。

首先，浮选富集 $CuFeS_2$。然后，在沸腾炉中焙烧，得到焙砂，主要成分为 Cu_2S 和 FeS 以及原有的 SiO_2 等矿渣。

$$2CuFeS_2+O_2 \xlongequal{\triangle} Cu_2S+2FeS+SO_2 \text{(部分脱硫，除去挥发性杂质如 } As_2O_3 \text{ 等)}$$

第三步，将焙砂送入反射炉中，得到“冰铜”。

$$2FeS+3O_2 \xlongequal{\triangle} 2FeO+2SO_2$$

$$FeO+SiO_2 \xlongequal{\triangle} FeSiO_3$$

熔渣密度小，浮在上面。Cu_2S 和剩余的 FeS 熔融形成**冰铜**(含 18%～20% Cu)，较重，沉在下面。

第四步，从反射炉底放出熔融态冰铜，送入转炉，鼓入大量空气与之反应，得到粗铜(98%的铜，含 Zn、Ni、Sb、Bi、Pb、Fe、Ag、Au 等杂质)。

$$2Cu_2S+3O_2 \xlongequal{高温} 2Cu_2O+2SO_2$$

$$2Cu_2O+Cu_2S \xlongequal{高温} 6Cu+SO_2\uparrow$$

最后，可电解制精铜。

(2)从闪银矿提取银以及从金矿中提取金。

金通常以单质形式存在于自然界，矿石中银和金含量较低，采用氰化法提取，再用锌还原。

$$Ag_2S+4CN^- = 2[Ag(CN)_2]^- + S^{2-}$$

$$2[Ag(CN)_2]^- + Zn = 2Ag+[Zn(CN)_4]^{2-}$$

$$4Au+8CN^- + O_2 + 2H_2O = 4[Au(CN)_2]^- + 4OH^-$$

$$2[Au(CN)_2]^- + Zn = 2Au+[Zn(CN)_4]^{2-}$$

与铜的精制类似，可电解精炼银或金。

(3)从闪锌矿制备锌。

热还原法：$2ZnS+3O_2 \xlongequal{\triangle} 2ZnO+2SO_2$

$$2ZnO+2C+O_2 \xlongequal{T>1\,473\ K} 2Zn+2CO_2$$

电解法：阴极：$Zn^{2+}+2e^- = Zn$

阳极：$2H_2O = O_2\uparrow + 4H^+ + 4e^-$

电解反应：$2Zn^{2+}+2H_2O \xlongequal{通电} 2Zn+O_2\uparrow+4H^+$

(4)从辰砂矿提取汞。

$$HgS+O_2 \xlongequal{\triangle} Hg+SO_2$$

$$HgS+Fe \xlongequal{\triangle} Hg+FeS$$

$$4HgS+4CaO = 4Hg+3CaS+CaSO_4$$

粗汞通过稀硝酸，同时鼓入空气泡，比汞活泼的金属均被溶解及氧化，减压蒸馏，得到纯度为99.9%的汞。

4.应用

铜导电性强，用于电气工业；易形成合金，用于制造业，如青铜(80%Cu/15%Sn/5%Zn)制兵器、工具，黄铜(60%Cu/40%Zn)制仪器零件，白铜(50%～70%Cu/18%～20%Ni/13%～15%Zn)制刀具。银主要用于制作器皿、货币。金主要用于火箭、导弹、潜艇、宇宙飞船、核反应堆等领域，还用在集成电路和化学工业中，此外用于制作首饰。汞作为熔点最低的金属，制作汞合金即汞齐；汞的膨胀系数小，均匀且不润湿玻璃，可用来制作水银温度计，使用范围为－38.89 ℃～357 ℃；汞的蒸气压很低，宜于制造气压计。

13.3 化合物

1. 铜的化合物

(1)Cu(Ⅱ)与Cu(Ⅰ)的转化。

$\varphi_A^\ominus/V$：$Cu^{2+} \xrightarrow{0.153} Cu^{+} \xrightarrow{0.521} Cu$

$$2Cu^{+} = Cu^{2+} + Cu \quad K^\ominus = \frac{[Cu^{2+}]}{[Cu^{+}]^2} = 1.7\times10^6$$

即 Cu^{+} 在水溶液中歧化，生成 Cu^{2+} 和 Cu。

$$Cu_2O + 2H^{+} = Cu^{2+} + Cu + H_2O$$

只有当生成Cu(Ⅰ)的难溶性化合物或配合物时，Cu(Ⅰ)才能稳定存在。Cu^{2+} 与还原剂(Cu、SO_2、X^-、$S_2O_3^{2-}$、$SnCl_2$、CN^-、—CHO)反应，生成Cu(Ⅰ)的难溶性盐或配合物。在热的浓盐酸溶液中，铜粉可将 Cu^{2+} 还原，生成土黄色的 $[CuCl_2]^-$。

$$Cu^{2+} + Cu + 4Cl^-(浓) \xlongequal{\triangle} 2[CuCl_2]^-$$

上述土黄色溶液稀释后，析出白色沉淀 CuCl。

$$[CuCl_2]^- \xlongequal{稀释} CuCl\downarrow + Cl^-$$

$$2Cu^{2+} + SO_2 + 2Cl^- + 2H_2O = 2CuCl\downarrow + SO_4^{2-} + 4H^+$$

$$2Cu^{2+} + 2Cl^- + 2S_2O_3^{2-} \xlongequal{中性/酸性} 2CuCl\downarrow + S_4O_6^{2-}$$

$$2Cu^{2+} + 2Br^- + 4Cl^- + SnCl_2 = 2CuBr\downarrow + [SnCl_6]^{2-}$$

$$2Cu^{2+} + 4I^- = 2CuI\downarrow + I_2 \text{(静置观察，为白色沉淀和红色溶液)}$$

$$2Cu^{2+} + 6CN^- = 2[Cu(CN)_2]^- + (CN)_2\uparrow$$

$$2[Cu(OH)_4]^{2-} + C_6H_{12}O_6 = Cu_2O\downarrow + C_6H_{12}O_7 + 2H_2O + 4OH^-$$

分析化学上利用上面这个反应鉴定醛，医学上利用此反应检查糖尿病。

此外，氧化铜或铜的化合物在高温加热，得到相应的氧化亚铜或亚铜的化合物。

$$4CuO \xlongequal{T>1\ 273\ K} 2Cu_2O + O_2\uparrow \text{(}Cu_2O\text{ 晶粒大小不同而呈不同颜色)}$$

$$2CuCl_2 \xlongequal{773\ K} 2CuCl + Cl_2\uparrow$$

(2)配合物。

Cu(Ⅱ)的价电子构型为 $3d^9$，有 d-d 跃迁，所以其配离子均有颜色，如 $[Cu(OH)_4]^{2-}$ 蓝紫色、$[Cu(H_2O)_4]^{2+}$ 浅蓝色、$[Cu(NH_3)_4]^{2+}$ 深蓝色、$[Cu(en)_2]^{2+}$ 深蓝紫色、$[CuCl_4]^{2-}$ 黄色。

Cu(Ⅰ)的价电子构型为 $3d^{10}$，形成的配合物均无色，采取 sp 杂化，配位数为 2；若 sp^2 杂化，配位数为 3；若 sp^3 杂化，配位数为 4。配体为 NH_3、X^-、CN^-。

$[Cu(NH_3)_2]^+$和$[CuX_2]^-$在空气中易被氧化，$[Cu(CN)_4]^{3-}$相对稳定。

$$Cu_2O + 4NH_3 \cdot H_2O = 2[Cu(NH_3)_2]^+ + 2OH^- + 3H_2O$$

$$4[Cu(NH_3)_2]^+ + 8NH_3 \cdot H_2O + O_2 = 4[Cu(NH_3)_4]^{2+} + 4OH^- + 6H_2O$$

$$CuCN \xrightarrow{CN^-} [Cu(CN)_2]^- \xrightarrow{CN^-} [Cu(CN)_4]^{3-}$$

人体中含有铜元素，人血清中的血浆铜蓝蛋白将血浆中的 Fe^{2+} 氧化成 Fe^{3+}；低级动物（蜗牛、螃蟹、章鱼）中的血蓝蛋白是一种相对分子量很大的铜蛋白，呈深蓝色，与哺乳动物血红蛋白作用类似，起着载氧的作用。铜化合物的生化反应机理与铜蛋白中存在的 Cu（Ⅰ）—Cu（Ⅱ）氧化还原体系有密切关系。

（3）Cu^{2+}的鉴定。

$$Cu^{2+} \xrightarrow{NH_3 \cdot H_2O} Cu(OH)_2 \downarrow (\text{蓝}) \xrightarrow{NH_3 \cdot H_2O} [Cu(NH_3)_4]^{2+} (\text{深蓝色})$$

$$2Cu^{2+} + [Fe(CN)_6]^{4-} \xlongequal{\text{中性/酸性}} Cu_2[Fe(CN)_6] \downarrow (\text{砖红色})$$

$$Cu_2[Fe(CN)_6]^{4-} + NH_3 \rightarrow [Cu(NH_3)_4]^{2+}$$

$$Cu_2[Fe(CN)_6]^{4-} + OH^- \rightarrow Cu(OH)_2 \downarrow$$

Fe^{3+}、Co^{2+} 干扰该鉴定反应，分别生成蓝色沉淀 $Fe^{III}[Fe^{III}Fe^{II}(CN)_6]_3$ 和绿色沉淀 $Co_2[Fe(CN)_6]$。

2. 银的化合物

$\varphi_A^\ominus/V$：$Ag^{2+} \frac{\quad 1.980 \quad}{} Ag^+ \frac{\quad 0.799\,6 \quad}{} Ag$

Ag^{2+}为强氧化剂。Ag^+稳定存在，有一定的氧化性。

$$4Ag^+ NH_2NH_2 = 4Ag \downarrow + N_2 \uparrow + 4H^+$$

$$2AgNO_3 + H_3PO_3 + H_2O = 2Ag \downarrow + H_3PO_4 + 2HNO_3$$

$$2[Ag(NH_3)_2]^+ + HCHO + 2OH^- = 2Ag \downarrow + HCOONH_4 + 3NH_3 + H_2O$$

硝酸银、氟化银易溶，其余的银盐均难溶。

$$Ag^+ \xrightarrow{OH^-} [AgOH](\text{白色，不稳定}) \xrightarrow{\text{空气}} Ag_2O \downarrow (\text{棕黑色})$$

Ag^+与 NH_3、$S_2O_3^{2-}$、CN^-形成的配离子$[AgL_2]$均无色，与沉淀剂反应如下。

$$AgNO_3 \xrightarrow{Cl^-} AgCl \downarrow (\text{白色}) \xrightarrow{NH_3 \cdot H_2O} [Ag(NH_3)_2]^+ \xrightarrow{Br^-} AgBr \downarrow (\text{淡黄色})$$

$$\xrightarrow{Na_2S_2O_3} [Ag(S_2O_3)_2]^{3-} \xrightarrow{I^-} AgI \downarrow (\text{黄色}) \xrightarrow{CN^-} [Ag(CN)_2]^- \xrightarrow{Na_2S} Ag_2S \downarrow (\text{黑色})$$

照相底片、印相纸上涂有细小的溴化银明胶。拍照时感光，底片上感光越强的部分溴化银分解得越多，变得越黑。

$$2AgBr \xrightarrow{h\gamma} 2Ag + Br_2$$

使用有机还原剂对苯二酚进行显影，即将含有银原子的溴化银还原成金属银，而未曝光部分的溴化银不变。

$$HOC_6H_4OH + 2AgBr \longrightarrow O{=}C_6H_4{=}O + 2HBr + Ag$$

然后定影，即将底片浸入 $Na_2S_2O_3$ 溶液，溴化银溶解，剩下的银不再变化，成为底片。

$$AgBr + 2S_2O_3^{2-} \longrightarrow [Ag(S_2O_3)_2]^{3-} + Br^-$$

此时得到的影像与实物在明暗度上是相反的。为此，须将制好的底片放在印相纸上，再经感光、显影、定影等程序，印相纸上的像就同所摄物体的明暗一致，成了照片。

3. 金的化合物

$\varphi_A^\ominus/V$：$Au^{3+} \xrightarrow{1.401} Au^+ \xrightarrow{1.692} Au$

$3Au^+ \longrightarrow Au^{3+} + 2Au \quad K = \dfrac{[Au^{3+}]}{[Au^+]^3} = 7\times10^9$，即 Au^+ 歧化完全。

此外，Au^{3+} 为强氧化剂。

$$2AuCl_3 + 3HCHO + 3H_2O \longrightarrow 2Au + 3HCOOH + 6HCl$$

所有 Au(Ⅲ)的化合物都易于受热分解。

$$AuCl_3 \xrightarrow{\triangle} AuCl + Cl_2\uparrow$$

4. Zn 的化合物

锌盐如 ZnX_2、ZnC_2O_4、$ZnSO_4$ 易溶；$ZnCO_3$ 和 ZnS 难溶。固体盐中溶解度最大的氯化锌(283 K，333 g/100 g H_2O)，其浓溶液称为“熟镪水”，可用于焊接，清除金属表面氧化物而不损害金属。

$$ZnCl_2 + H_2O \longrightarrow Zn(OH)Cl + HCl$$

$$ZnCl_2(浓) + H_2O \longrightarrow H[ZnCl_2(OH)]$$

$$FeO + 2H[ZnCl_2(OH)] \longrightarrow Fe[ZnCl_2(OH)]_2 + H_2O$$

锌的配合物中，Zn^{2+} 的价电子构型为 $3d^{10}$，采取 sp^3 杂化，形成配位数为 4 的正四面体结构，均无色；ZnS 俗名锌白，$ZnS\cdot BaSO_4$ 锌钡白(立德粉)，均为工业原料。人体缺锌，易患粉刺、痤疮，伤口愈合迟缓，可用 $ZnO/ZnSO_4$/硬脂酸锌制成的粉膏涂抹伤口。

5. Hg 的化合物

(1)Hg^{2+} 盐。

$Hg(NO_3)_2$、$HgCl_2$ 可溶，其余难溶。这是因为 Hg^{2+}、Hg_2^{2+} 为 $18e^-$ 构型，极化能力强，形成的化合物共价成分多。Hg^{2+} 盐可与碱反应：

$$Hg^{2+} + 2OH^- \longrightarrow HgO\downarrow + H_2O$$

$$HgCl_2 + 2NH_3 \longrightarrow H_2NHgCl\downarrow + NH_4Cl$$

Hg^{2+} 与 X^-、SCN^-、CN^- 等反应能形成配离子，如：

$$Hg^{2+} + 2I^- = HgI_2 \downarrow$$

$$HgI_2 + 2I^- = [HgI_4]^{2-}$$

前面提到过用于检验 NH_4^+ 的奈斯勒试剂，即为 $[HgI_4]^{2-}$ 的碱性溶液。

最难溶的金属硫化物 HgS 除了用王水溶解外，还可用浓 Na_2S 溶液或 KI 溶液生成 Hg^{2+} 的配合物而溶解。

$$HgS + S^{2-} = [HgS_2]^{2-}$$

$$HgS + 4I^- = [HgI_4]^{2-} + S^{2-}$$

(2) Hg(Ⅱ)和 Hg(Ⅰ)的转化。

$\varphi_A^\ominus/V$：$Hg^{2+} \xrightarrow{0.92} Hg_2^{2+} \xrightarrow{0.7973} Hg$

即 Hg_2^{2+} 稳定，Hg^{2+} 与还原剂发生氧化还原反应得到 Hg_2^{2+}。

$$Hg^{2+} \xrightarrow{\text{还原剂}} Hg_2^{2+}$$

$$Hg^{2+} + Hg(\text{过量}) \xrightarrow{\text{振荡}} Hg_2^{2+} \quad K = \frac{[Hg_2^{2+}]}{[Hg^{2+}]} = 166$$

$$2HgCl_2 + SO_2 + 2H_2O = Hg_2Cl_2 \downarrow + SO_4^{2-} + 2Cl^- + 4H^+$$

Hg_2^{2+} 加沉淀剂或配位剂得到 Hg^{2+}，沉淀剂有 OH^-、NH_3、S^{2-}、CO_3^{2-} 等。

$$Hg_2^{2+} + 2OH^- = Hg \downarrow + HgO \downarrow + H_2O$$

$$Hg_2Cl_2 + 2NH_3 = Hg \downarrow + H_2NHgCl \downarrow + NH_4Cl$$

$$Hg_2^{2+} + S^{2-} = Hg \downarrow + HgS \downarrow$$

$$Hg_2^{2+} + CO_3^{2-} = Hg \downarrow + HgCO_3 \downarrow$$

配位剂为 CN^-、X^-、SCN^- 等。 $K_\text{稳}^\ominus$

$$Hg_2^{2+} + 4CN^- = Hg \downarrow + [Hg(CN)_4]^{2-} \quad 10^{41}$$

$$Hg_2^{2+} + 4I^- = Hg \downarrow + [HgI_4]^{2-} \quad 10^{29}$$

$$Hg_2^{2+} + 4SCN^- = Hg \downarrow + [Hg(SCN)_4]^{2-} \quad 10^{21}$$

$$Hg_2^{2+} + 4Br^- = Hg \downarrow + [HgBr_4]^{2-} \quad 10^{21}$$

$$Hg_2^{2+} + 4Cl^- = Hg \downarrow + [HgCl_4]^{2-} \quad 10^{15}$$

可见 Hg^{2+} 作为软酸，与卤素离子 X^- 形成配离子时，稳定性顺序为 $[HgI_4]^{2-} > [HgBr_4]^{2-} > [HgCl_4]^{2-}$。

Hg^{2+} 与 Hg_2^{2+} 的鉴别方法如下。

①用 Cl^-：$HgCl_2$ 可溶而 Hg_2Cl_2 为白色沉淀。

②用 $NH_3 \cdot H_2O$：Hg^{2+} 生成氨基汞盐白色沉淀，Hg_2^{2+} 歧化得到氨基汞盐和汞单质而显灰黑色。

③用 NaOH 溶液：Hg^{2+} 生成 HgO 黄色沉淀，Hg_2^{2+} 歧化得到 HgO 和汞而显棕黄色。

④用 Sn^{2+}：

$$2Hg^{2+}+8Cl^{-}+Sn^{2+}=\!=\!=Hg_2Cl_2\downarrow+[SnCl_6]^{2-}$$

$$Hg_2Cl_2+Sn^{2+}+4Cl^{-}=\!=\!=2Hg\downarrow+[SnCl_6]^{2-}$$

即 Hg^{2+} 与 Sn^{2+} 反应，得到的白色沉淀逐渐变灰（Hg_2Cl_2 与 Hg 的混合物），最终变为黑色沉淀；而 Hg_2^{2+} 与 Sn^{2+} 反应，只得到黑色沉淀。

习　题

13-1　写出下列矿物的化学式。

(1)辉铜矿　(2)黄铜矿　(3)赤铜矿　(4)兰铜矿　(5)孔雀石

(6)闪银矿　(7)闪锌矿　(8)菱锌矿　(9)辰砂

13-2　完成并配平下列反应的离子方程式。

(1)$Cu+O_2+CO_2+H_2O\rightarrow$

(2)$Ag+HI\rightarrow$

(3)$Au+HNO_3+HCl\rightarrow$

(4)$Zn+NaOH+H_2O\rightarrow$

(5)$Zn+NH_3+H_2O\rightarrow$

(6)$Cd+HCl\rightarrow$

(7)$Cd(OH)_2+NH_3\rightarrow$

(8)$Hg+S\rightarrow$

(9)$HgS+Na_2S\rightarrow$

(10)$HgS+I^{-}\rightarrow$

(11)$HgS+HNO_3^{-}+HCl\rightarrow$

(12)$AgBr+S_2O_3^{2-}\rightarrow$

(13)$CuI+S_2O_3^{2-}\rightarrow$

(14)$Ag^{+}+Cr_2O_7^{2-}\rightarrow$

(15)$[Ag(CN)_2]^{-}+S^{2-}\rightarrow$

13-3　制备：

(1)从黄铜矿提取铜；

(2)由金矿提取金。

13-4　设计方案，分离下列离子。

(1)Cu^{2+}，Ag^{+}，Zn^{2+}，Hg^{2+}，Al^{3+}

(2)Cu^{2+}，Ag^{+}，Zn^{2+}，Cd^{2+}，Hg_2^{2+}，Hg^{2+}，Al^{3+}

13-5　如何用无机化学反应检查糖尿病？写出相应反应的离子方程式。

13-6　如何鉴别 Hg^{2+} 与 Hg_2^{2+}？

13-7　解释下列实验现象，并写出相应反应的离子方程式。

(1) $CuCl_2$ 浓溶液加水稀释时，颜色由黄棕色经绿色而变成蓝色。

(2) 当 SO_2 通入 $CuSO_4$ 和 NaCl 的浓溶液时析出白色沉淀。

(3) 将 KI 溶液加入 $CuSO_4$ 溶液时，溶液变为红色，离心得到白色沉淀。

(4) 向 $HgCl_2$ 溶液中滴加 $SnCl_2$ 溶液，先出现白色沉淀，进而为转变为灰色，最终得到黑色沉淀。

13-8　铜盐在水溶液通常以 $[Cu(H_2O)_4]^{2+}$ 存在，如何得到亚铜化合物？举例说明。

第 14 章　d 区元素

d 区元素包括ⅢB～ⅦB 和Ⅷ族，其特征是最后一个电子填充在次外层的 d 轨道上。本章在概述 d 区元素通性的基础上，按族依次介绍ⅣB～ⅦB 族的钛、钒、铬、钼、钨和锰，第Ⅷ族分铁系元素和铂系元素分别介绍铁、钴、镍和铂。ⅢB 族将在第 15 章中介绍。

14.1　d 区元素通性

d 区元素原子的价电子构型为 $(n-1)d^{1\sim8}ns^{1\sim2}$（Pd $4d^{10}$ 和 Pt $5d^9 6s^1$ 等例外）。d 区元素具有可变的氧化数，不同氧化态之间通过氧化还原反应而相互转化。ⅢB～ⅦB 族元素常见的最高氧化数等于其族数。同周期从左至右，氧化数先升高再降低，如 Sc^{3+}、Ti(Ⅳ)、V(Ⅴ)、Cr(Ⅵ)、Mn(Ⅶ)、Fe(Ⅲ)、Co(Ⅱ)、Ni(Ⅱ)。当与羰基、亚硝基等配体配合时，可呈现低氧化态 +1、0、−1、−2、−3，如 $Na[Co(CO)_4]$、$[Fe(CO)_2(NO)_2]$。同族自上而下，元素氧化数的可变性减小，高氧化态趋于稳定，这与 p 区元素相反。例如，ⅥB 族元素第四周期铬的高氧化态 $Cr_2O_7^{2-}$ 和 CrO_4^{2-} 具有强氧化性，而第五、第六周期的钼和钨的高氧化态 MoO_4^{2-}、WO_4^{2-} 几乎没有氧化性。

同周期从左至右，原子半径 r 减小，在接近ⅠB 族时增大；同族自上而下，原子半径 r 增加，第五周期元素 r 与第六周期元素 r 接近。单质物理性质相似，密度大，硬度大，熔、沸点高；同周期从左至右金属的熔点升高又下降，即ⅥB 族元素的熔点、沸点是同周期中最高的，因为它们的原子有 6 个价电子，形成较强的金属键，而ⅦB族及后面的则降低，Mn、Tc 反常地低。

d 区元素原子或离子做中心体，易形成配合物。根据价键理论，$(n-1)d$、ns、np 能级相近且为空轨道，可以杂化成键；根据晶体场理论，极化能力大（离子势 Z/r 大），有 CFSE。d 区元素的水合离子、配离子大多有颜色，这是因为其 d 轨道上有 1～5 个未成对电子，发生 d-d 跃迁，吸收可见光中的某些光而具有不同的颜色；d^0 或 d^{10} 构型的离子如 Sc^{3+}、La^{3+}、Ti(Ⅳ)、Zn^{2+}、Cd^{2+}、Hg^{2+}、Ag^+，无 d-d 跃迁，因而配合物无色，若有色则是电荷迁移等其他原因造成的。**电荷迁移**指电子由阴离子向阳离子的迁移，可发生在中心离子(M)和配位体(L)之间，即配合物的金属中心离子(M)具有正电荷中心，是电子接受体，配位体(L)具有负电荷中心，是电子给予体，当配合物吸收辐射能量时，电子可由配位体的轨道跃迁至金属离子的轨道。一般来说，当配体有能量较高的孤电子对或者金属有能量较低的空轨道时，电荷迁移光谱出现在可见光区，从而使配合物显色。不少过渡金属离子与含有生色团的试剂反应所生成的配合物可发生电荷转移跃迁而产生吸收光谱，如$[Ti(O_2)OH(H_2O)_4]^+$为红色。此外，一些具有 d^0 或 d^{10} 电子构型的金属卤化物、硫化物等有颜色，如 TiI_4、AgBr、CdS、HgS 及一些含氧酸根离子如 MnO_4^-、CrO_4^{2-} 等，均是由于这类电荷迁移，在紫外—可见光区有光的吸收而呈现颜色。

14.2 钛副族元素

1. 钛副族概述

ⅣB 族元素钛 Ti、锆 Zr、铪 Hf 称为钛副族元素，其价电子构型为 $(n-1)d^2ns^2$，最高氧化数为+4。

原子半径：Ti 147 pm，Zr 160 pm，Hf 159 pm ↓ +4 氧化态稳定性增大，氧化性减弱

$\varphi^{\ominus}_{Ti(IV)/Ti}=-1.065\ V$，$\varphi^{\ominus}_{Zr(IV)/Zr}=-1.45\ V$，$\varphi^{\ominus}_{Hf(IV)/Hf}=-1.55\ V$，因此钛、锆、铪均为活泼金属。钛的常见氧化数为+4 和+3，而锆、铪的氧化数为+4。Ti 配位数为 4、6，如 TiX_4、$[TiF_6]^{2-}$；Zr 和 Hf 的配位数为 6～8，如$[ZrF_7]^{3-}$、$[Zr(C_2O_4)_4]^{4-}$。下面仅介绍钛及其化合物。

2. 钛

(1)钛的提取。

钛在地壳中含量为 0.63%，是丰度为第 10 位的元素、第 7 位的金属元素，主要矿藏为金红石(TiO_2)和钛铁矿($FeTiO_3$)。以 $FeTiO_3$ 为原料，可通过以下方法得到二氧化钛(TiO_2)。

①Wohler 提取方法。

$$2FeTiO_3+2K_2CO_3(\text{过量})\xlongequal{\triangle}2K_2TiO_3+Fe_2O_3+CO\uparrow+CO_2\uparrow$$

$$TiO_3^{2-}+6HF=[TiF_6]^{2-}+3H_2O$$

$$[TiF_6]^{2-}+2NH_3\cdot H_2O=TiO_2\downarrow+2NH_4^++2HF_2^-+2F^-$$

②Rose 提取方法。

$$FeTiO_3+H_2S=FeS+TiO_2+H_2O$$

$$FeS+2H^+=Fe^{2+}+H_2S$$

③酸消化。

$$FeTiO_3 + 3H_2SO_4(浓) = Ti(SO_4)_2 + FeSO_4 + 3H_2O$$

$$Ti(SO_4)_2 + 2H_2O \xlongequal{\triangle} TiO_2\downarrow + 2H_2SO_4$$

④酸熔。

$$FeTiO_3 + 4KHSO_4 \xlongequal{\triangle} FeSO_4 + TiOSO_4 + 2K_2SO_4 + 2H_2O$$

$$TiOSO_4 + H_2O \xlongequal{\triangle} TiO_2\downarrow + H_2SO_4$$

⑤碱熔。

$$2FeTiO_3 + 2NaOH + Na_2O_2 \xlongequal{\triangle} 2Na_2TiO_3 + Fe_2O_3 + H_2O$$

$$TiO_3^{2-} + 2H^+ = TiO_2\cdot H_2O\downarrow$$

将二氧化钛热还原，得到金属钛。

$$3TiO_2 + 4Al \xlongequal{2\,500\ K} 3Ti + 2Al_2O_3$$

Kroll 法采用“钛铁矿/金红石→钛渣→四氯化钛→海绵钛”的工艺路线如下。

$$2FeTiO_3 + 6C + 7Cl_2 \xlongequal{1\,200\ K} 2FeCl_3 + 2TiCl_4 + 6CO$$

$$TiO_2 + 2C + 2Cl_2 \xlongequal{1\,100\ K} TiCl_4 + 2CO$$

$$TiCl_4 + 2Mg \xlongequal{1\,070\ K} Ti + 2MgCl_2$$

也可通过电解$[TiF_6]^{2-}$制备金属钛。

阴极：$[TiF_6]^{2-} + 4e^- = Ti + 6F^-$

阳极：$2Cl^- = Cl_2\uparrow + 2e^-$

电解反应：$[TiF_6]^{2-} + 4Cl^- \xlongequal{通电} Ti + 2Cl_2\uparrow + 6F^-$

粗钛可以制成碘化物来纯化。

$$Ti + 2I_2 \xlongequal{\triangle} TiI_4$$

$$TiI_4 \xlongequal{强热} Ti + 2I_2\uparrow$$

(2)性质及用途。

钛是轻金属，具有很好的延展性。大块的钛因其表面形成致密氧化物薄膜而稳定存在；粉末状的钛因其比表面积大，在空气中可自燃生成二氧化钛。钛在低温时稳定，高温时反应活泼性提高。

$$Ti + O_2 \xlongequal{450\sim500\ K} TiO_2$$

$$2Ti + N_2 \xlongequal{1\,000\ K} 2TiN$$

$$Ti + H_2 \xrightarrow{1\,000\ K, 加压} TiH_2$$

$$Ti + C \xrightarrow{1\,400\ K} TiC$$

$$TiC \xrightarrow{2\,500\ K} Ti + C$$

钛与热盐酸和热硝酸反应，溶于氢氟酸。

$$Ti + 4HNO_3(浓) \xrightarrow{\triangle} TiO_2 \cdot 2H_2O \downarrow + 4NO_2 \uparrow$$

$$Ti + 6HF = [TiF_6]^{2-} + 2H^+ + 2H_2 \uparrow$$

钛可用作灯泡或真空管的灯丝；可与金属 Cu、Fe、Al、Mg 等形成合金如钛铁合金(FeTi)用作冶金中的清除剂并可作为贮氢材料，而钛镁合金和钛铝合金用于飞行器或核反应器件。

3. 钛的化合物

(1)二氧化钛。

自然界中二氧化钛有三种晶型，最重要的是金红石型。纯净的二氧化钛俗称钛白，是离子化合物。二氧化钛不溶于盐酸、硝酸和王水，但溶于浓硫酸形成硫酸盐，或溶于 NaOH 溶液形成 TiO_3^{2-}。

$$TiO_2 + H_2SO_4(浓) = TiOSO_4 + H_2O$$

$$TiO_2 + 2NaOH(浓) = Na_2TiO_3 \cdot H_2O$$

$$TiO_2 + BaCO_3 \xrightarrow{\triangle} BaTiO_3 + CO_2 \uparrow$$

二氧化钛是重要的化工原料，可以用作白色颜料，比铅白($Pb(OH)_2 \cdot 2PbCO_3$)具有更持久的遮盖效果；用作造纸填充剂以及合成纤维消光剂；常用作光催化剂，是光降解污染物的理想催化剂。

(2)四氯化钛。

四氯化钛为无色液体，是共价化合物，极易水解，暴露在空气中会发烟。

$$TiCl_4 + 2H_2O = TiO_2 \downarrow + 4HCl \uparrow$$

$$TiCl_4 + 4HX = TiX_4 + 4HCl \quad (X = F, Br)$$

利用四氯化钛可以制备钛铁合金 TiFe。

$$TiCl_4 + FeCl_3 + (x+y)H_2O \longrightarrow TiFeO_x \cdot yH_2O \downarrow$$

$$TiFeO_x \cdot yH_2O \xrightarrow{\triangle} TiFeO_x + yH_2O$$

$$TiFeO_x + xCa \xrightarrow{\triangle} TiFe + xCaO$$

若要测定溶液中 Ti(Ⅳ)的含量，须将其还原为 Ti^{3+}；然后，用标准 Fe^{3+} 溶液滴定 Ti^{3+} 的含量，以 KSCN 为指示剂，出现红色的$[Fe(SCN)]^{2+}$为终点，反应如下。

$$2TiCl_4 + Zn = 2TiCl_3 + ZnCl_2 (也可用铝或氢气做还原剂)$$

$$Ti^{3+} + Fe^{3+} \xlongequal{} Ti(\text{IV}) + Fe^{2+}$$

从标准电极电势数据 $\varphi^{\ominus}_{TiOH^{3+}/Ti^{3+}} = -0.055\ V$ 可知，Ti^{3+} 为还原剂，其还原性比 Sn^{2+} 还强。

需要说明的是，TiX_4 中 TiF_4 和 $TiCl_4$ 无色，而 $TiBr_4$ 为黄色，TiI_4 为棕色，颜色变深，这是电荷迁移所致。

(3) Ti(Ⅳ)的配合物。

Ti(Ⅳ)的 Z/r 大，极化能力强，不存在 $[Ti(H_2O)_6]^{4+}$，而是 $[Ti(OH)_2(H_2O)_4]^{2+}$，常简写做 TiO^{2+}（钛酰离子）。

$$[Ti(OH)_2(H_2O)_4]^{2+} + 2OH^- \xlongequal{} [Ti(OH)_4(H_2O)_2]\downarrow (即\ TiO_2\cdot 4H_2O)$$

$[TiF_6]^{2-}$、$[TiCl_6]^{2-}$ 均无色，而 Ti(Ⅳ)溶液中加入 H_2O_2 生成的配合物呈现特征颜色。

$$Ti(\text{IV}) + H_2O_2 + 5H_2O \xlongequal{pH<1} [Ti(O_2)OH(H_2O)_4]^+ + 3H^+$$

过氧基·羟基·四水合钛(Ⅳ)离子为红色。若 pH=1～3，则形成双核配离子，显橙色，这都是电荷迁移所致。

14.3 钒副族元素

1. 概述

ⅤB 族元素钒 V、铌 Nb、钽 Ta 称为钒副族元素，其价电子构型为 $(n-1)d^3ns^2$，最高氧化数为+5。

	V	134 pm	+5 氧化态稳定性增强，氧化性减弱（↓）
原子半径：	Nb	146 pm	
	Ta	146 pm	

钒原子的价电子构型为 $3d^34s^2$，钒元素的氧化数为+5、+4、+3、+2，高氧化态的存在形式为钒氧基 VO_2^+、VO^{2+} 以及含氧酸根离子 VO_4^{3-}、VO_3^-。由元素电势图可见，钒是活泼金属。下面介绍钒的化合物。

$$\varphi^{\ominus}_A/V:\ VO_2^+ \xrightarrow{0.991} VO^{2+} \xrightarrow{0.337} V^{3+} \xrightarrow{-0.255} V^{2+} \xrightarrow{-1.175} V$$

（VO_2^+ 至 V：$-0.255\ 4$）

2. 钒的化合物

(1) 五氧化二钒。

氧化焙烧钒铅矿 $Pb_5(VO_4)_3Cl$，其中的 V_2O_5 成分发生下述反应。

$$2V_2O_5 + 4NaCl + O_2 \xlongequal{\triangle} 4NaVO_3 + 2Cl_2$$

$$NaVO_3 \xrightarrow{H_2O/H^+} V_2O_5 \cdot nH_2O \xrightarrow{煅烧} V_2O_5 \text{ 工业级}$$

$$V_2O_5 \cdot nH_2O \xrightarrow{Na_2CO_3} NaVO_3 \xrightarrow{NH_4Cl} NH_4VO_3 \downarrow \xrightarrow{700\ K} V_2O_5(纯)$$

此外,三氯氧化钒(l)水解,也可制得五氧化二钒。

$$2VOCl_3 + 3H_2O = V_2O_5 \downarrow + 6HCl$$

五氧化二钒是橙黄色或砖红色固体,无嗅、无味、有毒,是以酸性为主的两性氧化物,具有强氧化性。

$$V_2O_5 + 6OH^- = 2VO_4^{3-} + 3H_2O$$

$$V_2O_5 + 2H^+ \xrightarrow{pH<1} 2VO_2^+ + H_2O$$

$$V_2O_5 + 6HCl(浓) = 2VOCl_2 + Cl_2 \uparrow + 3H_2O$$

(2)钒酸盐和多钒酸盐。

正钒酸根离子 VO_4^{3-} 为四面体结构,无色,只存在于强碱性溶液中,加入酸则生成多钒酸盐。

$$VO_4^{3-} \xrightarrow{H^+} V_2O_7^{4-} \xrightarrow{H^+} V_3O_9^{3-} \xrightarrow{H^+} V_{10}O_{28}^{6-} \xrightarrow{H^+} H_2V_{10}O_{28}^{4-} \xrightarrow[pH<1]{H^+} VO_2^+ (黄色)$$

$$\quad 1/4 \qquad 1/3.5 \qquad 1/3 \qquad 1/2.8 \qquad 1/2.8 \qquad 1/2$$

可见,随$[H^+]$增大,V 与 O 的比值增大,溶液颜色由无色到黄色,逐渐加深。VO_2^+ 为强氧化剂。

$$VO_2^+ + Fe^{2+} + 2H^+ \rightleftharpoons VO^{2+} + Fe^{3+} + H_2O$$

$$2VO_2^+ + H_2C_2O_4 + 2H^+ \rightleftharpoons 2VO^{2+} + 2CO_2 \uparrow + 2H_2O$$

14.4 铬副族元素

1. 铬副族概述

ⅥB 族元素铬 Cr、钼 Mo、钨 W 称为铬副族元素,它们的比较见表 14-1。

表 14-1　铬、钼、钨的比较

元素符号	价电子构型	常见氧化数	原子半径/pm	+6 氧化态	矿藏
Cr	$3d^5 4s^1$	+6,+3,+2	128	氧化性强	铬铁矿 $Fe(CrO_2)_2$
Mo	$4d^5 5s^1$	+6,+5,+4,+3	139	氧化性弱	辉钼矿 MoS_2
W	$5d^4 6s^2$	+6,+5,+4	139	氧化性弱	白钨矿 $CaWO_4$ 黑钨矿 $FeWO_4$、$MnWO_4$

ⅥB族元素原子有6个价电子，形成较强的金属键，因此它们的熔点、沸点是同周期元素单质中最高的。钨的熔点为3 385 ℃，是熔点最高的金属。

铬的元素电势图如下。

$$\varphi_A^{\ominus}/V: Cr_2O_7^{2-} \xrightarrow{1.36} Cr^{3+} \xrightarrow{-0.407} Cr^{2+} \xrightarrow{-0.913} Cr \quad (Cr^{3+} \xrightarrow{-0.744} Cr)$$

$$\varphi_B^{\ominus}/V: CrO_4^{2-} \xrightarrow{-0.13} Cr(OH)_3 \xrightarrow{-1.1} Cr(OH)_2 \xrightarrow{-1.4} Cr$$

可见，Cr比氢活泼；Cr^{2+}为强还原剂；酸性介质中，Cr^{3+}最稳定，只有强氧化剂才能将之氧化；Cr(Ⅵ)为强氧化剂。

2.铬及其化合物

(1)铬单质的性质。

$$4Cr+3O_2 \xlongequal{燃烧} 2Cr_2O_3$$

$$2Cr+3Cl_2 \xlongequal{燃烧} 2CrCl_3$$

$$Cr+I_2 \xlongequal{\triangle} CrI_2$$

$$Cr+2HCl = CrCl_2+H_2\uparrow$$

$$Cr+2HI = CrI_2+H_2\uparrow$$

$$2Cr+6H_2SO_4(浓) = Cr_2(SO_4)_3+3SO_2\uparrow+6H_2O$$

同铁、铝一样，铬因钝化而稳定，可以盛浓硝酸、浓硫酸(冷)。铬不溶于碱。

(2)Cr(Ⅲ)的化合物。

存在形式：$[Cr(H_2O)_6]^{3+}$(蓝紫色，简写为Cr^{3+})或$[Cr(OH)_6]^{3-}$(绿色，简写为$Cr(OH)_4^-$ 或CrO_2^-)。

Cr(Ⅲ)的化合物以还原性为主，遇到强还原剂时则表现出氧化性。

$$2Cr^{3+}+3H_2O_2+10OH^- = 2CrO_4^{2-}+8H_2O$$

$$2CrO_2^-+3Na_2O_2+2H_2O = 2CrO_4^{2-}+6Na^++4OH^-$$

$$10Cr^{3+}+6MnO_4^-+11H_2O = 5Cr_2O_7^{2-}+6Mn^{2+}+22H^+$$

$$2Cr^{3+}+Zn = 2Cr^{2+}+Zn^{2+}$$

Cr^{3+}的Z/r大，易水解，最终水解产物为灰蓝色的$Cr_2O_3\cdot nH_2O$，一般写作$Cr(OH)_3$，为两性物质，既可溶于酸又可溶于碱。

$$Cr(OH)_3+3H^+ = Cr^{3+}+3H_2O$$

$$Cr(OH)_3+OH^- = [Cr(OH)_4]^-$$

Cr(Ⅲ)价电子构型为$3d^3$，采取d^2sp^3杂化，形成配位数为6的八面体结构的配合物，均为顺磁性且有色。Cr^{3+}溶液与氨水反应生成$Cr(OH)_3$沉淀，氨水过量，沉淀溶解，得到浅紫色溶液，即$[Cr(NH_3)_6]^{3+}$。

$$Cr^{3+} \xrightarrow{NH_3 \cdot H_2O} Cr(OH)_3 \xrightarrow{NH_3 \cdot H_2O} [Cr(NH_3)_6]^{3+}$$

(3)Cr(Ⅵ)的化合物。

CrO_4^{2-} 为四面体结构；由两个 H_2CrO_4 缩合失去一个 H_2O 而得到的 $Cr_2O_7^{2-}$ 不如 CrO_4^{2-} 稳定，氧化性更强。二者通过控制溶液的酸度或加入沉淀剂加以转化。

$$2CrO_4^{2-}(\text{黄色})+2H^+ \xlongequal{} Cr_2O_7^{2-}(\text{橙色})+H_2O$$

$$K=\frac{[Cr_2O_7^{2-}]}{[CrO_4^{2-}]^2[H^+]^2}=1.2\times10^{14}$$

加入 Ag^+、Ba^{2+}、Pb^{2+}，生成铬酸盐沉淀，其中 Ag_2CrO_4 为砖红色、$BaCrO_4$ 和 $PbCrO_4$ 为黄色。

$$Cr_2O_7^{2-}+4Ag^++H_2O \xlongequal{} 2Ag_2CrO_4\downarrow+2H^+$$

$$Cr_2O_7^{2-}+2Ba^{2+}+H_2O \xlongequal{} 2BaCrO_4\downarrow+2H^+$$

$$Cr_2O_7^{2-}+2Pb^{2+}+H_2O \xlongequal{} 2PbCrO_4\downarrow+2H^+$$

$Cr_2O_7^{2-}$ 为强氧化剂，与还原剂反应，生成 Cr^{3+}。

$$Cr_2O_7^{2-}+6Cl^-(\text{浓盐酸})+14H^+ \xlongequal{} 2Cr^{3+}+3Cl_2\uparrow+7H_2O$$

$$Cr_2O_7^{2-}+3S^{2-}+14H^+ \xlongequal{} 2Cr^{3+}+3S\downarrow+7H_2O$$

$$Cr_2O_7^{2-}+6I^-+14H^+ \xlongequal{} 2Cr^{3+}+3I_2\downarrow+7H_2O$$

$$Cr_2O_7^{2-}+6Fe^{2+}+14H^+ \xlongequal{} 2Cr^{3+}+6Fe^{3+}+7H_2O$$

$$Cr_2O_7^{2-}+3SO_3^{2-}+8H^+ \xlongequal{} 2Cr^{3+}+3SO_4^{2-}+4H_2O$$

将 $K_2Cr_2O_7$ 溶于浓硫酸，制得铬酸洗液。

$$K_2Cr_2O_7+2H_2SO_4(\text{浓}) \xlongequal{} 2KHSO_4+2CrO_3\downarrow+H_2O$$

其中，铬酸酐 CrO_3 为红色晶体，铬酸洗液常用来洗涤实验玻璃器皿，当 Cr(Ⅵ)变为 Cr^{3+} 时洗液颜色变绿，即为失效。

在钢铁分析中，当铬干扰其他元素的分析测定时，加入氯化钠，并加入高氯酸，蒸发至冒烟，铬生成易挥发的氯化铬酰(CrO_2Cl_2)而除去。

$$Cr_2O_7^{2-}+4Cl^-+6H^+ \xlongequal{} 2CrO_2Cl_2\uparrow+3H_2O$$

Cr(Ⅵ)的鉴定反应：$Cr_2O_7^{2-}+4H_2O_2+2H^+ \xlongequal{\text{乙醚}} 2CrO(O_2)_2+5H_2O$

CrO_5 与乙醚形成的配合物$[CrO(O_2)_2O(C_2H_5)_2]$为蓝色，结构如下图所示，6 个 O 位于八面体的 6 个顶点，铬的氧化数为+10。

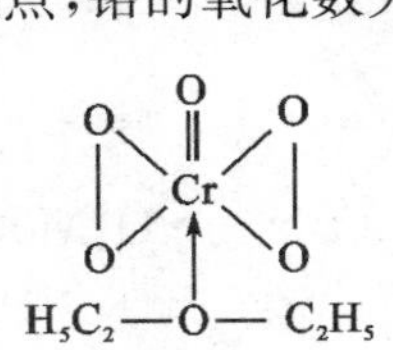

铬的反应如图 14-1 所示。

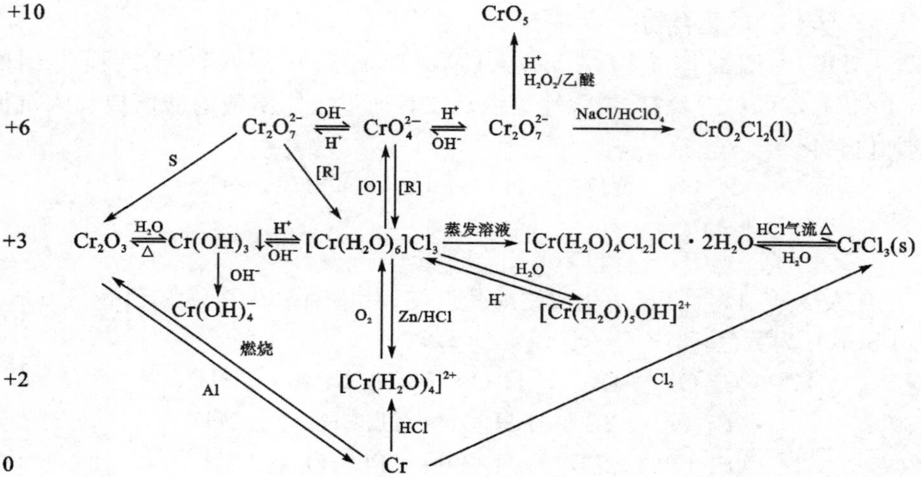

图 14-1　Cr 的反应

(4)铬的制备。

铬铁矿：$Fe(CrO_2)_2$(绿)$\xrightarrow[\text{空气},\triangle]{Na_2CO_3}Na_2CrO_4\xrightarrow[H^+]{H_2O}Na_2Cr_2O_7\xrightarrow{S}Cr_2O_3\xrightarrow{Al}Cr$

$$4Fe(CrO_2)_2+8Na_2CO_3(\text{过量})+7O_2\xlongequal{\triangle}8Na_2CrO_4+2Fe_2O_3+8CO_2$$

将上述产物用冷水浸渍，三氧化二铁不溶，过滤除去，得到铬酸钠和碳酸钠混合溶液。

$$2CrO_4^{2-}+2H^+\xlongequal{}Cr_2O_7^{2-}+H_2O$$

$$Cr_2O_7^{2-}+S\xlongequal{}SO_4^{2-}+Cr_2O_3$$

$$Cr_2O_3+2Al\xlongequal{1\,800\ K}2Cr+Al_2O_3\text{(也可用 }H_2\text{ 还原)}$$

纯化：

$$Cr+I_2\xlongequal{\triangle}CrI_2$$

$$CrI_2\xlongequal{1\,500\ K}Cr+I_2\uparrow$$

也可电解精炼铬。

3. 钼和钨

(1)钼和钨的提取。

从辉钼矿提取钼的流程如下。

$$MoS_2\xrightarrow[\triangle]{\text{通空气}}MoO_3\xrightarrow{OH^-}MoO_4^{2-}\xrightarrow{H^+}H_2MoO_4\xrightarrow{\triangle}MoO_3\xrightarrow[\triangle]{H_2}Mo$$

其中发生的相关反应如下。

$$2MoS_2+7O_2 \xlongequal{\triangle} 2MoO_3+4SO_2$$

$$MoO_3+2NH_3\cdot H_2O(浓) \xlongequal{} 2NH_4^+ +MoO_4^{2-}+H_2O$$

$$MoO_4^{2-}+2H^+ \xlongequal{} H_2MoO_4\downarrow$$

$$H_2MoO_4 \xlongequal{\triangle} MoO_3+H_2O$$

$$MoO_3+3H_2 \xlongequal{\triangle} Mo+3H_2O$$

从白钨矿提取钨的流程如下。

$$CaWO_4 \xrightarrow{HCl} H_2WO_4 \xrightarrow{\triangle} WO_3(黄色) \xrightarrow[\triangle]{H_2} W$$

从黑钨矿提取钨的反应如下。

$$4FeWO_4+4Na_2CO_3+O_2 \xlongequal{\triangle} 4Na_2WO_4+2Fe_2O_3+4CO_2$$

$$WO_4^{2-}+2H^+ \xlongequal{} H_2WO_4\downarrow$$

$$H_2WO_4 \xlongequal{\triangle} WO_3+H_2O$$

$$WO_3+3H_2 \xlongequal{\triangle} W+3H_2O$$

(2)钼酸和钨酸及其盐。

三氧化钼(MoO_3)、三氧化钨(WO_3)均为酸性氧化物,不溶于水,溶于碱液。

$$WO_3 \xrightarrow{OH^-} WO_4^{2-} \xrightarrow{H^+} H_2WO_4(WO_3\cdot H_2O)$$

钼酸和钨酸均不溶于水,其碱金属盐以及 Be^{2+}、Mg^{2+}、Tl^+、NH_4^+ 盐可溶,其余难溶。与砷酸盐类似,钼酸盐与硫化氢反应得到硫代酸盐,再加入酸则析出三硫化钼。钨酸盐有同样的反应。

$$(NH_4)_2MoO_4 \xrightarrow{H_2S} MoS_4^{2-} \xrightarrow{H^+} MoS_3\downarrow(棕色)$$

$$WO_4^{2-} \xrightarrow{H_2S} WS_4^{2-} \xrightarrow{H^+} WS_3\downarrow(亮棕色)$$

Mo(Ⅵ)和 W(Ⅵ)的氧化性极弱,只有强还原剂(如 Zn)才能将 Mo(Ⅵ)还原为 Mo^{3+}。下列反应生成棕色的 $MoCl_3$,可作为钼的鉴定反应。

$$2(NH_4)_2MoO_4+3Zn+16HCl(浓) \xlongequal{} 2MoCl_3+3ZnCl_2+4NH_4Cl+8H_2O$$

钼酸盐可用于光度法测定水体中 PO_4^{3-} 的含量。将钼酸铵加入水样,在酸性条件下形成磷钼酸盐,经还原(常用的还原剂为抗坏血酸、Ti^{3+} 或 Sn^{2+} 等)得到 Mo 的低价态蓝色配合物(俗称钼蓝),在 880 nm 测其吸收强度,计算 PO_4^{3-} 的浓度。

4. 多酸和多碱

多酸指分子中通过氧桥—O—结合而成的具有一个以上中心原子的含氧酸。同多酸由同种简单含氧酸脱水而成,如 $2H_3PO_4-H_2O\rightarrow H_4P_2O_7$(焦磷酸)，$2H_2CrO_4-H_2O \rightarrow H_2Cr_2O_7$(重铬酸)，$4H_2MoO_4-3H_2O \rightarrow H_2[Mo_4O_{13}]$(四钼酸)。杂多酸由两种或两种以上含氧酸脱水而成，如十二钼磷酸：

$$PO_4^{3-}+12MoO_4^{2-}+24H^+ = [PO_4(Mo_3O_9)_4]^{3-}+12H_2O$$

R—O 键越弱，酸性越弱，溶液 pH 越大，越易形成多酸。易形成多酸的元素包括 p 区元素 S、P、Si、B、Al，以及 d 区元素 Cr、Mo、W、Nb、Ta 等。

多碱指通过氧桥或羟桥 $\overset{H}{—O—}$ 结合而成的金属离子的双核或多核配合物。高价态金属离子的不完全水解产物为多碱，如$[(H_2O)_4Fe(OH)_2Fe(H_2O_4)]^{4+}$。

总之，多酸、多碱均含有多核配离子；前者为配阴离子，后者为配阳离子。

14.5 锰副族元素

ⅦB 族元素锰 Mn、锝 Tc、铼 Re 称为锰副族元素。下面只介绍锰元素。

1. 锰的元素电势图

$$\varphi_A^\ominus/V\quad MnO_4^- \xrightarrow{0.564} MnO_4^{2-} \xrightarrow{0.274} MnO_4^{3-} \xrightarrow{4.27} MnO_2 \xrightarrow{0.95} Mn^{3+} \xrightarrow{1.51} Mn^{2+} \xrightarrow{-1.18} Mn$$

$MnO_4^- \rightarrow Mn^{2+}$：1.507；$MnO_4^{2-} \rightarrow MnO_2$：2.272；$MnO_2 \rightarrow Mn^{2+}$：1.23

$$\varphi_B^\ominus/V\quad MnO_4^- \xrightarrow{0.564} MnO_4^{2-} \xrightarrow{0.27} MnO_4^{3-} \xrightarrow{0.96} MnO_2 \xrightarrow{0.15} Mn_2O_3 \xrightarrow{-0.25} Mn(OH)_2 \xrightarrow{-1.56} Mn$$

$MnO_4^- \rightarrow MnO_2$：0.598；$MnO_2 \rightarrow Mn(OH)_2$：−0.05

由标准电极电势可知，Mn 比氢活泼；Mn(Ⅱ)在酸性介质中稳定，在碱性介质中为强还原剂；Mn(Ⅳ)即可作氧化剂，也可作还原剂；Mn(Ⅶ)在酸性介质中为强氧化剂。Mn(Ⅲ)和 MnO_4^{3-}、MnO_4^{2-} 易歧化。事实上，Mn^{3+}(樱红色)仅存在于浓酸中，而 MnO_4^{2-}(绿色)仅存在于 40% KOH 浓碱溶液中。

2. 锰单质

锰为银白色活泼金属，反应如下：

$$3Mn+2O_2 = Mn_3O_4$$

$$Mn+2HCl = MnCl_2+H_2\uparrow$$

$$Mn+Cl_2 \xlongequal{\text{高温}} MnCl_2$$

$$Mn+S \xlongequal{\text{高温}} MnS$$

$$2Mn+4KOH+3O_2 \xlongequal{\text{熔融}} 2K_2MnO_4+2H_2O$$

3. Mn(Ⅱ)盐

$MnSO_4\cdot5H_2O$、$MnCl_2\cdot4H_2O$ 和 $Mn(NO_3)_2\cdot3H_2O$ 均为粉红色晶体，易溶于水；MnS(肉色)和 $MnCO_3$(白色)，不溶于水，溶于 HCl。前面提到四种常见的

强氧化剂，可以将 Mn^{2+} 的氧化为紫红色的 MnO_4^-，用于 Mn(Ⅱ)的鉴定。

$$2Mn^{2+} + 5IO_4^- + 3H_2O = 2MnO_4^- + 5IO_3^- + 6H^+$$

$$2Mn^{2+} + 5S_2O_8^{2-} + 8H_2O \xrightarrow[\triangle]{Ag^+} 2MnO_4^- + 10SO_4^{2-} + 16H^+$$

$$2Mn^{2+} + 5NaBiO_3 + 14H^+ \xrightarrow{\triangle} 2MnO_4^- + 5Bi^{3+} + 5Na^+ + 7H_2O$$

$$2Mn^{2+} + 5PbO_2 + 4H^+ \xrightarrow{Ag^+} 2MnO_4^- + 5Pb^{2+} + 2H_2O$$

Mn(Ⅱ)盐的反应如下。

$$Mn^{2+} \xrightarrow{OH^-} Mn(OH)_2\downarrow(白,不稳定) \xrightarrow{空气} MnO(OH)_2(棕) \xrightarrow{空气} MnO_2\downarrow(黑色)$$

$$MnCO_3 + 2HNO_3(浓) = Mn(NO_3)_2 + CO_2\uparrow + H_2O$$

$$Mn(NO_3)_2\cdot 6H_2O \xrightarrow{高于\ 298\ K} Mn(NO_3)_2\cdot 3H_2O + 3H_2O$$

$$Mn(NO_3)_2\cdot 3H_2O \xrightarrow{\triangle} MnO_2 + 2NO_2\uparrow + 3H_2O$$

4. 软锰矿(MnO_2)

二氧化锰为稳定的黑色粉末，既可做氧化剂，也可做还原剂。

$$MnO_2 + 4HCl(浓) \xrightarrow{\triangle} MnCl_2 + Cl_2\uparrow + 2H_2O$$

$$4MnO_2 + 6H_2SO_4(浓) \xrightarrow{383\ K} 2Mn_2(SO_4)_3 + O_2\uparrow + 6H_2O$$

$$2MnO_2 + C(煤) + 2H_2SO_4(浓) = 2MnSO_4\cdot H_2O + CO_2\uparrow$$

$$2MnO_2 + 4KOH(s) + O_2 \xrightarrow{\triangle} 2K_2MnO_4 + 2H_2O$$

由二氧化锰制备 Mn(Ⅳ)配合物的反应如下。

$$MnO_2 + 2KHF_2 + 2HF = K_2[MnF_6] + 2H_2O$$

二氧化锰主要用于制备锰干电池，也可用作催化剂以及制备 Mn(Ⅱ)盐。

5. 高锰酸钾

高锰酸钾为紫黑色晶体，能自身氧化还原分解。

$$4MnO_4^- + 4H^+ = 4MnO_2\downarrow + 3O_2\uparrow + 2H_2O$$

$$2KMnO_4 \xrightarrow{473\ K} K_2MnO_4 + MnO_2 + O_2\uparrow$$

高锰酸钾作为强氧化剂，其还原产物取决于溶液的酸碱性：在酸性溶液中得到的产物是 Mn^{2+}，在中性溶液中得到的产物是 MnO_2，在浓碱溶液中得到的产物是绿色的 MnO_4^{2-}。

$$2MnO_4^- + 5SO_3^{2-} + 6H^+ = 2Mn^{2+} + 5SO_4^{2-} + 3H_2O$$

$$2MnO_4^- + 3SO_3^{2-} + H_2O = 2MnO_2\downarrow + 3SO_4^{2-} + 2OH^-$$

$$2MnO_4^- + SO_3^{2-} + 2OH^- = 2MnO_4^{2-} + SO_4^{2-} + H_2O$$

锰在植物体中参与呼吸、光合作用；在动物肝脏中，Mn(Ⅱ)是多种氧化酶的组成部分。锰的部分反应如图 14-2 所示。

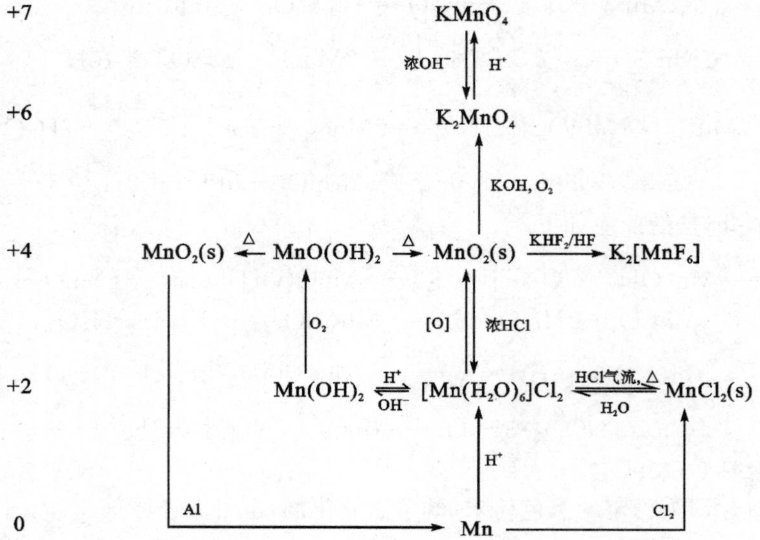

图 14-2　Mn 的反应

14.6　铁系元素——铁、钴、镍

1. 铁系元素概述

第Ⅷ族第四周期的三个元素铁 Fe、钴 Co、镍 Ni 称作铁系元素。铁在地壳的含量仅次于氧、硅、铝。钴、镍以与砷、硫相化合的形式存在，见表 14-2。

表 14-2　铁、钴、镍的比较

	Fe	Co	Ni
价电子构型	$3d^6 4s^2$	$3d^7 4s^2$	$3d^8 4s^2$
常见氧化数	＋2、＋3、＋6	＋2、＋3、＋4	＋2、＋3、＋4
矿藏	赤铁矿、磁铁矿、黄铁矿(FeS_2)	辉钴矿(CoAsS)	辉砷镍矿(NiAsS) 镍黄铁矿(NiS·FeS)

特点：易形成配合物，Fe^{2+}、Fe^{3+}、Co^{3+}、Ni^{3+} 为中心离子时，配位数为 6，Co^{2+}、Ni^{2+} 为中心离子时，配位数为 4 和 6。铁、钴、镍的元素电势图如下。

$$\varphi_A^\ominus/V: FeO_4^{2-} \xrightarrow{2.20} Fe^{3+} \xrightarrow{0.771} Fe^{2+} \xrightarrow{-0.447} Fe$$

$$CoO_2 \xrightarrow{1.416} Co^{3+} \xrightarrow{1.92} Co^{2+} \xrightarrow{-0.28} Co$$

$$NiO_4^{2-} \xrightarrow{>1.8} NiO_2 \xrightarrow{1.678} Ni^{2+} \xrightarrow{-0.257} Ni$$

$\varphi_B^{\ominus}$/V：$FeO_4^{2-} \xrightarrow{0.72} Fe(OH)_3 \xrightarrow{-0.56} Fe(OH)_2 \xrightarrow{-0.887} Fe$

$CoO_2 \xrightarrow{0.7} Co(OH)_3 \xrightarrow{0.17} Co(OH)_2 \xrightarrow{-0.73} Co$

$NiO_2^{2-} \xrightarrow{>0.4} NiO_2 \xrightarrow{-0.490} Ni(OH)_2 \xrightarrow{-0.72} Ni$

铁系元素均为中等活泼金属，高价态 FeO_4^{2-}、Co^{3+}、CoO_2、NiO_2 为强氧化剂。不同氧化态通过氧化还原反应而相互转化。Fe 的主要反应如图 14-3 所示。

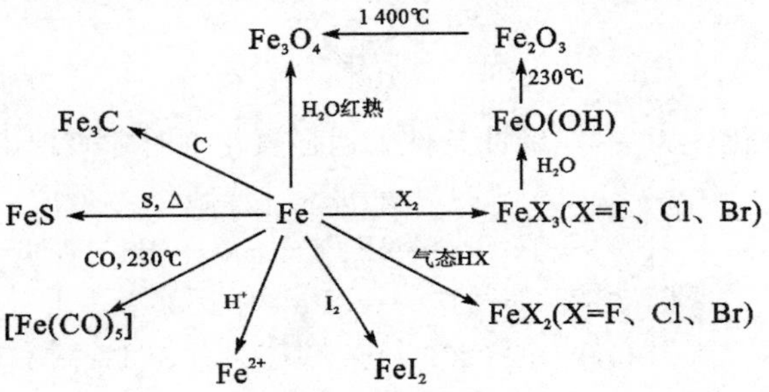

图 14-3　Fe 的反应

2. 铁的化合物

(1) Fe(Ⅱ)盐。

绿矾($FeSO_4 \cdot 7H_2O$)为淡绿色，摩尔盐($FeSO_4 \cdot (NH_4)_2SO_4 \cdot 6H_2O$)为浅绿，制备反应如下：

$$Fe + 2H^+ \xlongequal{\text{隔绝空气}} Fe^{2+} + H_2\uparrow$$

$$3FeS_2 + 8O_2 = Fe_3O_4 + 6SO_2$$

$$Fe_2O_3 + 6H^+ = 2Fe^{3+} + 3H_2O$$

$$2Fe^{3+} + Fe = 3Fe^{2+}$$

$$Fe^{2+} + 2NH_4^+ + 2SO_4^{2-} + 6H_2O = FeSO_4 \cdot (NH_4)_2SO_4 \cdot 6H_2O\downarrow$$

Fe(Ⅱ)具有强还原性，极易被空气中的氧气氧化。

$$4FeSO_4 + O_2 + 2H_2O = 4Fe(OH)SO_4$$

$$Fe^{2+} \xrightarrow[OH^-]{\text{无氧}} Fe(OH)_2\downarrow \text{白色} \xrightarrow{O_2} Fe(OH)_2 \cdot Fe(OH)_3\downarrow \text{绿色}^{①} \xrightarrow{O_2} Fe(OH)_3\downarrow \text{棕褐色}$$

若遇氧化剂 Cl_2、Br_2、ClO^-、Na_2O_2，则被氧化速度更快。

$$2Fe(OH)_2 + Cl_2 + 2OH^- = 2Fe(OH)_3 + 2Cl^-$$

$$2Fe^{2+} + Br_2 = 2Fe^{3+} + 2Br^-$$

$$2Fe^{2+} + 2OH^- + Na_2O_2 + 2H_2O = 2Fe(OH)_3\downarrow + 2Na^+$$

Fe(Ⅱ)主要用作补铁剂，还用于制蓝黑墨水以及木材防腐。

① 初期的白色沉淀立即被空气中的氧气部分氧化，生成黑色的氢氧化铁亚铁，当沉淀很细散时显绿色。

(2)Fe(Ⅲ)盐。

$$2Fe(粉) + 3Cl_2 \xlongequal{} 2FeCl_3$$

$$FeCl_3 + 6H_2O \xlongequal{} FeCl_3 \cdot 6H_2O$$

三氯化铁为共价化合物,以双聚分子形式存在,可用升华法提纯。

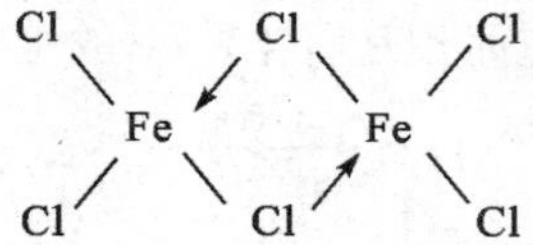

Fe(Ⅲ)以氧化性为主,在碱性条件下遇强氧化剂时才表现出还原性。

$$2Fe^{3+} + Sn^{2+} \xlongequal{} 2Fe^{2+} + Sn^{4+}$$

$$2Fe^{3+} + H_2S \xlongequal{} 2Fe^{2+} + S\downarrow + 2H^+$$

$$2Fe^{3+} + 2I^- \xlongequal{} 2Fe^{2+} + I_2\downarrow$$

$$2Fe^{3+} + 10OH^- + 3ClO^- \xlongequal{} 2FeO_4^{2-} + 3Cl^- + 5H_2O$$

$$2Fe^{3+} + 10OH^- + ClO_3^- \xlongequal{} 2FeO_4^{2-} + Cl^- + 5H_2O$$

$$Fe_2O_3 + 3KNO_3 + 4KOH \xlongequal{\triangle} 2K_2FeO_4 + 3KNO_2 + 2H_2O$$

$$FeO_4^{2-} + Ba^{2+} \xlongequal{} BaFeO_4\downarrow$$

高铁酸钡($BaFeO_4$)为红棕色。高铁酸根离子有强的氧化性,遇酸发生自身氧化还原反应。

$$4FeO_4^{2-} + 20H^+ \xlongequal{} 4Fe^{3+} + 3O_2\uparrow + 10H_2O$$

Fe(Ⅲ)主要用作止血剂以及有机反应的催化剂。

(3)铁的配合物。

铁做中心离子形成配合物,配位数为 6,常见的配离子为$[Fe(H_2O)_6]^{2+}$(淡绿色)、$[Fe(H_2O)_6]^{3+}$(淡紫色近无色)、$[FeCl_4]^-$和$[FeCl_6]^{3-}$(黄色)、$[FeF_6]^{3-}$或$[FeF_5(H_2O)]^{2-}$(无色)、$[Fe(HPO_4)_3]^{3-}$或$[Fe(PO_4)_3]^{6-}$(无色)、$[Fe(SCN)_x]^{3-x}$(血红色)、$[Fe(C_2O_4)_3]^{3-}$(绿色);Fe(Ⅲ)的不同配离子之间依据配位离解平衡而转化(见第 10 章 10.3.3 节)。

$K_4[Fe(CN)_6]\cdot 3H_2O$ 晶体为黄色,俗称黄血盐;$K_3[Fe(CN)_6]$晶体为红色,俗称赤血盐,二者之间通过氧化还原反应发生转变:Cl_2 将黄血盐氧化为赤血盐,赤血盐在碱性条件下能被还原为黄血盐。

$$2K_4[Fe(CN)_6] + Cl_2 \xlongequal{} 2K_3[Fe(CN)_6] + 2KCl$$

$$4K_3[Fe(CN)_6] + 4KOH \xlongequal{} 4K_4[Fe(CN)_6] + O_2\uparrow + 2H_2O$$

通常用黄血盐鉴定 Fe^{3+}、用赤血盐鉴定 Fe^{2+},两个反应均得到蓝色的配合物沉淀,且配合物的结构被证实为相同。

$$4Fe^{3+} + 3[Fe(CN)_6]^{4-} \xlongequal{} Fe^{Ⅲ}[Fe^{Ⅲ}Fe^{Ⅱ}(CN)_6]_3\downarrow$$

$$3Fe^{2+} + 4[Fe(CN)_6]^{3-} \longrightarrow Fe^{III}[Fe^{III}Fe^{II}(CN)_6]_3 \downarrow + 6CN^-$$

可溶性普鲁士蓝 $K[Fe^{III}Fe^{II}(CN)_6]$的结构如图 14-4 所示。

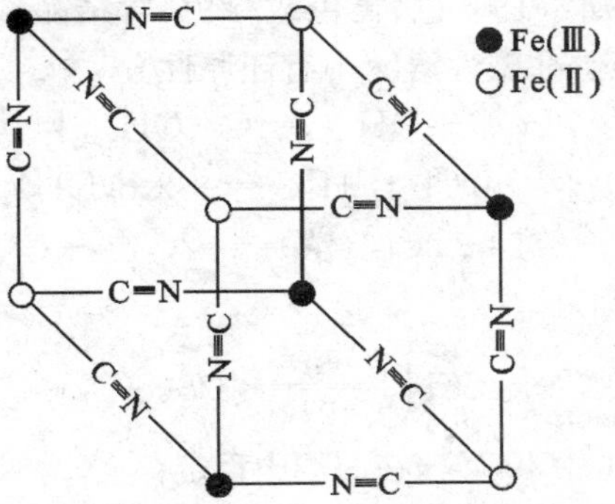

图 14-4 可溶性普鲁士蓝 $K[Fe^{III}Fe^{II}(CN)_6]$的结构示意图（K^+ 未表示出）

Fe^{3+} 极易水解，尽管是配合物，赤血盐仍易水解而变性。

$$[Fe(CN)_6]^{3-} + 3H_2O \longrightarrow Fe(OH)_3 \downarrow + 3CN^- + 3HCN$$

因此，赤血盐溶液最好现用现配。

不含 Cl^- 的铁盐溶液却常常呈现黄色或棕色，这是因为$[Fe(H_2O)_6]^{3+}$部分水解得到 Fe(Ⅲ)的双核以及多核配合物的缘故。

$$[Fe(H_2O)_6]^{3+} + H_2O \longrightarrow [Fe(H_2O)_5OH]^{2+} + H_3^+O$$

$$2[Fe(H_2O)_5OH]^{2+} \longrightarrow \left[(H_2O)_4Fe\begin{matrix} H \\ O \\ \diagup\ \diagdown \\ \diagdown\ \diagup \\ O \\ H \end{matrix}Fe(H_2O_4)\right]^{4+} + 2H_2O$$

即：
$$2[Fe(H_2O)_6]^{3+} \longrightarrow [(H_2O)_4Fe(OH)_2Fe(H_2O)_4]^{4+} + 2H_3^+O$$

上述铁的双核配离子为黄色，而且 Fe(Ⅲ)的水解产物复杂多样，如：

$$[Fe(H_2O)_5OH]^{2+} + H_2O \longrightarrow [Fe(H_2O)_4(OH)_2]^+ + H_3^+O$$

$$[Fe(H_2O)_6]^{3+} + [Fe(H_2O)_5OH]^{2+} \longrightarrow [(H_2O)_5Fe{-}\overset{H}{O}{-}Fe(H_2O)_5]^{5+} + H_2O$$

Fe(Ⅲ)的最终水解产物 $Fe_2O_3 \cdot nH_2O$ 若为胶体，则难以沉淀，可加热或添加凝聚剂使之成为絮状 $Fe_2O_3 \cdot nH_2O$ 沉淀。通常 Fe^{3+} 浓度大、溶液 pH 低时，水解程度低且水解缓慢。若想从溶液中将铁分离去除，可采取生成复盐的方法，如加入 M_2SO_4（此处 $M = K^+$、Na^+、NH_4^+），使 Fe(Ⅲ)与之反应生成黄铁矾 $M_2Fe_6(SO_4)_4(OH)_{12}$。复盐溶解度小且沉淀速度快，形成的沉淀颗粒大、易过滤除去。

3. 钴和镍的化合物

(1)钴的反应。

无水的Co(Ⅱ)盐通常是蓝色、黄色或绿色，含结晶水时(或水溶液)呈粉红色。Co(Ⅱ)在酸中稳定，在碱性溶液中有还原性。

$$Co^{2+}+2OH^- = Co(OH)_2\downarrow$$

$$2Co(OH)_2+OCl^-+H_2O = 2Co(OH)_3+Cl^-$$

$$2Co(OH)_3+6H^++2Cl^-(浓) = 2Co^{2+}+Cl_2\uparrow+6H_2O$$

鉴定Co^{2+}的反应如下。

$$Co^{2+}+4SCN^- \xlongequal[或戊酮]{丙酮} [Co(SCN)_4]^{2-}$$

$[Co(SCN)_4]^{2-}$在水中不稳定，在丙酮中稳定存在，为蓝色。钴的反应如图14-5所示。

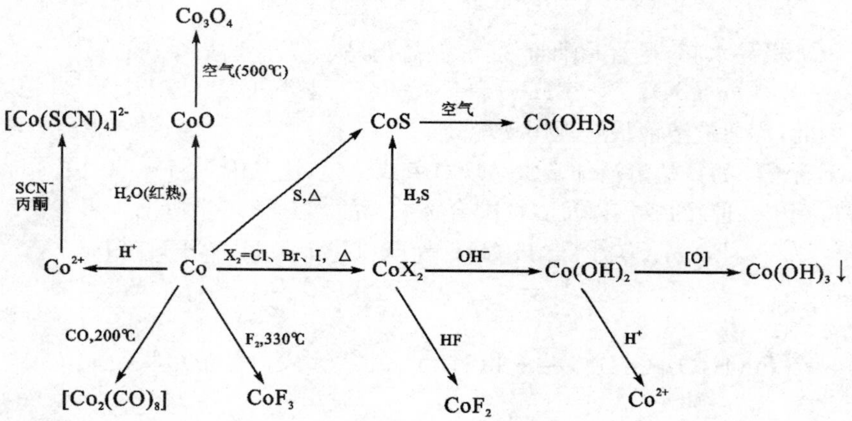

图14-5 Co的反应

(2)Ni(Ⅱ)的反应。

无水Ni(Ⅱ)盐多为黄色，含水Ni(Ⅱ)盐、水溶液均为绿色。

$$NiSO_4\cdot 7H_2O \xlongequal{\triangle} NiSO_4+7H_2O$$

$$Ni^{2+}\xrightarrow{OH^-}Ni(OH)_2\ 浅绿 \xrightarrow[或\ Br_2]{Cl_2} Ni(OH)_3\downarrow 黑 \xrightarrow{浓\ HCl} Ni^{2+}$$

镍的反应如图14-6所示。

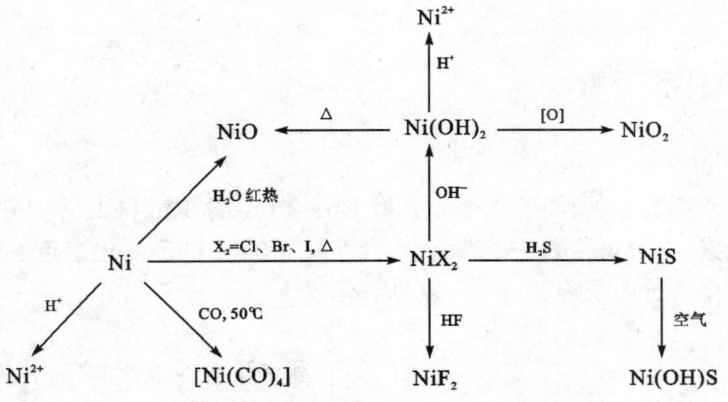

图 14-6 Ni 的反应

(3)配合物。

由电极电势数据 $\varphi^{\ominus}_{Co^{3+}/Co^{2+}}=1.92\ V$、$\varphi^{\ominus}_{[Co(NH_3)_6]^{3+}/[Co(NH_3)_6]^{2+}}=0.108\ V$、$\varphi^{\ominus}_{[Co(CN)_6]^{3-}/[Co(CN)_6]^{4-}}=-0.8\ V$ 可知，Co(Ⅲ)为强氧化剂，而 Co(Ⅲ)配合物比 Co(Ⅱ)配合物稳定。$[Co(NH_3)_6]^{2+}$易被空气氧化，$[Co(CN)_6]^{4-}$还原性更强，能将水还原放出氢气。

$$4Co^{2+}+24NH_3\cdot H_2O+O_2 = 4[Co(NH_3)_6]^{3+}+4OH^-+22H_2O$$

$$2[Co(CN)_6]^{4-}+2H_2O = 2[Co(CN)_6]^{3-}+2OH^-+H_2\uparrow$$

Co(Ⅲ)配合物除$[CoF_6]^{3-}$外，中心离子 Co(Ⅲ)均采取 d^2sp^3 杂化，配合物具有抗磁性。

Ni(Ⅱ)配合物的配位数大多为 4，如在水中的存在形式为$[Ni(H_2O)_4]^{2+}$(绿色)；配体过量最高达到 6，如$[Ni(NH_3)_6]^{2+}$(浅紫色)、$[Ni(en)_3]^{2+}$(紫色)。

$$Ni^{2+}+6NH_3\cdot H_2O = [Ni(NH_3)_6]^{2+}+6H_2O$$

$$Ni^{2+}+3en = [Ni(en)_3]^{2+}$$

Ni^{2+}的价电子构型为 $3d^8$，可采取 dsp^2杂化得到平面四边形结构的配合物，如$[Ni(CN)_4]^{2-}$(无色)；Ni^{2+}与丁二酮肟生成的螯合物沉淀为鲜红色(电荷迁移所致)，也是平面四边形结构，用于 Ni^{2+} 的鉴定。

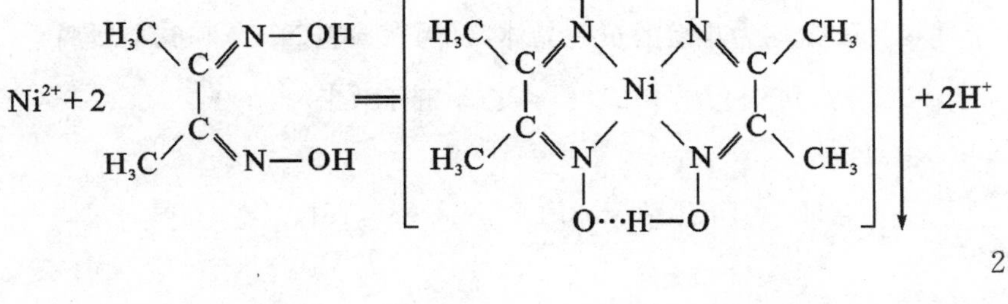

14.7 铂系元素

1. 概述

第Ⅷ族第五、六周期的六个元素钌 Ru、锇 Os、铑 Rh、铱 Ir、钯 Pd、铂 Pt，称为铂系元素；在第Ⅷ族的三个纵列中，自上而下，元素的高氧化态趋于稳定，如：

	原子的价电子构型	常见氧化数	
Ni	$3d^8 4s^2$	+2，+3	↓ 高氧化态稳定性增强，氧化性减弱
Pd	$4d^{10}$	+2，+4	
Pt	$5d^9 6s^1$	+2、+4	

铂系元素的 $\varphi^{\ominus}_{M^{2+}/M}>0$，均为不活泼金属，以单质形式存在，分散于各种矿石中。同铁系元素一样，铂系元素易形成配合物。

2. 铂的化合物

铂与金类似，不被无机酸侵蚀，溶于王水，形成氯铂酸。Pt(Ⅳ)的价电子构型为 $5d^6$，采取 d^2sp^3 杂化，形成八面体结构的化合物。

$$3Pt + 4HNO_3 + 18HCl = 3H_2[PtCl_6] + 4NO\uparrow + 8H_2O$$

$$Pt + 6HCl + 2H_2O_2 = H_2[PtCl_6] + 4H_2O$$

$$Pt + 2Cl_2 = PtCl_4$$

$$PtCl_4 + 2HCl = H_2[PtCl_6]$$

将上述 $H_2[PtCl_6]$ 溶液蒸发、浓缩得到 $H_2[PtCl_6]\cdot 6H_2O$ 橙红色晶体。

$$Pt(IV) + 4OH^- = Pt(OH)_4\downarrow$$

氢氧化铂[$Pt(OH)_4$]为两性氢氧化物。

$$Pt(OH)_4 + 4H^+ + 6Cl^- = [PtCl_6]^{2-} + 4H_2O$$

$$Pt(OH)_4 + 2OH^- = [Pt(OH)_6]^{2-}$$

$$PtCl_4 + 2NH_4Cl = (NH_4)_2[PtCl_6]$$

$$PtCl_4 + 2KCl = K_2[PtCl_6]$$

$$PtCl_4 + 2RbCl = Rb_2[PtCl_6]$$

$$PtCl_4 + 2CsCl = Cs_2[PtCl_6]$$

上述氯铂酸盐均为难溶的黄色晶体，可用来检验 NH_4^+ 和碱金属离子。

$$(NH_4)_2[PtCl_6] \xlongequal{\triangle} Pt + 2NH_4Cl + 2Cl_2\uparrow$$

或

$$3(NH_4)_2[PtCl_6] \xlongequal{\triangle} 3Pt + 2NH_4Cl + 16HCl\uparrow + 2N_2\uparrow$$

Pt(Ⅳ)与还原剂反应,得到 Pt(Ⅱ)化合物。

$$K_2[PtCl_6]+C_2O_4{}^{2-} \longrightarrow [PtCl_4]^{2-}+2K^++2Cl^-+2CO_2\uparrow$$

$$[PtCl_6]^{2-}+SO_2+2H_2O \longrightarrow [PtCl_4]^{2-}+SO_4^{2-}+2Cl^-+4H^+$$

$$[PtCl_4]^{2-}+C_2H_4 \longrightarrow [Pt(C_2H_4)Cl_3]^-+Cl^-$$

$$2[Pt(C_2H_4)Cl_3]^- \longrightarrow [Pt(C_2H_4)Cl_2]_2+2Cl^-$$

Pt(Ⅱ)—乙烯配合物中,Pt(Ⅱ)的价电子构型为 $5d^8$,采取 dsp^2 杂化,Pt(Ⅱ)与 $3Cl^-$ 在同一平面上,乙烯的双键垂直于这个平面,两个 C 与 Pt^{2+} 的距离相等,π 电子配位,如图 14-7 所示。

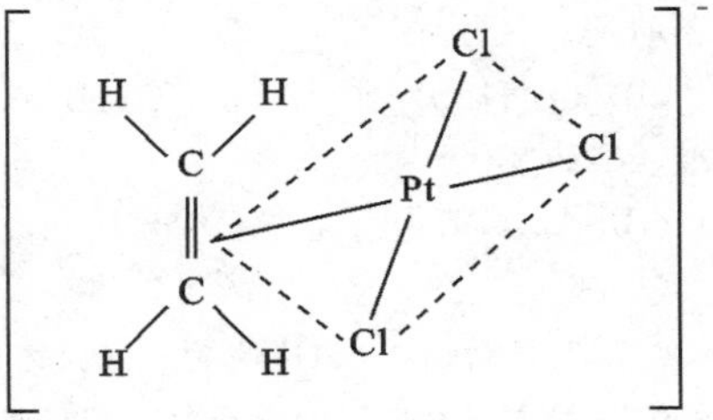

图 14-7　$[Pt(C_2H_4)Cl_3]^-$ 的结构

3. 铂的冶炼及应用

工业上冶炼铂的过程如下。

$$铂矿石 \xrightarrow{王水} H_2[PtCl_6] \xrightarrow{NH_4^+} (NH_4)_2[PtCl_6] \xrightarrow{\triangle} Pt(粗) \xrightarrow{熔炼} Pt(纯)$$

电解精制铂:

阴极:$[PtCl_6]^{2-}+4e^- \longrightarrow Pt+6Cl^-$

阳极:$2H_2O \longrightarrow 4H^++O_2\uparrow+4e^-$

电解反应:$[PtCl_6]^{2-}+2H_2O \xrightarrow{通电} Pt+6Cl^-+4H^++O_2\uparrow$

铂化学稳定性高又耐高温,常用它制成化学上的各种反应器皿如铂坩埚、铂电极、铂网。铂丝的电阻随温度的升高而有规律的变化,可制作热电偶,使用范围为 1 473～2 023 K。铂常用作催化剂(事实上,所有的铂系金属都具有催化活性高的特点),金属细粉(铂黑)的催化活性尤其大,例如,汽车尾气净化使用的三效催化剂中 Pt 以及 Rh 或 Pd 是主要的活性成分,可同时将一氧化碳、碳氢化合物和氮氧化物转化为无毒害的二氧化碳、水和氮气。此外,铂还用于合成药物。众所周知,以顺铂$[PtCl_2(NH_3)_2]$为代表的铂系列抗癌药物是癌症化学疗法的主力军。

习 题

14-1 选择题

(1)下列提炼金属的方法中不可行的是(　　)。

(A)Mg 还原 $TiCl_4$ 制备 Ti　　(B)热分解 Al_2O_3 制备 Al

(C)H_2 还原 WO_3 制备 W　　(D)羰化法提纯 Ni

(2)下列元素中性质相似的一组是(　　)。

(A)Zr 和 Hf　　(B)Hg 和 Pb　　(C)V 和 Nb　　(D)Mn 和 Re

(3)下列配离子中无色的是(　　)。

(A)$[Fe(H_2O)_6]^{3+}$　　(B)$[Co(H_2O)_6]^{2+}$　　(C)$[Ti(H_2O)_6]^{3+}$　　(D)$[Sc(H_2O)_6]^{3+}$

(4)下列物质中具有顺磁性的是(　　)。

(A)$[CoF_6]^{3-}$　　(B)$[Ag(CN)_2]^-$　　(C)OF_2　　(D)$[Cu(NH_3)_4]^{2+}$

14-2 写出下列物质的化学式。

(1)金红石　(2)钛铁矿　(3)钛白　(4)铬铁矿　(5)辉钼矿　(6)黑钨矿

(7)白钨矿　(8)软锰矿　(9)赤血盐　(10)黄血盐　(11)摩尔盐　(12)顺铂

14-3 完成并配平下列反应的离子方程式,注明反应条件。

(1)$Ti+O_2\rightarrow$

(2)$Ti+HNO_3$(浓)$\rightarrow$

(3)$Ti+HF(aq)\rightarrow$

(4)$TiO_2+H_2SO_4$(浓)$\rightarrow$

(5)TiO_2+NaOH(浓)$\rightarrow$

(6)$TiCl_4+Zn\rightarrow$

(7)$Ti^{3+}+Fe^{3+}\rightarrow$

(8)$V_2O_5+NaOH\rightarrow$

(9)V_2O_5+HCl(浓)$\rightarrow$

(10)$Cr_2O_7^{2-}+HCl$(浓)$\rightarrow$

(11)$Cr^{3+}+MnO_4^-+H^+\rightarrow$

(12)$Cr^{3+}+H_2O_2+OH^-\rightarrow$

(13)$Cr+HCl\rightarrow$

(14)$Cr+H_2SO_4$(浓)$\rightarrow$

(15)$WO_3+H_2\rightarrow$

(16)$Co^{2+}+SCN^-\rightarrow$

(17)$Ni^{2+}+NH_3\cdot H_2O\rightarrow$

(18)$Ni^{2+}+OH^-\rightarrow$

(19)$Ni+CO\rightarrow$

(20)$Fe+CO\rightarrow$

14-4　制备：

(1)由铬铁矿制备金属铬；

(2)由软锰矿制备锰(Ⅳ)、锰(Ⅵ)和锰(Ⅶ)的化合物；

(3)由铂矿石制备金属铂。

14-5　由二氧化锰制备金属锰可采取下列两种方法。

$MnO_2(s)+2H_2(g)$══$Mn(s)+2H_2O(g)$　$\Delta_r H_m^{\ominus}=36.4\ kJ\cdot mol^{-1}$

$\Delta_r S_m^{\ominus}=95.16\ J\cdot mol^{-1}\cdot K^{-1}$

$MnO_2(s)+C(s)$══$Mn(s)+CO_2(g)$　$\Delta_r H_m^{\ominus}=126.5\ kJ\cdot mol^{-1}$

$\Delta_r S_m^{\ominus}=187\ J\cdot mol^{-1}\cdot K^{-1}$

(1)试通过计算确定上述两个反应在 25 ℃标态下的反应方向。

(2)如果考虑工作温度愈低愈好，则采取哪一种方法比较好？用数据说明。

14-6　已知$[Co(NH_3)_6]^{3+}$的磁矩为 0B. M，试用价键理论阐述配离子的轨道杂化类型、空间构形，画出该离子的价层电子分布。

14-7　铬酸洗液的成分是什么？如何配制？

14-8　说明下列四种酸性未知溶液的定性分析报告结果是否合理。

(1)Pb^{2+}，Ba^{2+}，NO_3^-，I^-

(2)K^+，NO_2^-，MnO_4^-，CrO_4^{2-}

(3)Hg_2^{2+}，Cu^{2+}，I^-，NO_3^-

(4)Fe^{2+}，Mn^{2+}，SO_3^{2-}，Cl^-

14-9　现有一紫色无机盐晶体(A)，溶于水得到蓝紫色溶液(B)，(B)与氨水反应得到灰蓝色沉淀(C)。(C)加入 NaOH 溶液即溶解，得到亮绿色溶液(D)；在(D)中加入 H_2O_2 溶液并微热，得到黄色溶液(E)，加入 $BaCl_2$ 溶液生成黄色沉淀(F)，(F)可溶于盐酸得到橙红色溶液(G)。请指处各字母所代表的物质，并写出有关反应的离子方程式。

第 15 章　f 区元素

f 区元素包括 57La～71Lu 镧系元素以及 89Ac～103Lr 锕系元素，后者均为放射性元素。其中，57La～71Lu 与ⅢB 族的钪 Sc 和钇 Y 共 17 种元素并称为**稀土元素**（为简化表达，本教材用 RE 代表 17 种稀土元素）。本章名为 f 区元素，实则简要介绍稀土元素。

15.1　通性

f 区元素原子的价电子构型为 $(n-2)f^{0\sim14}(n-1)d^{0\sim2}ns^2$。稀土元素的常见氧化数为＋3；此外，Ce 的氧化数为＋4，Sm、Eu 和 Yb 的氧化数为＋2。这可以从它们的价电子构型得到解释，即：La $4f^0 5d^1 6s^2$；Ce $4f^1 5d^1 6s^2$；Sm $4f^6 6s^2$；Eu $4f^7 6s^2$；Yb $4f^{14} 6s^2$；Lu $4f^{14} 5d^1 6s^2$。

镧系元素离子的颜色主要由未充满的 4f 电子 **f-f 跃迁**产生。La^{3+} 和 Lu^{3+} 无色，因为价电子构型为 $4f^0$、$4f^{14}$，无 f-f 跃迁。RE^{3+} 的颜色与其 f 电子数有关，4f 电子数为 n 和 14-n 的 RE^{3+} 具有相同和相近的颜色（表 15-1）。例如，Ce^{3+} 和 Yb^{3+} 价电子构型为 $4f^1$、$4f^{13}$，尽管发生 f-f 跃迁，但主要吸收红外光，在可见光区无吸收，因而无色；Pr^{3+} 和 Tm^{3+} 价电子构型为 $4f^2$、$4f^{12}$，发生 f-f 跃迁，吸收可见光区的黄色光而显绿色；Gd^{3+} 的价电子构型为 $4f^7$，尽管发生 f-f 跃迁，但主要吸收紫外光，在可见光区无吸收，因而也无色。此外，Ce(Ⅳ)化合物有色，乃电荷迁移所致。

表 15-1　镧系元素 $[RE(H_2O)_x]^{3+}$ 的颜色

原子序数	RE^{3+}	价电子构型	$[RE(H_2O)_x]^{3+}$ 颜色	未成对电子数	$[RE(H_2O)_x]^{3+}$ 颜色	价电子构型	RE^{3+}	原子序数
57	La^{3+}	$4f^0$	无色	0	无色	$4f^{14}$	Lu^{3+}	71
58	Ce^{3+}	$4f^1$	无色	1	无色	$4f^{13}$	Yb^{3+}	70
59	Pr^{3+}	$4f^2$	绿	2	绿	$4f^{12}$	Tm^{3+}	69
60	Nd^{3+}	$4f^3$	淡红	3	淡红	$4f^{11}$	Er^{3+}	68
61	Pm^{3+}	$4f^4$	淡红	4	粉红	$4f^{10}$	Ho^{3+}	67
62	Sm^{3+}	$4f^5$	黄	5	浅黄绿	$4f^9$	Dy^{3+}	66
63	Eu^{3+}	$4f^6$	近无色	6	近无色	$4f^8$	Tb^{3+}	65
64	Gd^{3+}	$4f^7$	无色	7	/	/	/	/

镧系元素的原子半径和离子半径，其总的趋势是随着原子序数的增大而缩小，称为**镧系收缩**。离子半径的收缩效果比原子半径明显，如图 15-1 和图 15-2 所示。电子填入倒数第三层的 f 轨道，内层电子对核的屏蔽作用大于外层的 5s、5p、6s，有效电荷增加不多，半径缓慢缩小，导致镧系元素半径相近、性质相似、分离困难。

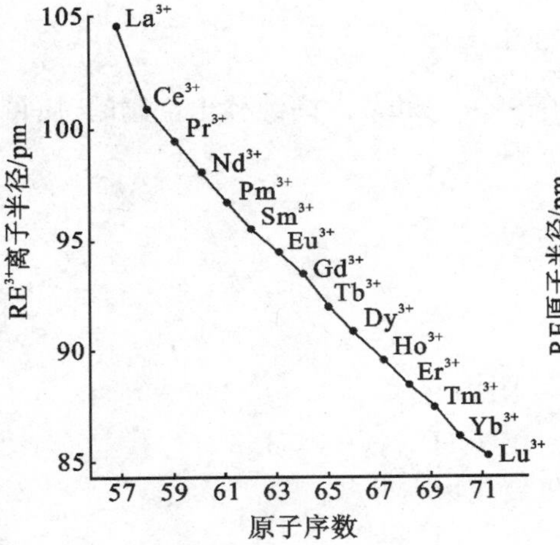

图 15-1　RE^{3+} 离子半径与原子序数的关系

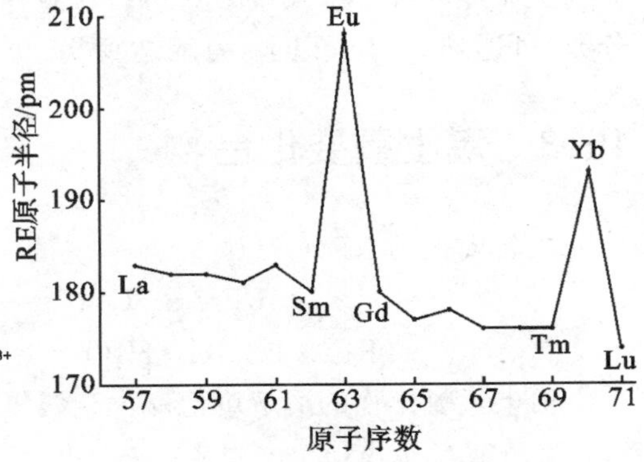

图 15-2　RE 原子半径与原子序数的关系

$\varphi^{\ominus}_{RE^{3+}/RE}=-2.379\ V\sim-1.991\ V$，稀土元素的金属活泼性较强，还原性仅次于ⅠA 族和ⅡA 族元素，须保存在煤油中；遇水放出氢气，易溶于稀酸，不溶于碱。RE^{3+} 为硬酸，易与 O^{2-}、OH^-、X^- 等硬碱结合，RE^{3+} 易水解。RE^{3+} 价电子构型为 $4f^{0\sim14}$，受外部原子的影响很小，与配位体价电子轨道之间的相互作用很弱(4f 轨道难以参与成键)，因此 RE^{3+} 与 L 之间以静电作用为主，所形成的键主要是离子性的，不具方向性、饱和性，配位数为 8、9、10、12。

稀土元素以化合态存在于自然界，为分散矿物如氟碳铈矿[bastnasite，(Ce，La)(CO_3)F]、独居石(phosphocerite 或 monazite，Y、La、Ce、Th 等元素的磷酸盐矿)、磷钇矿(xenotime，含 61.40% Y_2O_3)、褐钇铌矿(fergusonite，$YNbO_4$)。稀土元素在地壳中丰度并不稀少，只是分布极不均匀。中国为世界第一大稀土资源国，已探明的稀土资源量约 6 588 万吨，占世界稀土资源的 23%。稀土元素分为轻稀土、重稀土两组。

La　Ce　Pr　Nd　Pm　Sm　Eu　(铈组即轻稀土)

Gd　Tb　Dy　Ho　Er　Tm　Yb　Lu　Sc　Y　(钇组即重稀土)

15.2 稀土单质的制备

由于稀土元素比氢活泼，难以化学还原，需要通过熔融盐电解法制备。

阴极：$RECl_3 + 3e^- \xlongequal{} RE + 3Cl^-$

阳极：$2KCl \xlongequal{} 2K^+ + Cl_2\uparrow + 2e^-$

电解反应：$2RECl_3(\text{熔融}) \xlongequal[KCl]{\text{通电}} 2RE + 3Cl_2\uparrow$

工业纯的稀土金属（质量分数）含量在95%～99%。高纯稀土金属的（质量分数）可达到99.9%以上，有的达到99.999 9%。

15.3 稀土重要化合物

1. 氢氧化物 $RE(OH)_3$

$$RE^{3+} + 3OH^- \xlongequal{} RE(OH)_3\downarrow$$

$$RE^{3+} + 3NH_3\cdot H_2O \xlongequal{} RE(OH)_3\downarrow + 3NH_4^+$$

稀土氢氧化物的溶解度比碱土金属氢氧化物小得多。

2. 氧化物 RE_2O_3

$$4RE + 3O_2 \xlongequal{423\sim453\ K} 2RE_2O_3$$

由稀土氢氧化物、草酸盐、碳酸盐、硝酸盐或硫酸盐加热分解也可得到稀土氧化物。稀土氧化物为碱性氧化物，难溶于水和碱液，易溶于强酸。

3. 卤化物 $RECl_3$

$$RE_2O_3 + 6HCl \xlongequal{} 2RECl_3 + 3H_2O$$

也可由稀土氢氧化物或稀土碳酸盐 $RE_2(CO_3)_3$ 与盐酸反应制备。稀土氯化物的溶解度随 T 升高而增大，因此，蒸发浓缩很难将 $RECl_3\cdot nH_2O$ 结晶，采用HCl(气)使之饱和，冷却浓溶液，可析出 $RECl_3\cdot nH_2O$ 晶体。

$$RECl_3\cdot nH_2O \xlongequal{328\sim365\ K} RECl_3 + nH_2O$$

上述脱水反应的同时，发生下述水解反应。

$$RECl_3 + H_2O \xlongequal{} REOCl + 2HCl$$

因此，制备无水 $RECl_3$ 可采取的反应为：

$$RE_2O_3(s) + 6NH_4Cl(s) \xlongequal{573\ K} 2RECl_3 + 3H_2O\uparrow + 6NH_3\uparrow$$

4. 硫酸盐 $RE_2(SO_4)_3 \cdot 8H_2O$

$$RE_2(SO_4)_3 \cdot 8H_2O \xlongequal{\triangle} RE_2(SO_4)_3 + 8H_2O$$

$$RE_2(SO_4)_3 \xlongequal{\triangle} RE_2O_2SO_4 + 2SO_2\uparrow + O_2\uparrow$$

$$2RE_2O_2SO_4 \xlongequal{\triangle} 2RE_2O_3 + 2SO_2\uparrow + O_2\uparrow$$

5. 硝酸盐 $RE(NO_3)_3 \cdot nH_2O$

$$RE_2O_3 + 6HNO_3 \xlongequal{\quad} 2RE(NO_3)_3 + 3H_2O$$

$$RE(NO_3)_3 \cdot nH_2O \xlongequal{<373\ K} RE(NO_3)_3 + nH_2O$$

$$RE(NO_3)_3 \xrightarrow{\triangle} REO(NO_3) \xrightarrow{\triangle} RE_2O_3$$

硝酸盐分解速度随 $r_{RE^{3+}}$ 减小而逐渐加快，采用分级热分解可达到分离目的。此外，轻稀土（铈组）硝酸盐能与碱金属离子、NH_4^+、Mg^{2+}、Zn^{2+}、Ni^{2+}、Mn^{2+} 的硝酸盐形成复盐，如 $2NH_4NO_3 \cdot RE(NO_3)_3 \cdot 4H_2O$；$2M(Ⅰ)NO_3 \cdot RE(NO_3)_3 \cdot xH_2O$；$3M(Ⅱ)(NO_3)_2 \cdot 2RE(NO_3)_3 \cdot 24H_2O$。复盐的溶解度很小，且随稀土离子半径的减小而增大，可采用分级结晶法来分离轻稀土元素。此外，复盐溶解度随温度而增大，可重结晶纯化。重稀土元素不形成硝酸盐复盐。

6. 草酸盐 $RE_2(C_2O_4)_3 \cdot nH_2O$

稀土草酸盐难溶，可将稀土离子反应生成草酸盐而与其他金属离子分离。

$$RE_2(C_2O_4)_3 \cdot nH_2O \xrightarrow{\triangle} RE_2(C_2O_4)_3 \xrightarrow{633\sim1\,073\ K} RE_2O_3$$

7. 五镍化镧

$$La^{3+} + 5Ni^{2+} + xH_2O + yCO_3^{2-} \longrightarrow LaNi_5(OH)_x(CO_3)_y\downarrow$$

过滤，洗涤，灼烧 $LaNi_5(OH)_x(CO_3)_y$ 得到 $LaNi_5O_x$，再还原：

$$LaNi_5O_x + xCa \xlongequal{\quad} LaNi_5 + xCaO$$

15.4　稀土元素的应用

稀土元素因其独特的价电子构型而具有优异的光电磁等性能，有工业"黄金"之称，重稀土尤其不可替代。稀土能与其他材料组成性能各异、品种繁多的新型材料，大幅度提高产品的质量和性能，其中，稀土金属的纯度是影响功能材料性能的关键因素之一。从手机屏幕、数码相机，到通讯设备、夜视仪、雷达、舰艇、航母、导弹，稀土元素广泛应用于现代人类的日常生活、尖端科技和军工制造领域。稀土可制备永磁材料，1967 年发现 $SmCo_5$ 永磁体，1983 年合成钕铁硼 $Nd_2Fe_{12}B$ 永磁体，用于制造磁悬浮列车。稀土可制备超导材料，1986 年美国研究者得到 La-Ba-Cu-O 系超导体，临界温度 $Tc = -78$ ℃。稀土作为荧光材料，用于光源、荧光屏等。稀土可用作净化汽车尾气的催化剂，如，Pt-Pd 催化剂中若添加 CeO_2、La_2O_3 等稀土化合物组分可以提高催化剂耐热稳定性和催化性能。稀土在钢铁冶金行业中用作微量添加剂，可以净化钢液，改变钢中夹杂物的形态和分布，细化晶粒，改善钢的组织和性能。在核能领域，钆及其同位素是有效的中子吸收剂，可用作控制核反应堆连锁反应的抑制剂。

习　题

15-1　名词解释：

(1)稀土元素　　(2)f-f 跃迁　　(3)镧系收缩

15-2　完成并配平下列反应的离子方程式。

$La+H_2O\rightarrow$

$La+HCl\rightarrow$

$La+O_2\rightarrow$

$Ce+O_2\rightarrow$

$LaCl_3+H_2O\rightarrow$

$La^{3+}+NH_3\cdot H_2O\rightarrow$

$La_2O_3+HCl\rightarrow$

$Ce+O_2\rightarrow$

$La(OH)_3+HCl\rightarrow$

$La_2(CO_3)_3+HCl\rightarrow$

$La_2O_3+NH_4Cl\rightarrow$

$RE_2(C_2O_4)_3\xrightarrow{\triangle}$

$RE_2(SO_4)_3\cdot 8H_2O\xrightarrow{\triangle}$

15-3　制备：

(1)从氧化镧制备无水氯化镧；

(2)简述稀土元素的一般制备方法。

15-4　简答题：

(1)图 15-2 中镧系元素原子半径与原子序数的关系图呈现双峰，即 Eu 和 Yb 的原子半径高，如何解释？

(2)如何将稀土金属离子与其他金属离子分离开来？

(3)如何鉴别一无色溶液是氯化镧、氯化铝还是氯化锌？

(4)由水合稀土氯化物制备无水稀土氯化物，为什么需要 HCl 气氛保护？这与哪些常见的含水氯化物的脱水情况相似？

1 State of Substances

It is well-known that there are three states of substances, which are gas, liquid and solid under normal temperatures and pressures. We will first describe in details the law of gases and then introduce some concepts of liquid. Finally, we will briefly describe the solid.

1.1 Gas

1.1.1 The Ideal Gas Equation of State

(1) Ideal Gas.

It is an ideal model—A gas has quantity but no volume, without interactions, without losing kinetic energy when its particles collide with each other.

Under high temperature and low pressure ($T > 273$ K; $p \to 0$), a real gas can be regarded as an ideal gas. In such a case, the distance between molecules is much greater than the molecule size, which means that compared with the total volume, the molecular volume is very tiny. Interactions among molecules can be neglected.

Remember that the mole, a standard unit of measure equivalents to 6.022×10^{23} molecules, is the link between the microscopic world of molecules and the real world of macroscopic samples. The volume of gas measured at STP (Standard Temperature and Pressure is 273 K, $1.013\ 25 \times 10^5$ Pa) that contains Avogadro's number of molecules, that is, one mole of gas, is called the STP molar volume and has been found by experiment to be 22.414 L. To give you an idea of this volume, a cube measuring 28.2 cm on all sides has a volume of 22.4 L. One mole of any gaseous sample contains 6.022×10^{23} molecules and has a volume of 22.4 L at S. T. P, whether the sample is a pure substance such as oxygen gas or a gaseous mixture such as air. The density of air is measured 1. 293 $g \cdot L^{-1}$ at S. T. P, thus the molecular weight is 29. 0 $g \cdot mol^{-1}$.

(2) The Ideal Gas Equation of State.

The behavior of gases can be described by three laws,

Boyle's law, $V = \frac{\text{constant}}{p}$ (T, n constant)

Charles' law, $V = \text{constant} \times T$ (p, n constant)

Avogadro's law, $V = \text{constant} \times n$ (T, p constant)

Because V is proportional to $\frac{1}{p}$, T and n, then V should be proportional to all three, as shown in the equation,

$$\boldsymbol{V = \text{a constant} \times \frac{Tn}{p}}$$

Experiments have shown that the above equation is correct. It is called the ideal gas equation or ideal gas law and is usually written as,

$$pV = nRT \tag{1. 1}$$

where p is the pressure of the gas, V is the volume of the gas, n is the number of moles of gas, T is the Kelvin temperature, and R is a proportionality constant, called universal **gas constant**. The value of R can be calculated from the STP molar volume, 22. 414 L, which is the volume of 1 mol of gas at 273. 15 K and 1 atm of pressure. Rearranging the ideal gas equation to solve for R gives,

$$R = \frac{pV}{nT} = \frac{1.01325 \times 10^5 \times 22.414 \times 10^{-3}}{1 \times 273.15} = 8.314 (J \cdot mol^{-1} \cdot K^{-1})$$

For Equation (1. 1), its SI units for p-Pa, V-m^3, n-mol, T-K (Kelvin).

The ideal gas law can be used to calculate density(ρ) and molecular weight (M) of a gas.

$$pV = nRT = \frac{mRT}{M}$$

$$\rho = \frac{m}{V} = \frac{pVM}{RTV} = \frac{pM}{RT} \tag{1. 2}$$

$$M = \frac{\rho RT}{p} \tag{1. 2a}$$

Example 1-1 It is found that 0. 896 g of a pure gaseous compound containing only N and O occupies 0. 524 L at a pressure of 0. 973×10^5 Pa and a temperature of 28. 0 ℃. What is the molecular weight and molecular formula of the gas?

SOLUTION $n=\frac{m}{M}=\frac{pV}{RT}$

$$M=\frac{mRT}{pV}=\frac{0.896\times 8.314\times 301}{0.973\times 10^5\times 0.524\times 10^{-3}}=43.98(\text{g}\cdot\text{mol}^{-1})$$

Thus, the molecule is N_2O.

Example 1-2 Using the information given below to determine the molecular weight of the volatile liquid described. $T=288.5$ K, $p=1.013\ 25\times 10^5$ Pa, $T_{\text{water bath}}=373$ K, $m_{\text{flask+ vapor}}=23.720\ 0$ g, $m_{\text{flask+ air}}=23.449\ 0$ g, $m_{\text{flask+ H}_2\text{O}}=201.5$ g. Calculate the molecular weight of the liquid.

SOLUTION $V=\frac{m_{\text{flask+H}_2\text{O}}-m_{\text{flask+air}}}{d_{\text{H}_2\text{O}}}=\frac{(201.5-23.449)\times 10^{-6}}{1}$

$=0.178\ 1\times 10^{-3}(\text{m}^3)$

$$\rho=\frac{Mp}{RT},\ \frac{\rho_1}{\rho_2}=\frac{\frac{p_1}{T_1}}{\frac{p_2}{T_2}},\ \rho_2=\frac{\rho_1 p_2 T_1}{T_2 p_1}=\frac{1.293\times 1.012\times 10^5\times 273}{288.5\times 1.013\ 25\times 10^5}=1.222(\text{g}\cdot\text{L}^{-1})$$

Therefore, $m_{\text{air}}=\rho\cdot V=1.222\times 0.178\ 1=0.217\ 6(\text{g})$

$23.720-m_{\text{vapor}}=23.449\ 0-0.217\ 6$

$m_{\text{flask}}=23.449\ 0-0.217\ 6=23.231\ 4(\text{g})$

$m_{\text{vapor}}=23.720\ 0-23.231\ 4=0.488\ 6(\text{g})$

Therefore, $M=\frac{mRT}{pV}=0.488\ 6\times 8.314\times\frac{288.5}{1.012\times 10^5\times 0.178\ 1\times 10^{-3}}$

$=65.02\ (\text{g}\cdot\text{mol}^{-1})$

1.1.2 Dalton's Law of Partial Pressures

Gaseous mixtures are as important as pure gases. Dry air is a mixture of 75.5% (by mass) nitrogen, 23.1% oxygen, and 1.3% argon. The remaining 0.1% is mainly carbon dioxide. Mixtures of gases are also important in industry. For example, the Haber process for making ammonia, an important process in taking nitrogen from air into useful products such as fertilizers, synthetic fibers and explosives, involves mixtures of nitrogen, hydrogen, and ammonia gases. Under ordinary conditions all gaseous mixtures are homogeneous, that is, gaseous mixtures consist of just one phase. If sufficient time has passed for the gases in a mixture to become thoroughly mixed, the molecular composition is uniform everywhere in a sample. Smoke, which is a mixture of small solid particles combined with air, is not classified as a gaseous mixture. Neither is fog, which is a mixture of tiny drops of liquid water with air. Smoke and fog are colloids.

The pressure of any one individual gas in a mixture is called the **partial pressure** of that gas. In 1802, just before he proposed his atomic theory, John Dalton observed that, if the gases in a mixture do not react with each other, then the varying pressures of the individual gases in the mixture will not have any effect on the other gases' pressures. The total pressure of a mixture of gases is equal to the sum of the partial pressures of the gases in the mixture. This is called Dalton's law of partial pressures.

$$p_{total} = p_1 + p_2 + \cdots = \sum p_i \qquad (1.3)$$

$p_1V = n_1RT, p_2V = n_2RT$

$p_iV = n_iRT$

$p_{total}V = (p_1 + p_2 + \cdots + p_i)V = (n_1 + n_2 + \cdots + n_i)RT = n_{total}RT$

$\frac{p_i}{p_{total}} = \frac{n_i}{n_{total}} = X_i$

$$p_i = p_{total} \cdot X_i \qquad (1.3a)$$

X_i is the molar fraction, which refers to the ratio of the number of moles of component i to the total number of moles of the mixture. The Equation (1.3a) states that the partial pressure of a gas component is equal to the total pressure of a gaseous mixture times its molar fraction.

Example 1-3 At a constant temperature, under a total pressure of 1.42×10^6 Pa, put a mixture of H_2 and N_2 in a 3 : 1 ratio into a container with a constant volume of V. Calculate the partial pressures of each component when 9% of the raw materials react.

SOLUTION $N_2(g) + 3H_2(g) \xlongequal{} 2NH_3(g)$

$t=0$ 1 3 0

t_e $1(1-9\%)$ $3(1-9\%)$ $2\times 9\%$

$n_{total} = 4$ mol, $n_{total}' = 3.82$ mol

$p_{total} = \frac{n_{total}RT}{V} = 1.42 \times 10^6$ Pa, $p_{total}' = \frac{n_{total}'RT}{V}$

Therefore, $p_{total}' = \frac{n_{total}'}{n_{total}} p_{total} = \frac{3.82}{4} \times 1.42 \times 10^6 = 1.36 \times 10^6$ (Pa)

According to partial pressure law,

$p_{N_2} = \frac{0.91}{3.82} \times 1.36 \times 10^6 = 0.32 \times 10^6$ (Pa)

$p_{H_2} = \frac{2.73}{3.82} \times 1.36 \times 10^6 = 0.97 \times 10^6$ (Pa)

$p_{NH_3} = \frac{0.18}{3.82} \times 1.36 \times 10^6 = 0.06 \times 10^6$ (Pa)

Example 1-4 When a mixture of potassium chlorate and manganese dioxide was heated to decompose, its quantity decreased 0. 480 g and 0. 377 L of oxygen was measured by the draining water method. The temperature is 294 K and pressure is 9.96×10^4 Pa. Please calculate the molecular weight of oxygen. (At 294 K, the vapour pressure of water is 2.48×10^3 Pa)

SOLUTION $2\ KClO_3(s) \xrightarrow[\triangle]{MnO_2} 2\ KCl(s) + 3O_2(g)$

$$p_{total} = p_{H_2O} + p_{O_2}$$

$$p_{O_2} = p_{total} - p_{H_2O} = 9.96\times10^4 - 2.48\times10^3 = 9.71\times10^4\ (Pa)$$

$$n_{O_2} = \frac{p_{O_2} V_{total}}{RT} = \frac{9.7\times10^4\times0.377\times10^{-3}}{8.314\times294} = 0.0150\ (mol)$$

Therefore, $M_{O_2} = \frac{m_{O_2}}{n_{O_2}} = \frac{0.480}{0.0150} = 32.0\ (g\cdot mol^{-1})$

Example 1-5 A sample of $PCl_5(g)$ weighing 2. 69 g was placed in a 1. 00 L flask and completely vaporized at temperature of 250 ℃. The total pressure observed at this temperature was 1. 00 atm. The possibility exists that some of the PCl_5 may have dissociated according to the equation $PCl_5(g) \rightleftharpoons PCl_3(g) + Cl_2(g)$. What are the final partial pressures of PCl_5, PCl_3 and Cl_2 under such experimental conditions?

SOLUTION $n_{PCl_5} = \frac{m_{PCL_5}}{M_{PCl_5}} = \frac{2.69}{208} = 0.0129\ (mol)$

$$p = \frac{nRT}{V} = \frac{0.0129\times8.314\times523}{1.00\times10^{-3}} = 5.609\times10^4\ (Pa)$$

Since $p < 1\ atm = 1.01325\times10^5$ Pa, some dissociation of PCl_5 must have occurred according to the following equation,

	$PCl_5(g)$	$\rightleftharpoons PCl_3(g)$	$+ Cl_2(g)$	
$t=0$/mol	0. 0129	0	0	
t_e/mol	$0.0129-n$	n	n	$n_{total} = 0.0129 + n$

$$pV = n_{total} RT$$

$$n_{total} = \frac{pV}{RT} = \frac{1.01325\times10^5\times1\times10^{-3}}{8.314\times523} = 0.0233 = 0.0129 + n$$

$$n = n_{PCl_3} = n_{Cl_2} = 0.0104\ mol$$

Then, $p_{Cl_2} = p_{PCl_3} = \frac{p_{total}\times n_{PCl_3}}{n_{total}} = \frac{1.01325\times10^5\times0.0104}{0.0233} = 0.4523\times10^5\ (Pa)$

$$p_{PCl_5} = \frac{1.01325\times10^5\times(0.0129-0.0104)}{0.0233} = 0.1087\times10^5\ (Pa)$$

Example 1-6 When the temperature and pressure are constant, the total volume of a mixture of gases is equal to the sum of the partial volumes of the gases in the mixture, expressed by the equation $V_{total}=V_1+V_2+\cdots$. Prove molar fraction $X_i=\frac{V_i}{V_{total}}$.

SOLUTION $pV_1=n_1RT$, $pV_2=n_2RT$, $\cdots$, $pV_i=n_iRT$

$p(V_1+V_2+\cdots+V_i)=(n_1+n_2+\cdots+n_i)RT$

$pV_{total}=n_{total}RT$

$\frac{V_i}{V_{total}}=\frac{n_i}{n_{total}}=X_i$

1.1.3 The Kinetic Molecular Theory

The behavior of gases is summarized by the gas law. It is explained by the kinetic molecular theory, first stated by the German physicist Rudolf Clausius in 1857, further stated by James Clerk Maxwell, L. Boltzmann and J. W. Gibbs, and then supplemented by E. Fermi, P. Dirae, S. N. Bose and Albert Einstein.

1.1.3.1 Hypotheses

(1) Gases consist of very small particles called molecules. The distances between molecules are much larger compared with the diameters of the molecules. The molecules of an ideal gas are pictured as points, that is, they have no volume.

(2) The molecules of a gas are constantly moving at very high speeds in all directions, and the speed of a molecule changes dramatically, ranging from 0 to supersonic speed.

(3) Pressure is the result of molecules hitting the walls of their container. Each molecule of a real gas moves in a straight line until it hits another molecule or the boundaries of the container. At 25 ℃ and atmospheric pressure, collisions between any one molecule of a typical non-ideal gas and another occur about 10^{10} times per second, so its path is completely random as shown in Fig. 1-1. For clarity, the path of only one particle is shown. Molecules of real gases travel only about 10^{-5} cm between collisions.

If you look at a ray of sunlight entering a window, you can see little pieces of dust in it moving suddenly as gas molecules hit them. This random movement, which was first observed in 1827 by the Scottish botanist Robert Brown, is called **Brownian motion**. Early in the twentieth century, theoretical work on Brownian motion by Albert Einstein and quantitative studies of it by French physical chemist Jean-Baptlste Perrin put an end to the last doubts about the existence of atoms and molecules.

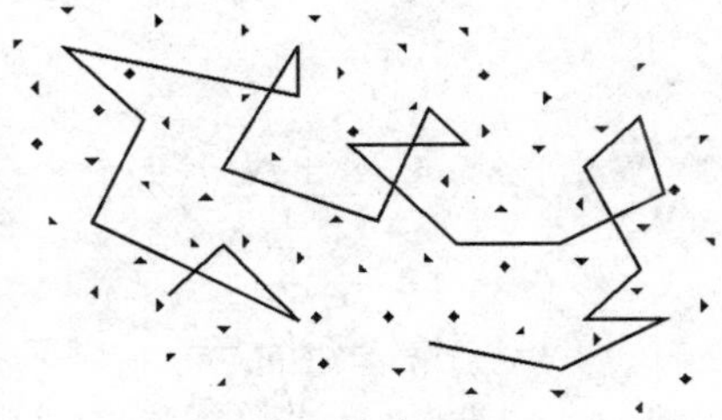

Figure 1-1 Random path of a molecule of a real gas

(4) No attractive forces exist between the molecules of an ideal gas or between the molecules and their container; repulsive forces exist only during collisions. When one molecule hits another, energy can be transferred from one molecule to the other, but the total energy of the molecules remains unchanged. Collisions like those that occur between ideal gas molecules are called **elastic collisions.**

1.1.3.2 The Kinetic Molecular Theory—Movement Equation of Gas Molecules

Supposing that there are N gas molecules whose weight is m in a cube l m on an edge. $\frac{1}{3}$ move up and down, $\frac{1}{3}$ move back and forth, and $\frac{1}{3}$ move right and left. Considering a molecule with a speed of u_1 (see Fig. 1-2), after hitting the wall its momentum change is $2mu_1$, and the force $F=\frac{2mu_1}{\Delta t}=\frac{mu_1^2}{l}$.

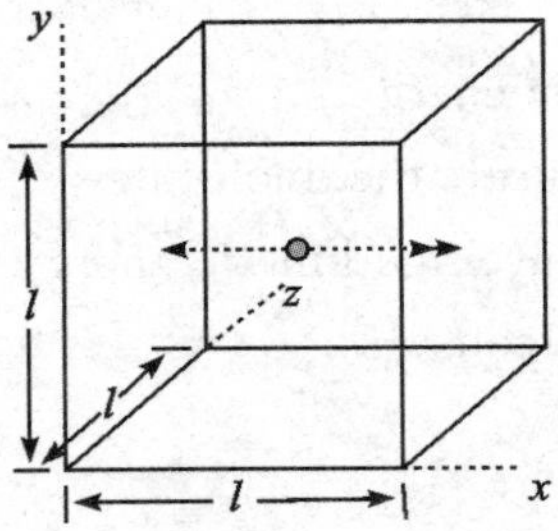

Figure 1-2 The movement of a gas molecule in a cube

$$F = \sum_i F_i = \frac{m}{l}(N_1 u_1^2 + N_2 u_2^2 + \cdots) \qquad (N_1 + N_2 + N_3 + \cdots = \frac{N}{3})$$
$$= \frac{mN}{3l} \cdot \frac{N_1 u_1^2 + N_2 u_2^2 + \cdots}{\frac{1}{3} N}$$

Ordering

$$\overline{u^2} = \frac{N_1 u_1^2 + N_2 u_2^2 + \cdots}{\frac{1}{3} N} \tag{1.4}$$

Therefore,
$$F = \frac{mN}{3l} \cdot \overline{u^2}$$

$\overline{u^2}$ is mean square velocity, while $\sqrt{\overline{u^2}}$ is called **root mean square velocity**, denoted as u_{rms}, which is a kind of average velocity.

$$pV = \frac{1}{3} mN \overline{u^2} = \frac{1}{3} mN (\sqrt{\overline{u^2}})^2 = \frac{1}{3} mN u_{rms}^2 = nRT \tag{1.5}$$

Equation (1.5) is **movement equation of ideal gas molecules.** So far, it is clear that u has nothing to do with N, that is, the velocity won't be affected by the number of molecules.

$$u_{rms} = \sqrt{\frac{3RT}{mN_0}} = \sqrt{\frac{3RT}{M}} = \sqrt{\frac{3kT}{m}} \tag{1.5a}$$

In Equation (1.5a), the Boltzmann constant $k = \frac{R}{N_0} = \frac{8.314\ \text{J} \cdot \text{mol}^{-1} \cdot \text{K}^{-1}}{6.02 \times 10^{23}\ \text{mol}^{-1}}$ $= 1.38 \times 10^{-23}\ \text{J} \cdot \text{K}^{-1}$, and Equation (1.5a) can be converted to the following form:

$$\frac{1}{3} m \cdot \overline{u^2} = \frac{R}{N_0} T$$

$$\overline{E} = \frac{1}{2} m \overline{u^2} = \frac{3}{2} \cdot \frac{1}{3} m \cdot \overline{u^2} = \frac{3}{2} \cdot \frac{R}{N_0} T = \frac{3}{2} kT \tag{1.5b}$$

where $\overline{E}$ is the average kinetic energy.

At any given temperature, the molecules of all gases have the same average kinetic energy. The average kinetic energy does not change with time as long as the temperature is constant.

1.1.3.3 Applications

(1) Deduce Graham Law of Effusion

In 1831, Thomas Graham discovered in his experiment that the relative speeds of effusion of two gases at the same temperature and pressure are given by the inverse ratio of the square roots of the masses of the gas particles. This was called Graham law of effusion.

$$\frac{u_{rms,A}}{u_{rms,B}}=\sqrt{\frac{M_B}{M_A}} \qquad (1.6)$$

Example 1-7 Prove Equation (1.6). Prove that at the same temperature and pressure, $\frac{u_A}{u_B}=\sqrt{\frac{\rho_B}{\rho_A}}$.

SOLUTION According to Equation (1.5b), $E_A=E_B$

$$\frac{1}{2}m_A\overline{u_A^2}=\frac{1}{2}m_B\overline{u_B^2}$$

$$\frac{\overline{u_A^2}}{\overline{u_B^2}}=\frac{m_B}{m_A}=\frac{M_B}{M_A}$$

$$\frac{\sqrt{\overline{u_A^2}}}{\sqrt{\overline{u_B^2}}}=\sqrt{\frac{M_B}{M_A}}$$

$M=\frac{\rho RT}{p}$, at the same T and p, $\frac{M_B}{M_A}=\frac{\rho_B}{\rho_A}$. Thus, $\frac{u_A}{u_B}=\sqrt{\frac{\rho_B}{\rho_A}}$.

Example 1-8 The cotton ball at the left end of a 100 cm long cylindrical glass tube is saturated with concentrated NH_3(aq) and the cotton ball at the right end with concentrated HCl(aq). Where will the puff of NH_4Cl(s) appear?

SOLUTION The ratio of the diffusion distance of NH_3(g) and HCl(g): $\frac{u_{rms,NH_3}}{u_{rms,HCl}}=\sqrt{\frac{M_{HCl}}{M_{NH_3}}}=\sqrt{\frac{36.5}{17}}=1.5$, that is, NH_3(g) has traveled about 1.5 times as far as HCl(g). The puff of NH_4Cl(s) formed by the reaction of NH_3(g) with HCl(g) appears at $\frac{100\times1.5}{2.5}=60$(cm) from the left end.

(2) Calculate the velocity of molecules

Example 1-9 Calculate the root-mean-square velocity of H_2S molecules at 298 K.

SOLUTION $M_{H_2S}=34\times10^{-3}\ kg\cdot mol^{-1}$

$$u_{rms}=\sqrt{\frac{3RT}{M}}=\sqrt{\frac{3\times8.314\times298}{34\times10^{-3}}}=476.6(m\cdot s^{-1})$$

In the same way, root-mean-square velocities of other gases could be calculated.

1.1.3.4 Maxwell's Law of Velocity Distribution in Gases

Because a gas molecule hits other gas molecules so often, its speed changes frequently. The speed of a gas molecule varies from almost nothing to very high, and the direction in which it is moving changes frequently. Since any sample of gas contains a very large number of molecules (about 10^{22} per liter at room temperature and atmospheric pressure), it is not possible to predict the speed of any one molecule. But the distribution of molecular speeds can be predicted. In 1866 the English physicist J. C. Maxwell calculated that the fraction of molecules moving at a given speed varies with the speed, as expressed in Equation (1. 7) and shown in Fig. 1-3. This distribution of molecular speeds has been proven to be correct through experiments with molecular beam method in 1950′s.

$$f(u)=\frac{4}{\sqrt{\pi}}\left(\frac{m}{2kT}\right)^{1.5}\cdot\exp\left(-\frac{mu^2}{2kT}\right)\cdot u^2 \tag{1. 7}$$

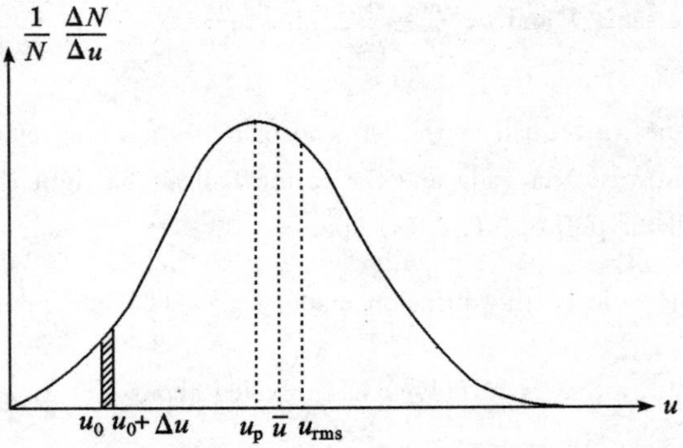

Figure 1-3 Distribution of molecular speeds.

There are two kinds of average speeds, one is called **count average speed** ($\bar{u}=\frac{N_1u_1+N_2u_2+\cdots}{N}=\frac{\sum N_iu_i}{N}$) and the other is called **root mean square speed** (See its definiton in Equation (1. 4)). Although some molecules have speeds much less than the average speed, and some have speeds much greater than the average speed, most molecules have speeds close to the average speed. The speed corresponding to the highest point of the curve is called **the most probability speed**, denoted as u_p, which is not an average speed.

Comparing the curve for a kind of gas molecules at T_2 with the one at T_1 (See Fig. 1-4, the square under each curve is normalized to 1), you can see that, as temperature increases, the average speed increases, speeds are distributed over a wider range, and the number of molecules moving at very high speeds increases. The number of molecules moving at very high speeds increases much faster than that of the average speed. This large increase in the number of molecules moving at very high speeds with increasing temperature is extremely important because the fast-moving, high-energy molecules are the ones that are most likely to undergo chemical reactions.

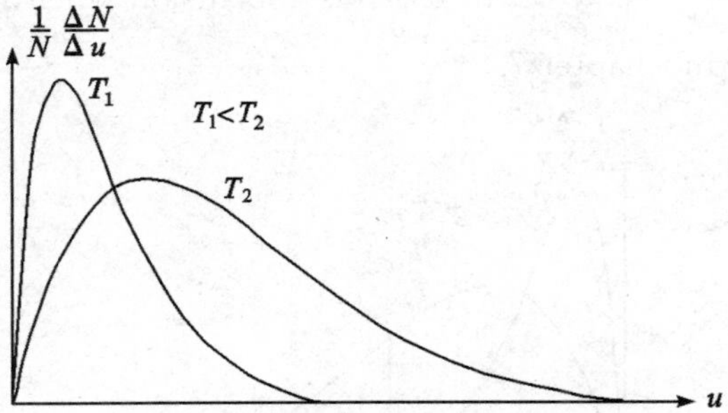

Figure 1-4 Velocity distributions of gas molecules under different temperatures.

All the gas laws can be derived from the kinetic-molecular theory. Here in this text, we may use the kinetic molecular theory to explain the gas laws qualitatively. For example, according to the kinetic molecular theory, pressure on the walls of the container is the result of gas molecules hitting the walls. The pressure depends on the number of gas molecules striking a unit area of the wall and their speed when they hit. The larger numbers of molecules in the sample, the more molecules strike the walls and the higher the pressure. If the volume of the container is increased, molecules must move farther between collisions, so they do not strike the walls of the container as often and the pressure decreases. Increasing the temperature increases the speed of the molecules. Molecules strike the walls more often and at a higher speed; therefore, pressure increases. The total pressure of a mixture of gases is equal to the sum of the pressures of the individual gases because there are no attractive forces between molecules. The molecules of each gas in the mixture continue to hit the walls of the container just as if the molecules of the other gases were not there. Mixtures of gases are homogeneous because the molecules of one gas can move about in the empty spaces between the molecules of the other gas or gases.

1.1.3.5 Maxwell Boltzmann's Law of Energy Distribution

Energy distribution for a gas is similar to its speed distribution, as expressed in Equation (1.8) and shown in Fig. 1-5.

$$f(E_0)=\frac{\Delta N_i}{N}=e^{-E_0/RT} \tag{1.8}$$

Equation (1.8) is called **Maxwell-Boltzmann's law of energy distribution**, in which E_0 is a particular energy, $\frac{\Delta N_i}{N}$ refers to the fraction of molecules with energies larger than or equal to E_0. It is obvious that the larger E_0 is, the smaller the $\frac{\Delta N_i}{N}$ is. We will use this conclusion when we discuss the chemical reaction rate in Chapter 7.

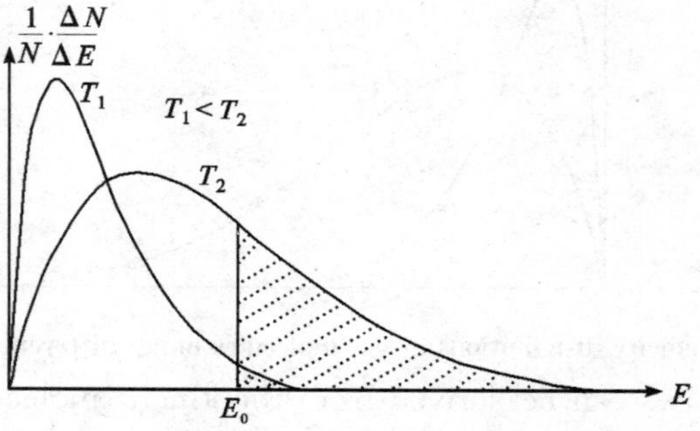

Figure 1-5 Energy distribution of gas molecules

1.1.4 Real Gas

(1) Compressibility Factor.

Compressibility factor for a gas defines as $\frac{pV}{nRT}$. For an ideal gas, $pV=nRT$, and the compressibility factor is 1. Fig. 1-6(a) shows a graph of compressibility factor as it relates to pressure for several common gases at 0 ℃; Fig. 1-6(b) is enlargement of low pressure region of Fig. 1-6(a); Fig. 1-6(c) reveals a graph of the compressibility factor of nitrogen under different temperatures. The behavior of these real gases is typical of the behavior of most real gases.

(2) Van der Waals Equation.

It is clear that the state of a real gas can't be described by the ideal gas equation when the temperature is lower than 0 ℃ and the pressure is higher than several atmospheric pressures. Alternative equations for real gases must be used. Among these equations, the most popular one is the Van der Waals equation.

$$(p+a\frac{n^2}{V^2})\ (V\text{-}nb)=nRT \tag{1. 9}$$

In Equation (1. 9), a and b are called Van der Waals constants. a is related with attractions among molecules, b concerns with molecular volume, both a and b can be measured by experiments.

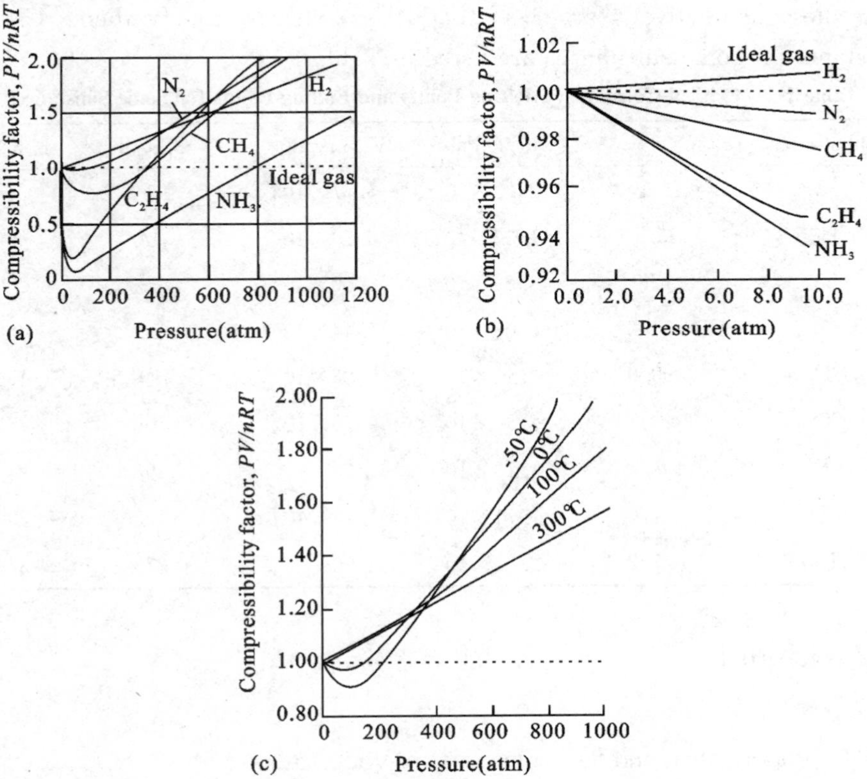

Figure 1-6 The behavior of real gases differs from the behavior of an ideal gas

(Adapted from J. B. Umland, J. M. Bellama. *General Chemistry*. 2nd ed. West Publishing Company, 1996)

(3) Liquefaction

There are two ways to liquefy a gas. One is to decrease temperature, for example, liquid N_2 could be obtained when the temperature is below -196℃, which is the boiling point for N_2. The other is to decrease temperature and increase pressure.

Critical constant T_c refers to the highest temperature at which a gas could be liquefied under increasing pressure. p_c refers to the lowest pressure needed to liquefy a gas at T_c. V_c refers to the volume of 1 mol gas at T_c and p_c. A gas with low T_c indicates it is difficult to be liquefied, which has some relationship to molecular structure. Nonpolar molecules, such as He, H_2, N_2, O_2, the attractions among molecules are so small that it is very difficult to liquefy them; those polar molecules, such as H_2O and NH_3, the attractions among molecules are relatively large, so that it is easier to liquefy them. Critical constants for some substances are listed in Table 1-1.

Table 1-1 Critical Constants, Melting Points and Boiling Points for Some Substances

Substances	T_c/K	p_c/Pa	V_c/$m^3 \cdot mol^{-1}$	m. p. /K	b. p. /K
He	5.1	2.28×10^5	5.77×10^{-5}	1	4
H_2	33.1	1.30×10^6	6.50×10^{-5}	14	20
N_2	126	3.39×10^6	9.00×10^{-5}	63	77
O_2	154.6	5.08×10^6	7.44×10^{-5}	54	90
CH_4	190.9	4.64×10^6	9.88×10^{-5}	90	156
CO_2	304.1	7.39×10^6	9.56×10^{-5}	104	169
NH_3	408.4	1.13×10^7	7.23×10^{-5}	195	240
Cl_2	417	7.71×10^6	1.24×10^{-4}	122	239
H_2O	647.2	2.21×10^7	4.50×10^{-4}	273	373

1.2 Liquid

1.2.1 Vaporization and the Molar Heat of Vaporization

Vaporization or evaporation is the formation of a gas from a liquid. If a fast-moving molecule at the surface of a liquid has enough kinetic energy, it escapes from the attractive force of the other molecules and becomes a gaseous molecule. The energy required to vaporize 1 mole of a liquid at a pressure of 1atm and a certain temperature is called the **molar heat of vaporization**, or the **enthalpy of vaporization**, symbolized as $\Delta_v H_m^{\ominus}$, its unit is $kJ \cdot mol^{-1}$. The molar heat of vaporization for a liquid can be regarded as a constant within a certain range of temperatures. Usually at its boiling point, the molar heat of vaporization of a liquid is measured and used.

1.2.2 Vapor Pressure and Clausius-Clapeyron Equation

The pressure of the vapor in equilibrium with a liquid in a closed container is called equilibrium vapor pressure, or **saturated vapor pressure.** The equilibrium vapor pressure of a specific liquid depends on both the intermolecular forces of the liquid and the temperature. It has nothing to do with the volume of the vapor, nor the quantity or surface area of the liquid.

Fig. 1-7 shows that vapor pressure increases with the temperature; different liquid has different vapor pressure at the same temperature. By Comparison of vapor pressure of Et_2O, Acetone, EtOH and H_2O, you may find that vapor pressure increases according to the following ranking $H_2O < C_2H_5OH < CH_3COCH_3 < (C_2H_5)_2O$, whereas molecules interactions decrease with the opposite ranking $H_2O > C_2H_5OH > CH_3COCH_3 > (C_2H_5)_2O$. It is obvious that the stronger interactions among liquid molecules, the lower vapor pressure a liquid has.

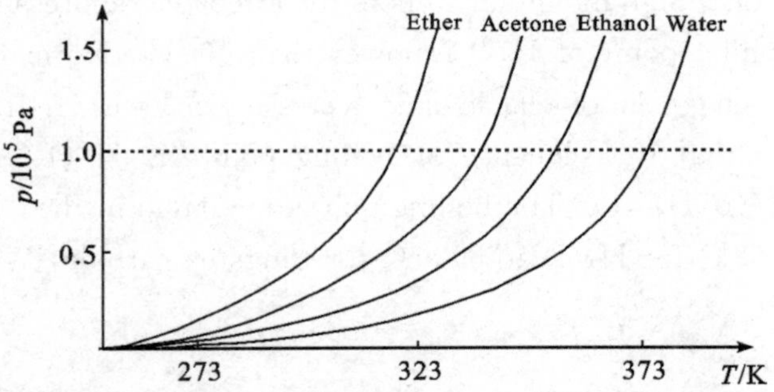

Figure 1-7 Equilibrium vapor pressure curves of some liquids

Although vapor pressure increases with the temperature, there is no linear relationship between them. However, there is linear relationship between lg p and $\frac{1}{T}$, as expressed in Equation (1.10).

$$\lg p=\frac{A}{T}+B \tag{1.10}$$

Slope $A=-\frac{\Delta_v H_m^{\ominus}}{2.303R}$

Therefore,

$$\lg p = -\frac{\Delta_v H_m^\ominus}{2.303\,RT} + B \tag{1.10a}$$

At a range of temperatures, $\Delta_v H_m^\ominus$ can be regarded as a constant. Supposing the equilibrium vapor pressure at T_1 and T_2 equal to p_1 and p_2 respectively,

$$\lg p_1 = -\frac{\Delta_v H_m^\ominus}{2.303RT_1} + B$$

$$\lg p_2 = -\frac{\Delta_v H_m^\ominus}{2.303RT_2} + B$$

$$\lg \frac{p_1}{p_2} = \frac{\Delta_v H_m^\ominus}{2.303\,R} \cdot \frac{T_1 - T_2}{T_1 T_2} \tag{1.10b}$$

Equation (1.10a) and (1.10b) are called **Clausius—Clapeyron equation.**

1.2.3 Normal Boiling Point

Boiling point of liquid refers to the temperature required to boil a liquid when its saturated vapor pressure equals to the pressure of the environment. If the environment pressure is different, the boiling point of a liquid is different. For example, on a high mountain, where the atmospheric pressure is less than 1 atm, the boiling point of H_2O is lower than 100℃. Normal boiling point refers to the boiling point of a liquid under a pressure of 1 atm ($1.013\,25 \times 10^5$ Pa). Fig. 1-7 shows that the sequence of boiling points is $H_2O > C_2H_5OH > CH_3COCH_3 > (C_2H_5)_2O$. The boiling points tabulated in the CRC Handbook vary from −268℃ for He(l) to 6000℃ for tungsten carbide, WC(l).

1.3 Solid

There are two major classes of solid materials: crystals and amorphous materials. Our attention in this chapter is on crystalline solids composed of atoms, ions or molecules.

1.3.1 The Seven Crystal Classes and Fourteen Bravais Lattices

Fourteen possible crystal structures, which belong to the seven crystal classes, are shown in Table 1-2.

Table 1-2 The Seven Crystal Classes and Fourteen Bravais Lattices

Crystal Classes	Lengths and Angles of Axes	Bravais lattices			
		Primitive	Body-centered	Face-centered	End-centered
Cubica	$a=b=c$ $\alpha=\beta=\gamma=90°$	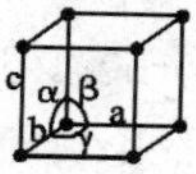	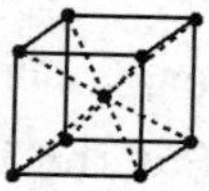	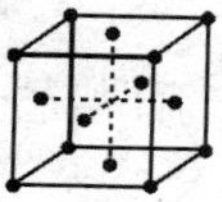	
Tetragonal	$a=b\neq c$ $\alpha=\beta=\gamma=90°$	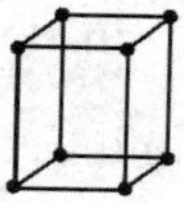	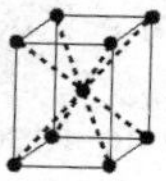		
Orthorhombic	$a\neq b\neq c$ $\alpha=\beta=\gamma=90°$	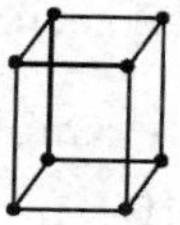	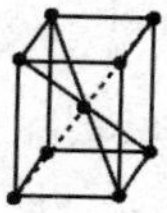	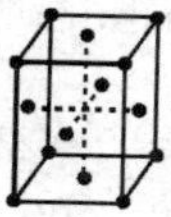	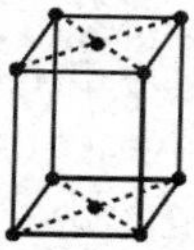
Monoclinic	$a\neq b\neq c$ $\alpha=\gamma=90°, \beta\neq 90°$	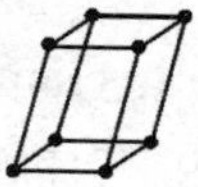			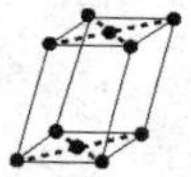
Triclinic	$a\neq b\neq c$ $\alpha\neq\beta\neq\gamma\neq 90°$	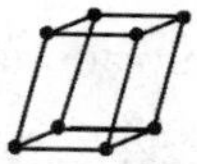			
Hexagonal	$a=b\neq c$ $\alpha=\beta=90°, \gamma=120°$	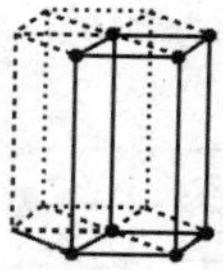			
Trigonal	$a=b=c$ $\alpha=\beta=\gamma\neq 90°$	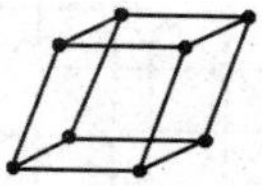			

1.3.2 Unit Cells

Crystalline solids have atoms, ions, or molecules packed in regular geometric arrays, with the structural unit called the **unit cell.** The unit cell is a structural component that, when repeated in all directions, results in a macroscopic crystal. The atoms on the corners, edges, or faces of the unit cell are shared with other unit cells. Those on the corners of rectangular unit cells are shared equally by eight unit cells and contribute $\frac{1}{8}$ to each ($\frac{1}{8}$ of the atom is counted as part of each cell). The total for a single unit cell is $8\times\frac{1}{8}=1$ atom for all of the corners. Those on the corners of nonrectangular unit cells also contribute one atom total to the unit cell; small fractions on one corner are matched by larger fractions on another. Atoms on edges of unit cells are shared by four unit cells (two in one layer, two in the adjacent layer) and contribute $\frac{1}{4}$ to each, and those on the faces of unit cells are shared between two unit cells and contribute $\frac{1}{2}$ to each. As can be seen in Table 1-2, unit cells need not have equal dimensions or angles. For example, triclinic crystals have three different angles and may have three different distances for the dimensions of the unit cell.

As shown in Fig. 1-8, CsCl unit cell is simple cube, called primitive cubic structure, with chloride ions at the eight corners. Because each of the chloride ions is shared between eight cubes, four in one layer and four in the layer above or below, the total number of chloride ion in the unit cell is $8\times\frac{1}{8}=1$, the total number of cesium ion in the unit cell is 1. So there are one chloride ion and one cesium ion in cesium chloride unit cell.

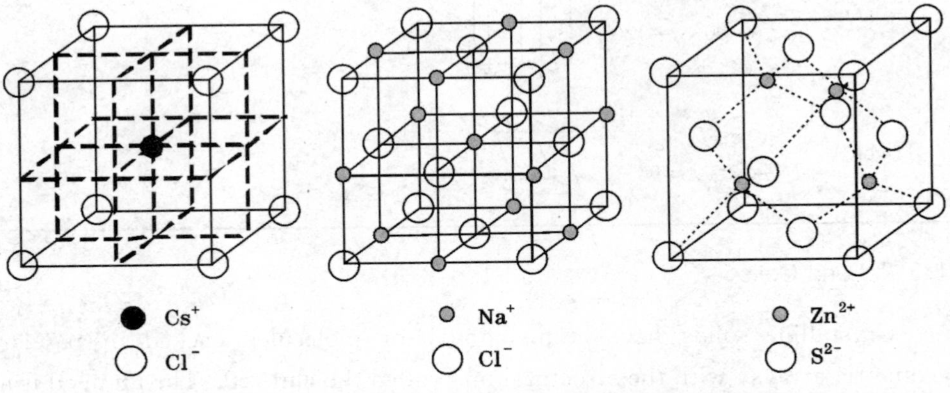

Figure 1-8 Unit cells of cesium chloride, sodium chloride and zinc sulfide

As shown in Fig. 1-8, NaCl unit cell is a face-centered cubic one. The corner atoms are each shared among eight unit cells, so $\frac{1}{8}$ of the atom is in the unit cell shown. The face-centered atoms are shared between two unit cells, so $\frac{1}{2}$ of the chloride ion is in the unit cell shown. The eight corners have $8\times\frac{1}{8}=1$ chloride ion, the six faces have $6\times\frac{1}{2}=3$ chloride ions, and there are a total of 4 chloride ions in the unit cell. For sodium ions, there is one in the body-centered position and there is one on each of the 12 edges. So the total sodium ions: $1+12\times\frac{1}{4}=4$. Thus, there are 4 chloride ions and 4 sodium ions in a sodium chloride unit cell. Similarly, you may count that there are 4 zinc atoms and 4 sulfur atoms in zinc sulfide unit cells.

Further information on the crystal types and properties will be stated in Chapter 9.

Questions and Exercises

1-1 Which gas sample would follow the ideal gas equation most closely?

(a) One at 1 atm and 0 ℃

(b) One at 100 atm and 0 ℃

(c) One at 1 atm and 50 ℃

(d) One at 100 atm and 50 ℃

1-2 Real gases behave differently from ideal gases because

(i) The molecules of real gases are in constant motion.

(ii) Molecules of real gases collide with the walls of the container.

(iii) Molecules of real gases have volume

(iv) Molecules of real gases attract each other.

(a) i and ii

(b) iii only

(c) iii and iv

(d) All of the above.

1-3 What does the expression $\frac{p_1V_1}{T_1}=\frac{p_2V_2}{T_2}$ reduce to if the gas volume is a constant? Another way of expressing this pressure-temperature relationship is (C stands for a constant.)

(a) $\frac{p_1}{T_1}=\frac{T_2}{p_2}$, $p=CT$

(b) $\frac{p_1}{T_1}=\frac{T_2}{p_2}$, $pT=C$

(c) $\frac{p_1}{T_1}=\frac{p_2}{T_2}$, $p=CT$

(d) $\frac{p_1}{T_1}=\frac{p_2}{T_2}$, $pT=C$

1-4 The sketch below shows the fraction of molecules with speed from a particular gas sample at various temperatures. Which curve represents the lowest temperature?

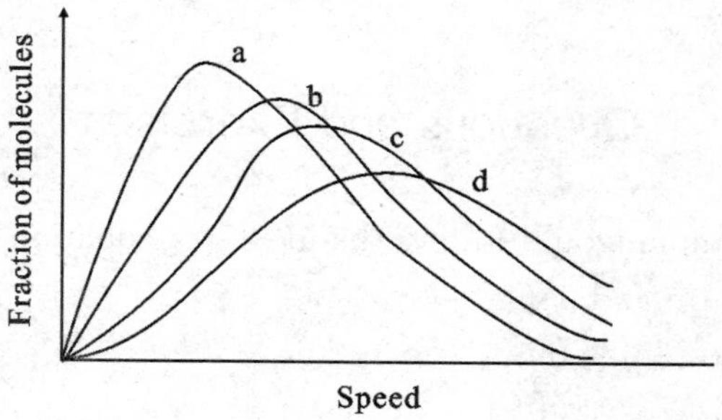

1-5 The sketch above shows the fraction of molecules with speed from gas samples with different molecular weights at a certain temperature. Which curve represents the lightest molecules and which curve represents the heaviest molecules?

2 Introduction to Chemical Thermodynamics

When we analyze a chemical reaction, there are four aspects to consider:

(1) Whether a reaction will occur or not?

(2) How much energy will it generate or need?

(3) What extent will it proceed?

(4) How fast will it take place?

Issue (4) has something to do with time and belongs to chemical kinetics. The first three issues have nothing to do with time and they all belong to chemical thermodynamics. Thermodynamics is the study of energy and its interconversions. Chemical thermodynamics apply the theories and methodologies of thermodynamics to chemical issues, with a view to the macroscopical changes of the system, considering the initial state and final state without exploring the mechanism or details of the process. This chapter, titled with introduction to chemical thermodynamics, will discuss the energy accompanied with a reaction and the spontaneity of reactions.

2.1 Thermochemistry

Thermochemistry is a branch in chemical thermodynamics, studying the heat accompanied with a chemical change. Here we first describe some fundamental concepts and the law of conservation of energy, and then discuss the heat of reaction and how to calculate the heat of reaction in details.

2.1.1 Concepts

(1) System and Surroundings.

The system is the part of the universe on which we wish to focus attention; the surroundings include everything else in the universe relating with the system. There are three types of systems according to the mass and energy exchanges relationship between system and its surroundings, listed in

Table 2-1. Usually, we discuss chemical reactions taking place in closed systems.

Table 2-1 Comparison of Three Systems

Types of System	m	E
Open system	Exchange	Exchange
Closed system	No exchange	Exchange
Isolated system	No exchange	No exchange

(2) State and State Functions.

A State function (or state property) refers to a property of the system that depends only on its present state. A state function does not depend in any way on the system's past (or future). In other words, the value of a state function does not depend on how the system arrived at the present state; it depends only on the characteristics of the present state. This leads to a very important characteristic of a state function: a change in state function going from one state to another state is independent of the particular pathway taken between the two states. That is, *when the initial and final states of a state function are certain, the change of a state function is certain.*

Of the functions considered in this chapter, volume (V), pressure (p), mass (m) and energy (E), plus internal energy (U), enthalpy (H), entropy (S) and Gibbs free energy (G) which we are going to learn, are state functions. All these state functions determine a certain state of the system.

(3) Heat and Work.

Both heat and work are forms of energy. Heat refers to the energy exchange between system and surroundings caused by temperature difference, in which the energy is transferred by random particle movements. It is symbolized with Q. On the contrary, work refers to the energy exchange between system and surrounding caused by factors other than temperature change in which the energy is transferred by ordered particle movements. It is symbolized with W.

(4) Process and Path.

Process means how a system changes from one state to another. There are different kinds of processes, such as isothermal processes, isobaric processes, constant volume processes, adiabatic processes, cyclic processes etc. Path refers to the various different possible ways to complete a process.

(5) Internal Energy.

The sum of the energy in a system is called internal energy, symbolized as U. The absolute value of all energy in the world is too vast to be calculated. However, when the system state changes, there is energy exchange between the system and surroundings through heat and/or work, thus, the internal energy change (ΔU) can be calculated. What is the relationship among ΔU and Q, W?

2.1.2 The First Law of Thermodynamics

The law of conservation of energy (or the first law of thermodynamics) states that energy can be converted from one form to another but can be neither created nor destroyed. That is, the energy of the universe is constant. Energy can be transferred between a system and its surroundings by heat or work. In an ordinary chemical or physical change, suppose the initial state and final state are certain, then the change in energy must be certain.

$$\begin{array}{ccc} \text{initial state} & \rightarrow & \text{final state} \\ U_1 & & U_2 \end{array}$$

$$\Delta U = U_2 - U_1 = Q - W \qquad (2.1)$$

The above equation is the mathematical expression of the first law of thermodynamics, which means that the internal energy change equals to the heat absorbed from surroundings by the system minus the work done by the system. When the system absorbs energy from the surroundings, it is said to be endothermic (endo- is a prefix meaning "inner"), Q is positive; and the system gives off energy to the surroundings, it is said to be exothermic (exo- is a prefix meaning "out of"), Q is negative. As for the work, when the system does work on the surroundings, W is positive; otherwise W is negative.

2.1.3 Heat of Reaction

2.1.3.1 Definition

Considering a closed system which does volume work only, when the temperature of reactants equals to the temperature of products, the absorbing heat/giving off heat is called **heat of reaction**. Generally, data of heat of reaction at 298 K are measured and used.

(1) Quantity of heat at constant volume Q_v.

$\Delta V=0$, $W=p \cdot \Delta V=0$

Thus,
$$\Delta U=Q_v \tag{2.1a}$$

Its physical meaning is that in a constant volume reaction, the heat that the system absorbed is totally used to increase its internal energy.

(2) Quantity of heat at constant pressure Q_p.

$p_{surroundings}=p_1=p_2$, $W=p_{surroundings} \cdot \Delta V$

$\Delta U=Q_p-p\Delta V$

$Q_p=\Delta U + p\Delta V=U_2-U_1+p(V_2-V_1)=(U_2+pV_2)-(U_1+pV_1)$

Define $H\equiv U+PV$, H is called **enthalpy.**

$$Q_p=H_2-H_1=\Delta H \tag{2.1b}$$

Its physical meaning is that at constant pressure, the heat that the system absorbed is totally used to increase its enthalpy.

There are some explanations on enthalpy. First of all, enthalpy is a state function, enthalpy has no clear physical meaning and it was defined just for convenience. Secondly, its absolute value can not be obtained, just as internal energy. Finally, enthalpy for ideal gas only changes with temperature, that is $H=f(T)$. This can be proved as below.

When temperature is constant, $\Delta U=0$;

for a given ideal gas, $pV=$constant, $\Delta(pV)=0$.

$H=U+pV$, $\Delta H=\Delta U+\Delta(pV)=0$. Thus $H=f(T)$.

(3) Relationship between Q_p and Q_v.

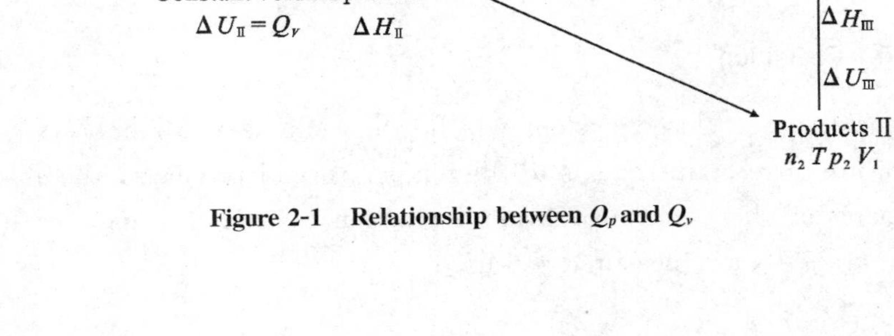

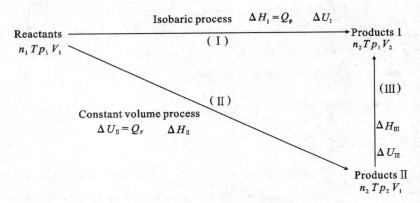

Figure 2-1 Relationship between Q_p and Q_v

As shown in Fig. 2-1, the relationship between Q_p and Q_v can be deduced by the change of state functions U and H.

$\Delta H_{\text{III}}=0$, $\Delta U_{\text{III}}=0$

$\Delta H_{\text{I}}=\Delta H_{\text{II}}+\Delta H_{\text{III}}=\Delta U_{\text{II}}+\Delta(pV)_{\text{II}}=\Delta U_{\text{II}}+p\cdot\Delta V+\Delta p\cdot V=\Delta U_{\text{II}}+\Delta p\cdot V$

$\Delta p\cdot V=(n_2-n_1)\cdot RT=\Delta n_{\text{(products-reactants)}}\cdot RT$

$\Delta H_{\text{I}}=\Delta U_{\text{II}}+\Delta p\cdot V=\Delta U_{\text{II}}+\Delta n_{\text{(products-reactants)}}\cdot RT$

That is,

$$Q_p=Q_v+\Delta n_{\text{(products-reactants)}}\cdot RT \quad (2.1c)$$

So far, when we discuss ΔU or ΔH of a system, its unit is J or kJ. As for a chemical reaction, its ΔU or ΔH has connections with the numbers of moles. For example, to prepare 2 mol $H_2O(g)$ and 1 mol $H_2O(g)$, the accompanied heat are different. How to express the relationship between heat of reaction and matter quantity? How to express the relation between heat of reaction and the reaction proceeding extent? Here a new function ξ will be introduced.

2.1.3.2 Extent of Reaction and the Molar Enthalpy Change of Reaction

(1) Extent of Reaction ξ.

$$\gamma_A A+\gamma_B B = \gamma_G G+\gamma_F F$$

$t=0$	n°_A	n°_B	n°_G	n°_F
t	n_A	n_B	n_G	n_F

Define: $$\xi=-\frac{n_A-n^\circ_A}{\gamma_A}=-\frac{n_B-n^\circ_B}{\gamma_B}=\frac{n_G-n^\circ_G}{\gamma_G}=\frac{n_F-n^\circ_F}{\gamma_F}\geqslant 0 \quad (2.2)$$

unit: mol.

According to this definition, there is the same value to express the reaction extent no matter which reactant or product is used. ξ can be a positive integer, zero or a positive fraction. When ξ equals 0, it states that the reaction has not begun yet. When ξ equals 1 mol, it states that the reaction has proceeded one unit according to the stoichiometric coefficients in the chemical equation, that is to say, the changed number of moles is equal to stoichiometric coefficient on numerical value.

Example 2-1 Put 10 mol $N_2(g)$ and 20 mol $H_2(g)$ together, when 2 mol $NH_3(g)$ were produced, calculate the extent of reaction according to the following chemical equations.

(a) $N_2(g)+3H_2(g) = 2NH_3(g)$; (b) $\frac{1}{2}N_2(g)+\frac{3}{2}H_2(g) = NH_3(g)$

SOLUTION (a) $N_2(g)+3H_2(g) \xlongequal{} 2NH_3(g)$ (b) $\frac{1}{2}N_2(g)+\frac{3}{2}H_2(g) \xlongequal{} NH_3(g)$

	(a) N_2	H_2	NH_3	(b) N_2	H_2	NH_3
$t=0$/mol	10	20	0	10	20	0
t/mol	9	17	2	9	17	2

$$\xi_a=\frac{2-0}{2}=1(\text{mol}) \qquad \xi_b=\frac{2-0}{1}=2(\text{mol})$$

This example states that the extent of reaction, the value of ξ, is related to expression of the chemical equation. For the same reaction, if the expression is different, the corresponding ξ is different, $\xi=1$ mol stands for different changes of matter quantity.

(2) The Molar Enthalpy Change of Reaction.

The molar enthalpy change of reaction (the molar heat of reaction) $\Delta_r H_m$ equals to $\frac{\Delta H}{\xi}$, its unit is $kJ \cdot mol^{-1}$. It is obvious that $\Delta_r H_m$ is corresponding to chemical equation, and $\Delta_r H_m$ means nothing if there is no corresponding chemical equation.

Chemical thermodynamics prescribe **the standard state of substances.** For liquids and solids, the standard state is the pure liquid or pure solid under standard pressure of 1.0×10^5 Pa. The standard state for a gas is the ideal gas at a partial pressure of 1.0×10^5 Pa. When all reactants and products exist in their standard states, the molar enthalpy change of reaction is called the standard molar enthalpy change of reaction, symbolized as $\Delta_r H_m^\ominus$. Symbol "$\ominus$" indicates standard state.

2.1.3.3 Thermochemical Equations

Thermochemical equations express the relationship between the chemical equation and the heat of reaction. This type of equation specifies the heat flow for a reaction, with a value of $\Delta_r H_m^\ominus$, in kilojoules, given to the right of the equation, following the products. It states a reaction whose ξ equals to 1 mol. For example,

$$C\ (\text{graphite})+O_2(g) \xlongequal{} CO_2(g) \qquad \Delta_r H_m^\ominus=-393.5\ kJ \cdot mol^{-1}$$

$$C\ (\text{diamond})+O_2(g) \xlongequal{} CO_2(g) \qquad \Delta_r H_m^\ominus=-395.4\ kJ \cdot mol^{-1}$$

$$H_2(g)+\frac{1}{2}O_2(g) \xlongequal{} H_2O(g) \qquad \Delta_r H_m^\ominus=-241.8\ kJ \cdot mol^{-1}$$

$$H_2(g)+\frac{1}{2}O_2(g) \xlongequal{} H_2O(l) \qquad \Delta_r H_m^\ominus=-285.8\ kJ \cdot mol^{-1}$$

$2H_2(g)+O_2(g)=\!=\!=2H_2O(l)$ $\Delta_r H_m^\ominus=-571.6\ kJ\cdot mol^{-1}$

$2H_2O(l)=\!=\!=2H_2(g)+O_2(g)$ $\Delta_r H_m^\ominus=571.6\ kJ\cdot mol^{-1}$

In general, a negative value of ΔH appearing in a thermochemical equation indicates an exothermic reaction. From above examples, we can see:

① The heat of reactions has connections with the physical state of substances. Hence, we must specify that state in writing a thermochemical equation. For a pure substance, the symbols(s), (l), or(g) for solid, liquid and gas respectively, are written after the molecular formula. For a species in aqueous solution, the symbol (aq) is used.

②The value of ΔH depends, at least slightly, upon the temperature at which a reaction is carried out. Hence, that temperature should be specified. Unless indicated otherwise, the temperature is 298 K, which is usually omitted for clarity.

③The magnitude of ΔH is directly proportional to the amount of reactant or product. ΔH for a reaction is equal in magnitude but opposite in sign to ΔH_{re} for the reverse reaction, that is, $\Delta H=-\Delta H_{re}$.

So far, you may realize that Q_p is equal in magnitude to ΔH, $\Delta_r H_m$ and $\Delta_r H_m^\ominus$ under different conditions. For a given reaction, its thermochemical equation includes the $\Delta_r H_m^\ominus$ with the data at temperature of 298 K.

2.1.3.4 Calculate ΔH for a Reaction

Heat of reaction can be obtained in two ways, one is from calorimetry (See reference books on "Experiments of Physical Chemistry"), and the other is from theoretical calculations. Here we introduce four kinds of methods to calculate ΔH.

(1) Hess's Law.

It is often possible to calculate ΔH for a reaction from listed ΔH values of other reactions (i. e. you can avoid having to do an experiment). Here is an explanation in detail: It depends only upon the **initial** and **final state** of the reactants/products and not on the **specific pathway** taken to get from the reactants to the products. Whether the reactants are transformed to the products via a single step or multi-step mechanism is unimportant as far as the enthalpy of reaction is concerned; they should be equal.

Consider the combustion reaction of methane to form CO_2 and liquid H_2O,

$$CH_4(g)+2O_2(g)=\!=\!=CO_2(g)+2H_2O(l)$$

This reaction can be thought as occurring in two steps: in the first step, methane is combusted to produce water vapor; in the second step, water vapor condenses from the gas phase to the liquid phase. Each of these reactions is associated with a specific enthalpy change,

$$CH_4(g)+2O_2(g)=\!=\!=CO_2(g)+2H_2O(g) \quad \Delta_r H_m^\ominus=-802.5\ kJ\cdot mol^{-1}$$

$$2H_2O(g)=\!=\!=2H_2O(l) \quad \Delta_r H_m^\ominus=-88\ kJ\cdot mol^{-1}$$

Combining these two equations yields the following,

$$CH_4(g)+2O_2(g)=\!=\!=CO_2(g)+2H_2O(l)$$

$$\Delta_r H_m^\ominus=(-802.5)+(-88)=-890.5(kJ\cdot mol^{-1})$$

If a reaction is carried out in a series of steps, $\Delta_r H_m^\ominus$ for the reaction will be equal to the sum of the enthalpy changes for the individual steps. In other words, the value of $\Delta_r H_m^\ominus$ for a reaction is the same whether it occurs directly in one step or in a series of steps. This means that at constant pressure (or constant volume) with only volume work, if a thermochemical equation can be expressed as the sum of two or more other equations, Equation=Equation (1) +Equation (2)+Equation (3)+…, then ΔH for the overall equation is the sum of the all ΔH for the individual equations,

$$\Delta H=\Delta H_1+\Delta H_2+\Delta H_3+\cdots \tag{2.3}$$

This is called Hess's Law, see its schematic diagram in Fig. 2-2, actually it is the natural properties of state functions.

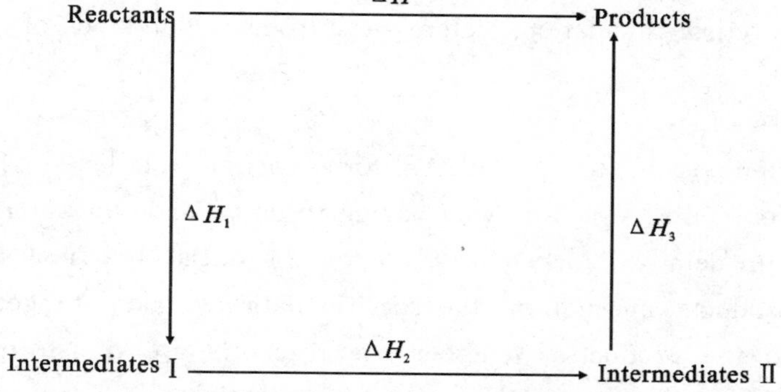

Figure 2-2 Schematic diagram of Hess's law

The overall enthalpy change for the process is **independent** of the **number of steps** or the particular nature of the **path** by which the reaction is carried out. Thus we can use information tabulated for a relatively small number of reactions to calculate ΔH for a large number of different reactions. Here are two examples.

Example 2-2

(1) $C\,(graphite) + O_2(g) = CO_2(g)$ $\quad \Delta_r H_{m\,(1)}^{\ominus} = -393.5\ kJ \cdot mol^{-1}$

(2) $CO(g) + \frac{1}{2} O_2(g) = CO_2(g)$ $\quad \Delta_r H_{m\,(2)}^{\ominus} = -283.0\ kJ \cdot mol^{-1}$

Calculate $\Delta_r H_m^{\ominus}$ of the following reaction: $C\,(graphite) + \frac{1}{2} O_2(g) = CO(g)$.

SOLUTION Determining $\Delta_r H_m^{\ominus}$ for the reaction $C\,(graphite) + \frac{1}{2} O_2(g) = CO(g)$ is difficult because some CO_2 is also typically produced. However, complete oxidation of either C or CO to yield CO_2 is experimentally pretty easy to do; here we have already got the data. Since the target Equation = Equation(1) − Equation(2), thus $\Delta_r H_m^{\ominus} = \Delta_r H_{m\,(1)}^{\ominus} - \Delta_r H_{m\,(2)}^{\ominus} = -393.5 - (-283.0) = -110.5\ (kJ \cdot mol^{-1})$.

Example 2-3

(1) $CH_3COOH(l) + 2O_2(g) = 2CO_2(g) + 2H_2O(l)$ $\quad \Delta_r H_{m\,(1)}^{\ominus} = -874.5\ kJ \cdot mol^{-1}$

(2) $C\,(graphite) + O_2(g) = CO_2(g)$ $\quad \Delta_r H_{m\,(2)}^{\ominus} = -393.5\ kJ \cdot mol^{-1}$

(3) $2H_2(g) + O_2(g) = 2H_2O(l)$ $\quad \Delta_r H_{m\,(3)}^{\ominus} = -571.6\ kJ \cdot mol^{-1}$

Calculate $\Delta_r H_m^{\ominus}$ of the following reaction:

$$2C\,(graphite) + 2H_2(g) + O_2(g) = CH_3COOH(l)$$

SOLUTION

The target Equation = 2 × Equation(2) + Equation(3) − Equation(1)

Thus, $\Delta_r H_m^{\ominus} = 2\Delta_r H_{m\,(2)}^{\ominus} + \Delta_r H_{m\,(3)}^{\ominus} - \Delta_r H_{m\,(1)}^{\ominus}$

$$= -393.5 \times 2 - 571.6 - (-874.5) = -484.1\ (kJ \cdot mol^{-1})$$

(2) Heats of Formation.

Example 2-3 indicates that if the heats of some reactions are available, it is possible to calculate the heat of another relevant reaction. Radically, if the enthalpy values of reactants and products are available, the heat of reaction can be calculated. The problem is there is no absolute enthalpy value. Thus, we introduce a concept of heats of formation and regulate a benchmark. It is prescribed that at standard state (1.0×10^5 Pa and a certain temperature), the enthalpy of the selected form of an element equals to zero. For example, $O_2(g)$,

Br_2(l), C(graphite) is the most stable form, which is also the selected form for oxygen, bromine and carbon. Thus, $H_{O_2(g)}=0$; $H_{Br_2(l)}=0$; $H_{C(graphite)}=0$. It's worth to mention that for some elements, the slelcted element is not the most stable form, such as white phosphorus and white tin. It is defined that **standard molar heat of formation** of a substance is equal to the enthalpy change when one mole of substance (compound or the other form of an element) is produced from the elements in their selected forms at a certain temperature, and 1.0×10^5 Pa. Standard molar heat of formation is symbolized as $\Delta_f H_m^\ominus$, its unit is $kJ\cdot mol^{-1}$. Tables of standard molar heat of formation for a large number of substances are available, some standard molar heat of formation at 298 K are given in Appendix 3.

See Fig. 2-3, you may easily deduce of the formula according to Hess's Law:

$$\Delta_r H_m^\ominus + \sum \gamma_r \Delta_f H_{m\ \text{reactant}}^\ominus = \sum \gamma_p \Delta_f H_{m\ \text{product}}^\ominus$$

$$\Delta_r H_m^\ominus = \sum \gamma_p \Delta_f H_{m\ \text{product}}^\ominus - \sum \gamma_r \Delta_f H_{m\ \text{reactant}}^\ominus \qquad (2.4)$$

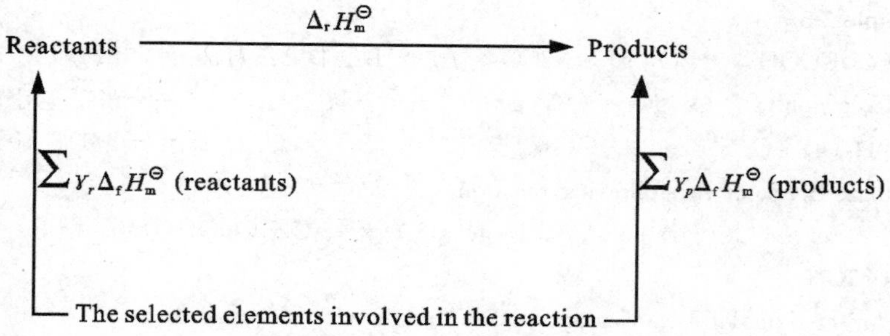

Figure 2-3 Schematic diagram of relationship between $\Delta_f H_m^\ominus$ and $\Delta_r H_m^\ominus$

Where $\sum$ means sum of, γ_p is stoichiometric coefficient of each product in the chemical equation, $\Delta_f H_{m\ \text{product}}^\ominus$ is standard molar heat of formation of the product, γ_r is stoichiometric coefficient of each reactant, and $\Delta_f H_{m\ \text{reactant}}^\ominus$ is the standard molar heat of formation of the reactant.

For example,

$$C\ (\text{graphite}) + O_2(g) = CO_2(g) \quad \Delta_r H_m^\ominus = -393.5\ kJ\cdot mol^{-1}$$

$$\Delta_r H_m^\ominus = \Delta_f H_{m\ CO_2(g)}^\ominus - 0 = -393.5\ kJ\cdot mol^{-1}$$

Thus, $\Delta_f H_{m\ CO_2(g)}^\ominus = -393.5\ kJ\cdot mol^{-1}$

$$C(graphite) = C(diamond) \quad \Delta_r H_m^\ominus = 1.9\ kJ \cdot mol^{-1}$$

$$\Delta_r H_m^\ominus = \Delta_f H_{m\ (diamond)}^\ominus - 0 = 1.9\ kJ \cdot mol^{-1}$$

that is, $\Delta_f H_{m\ (diamond)}^\ominus = 1.9\ kJ \cdot mol^{-1}$.

Example 2-4 $H_2(g) + I_2(g) = 2HI(g)$

$\Delta_f H_m^\ominus / kJ \cdot mol^{-1}$ 0 62.4 26.5

Calculate $\Delta_r H_m^\ominus$.

SOLUTION $\Delta_r H_m^\ominus = 26.5 \times 2 - 62.4 = -9.4(\ kJ \cdot mol^{-1})$

(3) Heats of Combustion.

Standard mole heats of combustion refer to the heat effect that one mole substance combusts completely at a certain temperature and 1.0×10^5 Pa, denoted by the symbol $\Delta_c H_m^\ominus$, its unit is $kJ \cdot mol^{-1}$. In chemical thermodynamics, it is regulated that complete combustion means that the C, H, N, S, P, Cl elements in a substance are transformed to $CO_2(g)$, $H_2O(l)$, $N_2(g)$, $SO_2(g)$, $P_4O_{10}(s)$, $HCl(aq)$ respectively. This indicates that the $\Delta_c H_m^\ominus$ of the above substances equals to zero. Also, O_2 cannot combust, so its $\Delta_c H_m^\ominus = 0$.

It can be deduced that

$$\Delta_r H_m^\ominus = \sum \gamma_r \Delta_c H_{m\ reactants}^\ominus - \sum \gamma_p \Delta_c H_{m\ products}^\ominus \qquad (2.5)$$

For some organic compounds, their $\Delta_f H_m^\ominus$ are difficult to measure while their $\Delta_c H_m^\ominus$ are measurable. For example,

$$CH_3OH(l) + \frac{1}{2}O_2(g) = HCHO(g) + H_2O(l)$$

$\Delta_c H_m^\ominus / kJ \cdot mol^{-1}$ −726.64 0 −563.58 0

$$\Delta_r H_m^\ominus = \sum \gamma_r \Delta_c H_{m\ reactants}^\ominus - \sum \gamma_p \Delta_c H_{m\ products}^\ominus$$
$$= -726.64 - (-563.58) = -163.06\ (kJ \cdot mol^{-1})$$

(4) Estimated by Bond Energy.

It is clear that heat effect of a chemical reaction is originated from the changes of chemical bonds of the reactants and products. Breaking off a chemical bond is endothermic and forming a chemical bond is exothermic. **Bond energy** refers to the energy needs to break off a chemical bond in 1 mole gas molecule at 298 K and 1.0×10^5 Pa. Its unit is $kJ \cdot mol^{-1}$. It is obvious that

$$\Delta_r H_m^\ominus = \sum E_{reactants} - \sum E_{products} \qquad (2.6)$$

There are two factors that limit the usage of bond energy to calculate the heat of reaction. One is there are not enough data, the other is that the state of reactants and products do not meet the defined conditions, thus only approximate results can be got.

In sum, there are four methods to calculate the heat of reaction. Hess's Law is very useful, and heats of formation is the most widely used method.

2.2 Determination of a Reaction's Direction

2.2.1 Spontaneity of Reaction

A basic goal of chemistry is to predict whether or not a reaction will occur when reactants are brought together. A reaction that occurs "by itself" without the exertion of any outside force is said to be **spontaneous.** "Spontaneous" does not imply anything about how rapidly a reaction occurs. Some spontaneous reactions are quite slow. Often a reaction that is potentially spontaneous does not occur without some sort of stimulus. A mixture of hydrogen and oxygen shows no sign of reaction in the absence of a spark or match. Once started, though, a spontaneous reaction continues by itself without further input of energy from the outside.

If a reaction is spontaneous under a given set of conditions, the reverse reaction is nonspontaneous under the same conditions. Water does not decompose to the elements of hydrogen or oxygen at room temperature. However, it is often possible to bring about a nonspontaneous reaction by supplying energy in the form of work. Electrolysis can be used to bring about the reaction.

$$2H_2O(l) \xlongequal{\text{Electrolysis}} 2H_2(g) + O_2(g)$$

To do this, electrical energy must be furnished, perhaps from a storage battery. As with all other nonspontaneous process, the above reaction stops immediately if the source of energy is cut off.

The question is how to judge whether a reaction may take place spontaneously or not. By the 1860s, the French chemist Marcellin Berthelot had observed that all exothermic reactions are spontaneous. Berthelot was the first to use the terms exothermic and endothermic. But we know some endothermic reactions are also spontaneous. So the sign of ΔH can not be used to predict the spontaneity of a reaction. There must be other factor.

2.2.2 Entropy

(1)Definition.

German mathematician and physicist Rudolf Clausius introduced the idea of entropy as a measure of driving force for change in 1850. Entropy can be viewed as a measure of molecular randomness or disorder. Every spontaneous change increases the entropy of the universe according to **the second law of thermodynamics.** Like the first law, the second law is accepted because conclusions based on it agree with experience. No exceptions have been observed.

(2)Standard Entropy of a Substance.

The entropy of a substance in a standard state is called standard entropy, denoted as $S^{\ominus}$. Standard entropy is the difference between the entropy of perfect crystals of the substance at absolute zero and the entropy of the substance in a standard state. Tables of standard entropies for a large number of substances are available; some standard entropies at 298 K are given in Appendix 3.

There are a number of points you should notice in Appendix 3. The units of standard entropy are $J \cdot K^{-1} \cdot mol^{-1}$. The magnitudes of entropy changes are usually small compared to the magnitudes of enthalpy changes; therefore, joules, not kilojoules, are used for tabulating entropies. Standard entropies depend on temperature as well as sample size. The standard entropies of all substances are positive; elements as well as compounds have nonzero entropies.[①] As long as substances are in the same physical state, entropy increases down groups in the periodic chart. For example, the entropies of the noble gases are in the order He < Ne < Ar < Kr, and the entropies of the hydrogen halides are in the order HF < HCl < HBr < HI. If species having similar structures are compared, the more atoms that are joined together, the greater the entropy. The entropy of CO_2(g), for example, is greater than the

① The standard entropies of some ions in water solution are negative, while $\Delta S^{\ominus}_{m}{}_{H^+(aq)} = 0$.

entropy of CO(g), and the entropy of ethyl alcohol, $CH_3CH_2OH(l)$, is greater than the entropy of methyl alcohol, $CH_3OH(l)$. The more atoms there are in a molecule, the more bonds there are and the more rotational and vibrational motions are possible.

Like enthalpy, entropy is a state function. The entropy of a substance in a given state does not depend on how the substance arrived at the given state. A standard entropy change is the change in entropy that accompanies the conversion of reactants in their standard states to products in their standard states. Using a method similar to the method used to calculate standard enthalpy changes from standard heats of formation, values of standard entropies from tables can be used to calculate the standard entropy changes that accompany physical and chemical changes.

$$S_m^{\ominus} = \sum \gamma_p S_{m\,\text{product}}^{\ominus} - \sum \gamma_r S_{m\,\text{reactant}}^{\ominus} \qquad (2.7)$$

γ_p is stoichiometric coefficient of each product in the chemical equation, $S_{m\,\text{product}}^{\ominus}$ is the standard entropy of the product, γ_r is stoichiometric coefficient of each reactant, and $S_{m\,\text{reactant}}^{\ominus}$ is the standard entropy of the reactant.

(3) Entropy of the System.

According to the second law of thermodynamics, all spontaneous changes increase the entropy of the universe. However, the entropy of a system can either increase or decrease in a spontaneous change. If the entropy of the system decreases, the entropy of the surroundings must increase more so that the total entropy of the universe increases as required by the second law. For example, consider condensation of a gas to a liquid. The entropy of the system decreases when a gas condenses to a liquid. However, thermal energy is given off to the surroundings, and the temperature of the surroundings increases, which results in an increase in the entropy of the surroundings. If the increase in the entropy of the surroundings is greater than the decrease in the entropy of the system, the entropy of the universe increases and condensation is spontaneous. If a change results in an increase in the number of moles of gas as the reaction

$$CaCO_3(s) = CaO(s) + CO_2(g)$$

does, the change will bring about an increase in the entropy of the system. If a change results in a decrease in the number of moles of gas as the reverse reaction

$$CaO(s)+CO_2(g) = CaCO_3(s)$$

does, the change will bring about a decrease in the entropy of the system. If no change in the number of moles of gas accompanies a physical or chemical change, the change in entropy will be small. The reaction

$$H_2(g)+I_2(g) = 2HI(g)$$

is an example of a reaction that takes place without any change in the number of moles of gas. In fact, the entropy change is tiny.

2.2.3 Gibbs Free Energy

(1) The Gibbs-Helmholtz Equation.

So far, we have known that spontaneity is determined by both the enthalpy and entropy of the system. The problem of combining the enthalpy and entropy of the system into a single thermodynamic function was solved by the American theoretical physicist and chemist J. W. Gibbs in the late nineteenth century. In his honor, the official name of the function is **Gibbs energy**, and its symbol is ***G***. Gibbs energy is usually referred to as **Gibbs free energy** or simply **free energy**.

As usual, it is the changes in free energy that accompany physical and chemical changes that are of interest. The change in free energy accompanying a physical or chemical change at constant temperature and pressure is equal to the change in enthalpy minus the product of the temperature in kelvin and the entropy change:

$$\Delta G = \Delta H - T\Delta S \qquad (2.8)$$

Standard free energy changes, $\Delta G^{\ominus}$, are free energy changes that accompany changes from reactants in their standard states to products in their standard states.

$$\Delta_r G_m^{\ominus} = \Delta_r H_m^{\ominus} - T\Delta_r S_m^{\ominus} \qquad (2.8a)$$

Equation (2.8) or Equation (2.8a) is called **Gibbs-Helmholtz Equation.**

It can be deduced that the sign of ΔG can be used to determine a reaction's direction when the useful work is zero (See Section 2.2.3 in Chinese edition).

$\Delta G < 0$, spontaneous reaction;

$\Delta G = 0$, reaction is at equilibrium;

$\Delta G > 0$, non-spontaneous reaction.

At constant temperature and pressure, the effect of temperature on reaction spontaneity was summarized in Table 2-2.

Table 2-2 Effect of Temperature on Reaction Spontaneity (at constant temperature and pressure)

Cases	ΔH	ΔS	$\Delta G = \Delta H - T\Delta S$	Comments
Ⅰ	−	+	−	Spontaneous at all temperatures
Ⅱ	+	−	+	Non-spontaneous at all temperatures
Ⅲ	−	−	− at low T	Spontaneous at low temperatures
			+ at high T	Non-spontaneous at high temperatures
Ⅳ	+	+	+ at low T	Non-spontaneous at low temperatures
			− at high T	Spontaneous at high temperatures

The concrete high temperatures and/or low temperatures depend on the relative values of ΔH and ΔS. The freezing of water $H_2O(l) \rightleftharpoons H_2O(s)$ is a familiar example of a change that has both ΔH and ΔS negative. At temperatures below 0 ℃, the freezing point of water, water spontaneously freezes to ice. At temperatures above 0 ℃, water does not freeze; the reverse change is spontaneous, and ice melts to water. Any temperature lower than 0 ℃ is a low temperature for water, and any temperature above 0 ℃ is high. The freezing point of ethyl alcohol, −117.3 ℃ is much lower than the freezing point of water. For ethyl alcohol, any temperature above −117.3 ℃ is a high temperature!

If ΔH and ΔS both have the same sign, temperature determines the direction of spontaneous change. The value of ΔG must be positive, negative, or zero. The value of ΔG is zero when $\Delta H = -T\Delta S$. If $\Delta G = 0$, spontaneous change doesn't take place in either directions, the system is at equilibrium. For example, a mixture of ice and water at 0℃ under atmospheric pressure in a closed container is at equilibrium: $H_2O(s) \rightleftharpoons H_2O(l)$. Under these conditions, the free energies of the ice and water are equal, and $\Delta G = 0$. As long as the mixture of ice and water is kept at 0 ℃—that is, as long as no thermal energy flows into or out of the system—the quantities of ice and water do not change. The rates of melting and freezing are equal at any time, some ice is melting and some water is freezing, but the total quantities of ice and water are constant. If the temperature of the mixture of ice and water is raised above 0 ℃, $-T\Delta S$ becomes greater than ΔH. Because ΔS for the conversion of ice to water is positive and $-T\Delta S$ is negative, ΔG becomes negative at the higher temperature, and melting becomes spontaneous. The equilibrium is shifted, and all the ice melts. If the temperature is lowered below 0 ℃, equilibrium is shifted in the opposite direction. All the water freezes. If the sign of ΔG for a change is known, the direction of spontaneous change (but not the rate) can be predicted.

If reactants and products are all in their standard states, we may use the sign of $\Delta_r G_m^{\ominus}$ to determine a reaction's direction. According to Equation (2.8a), when $\Delta_r H_m^{\ominus}$ and $\Delta_r S_m^{\ominus}$ are available, $\Delta_r G_m^{\ominus}$ at any temperature (besides 298 K) could be calculated. There is another way to find the value of $\Delta_r G_m^{\ominus}$ for a change at 298 K, that is, from the free energy values of reactants and products.

(2) Standard Molar Free Energy of Formation.

For pure substances, free energy changes are defined in the same way as the enthalpy changes. It is prescribed that at standard state (1.0×10^5 Pa, a certain temperature), the free energy of the selected form of an element equals to zero①. For example, O_2(g), Br_2(l), C(graphite) is the selected form for oxygen, bromine and carbon. Thus, $G_{O_2(g)}=0$; $G_{Br_2(l)}=0$; $G_{C(graphite)}=0$. It is defined that standard molar free energy of formation of a substance is equal to the free energy change when one mole of substance is formed from the elements in their selected forms. Standard molar free energy of formation is symbolized as $\Delta_f G_m^{\ominus}$, with unit $kJ \cdot mol^{-1}$. Tables of standard molar free energy of formation for a large number of substances are available, some standard molar free energy of formation at 298 K are given in Appendix 3.

$$\Delta_r G_m^{\ominus} = \sum \gamma_p \Delta_f G_{m\ products}^{\ominus} - \sum \gamma_r \Delta_f G_{m\ reactants}^{\ominus} \tag{2.9}$$

Where $\sum$ means sum of, γ_p is stoichiometric coefficient of each product in the chemical equation, $\Delta_f G_{m\ product}^{\ominus}$ is standard molar free energy of formation of the product, γ_r is stoichiometric coefficient of each reactant, and $\Delta_f G_{m\ reactant}^{\ominus}$ is the standard molar free energy of formation of the reactant.

A comparison of $\Delta_f H_m^{\ominus}$, $S_m^{\ominus}$, $\Delta_f G_m^{\ominus}$ for pure substances is listed in Table 2-3, and a comparison of $\Delta_r H_m^{\ominus}$, $\Delta_r S_m^{\ominus}$, $\Delta_r G_m^{\ominus}$ for reaction systems is listed in Table 2-4.

① It's the same as the regulations in standard molar heat of formation.

Table 2-3 A Comparison of $\Delta_f H_m^\ominus$, $S_m^\ominus$, $\Delta_f G_m^\ominus$ for Pure Substances

Concepts	Symbol	Unit	Values at Standard State (1.0×10^5 Pa and 298 K)
Standard molar enthalpy of formation	$\Delta_f H_m^\ominus$	$kJ \cdot mol^{-1}$	The enthalpy of the selected form of an element equals to zero.
Standard molar entropy	$S_m^\ominus$	$kJ \cdot mol^{-1} \cdot K^{-1}$	The entropy of any element is not zero.
Standard molar free energy of formation	$\Delta_f G_m^\ominus$	$kJ \cdot mol^{-1}$	The free energy of the selected form of an element equals to zero.

Table 2-4 A Comparison of $\Delta_r H_m^\ominus$, $\Delta_r S_m^\ominus$, $\Delta_r G_m^\ominus$ for Reactions

State Function	Change of State Function	Change of State Function at Standard State
Enthalpy, H	Enthalpy change, ΔH	Standard molar enthalpy change, $\Delta_r H_m^\ominus$
Entropy, S	Entropy change, ΔS	Standard molar entropy, $\Delta_r S_m^\ominus$
Free energy, G	Free energy change, ΔG	Standard molar free energy change, $\Delta_r G_m^\ominus$

Example 2-5 Estimate the normal boiling point of methyl alcohol according to the standard enthalpy of formation and standard entropy of methyl alcohol given below.

$$CH_3OH(l) \longrightarrow CH_3OH(g)$$

	$CH_3OH(l)$	$CH_3OH(g)$
$\Delta_f H_m^\ominus / kJ \cdot mol^{-1}$	−239.2	−201.0
$S_m^\ominus / J \cdot mol^{-1} \cdot K^{-1}$	126.8	239.9

SOLUTION $CH_3OH(l) \longrightarrow CH_3OH(g)$

$\Delta_r H_m^\ominus = -201.0-(-239.2) = 38.2(kJ \cdot mol^{-1})$

$\Delta_r S_m^\ominus = 239.9-126.8 = 113.1(J \cdot mol^{-1} \cdot K^{-1})$

$\Delta_r G_{m(T)}^\ominus = \Delta_r H_m^\ominus - T\Delta_r S_m^\ominus \leqslant 0$, $\quad T\Delta_r S_m^\ominus \geqslant \Delta_r H_m^\ominus$

Therefore, $T \geqslant \dfrac{\Delta_r H_m^\ominus}{\Delta_r S_m^\ominus} = \dfrac{38.2 \times 10^3}{113.1} = 338(K) = 65\ ℃$

That is, the calculated boiling point of methanol equals to 65 ℃.

Example 2-6 The normal boiling point of benzene is 353.2 K and the $\Delta_r H_m^\ominus$ for the given reaction: $C_6H_6(l) \longrightarrow C_6H_6(g)$ is 33.8 $kJ \cdot mol^{-1}$. Calculate $\Delta_r S_m^\ominus$ for the above reaction.

SOLUTION The reaction $C_6H_6(l) \longrightarrow C_6H_6(g)$ is at equilibrium, $\Delta_r G_{m(353.2\ K)}^\ominus = 0$

$\Delta_r G_{m(353.2\ K)}^\ominus = \Delta_r H_m^\ominus - 353.2\Delta_r S_m^\ominus$

$\Delta_r S_m^\ominus = \dfrac{33.8 \times 10^3}{353.2} = 95.7(J \cdot mol^{-1} \cdot K^{-1})$

Example 2-7 Using two methods to calculate $\Delta_r G_m^\ominus{}_{(298\ K)}$ for the following reaction and explain whether the reverse reaction may become spontaneous.

$$H_2O_2(l) = H_2O(l) + \frac{1}{2}O_2(g)$$

	$H_2O_2(l)$	$H_2O(l)$	$O_2(g)$
$\Delta_f G_m^\ominus/kJ\cdot mol^{-1}$	-120.4	-237.1	0
$\Delta_f H_m/kJ\cdot mol^{-1}$	-187.7	-285.8	0
$S_m^\ominus/J\cdot mol^{-1}\cdot K^{-1}$	109.6	70.0	205.2

SOLUTION $\Delta_r G_m^\ominus{}_{(298\ K)} = \sum \gamma_p \Delta_f G_m^\ominus{}_{product} - \sum \gamma_r \Delta_f G_m^\ominus{}_{reactant}$

$= -237.1 - (-120.4) = -116.7(kJ\cdot mol^{-1}) < 0$

The reverse reaction is nonspontaneous at 298 K

$\Delta_r G_m^\ominus{}_{(298\ K)} = \Delta_r H_m^\ominus - T\cdot\Delta_r S_m^\ominus$

$= (-285.8 + 187.8) - 298\times(70.0 + \frac{205.2}{2} - 109.6)\times 10^{-3}$

$= -98.0 - 298\times 63.0\times 10^{-3} = -116.8(kJ\cdot mol^{-1})$

$\Delta_r H_m^\ominus = -98.0\ kJ\cdot mol^{-1}$, $\Delta_r S_m^\ominus = 63.0\ J\cdot mol^{-1}\cdot K^{-1}$, at any temperatures, the sign of $\Delta_r G_m^\ominus$ will be negative. Thus, the reverse reaction is nonspontaneous at any temperatures.

Questions and Exercises

2-1 Phosphorus pentachloride is used in the industrial preparation of many organic phosphorus compounds. Equation I shows its preparation from PCl_3 and Cl_2,

(Ⅰ) $PCl_3(l) + Cl_2(g) = PCl_5(s)$

Use equations Ⅱ and Ⅲ to calculate ΔH of equation Ⅰ,

(Ⅱ) $P_4(s) + 6Cl_2(g) = 4PCl_3(l)$ $\Delta H = -1\ 280\ kJ\cdot mol^{-1}$

(Ⅲ) $P_4(s) + 10Cl_2(g) = 4PCl_5(s)$ $\Delta H = -1\ 774\ kJ\cdot mol^{-1}$

2-2 Calculate ΔH for $Ca(s) + \frac{1}{2}O_2(g) + CO_2(g) = CaCO_3(s)$,

given the following set of reactions.

$Ca(s) + \frac{1}{2}O_2(g) = CaO(s)$ $\Delta H = -635.1\ kJ\cdot mol^{-1}$

$CaCO_3(s) = CaO(s) + CO_2(g)$ $\Delta H = 178.3\ kJ\cdot mol^{-1}$

2-3 Sucrose ($C_{12}H_{22}O_{11}$, table sugar) is oxidized in the body by O_2 via a complex set of reactions that ultimately produce $CO_2(g)$ and $H_2O(g)$ and release $5.64\times 10^3\ kJ\cdot mol^{-1}$ heat.

(a) Write a balanced thermochemical equation for this reaction.

(b) How much heat is released when every 1.00 g sucrose is oxidized?

3 Chemical Equilibrium

Apart from nuclear spallation of radioelement, all chemical reactions may proceed in the forward direction and reverse direction at certain conditions, such as $Ag^+ + Cl^- \rightleftharpoons AgCl$, which is called reversibility of reaction. In this sense, chemical reactions are also called reversible reactions. We concern about the extent of a reversible reaction, such as, how much the maximal transformation is from reactants to products at a given condition, how to increase the yield of products. In order to answer these questions, we need to describe some fundamental principles on chemical equilibrium.

3.1 Chemical Equilibrium

3.1.1 Characteristics of Equilibrium

Let's see the hydrogen-iodine-hydrogen iodide equilibrium in Table 3-1.

Table 3-1 Experimental Data of $2HI(g) \rightleftharpoons H_2(g) + I_2(g)$ at the Temperature of 698 K

Experiment Number	Initial Concentration $/mol \cdot L^{-1} \times 10^{-2}$			Equilibrium Concentration $/mol \cdot L^{-1} \times 10^{-2}$			$\frac{[H_2]_{eq}[I_2]_{eq}}{[HI]^2_{eq}}$
	$[H_2]$	$[I_2]$	$[HI]$	$[H_2]$	$[I_2]$	$[HI]$	
1	0	0	4.488 8	0.478 9	0.478 9	3.531 0	1.840×10^{-2}
2	0	0	10.691 8	1.140 9	1.140 9	8.410 0	1.840×10^{-2}
3	7.509 8	11.336 7	0	0.737 8	4.564 7	13.544 0	1.836×10^{-2}
4	11.964 2	10.666 3	0	3.129 2	1.831 3	17.671 0	1.835×10^{-2}

Changes that can take place in either of two directions are said to be reversible. When a reversible reaction in a closed system reaches equilibrium, it has the following characteristics:

(1) Each component concentration will not change with time. Although different initial concentrations give different equilibrium concentrations, the

ratio of $\frac{[H_2]_{eq}[I_2]_{eq}}{[HI]_{eq}^2}$ is constant. It is called equilibrium constant and is represented by the symbol K.

$$K=\frac{[H_2]_{eq}[I_2]_{eq}}{[HI]_{eq}^2}$$

(2) Dynamic equilibrium. The forward reaction rate equals to the reverse reaction rate, which is not zero.

(3) It is a conditional equilibrium. When the concentration, pressure and temperature change, the equilibrium position will change.

In principle, all chemical reactions are reversible, and all reactions have equilibrium constants. There are two kinds of equilibrium constants, experimental equilibrium constants and the standard equilibrium constants. For a general reaction

$$a\text{A}+b\text{B}\rightleftharpoons g\text{G}+h\text{H}$$

its different forms of equilibrium constants will be given as below.

3.1.2 Experimental Equilibrium Constant Expressions

(1) Concentration equilibrium constants K_c.

The concentration equilibrium constant expression is

$$K_c=\frac{[\text{G}]^g[\text{H}]^h}{[\text{A}]^a[\text{B}]^b} \quad (3.1\text{a})$$

The value of the equilibrium constant, K_c, is equal to the product of the equilibrium molarities of the products of reaction (right side of equation), each raised to a power given by the coefficient in the equation for the reaction, divided by the product of the equilibrium molarities of the reactants (left side of equation), each raised to a power given by the coefficient in the equation for the reaction. The subscript c of K_c indicates that concentration in molarity, $\text{mol}\cdot\text{L}^{-1}$, is used to calculate the value of the constant. K_c is used when the system is a solution or when the system has gas component.

(2) Partial pressure equilibrium constants K_p.

$$K_p=\frac{p_\text{G}^g\, p_\text{H}^h}{p_\text{A}^a\, p_\text{B}^b} \quad (3.1\text{b})$$

the subscript p indicates that concentrations in atms or Pa were used to calculate the value of the constant. K_p is used when the system has gas component.

From the definition of the experimental equilibrium constant, K_c and K_p have units. Only when the sum of the stoichiometric coefficients of all reactants equal to the sum of the stoichiometric coefficients of all products, K has no units. However, the unit of equilibrium constants is usually omitted. If all the component concentrations at equilibrium were measured, the experimental constant can easily be calculated.

Some equilibria involve more than one phase. For example, the equilibrium between calcium carbonate, calcium oxide, and carbon dioxide:

$$CaCO_3(s) \rightleftharpoons CaO(s) + CO_2(g)$$

Equilibria that involve more than one phase, like the above equilibrium are called heterogeneous equilibria. Equilibrium constant expressions for heterogeneous equilibria do not involve the concentration of the pure solids (or pure liquids). For the above equilibrium, the equilibrium constant expression found by experiment is simply

$$K_c = [CO_2]$$

$$K_p = p_{CO_2}$$

However, for some heterogeneous reactions, such as

$$CaCO_3(s) + H_2O(l) + CO_2(g) \rightleftharpoons Ca^{2+}(aq) + 2HCO_3^-(aq)$$

it is not convenient to give a K_c or K_p. It is necessary to adopt the standard equilibrium constants.

3.1.3 Standard Equilibrium Constant Expressions

(1) In solution, $K^{\ominus}$[1] $= \dfrac{\left[\dfrac{[G]}{c^{\ominus}}\right]^g \left(\dfrac{[H]}{c^{\ominus}}\right)^h}{\left(\dfrac{[A]}{c^{\ominus}}\right)^a \left(\dfrac{[B]}{c^{\ominus}}\right)^b}$ (3.1c)

$c^{\ominus} = 1\ mol \cdot L^{-1}$, $K^{\ominus}$ equals to K_c in value.

(2) In gas phase, $K^{\ominus} = \dfrac{\left(\dfrac{p_G}{p^{\ominus}}\right)^g \left(\dfrac{p_H}{p^{\ominus}}\right)^h}{\left(\dfrac{p_A}{p^{\ominus}}\right)^a \left(\dfrac{p_B}{p^{\ominus}}\right)^b}$ (3.1d)

$p^{\ominus} = 1.0 \times 10^5\ Pa$. Usually $K^{\ominus}$ is not equal to K_p in value, $K^{\ominus}$ equals to K_p only when $a+b=g+h$.

---

① Here the superscript "$\ominus$" represents standard state.

(3) In heterogeneous phases.

Concentrations of gas components are expressed by partial pressures, concentrations of ions in solution are expressed by relative concentrations, pure solids or pure liquids will appear as 1① (usually omitted) in the equilibrium constant expressions. For the reaction mentioned above,

$$CO_2(g)+H_2O+Ca^{2+}(aq) \rightleftharpoons CaCO_3(s)+2H^+(aq)$$

$$K^{\ominus}=\frac{\left(\frac{[H^+]}{c^{\ominus}}\right)^2}{\frac{p_{CO_2}}{p^{\ominus}}\frac{[Ca^{2+}]}{c^{\ominus}}}$$

We can see that standard equilibrium constant is convenient for dealing with heterogeneous phases.

3.1.4 Relationship between $\Delta_r G_m^{\ominus}$ and the Standard Equilibrium Constant

There is a relationship between $\Delta_r G_m$, $\Delta_r G_m^{\ominus}$ and reaction quotient, symbolized as Q.

$$\Delta_r G_m = \Delta_r G_m^{\ominus} + RT\ln Q \qquad (3.2)$$

Equation (3.2) is derived in most physical chemistry and thermodynamics books, which is beyond the scope of this text-book. Q has the same expression as K. Apparently, reaction quotient equals to equilibrium constant only when the concentration is that at equilibrium. As we already knew, $\Delta_r G_m$ equals to zero at equilibrium. Thus,

$$\Delta_r G_m^{\ominus} = -RT\ln K^{\ominus} \qquad (3.2a)$$

Equation (3.2a) indicates that $\Delta_r G_m^{\ominus}$ can be used to calculate $K^{\ominus}$ at the corresponding temperature. Standard equilibrium constant conforms to state functions in chemical thermodynamics.

Example 3-1 At the temperature of 1 000 K, put 1.00 mol SO_2 and 1.00 mol O_2 in a closed container of 5.00 L, 0.85 mol SO_3 is formed at equilibrium.

(1) Calculate $K^{\ominus}$, K_p and K_c of the reaction $2SO_2+O_2 \rightleftharpoons 2SO_3$ at the temperature of 1 000 K;

(2) Use thermodynamic data in Appendix 3 to calculate $K^{\ominus}$ at 298 K.

① This is because their state in the reaction is the same with their standard state.

SOLUTION (1) $2SO_2(g) + O_2(g) \rightleftharpoons 2SO_3(g)$

	$2SO_2(g)$	$O_2(g)$	$2SO_3(g)$
$t=0$/mol	1.00	1.00	0
t_{eq}/mol	$1.00-0.85=0.15$	$1.00-\frac{0.85}{2}=0.575$	0.85

$$p_{SO_2}=\frac{n\,RT}{V}=\frac{0.15\ 8.314\ 1000}{5\times10^{-3}}=2.49\times10^5\,(Pa)$$

$$p_{O_2}=\frac{0.575\times8.314\times1\,000}{5\times10^{-3}}=9.56\times10^5\,(Pa)$$

$$p_{SO_3}=\frac{0.85\times8.314\times1\,000}{5\times10^{-3}}=1.41\times10^6\,(Pa)$$

Therefore, $K_p=\frac{p^2_{SO_3}}{p^2_{SO_2}\cdot p_{O_2}}$

$$=\frac{(1.41\times10^6)^2}{(2.49\times10^5)^2\times9.56\times10^5}=3.4\times10^{-5}\,(Pa^{-1})$$

$$K^{\ominus}=\frac{\left(\frac{p_{SO_3}}{p^{\ominus}}\right)^2}{\left(\frac{p_{SO_2}}{p^{\ominus}}\right)^2\left(\frac{p_{O_2}}{p^{\ominus}}\right)}=\frac{p^2_{SO_3}\cdot p^{\ominus}}{p^2_{SO_2}\,p_{O_2}}=3.4\times10^{-5}\times1.0\times10^5=3.4$$

$$K_c=\frac{[SO_3]^2}{[SO_2]^2[O_2]}=\frac{(\frac{0.85}{5})^2}{(\frac{0.15}{5})^2\times\frac{0.575}{5}}=\frac{0.85^2\times5}{0.15^2\times0.575}$$

$=279.2\,(L\cdot mol^{-1})$

(2) $2SO_2(g)+O_2(g)\rightleftharpoons 2SO_3(g)$

$\Delta_f G^{\ominus}_m/kJ\cdot mol^{-1}$ $\quad -300.1 \quad 0 \quad -371.1$

$\Delta_r G^{\ominus}_m=2\Delta_f G^{\ominus}_{m\,SO_3(g)}-2\Delta_f G^{\ominus}_{m\,SO_2(g)}=-371.1\times2+300.1\times2=-142(kJ\cdot mol^{-1})$

$\Delta_r G^{\ominus}_m=-RT\ln K^{\ominus}$

$$\lg K^{\ominus}_{(298\,K)}=\frac{\Delta_r G^{\ominus}_m}{2.303RT}=\frac{142\times10^3}{2.303\times8.314\times298}=24.89$$

$K^{\ominus}_{(298\,K)}=7.7\times10^{24}$

Summary of procedure of calculating equilibrium concentrations/pressures:

①Write the chemical equation for a equilibrium.

②Express all unknown concentrations or partial pressures in terms of a single variable, x. (Remember to simplify the algebra, if possible x should be small compared to any quantities to which x is to be added or from which x is to be subtracted.)

③ Write the equilibrium expressions and substitute the equilibrium concentrations or partial pressures in terms of the single variable, x, in the equilibrium constant expression. Solve for x.

④ Use the value found for x to calculate equilibrium concentrations/equilibrium partial pressures.

3.1.5 Summary of Equilibrium Constants

It is clear that,

① Equilibrium constants depend on the temperature, and have nothing to do with concentrations or pressures.

② Equilibrium constants express how far away the equilibrium proceeds. The bigger the value of $K^{\ominus}$, the more complete the reaction proceeds.

③ For the same reaction written in different ways, the corresponding equilibrium constants are different.

④ If Equation(3) = Equation(1) + Equation(2), $K_3^{\ominus} = K_1^{\ominus} \cdot K_2^{\ominus}$.

If Equation(3) = Equation(1)-Equation(2), $K_3^{\ominus} = \dfrac{K_1^{\ominus}}{K_2^{\ominus}}$

For example:

$$H_2S \rightleftharpoons H^+ + HS^-, K_1^{\ominus} = \frac{\frac{[H^+]}{c^{\ominus}}\frac{[HS^-]}{c^{\ominus}}}{\frac{[H_2S]}{c^{\ominus}}} = \frac{[H^+][HS^-]}{[H_2S]}$$

$$HS^- \rightleftharpoons H^+ + S^{2-}, K_2^{\ominus} = \frac{[H^+][S^{2-}]}{[HS^-]}$$

$$H_2S \rightleftharpoons 2H^+ + S^{2-}, K^{\ominus} = \frac{[H^2]^2[S^{2-}]}{[H_2S]} = K_1^{\ominus} \cdot K_2^{\ominus}$$

If there are two or more than two equilibria existing in a reaction system, it is called **multiple equilibria.** A component has only one concentration when it appears in different equations. Let's see an example.

Example 3-2 (1) $NO(g) + \frac{1}{2}Br_2(l) \rightleftharpoons NOBr(g)$ (25 ℃) $K_1^{\ominus} = 3.6 \times 10^{-15}$, vapor pressure of $Br_2(l)$ is 28.4 kPa at the temperature of 25 ℃. Please calculate the $K^{\ominus}$ of the following reaction: $NO(g) + \frac{1}{2}Br_2(g) \rightleftharpoons NOBr(g)$.

SOLUTION Vapor pressure of $Br_2(l)$ is 28.4 kPa at the temperature of 25 ℃, which means

$$Br_2(l) \rightleftharpoons Br_2(g) \quad K_2^{\ominus} = \frac{p}{p^{\ominus}} = \frac{28.4}{100} = 0.284$$

$\frac{1}{2}Br_2(l) \rightleftharpoons \frac{1}{2}Br_2(g) \quad K_2^{\ominus\prime}=\sqrt{K_2^{\ominus}}=\sqrt{0.284}=0.533$

The target Equation=Equation (1)−Equation (2′),

$K^{\ominus}=\frac{K_1^{\ominus}}{K_2^{\ominus\prime}}=\frac{3.6\times10^{-15}}{0.533}=6.8\times10^{-15}$

3.2 Shift of Chemical Equilibrium

Once a reaction has reached equilibrium, no further change occurs on a macroscopic scale. On a microscopic scale, both forward and reverse reactions continue to take place, the rates of forward and reverse reactions are equal. Changes in experimental conditions, such as changes in concentration, pressure and temperature, will cause the equilibrium shift.

According to Equation (3.2) and (3.2a), we get

$$\Delta_r G_m = RT\ln\frac{Q}{K^{\ominus}} \qquad (3.2b)$$

$\Delta_r G_m<0, Q<K^{\ominus}$, shift to the right, forward reaction,

$\Delta_r G_m=0, Q=K^{\ominus}$, at equilibrium,

$\Delta_r G_m>0, Q>K^{\ominus}$, shift to the left, reverse reaction.

It is obvious that changes in concentration or pressure will cause changes in Q, temperature changes will result in changes of $K^{\ominus}$.

Transform efficiency, symbolized as α, is often used to indicate the extent of a reaction.

Define: $$\alpha=\frac{n_{ini}-n_{eq}}{n_{ini}}=\frac{\Delta n}{n_{ini}}\times100\% \qquad (3.3)$$

When volume is constant,

$$\alpha=\frac{c_{ini}-c_{eq}}{c_{ini}}\times100\% \qquad (3.3a)$$

Compared with equilibrium constant, α changes with the initial and equilibrium concentrations, while equilibrium constant only changes with the temperature and has nothing to do with concentrations.

3.2.1 Effect of Changes in Concentration

Changes in concentrations do not change the value of the equilibrium constant. As long as temperature is constant, the value of the equilibrium constant remains the same.

The effect of adding a reactant or removing a product is often used to make reactions go to completion. For example, a large excess of an inexpensive reactant can be used to shift an equilibrium to the right so that, for all practical purposes, an expensive reactant is completely converted to product. Complete conversion of reactants to products can also be brought about by removing a product as it is formed. The equilibrium shifts to the right; more product is formed to replace the product removed.

Example 3-3 At temperature of 298 K, mix equal volume of 0.100 mol•L^{-1} $AgNO_3$, 0.100 mol•L^{-1} $Fe(NO_3)_2$ and 0.0100 mol•L^{-1} $Fe(NO_3)_3$ together. For the equilibrium

$$Fe^{2+} + Ag^{+} \rightleftharpoons Fe^{3+} + Ag(s)$$

the $K^{\ominus}$ value is 2.98 at 298 K. Calculate and answer the following questions,

(1) Which direction will the reaction shift?

(2) When equilibrium is reached, concentrations of each component.

(3) Transfer efficiency of Ag^+.

(4) $[Ag^+]$ and $[Fe^{3+}]$ remain the same, $[Fe^{2+}]=0.300$ mol•L^{-1}, transfer efficiency of Ag^+.

SOLUTION (1) $Q=\dfrac{\dfrac{[Fe^{3+}]}{c^{\ominus}}}{\dfrac{[Fe^{2+}]}{c^{\ominus}}\dfrac{[Ag^{+}]}{c^{\ominus}}}=\dfrac{0.0100}{0.100\times 0.100}=1<K^{\ominus}$

The equilibrium will shift to the right; the forward reaction will take place.

(2)	Fe^{2+}	+ Ag^{+}	$\rightleftharpoons$ Fe^{3+}	+ Ag
$t=0/$ mol•L^{-1}	0.100	0.100	0.0100	
$t_{eq}/$ mol•L^{-1}	$0.100-x$	$0.100-x$	$0.0100+x$	

$K^{\ominus}=\dfrac{0.0100+x}{(0.100-x)^2}=2.98$, $x=0.0127$(mol•L^{-1})

Then, $[Fe^{2+}]=[Ag^{+}]=0.0873$ mol•L^{-1}, $[Fe^{3+}]=0.0227$ mol•L^{-1}

(3) Transfer efficiency of Ag^+: $\alpha=\dfrac{0.0127}{0.100}=12.7\%$

(4) Suppose the transfer efficiency of Ag^+ is α

	Fe^{2+}	+ Ag^{+}	$\rightleftharpoons$ Fe^{3+}	+ Ag
$t=0/$mol•L^{-1}	0.300	0.100	0.0100	
$t_{eq}/$ mol•L^{-1}	$0.300-0.100\alpha$	$0.100(1-\alpha)$	$0.0100+0.100\alpha$	

$K^{\ominus}=\dfrac{0.0100+0.100\alpha}{(0.300-0.100\alpha)[0.100\times(1-\alpha)]}=2.98$. Then, $\alpha=0.381=38.1\%$

By comparisons of results of (3) and (4), the concentration increase of one reactant will increase the equilibrium transfer efficiency of another reactant.

3.2.2 Effect of Changes in Pressure

Changing the pressure does not change the value of the equilibrium constant. As long as temperature is constant, the value of the equilibrium constant remains the same. Changes in pressure only affect the reactions whose number of moles of gas changes.

For example, $N_2(g)+3H_2(g) \rightleftharpoons 2NH_3(g)$

$$K^{\ominus}=\frac{\left(\frac{p_{NH_3}}{p^{\ominus}}\right)^2}{\frac{p_{N_2}}{p^{\ominus}}\left(\frac{p_{H_2}}{p^{\ominus}}\right)^3}=\frac{p_{NH_3}^2}{p_{N_2}p_{H_2}^3}\cdot p^{\ominus-[2-(1+3)]}$$

When the total pressure is two times of the original pressure,

$$Q=\frac{\left(\frac{2p_{NH_3}}{p^{\ominus}}\right)^2}{\frac{2p_{N_2}}{p^{\ominus}}\left(\frac{2p_{H_2}}{p^{\ominus}}\right)^3}=\frac{1}{4}\frac{p_{NH_3}^2}{p_{N_2}p_{H_2}^3}\cdot p^{\ominus 2}=\frac{1}{4}K^{\ominus}<K^{\ominus}$$

The equilibrium will shift to the right.

Another example, $CO(g)+H_2O(g) \rightleftharpoons CO_2(g)+H_2(g)$

$$K^{\ominus}=\frac{\frac{p_{CO_2}}{p^{\ominus}}\cdot\frac{p_{H_2}}{p^{\ominus}}}{\frac{p_{CO}}{p^{\ominus}}\cdot\frac{p_{H_2O}}{p^{\ominus}}}=\frac{p_{CO_2}p_{H_2}}{p_{CO}p_{H_2O}}$$

When the total pressure is two times of the original pressure,

$$Q=\frac{\frac{2p_{CO_2}}{p^{\ominus}}\cdot\frac{2p_{H_2}}{p^{\ominus}}}{\frac{2p_{CO}}{p^{\ominus}}\cdot\frac{2p_{H_2O}}{p^{\ominus}}}=K$$

The equilibrium won't be affected by the pressure.

3.2.3 Effect of Changes in Temperature

Changing the temperature does change the value of the equilibrium constant if the heat of reaction is not zero. Combine Equation (2. 8a), $\Delta_r G_{m(T)}^{\ominus}=\Delta_r H_m^{\ominus}-T\Delta_r S_m^{\ominus}$, with Equation (3. 2a), $\Delta_r G_{m(T)}^{\ominus}=-RT\ln K^{\ominus}$

to generate the following equations,

$$-RT\ \ln K^{\ominus} = \Delta_r H_m^{\ominus} - T\Delta_r S_m^{\ominus} \qquad (3.4)$$

$$\ln K^{\ominus} = -\frac{\Delta_r H_{m\,(298\,K)}^{\ominus}}{RT} + \frac{\Delta_r S_{m\,(298\,K)}^{\ominus}}{R} \qquad (3.4a)$$

Supposing equilibrium constant $K_1^{\ominus}$ at T_1, equilibrium constant $K_2^{\ominus}$ at T_2,

$$\ln K_1^{\ominus} = -\frac{\Delta_r H_{m\,(298\,K)}^{\ominus}}{RT_1} + \frac{\Delta_r S_{m\,(298\,K)}^{\ominus}}{R}$$

$$\ln K_2^{\ominus} = -\frac{\Delta_r H_{m\,(298\,K)}^{\ominus}}{RT_2} + \frac{\Delta_r S_{m\,(298\,K)}^{\ominus}}{R}$$

With the latter equation minus the former equation, therefore

$$\ln \frac{K_2^{\ominus}}{K_1^{\ominus}} = \frac{\Delta_r H_m^{\ominus}}{R}\left(\frac{1}{T_1} - \frac{1}{T_2}\right) \qquad (3.4b)$$

transforming to common logarithm, then

$$\lg \frac{K_2^{\ominus}}{K_1^{\ominus}} = \frac{\Delta_r H_m^{\ominus}}{2.303\ R} \cdot \frac{T_2 - T_1}{T_1 T_2} \qquad (3.4c)$$

For exothermic reactions, increasing the temperature will decrease the value of equilibrium constant, that is, if $\Delta_r H_m^{\ominus} < 0$, $T_2 > T_1$, then $K_2^{\ominus} < K_1^{\ominus}$. For endothermic reactions, increasing the temperature will increase the value of equilibrium constant, that is, if $\Delta_r H_m^{\ominus} > 0$, $T_2 > T_1$, then $K_2^{\ominus} > K_1^{\ominus}$. Overall, upon increasing the temperature, reaction will shift to the endothermic reaction. If no thermal energy is released or absorbed when a reaction takes place, that is, $\Delta_r H_m^{\ominus} = 0$, which is very rare, the equilibrium constant for the reaction is the same at all temperatures and its equilibrium does not shift by changing temperature.

Example 3-4 At 298 K, for the reaction of ammonia synthesis

$N_2(g) + 3H_2(g) \rightleftharpoons 2NH_3(g)$

$\Delta_r H_m^{\ominus} = -91.8\ kJ\cdot mol^{-1}$, $\Delta_r S_m^{\ominus} = -198.1\ J\cdot mol^{-1}\cdot K^{-1}$, $\Delta_r G_m^{\ominus} = -32.8\ kJ\cdot mol^{-1}$

(1) Calculate $\Delta_r G_m^{\ominus}$ at 700 K for the above reaction. If $p_{N_2} = 33.0$ atm, $p_{H_2} = 99.0$ atm, and $p_{NH_3} = 2.0$ atm, predict the direction of spontaneous change. ①

(2) Calculate $K_{298\,K}^{\ominus}$, $K_{700\,K}^{\ominus}$, $K_{773\,K}^{\ominus}$.

(3) Discuss the suitable reaction conditions for ammonia synthesis.

SOLUTION (1) $\Delta_r G_{m\,700\,K}^{\ominus} = \Delta_r H_m^{\ominus} - T\Delta_r S_m^{\ominus}$

$= -91.8 - 700 \times (-198.1 \times 10^{-3}) = 46.9(kJ\cdot mol^{-1}) > 0$

The forward reaction is nonspontaneous under standard state at 700 K.

① To simplify calculation, here $p^{\ominus}$ is regarded as 1 atm.

$$\Delta_r G_m = \Delta_r G_m^{\ominus} + RT\ln Q = 46.9 + 8.314 \times 700 \times 10^{-3} \ln \frac{\left(\frac{p_{NH_3}}{p^{\ominus}}\right)^2}{\left(\frac{p_{N_2}}{p^{\ominus}}\right)\left(\frac{p_{H_2}}{p^{\ominus}}\right)^3}$$

$$= 46.9 + 8.314 \times 700 \times 10^{-3} \ln \frac{2.0^2}{33.0 \times 99.0^3}$$

$$= 46.9 + 5.82 \times (-15.896) = 46.9 - 92.5 = -45.6 (\mathrm{kJ \cdot mol^{-1}}) < 0$$

Therefore, the forward reaction is spontaneous.

(2) $\Delta_r G_m^{\ominus} = -RT\ln K^{\ominus}$

$-32.8 \times 10^3 = -8.314 \times 298 \ln K_{298}^{\ominus}$ $\qquad \ln K_{298}^{\ominus} = 13.2, K_{298}^{\ominus} = 5.6 \times 10^5$

$46.9 \times 10^3 = -8.314 \times 700 \ln K_{700}^{\ominus}$ $\qquad \ln K_{700}^{\ominus} = -8.1, K_{700}^{\ominus} = 3.2 \times 10^{-4}$

$$\ln(K_{773}^{\ominus}/K_{298}^{\ominus}) = \ln K_{773}^{\ominus} - \ln K_{298}^{\ominus} = \frac{-91.8 \times 10^3 \times 475}{8.314 \times 298 \times 773} = -22.8$$

$\ln K_{773}^{\ominus} = -22.8 + 13.2 = -9.6, K_{773}^{\ominus} = 6.8 \times 10^{-5}$

The results show that when $\Delta_r H_m^{\ominus}$ is negative, $K^{\ominus}$ decreases with increasing temperature.

(3) In principle, low temperature and high pressure will be helpful for the forward reaction. However, when the temperature is below 773 K, the reaction rate is very slow. Since very high temperature will cause dissociation of NH_3, the practical reaction conditions for ammonia synthesis is at temperature of 773 K, high pressure 300×10^5 Pa $\sim 700 \times 10^5$ Pa, of course, with a catalyst of iron as well.

Catalysts change the reaction rates, but they don't affect the equilibrium. We will describe the effect of catalysts in Chapter 7.

In sum, if a change happens in an equilibrium system, the equilibrium will shift in such a way as to reduce the effect of the change. This is **Le Chatelier's Principle** found in 1884. Chemists and chemical engineers would usually like to obtain as much product as possible from a given quantity of reactants. Le Chatelier's principle provides a simple way to make qualitative predictions about the direction in which chemical equilibria shift as a result of changes in concentration, pressure, and temperature.

In this chapter, four methods were introduced to calculate $K^{\ominus}$.

① According to the equilibrium constant expression.

② According to $\lg K^{\ominus} = \frac{\Delta_r G_m^{\ominus}}{2.303RT}$, using thermodynamic data.

③ According to the rule of multiple equilibria, from the known $K^{\ominus}$ of other related reactions.

④According to equation $\lg \frac{K_2^{\ominus}}{K_1^{\ominus}} = \frac{\Delta_r H_m^{\ominus}}{2.303R} \cdot \frac{T_2 - T_1}{T_1 T_2}$, knowing $\Delta_r H_m^{\ominus}$ and $K^{\ominus}$ at one temperature, $K^{\ominus}$ at any other temperature for the same reaction can be calculated.

In the following several chapters, the principles of chemical equilibrium will be applied to four kinds of equilibria in solutions, including acid-base equilibria, solubility equilibria, oxidation-reduction equilibria and equilibria involving complex ions. The above methods will be used to calculate the corresponding equilibrium constants.

Questions and Exercises

3-1 The forward reaction of the equilibrium

$$CH_4(g) + H_2O(g) \rightleftharpoons CO(g) + 3H_2(g)$$

is called reforming. The mixture of CO and H_2 produced is known as synthesis gas and is used to make ammonia and methyl alcohol.

(a) Calculate $\Delta_r H_m^{\ominus}$ and $K^{\ominus}$ at 298 K for the forward reaction. (Check data in Appendix 3)

(b) Compare the conditions that would be used to favor the forward reaction with the conditions required to favor the reverse reaction.

3-2 Cobalt can be produced by heating cobalt(Ⅱ) oxide with carbon monoxide. The value of K_c for the equilibrium

$$CoO(s) + CO(g) \rightleftharpoons Co(s) + CO_2(g)$$

is 490 at 550 ℃.

(a) What is the value of K_p at 550 ℃?

(b) If the total pressure is 12.4 atm, what is the partial pressure of CO_2? Of CO?

(c) What types of reaction are the forward and reverse reactions?

3-3 For the equilibrium

$$Na_2SO_4 \cdot 10H_2O(s) \rightleftharpoons Na_2SO_4(s) + 10\ H_2O(g)$$

the value of K_p is 9.99×10^{17} at 25 ℃, and for the equilibrium

$$CaCl_2 \cdot 6H_2O(s) \rightleftharpoons CaCl_2(s) + 6H_2O(g)$$

the value of K_p is 5.090×10^{-44} at 25 ℃.

(a) Calculate the vapor pressure of water above each of these salt hydrates.

(b) Which would be the more effective drying agent?

4 Acid-Base Equilibria in Aqueous Solution

There are two objectives in this chapter, one is to describe acid-base theories, the other is to assess acid-base equilibria, that is, the proton transfer in aqueous solution. And the key item is to calculate the concentrations of hydrogen ion and the related ions in solutions.

4.1 Acid-Base Theory

4.1.1 Arrhenius Definition of Acids and Bases

In 1884, Sweden chemist Svante August Arrhenius put forward dissociation (ionization) theory. According to Arrhenius ionization theory, acids are compounds that all their cations in aqueous solution are protons (H^+), such as HCl and HAc. Bases are compounds that all their anions in aqueous solution are hydroxide ions (OH^-), such as NaOH and KOH.

The acid strength or base strength can be scaled by the percentage of dissociation, which is defined as follows:

$$\text{Percentage of dissociation: } \alpha = \frac{\text{amount dissociated (mol}\cdot\text{L}^{-1})}{\text{initial concentration (mol}\cdot\text{L}^{-1})}$$

If α of an acid equals to 100%, which means it dissociates completely, it is called strong acid. If α of an acid is much less than 100%, it dissociates partially, and it is called weak acid. So are bases.

The essence of acid-base reaction is the neutralization reaction:

$$H^+ + OH^- \rightleftharpoons H_2O$$

It can easily explain that the heat of neutralization reactions of all strong acids and strong bases is equal to $-55.8\ \text{kJ}\cdot\text{mol}^{-1}$[①] and the heat of neutralization reactions of all weak acids and weak bases is less than $|-55.8|\ \text{kJ}\cdot\text{mol}^{-1}$. It can

---

① With an exception of $H_2SO_4 + Ba(OH)_2 \rightleftharpoons BaSO_4\downarrow + 2H_2O$

also explain that the heat of mixing dilute salt solution is zero. According to Arrhenius's theory, the properties of compounds can be predicted by their composition ions.

In sum, Arrhenius ionization theory made the aqueous chemistry systematical and theoretical. However, it limited the concept of acids and bases in aqueous solution, and it cannot explain the same kind of problems in non-aqueous solution or non-solvent system.

4.1.2 Brönsted-Lowry Acids and Bases

Brönsted-Lowry definition for acids and bases are as below. Acids are species that donate a proton (H^+). Bases are species that accept a proton. According to this definition, acid and base have conjugated base and acid. They are **conjugated acid-base pair.** For example,

$$\text{Acid} \rightleftharpoons \text{Base} + H^+$$

$$HCl \rightleftharpoons Cl^- + H^+$$

$$H_2PO_4^- \rightleftharpoons HPO_4^{2-} + H^+$$

$$HPO_4^{2-} \rightleftharpoons PO_4^{3-} + H^+$$

$$H_2O \rightleftharpoons OH^- + H^+$$

$$NH_4^+ \rightleftharpoons NH_3 + H^+$$

A compound that can act as either an acid or a base, such as HPO_4^{2-}, is called **amphiprotic.** There is no concept of "salt" in the Brönsted-Lowry model.

The strength of an acid is inversely related to the strength of its conjugate base. For example, as hydrochloric is a strong acid, its conjugate base chloride ion must be a very weak base. The quantitative relationship between a conjugated acid-base pair will be demonstrated later in section 4. 2. 4.

According to the Brönsted-Lowry's definitions, bases do not have to contain the hydroxide ion, they can be species that remove a proton from water, producing the hydroxide ion. For example, ammonia is a base because it can accept a proton from water. Thus, the Brönsted-Lowry model is more general. In the following section 4-2, we will mainly adapt Brönsted-Lowry acids and bases to discuss the acid-base equilibrium.

4.1.3 Lewis Acids and Bases

The Brönsted-Lowry definition of acids and bases does not encompass all chemical compounds that exhibit acidic and basic properties. A more general definition is that of Lewis acids and bases. A **Lewis acid** is an electron-pair acceptor and a **Lewis base** is an electron-pair donor. These definitions are broader than the Brönsted-Lowry definition because they include many compounds that do not have protons but exhibit acid/base behavior. The Lewis definition encompasses the definition: In the reaction of H^+ and OH^-, H^+ is a Lewis acid because it accepts an electron pair from the OH^-. Since the OH^- donates an electron pair, it is called a Lewis base.

$$\text{Lewis acid} + \text{Lewis base} \rightleftharpoons \text{Acid-base complex}$$

For example,

$$H^+ + OH^- \rightleftharpoons H_2O$$

$$H^+ + NH_3 \rightleftharpoons NH_4^+$$

$$HCl + NH_3 \rightleftharpoons NH_4Cl$$

$$Ag^+ + 2NH_3 \rightleftharpoons [Ag(NH_3)_2]^+$$

$$Cu + 4NH_3 \rightleftharpoons [Cu(NH_3)_4]^{2+}$$

$$BF_3 + F^- \rightleftharpoons [BF_4]^-$$

$$Al^{3+} + 6H_2O \rightleftharpoons [Al(H_2O)_6]^{3+}$$

$$Ag^+ + Cl^- \rightleftharpoons AgCl$$

As an example not described by the Brönsted-Lowry definition, Al^{3+} in water is a Lewis acid. It reacts with water to form an aqua complex: the Al^{3+} accepts the electron-pair from water molecules. In this example the water acts as a Lewis base. Thus, the value of the Lewis model is that it covers many reactions. Also, this is its shortcoming.

4.2 Acid-Base Equilibria

4.2.1 The Ion-Product for Water

Water is an amphoteric substance according to Brönsted-Lowry acids and bases. The autoionization of water demonstrates this property since one water molecule transfers a proton to another water molecule to produce a hydronium ion and a hydroxide ion:

$$2H_2O(l) \rightleftharpoons H_3O^+(aq) + OH^-(aq) \quad \Delta_r H_m^{\ominus} = 55.8\ kJ \cdot mol^{-1}$$

It may be simplified as

$$H_2O \rightleftharpoons H^+ + OH^- \quad \Delta_r H_m^{\ominus} = 55.8\ kJ \cdot mol^{-1}$$

This leads to the expression

$$K_w^{\ominus} = [H^+][OH^-]$$

where $K_w^{\ominus}$ is called the **ion-product constant.** It has been experimentally shown that at 22 ℃ in pure water $[H^+] = [OH^-] = 1.0 \times 10^{-7}\ mol \cdot L^{-1}$. Thus, at 22 ℃, $K_w^{\ominus} = 1.0 \times 10^{-14}$. Since the autoionization of water is endothermic, $K_w^{\ominus}$ slightly increases with temperature increases, See Table 4-1.

In an acidic solution, $[H^+]$ is more than $[OH^-]$. In a basic solution, $[OH^-]$ is more than $[H^+]$. In a neutral solution, $[H^+]$ is equal to $[OH^-]$. To describe $[H^+]$ in aqueous solutions, the pH scale is often used.

$$pH = -\lg[H^+] \tag{4.1}$$

Table 4-1 K_w at Different Temperature

T/K	$K_w^{\ominus}$
273	0.12×10^{-14}
293	0.75×10^{-14}
295	1.00×10^{-14}
298	1.27×10^{-14}
303	1.50×10^{-14}
323	5.31×10^{-14}
373	54.95×10^{-14}

4.2.2 Dissociation of Monoprotic Acid or Base

Using acetic acid as an example, we will describe the dissociation of weak acid or base and deduce the calculation formula for concentrations of hydronium ions. The equilibrium expression for the dissociation of acetic acid in water is

$$HAc + H_2O \rightleftharpoons H_3O^+ + Ac^- \quad \Delta_r H_m^{\ominus} = -0.46\ kJ \cdot mol^{-1}$$

$$K_a^{\ominus} = \frac{[H^+][Ac^-]}{[HAc]}$$

where H_3O^+ is simplified to H^+, $[H_2O]$ is not included because it is assumed to be constant, and $K_a^\ominus$ is called the acid dissociation constant. The strength of an acid is defined by the position of the dissociation (ionization) equilibrium.

If the initial concentration for acetic acid is c_0, supposing the dissociated concentration is x. The above reaction usually is simplified as

$$\begin{array}{llll} & HAc \rightleftharpoons & H^+ + & Ac^- \\ t_0/mol\cdot L^{-1} & c_0 & 0 & 0 \\ t_e/mol\cdot L^{-1} & c_0 - x & x & x \end{array}$$

$$K_a^\ominus = \frac{x^2}{c_0 - x}. \tag{4. 2}$$

Then the exact proton concentration can be calculated by solving this Equation (4. 2).

If $\frac{c_0}{K_a^\ominus} > 400$, $c_0 - x \approx c_0$, therefore,

$$[H^+] = \sqrt{K_a^\ominus c_0} \tag{4. 2a}$$

Equation (4. 2a) is an approximate and reasonable calculation for the proton concentration. It can be used to calculate the proton concentration when the acid is not too dilute and not too weak.

Percentage of dissociation

$$\alpha = \frac{[H^+]}{c_0} = \sqrt{\frac{K_a^\ominus}{c_0}} \tag{4. 2b}$$

Equation (4. 2b) shows that the percent dissociation of a weak acid increases when the initial acid concentration decreases, which is called **dilution law.** It is simply the natural result according to Le Chatelier's principle, as shown in the following chemical equation, add more reactant, water, the equilibrium will shift to the right to generate more products.

$$HAc + H_2O\ (added) \rightleftharpoons H_3O^+ + Ac^-$$

Similarly, for a weak base, such as NH_3.

$$NH_3(aq) + H_2O(l) \rightleftharpoons NH_4^+(aq) + OH^-(aq)$$

The equilibrium expression is

$$K_b^\ominus = \frac{[NH_4^+][OH^-]}{[NH_3]}$$

where $K_b^\ominus$ is called base dissociation constant. Because bases like ammonia must compete with the hydroxide ion for the proton, values of $K_b^\ominus$ for these bases are typically much less than 1.

If $\frac{c_0}{K_b^\ominus}>400$, its concentration of hydroxide ions can be approximately calculated

$$[OH^-]=\sqrt{K_b^\ominus c_0} \tag{4.2c}$$

Example 4-1 Propanic acid (CH_3CH_2COOH, which was simplified as HPr) is an organic acid whose salts are used to retard mold growth in foods. The $K_a^\ominus$ for HPr is 1.3×10^{-5}. What is the concentration of H^+ in 0.1 $mol\cdot L^{-1}$ HPr solution?

SOLUTION $\frac{c_0}{K_a^\ominus}>400$, $[H^+]=\sqrt{1.3\times10^{-5}\times0.1}=1.1\times10^{-3}(mol\cdot L^{-1})$.

Example 4-2 The $K_a^\ominus$ for acetic acid (CH_3COOH) is 1.8×10^{-5}. Calculate the $[H^+]$ and α of the following solutions:

(a) 0.1 $mol\cdot L^{-1}$ HAc;

(b) 1.0×10^{-5} $mol\cdot L^{-1}$ HAc;

(c) Add NaAc(s) to 0.1 $mol\cdot L^{-1}$ HAc, keeping $[NaAc]=0.2\ mol\cdot L^{-1}$;

(d) Add NaCl(s) to 0.1 $mol\cdot L^{-1}$ HAc, keeping $[NaCl]=0.20\ mol\cdot L^{-1}$.

SOLUTION (a) $\frac{c_0}{K_a^\ominus}>400$,

$[H^+]=\sqrt{K_a^\ominus c_0}=\sqrt{1.8\times10^{-5}\times0.1}=1.3\times10^{-3}(mol\cdot L^{-1})$, $\alpha=1.3\%$.

(b) $\frac{c_0}{K_a^\ominus}<400$, it needs to calculate exactly,

$K_a^\ominus=\frac{x^2}{c_0-x}$, $1.8\times10^{-5}=\frac{x^2}{1.0\times10^{-5}-x}$,

Then $[H^+]=x=7.16\times10^{-6}\ mol\cdot L^{-1}$, $\alpha=71.6\%$.

Compared with result of (a), it is clear that the acid solution with a smaller initial concentration has a bigger ionization extent.

(c)	HAc $\rightleftharpoons$	H^+ +	Ac^-
$t_0/mol\cdot L^{-1}$	0.1	0	0.2
$t_e/mol\cdot L^{-1}$	$0.1-x\approx0.1$	x	$0.2+x\approx0.2$

$K_a^\ominus=\frac{0.2x}{0.1}=1.8\times10^{-5}$, $[H^+]=9.0\times10^{-6}\ mol\cdot L^{-1}$, $\alpha=0.009\%$.

Compared with result of (a), it shows that by the addition of an ion already involved in the equilibrium reaction, the dissociation of HAc decreased, the ionization extent decreased.

(d) With the increasing of **ion strength** by adding a lot of salt to 0.1 $mol\cdot L^{-1}$ HAc solution, the effective ion concentration will be affected. At this circumstance, we need to calculate the effective ion concentration. (For the part, see Section 4.1.2 in Chinese version)

$$I=\sum \frac{1}{2} m_i Z_i^2 = 0.5 \times 0.20 \times 1^2 + 0.5 \times 0.20 \times 1^2 = 0.20(\text{mol} \cdot \text{kg}^{-1})$$

$$\lg f_{\pm} = -\frac{0.509 \mid 1 \times 1 \mid \times \sqrt{0.20}}{1+\sqrt{0.20}} = -0.157$$

Therefore, $f_{\pm} = f_{+} = f_{-} = 0.697$

$$\text{HAc} \rightleftharpoons \text{H}^+ + \text{Ac}^-$$

$t_0/\text{mol} \cdot \text{L}^{-1}$ 0.1 0 0

$t_e/\text{mol} \cdot \text{L}^{-1}$ $0.1 - x \approx 0.1$ $x f_+$ $x f_-$

$x f_+ = \sqrt{K_a^{\ominus} c_0} = \sqrt{1.8 \times 10^{-5} \times 0.1} = 1.3 \times 10^{-3}$

Therefore, $[\text{H}^+] = x = 1.9 \times 10^{-3} \text{mol} \cdot \text{L}^{-1}$, $a = 1.9\%$.

Compared with result of (a), it shows that by the addition of an ion not involved in the equilibrium reaction, the dissociation of HAc increased slightly, the ionization extent increased a little.

To summarize, $K_a^{\ominus}$ (or $K_b^{\ominus}$) stands for the dissociation extent of acid (or base). A small value of $K_a^{\ominus}$ denotes a weak acid, one that does not dissociate to any great extent in aqueous solution. A strong acid is one for which the dissociation equilibrium lies far to the right——the $K_a^{\ominus}$ value is very large. The bigger of $K_a^{\ominus}$ (or $K_b^{\ominus}$) value, the bigger the acid strength (or base strength). See the values of $K_a^{\ominus}$ and K_b for common weak acids and bases in Appendix 4.1 and 4.2.

Since the $\Delta_r H_m^{\ominus}$ is small, $K_a^{\ominus}$ (or $K_b^{\ominus}$) changes very little with the temperature, and the main factor that affects acid-base equilibria is concentration. As shown in Example 4-2(c), by the addition of an ion already involved in the equilibrium reaction, the dissociation of HAc decreased, the ionization extent decreased. This is called **common ion effect.** As shown in Example 4-2(d), by the addition of an ion not involving in the equilibrium reaction, the dissociation of HAc increased slightly, the ionization extent increased a little bit. This is called **salt effect.**

4.2.3 Dissociation of Polyprotic Acids

Acids with more than one ionizable proton are called **polyprotic acids.** Acids with two ionizable protons are called **diprotic acids**, such as, H_2S, H_2SO_3, H_2CO_3, $H_2C_2O_4$ etc. Acids with three ionizable protons are called **triprotic acids**, such as, H_3PO_4 and H_3AsO_4.

A polyprotic acid dissociates in a stepwise fashion with a $K_a^\ominus$ value for each step. For example, successive $K_a^\ominus$ values for the dissociate equilibria of hydrosulfuric acid are designated $K_{a_1}^\ominus$ and $K_{a_2}^\ominus$ as bellows:

$H_2S \rightleftharpoons HS^- + H^+ \qquad K_{a_1}^\ominus = 1.1\times10^{-7}$

$HS^- \rightleftharpoons S^{2-} + H^+ \qquad K_{a_2}^\ominus = 1.3\times10^{-13}$

$K_{a_1}^\ominus > K_{a_2}^\ominus$

Successive acid dissociation constants typically differ by several orders of magnitude. This fact simplifies pH calculations involving polyprotic acids because the H^+ coming from the subsequent dissociations are usually neglected. That is,

$$[H^+]=\sqrt{K_{a_1}^\ominus c_0} \qquad (4.2d)$$

Sulfuric acid is unique in that it is a strong acid in the first dissociation step and a weak acid in the second step.

Example 4-3 The $K_{a_1}^\ominus$ and $K_{a_2}^\ominus$ for H_2S is 1.1×10^{-7} and 1.3×10^{-13} respectively. Calculate the concentrations of all components in the saturated H_2S aqueous solution ($0.1\ mol\cdot L^{-1}$).

SOLUTION $\quad H_2S \rightleftharpoons HS^- + H^+$

$t_0/mol\cdot L^{-1} \quad 0.1 \quad 0 \quad 0$

$t_e/mol\cdot L^{-1} \quad 0.1-x\approx0.1 \quad x \quad x$

$x=[H^+]=[HS^-]=\sqrt{K_{a_1}^\ominus c_0}=\sqrt{1.1\times10^{-7}\times0.1}=1.0\times10^{-4}(mol\cdot L^{-1})$

$HS^- \rightleftharpoons S^{2-} + H^+$

$t_0/mol\cdot L^{-1} \quad 1.0\times10^{-4} \quad 0 \quad 1.0\times10^{-4}$

$t_e/mol\cdot L^{-1} \quad 1.0\times10^{-4}-y\approx1.0\times10^{-4} \quad y \quad 1.0\times10^{-4}+y\approx1.0\times10^{-4}$

$K_{a_2}^\ominus=y=1.3\times10^{-13}(mol\cdot L^{-1})$

$H_2O \rightleftharpoons H^+ + OH^-$

$t_e/mol\cdot L^{-1} \quad x+y+[OH^-]\approx x \quad [OH^-]$

$[OH^-]=\frac{K_w^\ominus}{x}=1.0\times10^{-10}(mol\cdot L^{-1})$

4.2.4 Hydrolysis of Salts

When salts dissolve in water, the pH of the water is affected. Salts can exhibit neutral, acidic, or basic properties when dissolved in water. Salts that are obtained from reation of a strong base and a strong acid, such as NaCl, produce neutral aqueous solutions. A basic solution is produced when the dissolved salt has a neutral cation and an anion that is the conjugated base of a weak acid, such as NaAc and Na_2CO_3. An acidic solution is produced when the dissolved salt has a neutral anion and a cation that is the conjugated acid of a weak base, such as NH_4Cl. Acidic solutions are also produced by salts containing a highly charged metal cation. For example, the hydrated ion $[Fe(H_2O)_6]^{3+}$ is a weak acid.

We will use NaAc and $NaHCO_3$ as examples to deduce the calculation formula for the proton or hydroxide ions concentration in salt solutions.

(1) NaAc

$$Ac^- + H_2O \rightleftharpoons HAc + OH^-$$

t_0	c_0	0	0
t_e	$c_0 - x$	x	x

$$\boldsymbol{K}_h^{\ominus} = \boldsymbol{K}_b^{\ominus} = \frac{[HAc][OH^-][H^+]}{[Ac^-][H^+]} = \frac{\boldsymbol{K}_w^{\ominus}}{\boldsymbol{K}_a^{\ominus}} = 5.6 \times 10^{-10} \qquad (4.3)$$

$$x = [OH^-] = \sqrt{K_h^0 c_0} = \sqrt{\frac{K_w^0 c_0}{K_a^0}} \qquad (4.3a)$$

$\boldsymbol{K}_h^{\ominus}$ is called the **hydrolysis constant** for a salt, and it is actually the base dissociation constant for Ac^-. Equation (4.3) shows clearly that the relationship between an acid dissociation constant and its conjugate base dissociation constant, that is, $\boldsymbol{K}_a^{\ominus} \cdot \boldsymbol{K}_b^{\ominus} = \boldsymbol{K}_w^{\ominus}$. Now you may feel clear about the real meaning of conjugate acid-base pair, it not only means they appear in pair, but also means if the acid is strong it conjugate base must be weak.

Hydrolysis extent, symbolized as h, is defined as below,

$$h = \frac{\text{the amount of hydrolysis}(mol \cdot L^{-1})}{\text{initial concentration of salt } (mol \cdot L^{-1})}$$

Therefore,

$$h = \frac{[OH^-]}{c_0} = \sqrt{\frac{K_w^{\ominus}}{K_a^{\ominus} c_0}} \qquad (4.3b)$$

It is obvious that when the c_0 is small (to dilute a salt solution), hydrolysis extent increases.

Example 4-4 The $K_a^{\ominus}$ for HAc is 1.8×10^{-5} and the $K_a^{\ominus}$ for HCN is 6.2×10^{-10}. Calculate the pH and h of the following salt solutions:

(a) 0.010 $mol \cdot L^{-1}$ NaAc

(b) 0.010 $mol \cdot L^{-1}$ NaCN

SOLUTION (a) $Ac^- + H_2O \rightleftharpoons HAc + OH^-$

$t_0/mol \cdot L^{-1}$	0.01	0	0
$t_e/mol \cdot L^{-1}$	$0.01 - x \approx 0.01$	x	x

$$x = [OH^-] = \sqrt{K_h^{\ominus} c_0} = \sqrt{\frac{K_w^{\ominus} c_0}{K_a^{\ominus}}}$$

$$= \sqrt{\frac{1.0 \times 10^{-14} \times 0.010}{1.8 \times 10^{-5}}} = 2.36 \times 10^{-6} (mol \cdot L^{-1})$$

$[H^+] = 4.23 \times 10^{-9} mol \cdot L^{-1}$, pH=8.37, $[OH^-] = 2.37 \times 10^{-6} mol \cdot L^{-1}$

Therefore, $h = \frac{[OH^-]}{c_0} = 0.0237\%$

(b) In the same way, we can calculate for the 0.010 $mol \cdot L^{-1}$ NaCN.

pH=10.60, h=4.0%

The above results indicate that the smaller the $K_a^{\ominus}$ value (the weaker the acid), the bigger the value of $[OH^-]$ and h for this type of salt that produce basic solution.

(2) $NaHCO_3$

$NaHCO_3(c_0) \rightarrow Na^+(c_0) + HCO_3^-(\approx c_0)$

Two trends:

$HCO_3^- \rightleftharpoons H^+ + CO_3^{2-}$ $\qquad K_{a_2}^{\ominus} = 4.7 \times 10^{-11}$

$HCO_3^- + H_2O \rightleftharpoons OH^- + H_2CO_3$ $\qquad K_{h_2}^{\ominus} = \frac{K_w^{\ominus}}{K_{a_1}^{\ominus}} = 2.2 \times 10^{-8}$

There is a balance as below,

$$[OH^-] = [H_2CO_3] - [CO_3^{2-}]$$

That is,

$$\frac{K_w^{\ominus}}{[H^+]} = \frac{[H^+][HCO_3^-]}{K_{a_1}^{\ominus}} - \frac{K_{a_2}^{\ominus}[HCO_3^-]}{[H^+]}$$

$$\frac{[H^+]^2[HCO_3^-]}{K_{a_1}^{\ominus}} = K_w^{\ominus} + K_{a_2}^{\ominus}[HCO_3^-]$$

$$[H^+]^2 = \frac{K_{a_1}^{\ominus}(K_w^{\ominus} + K_{a_2}^{\ominus}[HCO_3^-])}{[HCO_3^-]}$$

Therefore,

$$[H^+] = \sqrt{\frac{K_{a_1}^{\ominus}(K_w^{\ominus} + K_{a_2}^{\ominus} c_0)}{c_0}}$$

If $K_{a_2}^{\ominus} c_0 \gg K_w^{\ominus}$,

$$[H^+] = \sqrt{K_{a_1}^{\ominus} K_{a_2}^{\ominus}} \qquad (4.4)$$

Similarly, the formula for the other types of salts could be deduced and the results are listed in Table 4-2.

Table 4-2 Acid Base Properties of Various Types of Salts

Types of Salt				
Origin of Cation	Origin of Anion	Examples	pH of Solution	Calculation Formulae
strong base	strong acid	NaCl	neutral	—
strong base	weak acid	NaAc	basic	$[OH^-]=\sqrt{K_h^{\ominus}c_0}=\sqrt{\frac{K_w^{\ominus}c_0}{K_a^{\ominus}}}$
strong base	polyprotic acid	Na_2CO_3	basic	$[OH^-]=\sqrt{K_h^{\ominus}c_0}=\sqrt{\frac{K_w^{\ominus}c_0}{K_{a_2}^{\ominus}}}$
weak base	strong acid	NH_4Cl	acidic	$[H^+]=\sqrt{K_h^{\ominus}c_0}=\sqrt{\frac{K_w^{\ominus}c_0}{K_b^{\ominus}}}$
weak base	weak acid	NH_4Ac NH_4F NH_4CN	neutral $K_a^{\ominus}=K_b^{\ominus}$ acidic $K_a^{\ominus}>K_b^{\ominus}$ basic $K_a^{\ominus}<K_b^{\ominus}$	$[H^+]=\sqrt{\frac{K_w^{\ominus}K_a^{\ominus}}{K_b^{\ominus}}}$
strong base	polyprotic acid with one or two protons remaining	$NaHCO_3$ Na_2HPO_4 NaH_2PO_4	basic basic acidic	$[H^+]=\sqrt{\frac{K_{a_1}^{\ominus}(K_w^{\ominus}+K_{a_2}^{\ominus}c_0)}{c_0}}$ If $K_{a_2}^{\ominus}c_0 \gg K_w^{\ominus}$, $[H^+]=\sqrt{K_{a_1}^{\ominus}K_{a_2}^{\ominus}}$

According to the equilibrium principle, both concentration of salt and temperature affect the hydrolysis of salts. The hydrolysis extent h increases with dilution of a salt solution. Since hydrolysis reaction is endothemic, $\Delta_r H_m^{\ominus}>0$, $K_h^{\ominus}$ always increases with temperature.

4.2.5 Buffered Solutions

A buffer is a solution that resists a change in its pH when either protons or hydroxide ions are added. It consists of a conjugated acid-base pair, that is, a weak acid and its salt (for example, HAc-NaAc) or a weak base and its salts (for example, NH_3-NH_4Cl). The components of the conjugated acid-base pair occur in similar concentrations. The most important buffered solution is our blood, which involves HCO_3^--H_2CO_3 and can absorb the acids and bases produced in biological chemical reactions without changing its pH. A constant pH for blood is vital because our cells can survive only between 7.2 - 7.4.

How does a buffered solution work? How to calculate the pH of a buffered solution? How to choose and confect a buffered solution? We will answer these questions by considering the equilibrium calculations.

$HAc\text{-}Ac^-$

$$HAc \rightleftharpoons H^+ + Ac^-$$

t_0	c_a	0	c_s
t_e	$c_a - x \approx c_a$	x	$c_s + x \approx c_s$

$$K_a^\ominus = \frac{x\, c_s}{c_a}$$

$$[H^+] = x = \frac{K_a^\ominus \cdot c_a}{c_s}$$

$$pH = pK_a^\ominus - \lg \frac{c_a}{c_s} \qquad (4.5)$$

This is called the **Henderson-Hasselbalch equation.**

Buffer range $\frac{c_a}{c_s} = 0.1 \sim 10$, $\mathbf{pH = p}K_a^\ominus \pm \mathbf{1}$ (4.5a)

The buffering capacity of a buffered solution represents the amount of protons or hydroxide ions the buffer can absorb without a significant change in pH. In other words, the buffering capacity is the quantity of acid or base that can be added before the pH changes significantly. See a calculation result in Table 4-3.

Table 4-3 Comparisons of Buffering Capacity of Different Buffers

$n_T = n_a + n_s$	$c_a/c_s = n_a/n_s$	$[H^+] = K_a^\ominus \frac{n_a}{n_s}$	Adding 0.01 mol Strong Acid $[H^+]' = K_a^\ominus \frac{n_a + 0.01}{n_s - 0.01}$	The Increased Percent $= \frac{[H^+]' - [H^+]}{[H^+]}$
2 mol	10 : 1	10 $K_a^\ominus$	10.69 $K_a^\ominus$	6.9%
2 mol	1 : 1	$K_a^\ominus$	1.02 $K_a^\ominus$	2%
2 mol	1 : 10	0.1 $K_a^\ominus$	0.105 $K_a^\ominus$	5%
2 mol	1 : 99	0.01 $K_a^\ominus$	0.015 2 $K_a^\ominus$	52%
0.2 mol	1 : 1	$K_a^\ominus$	1.22 $K_a^\ominus$	22%

Note: Supposing $V = 1$ L, $c_T = c_a + c_s$

Now let's use the following example to interpret how to select and prepare a buffered solution.

Example 4-5 There are three acids:

$(CH_3)_2AsOOH$ $pK_a^{\ominus}=6.19$

$ClCH_2COOH$ $pK_a^{\ominus}=2.87$

CH_3COOH $pK_a^{\ominus}=4.76$

(a) To prepare a buffer of pH=6.50, which acid is the best choice?

(b) If the volume equals to 1 L, the total concentration $c_T=1.00\ mol\cdot L^{-1}$, how many grams of acid and NaOH solid are needed?

SOLUTION (a) $(CH_3)_2AsOOH$

(b) $HA + NaOH \rightleftharpoons NaA + H_2O$

t_0/mol y x

t_e/mol $y-x=1-x$ 0 x x $n_T=(y-x)+x=y=1$ mol

Need 1 mol $(CH_3)_2AsOOH$, that is, 138 g.

$$pH=pK_a^{\ominus}-\lg\frac{c_a}{c_s}$$

$$6.50=6.19-\lg\frac{1-x}{x}$$

$x=0.67$ mol, NaOH $40\times0.67=26.8$ g.

Questions and Exercises

4-1 When $Al(NO_3)_3$ dissolves in water, both a Lewis acid-base reaction and a Brönsted-Lowry acid base reaction take place. Write the equation for each reaction.

4-2 Calculate the percentage dissociation of the acid in each of the following solutions.

(a) $0.10\ mol\cdot L^{-1}$ acetic acid.

(b) $0.010\ mol\cdot L^{-1}$ acetic acid.

(c) $0.0010\ mol\cdot L^{-1}$ acetic acid.

(d) Use Le Chatelier's principle to explain why percent dissociation increases as the concentration of a weak acid decreases.

(e) Even though the percent dissociation increases from solutions (a) to (c), the $[H^+]$ decreases. Explain.

4-3 Given that the $K_a^{\ominus}$ value for acetic acid is 1.8×10^{-5} and the $K_a^{\ominus}$ value for hypochlorous acid is 4.0×10^{-8}, which is the stronger base, CH_3COO^- or OCl^-?

4-4 Acid rain has been recognized as an environmental problem for a number of years.

(a) List the five acids present in acid rain.

(b) Why is the acidity of acid rain due mainly to just two of the five acids?

(c) The reactions of $CO_2(g)$, $SO_2(g)$, and $SO_3(g)$ with water are Lewis acid-base reactions. What type of reaction is the reaction of $NO_2(g)$ with water?

4-5 Rank the following 0. 1 mol•L^{-1} solutions in order of increasing pH.

(a) HI, HF, NaF, NaI

(b) NH_4Br, HBr, KBr, NH_3

4-6 Arrange the following 0. 10 mol•L^{-1} solutions in order of most acidic to most basic.

(a) KNO_3, K_2SO_3, K_2S, $Fe(NO_3)_2$

(b) NH_4NO_3, $NaHSO_4$, $NaHCO_3$, Na_2CO_3

4-7 An unknown salt is either NaCN, $NaC_2H_3O_2$, NaF, NaCl or NaOCl. When 0. 100 mol of the salt is dissolved in 1. 00 L of solutions, the pH of the solution is 8. 07. What is the identity of the salt?

4-8 The equilibrium constant $K_a^{\ominus}$ for the reaction is 6×10^{-3}.

$[Fe(H_2O)_6]^{3+}(aq)+H_2O(l) \rightleftharpoons [Fe(H_2O)_5(OH)]^{2+}(aq)+H_3O^+(aq)$

(a) Calculate the pH of a 0. l0 mol•L^{-1} solution of $[Fe(H_2O)_6]^{3+}$;

(b) Will 0. 10 mol•L^{-1} solution of iron(Ⅱ) nitrate have a higher or lower pH than 0. 10 mol•L^{-1} solution of iron(Ⅲ) nitrite. Explain.

4-9 Hemoglobin (abbreviated Hb) is a protein that is responsible for the transport of oxygen in the blood of mammals. Each Hb molecule contains four iron atoms that are the binding sites for O_2 molecules. The oxygen binding is pH dependent. The relevant equilibrium reactions are as below:

$HbH_4^{4+} + 4O_2(g) \rightleftharpoons Hb(O_2)(aq)+4H^+(aq)$

$H_2O + CO_2(g) \rightleftharpoons HCO_3^-(aq)+H^+(aq)$

Use Le Chatelier's principle to answer the following.

(a) What form of Hb, HbH_4^{4+} or $Hb(O_2)$, is favored in the lungs? What form is favored in the cells?

(b) When a person hyperventilates, the concentration of CO_2 in the blood is decreased. How does this affect the oxygen binding equilibrium? How does breathing into a paper bag to counteract this effect?

(c) When a person has suffered a cardiac arrest, injection of a sodium bicarbonate is given. Why is this necessary?

4-10 Boric acid, H_3BO_3, which is used as an astringent and antiseptic, is not a Brönsted-Lowry acid. Instead, boric acid is a Lewis acid.

(a) Write the chemical equation of boric acid with water.

(b) $pK_a^{\ominus}$ for boric acid is 9. 27. What value is $K_a^{\ominus}$.

(c) Calculate the pH of a 0. 020 mol•L^{-1} aqueous solution of boric acid.

(d) Boric acid-borate buffers occur in nature and are used as pH standards. What is the pH of a buffer that is 0. 020 mol•L^{-1} in boric acid and 0. 020 mol•L^{-1} in borate ion?

5 Solubility Equilibria

5.1 Solubility-Product Constant

5.1.1 Characteristics of the Equilibria of Slightly Soluble Ionic Compounds

Here we only discuss sparingly soluble salts that are strong electrolytes. There is no exact definition on its solubility. Usually when the solubility of an ionic compound is less than 0. 01 g/100 g H_2O, it is regarded as a sparingly soluble compound (usually called "insoluble"). However, some compounds, such as $PbCl_2$, $CaSO_4$, Hg_2SO_4, whose solubility is more than 0. 01 g/100 g H_2O, are also regarded as slightly soluble compounds.

Making the assumption of complete dissociation, we can state that for slightly soluble ionic compounds, equilibrium exists between solid solute and dissolved ions. So it is a **heterogeneous equilibrium.**

$$BaSO_4(s) \rightleftharpoons Ba^{2+}(aq) + SO_4^{2-}(aq)$$

Because the "reaction quotient" for a solubility equilibrium is a product, Q values for solubility equilibria are given the special name **ion product** and represented by the symbol $\boldsymbol{Q_{sp}}$.

5.1.2 Solubility-Product Constant

As with all other equilibrium systems, the equilibrium condition for a saturated solution can be expressed by a mass-action expression.

$$K^{\ominus} = [Ba^{2+}][SO_4^{2-}]$$

$K^{\ominus}$ is equal to the product of the concentrations of the ions in solution (each raised to the power of the coefficient in the balanced equation) and is usually referred to as **the solubility-product constant** or **solubility-product** and represented by the symbol $\boldsymbol{K_{sp}^{\ominus}}$.

In general, for a saturated solution of a slightly soluble ionic compound,

A_mB_n, composed of the ions A^{n+} and B^{m-}, the equilibrium equation is

$$A_mB_n \rightleftharpoons mA^{n+} + nB^{m-}$$

$$K_{sp}^{\ominus} = [A^{n+}]^m[B^{m-}]^n = [mS]^m[nS]^n = m^m n^n S^{m+n} \quad (5.1)$$

As with other equilibrium constants, a particular $K_{sp}^{\ominus}$ value depends only on the temperature, not on the individual ion concentrations. Suppose, for example, you add some barium chloride, a soluble barium salt, to increase the solution's $[Ba^{2+}]$. The equilibrium shifts to the left and the $[SO_4^{2-}]$ goes down as more $BaSO_4$ precipitates, so the $K_{sp}^{\ominus}$ value is maintained.

The solubility-product $K_{sp}^{\ominus}$ and the molar solubility S, both express the soluble ability of a compound. As for molecules with the same composition pattern, the higher their $K_{sp}^{\ominus}$, the higher their S. But for molecules with different patterns, higher $K_{sp}^{\ominus}$ doesn't mean higher S (See Table 5.1). Another point is that the $K_{sp}^{\ominus}$ is a function of temperature; it has nothing to do with ions' concentrations, while S changes with the ions' concentrations. See Example 5-1 below.

Table 5-1 $K_{sp}^{\ominus}$ and Molar Solubility of Some Ionic Compounds

Compounds	$K_{sp}^{\ominus}$	$S/mol \cdot L^{-1}$
AgCl	1.77×10^{-10}	1.3×10^{-5}
AgBr	5.35×10^{-13}	7.3×10^{-7}
Ag_2CrO_4	1.12×10^{-12}	6.5×10^{-5}

Example 5-1 The $K_{sp}^{\ominus}$ value for AgCl is 1.77×10^{-10} at 298 K. Calculate its solubility in the following solutions.

(a) In 1L water. (b) In 0.01 $mol \cdot L^{-1}$ KNO_3 solution①

(c) In 0.01 $mol \cdot L^{-1}$ $AgNO_3$ solution (d) In 0.01 $mol \cdot L^{-1}$ NaCl solution

SOLUTION (a) $AgCl(s) \rightleftharpoons Ag^+ + Cl^-$

$t_e/mol \cdot L^{-1}$ $\quad S \quad S$

$K_{sp}^{\ominus} = S^2$, $S = \sqrt{K_{sp}^{\ominus}} = \sqrt{1.77 \times 10^{-10}} = 1.3 \times 10^{-5} \, mol \cdot L^{-1}$

(b) $I = 0.01 \, mol \cdot L^{-1}$, $\lg f = -0.509 |z_+ z_-| \sqrt{I}$. Then, $f = 0.89$

$$AgCl(s) \rightleftharpoons Ag^+ + Cl^-$$

$t_e/mol \cdot L^{-1}$ $\quad 0.89\,S \quad 0.89\,S$

① See section 4.1.2 in Chinese version.

$K_{sp}^{\ominus}=(0.89\ S)^2$

$S=1.46\times10^{-5}\ mol \cdot L^{-1}$

Compared with the result of (a), the solubility in KNO_3 solution increases.

(c) $AgCl(s) \rightleftharpoons Ag^+ + Cl^-$

$t_e/mol \cdot L^{-1}$ $\quad S+0.01\approx0.01 \quad S$

$K_{sp}^{\ominus}=0.01\ S$, $S=1.77\times10^{-8}\ mol \cdot L^{-1}$

(d) $AgCl(s)=Ag^+ + Cl^-$

$t_e/mol \cdot L^{-1}$ $\quad S \quad S+0.01\approx0.01$

$K_{sp}^{\ominus}=0.01\ S$, $S=1.77\times10^{-8}\ mol \cdot L^{-1}$

Compared with the result of (a), the solubility in $AgNO_3$ solution and the solubility in NaCl solution decrease.

The increase in solubility of a slightly soluble salt caused by the presence of other different salt ions in solution is called a **salt effect**, such as Example 5-1 (b). On the other hand, the **common ion effect** refers that the presence of ion involving in the precipitate equilibrium decreases the solubility of a slightly soluble ionic compound. In both Example 5-1 (c) and 5-1 (d), AgCl precipitate increases, which is caused by common ion effect of Ag^+ and Cl^-. In fact, common ion effect is a natural result according to Le Chatelier's principle.

5.2 The Shift of the Equilibria of Slightly Soluble Compounds

5.2.1 The Law of Solubility-Product

Since ΔH is small, $K_{sp}^{\ominus}$ changes slightly with temperature, so the concentration is the main factor for such an equilibrium shift.

$$\Delta G=\Delta G^{\ominus}+RT\ln Q_{sp}=-RT\ln K_{sp}^{\ominus}+RT\ln Q_{sp} \qquad (5.2)$$

For ion product Q_{sp}, its expression is identical to that of the solubility-product expression.

$Q_{sp}>K_{sp}^{\ominus}$, net reverse reaction will take place , precipitate forms until solution is saturated.

$Q_{sp}=K_{sp}^{\ominus}$, no net change will take place, system is at equilibrium, solution is saturated.

$Q_{sp} < K^{\ominus}_{sp}$, net forward reaction will take place, solution is unsaturated and no precipitate forms.

5.2.2 Formation of Precipitates

Example 5-2 A common laboratory method for preparing a precipitate is to mix solution of the component ions. Does a precipitate form when 0. 100 L of 0. 30 mol•L^{-1} $Ca(NO_3)_2$ is mixed with 0. 200 L of 0. 060 mol•L^{-1} NaF? $K^{\ominus}_{sp\,CaF_2} = 3.45 \times 10^{-11}$.

SOLUTION $[Ca^{2+}] = \frac{0.30 \times 0.100}{0.100 + 0.200} = 0.10(\text{mol·L}^{-1})$

$[F^-] = \frac{0.060 \times 0.200}{0.300} = 0.040(\text{mol·L}^{-1})$

$Q_{sp} = [Ca^{2+}][F^-]^2 = 0.10 \times 0.040^2 = 1.6 \times 10^{-4} > K^{\ominus}_{sp\,CaF_2}$, therefore, CaF_2 will precipitate.

The standard for an ion precipitate completely refers to $c < 1.0 \times 10^{-6}$ mol•L^{-1} (Quantitative) and $c < 1.0 \times 10^{-5}$ mol • L^{-1} (Qualitative). According to this standard, metal ions can be separated by **selective precipitation.**

Example 5-3 A solution consists of 0. 2 mol•L^{-1} $MgCl_2$ and 0. 10 mol•L^{-1} $CuCl_2$. How would you separate the metal ions as their hydroxides? $K^{\ominus}_{sp\,Mg(OH)_2} = 5.61 \times 10^{-12}$, $K^{\ominus}_{sp\,Cu(OH)_2} = 2.2 \times 10^{-20}$.

SOLUTION When copper ion is fully precipitate, the $[OH^-]$ is

$[OH^-]^2 = \frac{K^{\ominus}_{sp\,Cu(OH)_2}}{[Cu^{2+}]} = \frac{2.2 \times 10^{-20}}{1.0 \times 10^{-6}} = 2.2 \times 10^{-14}$

$[OH^-] = 1.5 \times 10^{-7}$ mol•L^{-1}

At this moment, the Q_{sp} of $Mg(OH)_2$ is

$Q_{sp} = [Mg^{2+}][OH^-]^2 = 0.2 \times (1.5 \times 10^{-7})^2 = 4.5 \times 10^{-15} < K^{\ominus}_{sp\,Mg(OH)_2}$

That is to say, virtually all the Cu^{2+} ion will precipitate, while the Mg^{2+} ion will not precipitate (remain in solution).

5.2.3 Conversion of Precipitates

Example 5-4 Calculate to explain whether the following reaction will take place?

$BaCO_3(s) + K_2CrO_4 \rightleftharpoons BaCrO_4(s) + K_2CO_3$, $K^{\ominus}_{sp\,BaCO_3} = 2.58 \times 10^{-9}$, $K^{\ominus}_{sp\,BaCrO_4} = 1.17 \times 10^{-10}$.

SOLUTION $BaCO_3(s) + CrO_4^{2-} \rightleftharpoons BaCrO_4(s) + CO_3^{2-}$

$K^{\ominus} = \frac{[CO_3^{2-}]}{[CrO_4^{2-}]} = \frac{K^{\ominus}_{sp\,BaCO_3}}{K^{\ominus}_{sp\,BaCrO_4}} = \frac{2.58 \times 10^{-9}}{1.17 \times 10^{-10}} = 22.1$

The reaction will take place.

5.2.4 Three Methods to Dissolve Precipitates

There are three methods to dissolve a precipitate.

(1) To form weak acids or bases, for example

$$CaCO_3(s) + 2H^+ \rightleftharpoons Ca^{2+} + CO_2\uparrow + H_2O$$

(2) To form complex, for example

$$AgCl(s) + 2NH_3\cdot H_2O \rightleftharpoons [Ag(NH_3)_2]^+ + Cl^- + 2H_2O$$

(3) To carry out an oxidation-reduction reaction, for example

$$CuS(s) + 4H^+ + 2NO_3^- \rightleftharpoons Cu^{2+} + 2NO_2\uparrow + S\downarrow + 2H_2O$$

Through these three kinds of methods, solubility equilibria connect with the other three equilibria in solutions. When two or more types of ionic equilibria exist simultaneously, the principles of multiple equilibria must be obeyed. We recommend using net ionic equations instead of complete ionic equations, where spectator ions will not appear.

Questions and Exercises

5-1 For each of the following slightly soluble compounds, write the ionic equation for the equilibrium that exists in a saturated solution and the solubility-product expression:

(a) iron(Ⅱ) sulfide;

(b) lead(Ⅱ) bromide;

(c) silver sulfide;

(d) chromium(Ⅲ) phosphate;

(e) cobalt(Ⅱ) phosphate.

5-2 Write net ionic, complete ionic, and molecular equations for the following reactions:

(a) Nickel(Ⅱ) hydroxide dissolves in hydrochloric acid.

(b) Iron(Ⅱ) carbonate dissolves in hydrochloric acid.

(c) Zinc sulfide dissolves in hydrochloric acid.

(d) Aqueous cobalt(Ⅲ) chloride is treated with an excess of aqueous ammonia.

(e) Solid aluminum hydroxide dissolves in excess aqueous sodium hydroxide.

(f) Mixing of solutions of silver nitrate and potassium chromate, K_2CrO_4, gives a red precipitate.

5-3 If a solution is 4.2×10^{-6} mol·L^{-1} in Ag^+ and 5.5×10^{-5} mol·L^{-1} in Cl^-, what will be the concentration of each ion after precipitation is complete? ($K^{\ominus}_{sp\,AgCl} = 1.77\times10^{-10}$)

5-4 The silver nitrate solution in a qualitative analysis laboratory was prepared by dissolving 17 g $AgNO_3$ in water and diluting to one liter. For a precipitate to be visible, the ion product must be at least 1 000 times as large as $K^{\ominus}_{sp\ AgCl}$. If the tap water in the laboratory turns cloudy when the silver nitrate solution is added, the molarity of Cl^- in the tap water must be at least what?

5-5 Calcite and aragonite are two different crystalline forms of calcium carbonate. Coral is calcite, and pearls are aragonite. For calcite $K^{\ominus}_{sp}=3.36\times10^{-9}$, and for aragonite, $K^{\ominus}_{sp}=6.0\times10^{-9}$ at 25 ℃.

(a) Which is more soluble at 25 ℃, calcite or aragonite? Explain your answer.

(b) What is the value of K for the equilibrium $CaCO_3$(calcite) $\rightleftharpoons$ $CaCO_3$(aragonite) at 25 ℃?

(c) Cheap "coral" beads are made of red gypsum, $CaSO_4\cdot 2H_2O$. Suggest a simple test for distinguishing between real and fake coral.

5-6 Hydrothermal vents are places under the oceans where fluids rise through Earth's crust.

(a) At hydrothermal vents relatively near the ocean surface, water coming out of vents contains bubbles of gas. At deep vents, there are no gas bubbles. Explain this observation.

(b) Snail shells are made of calcium carbonate. Vent fluids can have pH as low as 2.8; near such vents snails are "naked." Explain why.

5-7 Tooth enamel consists mainly of $Ca_5(PO_4)_3OH$. Cavities are caused by acids:

$$Ca_5(PO_4)_3OH(s)+4H^+ \rightleftharpoons 5Ca^{2+}+3HPO_4^{2-}+H_2O(l)$$

If fluoride is present, $Ca_5(PO_4)_3OH$ is converted to $Ca_5(PO_4)_3F$, and decay is prevented. Why is the latter compound less soluble in acids?

5-8 Explain why, when CO_3^{2-} is added to a solution containing both Ca^{2+} and Mg^{2+} that is buffered with NH_3-NH_4Cl, $CaCO_3$ precipitates but $MgCO_3$ does not precipitate. According to the *CRC* Handbook, $K^{\ominus}_{sp}$ for $MgCO_3$ is 6.82×10^{-6}, $K^{\ominus}_{sp}$ for $CaCO_3$ is 3.36×10^{-9}.

6 Oxidation-Reduction Equilibria

According to whether there are transfer of electrons in a reaction, all chemical reactions are divided into two categories: oxidation-reduction reactions and non-oxidation-reduction reactions. Oxidation-reduction reactions exist in every aspect in our humans' life. For example, combustion of coal and petroleum to obtain energy, reduction of mineral resources to extract metal elements, the growth and decay of organism. This chapter will first describe some basic knowledge of oxidation-reduction reactions, and then introduce the standard electrode potential, including its origin, measurements, affecting factors and usages. Finally, we will mention electrolysis.

6.1 Basic Knowledge

6.1.1 Oxidation Number

Many oxidation-reduction reactions can be recognized by the fact that an element is formed from a compound or a compound is formed from an element. Sometimes it is difficult to clarify the transfer of electrons. In 1948, L. Pauling put forward the concept of oxidation number, which refers to the charge the element would have if all the shared pairs of electrons in the molecular formula for the species were transferred to the more electronegative atom.

There are some rules for assigning oxidation numbers:

■ The oxidation number for an element equals zero. The sum of oxidation numbers of all the atoms in a species must equal the net charge on the species.

■ In compounds, the oxidation number of elements in Group ⅠA and ⅡA is $+1$ and $+2$, respectively. The oxidation number of fluorine is -1.

■ In compounds, usually the oxidation number of hydrogen is $+1$. But for hydrogen in hydrides of active metal elements, for example, NaH, the oxidation number of hydrogen is -1.

■ In compounds, the oxidation number of oxygen is usually −2. However, in peroxides, such as H_2O_2, the oxidation number of oxygen is −1. In superoxides, such as KO_2, the oxidation number of oxygen is $-\frac{1}{2}$. In fluorides, such as OF_2, the oxidation number of oxygen is +2.

Oxidation numbers can be both integrals and fractions. For example, the oxidation number of chromium in compound CrO_5 is +10; the oxidation number of sulfur in $S_4O_6^{2-}$ is $+\frac{5}{2}$.

6.1.2 Oxidation-Reduction Reactions

It is well known that if there are gain and loss of electrons or transfer of electrons in a reaction, it is called an oxidation-reduction reaction. For example, $Zn+Cu^{2+} \rightleftharpoons Cu+Zn^{2+}$.

Upon adapting the concept of oxidation number, if the oxidation number of any element changes in a reaction, it is an oxidation-reduction reaction. In the oxidation reduction reaction, there are two oxidation states of the same element, which constitute an **oxidant-reductant pair.** The species with high oxidation number is called oxidant (or oxidizing agent), the species with high oxidation number is called reductant (or reducing agent). For example, Cu^{2+}/Cu, Zn^{2+}/Zn, H^+/H_2, Cl_2/Cl^-. The conjugated relationship between an oxidant-reductant pair is similar to that of the conjugated acid-base pair, that is, the stronger the oxidant's oxidation ability, the weaker its conjugated reductant's reduction capacity. We will see in details later. An oxidation-reduction reaction always consists of two oxidant-reductant pairs. For example,

$$\underset{\text{Reductant}_1}{Zn} + \underset{\text{Oxidant}_2}{Cu^{2+}} \rightleftharpoons \underset{\text{Reductant}_2}{Cu} + \underset{\text{Oxidant}_1}{Zn^{2+}}$$

Oxidation refers to an increase in oxidation number and reduction refers to a decrease in oxidation number. Consider the following **half-reactions** or **electrode reactions**:

$$Zn \rightleftharpoons Zn^{2+} + 2e^-$$

Zinc is oxidized, and the oxidation number of zinc increases from 0 to +2. Notice that electrons are a product of an oxidation half-reaction (Indeed, oxidation is often defined as loss of electrons).

$$Cu^{2+} + 2e^- \rightleftharpoons Cu$$

Copper ion is reduced, and the oxidation number of copper decreases from +2 to 0. Notice that electrons are a reactant in a reduction half-reaction (reduction is often defined as gain of electrons).

The equations for an oxidation half-reaction and a reduction half-reaction can be added to obtain the equation for the overall reaction. However, electrons must be cancelled when half-reactions are combined because electrons are matter and cannot be created or destroyed in a chemical reaction. Because oxidation and reduction always take place at the same time, oxidation-reduction reactions are often called **redox** reactions for short.

If the oxidation numbers changes happen in one compound, it is called **self-oxidation-reduction reaction.** For example, $2KClO_3 \rightleftharpoons 2KCl + 3O_2$. The reaction takes place in ClO_3^-/Cl^- and O_2/ClO_3^-, ClO_3^- act as both a reductant and an oxidant. Reactions in which the same species is both oxidized and reduced are called **disproportionation reactions.** For example, $Cl_2 + H_2O \rightleftharpoons HCl + HClO$. The reaction takes place in Cl_2/Cl^- and ClO^-/Cl_2, Cl_2 acts as both a reductant and an oxidant. Only species that contain an element in an intermediate state, such as Cl_2, can disproportionate.

6.1.3 Balancing Oxidation-Reduction Equations

Some equations can be balanced by inspection. For example, $Zn + 2H^+ \rightleftharpoons H_2 + Zn^{2+}$ is easily balanced. However, the equations for most redox reactions are difficult if not impossible to balance by inspection. Two methods are commonly used to balance equations for redox reactions: the change-in-oxidation number method and the half-reaction method. Both methods yield the same equation. The change in oxidation number method is similar to the method that you have learned in middle school textbook. Here we introduce the half-reaction method. It is useful when the oxidation numbers are difficult to figure out, and of course it is suitable for half-reactions.

To balance redox equations by the half-reaction method, you need to divide the reaction into an oxidation half-reaction and a reduction half-reaction and balance each half-reaction, then combine the two half-reactions so that electrons cancel. Now we use the following reaction as an example to explain the steps.

$$MnO_4^- + C_2O_4^{2-} \rightarrow Mn^{2+} + CO_2 \text{ (in acidic solution)}$$

(1) Find out two oxidation-reduction pairs, write the two unbalanced half-reactions.

$$MnO_4^- \rightarrow Mn^{2+}$$
$$C_2O_4^{2-} \rightarrow CO_2$$

(2) Balance elements other than oxygen and hydrogen first, then add H_2O and H^+ to balance O and H.

$$MnO_4^- + 8H^+ \rightarrow Mn^{2+} + 4H_2O$$
$$C_2O_4^{2-} \rightarrow 2CO_2$$

(3) Add e^- to balance the charge.

$$MnO_4^- + 8H^+ + 5e^- \rightleftharpoons Mn^{2+} + 4H_2O$$
$$C_2O_4^{2-} \rightleftharpoons 2CO_2 + 2e^-$$

(4) Combine the two half-reactions, cancel electrons. The number of electrons released in the oxidation half-reaction must be equal to the number of electrons used up in the reduction half-reaction. Thus,

$$MnO_4^- + 8H^+ + 5e^- \rightleftharpoons Mn^{2+} + 4H_2O \times 2$$
$$+)\quad C_2O_4^{2-} \rightleftharpoons 2CO_2 + 2e^- \quad \times 5$$
$$\overline{2MnO_4^- + 5C_2O_4^{2-} + 16H^+ \rightleftharpoons 2Mn^{2+} + 10CO_2\uparrow + 8H_2O}$$

Check your work: be sure there are the same number of each kind of atoms and the same net charges on both sides.

Example 6-1 Balance equation: $FeS_2 + HNO_3 \rightarrow Fe_2(SO_4)_2 + NO_2$ (in acidic solutions).

SOLUTION Step 1. Find out the two oxidation-reduction pairs, write the two unbalanced half-reactions.

$$FeS_2 \rightarrow Fe^{3+} + SO_4^{2-}$$
$$NO_3^- \rightarrow NO_2$$

Step 2. Balance elements other than oxygen and hydrogen first, add H_2O and H^+ to balance O and H.

$$FeS_2 + 8H_2O \rightarrow Fe^{3+} + SO_4^{2-} + 16\,H^+$$
$$2H^+ + NO_3^- \rightarrow NO_2 + H_2O$$

Step 3. Add e^- to balance the charge.

$$FeS_2 + 8H_2O \rightleftharpoons Fe^{3+} + SO_4^{2-} + 16H^+ + 15e^-$$
$$2H^+ + NO_3^- + e^- \rightleftharpoons NO_2 + H_2O$$

Step 4. Combine the two half-reactions, cancel electrons.

$$FeS_2 + 8H_2O \rightleftharpoons Fe^{3+} + SO_4^{2-} + 16H^+ + 15e^- \quad \times 1$$
$$+)\quad 2H^+ + NO_3^- + e^- \rightleftharpoons NO_2 + H_2O \quad \times 15$$
$$\overline{FeS_2 + 14H^+ + 15NO_3^- \rightleftharpoons Fe^{3+} + 2SO_4^{2-} + 15NO_2\uparrow + 7H_2O}$$

Example 6-2 Balance equation: $ClO^- + CrO_2^- \rightarrow Cl^- + CrO_4^{2-}$ (in basic solutions)

SOLUTION Step 1. Divide the reaction into two half-reactions.

$$ClO^- \rightarrow Cl^-$$

$$CrO_2^- \rightarrow CrO_4^{2-}$$

Step 2. Balance elements, add H_2O and OH^- in basic solutions.

$$ClO^- + H_2O \rightarrow Cl^- + 2OH^-$$

$$CrO_2^- + 4OH^- \rightarrow 2H_2O + CrO_4^{2-}$$

Step 3. Add e^- to balance the charge.

$$ClO^- + H_2O + 2e^- \rightleftharpoons Cl^- + 2OH^-$$

$$CrO_2^- + 4OH^- \rightleftharpoons 2H_2O + CrO_4^{2-} + 3e^-$$

Step 4. Combine the two half-reactions, cancel electrons.

$$ClO^- + H_2O + 2e^- \rightleftharpoons Cl^- + 2OH^- \quad \times 3$$

$$+)\ \ CrO_2^- + 4OH^- \rightleftharpoons 2H_2O + CrO_4^{2-} + 3e^- \quad \times 2$$

$$3ClO^- + 2CrO_2^- + 2OH^- \rightleftharpoons H_2O + 3Cl^- + 2CrO_4^{2-}$$

6.1.4 Galvanic Cells

Since a redox reaction involves a transfer of electrons from the reducing agent to oxidizing agent, we may design a proper device to guide the electrons to form electronic current. This kind of device is called **galvanic cells**, or **voltaic cells.** As shown in Fig. 6-1 a galvanic cell involving zinc and copper electrodes (called Daniel cell), insert zinc foil into $ZnSO_4$ solution in a beaker and insert copper foil into $CuSO_4$ solution in another beaker, careful observation shows that when we connect the wires from the two compartments, current flows for an instant and then ceases. The current stops flowing because of charge buildups in the two compartments. If electrons flowed from the left to the right compartment in the apparatus as shown, the right compartment (receiving electrons) would become negatively charged, and the left (losing electrons) would become positively charged. Creating a charge separation of this type requires a large amount of energy. Thus, sustained electron flow cannot occur under these conditions. However, we can solve this problem very simply. The solutions must be connected so that ions can flow to keep the net charge in each compartment zero. This connection might involve a salt bridge, a U-tube filled with an electrolyte (It can be simple, such as a piece of paper soaked in a salt solution, like KCl), or a porous disk in a tube connecting the two solutions. Either of these devices allows ions to flow without extensive mixing of the solutions. When we make the provision for ion flow, the circuit is complete. Electrons flow through the wire from reducing agent to oxidizing agent, and ions flow from one compartment to the other to keep the net charge zero.

We now have covered all the essential characteristics of a galvanic cell, a device in which chemical energy is changed to electrical energy (The opposite process is called electrolysis and will be considered in Section 6.3). The reaction in an electrochemical cell occurs at the interface between the electrode and the solution where the electron transfer occurs. The electrode compartment in which oxidation occurs is called the anode; the electrode compartment in which reduction occurs is called the cathode.

$$\text{Anode: } Zn \rightleftharpoons Zn^{2+} + 2e^- \quad \text{(oxidation)}$$

$$\text{Cathode: } Cu^{2+} + 2e^- \rightleftharpoons Cu \quad \text{(reduction)}$$

Add the oxidation half-reaction to the reduction half-reaction to get the cell reaction:

$$Zn + Cu^{2+} \rightleftharpoons Cu + Zn^{2+}$$

Overall, this combination of an anode, cathode and salt bridge describes an electrochemical cell, which is carrying out a cell reaction, that is, a redox reaction. In one word, a galvanic cell is always corresponding to a redox reaction.

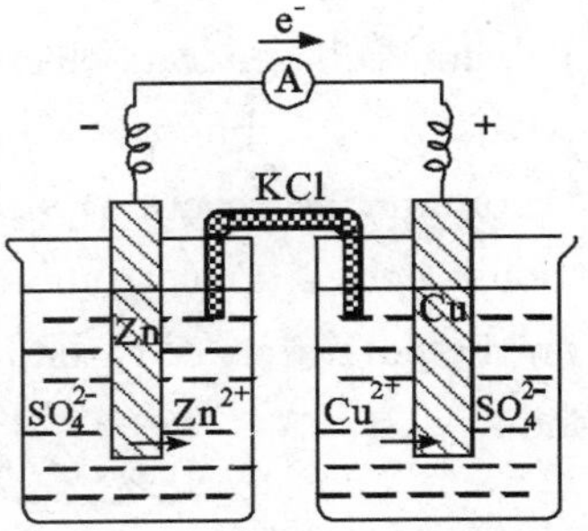

Figure 6-1 A galvanic cell involving zinc and copper electrodes

6.1.5 Line Notation of Galvanic Cells

Rather than draw the system of a galvanic cell as Fig. 6-1, a line notation has been developed for describing electrochemical cells. Below is a shorthand description of the Cu-Zn galvanic cell:

$$(-)\ Zn(s) \mid Zn^{2+}(c_1) \parallel Cu^{2+}(c_2) \mid Cu(s)(+)$$

In this notation the **anode** components are listed on the left and the **cathode** components are listed on the right, separated by double vertical lines represents the salt bridge which maintains electroneutrality. On the left, the first element is always the solid substance acting as the interface between the current carrying wire and the solution. In this case it is solid zinc foil. A chemically inert metal, like platinum, can serve as this interface if the reacting species is not a solid. A single line represents a phase boundary, here, the boundary conducting the solid zinc foil and the Zn^{2+} in solution. The solution is written with its concentration or partial pressure, in the case of gases. Here it is c_1. The right hand portion is the same as the left, except that the last element is always the solid substance acting as the interface between the current carrying wire and the solution. In this case it is solid copper foil.

6.1.6 Cell Potential

A galvanic cell consists of an oxidizing agent in one compartment that pulls electrons through a wire from a reducing agent in the other compartment. The "pull", or driving force, on the electrons is called the **cell potential** (ε), or the **electromotive force** (emf) of the cell. The electromotive force equals the potential of cathode minus the potential of anode as bellows:

$$\varepsilon = \varphi_+ - \varphi_- \qquad (6.1)$$

It is obvious that if a galvanic cell generate electron flow, its electromotive force must be positive, that is, $\varepsilon > 0$, thus $\varphi_+ > \varphi_-$. And the corresponding redox reaction must be a spontaneous reaction with $\Delta G < 0$. Now you may wonder what relationships exist between electromotive force and the ΔG. The electromotive force relies on the potentials of cathode and anode, thus half-cell potentials turn out to be the key issue.

6.2 The Half-Cell Potential

How does the half-cell potential generate? What factors affect the value of a half-cell potential? How do half-cell potentials be measured? What usages does the half-cell potential have? We will cover these issues in this section.

6.2.1 Origin of Half-Cell Potentials

We have learned that in Daniel cell electrons flow through the wire from zinc foil to copper foil because there are more electrons in zinc foil than that in copper foil. Why? Let's see the schematic diagram in Fig. 6-2.

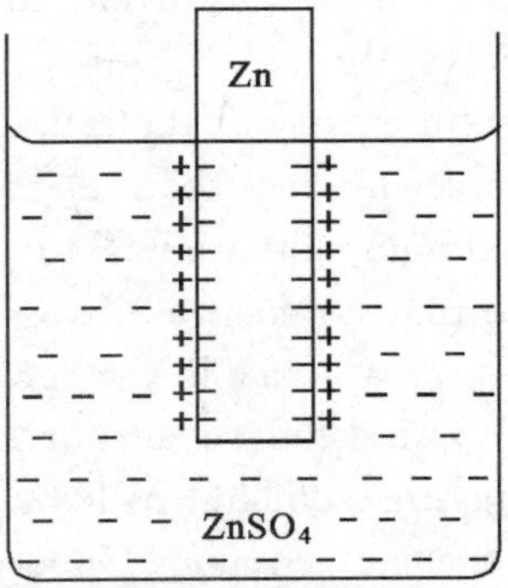

Figure 6-2 Double electron layers of zinc electrode

Insert a metal foil M to its salt solution, the metal tends to dissolve in solution, and on the other hand, the metal ions in solution tend to precipitate on the surface of the metal foil. There is an equilibrium between the metal and metal ions:

$$M \rightleftharpoons M^{n+}(aq) + ne^-$$

The more active the metal is and the more dilute the salt solution is, the more the metal tends to dissolve. When it is at equilibrium, the metal has negative charges while the solution around it has positive charges, which generate a double electron layer, see Fig. 6-2. The potential generated between the metal and its salt solution, that is, the potential difference of the double electron layers, is called the **electrode potential** (half-cell potential) of a metal, denoted as $\varphi_{M^{n+}/M}$. Since zinc is more active than copper, the electrode potential of zinc is more negative than that of copper. Subsequently, when the zinc foil and copper foil are connected by a wire, the electrons flow from zinc to copper. It is clear that the value of $\varphi_{M^{n+}/M}$ is dependent on the metal activities, the concentration of its salt solution and temperature as well. Surely, if there are gaseous components involved in the electrode, the value of $\varphi_{M^{n+}/M}$ is also related with gas pressures. Before we discuss the quantitative relation between electrode potential and concentrations, pressures and temperature in Section 6.2.3, let's see how to measure electrode potential first.

6.2.2 Measurements of Half-Cell Potentials and Standard Reduction Potentials

Actually we can't directly measure the value of a half-reaction potential. We can only construct a galvanic cell from two half-reactions and measure the cell potential. How can we measure the cell potential? One possible instrument is a **voltmeter**, which works by drawing current through a known resistance. However, when current flows through a wire, the fractional heating that occurs wastes potentially useful energy of the cell. A traditional voltmeter will therefore measure a potential that is less than the maximum cell potential. The key to determining the maximum potential is to do the measurement under conditions of zero current so that no energy is wasted. Traditionally, this has been accomplished by inserting a variable-voltage device (powered from an external source, see Fig. 6-6 in Chinese section) in opposition to the cell potential. The voltage on this instrument (called a potentiometer) is adjusted until no current flows in the cell circuit. Under such conditions, the cell potential is equal in magnitude and opposite in sign to the voltage setting of the potentiometer. This value represents the maximum cell potential, since no energy is wasted heating the wire. Nowadays in the chemistry laboratory, digital voltmeters that draw only a negligible amount of current are used instead of potentiometers. See Fig. 6-3.

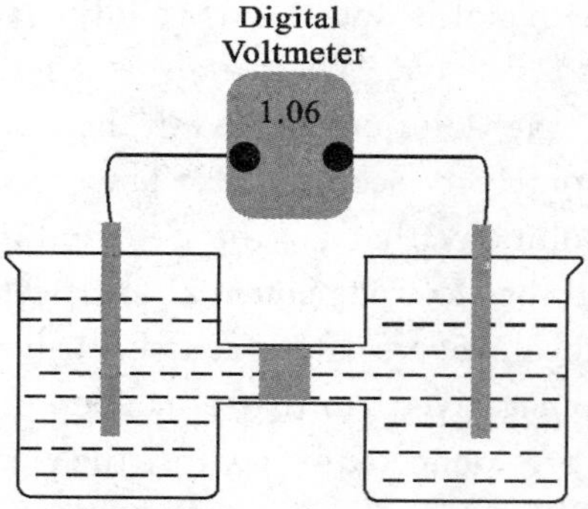

Figure 6-3 Measurement of cell potentials by digital voltmeter

Then, we need to regulate a standard half-reaction potential so that all the other half-reaction potentials may have relative values. The scientific community has universally chosen the standard hydrogen electrode as a standard, shown in Fig. 6-4. Its line notation could be,

$$Pt|H_2(g, 1.0\times10^5 Pa)|H^+(1 mol\cdot kg^{-1})$$

$2H^+ + 2e^- \rightleftharpoons H_2$ (under standard conditions which ideal behavior is assumed)

This half-reaction potential is regarded as zero volt, that is,

$$\varphi^{\ominus}_{H^+/H_2} = 0.00\ V$$

This is called the **Standard Hydrogen Potential**, and all of the other half-cell potentials are calculated relative to this reaction. Notice that half-cell reactions are written as reduction reactions. This is because the values of half-cell potentials are tabulated as Standard Reduction Potentials, appeared in Appendix 5 of this book. Again, standard means under 1.0×10^5 Pa and certain temperature, all solutes at 1 $mol \cdot L^{-1}$ and all partial pressures at 1.0×10^5 Pa, denoted as the superscript of $\varphi^{\ominus}_{oxidant/reductant}$.

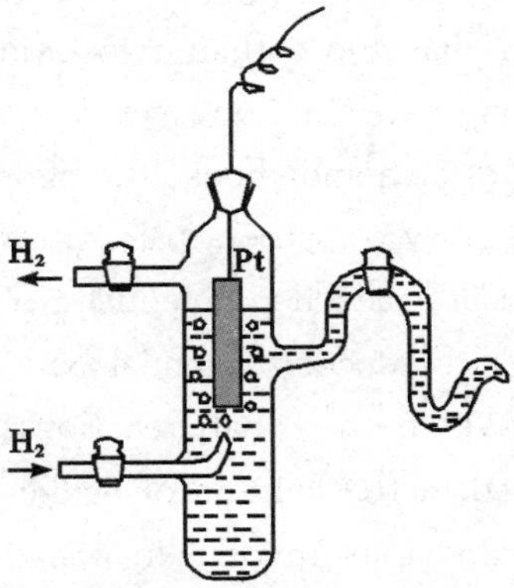

Figure 6-4 Standard hydrogen electrode

We need to clarify several essential characteristics of standard reduction potentials:

(1) The value of the standard reduction potential is a measure of how strong an oxidizing agent is. If the reactant is a more strongly oxidizing species than H^+, it will have a positive $\varphi^{\ominus}$. If the reactant is less strongly oxidizing than H^+, it will have a negative $\varphi^{\ominus}$. For instance, the reduction potential of F_2/F^- is one of the highest values. Why is this? The Periodic Table of Elements shows that F is one electron short of having a noble gas configuration, a full octet of electrons in its valence shell. It has a very strong tendency to gain an e^-. Its reduction potential is, therefore, very high. This makes it a very strong oxidizing agent, which will remove an e^- from any of the species that appears above it in Appendix 5. The other extreme is Li. It has one electron more than a noble gas configuration in its valence shell. It is very easily oxidized, a good reducing agent. It will donate an e^- to any species

appearing below it in Appendix 5. In other words, big positive value of $\varphi^{\ominus}_{oxidant/reductant}$ means that the oxidant is a strong oxidizing agent and the conjugated reductant is a weak reducing agent. Small negative value of $\varphi^{\ominus}_{oxidant/reductant}$ means that the reductant is a strong reducing agent, and the conjugated oxidant is a weak oxidizing agent.

A standard reduction potential has nothing to do with the n in the half-reaction. For example, for zinc electrode, no matter whether the half-reaction is written as $Zn^{2+} + 2e^- \rightleftharpoons Zn$ or $\frac{1}{2}Zn^{2+} + e^- \rightleftharpoons \frac{1}{2}Zn$, the value of the standard half-reaction potential is $\varphi^{\ominus}_{Zn^{2+}/Zn} = -0.76$ V.

(2) When one element has more than two oxidation states, one species may act as an oxidant in one half-reaction, yet as a reductant in another half-reaction. You need to distinguish and choose the right value of standard reduction potential. For example, Fe^{2+} may compose a pair with Fe^{3+} and also with Fe. For $Fe^{3+} + e^- \rightleftharpoons Fe^{2+}$, its standard reduction potential $\varphi^{\ominus}_{Fe^{3+}/Fe^{2+}} = 0.771$ V, while for $Fe^{2+} + 2e^- \rightleftharpoons Fe$, its standard reduction potential $\varphi^{\ominus}_{Fe^{2+}/Fe} = -0.447$ V.

(3) When protons involve in a half-reaction, its responding standard reduction potential appeared in the column of acidic solution, where $[H^+] = 1\ mol \cdot L^{-1}$. When hydroxide ions involve in a half-reaction, its responding standard reduction potential appeared in the column of basic solution, where $[OH^-] = 1\ mol \cdot L^{-1}$. For example, for O_2/H_2O, in acidic solution the half-reaction is $O_2 + 4H^+ + 4e^- \rightleftharpoons 2H_2O$, $\varphi^{\ominus}_{O_2/H_2O} = 1.229$ V. In basic solution the half- reaction is $O_2 + 2H_2O + 4e^- \rightleftharpoons 4OH^-$, $\varphi^{\ominus}_{O_2/OH^-} = 0.401$ V. Thus, you can see that O_2 has a stronger oxidizing tendency in acidic solutions.

(4) All standard reduction potentials in Appendix 5 were measured at 298 K. Since the half-cell potentials change little with temperature, we could use the values of $\varphi^{\ominus}$ at 298 K when the actual temperature is around room temperature.

6.2.3 Effect of Concentrations on Half-Cell Potential—Nernst Equation

As stated above, the value of half-cell potential is not only related with substance properties of the electrode, but also related with the concentrations of its components (gaseous pressures) and temperature. We will start with the relationships between ε and the $\Delta_r G_m$ of the cell reaction, then with the link of $\Delta_r G_m \sim Q$ to obtain the quantitative relationship between the half-cell potential and concentrations (or pressures of gases) and temperature.

According to the Second Law of Thermodynamics, the decrease of Gibbs free energy equals to the maximum useful work that the system can do. In a cell reaction, the useful work is electrical work:

$$\text{work } (\text{J}\cdot\text{mol}^{-1}) = \text{emf}(\text{V}) \times \text{charge}(\text{C}\cdot\text{mol}^{-1}) \qquad (6.2)$$

The unit of emf is the volt (abbreviated V), which is defined as 1 joule of the work per coulomb of charge transferred, that is $\text{V} = \frac{\text{J}}{\text{C}}$. The charge on 1 mole electrons is called faraday constant (abbreviated as F), which has the value 96 500 coulombs of charge per mole of electrons. That is, $F = 1.6 \times 10^{-19}\,\text{C} \times 6.02 \times 10^{23}\,\text{mol}^{-1} = 96\,500\ \text{C}\cdot\text{mol}^{-1}$. Thus, the charge of n moles electrons equal to nF.

Therefore,

$$-\Delta_r G_m = W = nF\varepsilon \qquad (6.3)$$

For standard conditions,

$$-\Delta_r G_m^{\ominus} = nF\varepsilon^{\ominus} \qquad (6.3a)$$

This equation states that the maximum cell potential is directly related to the free energy difference between the reactants and the products in the cell reaction. This relationship is important because it provides an experimental option to obtain $\Delta_r G_m$ for a reaction. It also confirms that a galvanic cell will run in the direction that gives a positive value for ε; a positive ε value corresponds to a negative $\Delta_r G_m$ value, which is the condition for spontaneity. That is to say, the cell potential is another indication of spontaneity, stated as below:

$\varepsilon > 0$, the reaction proceeds spontaneously, called a galvanic cell or voltaic cell.

$\varepsilon = 0$, the battery is dead, no net flow of electrons because the system is at equilibrium.

$\varepsilon < 0$, the reverse reaction will proceed spontaneously, called an electrolytic cell.

Combine the Equations (6.3) and (6.3a) with the Equation (3.2)

$$\Delta_r G_m^{\ominus} = \Delta_r G_m^{\ominus} + RT\ln Q$$

That is,

$$-nF\varepsilon = -nF\varepsilon^{\ominus} + RT\ln Q \qquad (6.4)$$

$$\varepsilon=\varepsilon^{\ominus}-\frac{RT}{n\mathrm{F}}\ln Q \tag{6.4a}$$

Equation (6.4a) shows that the cell potential changes with reaction quotient and temperature. Since temperature affects cell potential slightly, within a range of temperatures, we can use the data at 298 K. When $T=298$ K, $F=96\ 500\ \mathrm{C \cdot mol^{-1}}$, $R=8.314\ \mathrm{J \cdot mol^{-1}\ K^{-1}}$, Equation (6.4a) appears to be

$$\varepsilon=\varepsilon^{\ominus}-\frac{0.059\ 1}{n}\lg Q \tag{6.4b}$$

If the value of $\varepsilon^{\ominus}$ is big enough, we may use the sign of $\varepsilon^{\ominus}$ to predict spontaneity of reactions.

Now we use an example to deduce the quantitative relationship between the half-cell potential and concentrations (or pressures). For the cell reaction $Zn+Cu^{2+}=Zn^{2+}+Cu$, according to Equation (6.4b), we have

$$\varphi_{Cu^{2+}/Cu}-\varphi_{Zn^{2+}/Zn}=(\varphi^{\ominus}_{Cu^{2+}/Cu}-\varphi^{\ominus}_{Zn^{2+}/Zn})-\frac{0.059\ 1}{n}\lg\frac{[Zn^{2+}]}{[Cu^{2+}]}$$

$$=(\varphi^{\ominus}_{Cu^{2+}/Cu}+\frac{0.059\ 1}{n}\lg[Cu^{2+}])-(\varphi^{\ominus}_{Zn^{2+}/Zn}+\frac{0.059\ 1}{n}\lg[Zn^{2+}])$$

Therefore,

$$\varphi^{\ominus}_{Cu^{2+}/Cu}=\varphi^{\ominus}_{Cu^{2+}/Cu}+\frac{0.059\ 1}{n}\lg[Cu^{2+}]$$

$$\varphi_{Zn^{2+}/Zn}=\varphi^{\ominus}_{Zn^{2+}/Zn}+\frac{0.059\ 1}{n}\lg[Zn^{2+}]$$

Extend the above results to a general half-cell reaction,

$$\text{Oxidant}+ne^{-}\rightleftharpoons\text{Reductant}$$

$$\varphi=\varphi^{\ominus}+\frac{0.059\ 1}{n}\lg\frac{[\text{Oxidant}]}{[\text{Reductant}]} \tag{6.4c}$$

Equation (6.4a) or (6.4b) or (6.4c) is called **Nernst equation**, which expresses the dependence of cell potential or half-cell potential on components concentration. It is necessary to emphasize that in the expressions of half-cell potentials, [Oxidant] represents all the components at the side of oxidant, for example,

$$MnO_4^{-}+8H^{+}+5e^{-}\rightleftharpoons Mn^{2+}+4H_2O$$

$$\varphi_{MnO_4^{-}/Mn^{2+}}=\varphi^{\ominus}_{MnO_4^{-}/Mn^{2+}}+\frac{0.0591}{5}\lg\frac{[MnO_4^{-}][H^{+}]^8}{[Mn^{2+}]}$$

It is obvious that the half-potential increases with increasing concentrations of oxidants and/or decreasing concentrations of reductants. Here are some examples for the application of Nernst equation.

Example 6-3 $\varphi^{\ominus}_{Ag^+/Ag}=0.7996$ V. Insert Ag foil to 0.10 mol·L^{-1} Ag^+ solution at 298 K, calculate $\varphi_{Ag^+/Ag}$.

SOLUTION $\varphi_{Ag^+/Ag}=\varphi^{\ominus}_{Ag^+/Ag}+0.0591\lg[Ag^+]=0.7996-0.0591=0.7405(V)$

Example 6-4 $\varphi^{\ominus}_{Ag^+/Ag}=0.7996$ V, $K^{\ominus}_{sp\,AgCl}=1.77\times10^{-10}$. Add NaCl to silver half cell, Ag|$AgNO_3$, letting $[Cl^-]=1.0$ mol·L^{-1}. Please use the given data to calculate $\varphi^{\ominus}_{AgCl/Ag}$.

SOLUTION $\varphi_{Ag^+/Ag}=\varphi^{\ominus}_{Ag^+/Ag}+0.0591\lg[Ag^+]$

$$=0.7996+0.0591\lg\frac{1.77\times10^{-10}}{1}=0.223(V)$$

When NaCl is added to silver half cell Ag|$AgNO_3$, a new half-cell Ag-AgCl(s)|Cl^-, is formed. The half-cell reaction is

$$AgCl(s)+e^-\rightleftharpoons Ag+Cl^-$$

when $[Cl^-]=1.0$ mol·L^{-1}, the $\varphi_{Ag^+/Ag}$ equals to $\varphi^{\ominus}_{AgCl/Ag}$. Thus, $\varphi^{\ominus}_{AgCl/Ag}=0.223$ V.

Example 6-5 $\varphi^{\ominus}_{Fe^{3+}/Fe^{2+}}=0.771$ V, $K^{\ominus}_{sp\,Fe(OH)_3}=2.79\times10^{-39}$, $K^{\ominus}_{sp\,Fe(OH)_2}=4.87\times10^{-17}$. At 298 K, add NaOH to the mixture solution of Fe^{2+} and Fe^{3+}, at equilibrium $[OH^-]=1.0$ mol·L^{-1}. Calculate $\varphi^{\ominus}_{Fe(OH)_3/Fe(OH)_2}$.

SOLUTION $\varphi_{Fe^{3+}/Fe^{2+}}=\varphi^{\ominus}_{Fe^{3+}/Fe^{2+}}+0.0591\lg\frac{[Fe^{3+}]}{[Fe^{2+}]}$

$$=0.771+0.0591\lg\frac{K^{\ominus}_{sp\,Fe(OH)_3}}{K^{\ominus}_{sp\,Fe(OH)_2}}$$

$$=0.771+0.0591\lg\frac{2.79\times10^{-39}}{4.87\times10^{-17}}=-0.54(V)$$

$$=\varphi^{\ominus}_{Fe(OH)_3/Fe(OH)_2}$$

Example 6-6 $NO_3^-+4H^++3e^-\rightleftharpoons NO+2H_2O$, $\varphi^{\ominus}_{NO_3^-/NO}=0.96$ V, $[NO_3^-]=1.0$ mol·L^{-1}, $p_{NO}=p^{\ominus}$. Calculate φ at the following conditions,

(1)$[H^+]=1\times10^{-7}$ mol·L^{-1}; (2)$[H^+]=10$ mol·L^{-1}.

SOLUTION (1) $\varphi=\varphi^{\ominus}+\frac{0.0591}{3}\lg\frac{[NO_3^-][H^+]^4\,p^{\ominus}}{p_{NO}}$

$$=0.96+\frac{0.0591}{3}\lg10^{-28}=0.41\text{ V}$$

(2) $\varphi=\varphi^{\ominus}+\frac{0.0591}{3}\lg\frac{[NO_3^-][H^+]^4\,p^{\ominus}}{p_{NO}}=0.96+\frac{0.0591}{3}\lg10^4=1.039$ V

The results indicate that the oxidizing ability of NO_3^- increases with the proton concentration. Therefore, it is easy to understand why concentrated nitric acid is a stronger oxidizing agent than dilute nitric acid, while nitrate solutions have no oxidizing tendency at all.

The Nernst equation also allows us to calculate the potential of concentration cells. In this sort of cell, both the anodic and cathodic half-cells have the same chemical species present, only at different concentrations. An example of a concentration cell is shown below:

$$Cu(s) \mid Cu^{2+}(M_1) \parallel Cu^{2+}(M_2) \mid Cu(s)$$

Oxidation at anode: $Cu \rightleftharpoons Cu^{2+} + 2e^-$ $[Cu^{2+}]=M_1$

Reduction at cathode: $Cu^{2+} + 2e^- \rightleftharpoons Cu$ $[Cu^{2+}]=M_2$

Overall reaction: $Cu^{2+}(M_2) \rightleftharpoons Cu^{2+}(M_1)$

Obviously, the $\varphi^\ominus$ for both half-cells will be equal, since both involve the same reaction, $\varepsilon^\ominus=0$, this reduces the Nernst equation to,

$$\varepsilon=-\frac{RT}{nF}\ln Q$$

To calculate Q, we need to look at the overall reaction, to determine products and reactants. So $Q=\frac{[M_1]}{[M_2]}$

$$\varepsilon=-\frac{RT}{nF}\ln\frac{[Cu^{2+}\text{ at anode}]}{[Cu^{2+}\text{ at cathode}]}$$

6.2.4 Usages of Standard Reduction Potentials

Standard reduction potentials can be used to compare the oxidizing ability of oxidants. Also, using the standard cell potential, that is the difference between two standard reduction potentials, we can assess the spontaneity of a cell reaction. Furthermore, we can use the values of $\varphi^\ominus$ to calculate the standard equilibrium constants for redox reactions. At equilibrium, $\varepsilon=0$ and $Q=K$, according to Equation (6.4a),

Therefore,

$$\varepsilon^\ominus=\frac{RT}{nF}\ln K \qquad (6.5)$$

$$\ln K=\frac{nF\varepsilon^\ominus}{RT} \qquad (6.5a)$$

$$\lg K=\frac{nF\varepsilon^\ominus}{2.303RT} \qquad (6.5b)$$

When $T=298$ K, $F=96\ 500$ C·mol^{-1}, $R=8.314$ J·mol^{-1}·K^{-1},

$$\lg K = \frac{n\varepsilon^{\ominus}}{0.0591} = \frac{n(\varphi_{+}^{\ominus} - \varphi_{-}^{\ominus})}{0.0591} \quad (6.5c)$$

Equation (6. 5c) is another method to calculate the standard equilibrium constant using standard reduction potentials.

Example 6-7 $\varphi^{\ominus}_{Cu^{2+}/Cu} = 0.34$ V, $\varphi^{\ominus}_{Zn^{2+}/Zn} = -0.76$ V. Insert Zn foil to 0. 1 mol L^{-1} $CuSO_4$ solution. Calculate the concentration of Cu^{2+} ions at equilibrium.

SOLUTION Inserting Zn foil to 0. 1 mol • L^{-1} $CuSO_4$ solution will bring about the following reaction,

$$Zn + Cu^{2+} \rightleftharpoons Zn^{2+} + Cu$$

In order to calculate the concentration of Cu^{2+} ions at equilibrium using the given data, we compose a cell as below,

$$(-)\ Zn(s)|Zn^{2+} \parallel Cu^{2+}|Cu(s)\ (+)$$

$$\varepsilon^{\ominus} = \varphi^{\ominus}_{Cu^{2+}/Cu} - \varphi^{\ominus}_{Zn^{2+}/Zn} = 0.34 - (-0.76) = 1.10(V)$$

$$\lg K^{\ominus} = \frac{n\varepsilon^{\ominus}}{0.0591} = \frac{2 \times 1.10}{0.0591} = 37.2,\ K^{\ominus} = 1.6 \times 10^{37}$$

	$Zn + Cu^{2+}$	$\rightleftharpoons$	Zn^{2+}	+ Cu
t_0/mol•L^{-1}	0. 1		0	
t_e/mol•L^{-1}	$[Cu^{2+}]$		$0.1 - [Cu^{2+}] \approx 0.1$	

$$K^{\ominus} = \frac{[Zn^{2+}]}{[Cu^{2+}]} = \frac{1.0}{[Cu^{2+}]} = 1.6 \times 10^{37},\ [Cu^{2+}] = 6.3 \times 10^{-39}\ mol \cdot L^{-1}$$

Example 6-8 $Ag^+ + e^- \rightleftharpoons Ag$, $\varphi^{\ominus}_{Ag^+/Ag} = 0.7996$ V; $AgCl(s) + e^- \rightleftharpoons Ag + Cl^-$, $\varphi^{\ominus}_{AgCl/Ag} = 0.22233$ V. Calculate $K^{\ominus}_{sp\ AgCl}$.

SOLUTION This is a typical example of using two standard reduction potentials to calculate a standard equilibrium constant. To compose a cell with the two half-reactions, and the corresponding standard equilibrium constant is either equal to the target standard equilibrium constant, or equal to the reciprocal of the target standard equilibrium constant. Now if we compose a cell as below:

$(-)Ag - AgCl(s)|Cl^-(1.0\ mol \cdot L^{-1}) \parallel Ag^+(1.0\ mol \cdot L^{-1})|(Ag(s)\ (+)$

$(-)$: $Ag + Cl^- - e^- \rightleftharpoons AgCl(s)$

$(+)$: $Ag^+ + e^- \rightleftharpoons Ag$

Cell reaction: $Ag^+ + Cl^- \rightleftharpoons AgCl(s)$

$$\lg K^{\ominus} = \lg \frac{1}{K^{\ominus}_{sp\ AgCl}} = \frac{n\varepsilon^{\ominus}}{0.0591} = \frac{1 \times 0.57727}{0.0591} = 9.77$$

Thus, $K^{\ominus}_{sp\ AgCl} = 1.7 \times 10^{-10}$

Example 6-9 $Cu^+ + e^- \rightleftharpoons Cu$, $\varphi^{\ominus}_{Cu^+/Cu} = 0.521$ V; $Cu^{2+} + e^- \rightleftharpoons Cu^+$, $\varphi^{\ominus}_{Cu^{2+}/Cu^+} = 0.153$ V; $K^{\ominus}_{sp\,CuCl} = 1.72 \times 10^{-7}$. Calculate

(1) The standard equilibrium constant $K_1^{\ominus}$ of $Cu + Cu^{2+} \rightleftharpoons 2Cu^+$;

(2) The standard equilibrium constant $K_2^{\ominus}$ of $Cu + Cu^{2+} + 2Cl^- \rightleftharpoons 2CuCl(s)$.

SOLUTION (1) To compose a cell with Cu^{2+}/Cu^+ and Cu^+/Cu as below:

$(-)Pt \mid Cu^{2+}, Cu^+ \parallel Cu^+ \mid Cu(+)$

$(-)Cu^+ - e^- \rightleftharpoons Cu^{2+}$

$(+)Cu^+ + e^- \rightleftharpoons Cu$

Cell reaction: $2Cu^+ \rightleftharpoons Cu + Cu^{2+}$

$$\lg K^{\ominus} = \frac{n\varepsilon^{\ominus}}{0.0591} = \frac{1 \times (0.521 - 0.153)}{0.0591} = 6.23,\ K^{\ominus} = 10^{6.23}$$

The target $K_1^{\ominus}$ is equal to the reciprocal of $K^{\ominus}$, that is, $K_1^{\ominus} = \frac{1}{K^{\ominus}} = 5.9 \times 10^{-7}$.

(2) $Cu + Cu^{2+} \rightleftharpoons 2Cu^+$ $\quad K_1^{\ominus}$

+) $2Cu^+ + 2Cl^- \rightleftharpoons 2CuCl(s)$ $\quad K^{\ominus -2}_{sp\,CuCl}$

$Cu + Cu^{2+} + 2Cl^- \rightleftharpoons 2CuCl$ $\quad K_2^{\ominus}$

$$K_2^{\ominus} = \frac{K_1^{\ominus}}{K^{\ominus 2}_{sp\,CuCl}} = \frac{5.9 \times 10^{-7}}{(1.72 \times 10^{-7})^2} = 2.0 \times 10^7$$

In this case, we use known equilibrium constants to calculate the target equilibrium constant.

So far, we altogether learned five methods to calculate equilibrium constant. According to different given conditions, we may choose any one of them to deal with the equilibrium issues.

6.3 Electrolysis

6.3.1 Electrolytic Cells and the Decomposing Potential

All of the cells that we have looked at thus far have been galvanic cells, in which $\varepsilon > 0$. These cells operate spontaneously and convert chemical energy into electrical energy. In **electrolytic cells**, the corresponding reactions are non-spontaneous. Electrical energy is used to cause these non-spontaneous reactions to occur. That is, an electrolytic cell uses electrical energy to produce a chemical reaction that would otherwise not occur spontaneously. For example,

$$H_2(g) + \frac{1}{2}O_2(g) \rightleftharpoons H_2O(l) \quad \Delta_r G_m^{\ominus} = -237.1\ kJ \cdot mol^{-1}$$

This reaction is explosively spontaneous. However, what if we wanted to make hydrogen and oxygen gases from water? That reaction would be highly non-spontaneous,

$$H_2O(l) \rightleftharpoons H_2(g) + \frac{1}{2}O_2(g) \quad \Delta_r G_m^{\ominus} = +237.1\ kJ \cdot mol^{-1}$$

We are forming one point five moles of gas from 1 moles of liquid, so $\Delta S^{\ominus}$ would highly favor spontaneity. This means that this reaction must be extremely endothermic, $\Delta H^{\ominus} \gg 0$. We can force this non-spontaneous reaction to proceed by setting up an electrolytic cell, see Fig. 6-5, electrolysis of 0.5 $mol \cdot L^{-1}$ H_2SO_4 solution. It is very much like a galvanic cell. Reduction still occurs at the cathode and oxidation at the anode, but these reactions do not proceed spontaneously. It takes an external power supply to force them to go. What will the two half-reactions be? Oxygen half cell: When oxygen is bonded to other atoms, it exists in the -2 oxidation state, because of its high electronegativity. So, in H_2O, oxygen is in the -2 oxidation state. Molecular oxygen, O_2, is neutral. The oxygen atoms are in the oxidation state of 0. During this reaction, oxygen goes from an oxidation state of -2 to 0 in going from water to molecular oxygen. It is oxidized (loses electrons): $2H_2O \rightleftharpoons O_2 + 4H^+ + 4e^-$. Because this is an oxidation reaction, and will take place at the anode, just as it did in the galvanic cells.

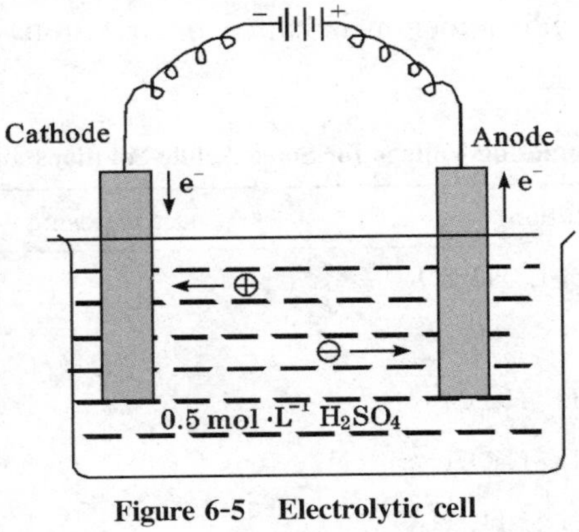

Figure 6-5 Electrolytic cell

Hydrogen half-cell: in water, each H atom exists in the +1 oxidation state. In molecular hydrogen, H_2, the hydrogen atoms are neutral, in an oxidation state of 0.

Hydrogen must be reduced in this reaction, going from +1 to 0 (gaining electrons). $2H^+ + 2e^- \rightleftharpoons H_2$. This is a reduction reaction, which will occur at the cathode.

To summarize,

Cathode: $2H_2O + 2e^- \rightleftharpoons H_2 + 2OH^-$ (Reduction)

Anode: $H_2O \rightleftharpoons \frac{1}{2}O_2 + 2H^+ + 2e^-$ (Oxidation)

Electrolysis: $H_2O(l) \rightleftharpoons H_2(g) + \frac{1}{2}O_2(g)$

The hydrogen element (H^+) will be reduced to H_2 at the cathode and the oxygen element (H_2O) will be oxidized to O_2 at the anode.

$\varepsilon_{calculated} = \varphi^{\ominus}_{O_2/H_2O} - \varphi^{\ominus}_{H^+/H_2} = 1.229$ V. However, only when the external voltage is higher than 1.229 V can hydrogen and oxygen gases come out continuously. Fig. 6-6 shows the relationship between the external voltage and current, upon extending line BA, there is a point of intersection in the abscissa axis, that is, point C. The value of voltage of point C is called **decomposing voltage.** The decomposing voltages of electrolysis of different acid solutions and base solutions are listed in Table 6-1; they are all around 1.7 V. This means that the same reaction happens by electrolysis of these acid solutions and base solutions, that is, the electrolysis of water. Generally, the external voltage > measured decomposing voltage > calculated decomposing voltage. The difference between $\varepsilon_{measured}$ and $\varepsilon_{calculated}$ is called **overpotential.** When current passing through electrode, the half-reaction potential is different from the calculated value, the phenomenon is called polarization, which is beyond the range of this text-book.

Table 6-1 Decomposing Voltage for Some Acidic Solutions and Basic Solutions

Solutions	Decomposing Voltage/V
0.5 $mol \cdot L^{-1}$ H_2SO_4	1.67
1 $mol \cdot L^{-1}$ HNO_3	1.69
1 $mol \cdot L^{-1}$ $HClO_4$	1.65
1 $mol \cdot L^{-1}$ NaOH	1.69
1 $mol \cdot L^{-1}$ $NH_3 \cdot H_2O$	1.74

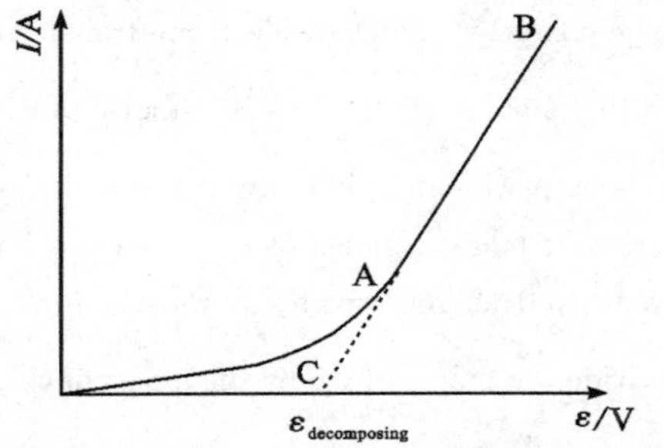

Figure 6-6 The relationship between the external voltage and electric current.

6.3.2 Electrolysis Law

This was the sort of experiment that led M. Faraday to discover the relationship between electrical current and redox changes in molecules. In 1833, M. Faraday observed that for a fixed flow of current, a fixed number of moles of a substance could be reduced. Thus, Faraday drew a conclusion that the quantity of a substance obtained by electrolysis is in direct proportion to the quantity of electric charge and has nothing to do with other factors. This is called Faraday electrolysis law. The conversion factor needed for this process was named in his honor, the faraday constant, $F = 96\ 500\ C \cdot mol^{-1}$. Since different ions have different numbers of charges, it need different amount of charges to produce 1 mole substance, see Table 6-2.

Table 6-2 Comparisons of the Calculated Quantity of Charge while Producing 1 mole Substances by Electrolysis

Half-cell reactions	1 mol Electrolysis Product Mass/g	Calculated charges needed/C
$Na^+ + e^- \rightleftharpoons Na$	22.99	1×96 500
$Cu^{2+} + 2e^- \rightleftharpoons Cu$	63.55	2×96 500
$Al^{3+} + 3e^- \rightleftharpoons Al$	26.98	3×96 500

Example 6-10 The passage of a current of 0.75 A for 25.0 min deposited 0.369 g of copper from a $CuSO_4$ solution. Calculate the molar weight of copper.

SOLUTION The reaction here is the reduction of Cu^{2+} (from the $CuSO_4$ solution) to give Cu(s). This will occur at the cathode, which has been connected to the negative battery terminal in order to supply electrons for the reaction: $Cu^{2+} + 2e^- \rightleftharpoons Cu(s)$.

In this problem, we know everything except the conversion factor between moles and grams of product. $0.75\ A \times 25\ min = 0.75\ C/s \times 60\ s/min \times 25\ min = 1\ 125\ C$. This is the amount of charge drawn from the battery during the duration of the experiment. Using the faraday constant, we change charge to moles of electrons transferred during the experiment. $\frac{1\ 125\ C}{96\ 500\ C/mol\ e^-}=1.17\times10^{-2}(mol\ e^-)$. $1.17\times10^{-2}\ mol\ e^-(1\ mol\ Cu^{2+}/2\ mol\ e^-)\longrightarrow$ 5.83×10^{-3} mol Cu. In this step we determine how many moles of electrons are needed per mole of product. In this case, it takes 2 moles of e^- to reduce 1 mol Cu^{2+} to Cu. Now we have moles Cu produced, as well as the weight of the Cu produced. To determine molar weight of copper, simply divide the grams of Cu by the moles of Cu, that is, $\frac{0.369\ g}{5.83\times10^{-3}\ moles}=63.3\ g\cdot mol^{-1}$.

In fact, some side-reactions exist in the real electrolysis. Current efficiency, symbolized as η, is defined as:

$$\eta=\frac{\text{practical quantity}}{\text{calculated quantity}}\times100\% \qquad (6.6)$$

η is less than 100%.

Example 6-11 In electrolysis of copper, the current strength $I=5\ 000$ A, current efficiency $\eta=94.5\%$. Calculate how many kilograms of copper can be produced after 3 hours.

SOLUTION $W_{Cu}=M_{Cu}\frac{Q\eta}{2F}=M_{Cu}\times\frac{It\eta}{2F}$

$$=63.55\times\frac{5\ 000\times3\ 600\times3\times94.5\%}{2\times96\ 500}=16\ 802.88\ g\approx16.8\ kg$$

When a solution in an electrolytic cell contains different ions, ions with bigger half-cell potentials precipitate on the cathode prior to ions with smaller half-cell potentials. For the materials of anode, the metals with more negative half-cell potentials will dissolve (lose electrons) first.

6.3.3 Applications of Electrolysis

Electrolysis has great practical importance. Firstly, many inorganic and organic chemicals, especially some substances that are difficult to prepare by chemical process, such as strong oxidizing agent fluorine and active metals, are produced by electrolysis. Secondly, electrolysis is used to purify less reactive metals. Copper is an example. The largest use of copper is as an electrical conductor. Impurities reduce the conductivity of copper, and copper wiring made of impure copper gets dangerously hot. Impure copper (99%), which is to be purified, is made the anode in an electrolytic cell. Thin sheets of pure

(99.98%) copper are used for the cathode; the electrolyte is an aqueous solution of copper(II) sulfate. Copper(II) ions go into solution at the anode leaving electrons behind:

Anode reaction: $Cu(s) \rightleftharpoons Cu^{2+} + 2e^-$

Ions of impurities such as zinc that are easier to be oxidized than copper also go into solution. Gold and silver are more difficult to be oxidized than copper and do not dissolve. As copper in the anode dissolves, gold and silver are left behind and fall to the bottom of the cell as anode mud. The copper(II) ions move through the solution from the anode to the cathode where they are reduced to copper metal and deposited on the cathode:

Cathode reaction: $Cu^{2+} + 2e^- \rightleftharpoons Cu(s)$

Ions of more reactive metals such as Zn^{2+} also move to the cathode. However, if the voltage is correct, the ions of the more reactive metals are not reduced and remain in solution. Overall, copper does not undergo any reaction; it is simply transferred from the anode to the cathode. The impure copper anode becomes smaller and the pure copper cathode becomes larger as the electrolysis proceeds. Many other metals, for example, silver and gold, are also purified by electrolysis. In addition, electroplating and charging a battery are all done electrolytically.

Questions and Exercises

6-1 What is the oxidation number of each atom in each of the following species?

(a) CrO_5 (b) $K_2Cr_2O_7$ (c) $K_2S_2O_8$ (d) $Na_2S_4O_6$

6-2 Balance the equations for the following redox reactions in acidic solution:

$$IO_3^- + I^- \rightarrow I_2$$

$$Mn^{2+} + S_2O_8^{2-} \rightarrow MnO_4^- + SO_4^{2-}$$

$$Cr^{3+} + PbO_2 \rightarrow Cr_2O_7^{2-} + Pb^{2+}$$

$$HClO + P_4 \rightarrow Cl^- + H_3PO_4$$

6-3 Balance the equations for the following redox reactions in basic solution:

$$CrO_4^{2-} + HSnO_2^- \rightarrow CrO_2^- + HSnO_3^-$$

$$H_2O_2 + CrO_2^- \rightarrow CrO_4^{2-}$$

$$I_2 + H_2AsO_3^- \rightarrow AsO_4^{3-} + I^-$$

$$Si + OH^- \rightarrow SiO_3^{2-} + H_2$$

$$Br_2 + OH^- \rightarrow BrO_3^- + Br^-$$

6-4 Consider the cell described below:

$Zn|Zn^{2+}(1.00\ mol\cdot L^{-1})\ ||\ Cu^{2+}(1.00\ mol\cdot L^{-1})|Cu$

Calculate the cell potential after the reaction has operated long enough for the $[Cu^{2+}]$ to be 0.2 $mol\cdot L^{-1}$ (Assume $T=298$ K)

6-5 An electrochemical cell consists of a standard hydrogen electrode and a bismuth metal electrode. If the bismuth electrode is placed in a solution of 0.1 $mol\cdot L^{-1}$ NaOH that is saturated with $Bi(OH)_3$, what is the cell potential at 298 K? ($\varphi^{\ominus}_{Bi^{3+}/Bi}=0.308$ V, $K^{\ominus}_{sp\ Bi(OH)_3}=6.0\times10^{-31}$)

6-6 Consider the galvanic cell based on the following half-reactions:

$Cu^{2+}+2e^{-}=\!=\!=Cu \qquad \varphi^{\ominus}=0.34$ V

$Tl^{+}+e^{-}=\!=\!=Tl \qquad \varphi^{\ominus}=-0.336$ V

(a) Determine the overall cell reaction and calculate the cell potential $\varepsilon^{\ominus}$.

(b) Calculate the $\Delta_r G^{\ominus}_m$ and K for the cell reaction at 298 K.

(c) Calculate the cell potential ε when $[Cu^{2+}]=1.0\times10^{-2}\ mol\cdot L^{-1}$ and $[Tl^{+}]=1.0\times10^{-4}\ mol\cdot L^{-1}$.

6-7 Cadmium sulfide (CdS) is used in some semiconductor applications. Calculate the value of the solubility-product ($K^{\ominus}_{sp}$) for CdS given the following standard reduction potentials:

$CdS+2e^{-}=\!=\!=Cd+S^{2-} \qquad \varphi^{\ominus}=-1.21$ V

$Cd^{2+}+2e^{-}=\!=\!=Cd \qquad \varphi^{\ominus}=-0.403$ V

6-8 What mass of each of the following substances can be produced in 1 hour with a current of 15 A?

(a) Cu from aqueous Cu^{2+}

(b) I_2 from aqueous KI

(c) Cr from molten CrO_3

7 Rates of Reactions

Spontaneity and rate are the key issues for chemical reactions in both theoretical research and industrial productions. We have covered the spontaneity of reactions in chemical thermodynamics. It tells us the possibility of a reaction. Yet possibility doesn't mean reality. Let's see the reaction of ammonia synthesis,

$$N_2(g)+3H_2(g) = 2NH_3(g) \quad \Delta_r G_m^{\ominus} = -32.8\ \text{kJ}\cdot\text{mol}^{-1}$$

Thermodynamically, hydrogen and nitrogen will spontaneously convert to ammonia at standard state. Actually, no ammonia will come out when hydrogen and nitrogen are mixed at room temperature because the rate of the reaction is very slow. Indeed, rate has nothing to do with spontaneity, and it belongs to chemical kinetics which is the area of chemistry concerned with two issues: one is rates at which chemical reactions occur, the other is the detailed mechanism of how they proceed. The history of chemical kinetics can be divided into three periods:

(1) Second half of the 19th century. It is the period for the development of macroscopic chemical kinetics. There are two main discoveries, one is the mass action law discovered by Norway chemists C. M. Guldberg and P. Waage, the other is Arrhenius equation summarized by Sweden chemist Svante Arrhenius.

(2) 1900 ~ 1950, the primary discoveries include the collision theory summarized by G. N. Lewis in 1918, activated complex or transition state theory put forward by H. Eyring in 1935, and chain reaction (radical) and so on.

(3) Since 1950, it entered the period of microscopic chemical kinetics or molecular reaction dynamics, which aims to study the molecule collision behaviors at molecular level and to figure out the reaction mechanism. This chapter, titled rates of reactions, mainly introduces definition of rates, factors and theories, which lays a foundation for your further study of microscopic chemical kinetics in the future.

7.1 Definitions of Rates

The speed at which a reaction takes place is called the rate of reaction. Rate means a change with time. It is the concentration of products and reactants that changes with time during a reaction. Products are formed and reactants are consumed. The rate of reaction could be determined by measuring the rate of disappearance of the reactants or the rate of appearance of products. The **average rate of reaction**, symbolized as $\bar{v}$, is defined as below:

$$\bar{v}=\frac{|c_{\text{final}}-c_{\text{initial}}|}{t_{\text{final}}-t_{\text{initial}}}=\frac{\Delta c}{\Delta t}>0 \qquad (7.1)$$

For example,

$$2N_2O_5(g)=\!=\!=4NO_2(g)+O_2(g)$$

	$2N_2O_5(g)$	$4NO_2(g)$	$O_2(g)$
$t=0/\text{mol}\cdot\text{L}^{-1}$	1.00	0	0
$t=200\ \text{s}/\text{mol}\cdot\text{L}^{-1}$	0.88	0.24	0.06

$$\bar{v}_{N_2O_5}=-\frac{0.88-1.0}{200}=6.0\times10^{-4}(\text{mol}\cdot\text{L}^{-1}\cdot\text{s}^{-1})$$

$$\bar{v}_{NO_2}=\frac{0.24-0}{200}=12\times10^{-4}(\text{mol}\cdot\text{L}^{-1}\cdot\text{s}^{-1})$$

$$\bar{v}_{O_2}=\frac{0.06-0}{200}=3.0\times10^{-4}(\text{mol}\cdot\text{L}^{-1}\cdot\text{s}^{-1})$$

Therefore, $\bar{v}_{N_2O_5}:\bar{v}_{NO_2}:\bar{v}_{O_2}=2:4:1$, $\frac{\bar{v}_{N_2O_5}}{2}=\frac{\bar{v}_{NO_2}}{4}=\frac{\bar{v}_{O_2}}{1}$

That is, when using different reactants and products to express the rates of the reaction, the values may be different. The value for the rate is equal when rate is divided by the coefficient of the corresponding reactant or product in the chemical equation. For a general reaction,

$$aA+bB\rightarrow gG+hH$$

$$\frac{\bar{v}_A}{a}=\frac{\bar{v}_B}{b}=\frac{\bar{v}_G}{g}=\frac{\bar{v}_H}{h} \qquad (7.1a)$$

Usually, we choose a component whose concentration change is easily to measure. For example, $2N_2O_5(g)=4NO_2(g)+O_2(g)$, we measured the concentrations of reactant N_2O_5 at different time, listed in Table 7-1, and drew Fig. 7-1. As Table 7-1 shows, the average reaction rate is not constant during the course of the reaction. This is not very satisfactory because it doesn't tell us the rate at any particular time. To find the rate at a specific time, a line can be drawn tangent to the curve at that time point. The slope of this line gives the rate of reaction at that particular time, called the **instantaneous rate of reaction.** Mathematically, instantaneous rate of reaction is the limit value of an average rate of reaction when the time interval $\Delta t \to 0$

$$v = \lim_{\Delta t \to 0} - \frac{\Delta[N_2O_5]}{\Delta t} \tag{7.1b}$$

As shown by Fig. 7-1 below, it is again obvious that the instantaneous rate varies during the course of the reaction, but that the highest rate (steepest slope) is given by the line tangent to $t = 0$ and is called the initial rate of reaction. This is the rate when there is a maximal amount of reactant present and a minimal amount of product. The rate of a reaction varies with $[N_2O_5]$ so the rate will be highest at $t=0$ for the forward reaction. At this time there is no product present, so the rate of the reverse reaction will be the lowest.

Table 7-1 Experimental Data for the Reaction $2N_2O_5(g) = 4NO_2(g) + O_2(g)$ at 318 K

Time /s	$[N_2O_5]$ / $mol \cdot L^{-1}$	$-\Delta[N_2O_5]$ / $mol \cdot L^{-1}$	$\bar{v} = \frac{-\Delta[N_2O_5]}{\Delta t}$ / $mol \cdot L^{-1} \cdot s^{-1}$	$\bar{v}/[N_2O_5]$ / s^{-1}
0	1.00	—	—	—
200	0.88	0.12	6.0×10^{-4}	$6.0 \times 10^{-4} \approx 6 \times 10^{-4}$
400	0.78	0.10	5.0×10^{-4}	$5.7 \times 10^{-4} \approx 6 \times 10^{-4}$
600	0.69	0.09	4.5×10^{-4}	$5.8 \times 10^{-4} \approx 6 \times 10^{-4}$
800	0.61	0.08	4.0×10^{-4}	$6.6 \times 10^{-4} \approx 6 \times 10^{-4}$
1 000	0.54	0.07	3.5×10^{-4}	$5.7 \times 10^{-4} \approx 6 \times 10^{-4}$
1 200	0.48	0.06	3.0×10^{-4}	$5.6 \times 10^{-4} \approx 6 \times 10^{-4}$
1 400	0.43	0.05	2.5×10^{-4}	$5.2 \times 10^{-4} \approx 6 \times 10^{-4}$
1 600	0.38	0.05	2.5×10^{-4}	$5.8 \times 10^{-4} \approx 6 \times 10^{-4}$
1 800	0.34	0.04	2.0×10^{-4}	$5.3 \times 10^{-4} \approx 6 \times 10^{-4}$
2 000	0.30	0.04	2.0×10^{-4}	$5.9 \times 10^{-4} \approx 6 \times 10^{-4}$

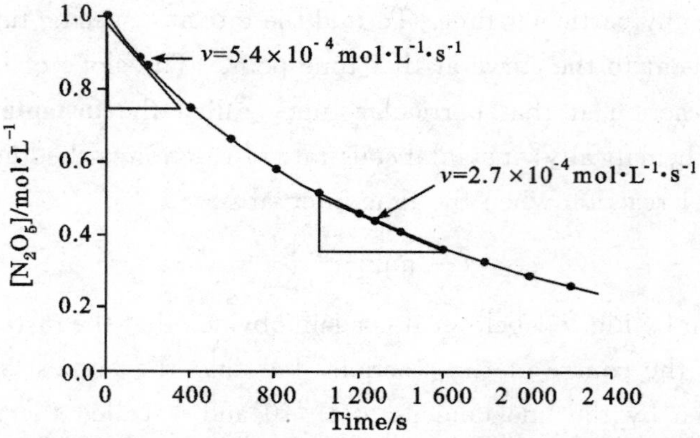

Figure 7-1 A plot of the concentration of N_2O_5 as a function of time for the reaction

7.2 Factors Influencing Rates of Reactions

We have already known that the practical reaction conditions for ammonia synthesis is at temperature of 773 K, high pressure 300×10^5 Pa$\sim$$700\times10^5$ Pa, with a catalyst of iron as well. It indicates the dependence of rates of reactions on concentrations (pressure for gaseous system), temperature and catalyst. We will discuss the dependence of rate on these three factors in details.

7.2.1 Concentrations and Rate Equation

As shown in Fig. 7-1, at a certain temperature, the reaction rate decreases with the concentration of $[N_2O_5]$. When $[N_2O_5]=0.9$ mol·L^{-1}, the instantaneous rate of reaction equals to 5.4×10^{-4}mol·L^{-1}·s^{-1}, When $[N_2O_5]$ $=0.45$ mol·L^{-1}, the instantaneous rate of reaction equals to 2.7×10^{-4} mol·L^{-1}·s^{-1}. We noticed that when the concentration reduced half, the instantaneous rate of reaction reduced half. That is to say, $\frac{v}{[N_2O_5]}=6\times10^{-4}\ s^{-1}$. Please see that in the final column in Table 7-1, $\frac{\bar{v}}{[N_2O_5]}\approx6\times10^{-4}\ s^{-1}$. Actually at any time, $\frac{v}{[N_2O_5]}$ gives the same value over the entire course of the reaction. This ratio defines the rate constant, k, of this reaction. The rate constant is independent of concentrations of products and reactants. The instantaneous rate of reaction is in proportion to the concentration of N_2O_5, that is, $v=6\times10^{-4}[N_2O_5]$. This equation expresses the relationship between the instantaneous rate of reaction and reactant concentration, and is called **rate equation** or **rate law**, also called **mass action law.**

For reaction $aA+bB=gG+hH$,

the general form of a kinetic rate equation is,

$$v=k[A]^{\alpha}[B]^{\beta} \quad (7.2)$$

In Equation (7.2), v is the instantaneous rate of reaction. [A] and [B] are concentrations at a certain time. α is the order of reactant A; β is the order of reactant B. The **order of the reaction**, symbolized as n, is the sum of the exponents of rate equation: $n=\alpha+\beta$. The order can be integers and fractions. k is **rate constant.** The value of k equals to the instantaneous rate when the concentration of every component is 1 mol·L^{-1}, and it has no relationship with reactants concentrations at a certain temperature. Its unit depends on the order of the reaction, can be generally expressed as $(mol\cdot L^{-1})^{1-n}\cdot s^{-1}$, see Table 7-2.

Table 7-2 Relationship Between the Unit of Rate Constant and the Order of the Reaction

n	Examples	Rate Equation	Unit of k /$(mol\cdot L^{-1})^{1-n}\cdot s^{-1}$
0	$2Na+2H_2O=2NaOH+H_2$	$v=k$	$mol\cdot L^{-1}\cdot s^{-1}$
	$2NH_3=N_2+3H_2$		
1	$2N_2O_5=4NO_2+O_2$	$v=k[N_2O_5]$	s^{-1}
	$C_{12}H_{22}O_{11}$(sucrose)$+H_2O$ $=C_6H_{12}O_6+C_6H_{12}O_6$(fructose)	$v=k[C_{12}H_{22}O_{11}]$	
1.5	$H_2+Cl_2=2HCl$	$v=k[H_2][Cl_2]^{0.5}$	$mol^{-0.5}\cdot L^{0.5}\cdot s^{-1}$
	$C_2H_6=C_2H_4+H_2$	$v=k[C_2H_6]^{1.5}$	
2	$S_2O_8^{2-}+3I^-=2SO_4^{2-}+I_3^-$	$v=k[S_2O_8^{2-}][I^-]$	$mol^{-1}\cdot L\cdot s^{-1}$
	$CO+NO_2=CO_2+NO$	$v=k[CO][NO_2]$	
	$2NO_2=O_2+2NO$	$v=k[NO_2]^2$	
	$2NO_2+F_2=2NO_2F$	$v=k[NO_2][F_2]$	
2.5	$CO+Cl_2\xrightarrow{\text{high temperature}}COCl_2$	$v=k[CO][Cl_2]^{1.5}$	$mol^{-1.5}\cdot L^{1.5}\cdot s^{-1}$
3	$2H_2+2NO=2H_2O+N_2$	$v=k[H_2][NO]^2$	$mol^{-2}\cdot L^2\cdot s^{-1}$
	$2NO+Cl_2=2NOCl$	$v=k[NO]^2[Cl_2]$	

As for some reactions whose rate equations are complicated, without having the form of $v=k[A]^{\alpha}[B]^{\beta}$, we won't mention their order. Remember, rate equations must be determined through experiments. The overall reaction stoichiometry does not predict the rate equation. The most common method for determining the values of α, β and k is called the **isolation method**, which we will now look at in more detail.

Example 7-1 At 400 ℃, measure the initial concentrations and initial rate of the following reaction,

$$CO(g)+NO_2(g)=\!=\!=CO_2(g)+NO(g)$$

All data are listed below. Determine the rate equation.

Test No.	$[CO]_{initial}$/mol·L^{-1}	$[NO_2]_{initial}$/mol·L^{-1}	v_0/ mol·L^{-1}·s^{-1}
1	0.10	0.10	0.005
2	0.20	0.10	0.010
3	0.30	0.10	0.015
4	0.10	0.20	0.010
5	0.10	0.30	0.015

SOLUTION We will assume that the rate law has the form: rate$=k[A]^{a}[B]^{b}$. We will carry out the experiment a number of times, each time varying the initial concentration of one of the reactants. For tests 1-3, fixing the initial concentration of NO_2, vary the initial concentration of CO, $v\propto[CO]$. This reaction is first order with respect to CO since the rate depends directly on the [CO]. Doubling the [CO] doubles the rate. For Test 1, 4 and 5, fixing the initial concentration of CO, vary the initial concentration of NO_2, $v\propto[NO_2]$. This reaction also is first order with respect to NO_2 since the rate depends directly on the $[NO_2]$. Doubling the $[NO_2]$ doubles the rate. Therefore, $v\propto[CO][NO_2]$. And k can be calculated by using any set of data: $0.005=k\times0.10\times0.10$.

$k=0.5$ mol^{-1}·L·s^{-1}

So, for the reaction: $CO(g)+NO_2(g)=\!=\!=CO_2(g)+NO(g)$

The rate equation is given by: $v=0.5[CO][NO_2]$. This is a second-order reaction.

Example 7-2 At 800 ℃, $2H_2+2NO=\!=\!=2H_2O+N_2$

Calculate its rate equation according to the experimental data below.

Test No.	$[NO]_{initial}$ / mol•L^{-1}	$[H_2]_{initial}$ / mol•L^{-1}	v_{N_2} / mol•L^{-1}•s^{-1}
1	6.00×10^{-3}	1.00×10^{-3}	3.19×10^{-3}
2	6.00×10^{-3}	2.00×10^{-3}	6.36×10^{-3}
3	6.00×10^{-3}	3.00×10^{-3}	9.56×10^{-3}
4	1.00×10^{-3}	6.00×10^{-3}	0.48×10^{-3}
5	2.00×10^{-3}	6.00×10^{-3}	1.92×10^{-3}
6	3.00×10^{-3}	6.00×10^{-3}	4.30×10^{-3}

SOLUTION For tests 1-3, fixing the initial concentration of NO, change the initial concentration of H_2, $v\propto[H_2]$. This reaction is first order with respect to H_2 since the rate depends directly on the $[H_2]$. Doubling the $[H_2]$ doubles the rate. For tests 4-6, fixing the initial concentration of H_2, change the initial concentration of NO, $v \propto [NO]^2$. This reaction is second order with respect to NO, because the rate varies exponentially on the [NO]. Doubling the [NO] increases the rate by 2^2 or 4. Therefore $v\propto [H_2][NO]^2$. Calculate k by using any set of data, we may get the rate equation:

$v=k\,[H_2][NO]^2=8.86\times10^4[H_2][NO]^2$. Thus, overall this is a three-order reaction.

The overall balanced chemical equation does not tell us how a reaction actually takes place. It describes the products and the reactants, and the relative ratios in which they are consumed and produced. In many cases, it represents the sum of a series of more simple reactions, which are called the **elementary steps.** An elementary step is a reaction whose rate equation can be written from its equation. Elementary steps represent the progress of the overall reaction at a molecular level. The sequence of elementary steps that lead to product formation is called the **reaction mechanism.** Each elementary step will have a **molecularity.** The molecularity is the number of species that must collide to produce products in an elementary process. There are 3 possible molecularities (see Table 7-3). Unimolecular steps are not as common as bimolecular steps. Radioisotopes decay is a unimolecular elementary step. Bimolecular steps involve the collision of two reacting molecules. This is the most common elementary step. Termolecular steps involve the simultaneous collision of three reacting species, which occurs rarely.

Table 7-3 Three Possible Molecularities for a Elementary Step

Molecularity	Elementary Step	Rate Equation	Example
Unimolecular	A→product	$v=k[A]$	$SO_2Cl_2 = SO_2 + Cl_2$
Bimolecular	A+A →product	$v=k[A]^2$	$2NO_2 = NO_3 + NO$
	A+B→product	$v=k[A][B]$	$NO_2 + F_2 = NO_2F + F$
Termolecular	A+A +A→product	$v=k[A]^3$	
	A+A +B→product	$v=k[A]^2[B]$	$H_2 + 2I = 2HI$
	A+B+C→product	$v=k[A][B][C]$	

It is important to distinguish between molecularity and order. **The molecularity is the number of molecules that actually react in an elementary process**, and must be a small integer, either 1, 2 or rarely, 3. In contrast, **the order is the sum of the exponents in the rate law** for the overall reaction. It can only be determined by experiments and can be integral or fractional. The challenge of chemical kinetics is to determine the elementary steps which lead to the experimentally observed rate law and give the proper overall stoichiometry. Every chemical reaction involves one or more elementary steps. If a chemical reaction involves two or more elementary steps, it is a nonelementary reaction, or complicated reaction. In fact, most chemical reactions are nonelementary reactions. For example,

$$2NO_2 + F_2 = 2NO_2F$$

Consists of two elementary steps,

$$NO_2 + F_2 = NO_2F + F(\text{slow}, k_1)$$

$$F + NO_2 = NO_2F(\text{fast}, k_2)$$

In this case, F is an intermediate. The rate of the overall reaction is determined by the slow elementary step. Therefore, rate equation is as below,

$$v = k_1[NO_2][F_2]$$

So far, it is clear that only for chemical reaction involving one elementary step, it rate equation can be written directly from its stoichiometry. Otherwise, rate equations must be determined by experiments.

7.2.2 Temperature and Arrhenius Equation

Temperature plays an important role in chemical reactions. For example, acids react with bases in an instant at room temperature, while synthesis reaction for ammonia must proceed at high temperature. For most reactions, rates increase with increasing temperature. In 1880s, Sweden chemist Svante Arrhenius summarized a lot of experiment data and addressed the rate constant as,

$$k = Ae^{-E_a/RT} \quad (7.3)$$

Equation (7.3) is called **Arrhenius equation**, which shows that the value of k, and consequently the rate of reaction, will increase exponentially with increasing temperature. The temperature, T, is the absolute temperature, K. R is the gas constant, 8.314 $J \cdot mol^{-1} \cdot K^{-1}$. E_a is called **activated energy**; its unit is $J \cdot mol^{-1}$. A is called the **frequency factor**; its unit is the same as that of rate constant. The physical meaning of E_a and A will be interpreted in section 7-3.

Taking the natural logarithm or common logarithm of each side of the Arrhenius equation gives,

$$\ln k = -\frac{E_a}{RT} + \ln A \quad (7.3a)$$

$$\lg k = -\frac{E_a}{2.303RT} + \lg A \quad (7.3b)$$

A plot of lg k versus $\frac{1}{T}$ gives a line with slope $= -\frac{E_a}{2.303R}$ and intercept $= \lg A$. There are two lines with different slopes in Fig. 7-2; they represent two reactions with different values of E_a. The line I with a smaller slope is corresponding to a reaction with a smaller E_a, and the line II with a bigger slope is corresponding to a reaction with a bigger E_a. It is obvious that at the same temperature, rate constant of the reaction with smaller E_a is larger; that is, the lower the activation energy, the faster the reaction.

The values of E_a and A can also be calculated from the values at only two temperatures by using a formula that can be derived as follows from Equation (7.3b).

At temperature T_1, where the rate constant is k_1, at temperature T_2, where the rate constant is k_2.

$$\lg k_1 = -\frac{E_a}{2.303RT_1} + \lg A$$

$$\lg k_2 = -\frac{E_a}{2.303RT_2} + \lg A$$

Subtracting the first equation from the second gives,

$$\lg \frac{k_2}{k_1} = -\frac{E_a}{2.303R}\left(\frac{1}{T_2} - \frac{1}{T_1}\right) = \frac{E_a(T_2 - T_1)}{2.303RT_1T_2} \quad (7.3c)$$

and $$E_a = \frac{2.303RT_1T_2}{T_2 - T_1}\lg\frac{k_2}{k_1} \quad (7.3d)$$

Therefore, the values of k_1 and k_2 measured at temperatures T_1 and T_2 can be used to calculate E_a, as shown in Example 7-3.

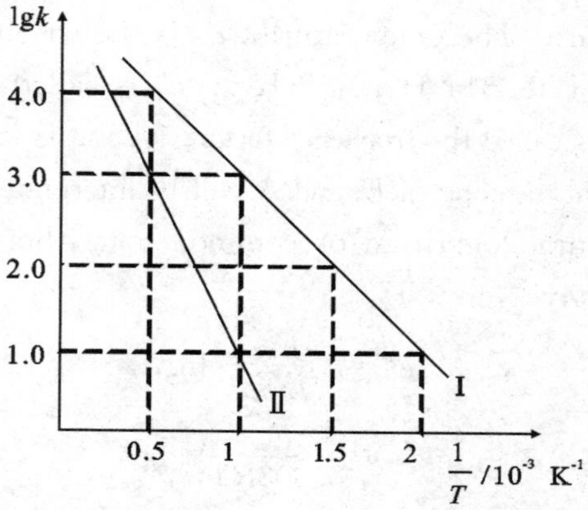

Figure 7-2 Relationship between rate constant and temperature

Example 7-3 Here is a reaction $2N_2O_5(g) = 2N_2O_4(g) + O_2(g)$

At 298 K, the rate constant is $3.4 \times 10^{-5}\ s^{-1}$, and at 328 K, the rate constant is $1.5 \times 10^{-3}\ s^{-1}$. Using these values, calculate E_a and A for this reaction.

SOLUTION Substituting these values into Equation (7.3d)

$$E_a = \frac{2.303RT_1T_2}{T_2 - T_1}\lg\frac{k_2}{k_1}$$

$$= \frac{2.303 \times 8.314 \times 298 \times 328}{328 - 298} \times \lg\frac{1.5 \times 10^{-3}}{3.4 \times 10^{-5}} = 102\ 597(J \cdot mol^{-1})$$

$$\approx 103\ kJ \cdot mol^{-1}$$

$$\lg k = \frac{-E_a}{2.303RT} + \lg A$$

That is, $\lg A = \lg k + \frac{E_a}{2.303RT}$

Substituting $T_1 = 298$ K, $k_1 = 3.4 \times 10^{-5} s^{-1}$, solving for A gives $A = 3.83 \times 10^{13}\ s^{-1}$.

7.2.3 Catalysts

A catalyst is a substance that speeds up a reaction without being consumed itself. There are two sorts of catalysts. A **homogeneous catalyst** is one that is present in the same phase as the reacting molecules. A **heterogeneous catalyst** exists in a different phase, usually a solid.

Here is an example of the **Haber** process of nitrogen fixation. Nitrogen is an essential element for plants. There are bacteria that take atmospheric N_2 and H_2 and convert them into nitrogen containing compounds that are left in the soil. With the start of intensive farming techniques, farmers need to supplement this nitrogen source by addition of nitrogen containing compounds, including ammonia, NH_3, to the soil. Atmospheric nitrogen is very abundant, but can't be used by growing plants because it is not "fixed", i. e. incorporated into a water soluble form. The most obvious solution is to make ammonia from atmospheric N_2 and H_2, both of which are abundant and cheap:

$$N_2 + 3H_2 \text{===} 2NH_3$$

This is a spontaneous process ($\Delta G < 0$) but proceeds at a very slow rate at room temperature. Raising the temperature increases the rate of the reaction, but, it also leads to the thermal decomposition of NH_3. A German scientist, Fritz Haber, found that adding a metal catalyst greatly enhanced the rate of reaction. The gas molecules, N_2 and H_2, are adsorbed (held) to the metal surface. This association with the metal breaks the N≡N and H-H bonds, forming very reactive, monatomic species. These then combine to make ammonia, NH_3. The metal surface lowers the activation energy of the bond breakage, enhancing the rate of the reaction. This is a heterogeneous catalysis, because two phases, solid and gas, are involved.

7.3 Theories of Reaction Rates

The dependence of reaction rates on concentration and temperature is described by rate laws and the Arrhenius equation, which can be explained by the collision theory and activated complex theory (transition state theory).

7.3.1 Collision Theory

The collision theory is based on the kinetic molecular theory. Let's begin by considering a reaction between two molecules in the gas phase because this type of reaction is the simplest. The reaction between carbon oxide and nitrogen dioxide to form carbon dioxide and nitric oxide, is a good example.

$$CO(g) + NO_2(g) = CO_2(g) + NO(g)$$

According to the kinetic molecular theory, a container "full" of carbon oxide and nitrogen dioxide molecules is mostly empty space. The carbon oxide and nitrogen dioxide molecules move about very rapidly in this space, colliding frequently with each other and with the container. For the valence electrons to rearrange and form new bonds, the atoms to be joined by the new bonds must be within bonding distance of each other. Therefore, it seems reasonable to suppose that reaction takes place when a molecule of carbon oxide collides with a molecule of nitrogen dioxide. The more carbon oxide and nitrogen dioxide molecules there are in a given volume, the more collisions there will be between them, just as a larger number of motorboats on a small lake means more collisions. Under ordinary laboratory conditions, one molecule of gas hits another molecule of gas about 10^{10} times per second. If all of these collisions resulted in reaction, reaction would be complete in an instant. Also, the rates of most reactions increase much faster with increasing temperature than would be expected on the basis of higher molecular speeds alone. The observations that not all collisions result in reaction and that the reaction rate increases very fast with increasing temperature are explained by proposing that molecules must collide with a certain minimum energy for reaction to take place. If molecules collide with less than the minimum energy needed for reaction, they simply bounce apart again without reacting. In Chapter 1, Fig. 1-5 shows how kinetic energies are distributed among the huge number of particles in a sample. The distribution of kinetic energies is similar to the distribution of molecular speeds shown in Fig. 1-4 because kinetic energy is proportional to the square of molecular speed. In Fig. 1-5, the shaded areas represent the fraction of molecules having energy greater than the activation energy or, in other words, the fraction of molecules having enough energy to react. You can see that this fraction is much larger at a higher temperature.

Fig. 1-5 also shows that the higher the activation energy, the smaller the fraction of the molecules that have enough energy to react. As a result, the higher the activation energy, the slower a reaction will be. Reactive collisions continuously remove the most energetic reactant molecules from the reaction mixture. But at constant temperature, the average kinetic energy remains constant. Nonreactive collisions of molecules with other molecules and with the container walls restore the usual distribution of energies. For a reaction to take place, molecules must possess a certain minimum energy. Further more, not every collision with sufficient energy results in reaction. For example, Fig. 7-3 shows collisions that cannot result in reaction because orientation of the reactants does not fit for producing new bonds, only the carbon atoms of the carbon oxide collide the oxygens of the nitrogen dioxide can produce products.

To summarize, collision theory regards reactant molecules as simple rigid balls, and it mainly include two points:

(1) It is necessary for the reactant molecules to collide one another so that they may happen to produce products, and the reaction rate is proportional to the collision frequency. Use Z to represent collision frequency, $v \propto Z$.

(2) Only effective collisions can bring about the products. The effective collision has two requirements: energy and orientation. First, the collision must involve molecules with enough energy to produce the reaction; that is, the collision molecules must have energy equal or exceed the activation energy. The factor $e^{-Ea/RT}$ represents the fraction of collisions with energy equal E_a or greater at temperature T. Thus, $v \propto Z e^{-Ea/RT}$. Second, the relative orientation of the reactants must allow the formation of any new bonds necessary to produce products, here a **steric factor** (always less than 1), symbolized as p, is used. The two requirements must both be satisfied for reactants to collide successfully to form products. So, $v \propto Zpe^{-Ea/RT}$. And it is just the Arrhenius equation if Zp is replaced by A.

$$k = Zpe^{-Ea/RT} = Ae^{-Ea/RT}$$

Let's look at all of the terms in the Arrhenius equation in more detail. Those appear before the exponential term $e^{-Ea/RT}$ are Z, the collision frequency, and p, the steric factor. The collision frequency is somewhat dependent on temperature, but not as dramatically as the exponential dependence. The steric factor, p, is completely independent of temperature, and reflects the fraction of collisions occurring with the proper orientation to lead to reaction.

It is easy to explain the rate dependence on concentrations and temperature by using collision theory. When concentrations of reactants increase, of course the numbers of reactant molecules with sufficient energy increase, so the rate increases. When the temperature increases, the fraction of reactant molecules with sufficient energy increases, and this cause the rate increasing greatly. The collision theory is simple, but it cannot explain some reactions with complicated molecular structures.

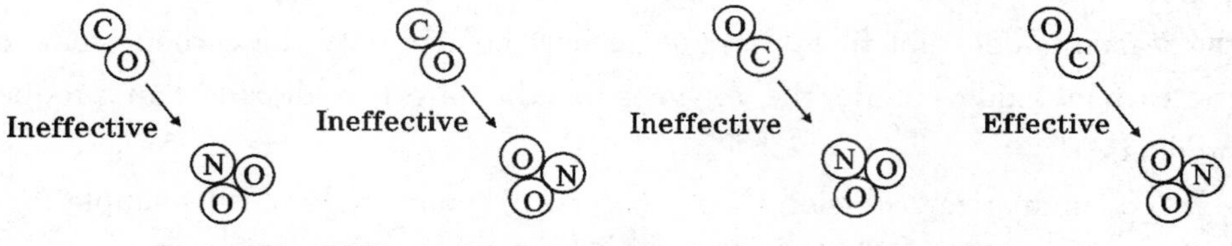

Figure 7-3 Different orientations when NO_2 and CO molecules collide

7.3.2 Activated Complex Theory

Activated complex theory, also called transition state theory, took the structures of reactant molecules into consideration. The nucleus of each atom is surrounded by an electron cloud. When atoms combine to form molecules, the outside of the molecule is surrounded by an electron cloud. When two molecules approach each other, their electron clouds repel each other. For the nucleuses to get close enough for the electron clouds to rearrange and form new bonds, the molecules must have unusually high kinetic energies. Simply speaking, activated complex theory includes two points.

(1) Reactant molecules move toward each other, and the electrons are rearranging after they have collided. A species like the one shown in Fig. 7-4 is called an activated complex. The state of the activated complex is called the transition state. Fig. 7-5 shows that the activated complex is the highest energy arrangement of atoms along the reaction coordinate.

(2) The difference between the energy of the reactants and the energy of the activated complex is the activation energy for the forward reaction, $E_{a(forward)}$. The activation energy is the minimum energy the colliding molecules must have in order for reaction to take place. The difference between the energy of the products and the energy of the activated complex is the activation energy for the reverse reaction, $E_{a(reverse)}$. The difference in energy between the reactants and products is the enthalpy change for the reaction, $\Delta_r H_m$.

$$\Delta_r H_m = E_{a(forward)} - E_{a(reverse)} \quad (7.4)$$

For reaction $CO(g) + NO_2(g) = CO_2(g) + NO(g)$

$\Delta_r H_m = E_{a(forward)} - E_{a(reverse)} < 0$, therefore, it is a exothermic reaction.

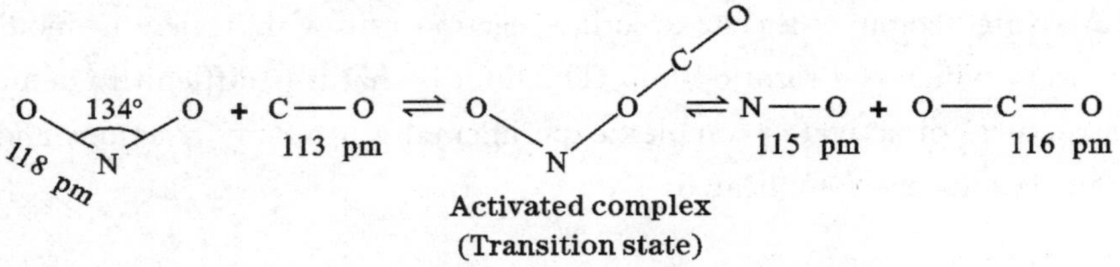

Figure 7-4 Reaction process of CO and NO_2

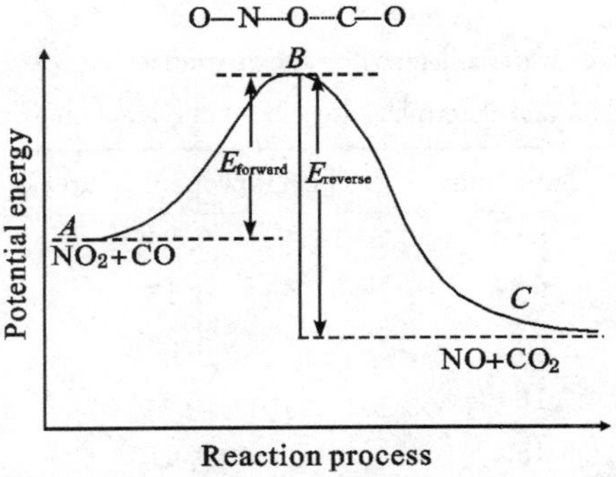

Figure 7-5 A plot of potential energy changes with process of the reaction

$$CO(g)+NO_2(g)=\!=\!=CO_2(g)+NO(g)$$

Activated complex theory can explain why a catalyst speeds up a reaction. As is shown is Fig. 7-6, a catalyst allow a reaction to occur with a lower activated energy, a much larger fraction of collisions is effective at a given temperature, and the reaction rate is increased. The $\Delta_r H_m$ remains the same, and the catalyst will not affect the equilibrium.

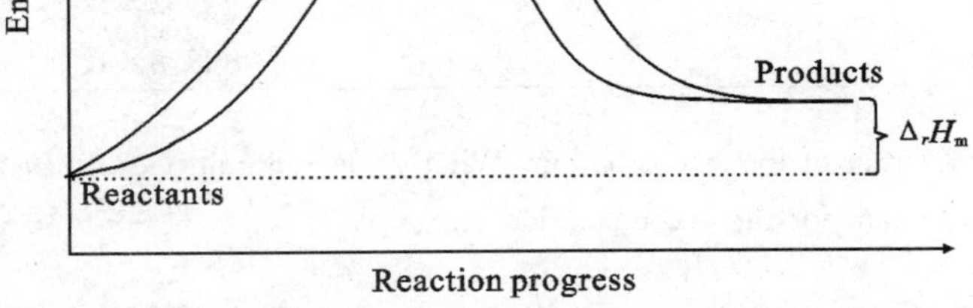

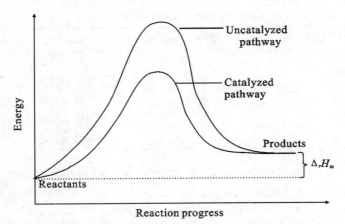

Figure 7-6 Energy plots for a catalyzed and an uncatalyzed pathway for a given reaction

Activated complex theory describe reaction rate with a view to molecules structures, which is a right option. The limit is that it is difficult to determine the structures of activated complex experimentally for many reactions and also the calculations are complicated.

Questions and Exercises

7-1 The following rate data were collected for the rearrangement of cyclopropane to propylene at 800 ℃. Graph the data and determine the rate of the reaction at t=0,60 and 180 min.

Time/min	[cyclopropane]/mol•L^{-1}
0	0. 20
30	0. 13
60	0. 081
120	0. 033
180	0. 013
240	0. 054

7-2 For the rate equation, Rate=$k[B]^x$. What is the change of rate that occurs on doubling the concentration of B if:

(a)$x=0$; (b)$x=1$; (c)$x=2$; (d)$x=\frac{1}{2}$?

7-3 For the displacement of bromide by hydroxide from ethy bromide,

$$CH_3CH_2Br+OH^- = CH_3CH_2OH+Br^-$$

at 25 ℃ the following initial rates were measured.

[CH_3CH_2Br]/mol•L^{-1}	[OH^-]/mol•L^{-1}	Initial rate/mol•L^{-1}•s^{-1}
0. 150	0. 200	4. 8×10^{-5}
0. 300	0. 200	9. 6×10^{-5}
0. 450	0. 200	14. 4×10^{-5}
0. 300	0. 400	19. 2×10^{-5}
0. 300	0. 600	28. 8×10^{-5}

What is the order of the rate equation? What value and unit does k have?

7-4 The rate constant for the decomposition of N_2O_5,

$$2N_2O_5 = 4NO_2+O_2$$

is 6. 65×10^{-5} s^{-1} at 35 ℃, and 2. 40×10^{-3} s^{-1} at 65 ℃. Calculate the activation energy and frequency factor for this reaction.

7-5 For the decomposition of $ClCO_2CH_2CH_3$ at 200 ℃, $k=1.3\times10^{-3}\ s^{-1}$. The activation energy is 123 $kJ\cdot mol^{-1}$. Calculate the value of k at 325 ℃.

7-6 For a given reaction, what is the effect of a catalyst on

(a) ΔH;

(b) the enthalpy of the products;

(c) E_a.

7-7 The decomposition of hydrogen iodide is catalyzed by platinum,

$$2HI \xlongequal{} H_2 + I_2$$

and is first-order. For this reaction, $\Delta H=-54\ kJ\cdot mol^{-1}$. $E_{a(uncat.)}=185\ kJ\cdot mol^{-1}$, $E_{a(cat.)}=60\ kJ\cdot mol^{-1}$. Sketch the energy profiles for the catalyzed and uncatalyzed reactions.

7-8 Write the rate law for the following elementary reactions.

(a) $CH_3NC(g) \xlongequal{} CH_3CN(g)$

(b) $O_3(g)+NO(g) \xlongequal{} O_2(g)+NO_2(g)$

7-9 A proposed mechanism for a reaction is

$C_2H_4Br_2+KI \xlongequal{} C_2H_4+KBr+I+Br$ Slow

$KI+I+Br \xlongequal{} KBr+2I$ Fast

$KI+2I \xlongequal{} KI_3$ Fast

Write the rate law expected for this mechanism. What are the intermediates in the proposed mechanism? Write down the overall balanced equation for this reaction.

8 Atomic Structure

Substances are made of elements. The differences of substance properties are due to the atomic structures of different elements. An atom has a nucleus in the center, which consists of protons and neutrons, and electrons surrounding it with high speed. In chemical reactions (except nuclear reactions), the electron configurations of atoms in reactants change instead of nucleus. This chapter firstly explains the movement states of electrons, and then introduces the electron configurations, finally reveals the relationship between the electronic structure and elemental periodicity.

8.1 Movements of Electrons in Atoms

It's well-known that the movement of an object can be described by Newton mechanical law. Toward the end of the nineteenth century, scientists discovered that the movements of microcosmic particles, such as electrons and atoms, whose size is at the magnitude of $10^{-10} \sim 10^{-8}$ m, are quite different from those macrocosmic objects, and their movements should be described by the Schrödinger equation, the quantum mechanical or wave mechanical model. In this section, we will figure out the characteristics of electron movements first, and then use the results from the Schrödinger equation to describe the electron movements.

8.1.1 Characteristics of Electron Movements

8.1.1.1 The Energy of Electrons in Atoms Is Quantized

The spectrum of white light is continuous, like rainbow produced when sunlight is dispersed by raindrops, contains all the wavelengths of visible light. The spectra of atoms of different elements are different, but they are all discontinuous. Let's see the experimental device generating the spectrum of hydrogen shown in Fig. 8-1. When the light is passed through a prism, only a few lines can be observed. The hydrogen emission spectrum is called **line**

spectrum. In visible light range, as shown in Fig. 8-2, H_α, H_β... are the symbols for each line, 656 nm, 486 nm…are the wavelengths. Toward the end of the nineteenth century, a Swiss high school teacher, J. Balmer, found an empirical equation that accurately describes the spectrum of the hydrogen atom in the visible region. In the ultraviolet and infrared light regions, which were discovered by T. Lyman and F. Paschen respectively, the hydrogen spectral lines also have the same form of equation. In 1913, Sweden physicist J. Rydberg analyzed all the hydrogen spectral lines and summarized an empirical equation,

$$\bar{\nu}=\frac{1}{\lambda}=R_H\left(\frac{1}{n_1^2}-\frac{1}{n_2^2}\right)=1.097\times10^7\left(\frac{1}{n_1^2}-\frac{1}{n_2^2}\right) \quad (8.1)$$

where $\bar{\nu}$ is the reciprocal of wavelength, called wave number, $R_H=1.097\times10^7\,m^{-1}$, is called Rydberg constant; n_1 and n_2 are positive integrals, and $n_2>n_1$. When $n_1=2$, $n_2=3, 4, \ldots$, the relevant wave numbers (wavelengths) belong to Balmer spectral series; when $n_1=1$, $n_2=2, 3, \ldots$, the wave numbers (wavelengths) belong to Lyman spectral series; when $n_1=3$, $n_2=4, 5, \ldots$, the wave numbers(wavelengths) belong to Paschen spectral series, which are shown in Fig. 8-3. The importance of Rydberg's equation is that it not only calculate the wave number of each hydrogen spectral line, but also point out each wave number equals to a difference of two items and each item has a form of $\frac{R_H}{n^2}$. The spectra of many other atoms can be represented by similar equations. However, no one could figure out any explanation for the spectral series or for the equations.

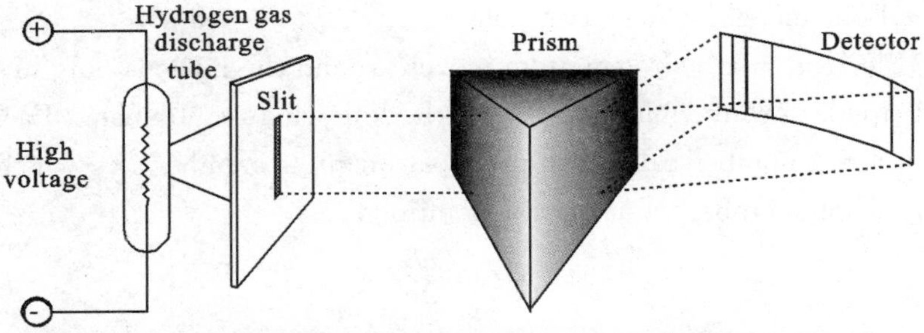

Figure 8-1 Experimental device generating the hydrogen spectrum

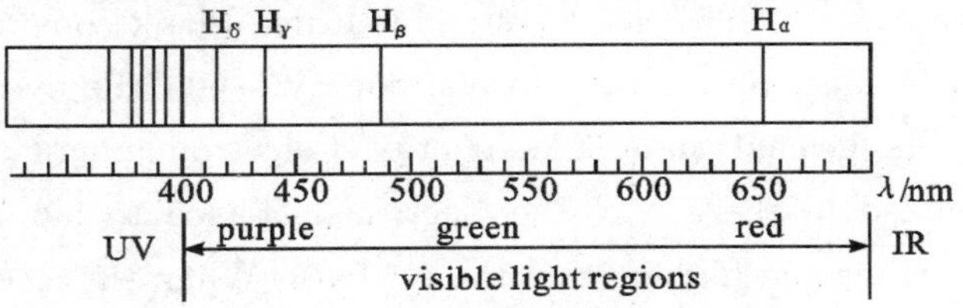

Figure 8-2 Line spectrum of hydrogen

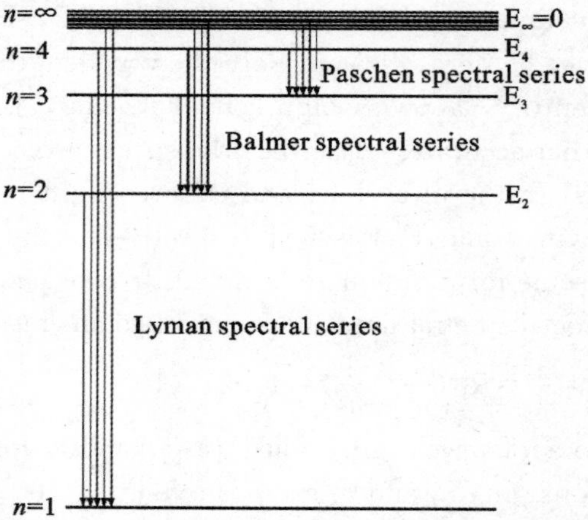

Figure 8-3 The energy levels of the orbits for hydrogen atom

To explain why hydrogen atoms only emit certain wavelengths of light and to address the relationship between the hydrogen spectral series and the electronic structure (and why the electron is not pulled into the nucleus), in 1913 Danish physicist N. H. D. Bohr proposed that the electron moves around the nucleus in one of many possible orbits similar to the orbits of the planets round the sun. Each of the orbits has a certain energy associated with it, that is, only certain values of energy are possible. The energy of the electron is said to be **quantized.**

The Bohr model includes two points:

(1)Electron in a hydrogen atom moves around the nucleus only in certain allowed circular orbits which must meet the following requirement. Each orbit was assigned a number called the principal quantum number, n, which could have any whole number value from 1 to infinity:

$$mrv=\frac{nh}{2\pi} \qquad (8.2)$$

m is mass of an electron, r is the distance from an electron to the nucleus, v is speed of electron, $h=6.626\times10^{-34}$ J·s and is called Plank constant.

(2)When the electron is in the lowest energy orbit, the hydrogen atom is said to be in its **ground state.** As energy (electromagnetic, thermal, or electrical) is added to the atom, the electron is raised to higher and higher energy levels farther and higher from the nucleus. When the electron is in any higher energy level, the hydrogen atom is said to be in an **excited state.** At this circumstance, the electron is unstable. It tends to give off energy in the form of light and returns to ground state. Remember that energy itself cannot be measured; only differences in energy can be measured. The frequency of light is given by

$$\nu=\frac{E_{final}-E_{initial}}{h} \tag{8.3}$$

According to Bohr's model, the radii and the energy levels of the orbits can be calculated by

$$r=0.529n^2\,\text{Å} \tag{8.4}$$

$$E=-\frac{2.179\times10^{-18}Z^2}{n^2}\ \text{J} \tag{8.5}$$

In which Z is the **nuclear charge**. Since the hydrogen nucleus contains a single proton, $Z=1$, the radii and energies corresponding to different n are as follows:

$n=1, r_1=0.529\text{Å}$, $E_1=-2.179\times10^{-18}$ J

$n=2, r_2=2^2 0.529\text{Å}$, $E_2=-\frac{2.179\times10^{-18}}{4}$ J

$n=3, r_3=3^2 0.529\text{Å}$, $E_3=-\frac{2.179\times10^{-18}}{9}$ J

...

$r_1=0.529\text{Å}$ is called **Bohr radius.** Fig. 8-3 shows Bohr's model of the hydrogen atom and the energy levels of the orbits. It is easy to notice how rapidly the radii of the orbits increase as n increases. Also notice how successive energy levels become more and more closely spaced. The energy of the electron depends on the orbit it occupies. The smaller the radius of the orbit, the lower the energy of the electron in the orbit and the more stable the system of the nucleus and one electron. According to the Bohr model, the electron does not fall into the nucleus because it cannot have a radius smaller than the radius of the first orbit or an energy lower than the energy of the first orbit. Finally, it is so far from the nucleus that it is no longer attracted by the positive charge on the nucleus. The electron is, for all practical purposes, infinitely far from the nucleus and is called a free electron. The energy of a free electron is not quantized but is continuous. The hydrogen atom has become a hydrogen ion. The energy necessary to remove the electron from the first energy level of the hydrogen atom and form a hydrogen ion, H^+, is called the

ionization energy of the hydrogen atom. The energy of a free electron—that is, an electron at an infinite distance from the nucleus is set equal to zero, and other energies are measured relative to the energy of the free electron. The ionization energy of hydrogen is

$\Delta E = E_{\text{infinite}} - E_1 = [0 - (-2.179 \times 10^{-18}\ \text{J})] \times 6.02 \times 10^{23}\ \text{mol}^{-1} = +1\ 312\ \text{kJ} \cdot \text{mol}^{-1}$.

The positive value for ΔE indicates that the system has gained energy; that is, the hydrogen atom must absorb light to produce this ionization change.

Combine Equation (8.5) with (8.3) and the relationship of frequency and wave number $\nu = \bar{\nu}c$, Equation (8.1) can be deduced. That is, Rydberg equation can be deduced from Bohr's model. Thus, hydrogen spectral series are explained theoretically by Bohr's model.

In sum, line spectrum of hydrogen atom indicates the discontinuous energy levels of electron in hydrogen atom. In fact, when any atoms are activated by either electromagnetic or thermal, they obtain discrete atomic spectra, and atomic spectra are characteristic properties that can be used to identify elements. They are like a fingerprint for each element. Bohr's theory satisfactorily explains the hydrogen spectrum; what's more, it enhanced our recognitions of the atomic structure. Bohr won the Noble prize of physics in 1922. However, when we observe atomic spectra with the high quality spectrometer, each spectral line consists of two close lines; and each spectral line split into two or more lines in magnetic field. These phenomena cannot be interpreted by Bohr's theory, the spectra of **polyelectronic atoms** and spectra of molecules cannot be explained by Bohr's theory either. Therefore, scientist put forward new supposes and theories. Finally in 1926 the Schrödinger quantum mechanical equation replaced Bohr's theory to describe the electron movements.

8.1.1.2 The Movement of Electrons in Atoms Is Statistical

(1) De Broglie's Equation.

We learned the dual nature of light in middle school. The light exhibits both wave properties (e. g. diffraction, interference phenomenon) and certain characteristics of particulate matter (e. g. photoelectric effect). Combine Einstein mass-energy relation

$$E = mc^2$$

with equation $E=h\nu$, we can deduce the relationship between momentum and wavelength of proton.

$$P=mc=\frac{E}{c}=\frac{h\nu}{c}=\frac{h}{\lambda} \quad (8.6)$$

This equation shows the essence of light, in which the characteristic of particle, momentum P, and the property of wave, wavelength λ, are quantitatively connected by the Plank constant.

In 1923, a young French physicist Louis de Broglie supposed that particulate particles such as electrons also exhibit the dual nature,

$$\lambda=\frac{h}{P}=\frac{h}{mv} \quad (8.7)$$

This equation is called **de Broglie equation**, in which λ is the wavelength, m is mass, v is the velocity, P is momentum, h is Plank constant. The particulate particles exhibit wave properties, which is called **De Broglie's wave** or the **particle's wave.** This scientific hypothesis was proved by electron diffraction experiments carried out by C. J. Davisson at Bell Labs in the United States and G. P. Thomson in England in 1927. The experiments showed that electrons can be diffracted like light.

Now it is clear that all matter exhibits both particulate and wave properties. Large pieces of matter, such as basketballs, exhibit predominantly particulate properties. The associated wavelength is so small that it is not observed. Very small "bits of matter" such as photons, while showing some particulate properties, exhibit predominantly wave properties. Pieces of matter with intermediate mass, such as electrons, show clearly both the particulate and wave properties of matter, and their movements obey statistical law.

(2) The Heisenberg Uncertainty Principle.

Since electrons exhibit the **twofold character**, their movements obey statistical law. We can only obtain the possibility of their positions for the electrons with certain energy (speed). In 1927 German physicist W. K. Heisenberg addressed the uncertainty principle:

$$\Delta x \cdot \Delta P \geqslant \frac{h}{4\pi} \quad (8.8)$$

$$\Delta x \cdot \Delta v \geqslant \frac{h}{4\pi m} \quad (8.8a)$$

Where ΔP is the uncertainty in momentum, Δx is the uncertainty in position of the particle and Δv, the uncertainty in its speed, h is Planck's constant, 6.626×10^{-34} J•s, and m is the mass of the particle in kg.

Equation (8.8a) indicates that the smaller the uncertainty in position of an object, the bigger the uncertainty in the speed of the object. Usually electrons move at a speed near to light speed, its size is largely smaller than 10^{-10} m. Thus to locate it precisely, Δx should be less than 10^{-12} m, then the uncertainty in the speed of the electron is as below,

$$\Delta v \geqslant \frac{h}{4\pi m \cdot \Delta x} = \frac{6.626\times10^{-34}}{4\times3.14\times9.11\times10^{-31}\times10^{-12}} = 0.58\times10^{8}(\text{m}\cdot\text{s}^{-1})$$

This means that the uncertainty in its speed is too high to measure precisely. We must emphasize that uncertainty principle reveals the essence for the electrons movements, it is due to the characteristics of the submicroscopic particles (See Table 8-1) and it is different from ordinary uncertainty in measurements.

Table 8-1 Comparisons on Movements of Submicroscopic Particles and Macroscopical Objects

Macroscopical Objects	Submicroscopic Particles/$r<10^{-8}$ m
Newton mechanical law	Quantum mechanical model
$F=ma$	$\frac{\partial^2\Psi}{\partial x^2}+\frac{\partial^2\Psi}{\partial y^2}+\frac{\partial^2\Psi}{\partial z^2}=-\frac{8\pi^2 m(E-V)\Psi}{h^2}$
The state of objects (speed and position) at any instant can be precisely determined.	The state of submicroscopic particles (energy and possibility) at any instant can be expressed by $\Psi(x, y, z)$, $\Delta x \cdot \Delta v \geqslant \frac{h}{4\pi m}$

8.1.2 Descriptions of Electron Movements

In 1926, E. Schrödinger put forward a quantum mechanical model to describe the electron movements,

$$\frac{\partial^2\Psi}{\partial x^2}+\frac{\partial^2\Psi}{\partial y^2}+\frac{\partial^2\Psi}{\partial z^2}=-\frac{8\pi^2 m(E-V)\Psi}{h^2} \tag{8.9}$$

Equation (8.9) is called the **Schrödinger equation**, in which m is electron mass, h is Plank constant, E is the energy, V is potential energy, and solutions of the Schrödinger equation, Ψ, are functions (not numbers) called **wave functions**, $\Psi_{n,l,m}(x, y, z)$. The wave function of an electron can have either a positive or a negative sign. The wave function of an electron has no physical meaning, but the square of the wave function $|\Psi(x, y, z)|^2$, is a mathematical expression of how the probability of finding an electron in a small volume varies from place to place. The probability of finding an electron must be positive because the electron must be found somewhere. A negative probability has no meaning. The volume in space where an electron with a particular energy is likely to be found is called an orbital. The quantized energy and quantum numbers proposed by Bohr are natural results of Schrödinger's theory. The electrons in atoms are attracted by the positive charge of the nucleus and are confined to a small volume of space near the nucleus. Their energy is quantized. If an electron escapes from the attractive force of the nucleus (the atom is ionized), the energy of the electron is no longer quantized but is continuous. The Schrödinger equation has an infinite family of solutions. Each solution is identified by three quantum numbers. A set of three quantum numbers is needed to describe an electron because the electrons in atoms are moving in three-dimensional space. Here are the name, values and relevant physical meaning for the three quantum numbers.

8.1.2.1 The Three Quantum Numbers

The **principal quantum number**, n, has integral value: 1, 2, 3, 4, 5, 6, 7, 8, with corresponding symbols: K, L, M, N, O, P, Q, R. The principal quantum number tells the size of an orbital and largely determines its energy. The larger the principal quantum number, the greater the average distance of an electron in the orbital from the nucleus and the higher the energy of the electron. All the orbitals with the same principal quantum number are referred to as a shell. For the single electron system, such as hydrogen and He^{+}, Li^{2+}, the energy $E_n = \frac{-2.179\times10^{-18}Z^2}{n^2}$ J, which has the same result with Bohr's equation.

All shells except the first shell are divided into subshells. All orbitals in a subshell have the same **angular momentum quantum number**, l, as well as the same principal quantum number. It can have any whole number value from zero to $n-1$ where n is the principal quantum number. Thus, if the principal quantum number, n, is 3, the angular momentum quantum number, l, can be

0, 1, or 2. To avoid getting numbers mixed up, angular momentum quantum numbers are usually shown by letter as follows:

Angular momentum quantum number	0 1 2 3 4 5 …
Letter used	s p d f g h …

The angular momentum quantum number tells the shape of the orbitals, as shown in Fig. 8-4. *p*-orbitals look like dumbbells along each axis. Instead of a radial node, we have an angular node, which lies along the plane perpendicular to the axis in which the orbital lies. The angular momentum quantum number also determines the energy level for polyelectrons atoms together with the principal quantum number.

$$E_{nl} = -\frac{2.179 \times 10^{-18} Z^{*2}}{n^2} \text{ J} \tag{8.10}$$

In which Z^* is called the **efficient nuclear charge**—that is , the charge actually felt by the outer electrons—is less than the actual nuclear charge, $Z^* < Z$. For monoelectronic system, its energy is determined by n; that is, $E_{ns} = E_{np} = E_{nd} = E_{nf}$. For polyelectronic atoms, $E_{ns} \neq E_{np} \neq E_{nd} \neq E_{nf}$, that is to say, the energies of different subshell are different, here E_{nl} is called **energy level.** The calculation of energy levels in polyelectrons atom will be introduced in Section 8. 2.

The third quantum number is called the **magnetic quantum number**, m_l. The magnetic quantum number can have whole number values from $-l$ to $+l$ where l is the angular momentum quantum number. For example, if $l=2$, m_l can have values of -2, -1, 0, $+1$, and $+2$. The possible values of the three quantum numbers for the first four shells are summarized in Table 8-2. In Table 8-2 you should notice the following points: there is one subshell in the first shell, two subshells in the second shell, three in the third, and four in the fourth. Thus, the number of subshells in a shell is the same as the principal quantum number of the shell. The number of possible m_l values for a given value of l is equal to the number of orbitals present in that subshell. There is one orbital in each s subshell, three orbitals in each p subshell, five in each d, and seven in each f. The number of orbitals in subshells is given by the series of odd numbers 1, 3, 5,… There are $(2l+1)$ orbitals with a given l value.

The magnetic quantum number describes the direction that the orbital projects in space. s orbital shapes like a ball and it stretches equally in all directions. There are three directions for p orbitals, symbolized as p_x, p_y and p_z; five directions for d orbitals, symbolized as d_{xy}, d_{yz}, d_{xz}, $d_{x^2-y^2}$, d_{z^2}, as shown in Fig. 8-4. For orbitals with the same l value, their energy level is equal. That is to say, E_{nl}, of each orbital is a function of n and l, then all the $n=2$ orbitals with the same l value for example, $l=1$, $2p_x$, $2p_y$ and $2p_z$ have the same energy, they are called **degenerate orbitals.** Just because the directions of the orbital projects differently in space, the part of the angular momentum in the magnetic direction is different, in turn this brings about minor difference among the three p orbitals. This is essential reason why each spectral line split into several lines in the magnetic field.

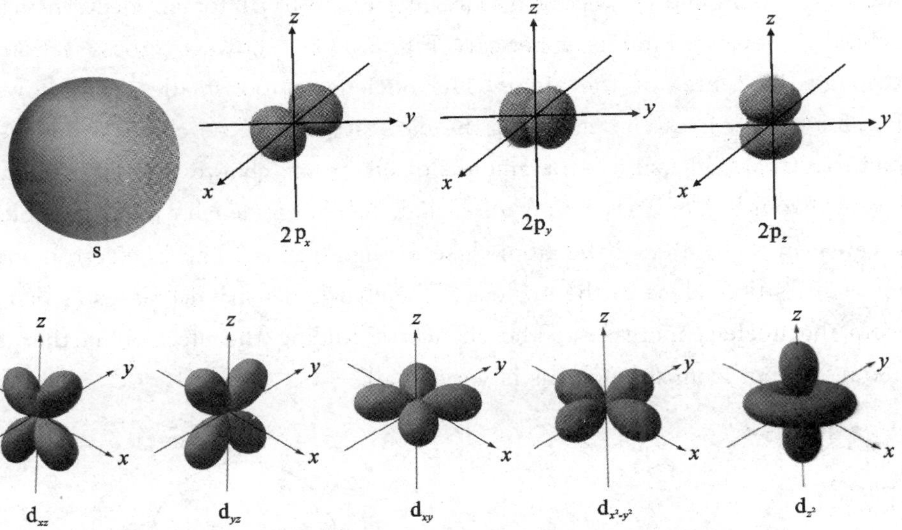

Figure 8-4 Boundary surface diagrams for s, p, d orbitals

In sum, three quantum numbers are related with each other according to: $|m| \leqslant l \leqslant n-1$. A set of three quantum numbers can determine the distance from nuclear, the energy level, the orbital shape and its stretching directions of an orbital. For example, $n=1$, $l=0$, $m=0$ indicates that 1s orbital locates in the first shell, with a ball shape. The relationship between orbitals and the three quantum numbers is listed in Table 8-2.

8.1.2.2 Pictures of Orbitals

Because orbitals have shapes and positions in space, pictures and models of orbitals are very useful. We will introduce three kinds of pictures of orbitals: charge clouds, plots of radial probability, and boundary surface diagram.

First, **charge clouds.** Imagine that we could take photographs of an electron as it moves about the nucleus. Each exposure would show the position of the electron at some point in that instant. (Remember, the Heisenberg uncertainty principle tells us that we cannot really know the position of an electron). If we could make a very large number of exposures on the same film, we would end up with a picture like Fig. 8-5(a) for an electron in a 1s orbital. The 1s orbital is spherical; Fig. 8-5 (a) shows a cross section cut through the center of the atom. The nucleus is too small to be shown in Fig. 8-5(a). It is at the center of the darkest part of the charge cloud in the picture. Charge density is the amount of electronic charge per unit volume of space. From Fig. 8-5(a), you can see that the charge density in an 1s orbital is greatest in the center of the atom close to the nucleus. The 1s electron spends most of its time close to the nucleus. The charge density decreases as distance from the nucleus increases. The chance of finding the electron farther than about 106 pm from the nucleus is very small.

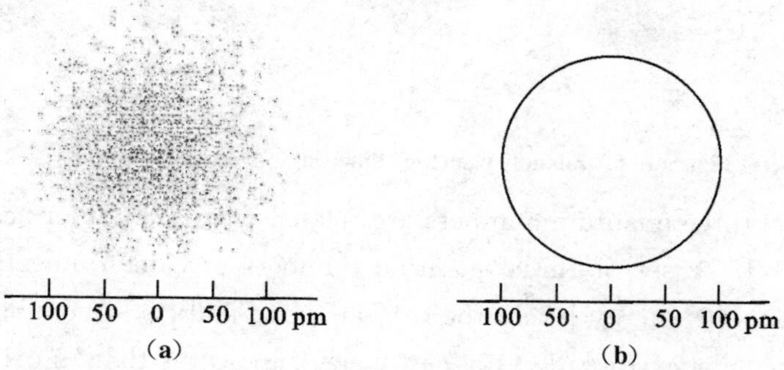

Figure 8-5 (a) Charge cloud of the 1s orbital of a hydrogen atom (b) Boundary surface diagram for 1s orbital

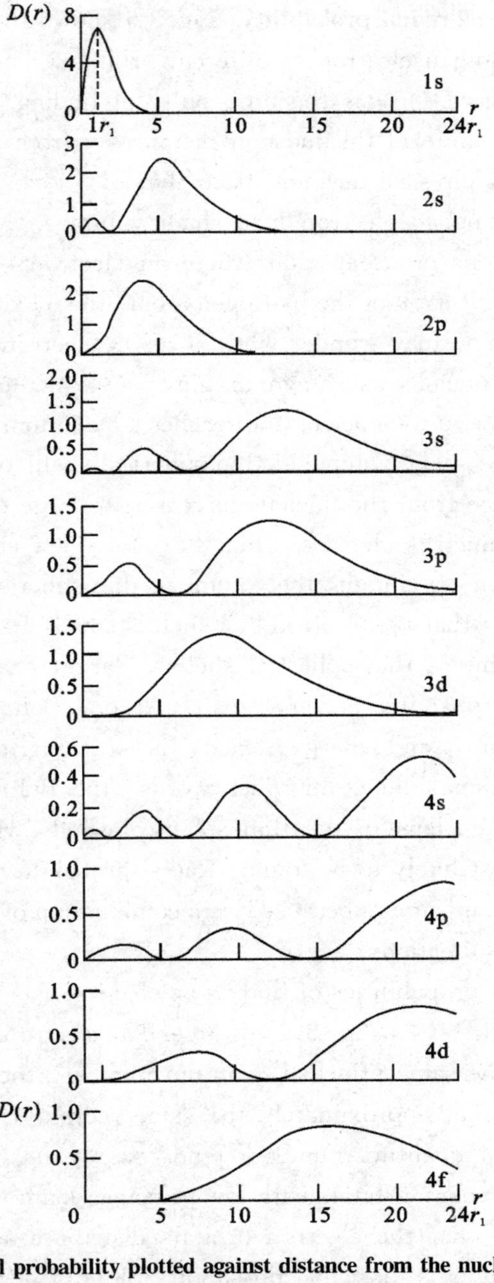

Figure 8-6 Radial probability plotted against distance from the nucleus for a hydrogen electron in different orbitals

Second, **plots of radial probability.** Fig. 8-6 shows the radial distribution function for a hydrogen electron in different orbitals. The **radial distribution function**, denoted as $D(r)$, is the probability of finding the electron in thin spherical shells of uniform thickness at distances r from the nucleus (Note, $D(r)$ has different physical meaning from that of $|\Psi|^2$. $|\Psi|^2$ refers to the probability of finding an electron in a small volume). Maximums in radial distribution functions occur at radii where an electron is most likely to be found. For the 1s electron of the hydrogen atom, the maximum is at 0.529 Å, the Bohr radius. You may wonder why, if an 1s electron spends most of its time close to the nucleus as shown in Fig. 8-5 (a), the radial distribution function is low close to the nucleus and reaches a maximum at one Bohr radius, as shown in Fig. 8-6. The volume of thin spherical shells of uniform thickness increases as distance from the nucleus increases. Charge density decreases as distance from the nucleus increases [Fig. 8-5(a)]. Very close to the nucleus, although charge density is high, the volume of thin spherical shells is so small that the probability that the electron in a shell is small. Far from the nucleus, although the volume of thin spherical shells is large, charge density is very low, and radial probability is very small. At one Bohr radius, volume is becoming significant, and charge density is still high; therefore, radial probability is at a maximum. In other words, the Bohr radius is just the distance from the nucleus to the thin spherical shells where 1s electron at ground state is most likely to be found. Radial probability is an example of a property that has a maximum because it is a combination of two properties that change in opposite directions.

Fig. 8-6 shows probabilities of finding an electron as a function of distance from the nucleus for 1s, 2s, 2p, 3s, 3p, 3d and 4s electrons. It is obvious that for orbitals with the same principal quantum number, their maximum radial probabilities appear at approximately the same radius. Electrons in orbitals with high principal quantum numbers tend to stay farther away from the nucleus than electrons in orbitals with low principal quantum numbers. In this aspect we can say that the electron orbitals distribute according to shells. There are $(n-l)$ humps for radial probability plots of different orbitals. For example, the 3s orbital has three humps, and the 3p orbital has two humps, and the 3p orbital has one peaks. This is sometimes described by saying that s electrons have greater ability to penetrate to the nucleus than do p electrons and d electrons. The **penetrating effect** refers to electrons in the outer orbitals come near to the nucleus and cause the orbital levels changed. It is reasonable to predict that the sequence of orbital energies should be as follows: $E_{ns} < E_{np} < E_{nd} < E_{nf}$.

Third, **boundary surface diagrams.** Fig. 8-5(b) shows a surface so that the electron is found inside this surface 90% of the time. A boundary surface like this is the easiest type of orbital picture to draw; we will usually use boundary surfaces to show orbitals. The most important features of an orbital are its shape, its relative size, and its location in space. All these are shown by boundary surface diagrams (See Fig. 8-4, also see planar schematic diagram for boundary surfaces of s, p, d orbitals in Fig. 8-6). In the boundary surface diagram, the plus sign is the mathematical sign of the wave function. The sign of the wave function does not change in an 1s orbital. There are no nodes in 1s orbitals; that is, there is no place in an 1s orbital where the probability of finding an electron is zero. Although the probability of finding an electron far from the nucleus is very small, it is not zero.

The part of the electron cloud close to the nucleus does not take part in bond formation. Only electrons near the outside of the atom are involved in forming bonds. The first shell (principal quantum number 1) has only one s orbital (see Table 8-2). The first p orbitals occur when the principal quantum number is 2. There are three p orbitals in each shell. The three p orbitals in a shell are identical in size, shape and energy. They differ only in their location in space. Fig. 8-7 shows three p orbitals. You can see that the three p orbitals are perpendicular to each other. Therefore, if the axis that passes through one of the p orbitals is selected as the x-axis, the other two will be along the y-and z-axes. The three p orbitals are often distinguished from each other by labeling them p_x, p_y and p_z, depending on which axis the electron density is concentrated along. The nucleus, which is too small to show, is at the origin (where the axes intersect). A p orbital is not spherically symmetric about the nucleus like an s orbital, the electron density is concentrated along one axis. You may wonder how an electron gets from one lobe of a p orbital to the other if there is a node —a volume where the electron doesn't spend any time — around the nucleus between the lobes. Remember that an electron has the twofold character of particulate and wave properties. A wave has no trouble passing through a node. The + and − signs show the mathematical sign of the wave function. In Chapter 9 Section 9-1, we will use them to discuss the formation of covalence bonds.

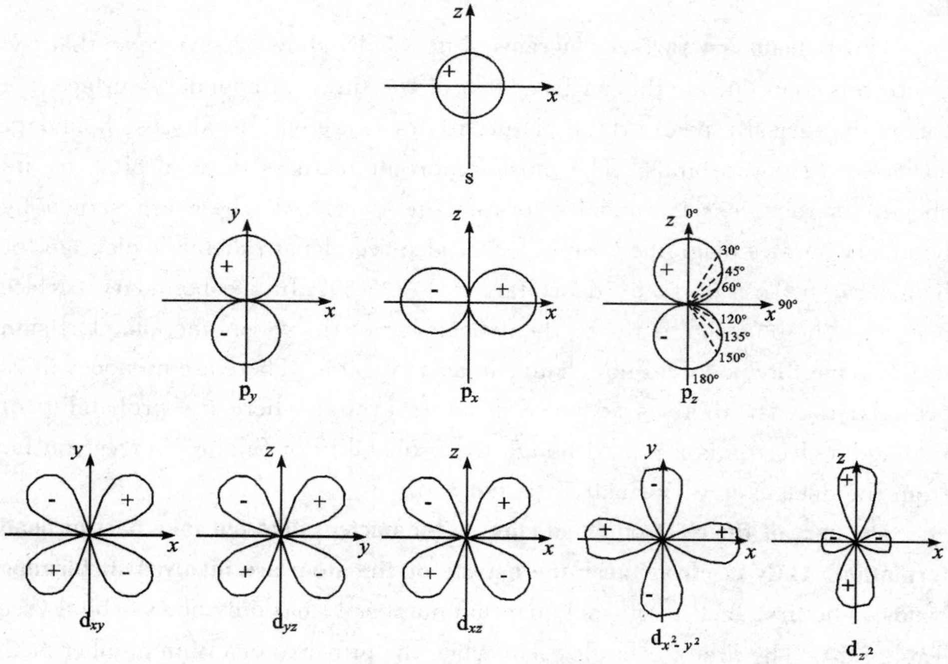

Figure 8-7 Planar schematic for boundary surfaces of s, p, d orbitals

8.1.2.3 Electron Spin and Pauli Exclusion Principle

The quantum numbers derived from the Schrödinger equation explain a great deal of experimental data, but they do not account for the fact that some atomic spectral lines actually consist of two closely spaced lines. Austrian physicist W. Pauli suggested that the two lines could be explained by the electron having two states available to it, either one of which it can occupy. These states were later identified with electron spin by G. Uhlenbeck and S. Goudsmit in Leyden University in the Netherlands in 1925. According to classic physics a rotating charge generates magnetic momentum, thus they supposed that an electron has two spin directions. In this way, the two close spectral lines can be explained as the transition of electrons in the same orbital but with different spin states. An electron is pictured as spinning like a top about its axis. Like a top, it can only spin in one of two directions. You would describe a top's spin as clockwise or counterclockwise; an electron's spin is said to be up or down. A fourth quantum number, **the electron spin quantum number**, m_s, had to be added to the three quantum numbers obtained by solving the Schrödinger equation. The two values, $+\frac{1}{2}$ and $-\frac{1}{2}$, are used to describe the electron's magnetism.

It is necessary to mention the Stern-Gerlach experiment (Fig. 8-8). In 1922, physicists O. Stern and W. Gerlach let a beam of silver pass through a magnetic field and got two separated lines, and each line has a half strength of the original beam. This is due to a silver atom has 47 electrons, and the single electron in the outer shell has two movement directions in magnetic field. This is a hint for the idea of electron spin put forward later in 1925.

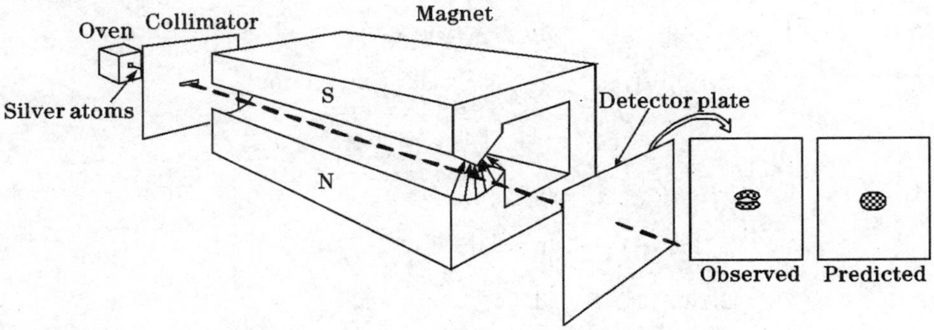

Figure 8-8 Schematic of Stern-Gerlach experiment

Pauli then proposed that **in a given atom no two electrons can have the same set of four quantum numbers (n, l, m, and m_s).** This is called the **Pauli exclusion principle.** As a result of the Pauli exclusion principle, an orbital can hold only two electrons; the two electrons must have opposite spins. An orbital occupied by two electrons with opposite spins is filled. The exclusion principle is a statement of an experimental fact with no explanation according to the Schrödinger model of the atom, but with very important effects in systems that have more than one electron. All electrons tend to avoid each other because all electrons are negatively charged and like charges repel each other. However, electrons with the same spin have an especially low probability of being close to each other that has nothing to do with their charges.

Table 8-2 Allowed Combinations of Quantum Numbers for $n = 1-4$ and the Corresponding Orbitals

Principal Quantum Number n(Shell)	Angular Momentum Quantum Number l(Subshell)	Magnetic Quantum Number m	Subshell Label nl	Symbols of Orbitals	Number of Maximum Electrons in Subshell	Number of Orbitals in Shell (n^2)	Number of Maximum Electrons in Shell $2n^2$
1 (K)	0	0	1s	1s	2	1	2
2 (L)	0	0	2s	2s	2	4	8
	1	1, 0, −1	2p	$2p_x$, $2p_z$, $2p_y$	6		
3 (M)	0	0	3s	3s	2	9	18
	1	1, 0, −1	3p	$3p_x$, $3p_z$, $3p_y$	6		
	2	2,1,0,−1,−2	3d	$3d_{xy}$, $3d_{yz}$, $3d_{xz}$, $3d_{x^2-y^2}$, $3d_{z^2}$	10		
4 (N)	0	0	4s	4s	2	16	32
	1	1,0,−1	4p	$4p_x$, $4p_z$, $4p_y$	6		
	2	2,1,0,−1,−2	4d	$4d_{xy}$, $4d_{yz}$, $4d_{xz}$, $4d_{x^2-y^2}$, $4d_{z^2}$	10		
	3	3,2,1,0, −1,−2,−3	4f	$4f_{z^3-\frac{3}{5}zr^2}$ $4f_{x^3-\frac{3}{5}xr^2}$ $4f_{y^3-\frac{3}{5}yr^2}$ $4f_{y(x^2-z^2)}$ $4f_{x(z^2-y^2)}$ $4f_{z(x^2-y^2)}$ $4f_{xyz}$	14		

8.2 Electron Arrangements

8.2.1 Orbital Energy Levels in Polyelectronic Atoms

8.2.1.1 Orbital Energies in Polyelectronic Atoms

For atoms with more than one electron, polyelectronic atoms, the calculations are very complicated. The total energy of the atom depends on the positions of all the electrons. Each of the electrons repels all the others and is repelled by all the others. Even with the world's most advanced supercomputer system, the Schrödinger equation has not been solved exactly for atoms containing more than one electron. By using approximations to simplify the calculations,

$$E_{nl} = -\frac{2.179 \times 10^{-18} Z^{*2}}{n^2} \text{ J}$$

Now let's see how to calculate the effective nuclear charge Z^*.

J. C. Slater considered that one electron in polyelectronic atoms is attracted by Ze nuclear charge, and in the meantime is repelled by the other $(Z-1)$ e^- in the potential field. The net effect is that the electron is not bound nearly as tightly to the nucleus as it would be if the other electrons were not present. The electron is **screened** or **shielded** from the nuclear charge by the repulsions of the other electrons. The decrease of the nuclear charge by the other $(Z-1)$ e^- is called **screen effect** or **shield effect.** The decreased part is called the **screen constant** or **shield constant**, denoted as σ. Thus, the effective nuclear charge $Z^* = Z - \sigma$. The screen constant can be calculated by an approximate rule suggested by Slater.

Firstly, the electron orbitals are divided into different groups as follows,

(1s) (2s, 2p) (3s, 3p) (3d) (4s, 4p) (4d) (4f) (5s, 5p)...

(1) The outer electrons don't screen the inner electrons, $\sigma=0$.

(2) When the screened electron is ns or np electron, the screen constant for electrons in the same group: $\sigma=0.35$ (for the two electrons in 1s orbital, $\sigma=0.30$); the screen constant for electrons in the next-to-the-outermost or $(n-1)$ group: $\sigma=0.85$, the screen constant for electrons in the next-to-the-next-to-the-outermost or $(n-2)$ shell and more inner shell: $\sigma=1$.

(3) When the screened electron is nd or nf, the screen constant among the same group: $\sigma=0.35$, the screen constant for electrons in the left side: $\sigma=1$.

Example 8-1 Calculate the energy levels for 1s orbital and 2s orbital of lithium atom.

SOLUTION Lithium atom has three electrons which can be divided as below, $(1s)^2(2s)^1$

For 1s electron, $\sigma=0.3$, $Z^*=3-0.3=2.7$

$$E_{1s}=-\frac{2.179\times10^{-18}\times2.7^2}{1^2}=-15.88\times10^{-18}\,(J)$$

For 2s electron, $\sigma=2\times0.85=1.7$, $Z^*=3-1.7=1.3$

$$E_{2s}=-\frac{2.179\times10^{-18}\times1.3^2}{2^2}=-0.92\times10^{-18}\,(J)$$

Therefore, $E_{1s}<E_{2s}$. This means that the inner electron is screened less than the outer electron, so its effective nuclear charge is larger and its energy level is lower.

Example 8-2 Calculate the energy levels for 3s, 3p, 3d and 4s orbitals of potassium atom.

SOLUTION Consider the potassium atom, which has 19 electrons,

$(1s)^2(2s, 2p)^8(3s, 3p)^8(3d)^1(4s, 4p)$

For 3s electron, $\sigma=2+0.85\times8+0.35\times7=11.25$, $Z^*=19-11.25=7.75$,

$$E_{3s}=-\frac{2.179\times10^{-18}\times7.75^2}{3^2}=-14.542\times10^{-18}\,(J)$$

According to Slater rule, $E_{3s}=E_{3p}$ (In fact, $E_{3s}<E_{3p}$ as shown in Fig. 8-9, for Slater rule is just an approximate calculation.)

For 3d electron, $\sigma=18, Z^*=1$, $E_{3d}=-\frac{2.179\times10^{-18}}{3^2}=-0.242\times10^{-18}\,(J)$

Suppose that the outmost electron is in 4s orbital, then for 4s electron,

$\sigma=1\times10+0.85\times8=16.8, Z^*=2.20$,

$$E_{4s}=-\frac{2.179\times10^{-18}Z^{*2}}{n^2}=-\frac{2.179\times10^{-18}\times2.20^2}{4^2}=-0.66\times10^{-18}\,(J),$$

That is, $E_{3s}=E_{3p}<E_{4s}<E_{3d}$.

8.2.1.2 Cotton's Orbital Diagram

By analyzing the experimental spectral data, American inorganic chemist F. A. Cotton figured out the relationship between atomic orbital levels and the atomic number, as shown in Fig. 8-9. It indicates the following information.

(1) For hydrogen atom, $Z=1$, its orbital energy is determined by the principle quantum number, n; that is, $E_n=-\frac{2.179\times10^{-18}Z^2}{n^2}$ J, and $E_{ns}=E_{np}=E_{nd}=E_{nf}$.

(2) For polyelectronic atoms, the attraction of nuclear charges to the electrons increase with the increasing atomic number, therefore, the orbital energy decreases with the increasing atomic number. For example, $E_{1s(Cl)} < E_{1s(H)}$. According to slater rule, we can easily calculate as below:

$$E_{1s(Cl)} = -\frac{2.179 \times 10^{-18}(17 - 0.3)^2}{1^2}\ \text{J} = -607.7 \times 10^{-18}(\text{J});$$

$$E_{1s\,(H)} = -2.179 \times 10^{-18}\ \text{J}.$$

(3) For polyelectronic atoms, the electrons in different outer subshells are screened differently, which cause **split of orbital energies**; that is, $E_{ns} < E_{np} < E_{nd} < E_{nf}$. These phenomena can be explained by penetration effect. See Fig. 8-6 the probability profiles of 2s and 2p orbitals. Notice the small hump of electron density that occurs in the 2s profile very near the nucleus. This means that although an electron in 2s orbital spends most of its time a little farther from the nucleus than does an electron in the 2p orbital, it spends a little but very significant amount of time very near the nucleus. We say that 2s electron penetrates to the nucleus more than one in the 2p orbital. This penetration effect causes an electron in a 2s orbital to be attracted to the nucleus more strongly than an electron in a 2p orbital. That is, the 2s orbital is lower in energy than the 2p orbitals in a polyelectronic atom.

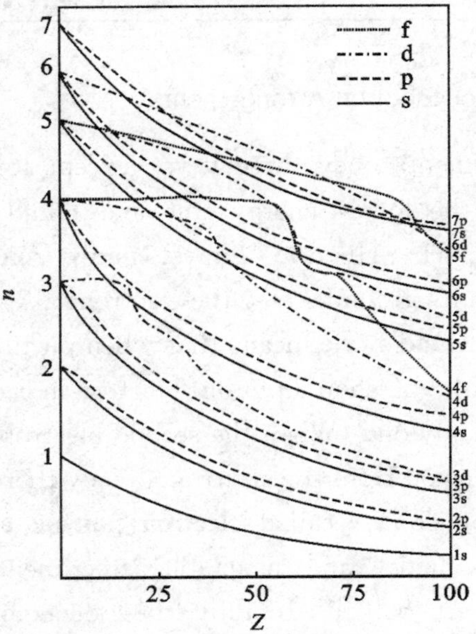

Figure 8-9 Cotton's orbital diagram

(4) For polyelectronic atoms, the sequence of orbitals in energy is different. For some atoms, orbital energies interlace. For example, $Z=15\text{-}20$, $E_{3d} > E_{4s}$, while $Z<15$ and $Z>20$, $E_{3d} < E_{4s}$. This is due to the penetration effect as well.

8.2.1.3 Pauling's Orbital Diagram

The outstanding chemist L. Pauling supposed that atoms of all elements have the same orbital energy level. According to his opinions, Pauling divided the orbitals into several groups, as shown in Table 8-3. This sequence is used for electron arrangement.

Table 8-3 Groups of Orbital Energy Levels Suggested by Pauling

Groups of Orbital Energy Levels	Orbitals in Each Group
Ⅰ	1s
Ⅱ	2s 2p
Ⅲ	3s 3p
Ⅳ	4s 3d 4p
Ⅴ	5s 4d 5p
Ⅵ	6s 4f 5d 6p
Ⅶ	7s 5f 6d 7p
Ⅷ	8s 5g 6f 7d 8p
Ⅸ	9s 6g 7f 8d 9p

8.2.2 Three Rules for Electron Arrangements

Electron arrangements obey three laws, except for the Pauli exclusion principle, there are the lowest-energy rule and Hund's rule (named after German physicist F. H. Hund). **Lowest-energy rule** means that for a polyelectronic atom in its ground state, the electrons always occupy the lowest-energy orbitals first. **Hund's rule** means that when putting electrons into a set of degenerated orbitals, you should put one electron in each degenerated orbital before putting two in any one. When the second electron enters in an orbital, it encounters the repulsion from the electron already there. The energy needed to overcome the repulsion is called **electron pairing energy**. According to quantum mechanical model and magnetic experimental data, when the degenerated orbitals are half-filled, fully-filled or empty, they are in low energy and stable state. Let's see the orbital diagram for nitrogen atom shown in Fig. 8-10. Nitrogen atom has seven electrons, four of which occupy the 1s and 2s orbitals (the arrow represents an electron spin in a particular direction), the three electrons in the 2p orbitals occupy separate orbitals. By convention, the unpaired electrons are represented as having parallel spins (with spin "up").

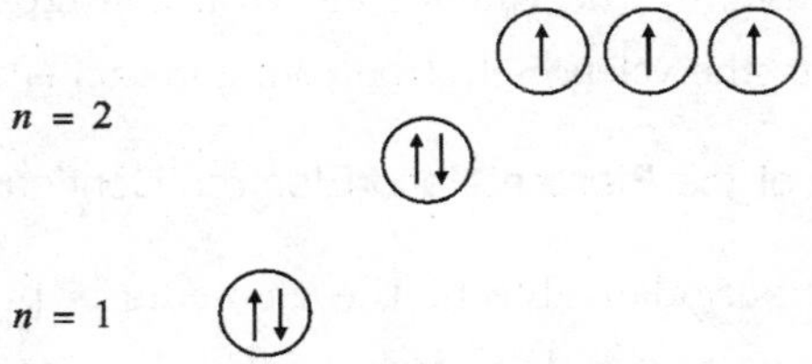

Figure 8-10 Orbital diagrams for nitrogen atom

Electron configurations for nitrogen are written as $1s^2 2s^2 2p^3$, or $1s^2 2s^2 2p_x^1 2p_y^1 2p_z^1$. To save time and space, **abbreviated electron configurations** are sometimes used. The symbol of the nearest noble gas with lower atomic number is written in square brackets to represent the **core electrons.** The core electrons are all the electrons in an atom of the nearest noble gas with lower atomic number. For example, electron configurations,

$_{26}$Fe: $1s^2 2s^2 2p^6 3s^2 3p^6 3d^6 4s^2$ or Fe: [Ar]$3d^6 4s^2$

$_{29}$Cu: $1s^2 2s^2 2p^6 3s^2 3p^6 3d^{10} 4s^1$ or Cu: [Ar]$3d^{10} 4s^1$ (Note it is not [Ar]$3d^9 4s^2$)

$_{33}$As: $1s^2 2s^2 2p^6 3s^2 3p^6 3d^{10} 4s^2 4p^3$ or As: [Ar] $3d^{10} 4s^2 4p^3$

Valence electron configurations are most commonly used. **Valence electrons** refer to electrons that involve in bond formation. For atoms of the **main-group** elements, their valence electrons are the electrons with the outmost principal quantum number, for example, the valence electron configuration for As is $4s^2 4p^3$. For the transition metals, their valence electrons are the electrons in the highest group of orbital energy, for example, the valence electron configuration for Fe is $3d^6 4s^2$.

Similarly, we can write the valence electron configurations for ions. For example, the valence electron configuration for Fe^{2+} is $3d^6$; the valence electron configuration for Fe^{3+} is $3d^5$. It is important to remember that when losing an electron, an atom will firstly lose the electron in the outmost orbital and it is not necessary to be in converse order of filling electrons.

In fact, the electron configurations for all elements have been determined by spectral experiments, which are listed in Appendix 6. According to the knowledge summarized by chemists, we predict and write the electron configurations for elements. In most cases, the predicted configurations correspond to the observed configurations. However, there are some cases in which the predicted configurations are different from the observed configurations. For example, the valence electron configuration for Pd is $4d^{10}$ instead of $4d^8 5s^2$; for Pt, the valence electron configuration is $5d^9 6s^1$ not $5d^8 6s^2$.

8.2.3 Periodic Table of the Elements and Electron Configurations

The most popular periodic table of the elements is put forward by D. I. Mendeleev, as shown in the end of this book. The periodic table usually contains the atomic symbols, atomic numbers and valence electron configurations. Now we take a closer look at the inner relationships between the periodic table and the electron configurations for elements.

(1) Period.

In the periodic table, a horizontal row is called a **period.** There are seven periods now. The divisions of periods correspond with Pauling's groups of orbital energies, as shown in Table 8-4. For every period, it starts with an element filling its last electron in a ns orbital, and ends with an element filling in the last electron in a np orbital. For an element, the principal quantum number, n, of the outmost electron (the s or p electron) is always the same as the number of the period.

Table 8-4 The Corresponding Relationship between the Period in Periodic Table and the Atomic Energy Level Group

Period	Groups of Orbital Energy Levels	Numbers of orbitals	Maximum Numbers of Electrons Accommodated =Numbers of elements	Types
1	Ⅰ(1s)	1	2	supershort
2	Ⅱ(2s 2p)	4	8	short
3	Ⅲ(3s 3p)	4	8	short
4	Ⅳ(4s 3d 4p)	9	18	long
5	Ⅴ(5s 4d 5p)	9	18	long
6	Ⅵ(6s 4f 5d 6p)	16	32	superlong
7	Ⅶ(7s 5f 6d 7p)	16	32	superlong
8	Ⅷ(8s 5g 6f 7d 8p)	25	50 (119-168)	—
9	Ⅸ(9s 6g 7f 8d 9p)	25	50 (169-218)	—

(2)Group.

In the periodic table, a vertical line is called **group.** There are 18 vertical lines. The groups labeled ⅠA, ⅡA, ⅢA, ⅣA, ⅤA, ⅥA, ⅦA, ⅧA (some Periodic Table use 0 instead of ⅧA, see the attached Periodic Table at the end of this book.) are called **main-group**, or representative, elements. Every member of these groups has the same valence electron configuration, and valence electrons are the electrons in the outmost shell. For Groups ⅠA and ⅡA elements (except for Li and Be, $2e^-$), they have an $8e^-$ configuration in the next-to-the-outermost or $(n-1)$ shell, they are active metals. For Group ⅧA, which is called the noble gas elements, they have a stable valence electron configuration of $8e^-$ (except for He, $2e^-$), and they can exist as single atoms.

The groups labeled ⅢB, ⅣB, ⅤB, ⅥB, ⅦB, Ⅷ (Ⅷ group occupying three vertical lines), ⅠB, ⅡB, are called **transition-metal groups** (Note: Some chemists do not consider the elements of Group ⅡB to be transition elements). There are 1-2 electrons in the outermost shell (except Pd element). For group ⅠB and group ⅡB, the number of electrons in the outermost shell equals to the number of Group, and their next-to-the-outermost or $(n-1)$ shell is fully filled with electrons. For elements in Groups ⅢB-ⅦB, the group number equals to the number of electrons in the highest group of orbital energy. For Group Ⅷ, the valence electron number is equal or more than 8, for example, the valence electron configuration for the following elements are as below: Fe $3d^6 4s^2$, Co $3d^7 4s^2$, Ni $3d^8 4s^2$.

The main-groups contain both short periods and long periods; the transition-metal groups contain only long periods.

(3)Block.

According to the characteristics of the valence electron configuration (the orbital in which the last electron fills), the periodic table is divided into five blocks, which are **s-block**, **p-block**, **d-block**, **ds-block** and **f-block**, listed in Table 8-5. The s-block elements and p-block elements are elements that we have previously called main group elements. The d-block elements and ds-block elements are called transition elements. The d-block and ds-block elements in the fourth period (Sc-Zn) are called the **first transition series.** The d-block and ds-block elements in the fifth period (Y-Cd) are called the **second**

transition series. The d-block and ds-block elements in the sixth period (La-Hg) are called the **third transition series.** The f-block elements are sometimes called **inner-transition elements** because the difference between elements in the same period is one more shell in from the outside of the atom than the difference between transition elements.

Table 8-5 Blocks in Periodic Table

Block	Valence Electron Configuration	Positions in Periodic Table	Element ascriptions
s-blockns	ns^{1-2}	IA, ⅡA	Alkali metals and alkaline metals
p-block	ns^2np^{1-6}	ⅢA-ⅧA	Non-metals and main-group metals
d-block	$(n-1)d^{1-8}ns^{1-2}$	ⅢB-ⅦB, Ⅷ	Transition metals
ds-block	$(n-1)d^{10}ns^{1-2}$	IB, ⅡB	Transition metals
f-block	$(n-2)f^{0-14}(n-1)d^{0-2}ns^2$	In the two rows at the bottom of the periodic table	Inner-transition metals (Lanthanides and actinides)

In sum, there are inner relationships between the periodic table and the electron configurations. From the atomic number, we can write its electron configuration, and then predict its position in the periodic table, *vice versa*.

Example 8-3 Write the electron configuration, name, symbol and atomic number for an element in the fifth period and Group VA.

SOLUTION Electron configuration: $_{36}$[Kr] $4d^{10}$ $5s^2$ $5p^3$ $Z = 51$, Sb, Antimony (Stibium).

Example 8-4 The atomic number is 23. Write its electron configuration, valence electron configuration, and point out its position.

SOLUTION $_{23}Z$ electron configuration: $1s^2$ $2s^2$ $2p^6$ $3s^2$ $3p^6$ $3d^3$ $4s^2$, valence electron configuration: $3d^3 4s^2$, Therefore this element is at the fourth period, Group VB.

8.3 Periodic Trend in Atomic Properties

We will look at the trend in several atomic properties: atomic size, ionization energy, electron affinity and electronegativity.

8.3.1 Atomic Radius

Atomic radius looks like a simple concept, yet it cannot be specified exactly just as the size of an orbital cannot be determined precisely. There are three kinds of definitions for atomic radius.

(1) Covalent atomic radius. When two atoms of the same element combine with single covalent bond, half the distance between the two nucleus is called covalent atomic radius. For example, the distance of the two nucleus of a hydrogen molecule H_2 is 0. 60Å, then the covalent atomic radius for hydrogen atom is $r_H = 0.30$Å.

(2) Metallic radius. For metal atoms, metallic radium refers to half the distance between metal atoms in solid metal crystals. For example, the metallic radium of sodium is $r_{Na} = 1.86$Å.

(3) Van der Waals radius. For noble gases, the atoms are not connected in Van der Waals force instead of chemical bonds. The half distance between the two nucleus is called Van der Waals radius. Suppose one element has the above two or three definitions, their ranking should be covalent atomic radius < metallic radius < van der Waals radius.

Table 8-6 shows that in general, the atomic radii decrease from left to right across rows in the periodic table. For the lanthanides, from La to Lu, atomic number increase from 57 to 71, its atomic radius decreases from 1. 83Å to 1. 74Å, only decrease 0. 09Å. This is because that the increased electron is filled in the $(n-2)$ shell, and its screen constant is near to 1 so that the effective nuclear charge increases very little. This phenomenon is called the **lanthanide contraction.** For main group elements, the atomic radii increase from top to bottom. Going down groups, the atomic radii of transition elements increase from the fourth period to the fifth period. However, the sixth-period transition elements are about the same size as the fifth-period transition elements. Hydrogen is the element with the smallest atomic radius, 0. 30Å. Cesium is the element with the largest atomic radius, 2. 65Å.

Table 8-6 Atomic radius* (pm)

ⅠA	ⅡA	ⅢB	ⅣB	ⅤB	ⅥB	ⅦB	Ⅷ			ⅠB	ⅡB	ⅢA	ⅣA	ⅤA	ⅥA	ⅦA	0
H																	He
30																	140
Li	Be											B	C	N	O	F	Ne
152	111											88	77	70	66	64	154
Na	Mg											Al	Si	P	S	Cl	Ar
186	160											143	117	110	104	99	188
K	Ca	Sc	Ti	V	Cr	Mn	Fe	Co	Ni	Cu	Zn	Ga	Ge	As	Se	Br	Kr
232	197	162	147	134	128	127	126	125	124	128	134	135	128	121	117	114	202
Rb	Sr	Y	Zr	Nb	Mo	Tc	Ru	Rh	Pd	Ag	Cd	In	Sn	Sb	Te	I	Xe
248	215	180	160	146	139	136	134	134	137	144	149	167	151	145	137	133	216
Cs	Ba	La-Lu	Hf	Ta	W	Re	Os	Ir	Pt	Au	Hg	Tl	Pb	Bi	Po	At	Rn
265	217		159	146	139	137	135	136	139	144	151	170	175	155	164	—	—

La	Ce	Pr	Nd	Pm	Sm	Eu	Gd	Tb	Dy	Ho	Er	Tm	Yb	Lu
183	182	182	181	183	180	208	180	177	178	176	176	176	193	174

Resources: J. G. Speight. Lange's Handbook of Chemistry. 16th ed. New York: McGraw-Hill Companies Inc, 2005; W. M. Haynes. CRC Handbook of Chemistry and Physics. 97th ed. Boca Raton: CRC Press Inc, 2016-2017.

* Data have been rounded up. Metallic radii are quoted from Table 1. 31 in Lange's Handbook, while covalent atomic radii of the fifteen non-metal elements in shadow are quotations from Table 1. 33. As for the last group, the van der Waals radii of the rare gas elements are quotations from 9-57～ 9-58 in CRC Handbook.

8.3.2 Ionization Energy

Ionization energy is the energy required to remove an electron from a gaseous atom or ion in its ground state. Ionization energy can be measured in emission spectral experiment. Here are successive ionization energies for magnesium,

$$Mg(g) = Mg^{+}(g) + e^{-} \quad I_1 = 738\ kJ \cdot mol^{-1}$$

$$Mg^{+}(g) = Mg^{2+}(g) + e^{-} \quad I_2 = 1\ 445\ kJ \cdot mol^{-1}$$

$$Mg^{2+}(g) = Mg^{3+}(g) + e^{-} \quad I_3 = 7\ 730\ kJ \cdot mol^{-1}$$

The amount of energy needed to remove the least tightly bound electron from a mole of gaseous atoms is called the **first ionization energy**, I_1. In turn, there are the **second ionization energy**, I_2, and the **third ionization energy**, I_3. For magnesium element, its third ionization energy is much larger than its second ionization energy, which means that the third electron is difficult to remove. We know the electron configuration for magnesium is $1s^2 2s^2 2p^6 3s^2$, magnesium usually exist as Mg^{2+} ion. In general, $I_1 < I_2 < I_3$. Values of the successive ionization energies of elements indicate the common oxidation state for elements and they support the idea that only outer electrons outside the noble gas core are involved in chemical changes. Core electrons are bound to the nucleus very tightly.

Ionization energy is determined by the nuclear charge, atomic radius and electron configuration. The smaller the value of the first ionization energy is, the easier it is for an element to lose an electron, and the more active the metal is. In general, the first ionization energy increases in going from left to right across a period, as shown in Fig. 8-11 . This is consistent with the idea that electrons added in the same principal quantum level do not completely shield the increasing nuclear charge caused by the added protons. Still there are some irregularities. For example, $I_{1\,Be} > I_{1\,B}$. The electron that is removed from boron is in 2p orbital, whereas the electron that is removed from beryllium is in a 2s orbital. Because a 2p orbital is of higher energy than a 2s orbital, an electron is more easily removed from boron than from beryllium. Similarly $I_{1\,N} > I_{1\,O}$, $I_{1\,Mg} > I_{1\,Al}$, $I_{1\,P} > I_{1\,S}$, all these can be easily explained by their electron configurations.

The first ionization energy decreases in going down a group (Fig. 8-11). This is due to the increase of the atomic radii. Cesium atom has the smallest first ionization energy.

8.3.3 Electron Affinity

Electron affinity is the energy change associated with the addition of an electron to a gaseous atom, $A(g) + e^- = A^-(g)$.

If the addition of one electron is exothermic, the corresponding value of the first electron affinity, denoted as E_1, will carry a negative sign. As shown in Table 8-7, E_1 for most elements is negative. However, for the noble gas elements, since they already have the $8e^-$ stable structure, to obtain one more electron will cause unstable structure and so need absorb energy. The same thing happens to elements in Group ⅡA and ⅡB, their outmost shell is ns^2, addition of another electron needs to absorb energy to compensate the repulsion.

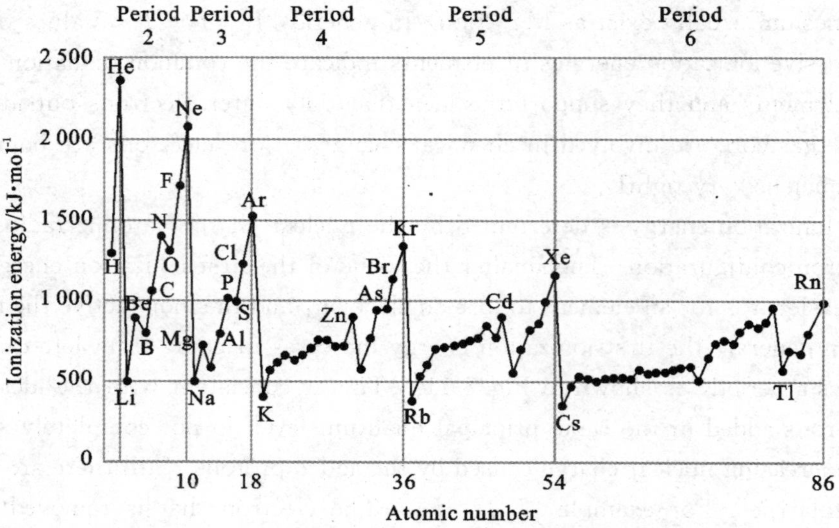

Figure 8-11 First ionization energy as a function of atomic number

(Adopted from G. L. Miessler, P. J. Fischer, D. A. Tarr. Inorganic Chemistry. 5th ed. Pearson Prentice Hall, 2014.)

The addition of the second electron is usually endothermic because it needs to overcome the large repulsion of electrons, $A^-(g) + e^- \Longrightarrow A^{2-}(g)$

The corresponding value of the second electron affinity, denoted as E_2, will carry a positive sign.

Table 8-7 First Electron Affinity* /kJ·mol^{-1}

ⅠA	ⅡA	ⅢB	Ⅳ	ⅤB	ⅥB	ⅦB	Ⅷ				ⅠB	ⅡB	ⅢA	ⅣA	ⅤA	ⅥA	ⅦA
H																	He
−72.8																	50
Li	Be											B	C	N	O	F	Ne
−59.6	50											−27	−122	7	−141	−328	116
Na	Mg											Al	Si	P	S	Cl	Ar
−53	39											−43	−134	−72	−200	−349	97
K	Ca	Sc	Ti	V	Cr	Mn	Fe	Co	Ni	Cu	Zn	Ga	Ge	As	Se	Br	Kr
−48	29	−18	−8	−51	−64	>0.0	−16	−64	−112	−119	58	−29	−116	−78	−195	−325	97
Rb	Sr	Y	Zr	Nb	Mo	Tc	Ru	Rh	Pd	Ag	Cd	In	Sn	Sb	Te	I	Xe
−47	29	−30	−41	−86	−72	−53	−101	−110	−54	−126	68	−29	−116	−103	−190	−295	77
Cs	Ba	La	Hf	Ta	W	Re	Os	Ir	Pt	Au	Hg	Tl	Pb	Bi	Po	At	Rn
−46	29	−48	~0	−31	−79	−15	−106	−151	−205	−223	48	−19	−35	−91	−183	−270	68

Resources: W. Hotop and W. C. Lineberger. J. Phys. Chem. Ref. Data, 1985, 14, 731

* (1) The absolute values of the first electron affinity for element Ce—Lu are all less than 48 kJ·mol^{-1}, which are omitted here.

(2) In some textbooks, the sign of electron affinity is defined as positive when it is exothermic, which is just the opposite to our definition here.

8.3.4 Electronegativity

Ionization energy and electron affinity respectively represents the ability to lose an electron and the ability to gain an electron. To consider the overall tendency of losing or gaining an electron, we have a physical function, called electronegativity, denoted as χ. Electronegativity represents the ability of an atom in a molecule to attract shared electrons to itself. From Table 8-7, we can see that in general, the value of electronegativity increase in going from left to right across a period. For main-group elements, the value of electronegativity decrease in going down a group. There are altogether twenty-two nonmetal elements, whose values of electronegativity are all above 2.0 (shown in Table 8-8 with the exception of silicon). The rest are all metal elements whose values of electronegativity are less than 2.0. Actually there is no absolute difference between meal and nonmetal elements. So, from active metal elements in the left, it gradually transfers to nonmetal elements in the right. Without regard to noble gas, fluorine has the largest value of electronegativity and cesium has the smallest value of electronegativity. Moreover, for different oxidation state of an element, their electronegativity values are different.

Table 8-8 Electronegativity

IA	IIA	IIIB	IVB	VB	VIB	VIIB	VIII			IB	IIB	IIIA	IVA	VA	VIA	VIIA	0
H																	He
2.30																	4.16
Li	Be											B	C	N	O	F	Ne
0.91	1.58											2.05	2.54	3.07	3.61	4.19	4.79
Na	Mg											Al	Si	P	S	Cl	Ar
0.87	1.29											1.61	1.92	2.25	2.59	2.87	3.24
K	Ca	Sc	Ti	V	Cr	Mn	Fe	Co	Ni	Cu	Zn	Ga	Ge	As	Se	Br	Kr
0.73	1.03	1.19	1.38	1.53	1.65	1.75	1.80	1.84	1.88	1.85	1.59	1.76	1.99	2.21	2.42	2.69	2.97
Rb	Sr	Y	Zr	Nb	Mo	Tc	Ru	Rh	Pd	Ag	Cd	In	Sn	Sb	Te	I	Xe
0.71	0.96	1.12	1.32	1.41	1.47	1.51	1.54	1.56	1.58	1.87	1.52	1.66	1.82	1.98	2.16	2.36	2.58
Cs	Ba	La	Hf	Ta	W	Re	Os	Ir	Pt	Au	Hg	Tl	Pb	Bi	Po	At	Rn
0.66	0.88	1.09	1.16	1.34	1.47	1.60	1.65	1.68	1.72	1.92	1.77	1.79	1.85	(2.01)	(2.19)	(2.39)	(2.60)

Resources: J. B. Mann, T. L. Meek and L. C. Allen. J. Am. Chem. Soc., 2000, 122, 2780;
J. B. Mann, T. L. Meek, E. T. Knight, J. F. Capitani, and L. C. Allen. J. Am. Chem. Soc., 2000, 122, 5132.

Questions and Exercises

8-1 Arrange the atoms of the following set in order of increasing radius, Be, B, Mg.

8-2 Explain why (a) a beryllium atom is smaller than a lithium atom, (b) a chloride atom is larger than a fluorine atom, and (c) a gold atom is about the same size as a silver atom.

8-3 Give the electron configuration of each ion: Sr^{2+}, Fe^{3+}, Co^{2+}, S^{2-}, Pb^{2+}.

9 Chemical Bonding and Molecular Structure

All elements except the noble gas elements exist as molecules, with atoms/ions connecting in bonds. Chemical bonds refer to the main, direct, and strong forces between atoms and ions. There are three types of chemical bonds, that is, ionic bonds, covalent bonds, and metal bonds (also called delocalized covalent bonds). In the molecule such as sodium chloride, strong static attractions between positively charged ions and negatively charged ions are called ionic bonds. Covalent bonds mean that electrons are shared by nucleuses in molecules, such as the hydrogen molecule. And metallic bonds refer to the metal atoms or ions "immerse" in the sea of free electrons. Upon atomic structure, this chapter will focus on the formation of covalence molecules and the relevant chemical bond theories, including valence bond, hybridization, valence shell electron pair repulsion (VSEPR) and molecule orbital theory; and examine the formation of ionic bonds, polarization of ions, and then mention the intermolecular forces and hydrogen bonding, which will enhance your understanding of the states of substance in the viewpoint of molecular structure.

9.1 Covalent Bonds

9.1.1 Valence Bonding Theory

How do molecules form from atoms of elements with identical or similar electronegativity? Why the hydrogen molecule exists as H_2 instead of H_3 or any other molecular formula?

In 1916, American chemist G. N. Lewis examined the electron numbers in many kinds of molecules and he found that the electron numbers are even for most molecules. Thus, he supposed that electrons tend to be paired. W. Heitler and F. London explained the formation of H_2 molecules by quantum mechanical calculation in 1927. And then in 1930, L. Pauling and J. C. Slater complement and put forward the valence bonding theory, which has three main points.

(1) Sufficiently far apart atoms have no interactions. The atoms begin to interact as they move closer together. Each atom has at least a single electron. The two single electrons spinning in opposed directions pair with their orbitals overlapped and the energy decreases until the internuclear distance reaches an optimum distance, affer that the system energy begins to increase due to repulsions. When the two atoms locate at optimum distance to achieve lowest overall energy of system, the electron pair is shared by the two nucleuses and thus a stable molecule is formed. If the two single electrons spin in the same directions, the energy increases with the decreasing distance and in this case no molecules form. Fig. 9-1 shows the formation of H_2. It is clear that only when the two hydrogen atoms with two single electrons spinning in opposed directions, can a stable hydrogen molecule form. No H_3 or any other forms of hydrogen molecules can exist. Covalent bonds possess the **saturated property.**

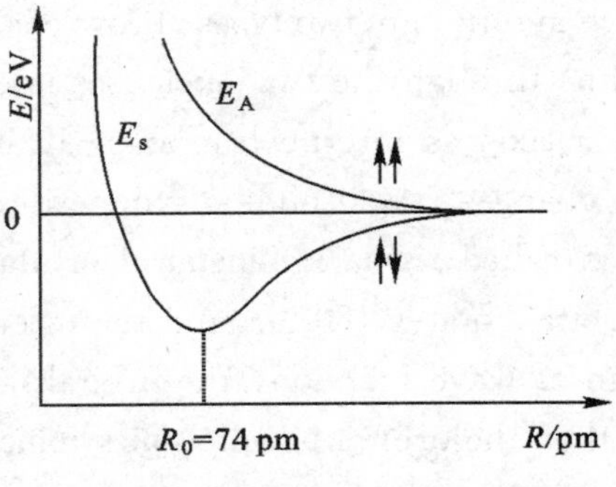

Figure 9-1 Relationship between energy and its internuclear distance of H_2

(2) The bonding atomic orbitals must overlap as much as possible, that is, they must overlap in the maximum wave function direction. Because the s orbital is spherically symmetric, so s-s orbtials form a bond, there is no direction limitation. For p, d, f orbitals, they stretch in different directions. When they form a bond, there is requirement in directions. In addition, according to quantum mechanical theory, the sign of the wave function must be the same (both positive or both negative). Let's see the formation of hydrogen chloride, the electron configuration for hydrogen and chlorine is $1s^1$ and $1s^2 2s^2 2p^6 3s^2 3p_x^1 3p_y^2 3p_z^2$, respectively. The $1s^1$ orbital of hydrogen and the $3p_x^1$ orbital of chlorine can

overlap and form a bonding electron-pair. Only when the s orbital move toward p_x orbital along its symmetry axis and with the same sign, can a bond from, as shown in Fig. 9-2(a). Cases in Fig. 9-2(b) and 9-2(c) indicate that the orbitals don't overlap or overlap a little, which can't generate a covalent bond. Therefore, covalent bond requires a proper direction.

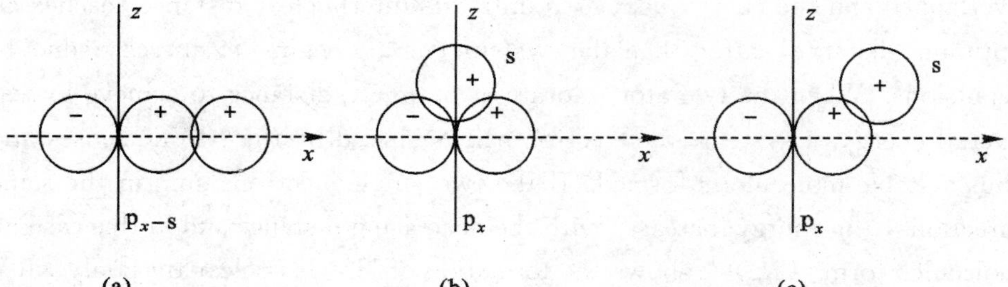

Figure 9-2 Schematics of HCl bonding

(3) According to symmetries of atomic orbitals, there are two ways for the orbitals to overlap, which in turn form two types of covalent bonds—**sigma(σ) bonds and pi(π) bonds.** The line through the two nucleuses is called **internuclear axis** (**bond axis**). Suppose x axis as internuclear axis, if an orbital rotates 180° around it, and nothing changes, the orbital is symmetric about the internuclear axis, and the orbital is called **sigma symmetrical orbital**, such as Ψ_s, Ψ_{p_x}, $\Psi_{d_{x^2-y^2}}$, $\Psi_{d_{z^2}}$; if an orbital rotates 180° around the internuclear axis, nothing changes except the sign of wave function, the orbital is not symmetric about the internuclear axis, then the orbital is called **pi symmetrical orbital**, such as Ψ_{p_y}, Ψ_{p_z}, $\Psi_{d_{xy}}$, $\Psi_{d_{yz}}$, $\Psi_{d_{xz}}$. Only the same symmetrical orbitals can overlap each other to the most extent. For σ symmetrical orbitals, they overlap endwise (with "head to head") and the electron density of this bond lies between the two bonded atoms to form **σ bonds**, such as σ_{s-s}, σ_{s-p_x}, $\sigma_{p_x-p_x}$ shown in Fig. 9-3(a). For π symmetrical orbitals, they overlap sidewise (with "shoulder to shoulder") and form **π bonds**, such as $\pi_{p_z-p_z}$ shown in Fig. 9-3(b). Comparisons of π bonds and σ bonds are listed in Table 9-1.

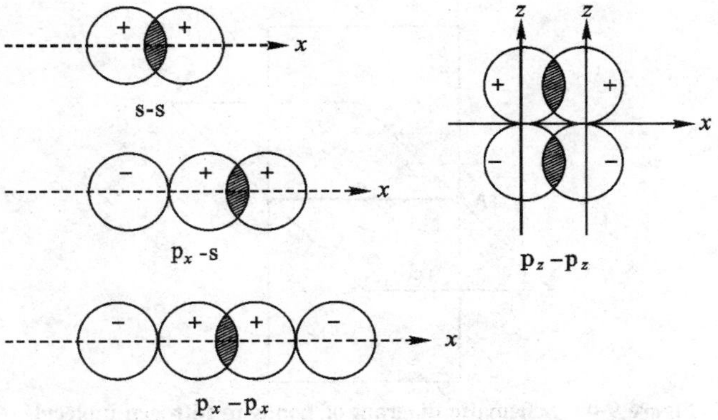

(a) σ bonds (b) π bonds

Figure 9-3 Schematic of σ bonds and π bonds

Table 9-1 Comparisons of σ Bond and π Bond

Bonding	σ Bonds	π Bonds
Ways to overlap	Along the bond axis	Along the direction perpendicular to the bond axis
Overlap extent	Large	Small
Bond energy	Large	Small
Reactivity	Relatively difficulty to take part in reactions	Easy to react

From the definitions of the σ bonds and π bonds, when there is one single bond between two atoms, it must be a σ bond, and π bonds only exist together with σ bond. For example, there are one σ bond and two π bonds in a nitrogen molecule. The electron configuration for nitrogen is $2s^2 2p_x^1 2p_y^1 2p_z^1$, suppose x axis as bond axis, the two p_x orbitals move along x axis with head to head to form a σ bond, the two p_y orbitals have to come near along the y axis which is perpendicular to bond axis with their shoulder to shoulder to form a π bond. So do the two p_z orbitals. See schematic diagram of bonds in nitrogen molecule in Fig. 9-4. In the same way, we can predict that there is one σ bond and one π bond in an oxygen molecule.

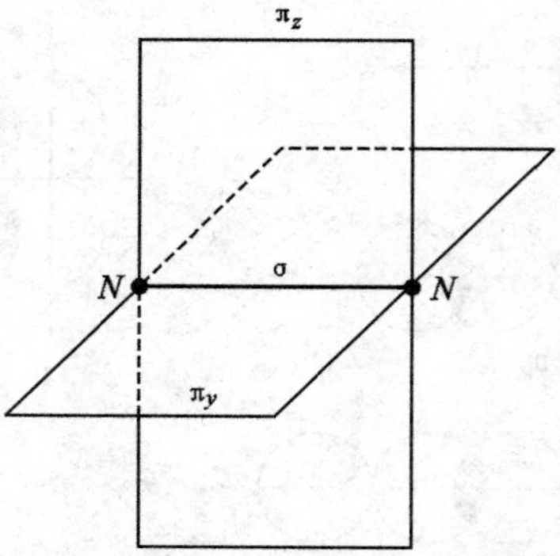

Figure 9-4 Schematic diagram of bonds in nitrogen molecule

Another example, for the hydrogen sulfide molecule, the valence electron configuration for sulfur is $3s^2 3p_x^1 3p_y^1 3p_z^2$, so it can only combine with two hydrogen atoms. Since the p_x and p_y orbitals are perpendicular to each other (shown in Fig. 9-5), therefore, the bond angle between the two S-H bonds is approximately equal to 90°(the measured value is 92°).

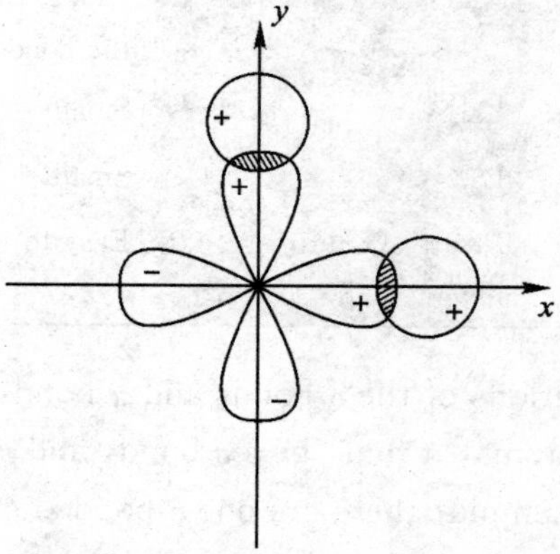

Figure 9-5 Schematic diagram of H_2S molecule forming

In sum, the essence of covalent bonds consists in the mutual attractions for the electron-pair by the two nucleuses. The covalent bonds possess saturation and direction requirements. By the way, if the electron-pair is provided by one atom and the other atom only provides an empty orbital, the consequent covalent bond is called **coordinated covalent bond.** Compounds with coordinated covalent bond are called **coordination compounds**, or **complexes.** There are huge amounts of complexes in nature and in organism and we will focus on introducing complexes in Chapter 10.

9.1.2 Hybridization

The covalence bond theory states the molecular forming process from atoms with identical and similar electronegativity. However, it can't explain the different structures of allotrope for carbon — that is, graphite, diamond and fullerene, such as C_{60} (see Fig. 9-6). Also it can't explain the formation of methane. Since the electron configuration for carbon is as follows: $1s^2 2s^2 2p_x^1 2p_y^1$, according to the valence bond theory, elemental carbon should exist as C_2 molecules, and one carbon should react with two hydrogen atoms to form CH_2 instead of CH_4. So, how can we explain the structures of graphite, diamond and fullerene C_{60}? How do we predict the geometric structures of molecules consisting of one central atom surrounded by other atoms, AB_m, such as CH_4? In 1931, on the basis of the covalence bond theory, L. Pauling put forward the hypothesis of hybridization to answer the above questions.

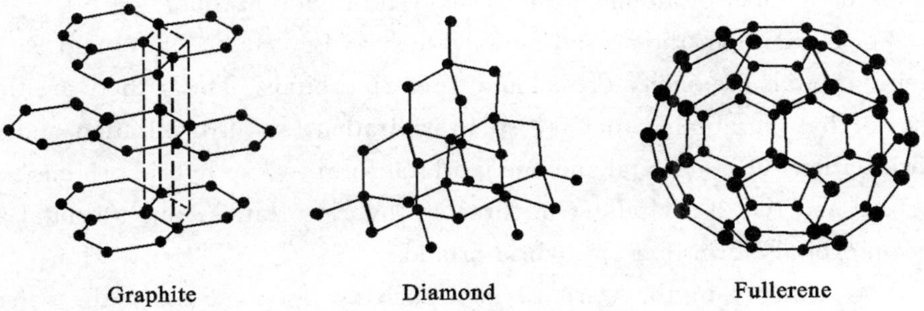

Figure 9-6 Structures of graphite, diamond and fullerene C_{60}

9.1.2.1 Hybridization and Hybrid Orbitals

Let's look at the bonding of CH_4 (See Fig. 9-7). There are four equivalent bonds arranged in a tetrahedron around the central C atom. Carbon has 2s electrons and 2p electrons in its atomic orbitals. It needs to change 4 dissimilar atomic orbitals to 4 identical orbitals. This is done by **hybridization**, the mixing of four atomic orbitals to give four new orbitals, as shown in Fig. 9-7.

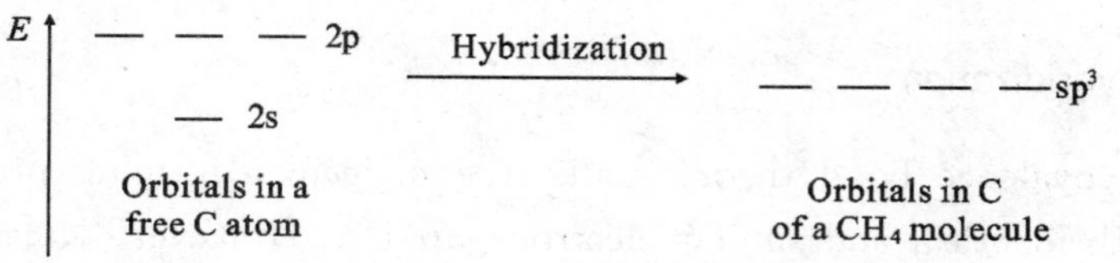

Figure 9-7 An energy-level diagram showing the formation of four sp^3 orbitals

Combing one s orbital with three p orbitals to form four identical orbitals, which are called **sp^3 hybrid orbitals.** They are arranged in a tetrahedron around the central C atom. We say that the carbon atom undergoes **sp^3 hybridization** or is **sp^3 hybridized.** Each sp^3 orbital, containing one electron, will overlap with the s orbital of H atom, also containing one electron. The electron density of this bond lies between the two bonded atoms, so it is called a σ bond.

9.1.2.2 Main Points of Hybridization

(1) There are many types of hybridization; the number of hybrid orbitals equals the number of atomic orbitals involved in hybridization.

For elements in the second period, such as Be, B, C, N, O and F, the valence orbitals are one 2s orbital and three 2p orbitals. Thus, there are three types of hybridizations, that is, **sp hybridization**, **sp^2 hybridization** and **sp^3 hybridization.** One s orbital and one p orbital form two sp hybrid orbitals; one s orbital and two p orbitals form three sp^2 hybrid orbitals; one s orbital and three p orbitals form four sp^3 hybrid orbitals.

For elements in the third period, such as Si, P, S, Cl, the valence orbitals are one 3s orbital, three 3p orbitals and five 3d orbitals. In fact, there are five common types of hybridization. Besides the above three types, one s orbital, three p orbitals and one d orbital form five sp^3d hybrid orbitals, which is called the **sp^3d hybridization.** One s orbital, three p orbitals and two d orbitals form six sp^3d^2 hybrid orbitals, which is called the **sp^3d^2 hybridization.**

For elements in the fourth period, the valence orbitals are 3d orbitals, one 4s orbital, three 4p orbitals and the 4d orbitals. Thus, besides the above five types of hybridization, the atomic orbitals may form dsp^2 and d^2sp^3 hybrid orbitals as well. One 3d orbital, one 4s orbital and two 4p orbitals form four dsp^2 hybrid orbitals, which is called **dsp^2 hybridization.** Two 3d orbital, one 4s orbital and three 4p orbitals form six d^2sp^3 hybrid orbitals, which is called **d^2sp^3 hybridization.**

(2) Different hybrid orbitals have different shapes, as shown in Fig. 9-8.

The distributions of the electron clouds are more concentrated and consequently the bonding ability increases in the following rank: sp < sp^2 < sp^3 < dsp^2 < sp^3d < sp^3d^2.

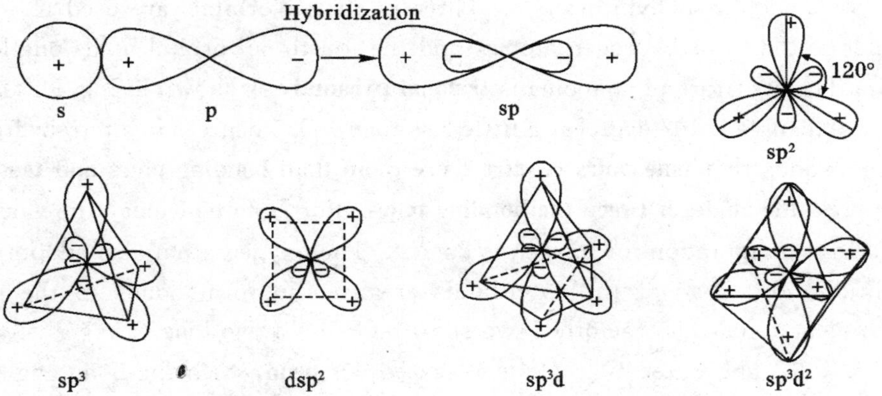

Figure 9-8 Shapes of hybrid orbitals

(3) The hybrid orbitals of the central atom will overlap with the valence orbital of another atom to form a σ bond. The structure of the molecule is related with the shape of the hybrid orbitals, as summarized in Table 9-2. If there is no **lone pair**, which is called **equivalent hybridization**, the **molecular structure** is identical to the shape of the hybrid orbitals. If there is lone pair(s), which is called **nonequivalent hybridization**, and the molecular structure is changed according to the shape of the hybrid orbitals. All the possible cases are listed in Table 9-2.

Table 9-2 Relationships of the Various Types of Hybridization and Their Spatial Arrangement

Types of Hybridization	The Number of Hybrid Orbitals	The Angels Between Hybrid Orbitals	Shapes of Hybrid Orbitals	Examples
sp	2	180°	Linear	$BeCl_2$
sp^2	3	120°	Planar trigon	BF_3
sp^3	4	109.5°	Tetrahedron	CH_4
dsp^2	4	90°, 180°	Planar square	$[Ni(H_2O)_4]^{2+}$
sp^3d	5	90°, 120°, 180°	Trigonal bipyramid	PCl_5
sp^3d^2/d^2sp^3	6	90°, 180°	Octahedron	SF_6, $[Fe(CN)_6]^{3-}$

We have explained the structure of methane molecule, now let's analyze the structures of ammonia and water using hybridization. For NH_3 molecule, the valence electron configuration for nitrogen is $2s^2 2p^3$. The nitrogen atom in ammonia adopts sp^3 hybridization. Three of the sp^3 orbitals are used to form bonds to the three hydrogen atoms, and the fourth sp^3 orbital holds one lone pair. The structure of ammonia is **trigonal pyramid**, as shown in Fig. 9-9, and the bond angle is 107 degrees, a little less than 109.5 degrees in a tetrahedron. It is obvious that **lone pairs require more room than bonding pairs and tend to compress the angles between the bonding pairs.** For H_2O molecule, the valence electron configuration for oxygen is $2s^2 2p^4$. The oxygen atom also adopts sp^3 hybridization. Two of the sp^3 orbitals are used to form bonds to the two hydrogen atoms, and the other two sp^3 orbitals hold two lone pairs, as shown in Fig. 9-9. The water molecule is **V-shaped**, or **bend**, with the bond angle of 104.5 degrees, also less than 109.5 degrees.

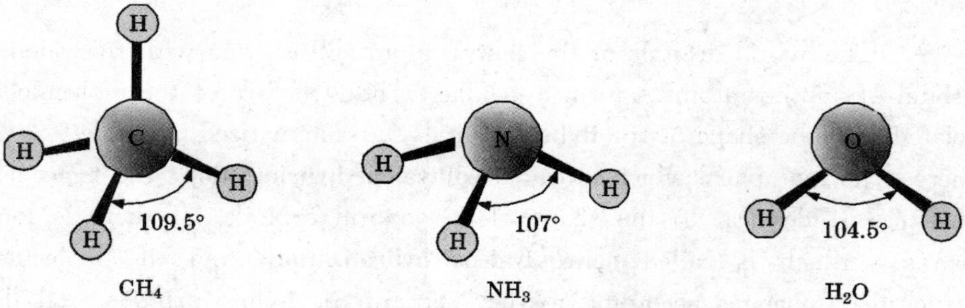

Figure 9-9 Molecule structures of methane, ammonia and water

In sum, although the central atoms carbon, nitrogen and oxygen are all sp^3 hybridized, the relevant molecule structures of methane, ammonia and water are different just because carbon has no lone pair, nitrogen has one lone pair, and oxygen has two lone pairs. The more lone pairs the atom has, the larger repulsions, and the smaller bond angles the molecule has.

9.1.2.3 Example Analysis

As we stated above, if we want to predict the structure of an AB_m molecule using hybridization, the key point is to decide what types of hybridization the central atom A undergoes. Actually, hybridization type is not only determined by the valence orbital and valence electron configurations of the atom A, but also related with the atom B number, m. Let's look at more examples.

(1) $BeCl_2(g)$.

Be $2s^2 \rightarrow Be^*$ (here "$*$" represent excited state) $2s^1 2p^1 \rightarrow$ equivalent sp hybridization, two sp orbitals (linear). Each sp orbital, containing one electron, will overlap with the p_x orbital of a Cl atom, also containing one electron, to form a σ bond. Therefore, The Cl—Be—Cl molecule has a **linear** structure with a 180-degree bond angle.

(2) BF_3.

B $2s^2 2p^1 \rightarrow B^*\ 2s^1 2p_x^1 2p_y^1 \rightarrow$ equivalent sp^2 hybridization, three sp^2 orbitals (trigonal planar). Each sp^2 orbital, containing one electron, will overlap with the p_x orbital of a F atom, also containing one electron, to form a σ bond. Therefore, BF_3 has a **trigonal planar** structure with 120-degree bond angles.

(3) $H_2C{=}CH_2$.

C $2s^2 2p_x^1 2p_y^1 2p_z \rightarrow C^*\ 2s^1 2p_x^1 2p_y^1 2p_z^1$. Since each carbon is connected with the other carbon atom and two hydrogen atoms, each carbon atom undergoes an equivalent sp^2 hybridization (using $2s^1 2p_x^1 2p_y^1$) to get three sp^2 orbitals (trigonal planar). Each carbon atom, besides forming three σ bonds with the other carbon atom and two hydrogen atoms, uses the p_z orbital to form a π bond with the other carbon.

(4) PCl_5.

P $3s^2 3p^3 \rightarrow P^*\ 3s^1 3p_x^1 3p_y^1 3p_z^1 3d_{z^2}^1$. Since the phosphorus atom has five valence electrons and is connected with five chlorine atoms, it undergoes equivalent sp^3d hybridization. Each sp^3d orbital, containing one electron, will overlap with the p_x orbital of a Cl atom, also containing one electron, to form a σ bond. Therefore, PCl_5 is **trigonal bipyramidal.**

(5) SF_6.

S $3s^2 3p^4 \rightarrow S^*\ 3s^1 3p_x^1 3p_y^1 3p_z^1 3d_{x^2-y^2}^1 3d_{z^2}^1$. Since the sulfur atom has six valence electrons and is connected with six fluorine atoms, it undergoes equivalent sp^3d^2 hybridization. Each sp^3d^2 orbital, containing one electron, will overlap with the p_x orbital of an F atom, also containing one electron, to form a σ bond. Therefore, SF_6 is **octahedral.**

(6) $[HgI_4]^{2-}$.

Hg^{2+} $5d^{10}$ $6s^0 6p^0$. For Hg^{2+}, it uses one 6s orbital and three 6p orbitals form four sp^3 hybrid orbitals. This is equivalent sp^3 hybridization, because there is no lone pair in the orbitals. Each empty sp^3 orbital, will overlap with the p_x orbital of a I^- ion, which provides one lone pair, to form a coordinated σ bond. Therefore, $[HgI_4]^{2-}$ is **tetrahedral.**

(7) Benzene.

The benzene molecule(C_6H_6) consists of a planar hexagon of carbon atoms with one hydrogen atom bound to each carbon atom. In the molecule all six C—C bonds are known to be equivalent. This fact can be explained by hybridization. Each carbon atom adopts sp^2 hybridization and connects with other two carbon atoms and one hydrogen atom by σ bonds. Also a p orbital perpendicular to the plane of the ring remains on each carbon atom. These six p orbitals can form a bond with their shoulder to shoulder, as shown in Fig. 9-10. The electrons in the resulting π orbitals are delocalized above and below the plane of the ring, which are called **delocalized π bonding**, denoted as Π_6^6.

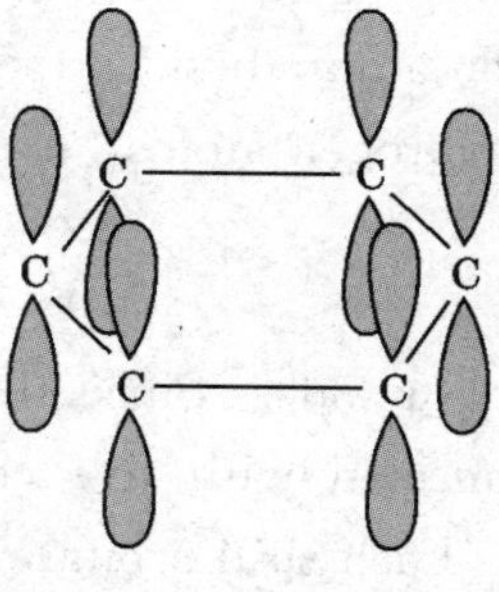

Figure 9-10 Structure of benzene

In the end, it is time for us to explain the structures of diamond, graphite and fullerene C_{60} using hybridization. In diamond, each carbon adopts sp^3 hybridization. Each carbon has four equivalent sp^3 orbitals and overlap with sp^3 orbitals from other four carbon atoms to form σ bonds. In this way, a huge net molecule, called **atomic crystal**, is formed. In graphite, each carbon adopts sp^2 hybridization. Each carbon has three equivalent sp^2 orbitals and overlap with sp^2 orbitals from other three carbon atoms to form σ bonds. In this way, a huge planar molecule is formed. Since a p orbital perpendicular to the plane remains on each carbon atom, these p orbitals combine to form the delocalized π bonding, denoted as Π_m^m. Therefore, graphite is layered-structures, connected by intermolecular forces. It is easy to break in the layered direction and the conductivity is much higher in the layered direction. Fullerene is a kind of cage molecules which consist of a set of six-atom rings and twelve five-atom-rings. For example, C_{60} has twenty six-atom rings and twelve five-atom-rings, the five-atom-rings don't connect with each other. It is a perfect symmetry molecule. Also each atom in the six-atom rings adopts **$sp^{2.28}$ hybridization** (s orbitals comprised 30%, p orbitals comprised 70%), which is beyond the range of this textbook.

As supplementary of valence bond theory, hybridization illustrates the formation and the relative stability of valence bonds, explains the structures of molecules formed from nonmetals, and also explains the structures of the element carbon and some organic compounds. The problem is that it is difficult to figure out what type of hybridizations that the central atom will undergo. Therefore, chemists pursued a simple rule to determine the geometric structures of AB_m molecules/ions, which is called valence shell electron pair repulsion theory.

9.1.3 Valence Shell Electron Pair Repulsion Theory (VSEPR)

VSEPR theory was first addressed by N. V. Sidgwick and H. M. Powell in 1940, and later was supplemented by R. J. Gillespie and R. S. Nyholm in 1957.

9.1.3.1 Main Points

According to VSEPR theory, the structure of AB_m molecule/ions depends on the valence electron pairs. In order to get a stable molecule structure, the valence electron pairs should depart as far apart as possible. The arrangement of electron pairs around an atom yielding minimum repulsion is listed in Table 9-3.

Table 9-3 Arrangement of Electron Pairs around an Atom Yielding Minimum Repulsion

The Number of Valence Shell Electron Pairs	Structure of Electron Pairs	The Number of Valence-Bonding Electron Pairs	Molecular Structure	Examples
2	Linear	2	:—A—:	$BeCl_2$
3	Planar trigon	3	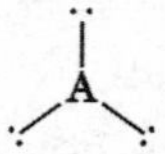	NO_3^-
		2	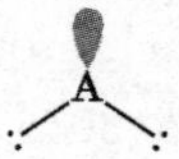	NO_2
4	Tetrahedron	4		CH_4
		3		NH_3
		2		H_2O V-shaped
5	Trigonal bipyramid	5		PCl_5
		4		SF_4
		3		ClF_3, BrF_3
		2		XeF_2
6	Octahedron	6		SF_6
		5	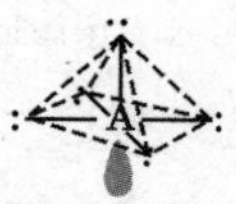	BrF_5, IF_5
		4	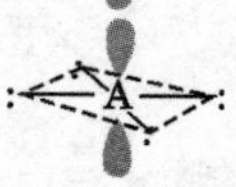	XeF_4, ICl_4^-

9.1.3.2 General Rules

(1)Determine the sum of valence shell electrons. It equals to the valence electrons of the central atom A plus the electron provided by the ligand atom B, and plus the negative charge or minus the positive charge. As ligand atom B, hydrogen and halogen atoms will provide one electron, and oxygen, sulfur and selenium won't provide electrons. The electron pairs equals to half of the valence electrons.

Let's see some examples. For the PO_4^{3-} ion (5 + 3 = 8 valence shell electrons), the AsO_4^{3-} ion(5+3=8 valence shell electrons), the SO_4^{2-} ion(6+2=8 valence shell electrons), the NH_4^+ ion(5+4−1=8 valence shell electrons), the PCl_3 (5+3=8 valence shell electrons), they all have 4 electron pairs.

(2)Count the electron pairs and arrange them in the way that minimizes repulsion, that is, put the pairs as far apart as possible, as shown in Table 9-3. If there is no lone pair, the molecule structure is exactly the same as the arrangement of electron pairs. Lone pairs require more room than the bonding pairs and tend to compress the angles between the bonding pairs. In addition, if there is a single electron, it is regarded as a lone pair.

For the PO_4^{3-}, SO_4^{2-}, NH_4^+ ions, they are all tetrahedral. However for the PCl_3 molecule, it is trigonal pyramid because of a lone pair. Comparing the structures of NO_3^- and NO_2, they both have 3 electron pairs, the NO_3^- ion is trigonal planar with 120-degree bond angles, and the NO_2 molecule is V-shaped for the existence of a lone pair.

For five pairs of electrons, the arrangement with minimum repulsion is a trigonal bipyramid. From Table 9-3, we can see the arrangement has two different angles, 90 degrees and 120 degrees. Six pairs of electrons can best be arranged around a given atom with 90 degrees angles to form an octahedral structure, as shown in Table 9-3. It is worth to mention, the repulsion between lone pairs is larger than that between lone pair and bond, and the repulsion between bonds is the smallest. For molecules with five or six pairs of electrons, put lone pairs in positions so that the number of lone pairs with 90 degrees angles is as less as possible. See examples in Table 9-3.

(3) Multiple bonds count as one effective electron pair. Double bond

provides zero charge and triple bond provides one positive charge (−1). The repulsion increases in the order:

triple bond > double bond > single bond

For example, the valence electron of central atom carbon for formaldehyde, HCHO molecule, is 4, there is a C═O double bond(4+2=6 valence electrons). Therefore, it is trigonal planar, ∠OCH=121°, ∠HCH = 118°. CO_2 molecule, with two C═O double bonds(4 valence electrons), is linear. Also for HCN, the central atom is carbon, with one triple bond C≡N (4+1−1=4 valence electrons), is linear.

To use the VSEPR model, you need to memorize the relationships between the number of electron pairs and their best arrangement. The VSEPR model is useful in predicting and explaining the geometries of molecules/ions formed from nonmetals.

9.1.4 Molecule Orbital Theory

Valence bond theory and hybridization examine the bonding process and the geometries of molecules. Because they are based on the assumption that the bonding electrons move between the two nucleuses, they can't explain the formation of one-electron bond, such as H_2^+ molecule ion. Nor can they explain the magnetic property of some molecules. In magnetic field, a molecule is paramagnetic if there is a single electron; otherwise it is diamagnetic. According to valence bond theory, the oxygen molecule has one σ bond, one π bond and has no single electron. However, the oxygen molecules exhibit paramagnetic property. These facts can be explained by molecule orbital theory. In 1928 R. S. Mulliken put forward the molecular orbital theory, and he developed his theory by using quantum mechanical theory to illustrate the formation of molecular orbitals from atomic orbitals in 1952.

(1)Main Points of Molecule Orbital Theory.

When atomic orbitals are combined to form **molecular orbitals**, the electrons belong to the whole molecule instead of a single atom. The number of molecular orbitals must be the same as the number of atomic orbitals. Thus, when the 1s atomic orbitals are combined, two molecular orbitals are formed.

When two atomic orbitals are combined to form two molecular orbitals, one molecular orbital has lower energy than the atomic orbitals combined, and the other molecular orbital is of higher energy than the atomic orbitals. The molecular orbital with energy lower than the atomic orbitals that were combined is called a **bonding molecular orbital.** The charge density in the bonding molecular orbital, which is labeled σ_{1s}, is shown at the bottom of Fig. 9-11. The molecular orbital with energy higher than the energy of the atomic orbitals that were combined is called an **antibonding molecular orbital.** The charge density in the antibonding molecular orbital, which is labeled σ_{1s}^*, is shown at the top of Fig. 9-11. In the antibonding molecular orbital, there is a node in charge density between the nucleuses. Charge density in the antibonding orbital is concentrated outside of the space between the nucleuses. Without much charge density between them, the nucleuses repel each other. The atoms tend to fly apart; no bond is formed. Antibonding orbitals are usually indicated by superscripting an asterisk as shown in Fig. 9-11. Both the bonding and the antibonding molecular orbitals of the hydrogen molecule are **symmetric about the internuclear axis.** They are both σ orbitals. When a bonding σ orbital contains a pair of electrons, a σ bond forms.

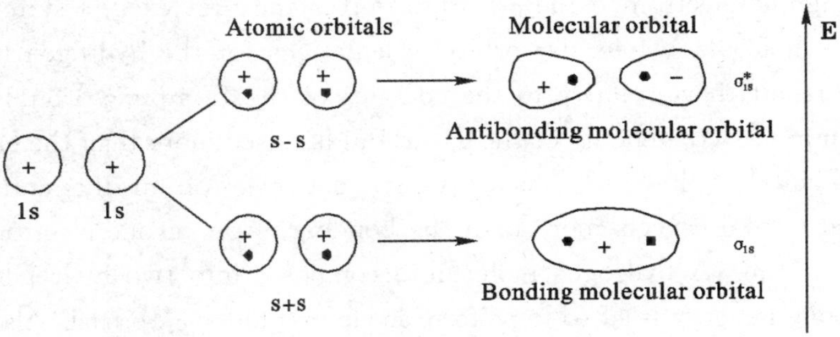

Figure 9-11 Bonding and antibonding molecular orbitals

Most of what we have learned about writing electron configurations for atoms applies to molecules as well. Electrons are placed in orbitals in a molecular orbital energy level diagram beginning with the lowest energy orbital at the bottom. No more than two electrons can be put in one orbital, and the two electrons in an orbital must have opposite spins (Pauli exclusion principle). One electron is put in each of a set of degenerate orbitals before two electrons are put in any one orbital (Hund's rule).

There are two electrons in a hydrogen molecule. In the ground state, both electrons are in the lowest energy σ_{1s} orbital. Fig. 9-12 shows the molecular orbital energy level diagram for the hydrogen molecule in its ground state. The electron configuration of the hydrogen molecule in its ground state is written $(\sigma_{1s})^2$. In the electron configurations of molecules, the superscript numbers show the number of electrons in each orbital. Thus, the symbol$(\sigma_{1s})^2$ says that there are two electrons in the σ_{1s} molecular orbital. A molecule is in its ground state unless electrons are promoted to an excited state by collision, thermal energy, or electromagnetic radiation.

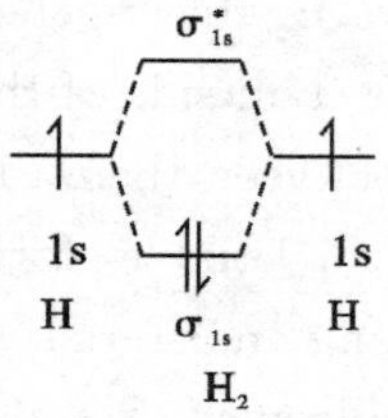

Figure 9-12 Molecular orbitals energy level diagram for the ground state of the hydrogen molecule

All electron configurations except the ground state are excited states. Promoting one electron to the σ^*_{1s} orbital gives the first excited state for the hydrogen molecule. Molecular orbital calculations for the hydrogen molecule give the result that, relative to the energies of the 1s atomic orbitals of the hydrogen atoms, the energy of the σ^*_{1s} orbital is raised more than the energy of the σ_{1s} orbital is lowered. As a result, one electron in the antibonding molecular orbital cancels more than the bonding effect of one electron in the bonding orbital. A hydrogen molecule decomposes into two hydrogen atoms when enough energy is added to promote an electron to the σ^*_{1s} orbital. Also we can understand the existence of H_2^+ ion. It's electron configuration is $(\sigma_{1s})^1$, which is called **one-electron σ bond**. From the Fig. 9-12, we can see that when one electron from hydrogen atom is put in the bonding molecule orbital, its energy decreases.

The molecular orbital energy level diagram for He_2 is similar to the molecular orbital energy level diagram for H_2. The molecular orbital energy level diagram for He_2 can be used to show why helium does not form a diatomic molecule. Two helium atoms have a total of four electrons in 1s orbitals. Putting four electrons in the molecular orbital gives the electron configuration $(\sigma_{1s})^2(\sigma_{1s*})^2$ for the He_2 molecule. The bonding effect of the two electrons in the bonding molecular orbital is more than canceled by the antibonding effect of the two electrons in the antibonding molecular orbital. The energy of a helium molecule is higher than the energy of two separate helium atoms. In addition, two separate helium atoms are more disorderly than two helium atoms neatly combined into a helium molecule. Entropy as well as energy favors two separate helium atoms over a diatomic helium molecule. Therefore, the He_2 molecule is less stable than two helium atoms, and covalently bonded He_2 molecules do not exist.

Molecular orbital energy level diagrams like Fig. 9-12 include only the lowest energy molecular orbitals. (Remember that the principal quantum number, n, can have any integral value from 1 to infinity.) More high-energy molecular orbitals can be obtained by combining two 2s atomic orbitals or two 2p atomic orbitals. The possibility of higher energy excited states is important in explaining the visible and ultraviolet spectra of molecules as well as some of their reactions.

The atomic orbitals that are combined to form a molecular orbital must have similar energies. For example, a 1s orbital from one hydrogen atom and a 2s orbital from another hydrogen atom cannot be combined to form a molecular orbital. Also, to be combined to form a molecular orbital, the charge clouds of atomic orbitals must occupy the same region in space. For example, a p_y orbital can overlap with another p_y orbital either endwise or sidewise, but a p_y orbital cannot overlap well either endwise or sidewise with a p_x orbital or with a p_z orbital. Orbitals refer to electron waves. Constructive interference yields bonding molecular orbitals; destructive interference yields antibonding molecular orbitals.

(2) The Molecular Orbital Energy Level Diagrams for Homonuclear Diatomic Molecules.

Diatomic molecules composed of the same kind of atoms such as H_2, are called **homonuclear diatomic molecules.** The molecular orbital energy level diagrams for homonuclear diatomic molecules of the elements in the second row of the periodic table are shown in Fig. 9-13.

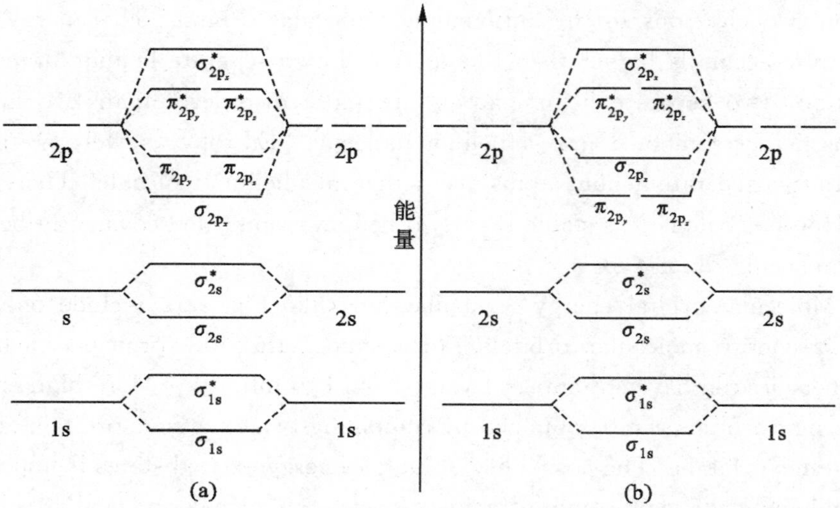

Figure 9-13 Molecular orbital energy level diagram for A_2 molecular orbitals formed from ls, 2s, and 2p atomic orbitals
(These diagrams show the order of filling only. Energies are not to scale.)

In Fig. 9-13 (a) (for O_2, F_2 and Ne_2), the energy of the σ_{2p_x} orbital is lower than the energies of the the π_{2p_y} and π_{2p_z} orbitals, whereas in Fig. 9-13 (b) (for Li_2, Be_2, B_2, C_2 and N_2), the energy of the π_{2p_y} and σ_{2p_z} orbitals is lower than the energy of the σ_{2p_x} orbital. The order of increasing energy of molecular orbitals in Fig. 9-13 (a) is easier to understand than that in Fig. 9-13 (b). Endwise overlap of p orbitals to form a σ orbital lowers energy more than sidewise over1ap of p orbitals to form a π orbital. The order shown in Fig. 9-13 (a) is correct for O_2 and F_2 but leads to wrong predictions about the magnetic properties of B_2 and C_2. Why should the order of energies for O_2 and F_2 be different from the order for Li_2 through N_2? Oxygen and fluorine have very high effective nuclear charges, the difference in energy between the 2s and 2p orbitals in oxygen and fluorine atoms is large, 2 500 $kJ \cdot mol^{-1}$ for F. Compared with oxygen and fluorine, the elements Li through N have low effective nuclear charges and the difference in energy between the 2s and 2p orbitals is small, only 200 $kJ \cdot mol^{-1}$ for lithium. For the elements Li through N, interaction between the 2s and 2p orbitals is significant and makes the energy of the π_{2p_y} and π_{2p_z} orbitals lower than the energy of the σ_{2p_x} orbital.

The electron configuration of the N_2 molecule in its ground state is

$(\sigma_{1s})^2(\sigma_{1s}^*)^2(\sigma_{2s})^2(\sigma_{2s}^*)^2(\pi_{2p_y})^2(\pi_{2p_z})^2(\sigma_{2p_x})^2(\pi_{2p_y}^*)(\pi_{2p_z}^*)$.

The bonding effect of the pair of electrons in the σ_{1s} orbital is canceled by the antibonding effect of the pair of electrons in the σ_{1s}^* orbital; and the bonding effect of the pair of electrons in the σ_{2s} orbital is canceled by the antibonding effect of the pair of electrons in the σ_{2s}^* orbital. The devotions to nitrogen molecule are $(\pi_{2p_y})^2(\pi_{2p_z})^2(\sigma_{2p_x})^2$, therefore there are one σ bond and two π bonds in a nitrogen molecule. This result is in consistent with that drawn from valence bond theory.

The ground-state electron configuration of the O_2 molecule is $(\sigma_{1s})^2(\sigma_{1s}^*)^2(\sigma_{2s})^2(\sigma_{2s}^*)^2(\sigma_{2p_x})^2(\pi_{2p_y})^2(\pi_{2p_z})^2(\pi_{2p_y}^*)^1(\pi_{2p_z}^*)^1$.

The oxygen molecule has two more electrons in σ bonding orbitals than it has in σ antibonding orbitals and two more electrons in π bonding orbitals than it has in π antibonding orbitals. According to the molecular orbital method, the oxygen molecule has one σ bond and one π bond; there is a double bond between the oxygen atoms. There are also two unpaired electrons. This is the reason why oxygen molecules exhibit paramagnetic property.

The ground-state electron configuration of the O_2^+ molecule ion is $(\sigma_{1s})^2(\sigma_{1s}^*)^2(\sigma_{2s})^2(\sigma_{2s}^*)^2(\sigma_{2p_x})^2(\pi_{2p_y})^2(\pi_{2p_z})^2(\pi_{2p_y}^*)^1(\pi_{2p_z}^*)$. There are one σ bond, two π bonds and an unpaired electron in the antibonding orbital.

The ground-state electron configuration of the O_2^- molecule ion is $(\sigma_{1s})^2(\sigma_{1s}^*)^2(\sigma_{2s})^2(\sigma_{2s}^*)^2(\sigma_{2p_x})^2(\pi_{2p_y})^2(\pi_{2p_z})^2(\pi_{2p_y}^*)^2(\pi_{2p_z}^*)^1$. There are one σ bond, one π bond and an unpaired electron in the antibonding orbital.

The ground-state electron configuration of the O_2^{2-} molecule ion is $(\sigma_{1s})^2(\sigma_{1s}^*)^2(\sigma_{2s})^2(\sigma_{2s}^*)^2(\sigma_{2p_x})^2(\pi_{2p_y})^2(\pi_{2p_z})^2(\pi_{2p_y}^*)^2(\pi_{2p_z}^*)^2$. There is only one σ bond.

Here we can use bond order to describe the stability of a molecule.

$$\text{Bond order} = \frac{\text{numbers of bonding electrons} - \text{numbers of antibonding electrons}}{2}$$

Thus, the bond order for O_2^+, O_2, O_2^- and O_2^{2-} is 2.5, 2, 1.5 and 1, respectively. The bond energy is $O_2^+ > O_2 > O_2^- > O_2^{2-}$, and the stability is $O_2^+ > O_2 > O_2^- > O_2^{2-}$.

(3) The Molecular Orbital Energy Level Diagrams for Heteronuclear Diatomic Molecules.

The bonds we have considered so far in this part of the chapter have all been between identical atoms. Bonds between nonidentical atoms, which are called heteronuclear, are much more common.

If the two different atoms are only one or two places apart in the periodic table, such as CO, CN^-, NO, the calculated molecular orbital energy level diagram is not much different than the molecular orbital energy level diagram for two identical atoms. Let's see CO molecule. The ground-state electron configuration of the CO molecule is $(\sigma_{1s})^2(\sigma_{1s}^*)^2(\sigma_{2s})^2(\sigma_{2s}^*)^2(\pi_{2p_y})^2(\pi_{2p_z})^2(\sigma_{2p})^2$. There are one σ bond and two π bonds in a CO molecule, which is exactly the same as a N_2 molecule. Compare CO with N_2. They both have 14 electrons. This is called **isoelectronic system** —molecules or ions containing the same number of atoms and the same number of electrons. For example, CO_2, N_2O, N_3^- and NO_2^+, they all consist of 3 atoms and have 22 electrons. For BO_3^{3-}, CO_3^{2-} and NO_3^-, each of them is composed of 4 atoms and has 32 electrons. And for isoelectronic ions SiO_4^{4-}, PO_4^{3-}, SO_4^{2-}, and ClO_4^-, they each have 5 atoms and 50 electrons. Isoelectronic molecules or ions occupy the same molecular orbitals and have similar properties.

If the energies of the two atomic orbitals are quite different, the molecular orbital energy level diagram will not resemble that for homonoclear diatomic atoms. A different diagram must be constructed by calculating energies from the Schrödinger equation. Let's see HF molecule. The electron configuration for H is $1s^1$ and $E_{1s}=-13.6$ eV. The electron configuration for F is $1s^2 2s^2 2p_y^2 2p_z^2 2p_x^1$, and $E_{1s}=-696.3$ eV, $E_{2s}=-40.1$ eV and $E_{2p}=-18.6$ eV. To keep things as simple as possible, we will assume that fluorine uses only one of its 2p orbitals to bond to hydrogen. Thus the molecular orbitals for HF will be composed of fluorine 2p and hydrogen 1s orbitals. Fig. 9-14 gives the partial molecular orbital energy-level diagram for HF focusing only on the orbitals involved in the bonding. Besides, the remaining orbitals of fluorine ($1s2s2p_y 2p_z$) exhibiting original properties, are called **non-bonding orbitals**, and relevant the electrons are called non-valence electrons which play no role on the formation of molecules.

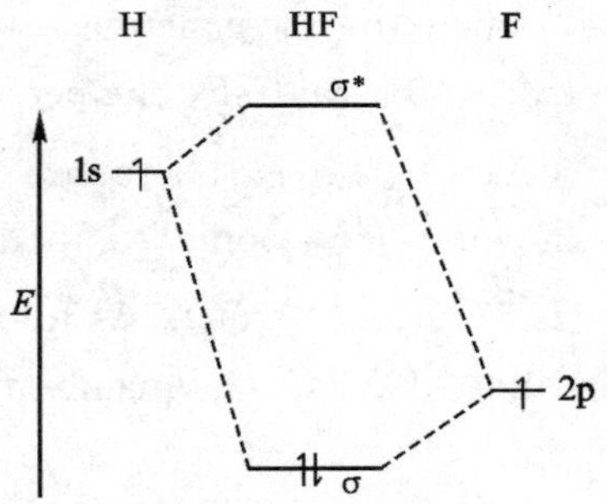

Figure 9-14 A partial molecular orbital energy-level diagrams for the HF molecule

9.2 Ionic Bonds and Ionic Substances

9.2.1 Ionic Bonds

Ionic substances are formed when an atom that loses electrons relatively easily reacts with an atom that has a high affinity for electrons. That is, an ionic compound forms when a metal reacts with a nonmetal. Let's use sodium chloride to illustrate this case.

$$n\mathrm{Na}(2s^2 2p^6 3s^1) - ne^- = n\mathrm{Na}^+(2s^2 2p^6)$$

$$n\mathrm{Cl}(3s^2 3p^5) + ne^- = n\mathrm{Cl}^-(3s^2 3p^6)$$

$$n\mathrm{Na}^+(2s^2 2p^6) + n\mathrm{Cl}^-(3s^2 3p^6) = n\mathrm{NaCl}$$

Why does this happen? The simple answer is that the system can achieve the lowest possible energy by behaving in this way. The attraction of a chlorine atom for the extra electron and the very strong mutual attractions of the oppositely charged ions provide the driving forces for the process. The attraction between positively charged ions and negatively charged ions in ionic compounds is called **ionic bond.** It is obvious that the ionic bond among sodium cation Na^+ and chlorine anion Cl^- is static attractions, which has no limit in directions and saturations. A cation will attract as many more anions as possible, if spatially permitted. It is the same for anions. The bond type is related with the electronegativity difference in the bonding atoms. There is no 100% ionic compound. As indicated in Table 9-4, when the electronegativity difference in the bonding atoms is more than 1.7, we say the percentage of ionic character of a bond is 50%, and the compound can be regarded as an ionic compound. For example, when the most active metal cesium and the most active nonmetal fluorine reacts to form CsF, the percent of ionic character of a Cs—F bond is 92% ($\Delta\chi$ = 3.2). There are still 8% covalent bond components. The well-known typical ionic compound sodium chloride, its percent of ionic character is 63% ($\Delta\chi$ = 2.0). As for CuCl, it has 22% of ionic character, which means that Cu—Cl is mainly covalent bond and CuCl belongs to covalent compounds.

So far, we have learned three types of bonds: a covalent bond formed between identical atoms, a polar covalent bond formed between nonidentical atoms, with both ionic and covalent components; and an ionic bond with no electron sharing. In fact, there is no absolute difference between the ionic bond and polar covalent bond. The transition and transformation relations between these two types of bonds will be introduced in Section 9.2.4.

Table 9-4 The relationship between Electronegative Difference in the Bonding Atoms and Percent of Ionic Character of a Bond

Electronegative Difference $\Delta\chi$	Percent of Ionic Character of a Bond /%	Electronegative Difference $\Delta\chi$	Percent of Ionic Character of a Bond /%
0.2	1	1.8	55
0.4	4	2.0	63
0.6	9	2.2	70
0.8	15	2.4	76
1.0	22	2.6	82
1.2	30	2.8	86
1.4	39	3.0	89
1.6	47	3.2	92

Resources: L. Pauling & P. Pauling. Chemistry. San Francisco: Freeman and Company, 1975

9.2.2 Structure Types of Ionic Crystals

Ionic compounds are stable substances, and they usually exist as solids with high melting points, called ionic crystals. The structures of most binary ionic crystals include three types (See Fig. 1-8). The main determining factor is the radii ratio of cation and anion, as shown in Table 9-5.

Table 9-5 Radii Ratios and Coordinate Numbers and Geometry

$\frac{r_+}{r_-}$	Coordinate Numbers	Structures	Lattices	Examples
0. 225～0. 414	4	Tetrahedral	Face-centered cubic unit	ZnS
0. 414～0. 732	6	Octahedral	Face-centered cubic unit	NaCl
0. 732～1	8	Cubic	Primitive cubic unit	CsCl

According to the relationship between the geometric structures and the radii ratios, we can approximately predict the structures of some binary ionic crystals. For example, the radii ratio of BeO is within 0. 225～0. 414, thus its CN=4 and it is a tetrahedral. The radii ratio of NaBr is in 414～0. 732, thus CN =6, and it is an octahedral. The radii ratio of CsBr is in 0. 732～1, thus CN= 8, and it is a cubic. It is necessary to point out that the geometric structures of ionic solid also relate with the electron configuration of the cations and anions, temperatures and pressures. It isn't guaranteed to predict all the binary ionic crystals correctly by using the above simple relations.

9.2.3 Lattice Energy

The strength of ionic bond can be expressed by lattice energy. The lattice energy refers to the released energy when forming 1 mol ionic crystals from gaseous cations and anions at the absolute zero degree, 1.0×10^5 Pa, denoted as U_0 ($kJ \cdot mol^{-1}$). Correspondingly, lattice enthalpy refers to the released energy when forming 1 mol ionic crystals from gaseous cations and anions at the 298 K, 1.0×10^5 Pa. There are several kilojoule per mole between the two functions. Usually, we use the value of lattice enthalpy to represent the lattice energy. Lattice energy can be calculated by using thermochemical data or through theoretical calculations.

Example 9-1 Calculate the lattice energy for NaF using the following thermochemical data

Processes	Energy Changes/ $kJ \cdot mol^{-1}$
$Na(s) = Na(g)$	$S=108.8$
$Na(g) = Na^+(g) + e^-$	$I_1=502.3$
$\frac{1}{2}F_2(g) = F(g)$	$\frac{1}{2}D = \frac{1}{2} \times 153.2$
$F(g) + e^- = F^-(g)$	$E_1=-328$
$Na^+(g) + F^-(g) = NaF(s)$	U_0
$Na(s) + \frac{1}{2}F_2(g) = NaF(s)$	$\Delta_r H_m^\ominus = -576.6$

SOLUTION By adding the former five chemical equations, we have

$$Na(s)+\frac{1}{2}F_2(g)=\!=\!=NaF(s)$$

That is, $\Delta_r H_m^\ominus = S+I_1+\frac{1}{2}D+E_1+U_0$

$$U_0 = \Delta_r H_m^\ominus-(S+I_1+\frac{1}{2}D+E_1)$$

$$=-576.6-(108.8+502.3+\frac{1}{2}\times153.2-328)$$

$$=-936.3(kJ\cdot mol^{-1})$$

The negative sign indicates that this is a exothermic process.

The equation to calculate lattice energy is called Born-Lande equation:

$$U_0=\frac{138940AZ_+Z_-}{R_0}(1-\frac{1}{n}) \quad (9.1)$$

Where A is called Madelung constant, which is related with geometric factors. n is Born constant, which is determined by the electron configurations. R_0 is the distance between the two nucleus. Z_+ and Z_- are charge number. Equation (9.1) indicates that for the ionic crystals with the same pattern, the higher charges and the smaller sizes of the cations and anions, the larger the lattice energy and the stronger the ionic bonds. The characters of ionic crystals are listed in Table 9-6.

In fact, the properties of ionic crystals depend on their bond strength. The ionic bond depends on the ion charges, ion radii and ion configurations. The ion configurations can be divided into five types.

(1) **$2e^-$ configurations**: There are two electrons in the outermost shell, such as Li^+, Be^{2+}.

(2) **$8e^-$ configurations**: There are eight electrons in the outermost shell, such as Na^+, F^-.

(3) **$18e^-$ configurations**: There are eighteen electrons in the outermost shell, such as Cu^+, Ag^+ and Zn^{2+}.

(4) **$(18+2)e^-$ configurations**: There are two electrons in the outermost shell and 18 electrons in the next-to-the-outermost shell , such as Tl^+, Sn^{2+} and Pb^{2+}.

(5) **$(9\sim17)e^-$ configurations**: There are nine to seventeen electrons in the

outermost shell, such as Cu^{2+}, Fe^{2+} and Fe^{3+}.

The attractions of cations to the same anion increase in the following sequence: $2e^-$ configuration、$18e^-$ configurations and $(18+2)e^-$ configurations $>$ $(9\sim17)e^-$ configurations $>8e^-$ configurations. Ions with $18e^-$ configurations or $(18+2)e^-$ configurations have more effective nuclear charges, because the electrons in d orbitals have relative small shielding effect for the nucleus. Thus, when the ion charge and ion radii are the same or similar, the electron configuration of the cation is becoming the key factor influencing the ionic bond strength. Let's see Na^+ and Cu^+, they both have one electron in the outermost shell and their radii are similar. However, their chlorides, NaCl and CuCl, have quite different properties. This is because that Na^+ $2s^2 2p^6$ is $8e^-$ configurations, while Cu^+ $3s^2 3p^6 3d^{10}$ is $18e^-$ configurations, these two cations have different actions with Cl^- ions. This phenomenon will be further explained by ion polarizability.

9.2.4 Ion Polarizability

The term polarizability refers to the process in which the electron "cloud" of an atom be distorted to give a dipolar charge distribution. As shown in Fig. 9-15, when the cations polarize the anions, the higher charge and the smaller size cations, the larger polarization for the anions. When the charge and size of cations are similar, their electron configurations determine the polarization sequence, that is, $2e^-$, $18e^-$, $(18+2)e^- > (9\sim17)e^- > 8e^-$. Let's see NaCl and $CaCl_2$, $r_{Na^+} = r_{Ca^{2+}}$, therefore, Ca^{2+} has more strong polarization effect on Cl^- ions. As for NaCl and LiCl, $r_{Li^+} < r_{Na^+}$, thus, Li^+ has more strong polarization effect on Cl^- ions. Compared NaCl with CuCl, $r_{Na^+} = r_{Cu^+}$, Na^+ possess an $8e^-$ configuration, while Cu^+ possess an $18e^-$ configuration, thus Cu^+ has more strong polarization effect on Cl^- ions. On the other side, ions possess distortions as well, especially for anions with larger size. For example, distortions ofhalide ions increase with their radii, $F^- < Cl^- < Br^- < I^-$. The results of ions polarizability are the overlap of electron "cloud", which means the forming of covalent bond as shown in Fig. 9-15.

Since the ion polarizability increases covalent components of the compounds, it has a very great effect on physical properties, such as melting point, boiling point, solubility, and even colors. For example, the melting point decreases in the order of NaCl (800 ℃), $MgCl_2$ (714 ℃) and $AlCl_3$ (180 ℃, sublime), just because NaCl molecules possess typical ionic bonds, $MgCl_2$ molecules possess a certain amount of covalent bond, and $AlCl_3$ molecules exhibit large polarizability and actually become covalent bonds. As for the decreased solubility for AgF, AgCl, AgBr and AgI, it is due to the increasing polarizability and the increasing covalent character. For the color difference of colorless ZnI_2, green yellow CdI_2 and red HgI_2, it is due to the increasing distortion of Zn^{2+}, Cd^{2+} and Hg^{2+}, which make the CdI_2 and HgI_2 become covalent compounds. And then their color is caused by electron transfer(See Chapter 10 Section 10. 2. 2).

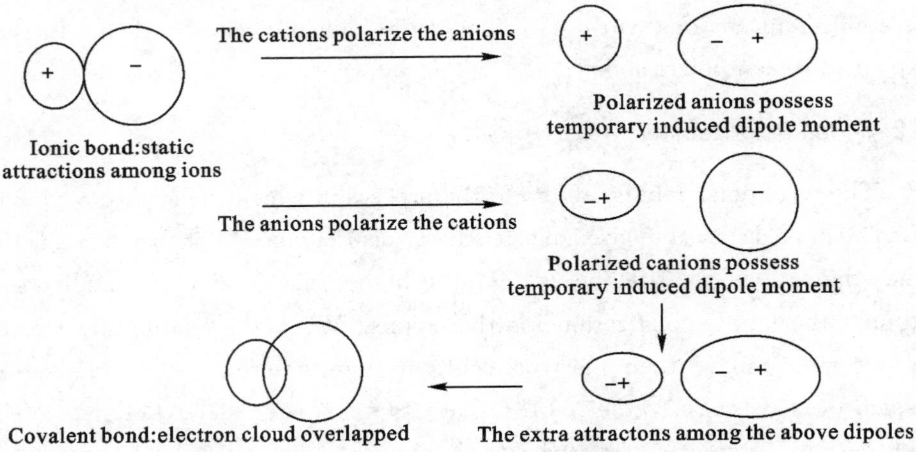

Figure 9-15 Results of ion polarizability

9.3 Intermolecular Forces

9.3.1 Molecular Polarity and Molecule Polarizability

Polarity is an important property of molecules because all physical properties such as melting point, boiling point, solubility, and chemical properties depend on molecular polarity. **Dipole moment**, μ, is a quantitative measure of the polarity of a molecule. The dipole moment is define as

$$\mu = q \cdot d \quad (\text{unit: Debye, } 1\text{D} = 3.336 \times 10^{-30}\ \text{C} \cdot \text{m})$$

If the dipole moment for a molecule is zero, it is a nonpolar molecule; otherwise it is a polar molecule. A polar molecule has **permanent dipole moment.** We can measure the permanent dipole moment and the dipole moment distance (d, which is equal to the distance between two nucleuses) and therefore calculate the charge on the dipole (q). For example, permanent dipole moment for HCl is $\mu = 1.03$ D, $d = 1.27$ Å, therefore, $q = \frac{1.03 \times 3.336 \times 10^{-30}}{1.27 \times 10^{-10}} = 0.271 \times 10^{-19}$ (C), $\frac{0.271 \times 10^{-19}}{1.6 \times 10^{-19}} = 16.9\%$. This means that HCl molecule has 16.9% ionic character.

Besides their permanent dipole moment, molecules still have **induced dipole moment** in an electric field, as shown in Fig. 9-16. Also, owing to movements of nucleus and electrons, relative shifts of the center of positive charge and the center of negative charge take place and this brings about **instantaneous dipole moment.** The process to increase the dipole moment of molecules is called **molecule polarizability.**

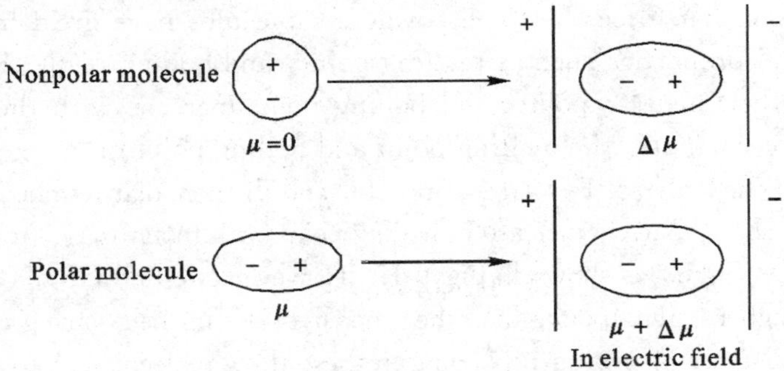

Figure 9-16 Molecule polarizability

9.3.2 Van der Waals Forces

In Sections 9.1 and 9.2 we saw that atoms can form stable units called molecules by sharing electrons or by gaining and losing electrons. This is called intramolecular (within the molecule) bonding. In this section we consider weaker interactions occurring between, rather than within, molecules, called **intermolecular forces**, also called **van der Waals forces.** There are three kinds of van der Waals forces.

Dipole-dipole forces refer to the attractions among permanent dipole moments. Molecules with dipole moments can attract each other electrostatically by lining up so that the positive and negative ends are close to each other. This is called a dipole-dipole attraction, also known as **Keesom**

force. Dipole-dipole forces are typically only about 1% as strong as covalent or ionic bonds, and they rapidly become weaker as the distance between the dipoles increases. At low pressures in the gas phase, where the molecules are far apart, these forces are relatively unimportant. **London dispersion forces** refer to the attractions among instantaneous dipole moments. The third kind of intermolecular forces is the forces between dipole and induced dipole, referred as induction force——**Debye force.**

Overall, van der Waals forces possess the following characters: (a) They are forces in short distances, usually several hundred pm; (b) They are attractions, with energies from several to several dozens of $kJ \cdot mol^{-1}$, much lower than chemical bond energies; (c) They have no limit in directions and saturations; (d) London dispersion forces exist among any molecules, they are the main intermolecular forces (except water). The sequence of the intermolecular forces in common substances is as below, London dispersion forces $\gg$ Keeson force $>$ Debye force.

Intermolecular forces between covalent molecules have great influence on their physical properties such as melting point, and boiling point. For a set of molecules, their melting point, and boiling point increase with the molecular weights. For example, the melting point and boiling point of halogens increase according to the order of $F_2 < Cl_2 < Br_2 < I_2$, and the nonpolar tetrahedral hydrides of group 4A show a steady increase in boiling point with molar mass, that is $CH_4 < SiH_4 < GeH_4 < SnH_4$, as shown in Fig. 9-17. However, we find HF, H_2O and NH_3 have much higher boiling points than the other hydrides in their same group. This is due to the existence of hydrogen bonding in these three molecules.

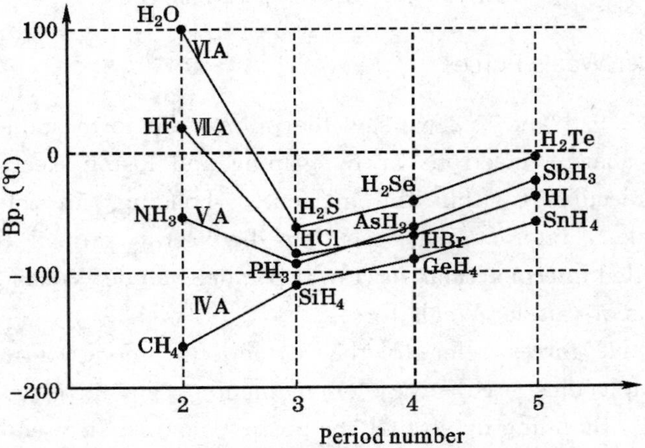

Figure 9-17 Boiling points of hydrides

9.3.3 Hydrogen Bonding

When hydrogen is bound to a highly electronegative atom, such as nitrogen, oxygen, or fluorine, the dipole-dipole attractions of this type are so unusually strong that they are given a special name hydrogen bonding. Two factors account for the strengths of these interactions: the great polarity of the bond and the close approach of the dipoles, allowed by the very small size of the hydrogen atom. We can use X—H ··· Y to represent hydrogen bonding, X and Y represent highly electronegative atoms, such as nitrogen, oxygen, or fluorine. In order to decrease the repulsions between atoms X and Y, the hydrogen bond angle is usually 180-degrees. Fig. 9-18 (a) shows hydrogen bonding among water molecules, which occurs between the partially positive H atoms and the lone pairs on adjacent water molecules. Fig. 9-18(b) shows hydrogen bonding among ice molecules, which forms molecular crystals of ice. Since the hydrogen bonding force is similar to van der Waals forces, such as F—H··· F around 25—40 $kJ \cdot mol^{-1}$, O—H···O around 13—29 $kJ \cdot mol^{-1}$, and N—H ···N around 5—21 $kJ \cdot mol^{-1}$, we can regard hydrogen bonding as a kind of intermolecular forces with certain directions.

Hydrogen bonding has a very important effect on physical properties, such as melting point and boiling point. Let's see 2-hydroxybenzaldehyde (liquid) and 4-hydroxybenzaldehyde (solid). Hydrogen bonding exists within a molecule of 2-hydroxybenzaldehyde and while hydrogen bonding exists among molecules of 4-hydroxybenzaldehyde. Since a large quantity of energy must be supplied to overcome the hydrogen bonding interactions among the molecules of 4-hydroxybenzaldehyde and separate them to single molecule in gaseous state, the boiling point of 4-hydroxybenzaldehyde is higher.

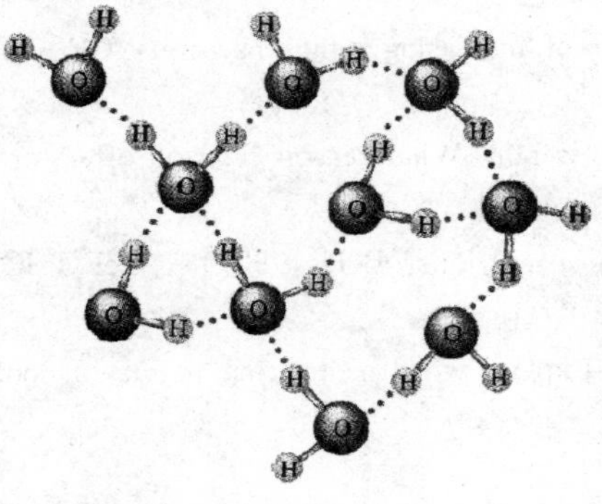

(a)Water

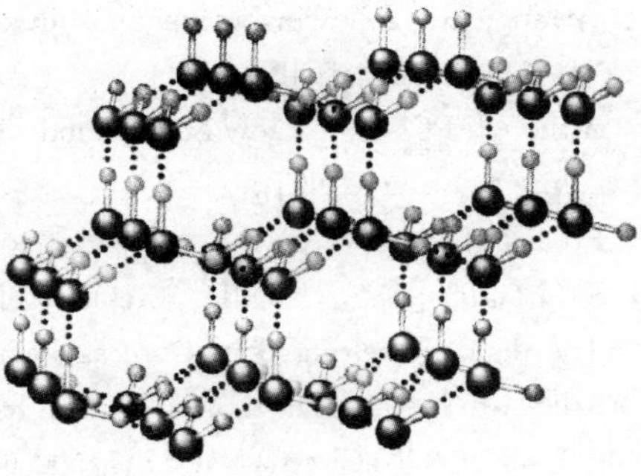

(b)Ice

Figure 9-18 Hydrogen bonding among water molecules and ice molecules

Table 9-6 Comparisons between the Three Types of Crystals

Structural matrix	Atomic Crystal			Ionic Crystal	Molecular Crystal
	Nonmetal atoms	Metal atoms	Noble gas atoms	Cations and anions	Molecules
Forces between matrix	Covalent bonds	Metallic bonds	London dispersion forces	Ionic bonds	van der Waals forces hydrogen bonds
Energy / $kJ \cdot mol^{-1}$	Several hundred	Several hundred	Several to dozens	Several hundred	Several to dozens
Crystal characters	Big hardness high m. p.	Wide range of hardness and m. p.	Small hardness low m. p.	Big hardness high m. p.	Small hardness low m. p.
Examples	Diamond	Cu, Na	Ar(s)	NaCl	Dry ice, ice

Questions and Exercises

9-1 Explain why LiF melts at 870 ℃ while CaO melts at 2 572 ℃.

9-2 Which of the following ions are isoelectronic with Ar: Cl^-, Cu^+, Ca^{2+}, Cr^{3+}, Sc^{3+}.

9-3 Arrange those ions in the Exercise 2 that are isoelectronic with Ar in order of increasing size.

9-4 Which of the following compounds are mostly ionic, and which are mostly covalent: KH, H_2S, $SiCl_4$, Cl_2O, SrO?

9-5 Arrange the following compounds in order of increasing ionic character: CF_4, SF_2, NF_3, BeF_2, BF_3, ClF_3.

9-6 Although PCl_5 is a known compound, NCl_5 is not. What reason can you offer for the failure to observe NCl_5.

9-7 Predict the shapes of the following molecules and ions: BeH_2, H_3O^+, GeF_2, ICl_4^-, SF_4, GaI_3, $[SbF_6]^-$, NH_2^-, XeO_3, XeF_3^+.

9-8 The data of melting points are as below. Explain why the melting points of sodium halide are higher than those of silicon halide.

(1) NaF 993, NaCl 801, NaBr 747, NaI 661;

(2) SiF_4 −90. 2, $SiCl_4$ −70, $SiBr_4$ 5. 4, SiI_4 120. 5.

9-9 What kinds of intermolecular forces are there in an alcoholic solution?

10 Coordination Compounds

Although many coordination compounds were used as dyes, such as prussian blue K[$Fe^{III}Fe^{II}(CN)_6$], and yellow $K_3[Co(NO_2)_6]\cdot 6H_2O$ *et al.*, it was the Swiss inorganic chemist A. Werner who firstly put forward the concepts of coordination compounds in his book *New Ideas in the Field of Inorganic Chemistry* in 1893. Coordination compounds exist widely in nature and organisms. Many coordination compounds act as biochemical active centers, for example, chlorophyll is the porphyrin complex of magnesium(Ⅱ), hemachrome is the porphyrin complex of iron(Ⅱ), as shown in Fig. 10-1. Many enzymes contain a metal ion coordinated by parts of the protein. Coordination compounds apply as dyes, catalysts, medicines, for example, vitamin B_{12} is a complex of cobalt (shown in Fig. 10-1), $[Pt(NH_3)_2Cl_2]$ and a series of complexes of platinum(Ⅱ) can be used as antitumor medicines. Since coordination compounds are so widely present and important, they form a branch of chemistry—coordination chemistry. This chapter introduces the basic concepts and theories of complexes, and ends with the equilibrium of complex ions in solutions.

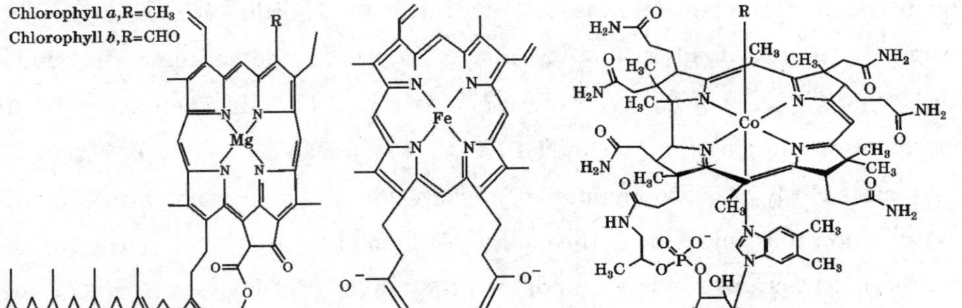

chlorophyll heme vitamin B_{12}

Figure 10-1 Structures of chlorophyll, heme and vitamin B_{12}

10.1 Basic Concepts of Complexes

10.1.1 Definition and Compositions

A coordination compound, also called complex, is the product of a Lewis acid-base reaction in which molecules or anions (called ligands) bond to a central atom(s)/ion(s) by coordinate covalent bonds. The **coordination sphere**, ML_n, consists of the central metal atom/ion plus its attached ligands. The coordination sphere can be a cation, an anion or a molecule, and is usually enclosed in brackets when written in a formula, such as $[Cu(NH_3)_4]^{2+}$, $[Fe(CN)_6]^{3-}$ and $[Co(NH_3)_3Cl_3]$. Compounds that contain a coordination sphere are called coordination compounds.

Metal atoms/ions are Lewis acids—they can accept electron pairs from Lewis bases. Ligands are Lewis bases—they contain at least one electron pair to donate to a metal atom/ion. Ligands are also called complexing agents. Within a ligand, the atom that is directly bonded to the metal atom/ion is called the **donor atom**. There are mainly fourteen elements used as donor atoms, and they are F, Cl, Br, I; O, S, Se, Te; N, P, As; C, Si and H. The **coordination number** (CN) is the number of donor atoms bonded to the central metal atom/ion. The common coordination numbers are 2,4,6,8, *et al*. For a given metal atom/ion, it has its characteristic coordination number. For example, the coordination number for Ag^+ ion is 2, the coordination number for Zn^{2+}, Cd^{2+}, Hg^{2+}, Cu^{2+}, Au^{3+}, Ni^{2+} and Pt^{2+} is commonly 4, the coordination number for Sc^{3+}, Ti^{3+}, V^{3+}, Cr^{3+}, Mn^{3+}, Fe^{3+}, Fe^{2+}, Co^{3+}, Co^{2+} and Pt(Ⅳ) is commonly 6. There are two factors affecting the coordination number. One is the charge of the metal ion, the more the charge, the more attractions for the ligands, so the bigger coordination number, such as $[Ag(NH_3)_2]^+$, $[Cu(NH_3)_4]^{2+}$, $[Co(NH_3)_6]^{3+}$; the other is the relative size of the metal atom/ion and the ligands, generally speaking, the bigger $\frac{r_{metal}}{r_{ligand}}$, the bigger coordination number, such as $[AlF_6]^{3-}$ and $[AlCl_4]^-$,

$[BF_4]^-$ and $[AlF_6]^{3-}$.

A coordinate covalent bond is a covalent bond in which the donor atom supplies both electrons. This type of bonding is different from a normal covalent bond in which each atom supplies one electron. If the coordination sphere carries a net charge, it is called a complex ion. Coordination compounds/complex ions are distinct chemical species—their properties and behaviors are different from the metal atom/ion and ligands of which they are composed. This is due to the coordination sphere, ML_n, has certain structure (Table 10-1) and relative stability. Let's see an experiment. There are solutions in three test tubes, the first one is $FeCl_3$ solution, the second is $NH_4Fe(SO_4)_2$ solution, and the third is $K_3[Fe(CN)_6]$ solution. Now adding KSCN solution to the above three tubes, the color of the solutions in the first two tubes turn blood red revealing that plenty of Fe^{3+} ions react with SCN^- to form the blood red $[Fe(SCN)_x]^{3-x}$. Yet no color change happens in the third tube, because the coordination sphere $[Fe(CN)_6]^{3-}$ exist as an anion, it cannot dissociate enough Fe^{3+} ions. In fact, a complex ion is relatively stable. There is an equilibrium between the complex ion and its metal atom/ion and ligands, which will be discussed in Section 10.3.

Table10-1 Examples of Coordination Compounds

Examples	M	L	n	Donor Atom	CN	Structures
$[Ag(NH_3)_2]^+$	Ag^+	NH_3	2	N	2	Linear
$[Ni(CO)_4]$	Ni	CO	4	C	4	Tetrahedron
Chlorophyll	Mg^{2+}	porphyrin	1	N	4	Planar square
$[Fe(CN)_6]^{3-}$	Fe^{3+}	CN^-	6	C	6	Octahedron

10.1.2 Complex Types

According to ligand compositions and structures, the complexes are divided into several types(Table 10-2). A ligand providing one donor atom, is called **monodentate ligand**, such as NH_3, H_2O and NO_2^-, etc. This kind of ligands forms simple complex. It is necessary to mention that some monodentate ligands actually have different donor atoms, such as NO_2^-, NO_2^- nitro or ONO^- nitrite, and so they are called **ambident ligands** (Remember that an ambident ligand only provides one donor atom to coordinate with the central atom/ion). A ligand providing two donor atoms, is called **bidentate ligand**, such as $NH_2CH_2CH_2NH_2$ (abbr. as en, see Fig. 10-2). A ligand providing three or more donor atoms, is called **polydentate ligand**, such as ethylenediamine-N, N, N′, N′-tetraacetic acid (abbr. as EDTA, see Fig. 10-3). Bidentate/polydentate ligands form a chelate complex with cyclic structure (penta-atomic ring or hexa-atomic ring), as shown in Fig. 10-2 and Fig. 10-3. Usually chelate complex is more stable than the simple complex for its ring structure.

Table 10-2 Classification of Coordination Compounds

Complex Types	Structure Features	Examples
Simple complexes	Monodentate ligand	$[Ag(NH_3)_2]^+$, $[AlF_6]^{3-}$
Chelate complexes	Bidentate/Polydentate ligands, forming a ring(s)	$[Cu(en)_2]^{2+}$ $[Ca(EDTA)]^{2-}$
Macrocyclic complexes	Polydentate ligand with a ring	18-Crown-6*
Polynuclear complexes	One donor atom coordinating with two central atoms in the meantime	$[Fe_3(H_2O)_{10}(OH)_4]^{5+}$
Carbonyl complexes	The oxidation numbers of the central atom and the ligand carbonyl are both 0.	$[Fe(CO)_5]$, $[Ni(CO)_4]$
Unsaturated hydrocarbon complexes	The ligand provides π electrons	$[Fe(C_5H_5)_2]$ $K[Pt(C_2H_4)Cl_3]$**

* See its structure in Figure 12—1 on Page 227.

* * See its structure in Figure 14—7 on Page 261.

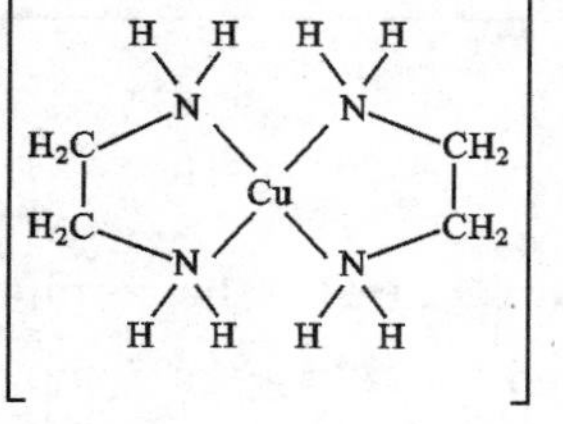

Figure 10-2 Structure of $[Cu(en)_2]^{2+}$

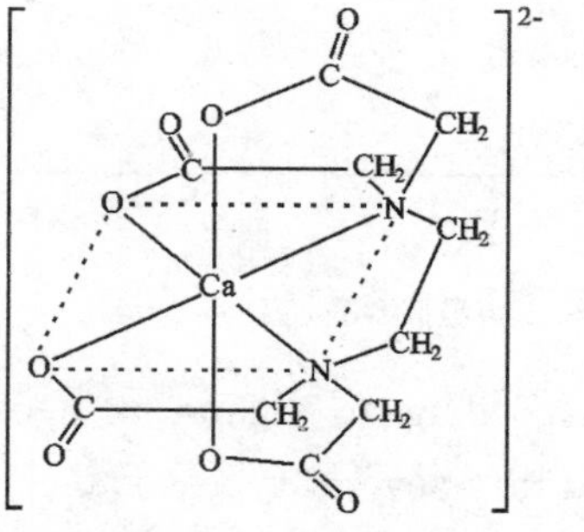

Figure 10-3 Structure of $[Ca(EDTA)]^{2-}$

10.1.3 Nomenclature of Complexes

In the name of a complex, the ligands are named before the central atom/ion in alphabetical order①. Table 10-3 gives the names of some common ligands. Greek prefixes② such as *penta*-are used to show how many of each kind of ligand there are in a complex. Greek prefixes are not considered in alphabetizing. The oxidation number of the central atom is shown by a Roman numeral except that an oxidation number of 0 is indicated by (0). The name of the coordination sphere is all one word. There is a space between the name of the complex and the word ion. For example, the complex ion $[CoCl_2(NH_3)_4]^+$ is called tetraamminedichlorocobalt(Ⅲ) ion.

Table 10-3 Names of Some Common Ligands

Ligand	Name
F^-	Fluoro
Cl^-	Chloro
Br^-	Bromo
I^-	Iodo
OH^-	Hydroxo
CN^-	Cyano
NO_2^-	Nitro
H_2O	Aqua
NH_3	Ammine
CO	Carbonyl
NO	Nitrosyl
$NH_2CH_2CH_2NH_2$	Ethylenediamine
CH_3NH_2	Methylamine

The ending *-ate* is used to show that a complex is an anion. If the name of the metal ends in *-ium* or *-um*, the ending is changed to *-ate*. For example, the complex anion $[PtCl_4]^{2-}$ is called the tetrachloroplatinate(Ⅱ) ion. If the

① As for nomenclature rules, it's necessary to mention, there are some differences from those rules in Chinese regulated by Chinese Chemical Society in 1980.

② Greek prefixes are as below: 1 *mono*-, 2 *di*-, 3 *tri*-, 4 *tetra*-, 5 *penta*-, 6 *hexa*-, 7 *hepta*-, 8 *octa*-, 9 *nona*-, 10 *deca*-. The prefixes *bis*-, *tris*-, *tetrakis*-, and so on are also used, especially for more complicated ligands or ones that already contain *di*-, *tri*-, etc.

name of the metal does not end in *-ium* or *-um*, there does not seem to be any simple rule for naming an anion. To further complicate the matter, Latin names are used for some metals in anionic complexes. Table 10-4 gives the names for all the types of anions with unsystematic names that you are likely to meet (in alphabetical order by the name of the metal). As an example, the name of the complex ion $[Fe(CN)_5CO]^{3-}$ is carbonylpentacyanoferrate(Ⅱ) ion.

When writing the formula for a compound that contains a coordination sphere(s), the cation is written on the left and the anion on the right as usual. Also as usual, the name of the cation comes first in the name of the compound. The compound $Na[Co(CO)_4]$ is called sodium tetracarbonylcobaltate (−I). Note that there is a space between the names of the cation and anion.

Table 10-4 Names for Some Metal Ions in Anionic Complex Ions

Metal	Symbol	Name in an Anionic Complex
Cobalt	Co	Cobaltate
Copper	Cu	Cuprate*
Gold	Au	Aurate*
Iron	Fe	Ferrate*
Lead	Pb	Plumbate*
Manganese	Mn	Manganate
Mercury	Hg	Mercurate
Molybdenum	Mo	Molybdate
Nickel	Ni	Nickelate
Platinum	Pt	Platinate
Silver	Ag	Argentate*
Tin	Sn	Stannate*
Tungsten	W	Tungstate
Zinc	Zn	Zincate

* Latin names.

In addition, prefix η- may be added before a π-electron ligand. For example, $K[Pt(C_2H_4)Cl_3]$ is called potassium trichloro(ethylene)platinate(Ⅱ) or potassium trichloro(η-ethylene)platinate(Ⅱ). Also, prefix μ- is used before bridged ligand in **polynuclear complexes** (complexes with two or more central atoms / ions in the coordination sphere) so that it can be discriminated from normal ligands. For example, $[(H_2O)_5Fe-\overset{H}{O}-Fe(H_2O)_5]^{5+}$ is called μ-hydroxobis (pentaaquairon) (Ⅲ) ion. $[(NH_3)_5Cr-\overset{H}{O}-Cr(NH_3)_5]Cl_5$ is named as a chloride salt: μ-hydroxobis(pentaamminechromium)(Ⅲ) chloride.

Example10-1 Give the systematic name for each of the following complexes/ complex ion.

$[Co(NH_3)_5H_2O]Cl_3$ $[Co(NH_3)_5H_2O]^{3+}$ $[Fe(en)_3]Cl_3$ $[Fe(CO)_5]$
$[Fe(C_5H_5)_2]$ $Na_3[Fe(CN)_5CO]$ $[Pt(NH_3)_4Cl_2][PtCl_4]$

SOLUTION

$[Co(NH_3)_5H_2O]Cl_3$	Pentaammineaquacobalt(Ⅲ) chloride
$[Co(NH_3)_5H_2O]^{3+}$	Pentaammineaquacobalt(Ⅲ) ion
$[Fe(en)_3]Cl_3$	Tris(ethylenediamine)iron(Ⅲ) chloride
$[Fe(CO)_5]$	Pentacarbonyliron(0)
$[Fe(C_5H_5)_2]$	Dicyclopentadienyl iron(Ⅱ) or Di(η-cyclopentadienyl) iron(Ⅱ)
$Na_3[Fe(CN)_5CO]$	Sodium carbonylpentacyanoferrate(Ⅱ)
$[Pt(NH_3)_4Cl_2][PtCl_4]$	Tetraamminedichloroplatinum(Ⅳ) tetrachloroplatinate(Ⅱ)

10.1.4 Isomerism of Complexes

Compounds with identical formulas while different structures are called isomers. According to whether there is a bond between the same atoms, isomerism of coordination compounds can be divided into two categories, structural isomers and steric isomers. Structural isomers refer to those with no bonds between the same atoms, including ionization isomers, hydrate isomers/ solvation isomers, coordination isomers, linkage isomers etc. Steric isomers refer to those with bonds between the same atoms, including geometric isomers, conformational isomers, optical isomers. Here are some examples to illustrate.

(1) Ionization isomers refer that an anion ligand exchanges with the anion outside the coordination sphere. For example, $[Co(NH_3)_5Br]SO_4$ and $[Co(NH_3)_5(SO_4)]Br$. When some $AgNO_3$ solution is added to the two solution separately, the former appears white precipitate Ag_2SO_4, the latter obtains yellow precipitate AgBr. If adding some $BaCl_2$ solution, the former appears white precipitate $BaSO_4$ while the latter without precipitate.

(2) Hydrate isomers mean that H_2O molecules enter into the coordination sphere partially or entirely. For example, the coordination compound with a composition of $Cr(H_2O)_6Cl_3$ has three hydrate isomers, including $[Cr(H_2O)_6]Cl_3$ (violet), $[Cr(H_2O)_5Cl]Cl_2 \cdot H_2O$ (bluish green) and $[Cr(H_2O)_4Cl_2]Cl \cdot 2H_2O$ (green).

(3) Coordination isomers refer to exchange of ligands between two coordination spheres. It's only when the cation and anion are both coordination spheres or for some polynuclear complexes that can coordination isomers exist. For example, $[Co(NH_3)_6][Cr(CN)_6]$ and $[Cr(NH_3)_6][Co(CN)_6]$.

(4) Linkage isomers appear when ambident ligand coordinates with different atom. For example, the following complexes are linkage isomers with different color produced by ambident ligand NO_2^- and ONO^-, $[Co(NO_2)(NH_3)_5]Cl_2$ (yellow) and $[Co(ONO)(NH_3)_5]Cl_2$ (red).

(5) Geometric isomers. For example, when coordination number is 4, a complex $[ML_2B_2]$ with a square planar structure has two geometric isomers. When two identical ligands lie at the adjacent vertex(next to each other), the isomer is *cis-*; two ligands locate across from each other produce the *trans-* isomer. Fig. 10-4 shows that square planar structure of $[Pt(NH_3)_2Cl_2]$, the prefix *cis-*/*trans-* is put in front of the complex. The *cis*-diamminedicholoroplatinum(Ⅱ) is used for curing cancer disease.

(6) Conformational isomers. Dicyclopentadienyl iron(Ⅱ) with a sandwich structure has conformational isomers when the two cyclopentadienyls present in different relative positions, as shown in Fig. 10-5.

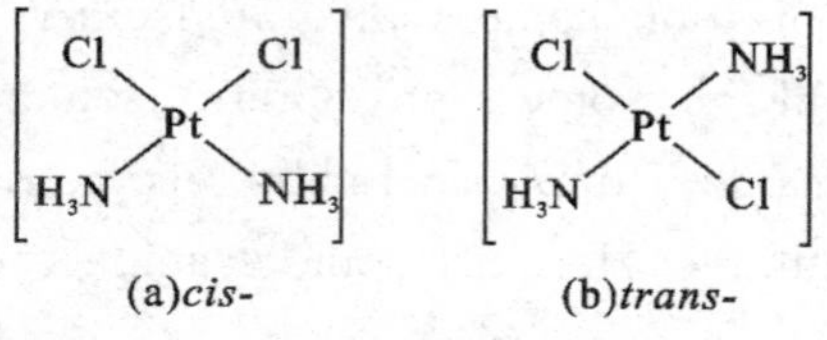

Fig. 10-4 Isomers of $[Pt(NH_3)_2Cl_2]$

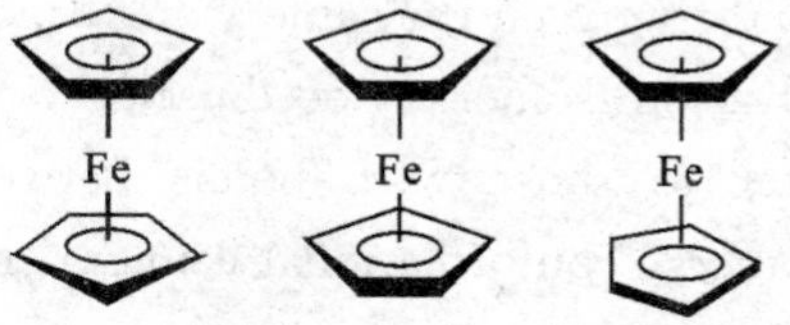

Fig. 10-5 Conformational isomers of $[Fe(C_5H_5)_2]$

In addition, there are optical isomers, which are not discussed here. After learning the optical isomers in organic chemistry, you may read the related part in coordination chemistry book.

10.2 Chemical Bond Theories of Coordination Compounds

How does the ML_n formed? Is there a direct relationship between the coordination number and the structure of ML_n? How can we explain the internal relationship between the properties (such as stabilities, magnetism and spectral properties) and their structures of coordination compounds? These questions can be answered by valence bond theory and crystal field theory.

10.2.1 Valence Bond Theory

There are three points according to valence bond theory of the coordination compounds.

(1) The central atoms/ions have empty orbitals, the ligands donate lone pairs of electrons, M←L, forming σ coordinate covalent bond, the number of the σ coordinate covalent bonds equals to the coordination number.

(2) In bonding process, the valence orbitals of the central atoms/ions M hybridize, and using hybrid orbitals to accept the lone pairs of electrons of the ligands. The type of the hybrid orbitals determines the structures of the complex ions. The relationship of the coordination number, type of hybridization and their spatial arrangement are shown in Table 10-5.

Table 10-5 Coordination Number, Type of Hybridization and Their Spatial Arrangement

CN	Types of Hybridization	Spatial Arrangement	Examples
2	sp	Linear	$[Ag(NH_3)_2]^+$
3	sp^2	Trigonal planar	$[HgI_3]^-$
4	sp^3	Tetrahedral	$[Zn(NH_3)_4]^{2+}$, $[Cd(CN)_4]^{2-}$, $[HgI_4]^{2-}$
	dsp^2	Square planar	$[Ni(CN)_4]^{2-}$, $[PdCl_4]^{2-}$, $[PtCl_4]^{2-}$
5	dsp^3	Trigonal bipyramidal	$[Fe(CO)_5]$
	sp^3d	Trigonal bipyramidal	$[Fe(SCN)_5]^{2-}$
6	d^2sp^3	Octahedral	$[Co(NH_3)_6]^{3+}$, $[Fe(CN)_6]^{3-}$
	sp^3d^2	Octahedral	$[CoF_6]^{3-}$, $[FeF_6]^{3-}$

(3) For coordination compounds with CN equaling to 6, if the central atom/ion uses d orbitals in the outer shell to hybridize, the **outer-orbital complex** is formed, if the central atom/ion uses d orbitals in the next-outer

shell to hybridize, the **inner-orbital complex** is formed. When a central atom/ion forms octahedral complexes with different kinds of ligands, the inner-orbital complex is more stable than the outer-orbital complex, furthermore they will reveal different **magnetic moment**. For example, $K_3[FeF_6]$ and $K_3[Fe(CN)_6]$, the magnetic moments are 5. 88 B. M. and 2. 2 B. M. , respectively. $[Fe(CN)_6]^{3-}$ is more stable than $[FeF_6]^{3-}$.

Research shows that the permanent magnetic moments μ of substance is mainly caused by the spin of electrons, and μ has the approximate relation with the number of unpaired electrons n.

$$\mu = \sqrt{n(n+2)}\ \text{B. M.}$$

n is the number of unpaired electrons, the unit of magnetic moments is **Bohr magneton** (B. M.). The calculated magnetic moments with different n are listed in Table 10-6.

Table 10-6 The Number of Unpaired Electrons and the Calculated Magnetic Moments

n	μ/B. M.
0	0
1	1. 73
2	2. 83
3	3. 87
4	4. 90
5	5. 92

Applying valence bond theory to analyze the bonding formation of $[FeF_6]^{3-}$ and $[Fe(CN)_6]^{3-}$, the valence electron configurations for Fe^{3+} ion is $3d^5 4s^0 4p^0 4d^0$. For $[FeF_6]^{3-}$, the Fe^{3+} ion uses the empty orbitals in the outer shell, undergoes sp^3d^2 hybridization to form six sp^3d^2 hybrid orbitals, combines with six F^- ions ($2s^2 2p^6$) to form six coordinate covalent bonds. The $[FeF_6]^{3-}$ ion is octahedral, with five unpaired electrons. From Table 10-6, the calculated magnetic moment is 5. 92 B. M. , which is consistent with the measured value. For $[Fe(CN)_6]^{3-}$, Fe^{3+} $3d_{xy}^2 3d_{xz}^2 3d_{yz}^1 3d_{x^2-y^2}^0 3d_{z^2}^0 4s^0 4p^0$, then the Fe^{3+} ion uses the next-outer d orbitals, undergoes d^2sp^3 hybridization to form six d^2sp^3 hybrid orbitals, combines with six CN^- ions ($2s^2 2p^6$) to form six coordinate covalent bonds. The $[Fe(CN)_6]^{3-}$ ion is also octahedral, with one unpaired electron. The calculated magnetic moment is 1. 73 B. M. , which is roughly consistent with the measured value.

In sum, the valence bond theory explains the formation of ML_n, pointing out the direct relationship between the coordination number and the structures of complexes, and it can explain the relative stability and magnetic moments of complexes with the same metal atom/ion. However, the valence bond theory cannot predict whether an outer-orbital complex or inner-orbital complex will be formed considering the metal atom/ion and different ligands. Secondly, valence bond theory cannot explain the square planar structure of $[Cu(NH_3)_4]^{2+}$ and its stability. With a valence electron configuration of $3d^9$, the Cu^{2+} has to get an empty d orbital if it undergoes a dsp^2 hybridization. Supposing that a 3d electron is excited to a 4p orbital with higher energy, then the $[Cu(NH_3)_4]^{2+}$ containing a single electron with higher energy should be unstable, that is, it should be easily oxidized to $[Cu(NH_3)_4]^{3+}$. However, as a matter of fact, $[Cu(NH_3)_4]^{2+}$ is very stable in air, indicating that the single electron is in 3d orbital, and Cu^{2+} does not undergoes a dsp^2 hybridization. Thirdly, valence bond theory cannot explain the following relationship between the stability of first-row transition metal complexes of formula $[M(H_2O)_6]^{2+}$ and the 3d electron number of M^{2+}:

$d^0 < d^1 < d^2 < d^3 > d^4 > d^5 < d^6 < d^7 < d^8 > d^9 > d^{10}$

Ca^{2+} Sc^{2+} Ti^{2+} V^{2+} Cr^{2+} Mn^{2+} Fe^{2+} Co^{2+} Ni^{2+} Cu^{2+} Zn^{2+}

Moreover, valence bond theory can only explain the complex properties when its electrons are in ground state instead of excited states. For example, the valence bond theory cannot explain why most complexes with transition metals have colors. In order to explain these phenomena, crystal field theory is necessary to be introduced.

10.2.2 Crystal Field Theory

Crystal field theory assumes that the central ion-ligand (anion or polar molecule) electrostatic interaction is the main reason to form a stable complex and that the central ion-ligand bonding is entirely ionic. Crystal field theory focuses on the energies of d orbitals in the central ion. The five degenerate d orbitals split into two or more energy levels depending upon the spatial arrangement of the ligands.

We will illustrate the fundamental principles of the crystal field model by applying it to an octahedral complex. Fig. 10-6 shows the orientation of the 3d orbitals related to an octahedral arrangement of point-charge ligands. The important thing to note is that two of the orbitals, d_{z^2} and $d_{x^2-y^2}$ point their lobes directly at the point-charge ligands and three of the orbitals, d_{xy}, d_{xz}, and d_{yz}, point their lobes between the point-charge ligands.

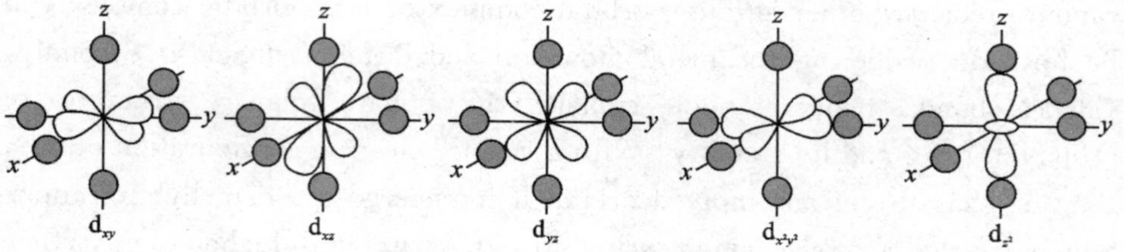

Figure 10-6 The positions of the six ligands in octahedron and the five d orbitals

To understand the effect of this difference, we need to consider which type of orbital is lower in energy. Because the negative point-charge ligands repel negatively charged electrons, the electrons will first fill the d orbitals farthest from the ligand to minimize repulsions. In other words, the d_{xy}, d_{xz}, and d_{yz} orbitals (known as the t_{2g} set or d_ε) are at a lower energy in the octahedral complex than are the d_z^2 and $d_{x^2-y^2}$ orbitals (the e_g set or d_γ). This is shown in Fig. 10-7. The negative point-charge ligands increase the energies of all the d orbitals. However, the orbitals that point at the ligands are raised in energy more than those that point between the ligands.

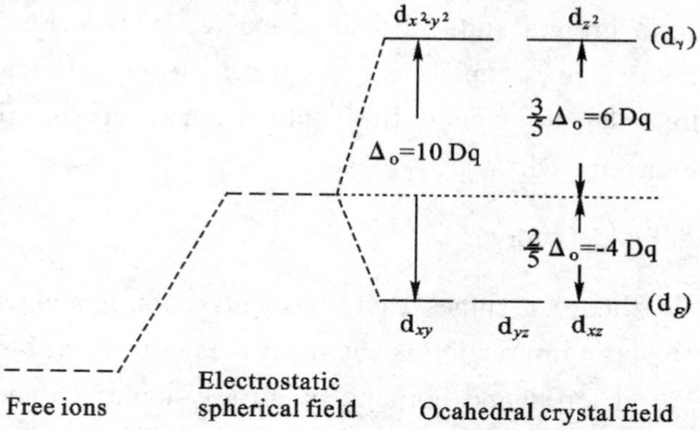

Figure 10-7 Split of d orbital energies in the octahedral crystal field

It is this splitting of the d orbital energies (symbolized by Δ) that explains the color and magnetism of complex ions of the first-row transition metal. For example, in an octahedral complex of Co^{3+} (a metal ion with six 3d electrons), there are two possible ways to place the electrons in the split 3d orbitals

(Fig. 10-8). If the **splitting energy** produced by the ligands is very large, a situation called the **strong-field** case, the electrons will pair in the lower-energy t_{2g} orbitals. This gives a diamagnetic complex in which all the electrons are paired. On the other hand, if the splitting energy is small (the **weak-field** case), the electrons will occupy all five orbitals before pairing occurs. In this case the complex has four unpaired electrons and is paramagnetic. The crystal field model allows us to account for the differences in the properties of $[Co(NH_3)_6]^{3+}$ and $[CoF_6]^{3-}$. The $[Co(NH_3)_6]^{3+}$ ion is known to be diamagnetic with no unpaired electrons, and thus corresponds to the strong-field case forming a **low-spin complex.** In contrast, the $[CoF_6]^{3-}$ ion, which is known to be paramagnetic with four unpaired electrons, corresponds to the weak-field case forming a **high-spin complex.**

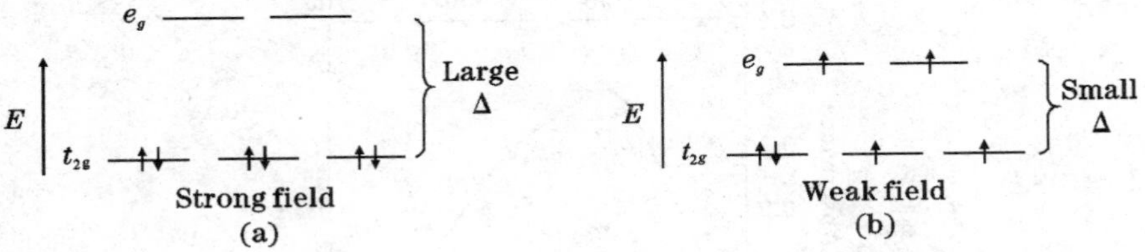

Figure 10-8 Possible electron arrangements in the split 3d orbitals in an octahedral complex of Co^{3+} (electron configuration $3d^6$)

According to quantum theory, after splitting, the orbital's energy is unchanged. That is,

$$2E(d_\gamma)+3E(d_\varepsilon)=0$$

Supposing that the splitting energy in the octahedral crystal field $\Delta_o = E(d_\gamma)-E(d_\varepsilon) = 10$ Dq, it can be calculated that $E(d_\gamma)=\frac{3}{5}\Delta_o=6$ Dq, $E(d_\varepsilon)=-\frac{2}{5}\Delta_o=-4$ Dq.

$$\Delta_o=E(d_\gamma)-E(d_\varepsilon)=h\nu=\frac{hc}{\lambda}$$

Where $h=6.63\times10^{-34}$ J·s, speed of light $c=2.997\ 9\times10^{10}$ cm·s^{-1}, wavelength λ (with unit cm), that is, Δ is proportional to wave number $\frac{1}{\lambda}$ (with a unit cm^{-1}, 1 cm^{-1} = $1.239\ 77\times10^{-4}$ eV = 1.986×10^{-23} J), $\frac{1}{\lambda}$ can be

obtained by measuring the spectrum of the crystal or solution. For example, $[Ti(H_2O)_6]^{3+}$, an octahedral complex of Ti^{3+}, which has a $3d^1$ electron configuration, is violet because it absorbs light in the middle of the visible region (see Fig. 10-9). Its highest absorbing peak is 20 400 cm^{-1},
$\Delta_o = 6.63 \times 10^{-34} (J \cdot s) \times 2.997\,9 \times 10^{10} (cm \cdot s^{-1}) \times 20\,400\ cm^{-1} \times 6.02 \times 10^{23}\ mol^{-1}$ $= 244\ kJ \cdot mol^{-1}$. When a substance absorbs certain wavelengths of light in the visible region, the color of the substance is determined by the wavelengths of visible light that remain. We say that the substance exhibits the color complementary to those absorbed. The $[Ti(H_2O)_6]^{3+}$ ion is violet because it absorbs light in the yellow-green region, letting red light and blue light pass, which gives the observed violet color.

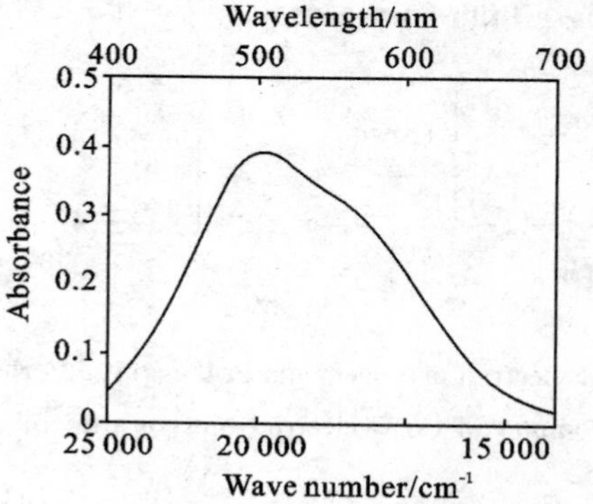

Figure 10-9 Visible spectrum of $[Ti(H_2O)_6]^{3+}$ solution

Using the same priciples developed for octahedral complexes, we can conclude that complexes with tetrahedral geometry will split into two sets (shown in Fig. 10-10), complexes with square planar geometry will split into four sets (shown in Fig. 10-10).

The splitting energy Δ is determined mainly by the complexes structure. Although we will not derive it here, the tetrahedral splitting is $\frac{4}{9}$ that of the octahedral splitting for a given ligand and metal ion, the square planar splitting is 1.742 that of the octahedral splitting for a given ligand and metal ion. That is, $\Delta_s = 17.42\ Dq > \Delta_o = 10Dq > \Delta_t = 4.45\ Dq$, as shown in Fig. 10-10.

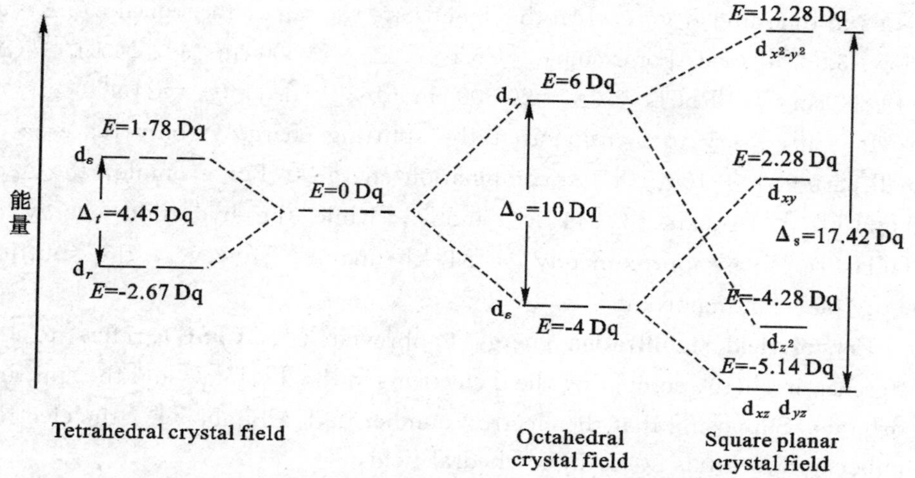

Figure 10-10 Relative Δ in octahedral, tetrahedral and square planar crystal fields

Secondly, the splitting energy Δ has great relations with the ligands. For example, the blue purple $[Cu(NH_3)_4]^{2+}$ has the biggest absorption in 15,100 cm^{-1} (orange yellow range); blue $[Cu(H_2O)_4]^{2+}$ ion has the biggest absorption in 12,600 cm^{-1} (orange red range), $\Delta_{(NH_3)} > \Delta_{(H_2O)}$, which shows that NH_3 is a stronger ligand than H_2O. From studies of many octahedral complexes, we can arrange ligands in order of their ability to produce d orbital splitting toward a given metal ion. A partial listing of ligands in this **spectrochemical series** is:

$CN^- > -NO_2 > SO_3^{2-} > en > NH_3 > EDTA^{4-} > -NCS^- > H_2O > C_2O_4^{2-} >$ $-O-N=O-$, $OH^- > F^- > SCN^- > Cl^- > Br^- > I^-$

The ligands with large Δ influence strongly on the metal atoms/ions, called **strong-field ligands**, the ligands with small Δ influence weakly on the metal atoms/ions, called **weak-field ligands.** Roughly speaking, the Δ values decrease according to the coordination atoms in C>N>O>halogen.

Thirdly, it also has been observed that the magnitude of Δ for a given ligand increases as the charge on the metal ion increases. For example, NH_3 is a weak-field ligand toward Co^{2+} but acts as a strong-field ligand toward Co^{3+}. This makes sense: as the metal ion charge increases, the ligands will be drawn closer to the metal ion because of the increased charge density. As the ligands move closer, they cause greater splitting of the d orbitals and produce a larger Δ value. Furthermore, the magnitude of Δ for a given ligand increases as the primary quantum number n of the metal ion increases. For the transition metals in the same group, when the ligands are the same, the sequence of Δ is as below: 3d < 4d < 5d. For example, $[CrCl_6]^{3-}$ (Δ_o=13 600 cm^{-1}) < $[MoCl_6]^{3-}$ (Δ_o=19 200 cm^{-1}); $[RhCl_6]^{3-}$ (Δ_o=20 300 cm^{-1}) < $[IrCl_6]^{3-}$ (Δ_o=24 900 cm^{-1}).

It is necessary to mention that the splitting energy Δ only represent a small part (5%~10%) of the combination energies. For example, the Δ_o of $[Ti(H_2O)_6]^{3+}$ equals to 244 kJ · mol^{-1}, while the hydration energy of $[Ti(H_2O)_6]^{3+}$ is approximately 4 184 kJ · mol^{-1}. However, the splitting energy plays an important role.

Crystal field stabilization energy (abbreviated as **CFSE**) refers to the difference in energy comparing the d electrons in the d orbitals and the splitting d orbitals. Supposing that the electron number in d_ε orbitals is n_ε, the electron number in d_γ orbitals is n_γ, in octahedral field,

$$\text{CFSE} = -\frac{2}{5}\Delta_o \times n_\varepsilon + \frac{3}{5}\Delta_o \times n_\gamma = (-4n_\varepsilon + 6n_\gamma)\text{Dq}$$

It is obvious that the CFSE is determined by Δ_o and n_ε, n_γ values. The more electrons appearing in low energy orbitals (d_ε orbitals), the more CFSE. In General, in strong field where Δ_o > electron paired energy P, the electrons tend to stay in low energy orbitals to form low-spin complex; in weak field where Δ_o < electron paired energy P, the electrons tend to occupy every orbitals to form high-spin complex. For example, $[Fe(CN)_6]^{3-}$: P=30 000 cm^{-1} < $\Delta_o(CN^-)$=13 700 cm^{-1}×2.5=34 250 cm^{-1}, CN^- is a strong-field ligand, so $[Fe(CN)_6]^{3-}$ is a low-spin complex. $[Fe(H_2O)_6]^{3+}$: P = 30 000 cm^{-1} > $\Delta_o(H_2O)$=13 700 cm^{-1}, H_2O is a weak-field ligand, so $[Fe(H_2O)_6]^{3+}$ is a high-spin complex.

Table 10-7 lists the CFSE of d^{1-9} metal ions in different crystal fields. It is clear that except for d^0, d^{10} and d^5 ions (weak field), whose CFSE equal to zero, CFSE for all the other configurations in both strong-field and weak-field are in the sequence of square planar > octahedral > tetrahedral. The CFSE difference between square planar field and octahedral field happens in d^8 (strong field) or d^4, d^9 (weak-field).

To summarize, the key content of crystal field theory is the splitting of d orbitals in the static ligand field, and the corresponding crystal field stabilization energy. Crystal field theory can be applied in the following aspects:

Table 10-7 CFSE of d^n Cations in Different Crystal Fields

d^n	Ions	Weak-field CFSE/Dq			Strong-field CFSE/Dq		
		Square Planar	Octahedral	Tetrahedral	Square Planar	Octahedral	Tetrahedral
d^0	Ca^{2+}	0	0	0	0	0	0
d^1	Ti^{3+}	−5.14	−4	−2.67	−5.14	−4	−2.67
d^2	V^{3+}	−10.28	−8	−5.34	−10.28	−8	−5.34
d^3	Cr^{3+}	−14.56	−12	−3.56	−14.56	−12	−8.01
d^4	Mn^{3+}	−12.28	−6	−1.78	−19.70	−16	−10.68
d^5	Mn^{2+}, Fe^{3+}	0	0	0	−24.84	−20	−8.90
d^6	Fe^{2+}, Co^{3+}	−5.14	−4	−2.67	−29.12	−24	−6.12
d^7	Co^{2+}, Ni^{3+}	−10.28	−8	−5.34	−26.84	−18	−5.34
d^8	Ni^{2+}, Pd^{2+}	−14.56	−12	−3.56	−24.56	−12	−3.56
d^9	Cu^{2+}	−12.28	−6	−1.78	−12.28	−6	−1.78
d^{10}	Zn^{2+}, Cd^{2+}	0	0	0	0	0	0

Note: The CFSE values in this table are relative values using Δ_o as standard, which doesn't minus the paired energy P.

(1) Clarify the square planar structure of $[Cu(NH_3)_4]^{2+}$ and its stability. Experimental results show that in cupper ammonia solution there are elongated octahedron of $[Cu(NH_3)_4(H_2O)_2]^{2+}$ (see the schematic diagram in Fig. 10-11(a)). Four NH_3 molecules around Cu^{2+}, two H_2O molecules displaying on z axis. The bond length of Cu—N is 206 pm, while the internuclear distance between Cu^{2+} and oxygen atom is 267 pm which is much longer than the normal bond length of Cu—O, and it may be regarded that there is no bond interaction between Cu^{2+} and H_2O. Thus, there is actually the square planar structure of $[Cu(NH_3)_4]^{2+}$ with a coordination number of 4.

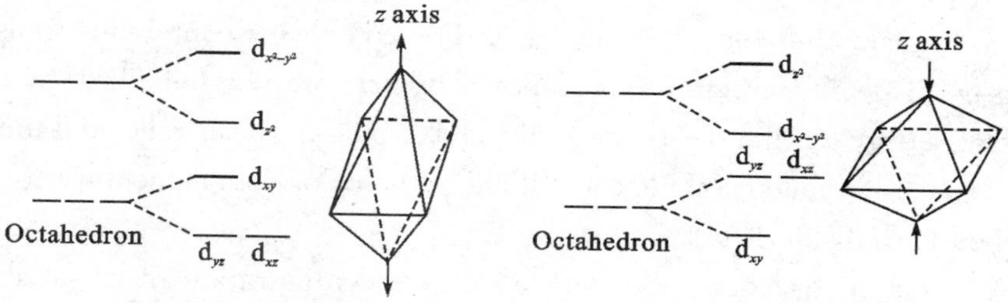

(a) Elongated octahedron (b) Compressed octahedron

Figure 10-11 Distortion of octahedral complex (z axis)

In 1937, British chemist H. A. Jahn and American physicist E. Teller put forth Jahn-Teller principle. The central ion with degenerate energy level on ground state, splitting of energy levels will occur, which is caused by distortion of geometric configuration of the complex. In this way, the energy of the complex decreases to reach stabilization. In other words, if the charge clouds of d orbital are asymmetric(The symmetric cases for charge clouds of d orbital in octahedral field include d^0, d^3, d^8, d^{10}, and d^5 (weak field) as well as d^6 (strong field), all other cases are asymmetric), which means that ligands locate in a asymmetric octahedral field, distortion of octahedral complex will occur. This is called **Jahn-Teller effect.** As shown in Fig. 10-11, Jahn-Teller effect forecasts two types of distortion of octahedral complex, however, it cannot predict whether elongation or compression will occur. And the actual structure of complex must be measured by experiments. Jahn-Teller effect satisfactorily illustrates the square planar structure of $[Cu(NH_3)_4]^{2+}$ and its stability. With valence configuration of $3d^9$, the last d electron of Cu^{2+} fills in the distorted orbital of $d_{x^2-y^2}$, as shown in Fig. 10-11(a). Comparing with the octahedron before distortion, the complex obtains an extra stabilization energy so that its energy decreases, forming the elongated octahedron which is transformed to the square planar structure (called the square planar structure from distortion of octahedron).

(2) Illustrate relationship between the stability of first-row transition metal complexes of formula $[M(H_2O)_6]^{2+}$ and the 3d electron number of M^{2+}:

$d^0 < d^1 < d^2 < d^3 > d^4 > d^5 < d^6 < d^7 < d^8 > d^9 > d^{10}$

According to crystal field theory, the octahedral field forming by H_2O belongs to weak field. As shown in Table 10-7, the sequence of the absolute value of CFSE for weak octahedral field is exactly as above.

(3) Explain the color of complexes. For complexes containing transition metals with d^1-d^9 configurations, since d orbitals are not full filled, electrons absorbing energy can transfer between d_γ and d_ε orbitals. This is called **d-d transfer.** Thus, transition metal complexes will show the color complementary to those absorbed (See Table 10-8).

As for a central atom/ion with a valence configuration of d^0 or d^{10}, the complex may also show color. The reason for that might be due to **electron transfer** or other reasons. Electron transfer refers to electrons transferring from anion to cation, which might occur between the central atom/ion and ligands. The central atom/ion has empty orbitals acting as an electron acceptor while the ligands own lone pairs of electrons acting as electron donors. When the complex is activated by receiving energies, an electron transfers from the orbital of ligand to that of the central ion. Generally speaking, when the complex has a lone pair of electrons with high energy and the empty orbital with low energy, it absorbs visible light and thus the complex reveals the complementary color. Some transition metal ions (with electron configurations of d^0 or d^{10}) complexing with ligands containing chromophres, reveal color in this way, such as red $[Ti(O_2)OH(H_2O)_4]^+$. Besides, some halides and/or sulfides of transition metals with electron configurations of d^0 or d^{10} also have color, such as TiI_4, CdS, HgS etc; some oxyacid anions exhibit color, such as MnO_4^-, CrO_4^{2-}, which are all caused by electron transfer.

Table 10-8 Approximate Relationship of Visible Light Absorbed with Observed Color

Absorbed Wavelength Range/nm	Absorbed Wave Numbers/cm^{-1}	Color	Observed Color
<400	>25 000	Ultraviolet	
400~450	25 000~22 000	Violet	Yellow
450~490	22 000~20 000	Blue	Orange
490~550	20 000~18 000	Green	Red
550~580	18 000~17 000	Yellow	Violet
580~650	17 000~15 000	Orange	Blue
650~700	15 000~14 000	Red	Green
>700	< 14 000	Infrared	

Also, crystal field theory can explain the magnetic properties of complexes.

So far, crystal field theory successfully illustrates those phenomena that valence bond theory cannot explain. However, crystal field theory assumes that the central ion-ligand bonding is entirely ionic, only considering the central ion-ligand electrostatic interaction while neglecting the existence of the valence bond components. Thus, crystal field theory cannot apply in the complex with valence bond as principal components, such as $[Ni(CO)_4]$ and $[Fe(CO)_5]$, with a central atom instead of a central ion. Again, crystal field theory cannot explain the sequence in the spectrochemical series: $H_2O > OH^- > X^-$; that is, OH^- and the halide ions X^- produce weaker fields than that of H_2O. All these facts need to be explained by ligand field theory, which is beyond of this textbook.

10.3 Complex-Ion Equilibria

10.3.1 Stability Constants

As mentioned above, complexes are relatively stable, and there are complex-ion equilibria in water solutions. Let's see an experiment. Add enough ammonia to a copper solution to get a dark blue solution. Then add NaOH, there is no precipitate, which means that the copper ions Cu^{2+} are mainly existing in the form of $[Cu(NH_3)_4]^{2+}$. However, if we add 0.1 mol·L^{-1} Na_2S solution, there will be black CuS precipitate, which means that there are still a few copper ions although the concentration is very low. That is to say, there is an equilibrium as below:

$$Cu^{2+} + 4NH_3 \rightleftharpoons [Cu(NH_3)_4]^{2+}$$

$$K^{\ominus} = \frac{[Cu(NH_3)_4^{2+}]}{[Cu^{2+}][NH_3]^4}$$

As shown in Table 10-9, $K_1^{\ominus}$, $K_2^{\ominus}$, $K_3^{\ominus}$ and $K_4^{\ominus}$ are called **stepwise stability constants** as opposed to the **overall stability constants**, β_1, β_2, β_3 and β_4. The bigger the $K^{\ominus}$ or β, the more stable the complex ions and the more difficult for the complex ions to dissociate.

Table 10-9 The Stepwise Stability Constants and the Overall Stability Constants

Ionic Equations	Stepwise Stability Constants	Ionic Equations	Overall Stability Constants
$Cu^{2+} + NH_3 \rightleftharpoons [Cu(NH_3)]^{2+}$	$K_1^{\ominus} = \frac{[Cu(NH_3)^{2+}]}{[Cu^{2+}][NH_3]}$	$Cu^{2+} + NH_3 \rightleftharpoons [Cu(NH_3)]^{2+}$	$\beta_1 = K_1^{\ominus}$
$[Cu(NH_3)]^{2+} + NH_3 \rightleftharpoons [Cu(NH_3)_2]^{2+}$	$K_2^{\ominus} = \frac{[Cu(NH_3)_2^{2+}]}{[Cu(NH_3)^{2+}][NH_3]}$	$Cu^{2+} + 2NH_3 \rightleftharpoons [Cu(NH_3)_2]^{2+}$	$\beta_2 = K_1^{\ominus} K_2^{\ominus}$
$[Cu(NH_3)_2]^{2+} + NH_3 \rightleftharpoons [Cu(NH_3)_3]^{2+}$	$K_3^{\ominus} = \frac{[Cu(NH_3)_3^{2+}]}{[Cu(NH_3)_2^{2+}][NH_3]}$	$Cu^{2+} + 3NH_3 \rightleftharpoons [Cu(NH_3)_3]^{2+}$	$\beta_3 = K_1^{\ominus} K_2^{\ominus} K_3^{\ominus}$
$[Cu(NH_3)_3]^{2+} + NH_3 \rightleftharpoons [Cu(NH_3)_4]^{2+}$	$K_4^{\ominus} = \frac{[Cu(NH_3)_4^{2+}]}{[Cu(NH_3)_3^{2+}][NH_3]}$	$Cu^{2+} + 4NH_3 \rightleftharpoons [Cu(NH_3)_4]^{2+}$	$\beta_4 = K_1^{\ominus} K_2^{\ominus} K_3^{\ominus} K_4^{\ominus} = K^{\ominus}$

$K_1^{\ominus}$, $K_2^{\ominus}$, ... $K_n^{\ominus}$ are usually not quite different from one another. When the concentration of ligands is greatly larger than the concentration of metal ions, the complex with the maximum coordination number of ligands is the dominating species and the complex with lower numbers of ligands can be neglected. For the complex ions of the same type, the overall stability constant β_n can be used to compare their stability. The bigger the β value, the more stable the complex ions. For example, $\beta_{4\,[Zn(NH_3)_4]^{2+}} = 2.9 \times 10^9$ and $\beta_{4\,[Zn(CN)_4]^{2-}} = 5.0 \times 10^{16}$, this shows that $[Zn(CN)_4]^{2-}$ is more stable than $[Zn(NH_3)_4]^{2+}$. For the complex ions of different types, it needs calculations. For example, $\beta_{[Cu(EDTA)]^{2-}} = 5 \times 10^{18}$ and $\beta_{[Cu(en)_2]^{2+}} = 1 \times 10^{20}$, however, $[Cu(EDTA)]^{2-}$ is more stable according to calculations.

Example 10-2 Add 0.010 mol $AgNO_3$(s) to 1.0 L 0.030 mol·L^{-1} $NH_3 \cdot H_2O$ (suppose the volume is unchanged). Calculate the concentration of Ag^+, NH_3 and $[Ag(NH_3)_2]^+$ in the solution. ($\beta_2 = 1.1 \times 10^7$)

SOLUTION

	Ag^+	+ $2NH_3$	$\rightleftharpoons$	$[Ag(NH_3)_2]^+$
$t=0$/mol·L^{-1}	0.010	0.030		0
t_e/mol·L^{-1}	x	$0.030-2(0.010-x)$		$0.010-x$
		≈ 0.010		≈ 0.010

$\beta_2 = \dfrac{0.010}{0.010^2 x} = 1.1 \times 10^7$, $x = [Ag^+] = 9.1 \times 10^{-6}$ mol·L^{-1}

$[NH_3] = 0.010$ mol·L^{-1}, $[Ag(NH_3)_2^+] = 0.010$ mol·L^{-1}

10.3.2 Shift of Complex-Ion Equilibria

As a chemical equilibrium, the complex-ion equilibrium $M^{n+} + xL^- \rightleftharpoons [ML_x]^{n-x}$ is also a relative equilibrium. Temperature has little influence on it, and concentration is the main affecting factor. If we want to destroy complex $[ML_x]^{n-x}$, that is to shift the equilibrium to the left, we can add H^+ to decrease the concentration of ligands; or we can add precipitate agents, oxidizing agents or reducing agents, or other coordinated ligands to lower the concetration of metal ions $[M^{n+}]$. These four methods belong to acid-base equilibria, solubility equilibria, oxidation-reduction equilibria and complex-ion equilibria, respectively. Here we will use examples to discuss the relationship between complex-ion equilibria and each of the four equilibria in solutions.

10.3.2.1 Relations with Acid-Base Equilibrium

For example, $Fe^{3+} + 6F^- \rightleftharpoons [FeF_6]^{3-}$

$$+$$
$$6H^+$$
$$\rightleftharpoons$$
$$6HF$$

It is obvious that the smaller β_n and $K_a^\ominus$ (the weaker the acid), the easier the ML_n dissociates.

10.3.2.2 Relations with Solubility Equilibrium

Let's see the following experiments. It is known that the $K_{sp}^\ominus$ for AgCl, AgBr and AgI is 1.77×10^{-10}, 5.35×10^{-13}, 8.52×10^{-17}, respectively. Now adding $NH_3 \cdot H_2O$ to these three precipitate, AgCl easily dissolves to get $[Ag(NH_3)_2]^+$ ($\beta_2 = 1.1\times10^7$), while AgBr and AgI don't dissolve. Then adding $Na_2S_2O_3$ solutions to AgBr and AgI, the AgBr precipitate dissolves to get $[Ag(S_2O_3)_2]^{3-}$ ($\beta_2 = 2.9\times10^{13}$), AgI still won't dissolve. However, by adding KCN solutions to AgI, AgI dissolves to get colorless $[Ag(CN)_2]^-$ ($\beta_2 = 1.3\times10^{21}$). Continue to add Na_2S solution, a black precipitate Ag_2S ($K_{sp}^\ominus = 6.3\times10^{-50}$) forms. It is clear that the bigger $K_{sp}^\ominus$ and β_n, the easier the precipitate dissolves to form the complex; the smaller $K_{sp}^\ominus$ and β_n, the easier the complex dissociates to form the precipitate. Surely the shift between the solubility equilibrium and the complex-ion equilibrium has something to do with the concentrations of the components.

Example10-3 (1) Add NaCl to $0.1\ mol\cdot L^{-1}$ $[Ag(NH_3)_2]^+$ solution, keep $[NaCl]= 0.001\ mol\cdot L^{-1}$, will AgCl precipitate? (2) Add NaCl to $0.1\ mol\cdot L^{-1}$ $[Ag(NH_3)_2]^+$ solution which contains $2\ mol\cdot L^{-1}$ $NH_3\cdot H_2O$, keep $[NaCl]=0.001\ mol\cdot L^{-1}$, will AgCl precipitate? ($\beta_{2\,[Ag(NH_3)_2]^+} = 1.1\times10^7$, $K_{sp\,AgCl}^\ominus = 1.77\times10^{-10}$)

SOLUTION (1)

	Ag^+	$+\ 2NH_3$	$\rightleftharpoons [Ag(NH_3)_2]^+$
$t_0/mol\cdot L^{-1}$	0	0	0.1
$t_e/mol\cdot L^{-1}$	x	$2x$	$0.1-x\approx0.1$

$\beta_2=\frac{0.1}{x(2x)^2}=\frac{0.1}{4x^3}=1.1\times10^7$

$x=1.3\times10^{-3}\ mol\cdot L^{-1}$

$Q=[Ag^+][Cl^-]=1.3\times10^{-3}\times0.001=1.3\times10^{-6}>K^{\ominus}_{sp}$

Thus, AgCl will precipitate.

(2) $Ag^+ + 2NH_3 \rightleftharpoons [Ag(NH_3)_2]^+$

$t_0/mol\cdot L^{-1}$ 0 2 0.1

$t_e/mol\cdot L^{-1}$ y $2+2y\approx2$ $0.1-y\approx0.1$

$\beta_2=\frac{0.1}{4y}=1.1\times10^7$

$y=2.3\times10^{-9}\ mol\cdot L^{-1}$

$Q=[Ag^+][Cl^-]=2.3\times10^{-9}\times0.001=2.3\times10^{-12}<K^{\ominus}_{sp}$

Thus, no AgCl precipitate.

10.3.2.3 Relations with Oxidation-Reduction Equilibrium

In chapter 6, we learnt that the formation of complex change the potential of metal/metal ions electrode. Here is another example:

Example10-4 If $\varphi^{\ominus}_{Ag^+/Ag}=0.7996$ V, $\beta_{2[Ag(CN)_2^-]}=10^{21.1}$, calculate $\varphi^{\ominus}_{[Ag(CN)_2]^-/Ag}$.

SOLUTION Combine a cell using the two electrodes: (−)Ag | $[Ag(CN)_2]^-$ ‖ Ag^+ | Ag(+)

(−) $Ag + 2CN^- - e^- \rightleftharpoons [Ag(CN)_2]^-$

(+) $Ag^+ + e^- \rightleftharpoons Ag$

$Ag^+ + 2CN^- \rightleftharpoons [Ag(CN)_2]^-$

$$\lg\beta_2=\frac{\varphi^{\ominus}_{Ag^+ Ag}-\varphi^{\ominus}_{[Ag(CN)_2]^-/Ag}}{0.0591}$$

$\varphi^{\ominus}_{[Ag(CN)_2]^-/Ag}=\varphi^{\ominus}_{Ag^+/Ag}-0.0591\lg\beta_2=0.7996-0.0591\lg10^{21.1}=-0.4474$ (V)

Example10-5 $\varphi^{\ominus}_{Co^{3+}/Co^{2+}}=1.92$ V, $\varphi^{\ominus}_{O_2/H_2O}=1.229$ V, $\varphi^{\ominus}_{O_2/OH^-}=0.401$ V, $\beta_{[Co(NH_3)_6]^{3+}}=1.58\times10^{35}$, $\beta_{[Co(NH_3)_6]^{2+}}=1.3\times10^5$. Please calculate to explain why Co^{3+} can oxide H_2O, while $[Co(NH_3)_6]^{3+}$ cannot.

SOLUTION $\varphi^{\ominus}_{Co^{3+}/Co^{2+}}=1.92$ V $>\varphi^{\ominus}_{O_2/H_2O}=1.229$ V, Co^{3+} can oxide H_2O to get O_2.

To explain why $[Co(NH_3)_6]^{3+}$ cannot oxide H_2O, it is necessary to calculate $\varphi^{\ominus}_{[Co(NH_3)_6]^{3+}/[Co(NH_3)_6]^{2+}}$, so that we can compare its value with that of $\varphi^{\ominus}_{O_2/OH^-}$.

Now combine the two electrodes to form a cell as below,

(−) Pt | $[Co(NH_3)_6]^{3+}$, $[Co(NH_3)_6]^{2+}$ ‖ Co^{3+}, Co^{2+} | Pt (+)

$(-)\ [Co(NH_3)_6]^{2+} - e^- \rightleftharpoons [Co(NH_3)_6]^{3+}$

$(+)\ Co^{3+} + e^- \rightleftharpoons Co^{2+}$

$[Co(NH_3)_6]^{2+} + Co^{3+} \rightleftharpoons [Co(NH_3)_6]^{3+} + Co^{2+}$

$$K = \frac{\beta_{[Co(NH_3)_6]^{3+}}}{\beta_{[Co(NH_3)_6]^{2+}}}$$

$$\lg K^{\ominus} = \frac{\varphi^{\ominus}_{Co^{3+}/Co^{2+}} - \varphi^{\ominus}_{[Co(NH_3)_6]^{3+}/[Co(NH_3)_6]^{2+}}}{0.059\ 1}$$

$$\varphi^{\ominus}_{[Co(NH_3)_6]^{3+}/[Co(NH_3)_6]^{2+}} = \varphi^{\ominus}_{Co^{3+}/Co^{2+}} - 0.059\ 1 \lg \frac{\beta_{[Co(NH_3)_6]^{3+}}}{\beta_{[Co(NH_3)_6]^{2+}}}$$

$$= 1.92 - 0.059\ 1 \lg \frac{1.58 \times 10^{35}}{1.3 \times 10^{5}} = 0.14\ V$$

$$\varphi^{\ominus}_{[Co(NH_3)_6]^{3+}/[Co(NH_3)_6]^{2+}} = 0.14\ V < \varphi^{\ominus}_{O_2/OH^-} = 0.401\ V$$

$[Co(NH_3)_6]^{3+}$ cannot oxide H_2O. In fact, $[Co(NH_3)_6]^{2+}$ is unstable, it is easily oxidized by O_2 to become $[Co(NH_3)_6]^{3+}$.

10.3.2.4 Relations with Other Complex-Ion Equilibria

Let's see an experiment showing the transformation among different complex-ion equilibria. Add KSCN solutions to $Fe(NO_3)_3$ solutions to get a blood red $[Fe(SCN)_x]^{3-x}$, then add NaF, a colorless $[FeF_6]^{3-}$ will form. And next, add oxalic acid to get green solutions $[Fe(C_2O_4)_3]^{3-}$. All the corresponding chemical equations are below:

$Fe^{3+} + 6SCN^- \rightleftharpoons [Fe(SCN)_6]^{3-}$

$[Fe(SCN)_6]^{3-} + 6F^- \rightleftharpoons [FeF_6]^{3-} + 6SCN^-$

$[FeF_6]^{3-} + 3C_2O_4^{2-} \rightleftharpoons [Fe(C_2O_4)_3]^{3-} + 6F^-$

Since $\beta_{[FeF_6]^{3-}} = 1.0 \times 10^{16}$, $\beta_{[Fe(C_2O_4)_3]^{3-}} = 1.6 \times 10^{20}$, we can calculate that the equilibrium constant for the third reaction is $K = \frac{[Fe(C_2O_4)_3^{3-}][F^-]^6}{[FeF_6^{3-}][C_2O_4^{2-}]^3} = \frac{\beta_{[Fe(C_2O_4)_3]^{3-}}}{\beta_{[FeF_6]^{3-}}} = \frac{1.6 \times 10^{20}}{1.0 \times 10^{16}} = 1.6 \times 10^4$, which means that the reaction proceed thoroughly. Thus, when adding another kind of ligands to a complex solution, a more stable complex ion may form.

So far, we discussed the four kinds of ions equilibria in solutions, and their mutual relations in multiple equilibria.

In sum, the knowledge of substance structure and chemical reactions included in this book lays a foundation for further study of inorganic chemistry.

Questions and Exercises

10-1 The name of $[Co(CN)_5(OH)]^{3-}$ is

(a) hydroxopentacyanocobaltate(Ⅲ) ion

(b) pentayanohydroxocobaltate(Ⅱ) ion

(c) pentacyanohydroxocobalt(Ⅱ) ion

(d) pentacyanohydroxycobaltate(Ⅲ) ion

10-2 For the coordination compound $[Co(NH_3)_5Cl]Cl_2$, the total number of ions formed in aqueous solution is ______, and the number of nonionic chlorine is ______.

(a) 0, 3　　(b) 2, 1　　(c) 3, 1　　(d) 3, 2

10-3 Which of the following ligands is bidentate and can form a chelate ring?

(a) $N(CH_2COO^-)_3$　(b) 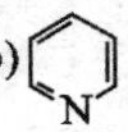　(c) 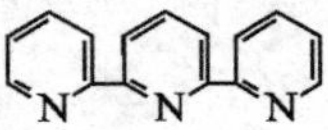　(d) 

10-4 Which of the following is a d^6-type ion?

(a) Cr^{2+}　　(b) Mn^{2+}　　(c) Fe^{2+}　　(d) Co^{2+}

10-5 For which of the following types of ions is the number of unpaired electrons in octahedral complexes fixed at the same number as in the free ion no matter how weak or strong the crystal field?

(a) d^3　　(b) d^4　　(c) d^5　　(d) d^6

10-6 Given the d-orbital splitting diagram

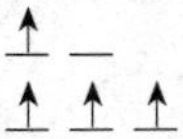

The complex is

(a) octahedral with weak field and high spin.

(b) octahedral with weak field and low spin.

(c) octahedral with strong field and high spin.

(d) octahedral with strong field and low spin.

10-7 Which of the following complex ions is colorless?

(a) $[CoF_6]^{3-}$　　(b) $[CuCl_4]^{2-}$　　(c) $[NiCl_4]^{2-}$　　(d) $[Zn(CN)_4]^{2-}$

10-8 The complex ion $[CoCl_4]^{2-}$ absorbs strongly between 625 nm and 725 nm. A solution of $[CoCl_4]^{2-}$ is

(a) blue-green　　(b) red　　(c) violet　　(d) yellow

10-9 All but one of the following ions are diamagnetic. Which one is paramagnetic?

(a) $[Co(CN)_6]^{3-}$　　(b) $[CoF_6]^{3-}$　　(c) $[Co(H_2O)_6]^{3+}$　　(d) $[Co(NH_3)_6]^{3+}$

附　录
Appendix

附录 1　国际单位和转换因子
Appendix 1　SI Units and Conversion Factors

	cm^{-1}	eV	$kJ\cdot mol^{-1}$
cm^{-1}	1	$1.239\ 842\times10^{-4}$	$11.962\ 66\times10^{-3}$
eV	8065.54	1	96.485 3
$kJ\cdot mol^{-1}$	83.593 5	1.036427×10^{-2}	1

For example, 1 eV=96.485 3 $kJ\cdot mol^{-1}$

附录 2　物理常数
Appendix 2　Physical Constants

Constant	Symbol	Value
Atomic mass unit	amu	$1.660\ 540\ 2(10)\times10^{-24}$ kg
Avogadro constant	N_A	$6.022\ 136\ 7(36)\times10^{23}$ mol^{-1}
Bohr magneton	μ_B	$9.274\ 015\ 4(31)\times10^{-24}$ $J\cdot T^{-1}$
Bohr radius	a_0	$5.291\ 772\ 49(24)\times10^{-11}$ m
Boltzmann constant	k	$1.380\ 658\ (12)\times10^{-23}$ $J\cdot K^{-1}$
Charge of an electron	e	$1.602\ 177\ 33(49)\times10^{-19}$ C
Faraday constant	F	$9.648\ 530\ 9(29)\times10^{4}$ $C\cdot mol^{-1}$
Gas constant	R	$8.314\ 510\ (70)$ $J\cdot mol^{-1}\cdot K^{-1}$
Mass of an electron	m_e	$9.109\ 39\times10^{-31}$ kg　$5.485\ 80\times10^{-4}$ amu
Mass of a neutron	m_n	$1.674\ 93\times10^{-27}$ kg　1.008 66 amu
Mass of a proton	m_p	$1.672\ 62\times10^{-27}$ kg　1.007 28 amu
Planck constant	h	$6.626\ 075\ 5(40)\times10^{-34}$ $J\cdot s$
Rydberg constant	R_∞	$1.097\ 373\ 153\ 4(13)\times10^{7}$ m^{-1}
Rydberg constant	R_H	$1.096\ 777\ 59(50)\times10^{7}$ m^{-1}
Speed of light	c	$2.997\ 924\ 58\times10^{8}$ $m\cdot s^{-1}$

附录 3 热力学数据 $\Delta_f H_m^\ominus$，$\Delta_f G_m^\ominus$，$S_m^\ominus$ 摘录*（298.15 K）

Appendix 3 Selected Thermodynamic Data $\Delta_f H_m^\ominus$，$\Delta_f G_m^\ominus$，$S_m^\ominus$

英文名称 Name	物质及状态 Substance and State	$\Delta_f H_m^\ominus$ / $kJ \cdot mol^{-1}$	$\Delta_f G_m^\ominus$ / $kJ \cdot mol^{-1}$	$S_m^\ominus$ / $J \cdot mol^{-1} \cdot K^{-1}$
Silver	Ag(s)	0	0	42.5
Silver	Ag(g)	284.9	246.0	173.0
Silver ion	Ag^+(aq)	105.6	77.1	72.7
Silver(Ⅰ) chloride	AgCl(s)	−127.0	−109.8	96.3
Silver(Ⅰ) oxide	Ag_2O(s)	−31.1	−11.2	121.3
Aluminum	Al(s)	0	0	28.3
Aluminum oxide	Al_2O_3(s)	−1675.7	−1582.3	50.9
Boron	B (s)	0	0	5.9
Boron	B(g)	565.0	521.0	153.4
Boron oxide	B_2O_3(s)	−1273.5	−1194.3	54.0
Boron oxide	B_2O_3(g)	−843.8	−832	279.8
Bromine	Br_2(l)	0	0	152.2
Bromine	Br_2(g)	30.9	3.1	245.5
Carbon	Carbon (graphite)	0	0	5.7
Carbon	C(g)	716.7	671.3	158.1
Carbon	Carbon (diamond)	1,9	2.9	2.4
Carbon monoxide	CO(g)	−110.5	−137.2	197.7
Carbon dioxide	CO_2(g)	−393.5	−394.4	213.8
Carbonate ion	CO_3^{2-}(aq)	−677.1	−527.8	−56.9
Methane	CH_4(g)	−74.6	−50.5	186.4
Ethylene	C_2H_4(g)	52.4	68.4	219.3
Benzene	C_6H_6(g)	82.9	129.8	269.7
Benzene	C_6H_6(l)	49.1	124.5	173.5
Methanol	CH_3OH (g)	−201.0	−162.3	239.9
Ethanol	C_2H_5OH (g)	−234.8	−167.9	281.6
Acetic acid	CH_3COOH(g)	−432.2	−374.3	283.5
Calcium	Ca(s)	0	0	41.6

(to be continued)

英文名称 Name	物质及状态 Substance and State	$\Delta_f H_m^\ominus$ / kJ·mol^{-1}	$\Delta_f G_m^\ominus$ / kJ·mol^{-1}	$S_m^\ominus$ / J·mol^{-1}·K^{-1}
Calcium carbonate	$CaCO_3$(calcite)	−1207.6	−1129.1	91.7
Calcium carbonate	$CaCO_3$(aragonite)	−1207.8	−1128.2	88.0
Calcium oxide	CaO(s)	−634.9	−603.3	38.1
Calcium sulfate	$CaSO_4$(s)	−1434.5	−1322.0	106.5
Chlorine	Cl_2(g)	0	0	223.1
Chlorine (atomic)	Cl(g)	121.3	105.3	165.2
Chlorine ion	Cl^-, HCl(aq)	−167.2	−131.2	56.5
Chromium	Cr(s)	0	0	23.8
Copper	Cu(s)	0	0	33.2
Copper(Ⅱ) ion	Cu^{2+}(aq)	64.8	65.5	−99.6
Copper(Ⅱ) oxide	CuO(s)	−157.3	−129.7	42.6
Copper(Ⅱ) sulphate	$CuSO_4$(s)	−771.4	−662.2	109.2
Copper sulphate pentahydrate	$CuSO_4 \cdot 5H_2O$(s)	−2278	−1879.9	305.4
Fluorine	F_2(g)	0	0	202.8
Fluorine atom (atomic)	F(g)	79.4	62.3	158.8
Fluorine ion	F^-(aq)	−332.6	−278.8	−13.8
Iron	Fe(s)	0	0	27.3
Iron(Ⅲ)oxide	Fe_2O_3(s)	−824.2	−742.2	87.4
Hydrogen	H_2(g)	0	0	130.7
Hydrogen (atomic)	H(g)	218.0	203.3	114.7
Hydrogen ion	H^+(aq)	0	0	0
Hydrogen bromide	HBr(g)	−36.3	−53.4	198.7
Hydrogen chloride	HCl(g)	−92.3	−95.3	186.9
Hydrogen fluoride	HF (g)	−273.3	−275.4	173.8
Hydrogen iodide	HI(g)	26.5	1.7	206.6
Hydrogen oxide (Water)	H_2O (l)	−285.8	−237.1	70.0
Hydrogen oxide	H_2O (g)	−241.8	−228.6	188.83
Hydrogen peroxide	H_2O_2(l)	−187.8	−120.4	109.6
Hydrogen peroxide	H_2O_2(g)	−136.3	−105.6	232.7
Hydrogen sulfide	H_2S(g)	−20.63	−33.4	205.8
Hydrogen sulfide	H_2S(aq)	−38.6	−27.9	126.5
Hydroxyl ion	OH^-(aq)	−230.0	−157.2	−10.8

(to be continued)

英文名称 Name	物质及状态 Substance and State	$\Delta_f H_m^\ominus$ / kJ·mol^{-1}	$\Delta_f G_m^\ominus$ / kJ·mol^{-1}	$S_m^\ominus$ / J·mol^{-1}·K^{-1}
Mercury	Hg(l)	0	0	75.9
Iodine	I_2(s)	0	0	116.1
Iodine	I_2(g)	62.4	19.3	260.7
Iodine (atomic)	I(g)	106.8	70.2	180.8
Iodine ion	I^-, HI(aq)	−55.2	−51.6	111.3
Potassium	K(s)	0	0	64.7
Potassium permanganate	$KMnO_4$(s)	−837.2	−737.6	171.7
Lanthanum	La (s)	0	0	56.9
Magnesium	Mg(s)	0	0	32.7
Magnesium carbonate	$MgCO_3$(s)	−1095.8	−1012.1	65.7
Magnesium oxide	MgO (s)	−601.6	−569.3	27.0
Manganese	Mn(s)	0	0	32.0
Manganese(Ⅳ) oxide	MnO_2(s)	−520.0	−465.1	53.1
Nitrogen	N_2(g)	0	0	191.6
Nitric oxide	NO(g)	91.3	87.6	210.8
Ammonia	NH_3(g)	−45.9	−16.4	192.8
Ammonium chloride	NH_4Cl(s)	−314.4	−202.9	94.6
Ammonium hydroxide	$NH_3 \cdot H_2O$ (l)	−361.2	−254.0	165.6
Ammonium hydrogen carbonate	NH_4HCO_3(s)	−849.4	−665.9	120.9
Sodium	Na(s)	0	0	51.3
Nickel	Ni(s)	0	0	29.9
Nickel(Ⅱ) sulphate	$NiSO_4$(s)	−872.9	−759.7	92.0
Oxygen	O_2(g)	0	0	205.2
Oxygen (atomic)	O(g)	249.2	231.7	161.1
Phosphorus	P (white)	0	0	41.1
Phosphorus	P(g)	316.5	280.1	163.2
Phosphorus	P(red)	−17.6	—	22.8
Tetraphosphorus	PO_4^{3-}(aq)	−1277.4	−1018.7	−220.5
Phosphorus(Ⅲ) chloride	PCl_3(l)	−319.7	−272.3	217.1
Phosphorus(Ⅲ) chloride	PCl_3(g)	−287.0	−267.8	311.8
Phosphorus(Ⅴ) chloride	PCl_5(s)	−443.5	—	—

(to be continued)

英文名称 Name	物质及状态 Substance and State	$\Delta_f H_m^\ominus$ / kJ·mol^{-1}	$\Delta_f G_m^\ominus$ / kJ·mol^{-1}	$S_m^\ominus$ / J·mol^{-1}·K^{-1}
Phosphorus(Ⅴ) chloride	PCl_5(g)	−374.9	−305.0	364.6
Lead	Pb(s)	0	0	64.8
Platinum	Pt(s)	0	0	41.6
Rubidium	Rb(s)	0	0	76.8
Sulfur	S (rhombic)	0	0	32.1
Sulfur	S(g)	277.2	236.7	167.8
Sulfur	S (monoclinic)	0.3	—	—
Sulfide ion	S^{2-}(aq)	33.1	85.8	−14.6
Sulfur dioxide	SO_2(g)	−296.8	−300.1	248.2
Sulfur trioxide(α-form)	SO_3(s)	−454.5	−374.2	70.7
Sulfur trioxide (α-form)	SO_3(l)	−441.0	−373.8	113.8
Sulfur trioxide(α-form)	SO_3(g)	−395.7	−371.1	256.8
sulfate anion	SO_4^{2-}(aq)	−909.3	−744.5	20.1
Antimony	Sb(s)	0	0	45.7
Silicon	Si(s)	0	0	18.8
Silicon dioxide	SiO_2(quartz)	−910.7	−856.3	41.5
Silicon dioxide	SiO_2(g)	−322.0	—	—
Silicon tetrafluoride	SiF_4(g)	−1615.0	−1572.8	282.8
Silicon tetrachloride	$SiCl_4$(l)	−687.0	−619.8	239.7
Silicon tetrachloride	$SiCl_4$(g)	−657.0	−617.0	330.6
Tin(white)	Sn(white)	0	0	51.2
Tin	Sn(g)	301.2	266.2	168.5
Tin	Sn(gray)	−2.1	0.1	44.1
Titanium	Ti(s)	0	0	30.7
Zinc	Zn(s)	0	0	41.6
Zinc ion	Zn^{2+}(aq)	−153.9	−147.1	−112.1
Zinc carbonate	$ZnCO_3$(s)	−812.8	−731.5	82.4
Zinc oxide	ZnO(s)	−350.5	−320.5	43.7

数据摘录自 W. M. Haynes. CRC Handbook of Chemistry and Physics. 97th ed. Boca Raton：CRC Press Inc，2016-2017：5-3～5-66. CRC 手册未收录的数据取自兰氏化学手册等。

＊该表以分子式中元素符号的字母顺序排序。

附录 4　平衡常数(298 K)
Appendix 4　Equilibrium Constants (298 K)

A 4.1　弱酸的 $K_a^{\ominus}$
A 4.1　Dissociation Constants of Common Weak Acids in Aqueous Solution

化合物 Compound	中文名称 Chinese Name	分子式 Molecular Formula	$K_a^{\ominus}$	$pK_a^{\ominus}$
Acetic acid	乙酸	CH_3COOH	1.8×10^{-5}	4.74
Arsenic acid	砷酸	H_3AsO_4	5.5×10^{-3}	2.26
			1.7×10^{-7}	6.76
			5.1×10^{-12}	11.29
Benzoic acid	苯甲酸	C_6H_5COOH	6.3×10^{-5}	4.2
Boric acid	硼酸	H_3BO_3	5.4×10^{-10}	9.27
Carbonic acid	碳酸	$H_3CO_3(CO_2+H_2O)$	4.5×10^{-7}	6.35
			4.7×10^{-11}	10.33
Formic acid	甲酸	$HCOOH$	1.8×10^{-4}	3.75
Hydrochlorous acid	次氯酸	$HOCl$	4.0×10^{-8}	7.40
Hydrocyanic acid	氢氰酸	HCN	6.2×10^{-10}	9.21
Hydrofluoric acid	氢氟酸	HF	6.3×10^{-4}	3.20
Hydrogen sulfate ion	硫酸氢根离子	HSO_4^-	1.0×10^{-2}	1.99
Hydrosulfuric acid	氢硫酸	H_2S	1.1×10^{-7}	6.97
			1.3×10^{-13}	12.90
Nitrous acid	亚硝酸	HNO_2	5.6×10^{-4}	3.25
Oxalic acid	草酸	$H_2C_2O_4$	5.6×10^{-2}	1.25
			1.5×10^{-4}	3.82
Phosphoric acid	磷酸	H_3PO_4	6.9×10^{-3}	2.16
			6.2×10^{-8}	7.21
			4.8×10^{-13}	12.32
Sulfurous acid	亚硫酸	H_2SO_3	1.4×10^{-2}	1.85
			6.3×10^{-8}	7.20

数据来源：W. M. Haynes. CRC Handbook of Chemistry and Physics. 97th ed. Boca Raton: CRC Press Inc.，2016-2017：5-87～5-97. 本书正文出现的 CRC 手册中未收录的 $K_a^{\ominus}$，其数据来源于兰氏化学手册 TABLE 1.69.

A 4.2 弱碱的 $K_b^\ominus$

A 4.2 Dissociation Constants of Common Weak Bases in Aqueous Solution

化合物 Compound	中文名称 Chinese Name	分子式 Molecular Formula	$K_b^\ominus$	$pK_b^\ominus$
Ammonia	氨	NH_3	1.8×10^{-5}	4.74
Aniline	苯胺	$C_6H_5NH_2$	7.4×10^{-10}	9.13
Benzylamine	苯甲胺	$C_6H_5CH_2NH_2$	2.2×10^{-5}	4.66
2-Bromoaniline	2-溴苯胺	$C_6H_4BrNH_2$	3.4×10^{-12}	11.47
2-Chloroaniline	2-氯苯胺	$C_6H_4ClNH_2$	4.6×10^{-12}	11.34
Dimethylamine	二甲胺	$(CH_3)_2NH$	5.4×10^{-4}	3.27
Ethylamine	乙胺	$C_2H_5NH_2$	4.5×10^{-4}	3.35
Ethylenediamine	乙二胺	$H_2NCH_2CH_2NH_2$	8.3×10^{-5} 7.2×10^{-8}	4.08 7.14
2-Fluoroaniline	2-氟苯胺	$C_6H_4FNH_2$	1.6×10^{-11}	10.80
Hydrazine	联氨	H_2NNH_2	1.3×10^{-6}	5.90
Hydroxylamine	羟氨	NH_2OH	8.7×10^{-9}	8.06
Methylamine	甲胺	CH_3NH_2	4.6×10^{-4}	3.34
Urea	尿素	$CO(NH_2)_2$	1.3×10^{-14}	13.90

数据来源同表 A 4.1，本表中 $K_b^\ominus$ 依据相应的质子酸的 $K_a^\ominus$ 数据计算而得。

A4.3 溶度积常数

A 4.3 Solubility-Product Constants

英文名称 Name	中文名称 Chinese Name	化合物 Compound	$K_{sp}^{\ominus}$	$pK_{sp}^{\ominus}$
Silver arsenate	砷酸银	Ag_3AsO_4	1.03×10^{-22}	21.99
Silver bromide	溴化银	AgBr	5.35×10^{-13}	12.27
Silver carbonate	碳酸银	Ag_2CO_3	8.46×10^{-12}	11.07
Silver chloride	氯化银	AgCl	1.77×10^{-10}	9.75
Silver chromate	铬酸银	Ag_2CrO_4	1.12×10^{-12}	11.95
Silver cyanide	氰化银	AgCN	5.97×10^{-17}	16.22
Silver iodide	碘化银	AgI	8.52×10^{-17}	16.07
Silver oxalate	草酸银	$Ag_2C_2O_4$	5.4×10^{-12}	11.27
Silver phosphate	磷酸银	Ag_3PO_4	8.89×10^{-17}	16.05
Silver sulfide	硫化银	Ag_2S	6.3×10^{-50}	49.20
Arsenic sulfide	硫化砷	As_2S_3	2.1×10^{-22}	21.6
Barium carbonate	碳酸钡	$BaCO_3$	2.58×10^{-9}	8.59
Barium chromate	铬酸钡	$BaCrO_4$	1.17×10^{-10}	9.93
Barium fluoride	氟化钡	BaF_2	1.84×10^{-7}	6.74
Barium oxalate monohydrate	水合草酸钡	$BaC_2O_4\cdot H_2O$	2.3×10^{-8}	7.64
Barium sulfate	硫酸钡	$BaSO_4$	1.08×10^{-10}	9.97
Calcium carbonate	碳酸钙	$CaCO_3$	3.36×10^{-9}	8.47
Calcium fluoride	氟化钙	CaF_2	3.45×10^{-11}	10.46
Calcium oxalate monohydrate	水合草酸钙	$CaC_2O_4\cdot H_2O$	2.32×10^{-9}	8.63
Calcium phosphate	磷酸钙	$Ca_3(PO_4)_2$	2.07×10^{-29}	28.68
Calcium sulfate	硫酸钙	$CaSO_4$	4.93×10^{-5}	4.31
Cuprous bromide	溴化亚铜	CuBr	6.27×10^{-9}	8.20
Cuprous chloride	氯化亚铜	CuCl	1.72×10^{-7}	6.76
Cuprous cyanide	氰化亚铜	CuCN	3.47×10^{-20}	19.46
Cuprous iodide	碘化亚铜	CuI	1.27×10^{-12}	11.90

(to be continued)

英文名称 Name	中文名称 Chinese Name	化合物 Compound	$K_{sp}^{\ominus}$	$pK_{sp}^{\ominus}$
Cuprous hydroxide	氢氧化亚铜	$CuOH$	1×10^{-14}	14.0
Cuprous sulfide	硫化亚铜	Cu_2S	2.5×10^{-48}	47.60
Cuprous thiocyanate	硫氰酸亚铜	$CuSCN$	1.77×10^{-13}	12.75
Copper carbonate	碳酸铜	$CuCO_3$	1.4×10^{-10}	9.86
Copper hydroxide	氢氧化铜	$Cu(OH)_2$	2.2×10^{-20}	19.66
Copper sulfide	硫化铜	CuS	6.3×10^{-36}	35.2
Iron(Ⅱ) carbonate	碳酸亚铁	$FeCO_3$	3.13×10^{-11}	10.50
Iron(Ⅱ) hydroxide	氢氧化亚铁	$Fe(OH)_2$	4.87×10^{-17}	16.31
Iron(Ⅱ) sulfide	硫化亚铁	FeS	6.3×10^{-18}	17.2
Iron(Ⅲ) hydroxide	氢氧化铁	$Fe(OH)_3$	2.79×10^{-39}	38.55
Mercury(Ⅰ) carbonate	碳酸亚汞	Hg_2CO_3	3.6×10^{-17}	16.44
Mercury(Ⅰ) chloride	氯化亚汞	Hg_2Cl_2	1.43×10^{-18}	17.84
Mercury(Ⅰ) iodide	碘化亚汞	Hg_2I_2	5.2×10^{-29}	28.72
Mercury(Ⅰ) sulfate	硫酸亚汞	Hg_2SO_4	6.5×10^{-7}	6.19
Mercury(Ⅰ) sulfide	硫化亚汞	Hg_2S	1×10^{-47}	47.0
Mercury(Ⅱ) hydroxide	氢氧化汞	$Hg(OH)_2$	3.2×10^{-26}	25.52
Mercury(Ⅱ) sulfide (red)	硫化汞（红）	HgS(red)	4×10^{-53}	52.4
Mercury(Ⅱ) sulfide (black)	硫化汞(黑)	HgS(black)	1.6×10^{-52}	51.8
Magnesium carbonate	碳酸镁	$MgCO_3$	6.82×10^{-6}	5.17
Magnesium hydroxide	氢氧化镁	$Mg(OH)_2$	5.61×10^{-12}	11.25
Manganese carbonate	碳酸锰	$MnCO_3$	2.34×10^{-11}	10.63
Manganese hydroxide	氢氧化锰	$Mn(OH)_2$	1.9×10^{-13}	12.72
Manganese sulfide (amorphous)	硫化锰 （无定形）	MnS(amorphous)	2.5×10^{-10}	9.6
Manganese sulfide (crystal)	硫化锰(晶体)	MnS(crystal)	2.5×10^{-13}	12.6
Nickel carbonate	碳酸镍	$NiCO_3$	1.42×10^{-7}	6.85
Nickel phosphate	磷酸镍	$Ni_3(PO_4)_2$	4.74×10^{-32}	31.32

(to be continued)

英文名称 Name	中文名称 Chinese Name	化合物 Compound	$K_{sp}^{\ominus}$	$pK_{sp}^{\ominus}$
α-Nickel sulfide	α-硫化镍	α-NiS	3.2×10^{-19}	18.5
Lead carbonate	碳酸铅	$PbCO_3$	7.4×10^{-14}	13.13
Lead chloride	氯化铅	$PbCl_2$	1.7×10^{-5}	4.77
Lead chromate	铬酸铅	$PbCrO_4$	2.8×10^{-13}	12.55
Lead fluoride	氟化铅	PbF_2	3.3×10^{-8}	7.48
Lead hydroxide	氢氧化铅	$Pb(OH)_2$	1.43×10^{-15}	14.84
Lead iodide	碘化铅	PbI_2	9.8×10^{-9}	8.01
Lead molybdate	钼酸铅	$PbMoO_4$	1×10^{-13}	13.0
Lead phosphate	磷酸铅	$Pb_3(PO_4)_2$	8.0×10^{-43}	42.10
Lead sulfate	硫酸铅	$PbSO_4$	2.53×10^{-8}	7.60
Lead sulfide	硫化铅	PbS	8.0×10^{-28}	27.10
Tin(Ⅱ) hydroxide	氢氧化亚锡	$Sn(OH)_2$	5.45×10^{-28}	27.26
Tin(Ⅱ) sulfide	硫化亚锡	SnS	1×10^{-25}	25.0
Tin(Ⅳ) hydroxide	氢氧化锡	$Sn(OH)_4$	1×10^{-56}	56.0
Strontium carbonate	碳酸锶	$SrCO_3$	5.6×10^{-10}	9.25
Strontium chromate	铬酸锶	$SrCrO_4$	2.2×10^{-5}	4.65
Strontium sulfate	硫酸锶	$SrSO_4$	3.44×10^{-7}	6.46
Zinc carbonate	碳酸锌	$ZnCO_3$	1.46×10^{-10}	9.94
Zinc hydroxide	氢氧化锌	$Zn(OH)_2$	3×10^{-17}	16.50
Zinc sulfate	硫化锌	ZnS	1.6×10^{-24}	23.80

数据引自 W. M. Haynes. CRC Handbook of Chemistry and Physics. 97th ed. Boca Raton: CRC Press Inc., 2016-2017: 5-177～5-178; J. G. Speight. Lange's Handbook of Chemistry, 16th ed. New York: McGraw-Hill Companies Inc., 2005. TABLE 1.71

* 该表以分子式中金属元素符号的英文字母顺序排序,同一金属离子的化合物以其英文名称排序。

A4.4 常见配合物的稳定常数 β
A 4.4 Formation Constants of Metal Complexes

配体及中心离子 Ligands and metal ions	配位数 n	$\lg \beta_n$
氨 Ammonia		
Ag^{+}	1,2	3. 24;7. 05
Cd^{2+}	1,…,6	2. 65;4. 75;6. 19;7. 12;6. 80;5. 14
Co^{2+}	1,…,6	2. 11;3. 74;4. 79;5. 55;5. 73;5. 11
Co^{3+}	1,…,6	6. 7;14. 0;20. 1;25. 7;30. 8;35. 2
Cu^{+}	1,2	5. 93;10. 86
Cu^{2+}	1,…,5	4. 31;7. 98;11. 02;13. 32;12. 86
Ni^{2+}	1,…,6	2. 80;5. 04;6. 77;7. 96;8. 71;8. 74
Zn^{2+}	1,…,4	2. 37;4. 81;7. 31;9. 46
溴离子 Bromide		
Cd^{2+}	1,…,4	1. 75;2. 34;3. 32;3. 70
Cu^{+}	2	5. 89
Hg^{2+}	1,…,4	9. 05;17. 32;19. 74;21. 00
Ag^{+}	1,…,4	4. 38;7. 33;8. 00;8. 73
氯离子 Chloride		
Hg^{2+}	1,…,4	6. 74;13. 22;14. 07;15. 07
Sn^{2+}	1,…,4	1. 51;2. 24;2. 03;1. 48
Ag^{+}	1,…,4	3. 04;5. 04;5. 04;5. 30
氰根离子 Cyanide		
Ag^{+}	1,…,4	—;21. 1;21. 7;20. 6
Cd^{2+}	1,…,4	5. 48;10. 60;15. 23;18. 78
Cu^{+}	1,…,4	—;24. 0;28. 59;30. 3
Fe^{2+}	6	35
Fe^{3+}	6	42
Hg^{2+}	4	41. 4
Ni^{2+}	4	31. 3
Zn^{2+}	4	16. 7
氟离子 Fluoride		
Al^{3+}	1,…,6	6. 13;11. 15;15. 00;17. 75;19. 37;19. 84
Fe^{3+}	1,…,3	5. 28;9. 30;12. 06

(to be continued)

配体及中心离子 Ligands and metal ions	配位数 n	$\lg \beta_n$
碘离子 Iodide		
Cd^{2+}	1,…,4	2. 10;3. 43;4. 49;5. 41
Pb^{2+}	1,…,4	2. 00;3. 15;3. 92;4. 47
Hg^{2+}	1,…,4	12. 87;23. 82;27. 60;29. 88
Ag^{+}	1,…,3	6. 58;11. 74;13. 68
硫氰酸根 Thiocyanate		
Ag^{+}	1,…,4	—;7. 57;9. 08;10. 08
Au^{+}	1,…,4	—;23;—;42
Fe^{3+}	1,2	2. 95;3. 36
Hg^{2+}	1,…,4	—;17. 47;—;21. 23
硫代硫酸根 Thiosulfate		
Cu^{+}	1,…,3	10. 27;12. 22;13. 84
Ag^{+}	1,2	8. 82;13. 46
乙二胺 Ethylenediamine		
Ag^{+}	1,2	4. 70;7. 70
Cd^{2+}	1,…,3	5. 47;10. 09;12. 09
Co^{2+}	1,…,3	5. 91;10. 64;13. 94
Co^{3+}	1,…,3	18. 7;34. 9;48. 69
Cu^{+}	2	10. 80
Cu^{2+}	1,…,3	10. 67;20. 00;21. 0
Fe^{2+}	1,…,3	4. 34;7. 65;9. 70
Hg^{2+}	1,2	14. 3;23. 3
Mn^{2+}	1,…,3	2. 73;4. 79;5. 67
Ni^{2+}	1,…,3	7. 52;13. 84;18. 33
Zn^{2+}	1,…,3	5. 77;10. 83;14. 11
草酸根 Oxalate		
Al^{3+}	1,…,3	7. 26;13. 0;16. 3
Fe^{2+}	1,…,3	2. 9;4. 52;5. 22
Fe^{3+}	1,…,3	9. 4;16. 2;20. 2
Zn^{2+}	1,…,3	4. 89;7. 60;8. 15

数据引自 J. G. Speight. Lange's Handbook of Chemistry, 16th ed. New York: McGraw-Hill Companies Inc., 2005. TABLE 1. 75 & TABLE 1. 76.

附录 5　常见半反应的标准电极电势(298 K)

Appendix 5　Standard Reduction Potentials for Common Half-Reactions(298 K)

酸性介质 Acidic Solution, pH=0	
半反应 Half-Reaction	$\varphi_A^\ominus$/V
$Sr^+ + e^- = Sr$	−4.10
$Ca^+ + e^- = Ca$	−3.80
$Li^+ + e^- = Li$	−3.0401
$Cs^+ + e^- = Cs$	−3.026
$Rb^+ + e^- = Rb$	−2.98
$K^+ + e^- = K$	−2.931
$Ba^{2+} + 2e^- = Ba$	−2.912
$Sr^{2+} + 2e^- = Sr$	−2.899
$Ca^{2+} + 2e^- = Ca$	−2.868
$Na^+ + e^- = Na$	−2.71
$La^{3+} + 3e^- = La$	−2.379
$Mg^{2+} + 2e^- = Mg$	−2.372
$Y^{3+} + 3e^- = Y$	−2.372
$Pr^{3+} + 3e^- = Pr$	−2.353
$Ce^{3+} + 3e^- = Ce$	−2.336
$Er^{3+} + 3e^- = Er$	−2.331
$Ho^{3+} + 3e^- = Ho$	−2.33
$Nd^{3+} + 3e^- = Nd$	−2.323
$Tm^{3+} + 3e^- = Tm$	−2.319
$Sm^{3+} + 3e^- = Sm$	−2.304
$Pm^{3+} + 3e^- = Pm$	−2.30
$Dy^{3+} + 3e^- = Dy$	−2.295
$Lu^{3+} + 3e^- = Lu$	−2.28
$Tb^{3+} + 3e^- = Tb$	−2.28
$Gd^{3+} + 3e^- = Gd$	−2.279
$H_2 + 2e^- = 2H^-$	−2.23
$Yb^{3+} + 3e^- = Yb$	−2.19
$Sc^{3+} + 3e^- = Sc$	−2.077

(to be continued)

酸性介质 Acidic Solution, pH=0	
半反应 Half-Reaction	$\varphi_A^\ominus$/V
$Eu^{3+} + 3e^- = Eu$	−1.991
$Ce^{3+} + 3e^- = Ce(Hg)$	−1.4373
$Mn^{2+} + 2e^- = Mn$	−1.185
$V^{2+} + 2e^- = V$	−1.175
$Zn^{2+} + Hg + 2e^- = Zn(Hg)$	−0.7628
$Zn^{2+} + 2e^- = Zn$	−0.7618(本书取−0.76 V)
$Cr^{3+} + 3e^- = Cr$	−0.744
$Fe^{2+} + 2e^- = Fe$	−0.447
$Cr^{3+} + e^- = Cr^{2+}$	−0.407
$Cd^{2+} + 2e^- = Cd$	−0.4030
$PbSO_4 + 2e^- = Pb + SO_4^{2-}$	−0.3588
$Co^{2+} + 2e^- = Co$	−0.28
$PbCl_2 + 2e^- = Pb + 2Cl^-$	−0.2675
$Ni^{2+} + 2e^- = Ni$	−0.257
$V^{3+} + e^- = V^{2+}$	−0.255
$Pb^{2+} + 2e^- = Pb$	−0.1262
$2H^+ + 2e^- = H_2$	0.0000
$Sn^{4+} + 2e^- = Sn^{2+}$	0.151
$Cu^{2+} + e^- = Cu^+$	0.153
$AgCl + e^- = Ag + Cl^-$	0.22233
$Cu^{2+} + 2e^- = Cu$	0.3419(本书取 0.34 V)
$[Fe(CN)_6]^{3-} + e^- = [Fe(CN)_6]^{4-}$	0.358
$Cu^+ + e^- = Cu$	0.521
$I_2 + 2e^- = 2I^-$	0.5355
$Hg_2SO_4 + 2e^- = 2Hg + SO_4^{2-}$	0.6125
$O_2(g) + 2H^+ + 2e^- = H_2O_2(aq)$	0.695
$Fe^{3+} + e^- = Fe^{2+}$	0.771
$Hg_2^{2+} + 2e^- = 2Hg$	0.7973
$Ag^+ + e^- = Ag$	0.7996
$2Hg^{2+} + 2e^- = Hg_2^{2+}$	0.920

(to be continued)

酸性介质 Acidic Solution, pH=0

半反应 Half-Reaction	$\varphi_A^\ominus$/V
$Br_2(l)+2e^- = 2Br^-$	1.066
$IO_3^- +6H^+ +6e^- = I^- +3H_2O$	1.085
$Br_2(aq)+2e^- = 2Br^-$	1.087 3
$2IO_3^- +12H^+ +10e^- = I_2+6H_2O$	1.195
$2ClO_4^- +2H^+ +2e^- = 2ClO_3^- ++2H_2O$	1.201
$MnO_2+4H^+ +2e^- = Mn^{2+} +2H_2O(g)$	1.224
$O_2(g)+4H^+ +4e^- = 2H_2O(g)$	1.229
$Cl_2+2e^- = 2Cl^-$	1.358 3(本书取 1.36 V)
$Cr_2O_7^{2-} +14H^+ +6e^- = 2Cr^{3+} +7H_2O(g)$	1.36
$BrO_3^- +6H^+ +6e^- = Br^- +3H_2O$	1.423
$2HIO+2H^+ +2e^- = I_2+2H_2O$	1.439
$ClO_3^- +6H^+ +6e^- = Cl^- +3H_2O$	1.451
$PbO_2+4H^+ +2e^- = Pb^{2+} +2H_2O(g)$	1.455
$2ClO_3^- +12H^+ +10e^- = Cl_2+6H_2O$	1.47
$2BrO_3^- +12H^+ +10e^- = Br_2+6H_2O$	1.482
$2HBrO+2H^+ +2e^- = Br_2(aq)+2H_2O$	1.574
$2HBrO+2H^+ +2e^- = Br_2(l)+2H_2O$	1.596
$H_5IO_6+H^+ +2e^- = IO_3^- +3H_2O$	1.601
$HClO+H^+ +e^- = \frac{1}{2}Cl_2+H_2O$	1.611
$HClO_2+2H^+ +2e^- = HClO+H_2O$	1.645
$NiO_2+4H^+ +2e^- = Ni^{2+} +2H_2O$	1.678
$MnO_4^- +4H^+ +3e^- = MnO_2+2H_2O$	1.679
$Au^+ +e^- = Au$	1.692
$2BrO_4^- +2H^+ +2e^- = 2BrO_3^- ++2H_2O$	1.853
$Co^{3+} +e^- = Co^{2+}$	1.92
$F_2(g)+2e^- = 2F^-$	2.866
$F_2(g)+2H^+ +2e^- = 2HF(aq)$	3.053
$Pr^{4+} +e^- = Pr^{3+}$	3.2
$XeF+e^- = Xe+F^-$	3.4

(to be continued)

碱性介质 Basic Solution, pH=14	
半反应 Half-Reaction	**$\varphi_B^\ominus$/V**
$Ca(OH)_2 + 2e^- = Ca + 2OH^-$	−3.02
$La(OH)_3 + 3e^- = La + 3OH^-$	−2.90
$Sr(OH)_2 + 2e^- = Sr + 2OH^-$	−2.88
$Cr(OH)_3(c) + 3e^- = Cr + 3OH^-$	−1.48
$ZnS(wurtzite) + 2e^- = Zn + S^{2-}$	−1.405
$H_2O + 2e^- = H_2 + 2OH^-$	−0.827 7
$Cd(OH)_2 + 2e^- = Cd + 2OH^-$	−0.809
$Co(OH)_2 + 2e^- = Co + 2OH^-$	−0.73
$Ni(OH)_2 + 2e^- = Ni + 2OH^-$	−0.72
$AsO_4^{3-} + 2H_2O + 2e^- = AsO_2^- + 4OH^-$	−0.71
$Ag_2S(\alpha) + 2e^- = 2Ag + S^{2-}$	−0.691
$AsO_2^- + 2H_2O + 3e^- = As + 4OH^-$	−0.68
$Fe(OH)_3 + e^- = Fe(OH)_2 + OH^-$	−0.56
$S + 2e^- = S^{2-}$	−0.476 27
$Bi_2O_3 + 3H_2O + 6e^- = 2Bi + 6OH^-$	−0.46
$Cu_2O + H_2O + 2e^- = 2Cu + 2OH^-$	−0.360
$[Ag(CN)_2]^- + e^- = Ag + 2CN^-$	−0.31
$CrO_4^{2-} + 4H_2O + 3e^- = Cr(OH)_3 + 5OH^-$	−0.13
$2Cu(OH)_2 + 2e^- = Cu_2O + 2OH^- + H_2O$	−0.08
$[Co(NH_3)_6]^{3+} + e^- = [Co(NH_3)_6]^{2+}$	0.108
$Mn(OH)_3 + e^- = Mn(OH)_2 + OH^-$	0.15
$Co(OH)_3 + e^- = Co(OH)_2 + OH^-$	0.17
$IO_3^- + 3H_2O + 6e^- = I^- + 6OH^-$	0.26
$Ag_2O + H_2O + 2e^- = 2Ag + 2OH^-$	0.342
$O_2 + 2H_2O + 4e^- = 4OH^-$	0.401
$NiO_2 + 2H_2O + 2e^- = Ni(OH)_2 + 2OH^-$	0.490
$AgO + H_2O + 2e^- = Ag_2O + 2OH^-$	0.607
$BrO_3^- + 3H_2O + 6e^- = Br^- + 6OH^-$	0.61

数据引自 W. M. Haynes. CRC Handbook of Chemistry and Physics. 97th ed. Boca Raton: CRC Press Inc., 2016-2017：5-78～5-84；本书正文中出现的 CRC 手册中未收录的 $\varphi^\ominus$，其数据来源于兰氏化学手册 TABLE 1.77 & TABLE 1.78 以及 G. L. Miessler，P. J. Fischer，D. A. Tarr. Inorganic Chemistry. 5th ed. Pearson Prentice Hall. 2014.

附录 6　元素名称、元素符号及其电子构型

Appendix 6　Names, Symbols and Electron Configurations for the Elements

原子 序数 *Z*	中文名称 Chinese Name	元素名称 Name	符号 Symbol	电子构型 Eletron Configuration	价电子构型 Valence Electron Configuration
1	氢	Hydrogen	H	$1s^1$	$1s^1$
2	氦	Helium	He	$1s^2$	$1s^2$
3	锂	Lithium	Li	$[He]\ 2s^1$	$2s^1$
4	铍	Beryllium	Be	$[He]\ 2s^2$	$2s^2$
5	硼	Boron	B	$[He]\ 2s^2 2p^1$	$2s^2 2p^1$
6	碳	Carbon	C	$[He]\ 2s^2 2p^2$	$2s^2 2p^2$
7	氮	Nitrogen	N	$[He]\ 2s^2 2p^3$	$2s^2 2p^3$
8	氧	Oxygen	O	$[He]\ 2s^2 2p^4$	$2s^2 2p^4$
9	氟	Fluorine	F	$[He]\ 2s^2 2p^5$	$2s^2 2p^5$
10	氖	Neon	Ne	$[He]\ 2s^2 2p^6$	$2s^2 2p^6$
11	钠	Sodium	Na	$[Ne]\ 3s^1$	$3s^1$
12	镁	Magnesium	Mg	$[Ne]\ 3s^2$	$3s^2$
13	铝	Aluminum	Al	$[Ne]\ 3s^2 3p^1$	$3s^2 3p^1$
14	硅	Silicon	Si	$[Ne]\ 3s^2 3p^2$	$3s^2 3p^2$
15	磷	Phosphorus	P	$[Ne]\ 3s^2 3p^3$	$3s^2 3p^3$
16	硫	Sulfur	S	$[Ne]\ 3s^2 3p^4$	$3s^2 3p^4$
17	氯	Chlorine	Cl	$[Ne]\ 3s^2 3p^5$	$3s^2 3p^5$
18	氩	Argon	Ar	$[Ne]\ 3s^2 3p^6$	$3s^2 3p^6$
19	钾	Potassium	K	$[Ar]\ 4s^1$	$4s^1$
20	钙	Calcium	Ca	$[Ar]\ 4s^2$	$4s^2$
21	钪	Scandium	Sc	$[Ar]\ 4s^2 3d^1$	$3d^1 4s^2$
22	钛	Titanium	Ti	$[Ar]\ 4s^2 3d^2$	$3d^2 4s^2$
23	钒	Vanadium	V	$[Ar]\ 4s^2 3d^3$	$3d^3 4s^2$
24	铬	Chromium	Cr	* $[Ar]\ 4s^1 3d^5$	* $3d^5 4s^1$
25	锰	Manganese	Mn	$[Ar]\ 4s^2 3d^5$	$3d^5 4s^2$
26	铁	Iron	Fe	$[Ar]\ 4s^2 3d^6$	$3d^6 4s^2$
27	钴	Cobalt	Co	$[Ar]\ 4s^2 3d^7$	$3d^7 4s^2$
28	镍	Nickel	Ni	$[Ar]\ 4s^2 3d^8$	$3d^8 4s^2$
29	铜	Copper	Cu	* $[Ar]\ 4s^1 3d^{10}$	* $3d^{10} 4s^1$
30	锌	Zinc	Zn	$[Ar]\ 4s^2 3d^{10}$	$3d^{10} 4s^2$
31	镓	Gallium	Ga	$[Ar]4s^2 3d^{10} 4p^1$	$4s^2 4p^1$

(to be continued)

原子 序数 *Z*	中文名称 Chinese Name	元素名称 Name	符号 Symbol	电子构型 Eletron Configuration	价电子构型 Valence Electron Configuration
32	锗	Germanium	Ge	$[Ar]4s^2 3d^{10} 4p^2$	$4s^2 4p^2$
33	砷	Arsenic	As	$[Ar]4s^2 3d^{10} 4p^3$	$4s^2 4p^3$
34	硒	Selenium	Se	$[Ar]4s^2 3d^{10} 4p^4$	$4s^2 4p^4$
35	溴	Bromine	Br	$[Ar]4s^2 3d^{10} 4p^5$	$4s^2 4p^5$
36	氪	Krypton	Kr	$[Ar]4s^2 3d^{10} 4p^6$	$4s^2 4p^6$
37	铷	Rubidium	Rb	$[Kr]\ 5s^1$	$5s^1$
38	锶	Strontium	Sr	$[Kr]\ 5s^2$	$5s^2$
39	钇	Yttrium	Y	$[Kr]\ 5s^2 4d^1$	$4d^1 5s^2$
40	锆	Zirconium	Zr	$[Kr]\ 5s^2 4d^2$	$4d^2 5s^2$
41	铌	Niobium	Nb	* $[Kr]\ 5s^1 4d^4$	* $4d^4 5s^1$
42	钼	Molybdenum	Mo	* $[Kr]\ 5s^1 4d^5$	* $4d^5 5s^1$
43	锝	Technetium	Tc	$[Kr]\ 5s^2 4d^5$	$4d^5 5s^2$
44	钌	Ruthenium	Ru	* $[Kr]\ 5s^1 4d^7$	* $4d^7 5s^1$
45	铑	Rhodium	Rh	* $[Kr]\ 5s^1 4d^8$	* $4d^8 5s^1$
46	钯	Palladium	Pd	* $[Kr]\ 4d^{10}$	* $4d^{10}$
47	银	Silver	Ag	* $[Kr]\ 5s^1 4d^{10}$	* $4d^{10} 5s^1$
48	镉	Cadmium	Cd	$[Kr]\ 5s^2 4d^{10}$	$4d^{10} 5s^2$
49	铟	Indium	In	$[Kr]5s^2 4d^{10} 5p^1$	$5s^2 5p^1$
50	锡	Tin	Sn	$[Kr]5s^2 4d^{10} 5p^2$	$5s^2 5p^2$
51	锑	Antimony (Stibium)	Sb	$[Kr]5s^2 4d^{10} 5p^3$	$5s^2 5p^3$
52	碲	Tellurium	Te	$[Kr]5s^2 4d^{10} 5p^4$	$5s^2 5p^4$
53	碘	Iodine	I	$[Kr]5s^2 4d^{10} 5p^5$	$5s^2 5p^5$
54	氙	Xenon	Xe	$[Kr]5s^2 4d^{10} 5p^6$	$5s^2 5p^6$
55	铯	Cesium	Cs	$[Xe]\ 6s^1$	$6s^1$
56	钡	Barium	Ba	$[Xe]\ 6s^2$	$6s^2$
57	镧	lanthanum	La	$[Xe]\ 6s^2 5d^1$	$5d^1 6s^2$
58	铈	Cerium	Ce	$[Xe]\ 6s^2 4f^1 5d^1$	$4f^1 5d^1 6s^2$
59	镨	Praseodymium	Pr	$[Xe]\ 6s^2 4f^3$	$4f^3 6s^2$
60	钕	Neodymium	Nd	$[Xe]\ 6s^2 4f^4$	$4f^4 6s^2$
61	钷	Promethium	Pm	$[Xe]\ 6s^2 4f^5$	$4f^5 6s^2$
62	钐	Samarium	Sm	$[Xe]\ 6s^2 4f^6$	$4f^6 6s^2$
63	铕	Europium	Eu	$[Xe]\ 6s^2 4f^7$	$4f^7 6s^2$
64	钆	Gadolinium	Gd	* $[Xe]\ 6s^2 4f^7 5d^1$	* $4f^7 5d^1 6s^2$
65	铽	Terbium	Tb	$[Xe]6s^2 4f^9$	$4f^9 6s^2$
66	镝	Dysprosium	Dy	$[Xe]\ 6s^2 4f^{10}$	$4f^{10} 6s^2$
67	钬	Holmium	Ho	$[Xe]\ 6s^2 4f^{11}$	$4f^{11} 6s^2$

(to be continued)

原子序数 Z	中文名称 Chinese Name	元素名称 Name	符号 Symbol	电子构型 Eletron Configuration	价电子构型 Valence Electron Configuration
68	铒	Erbium	Er	[Xe] $6s^2 4f^{12}$	$4f^{12} 6s^2$
69	铥	Thulium	Tm	[Xe] $6s^2 4f^{13}$	$4f^{13} 6s^2$
70	镱	Ytterbium	Yb	[Xe] $6s^2 4f^{14}$	$4f^{14} 6s^2$
71	镥	Lutetium	Lu	[Xe] $6s^2 4f^{14} 5d^1$	$4f^{14} 5d^1 6s^2$
72	铪	Hafnium	Hf	[Xe] $6s^2 4f^{14} 5d^2$	$5d^2 6s^2$
73	钽	Tantalum	Ta	[Xe] $6s^2 4f^{14} 5d^3$	$5d^3 6s^2$
74	钨	Tungsten	W	[Xe] $6s^2 4f^{14} 5d^4$	$5d^4 6s^2$
75	铼	Rhenium	Re	[Xe] $6s^2 4f^{14} 5d^5$	$5d^5 6s^2$
76	锇	Osmium	Os	[Xe] $6s^2 4f^{14} 5d^6$	$5d^6 6s^2$
77	铱	Iridium	Ir	[Xe] $6s^2 4f^{14} 5d^7$	$5d^7 6s^2$
78	铂	Platinum	Pt	* [Xe] $6s^1 4f^{14} 5d^9$	* $5d^9 6s^1$
79	金	Gold	Au	* [Xe] $6s^1 4f^{14} 5d^{10}$	* $5d^{10} 6s^1$
80	汞	Mercury	Hg	[Xe] $6s^2 4f^{14} 5d^{10}$	$5d^{10} 6s^2$
81	铊	Thallium	Tl	[Xe] $6s^2 4f^{14} 5d^{10} 6p^1$	$6s^2 6p^1$
82	铅	Lead	Pb	[Xe] $6s^2 4f^{14} 5d^{10} 6p^2$	$6s^2 6p^2$
83	铋	Bismuth	Bi	[Xe] $6s^2 4f^{14} 5d^{10} 6p^3$	$6s^2 6p^3$
84	钋	Polonium	Po	[Xe] $6s^2 4f^{14} 5d^{10} 6p^4$	$6s^2 6p^4$
85	砹	Astatine	At	[Xe] $6s^2 4f^{14} 5d^{10} 6p^5$	$6s^2 6p^5$
86	氡	Radon	Rn	[Xe] $6s^2 4f^{14} 5d^{10} 6p^6$	$6s^2 6p^6$
87	钫	Francium	Fr	[Rn] $7s^1$	$7s^1$
88	镭	Radium	Ra	[Rn] $7s^2$	$7s^2$
89	锕	Actinium	Ac	* [Rn] $7s^2 6d^1$	* $6d^1 7s^2$
90	钍	Thorium	Th	* [Rn] $7s^2 6d^2$	* $6d^2 7s^2$
91	镤	Protactinium	Pa	* [Rn] $7s^2 5f^2 6d^1$	* $5f^2 6d^1 7s^2$
92	铀	Uranium	U	* [Rn] $7s^2 5f^3 6d^1$	* $5f^3 6d^1 7s^2$
93	镎	Neptunium	Np	* [Rn] $7s^2 5f^4 6d^1$	* $5f^4 6d^1 7s^2$
94	钚	Plutonium	Pu	[Rn] $7s^2 5f^6$	$5f^6 7s^2$
95	镅	Americium	Am	[Rn] $7s^2 5f^7$	$5f^7 7s^2$
96	锔	Curium	Cm	* [Rn] $7s^2 5f^7 6d^1$	* $5f^7 6d^1 7s^2$
97	锫	Berkelium	Bk	[Rn] $7s^2 5f^9$	$5f^9 7s^2$
98	锎	Californium	Cf	* [Rn] $7s^2 5f^9 6d^1$	* $5f^{10} 7s^2$
99	锿	Einsteinium	Es	[Rn] $7s^2 5f^{11}$	$5f^{11} 7s^2$
100	镄	Fermium	Fm	[Rn] $7s^2 5f^{12}$	$5f^{12} 7s^2$
101	钔	Mendelevium	Md	[Rn] $7s^2 5f^{13}$	$5f^{13} 7s^2$
102	锘	Nobelium	No	[Rn] $7s^2 5f^{14}$	$5f^{14} 7s^2$
103	铹	Lawrencium	Lr	[Rn] $7s^2 5f^{14} 6d^1$	$5f^{14} 6d^1 7s^2$

参考文献
References

[1] 北京师范大学，华中师范大学，南京师范大学无机化学教研室. 无机化学[M]. 4 版. 北京：高等教育出版社，2003.

[2] 陈寿椿，等. 重要无机化学反应[M]. 3 版. 上海：上海科学技术出版社，1994.

[3] 大连理工大学无机化学教研室. 无机化学[M]. 5 版. 北京：高等教育出版社，2006.

[4] 傅鹰. 无机化学(上、中、下)[M]. 北京：北京大学出版社，1979.

[5] 甘兰若. 无机化学(上、下)[M]. 南京：江苏科学技术出版社，1981.

[6] 黄可龙. 无机化学[M]. 北京：科学出版社，2007.

[7] 黄孟健. 无机化学答疑[M]. 北京：高等教育出版社，1989.

[8]〔美〕鲍林 L. 化学键的本质：兼论分子和晶体的结构[M]. 卢嘉锡，黄耀曾，等译校. 上海：上海科技出版社，1966.

[9] 申泮文，等. 基础无机化学[M]. 3 版. 北京：高等教育出版社，1998.

[10] 申泮文. 无机化学[M]. 北京：化学工业出版社，2002.

[11] 申泮文. 英汉双语化学入门[M]. 北京：清华大学出版社，2005.

[12] 宋天佑，等. 无机化学[M]. 3 版. 北京：高等教育出版社，2015.

[13] 武汉大学，吉林大学，等编. 无机化学[M]. 3 版. 北京：高等教育出版社，1994.

[14]《无机化学丛书编委会》. 无机化学丛书(第一～第九卷、第十二卷)[M]. 北京：科学出版社，1987～1998.

[15] 徐光宪. 稀土(上、中、下)[M]. 2 版. 北京：冶金工业出版社，1995.

[16] 张祖德. 无机化学[M]. 2 版. 合肥：中国科技大学出版社，2014.

[17] Cotton F A，Wilkinson G，Murillo C A，Bochmann M. Advanced Inorganic chemistry[M]. 6th ed. New York：John Wiley & Sons，Inc.，1999.

[18] Greenwood N N，Earnshaw A. Chemistry of the Elements[M]. 2nd ed. Oxford：Butterworth-Heineman，1997.

[19] Haynes W M. CRC Handbook of Chemistry and Physics[M]. 97th ed. Boca Raton：CRC Press Inc，2016-2017.

[20] Huheey J E, Keiter E A, Keiter R L. Inorganic Chemistry: principles of structure and reactivity[M]. 4th ed. New York: HarperCollins College Publishers, 1993.

[21] Miessler G L, Fischer P J, Tarr D A. Inorganic Chemistry[M]. 5th ed. Boston: Pearson Prentice Hall, 2014.

[22] Oxtoby D W, Gillis H P, Campion A. Principle of Modern Chemistry [M]. 7th ed. Belmont: Brooks/Cole, 2011.

[23] Pauling L. The nature of the chemical bond and the structure of molecules and crystals : an introduction to modern structural chemistry [M]. 3rd ed. New York: Cornell University Press, 1960.

[24] Silberberg M S, Amateis P. Chemistry—The Molecular Nature of Matter and Change with Advanced Topics[M]. 8th ed. New York: McGraw-Hill Education, 2018.

[25] Speight J G. Lange's Handbook of Chemistry[M]. 16th ed. New York: McGraw-Hill, 2005.

[26] Umland J B, Bellama J M. General Chemistry[M]. 2nd ed. St. Paul: West Publishing Company, 1996.

[27] Zumdahl S S, Zumdahl S A, DeCoste D J. Chemistry[M]. 10th ed. Boston: Cengage Learning, 2018.